HISTOIRE

Collection dirigée

par

Michel Desgranges et Alain Boureau

L'INDUSTRIE AU VILLAGE

CATHERINE VERNA

L'INDUSTRIE AU VILLAGE

Essai de micro-histoire (Arles-sur-Tech, XIVᵉ et XVᵉ siècles)

PARIS

LES BELLES LETTRES

2017

Ouvrage publié avec le soutien de l'Université Paris 8 Vincennes Saint-Denis Laboratoire Pouvoirs, Savoirs et Sociétés (HISPOSS – EA 1571)

95, bd Raspail, 75006 Paris
www.lesbelleslettres.com

ISBN : 978-2-251-44760-5

À Marie-France et à Christophe

Introduction

Ce livre est tout entier consacré à l'industrie des campagnes médiévales. En cela réside sa principale originalité. Force est de constater que l'industrie médiévale est mal servie par l'historiographie européenne, en particulier française, qui la confond souvent avec l'artisanat, comme si les deux termes et les deux secteurs de production étaient interchangeables. Certes, des travaux récents lui ont été consacrés[1], sans parler d'ouvrages plus anciens qui, pour certains d'entre eux, faisaient usage du terme « industrie » avec une relative provocation. Je pense au livre de Jean Gimpel, *La révolution industrielle du Moyen Âge*[2]. Mais ils tardent encore à être enregistrés par la collectivité des médiévistes et même, plus largement, par l'ensemble des historiens. La confusion entre artisanat et industrie se perpétue dans les manuels et les ouvrages de synthèse qui, par ailleurs, accordent généralement un faible intérêt à l'industrie. Il y a là un décalage entre la recherche historique et sa diffusion. Il m'est apparu que cet objet de recherche peu fréquenté méritait une mise au point tant conceptuelle que méthodologique, permettant d'apprécier la démarche qui me semble particulièrement appropriée à sa meilleure connaissance : celle de la micro-histoire. Encore faut-il que les archives s'y prêtent et c'est pourquoi l'enquête proposée dans cet ouvrage se déploie à partir des registres notariés catalans. Pour mieux en apprécier la portée, c'est par un bilan historiographique que je souhaite ouvrir l'enquête.

« Industrie » : un nécessaire état des lieux historiographique

Afin d'aborder l'industrie médiévale, prenons quelques points de repère et commençons l'examen de la place qu'elle occupe dans les ouvrages de synthèse par les pages qui lui sont consacrées dans l'*Histoire générale du travail* rédigées en 1960 par Philippe Wolff[3]. Le titre du volume correspondant aux Ve-XVIIIe siècles a le mérite d'être clair : « Le temps de l'artisanat ». Les titres des chapitres établissent néanmoins une distinction : « XIe-XIIIe siècle : renaissance de l'artisanat (secteur secondaire) » ; « XIVe-XVe siècle, progrès de la technique industrielle et du capitalisme. Crise de l'artisanat (secteur secondaire) ». À ce premier niveau de lecture, il semblerait qu'artisanat et industrie soient clairement distingués et que l'industrie soit associée aux derniers siècles du Moyen Âge, bien que le terme « industrie » ne soit pas utilisé et qu'il soit fait mention de « technique industrielle », ce qui aurait mérité une explication. Pourtant, quand on parcourt les synthèses proposées, il apparaît que, dès les XIIe-XIIIe siècles à propos des « techniques artisanales », Philippe Wolff cite « les grandes industries des XIIe-XIIIe siècles, les industries textiles ». Ce choix n'a rien pour nous surprendre : depuis le début du XXe siècle, il est courant que la production du drap soit désignée par les médiévistes comme une industrie[4]. Philippe Wolff fait même référence dans un chapitre consacré « aux cadres et rémunération du travail artisanal » à « l'industrialisation d'une seigneurie »[5], une formule qui, telle qu'elle est énoncée, est anachronique puisque le terme « industrialisation » n'est pas l'équivalent de celui d'« industrie » et que la société comme l'économie médiévale n'ont jamais été « industrialisées ». Ce va-et-vient d'un terme à l'autre, sans qu'aucune définition soit précisée, et l'usage outrancier du mot « industrialisation » sont déroutants. L'imprécision du vocabulaire reflète celle des concepts en œuvre.

Passons à l'ouvrage coordonné par Philippe Contamine, *L'Économie médiévale*, publié en 1993, soit plus de trente ans après la synthèse de Philippe Wolff. Ce manuel est d'une qualité exceptionnelle, très au fait des recherches récentes et soucieux de la clarté d'un exposé destiné aux étudiants[6]. Pourtant, l'hésitation est encore de mise pour l'industrie. Concernant les XIe et XIIe siècles, le titre du chapitre est clair : « Campagnes et villes : l'artisanat[7] ». L'« artisanat textile » est présenté comme « un secteur préindustriel », car « il préfigure l'industrie moderne ». On peut regretter que l'usage de cette dernière formulation « secteur préindustriel » n'ait pas donné lieu à une mise au point sur la notion de proto-industrie, souvent assimilée par les historiens et les archéologues à l'industrie « ancienne » du fait d'une méconnaissance ou d'une déformation du concept de Franklin Mendels. La proto-industrie, en effet, n'est qu'une forme parmi d'autres de l'industrie antérieure au XIXe siècle[8]. Cette distinction de « l'artisanat textile » comme « secteur préindustriel » est d'ailleurs très relative puisque, pour les XIVe et XVe siècles, la production drapière est désignée comme « l'artisanat du textile » alors même qu'elle est décrite avec « ses drapiers, entrepreneurs et commerçants »[9]. Pour la métallurgie, autre secteur de production examiné, seul le terme d'« artisanat » est usité, alors même qu'il est bien précisé que certaines régions ouvrent leur production au commerce interrégional ou international. C'est le cas de la Lombardie, qui est présenté à partir des travaux de François Menant.

Troisième terrain d'enquête : *Le Travail au Moyen Âge*, dans la collection « La vie quotidienne », publié en 2000 par Robert Fossier, dont il n'était pas dans les habitudes d'hésiter sur les concepts qu'il employait. Pourtant, le flou persiste. On aurait pu croire le contraire quand Robert Fossier affirme, sans ambiguïté, qu'il faut attendre le temps de la vapeur pour parler d'industrie puisque, à propos de la houille, il écrit : « Elle est à l'origine de la vapeur, d'un nouveau machinisme, bref du passage de l'artisanat à l'industrie[10]. » Robert Fossier rappelle que, pour le textile, « on a vu dans ce type de travail une activité qui méritait le vocable d'industrie par opposition à l'artisanat segmenté et modeste. On a même parlé de holding médiéval[11] ». Incontestablement, Robert Fossier se moque. En utilisant l'argument de l'outrance, il rejette l'industrie hors du Moyen Âge. Pourtant, quand il aborde le domaine des mines et de la métallurgie qu'il connaît bien, Robert Fossier hésite : « Toute une chaîne d'étapes de la mine de fer à la vente de l'outil mériterait le nom d'industrie[12]. » Il écrit également, à propos des mines d'alun, des mines de fer des cisterciens ou de celles de Jacques Cœur à Pampailly que « ce secteur artisanal est lié au développement d'un capitalisme puissant[13] », alors que quelques pages plus loin il définit l'artisanat comme « segmenté et modeste[14] ». Ces contradictions, au mieux tempérées par l'usage répété du conditionnel, illustrent combien le concept d'industrie appliqué au Moyen Âge était encore considéré comme anachronique au début du XXIe siècle.

Cette situation est confirmée par le *Dictionnaire du Moyen Âge* (2002)[15]. Tous les médiévistes français ont été invités à construire ce bel outil de vulgarisation scientifique. On doit bien constater qu'une entrée « artisanat » est prévue, mais aucune pour « industrie ». Certains manuels, pourtant, se démarquent et font une place à l'industrie, qu'ils distinguent clairement de l'artisanat, mais ils sont rares[16]. Ainsi, en France depuis au moins 1960 et encore récemment, sous la plume de bons spécialistes de l'histoire économique qui ont porté un intérêt aux processus de fabrication, le flottement du vocabulaire, la confusion des termes « artisanat » et « industrie » jusqu'à la contradiction et parfois l'usage de formules ou de notions anachroniques persistent indéniablement.

Si on poursuit l'enquête en la resserrant à l'industrie rurale, toujours à partir de l'observatoire que sont les manuels, il faut bien constater que, là encore, les résultats de la recherche tardent à être enregistrés. L'industrie la plus communément reconnue par les ouvrages pédagogiques ou de vulgarisation scientifique est incontestablement la draperie. C'est souvent par la draperie, d'implantation urbaine, qu'est abordée la question des industries rurales. Le schéma proposé est alors communément celui du *Verlagssystem*. Les finitions du drap de laine, et même le tissage, se concentrent pour l'essentiel en ville, où est installé l'entrepreneur (le marchand fabricant) qui distribue le travail dans les campagnes environnantes (cardage, filage, tissage). Ainsi, l'industrie rurale, quand elle est prise en compte, résulte de l'implantation à la campagne d'activités urbaines dérivées. L'atelier du tisserand est une des cellules de l'entreprise urbaine, et la production de draps est présentée comme une activité dominée par le commandement et par les capitaux de la ville. C'est dans ce contexte que sont examinées les implantations hydrauliques qui soutiennent le développement de l'industrie rurale à partir du XIVe siècle, c'est-à-dire les moulins à foulons. Si ces machines sont couramment associées au nouveau marché qu'est la « nouvelle draperie », il est rare que l'on s'interroge sur l'origine des capitaux qui ont permis leur installation. S'agit-il toujours d'argent urbain ? Encore faudrait-il s'entendre sur ce que l'on désigne par ville, surtout dans le cas des « petites villes », lieu d'ancrage de l'activité économique des campagnes.

Certes, le *Verlagssystem* existe en Occident, de la Flandre à l'Italie. De nombreuses industries, tant textiles que métallurgiques, mais également verrières, ont vécu grâce à l'impulsion, au commandement, au financement de la ville proche ou lointaine, car la centralité n'est pas forcément locale, et la pluralité des combinaisons spatiales sous contrôle urbain a fait récemment l'objet d'une démonstration rigoureuse sous la plume de Jacques Bottin[17]. La complexité de l'organisation interne de l'entreprise urbaine qu'est la *bottega* florentine, par exemple, tient beaucoup à la circulation des ordres et des produits entre ville et campagne, ce que nous appellerions aujourd'hui « la gestion des flux »[18]. On sait combien les entrepreneurs urbains, dans le domaine du textile par exemple, savent jouer des espaces et de leurs juridictions particulières, investissant et profitant des avantages des Métiers urbains et de leur réglementation pour certaines productions prestigieuses et de haute qualité, comme de l'espace rural, de son énergie, de sa force de travail moins coûteuse et de sa « liberté » quand il s'agit de répondre à un marché plus courant[19]. Cependant, ce modèle n'est pas unique.

Il existe une industrie médiévale en dehors du commandement urbain. Il n'est plus besoin de démontrer l'investissement des seigneurs dans l'industrie et leur intérêt pour elle : de ce point de vue, le cas cistercien est exemplaire[20]. Mais la notabilité rurale est également active. Georges Duby en soupçonnait déjà l'importance à la fin de son ouvrage sur *L'Économie rurale et la vie des campagnes dans l'occident médiéval* (1962), où il brossait le portrait des entrepreneurs des bourgs ruraux du XVe siècle, ouverts à toutes sortes de spéculations, le négoce, il est vrai, occupant davantage de place que l'industrie[21]. Hommage leur est rendu par Hermann Kellenbenz dans un article de synthèse, tout à la fois méthodologique et programmatique, consacré aux industries rurales et publié dans les *Annales* dès 1963. L'auteur présente, à partir d'exemples anglais, français, hollandais et suisses, ceux qu'il appelle « des entrepreneurs ruraux et paysans », dont certains sont à l'origine d'une industrie rurale indépendante du *Verlagssystem,* dès le XVe siècle[22]. Ainsi, la notabilité des bourgs, même si elle peut entretenir des rapports économiques avec la ville, n'en conserve pas moins son indépendance et son identité. Les entrepreneurs ruraux sont bien présents dans les campagnes, disposant de capitaux, aptes à saisir innovations et marchés. La sidérurgie du haut comté de Foix en constitue un exemple parmi d'autres[23]. D'autres industries sont également dynamiques dans les montagnes ariégeoises au début du XVe siècle, en particulier dans les monts d'Olmes, où celle du textile voisine avec l'industrie des peignes. Philippe Wolff nous apprend que des peignes élaborés en buis à Laroque-d'Olmes et à Bélesta (ils seront fabriqués en corne à partir du XVIIIe siècle) étaient exportés vers les grandes villes textiles des Flandres à la fin du Moyen Âge. Ces cas ne sont pas isolés. Ils témoignent du poids de l'industrie gérée par les communautés rurales, dominée par les notabilités rurales, particulièrement actives en montagne. Citons pour mémoire le cas des forgerons de Pietrasanta, producteurs indépendants que le facteur de Francesco di Marco Datini tente de soumettre à son contrôle, sans y parvenir[24]. Semblable situation est commune dans d'autres espaces et d'autres domaines. Il en est ainsi des bourgs du Cotentin et particulièrement de celui de Saint-James de Beuvron, dans la région d'Avranches, qui exportent leurs draps en Poitou, en Gascogne et jusqu'en Italie, dans les années 1350. Si les marchands fabricants participent à ces échanges, les entrepreneurs locaux s'y sont également ménagés une place[25]. Au-delà des frontières françaises, les XXXIIIe journées internationales d'histoire de l'abbaye de Flaran offrent un éclairage historiographique sur les espaces européens. On dispose ainsi d'une diversité d'analyses sur les industries rurales. La distinction avec l'artisanat, souvent désigné comme production domestique, à l'échelle toujours locale tant pour la fabrication que pour la commercialisation, y est clairement définie. Il apparaît que les modalités d'organisation de la production et les financements sont très divers d'un espace à un autre ; que la ville peut commander à la campagne ou bien participer au développement d'une industrie rurale où les notabilités des campagnes maintiennent des formes diverses de contrôle dans une organisation spatiale parfois polycentrée[26].

Pourtant, ce n'est ni l'industrie des bourgs ni même le *Verlagssystem* qui émergent le plus couramment pour définir la place qu'occupe la production non agricole des campagnes médiévales dans l'historiographie française ou européenne. On trouve, plus communément, la figure de l'artisan, notable du village, sur le modèle du forgeron de Robert Fossier. On trouve, également, la référence à la pluriactivité, souvent présentée à l'échelle de l'individu ou du foyer paysan. L'activité non agricole est alors réduite à une activité d'appoint, elle correspond à la nécessité de combler les revenus qui manquent dans le cadre d'une agriculture aux résultats irréguliers comme le soulignait en 1978 M. M. Postan[27]. Bien évidemment, la pluriactivité est courante dans les campagnes médiévales et elle mériterait d'être examinée de près. Cependant, notion complexe, elle ne peut se résumer au modèle d'une activité non agricole venant s'ajouter à une activité de référence, forcément agricole, d'autant que l'exercice d'un bon nombre des activités qualifiées d'agricoles et de non agricoles se combine étroitement : tissage/teinture, élevage et culture industrielle (plantes tinctoriales) ; métallurgie et sylviculture ; tannerie et élevage, etc., pour ne retenir que des associations fréquentes et qui doivent être comprises comme le résultat de la complémentarité économique caractéristique des districts industriels, sur la définition desquels je reviendrai.

Pourtant, depuis 1998, le médiéviste dispose d'un bon outil conceptuel pour comprendre l'industrie médiévale et ses spécificités avec l'article de Philippe Braunstein intitulé « L'industrie à la fin du Moyen Âge : un objet historique nouveau[28] ? ». Cet article, réédité en 2003, est toujours d'actualité[29]. Philippe Braunstein y propose une définition argumentée du terme « industrie », dans son contexte médiéval. Ce vocable ne recouvre pas une notion inappropriée ou anachronique. Il désigne, en plus de l'artisanat, et parfois combiné au secteur artisanal, un autre niveau de production non agricole. Il permet de se débarrasser de tout un champ sémantique hésitant que j'ai parcouru à partir de quelques cas exemplaires, auquel il faudrait ajouter les expressions, peu adaptées et pourtant d'usage courant, de « grand et petit artisanat »,

« simple artisanat », « artisanat d'exportation ». Il est temps, à présent, de définir précisément l'industrie au Moyen Âge.

Qu'est ce que l'industrie à la fin du Moyen Âge ?

Dans son article de 1998 et dès l'introduction, Philippe Braunstein remarque qu'« il est sans doute plus aisé à des historiens du monde contemporain d'admettre qu'avant l'industrie il y avait déjà l'industrie qu'il ne l'est à des médiévistes de reconnaître que l'artisanat, catégorie du travail et des services de proximité, ne saurait rendre compte de tous les niveaux de la production ». Un an plus tard, Philippe Braunstein rappelle utilement aux médiévistes qui auraient encore un doute que le terme d'« artisanat », qui a envahi le secteur de la production non agricole de la médiévistique française, a été forgé relativement tard par les historiens, ceux du XIXe siècle, sûrs de leur industrie, de la force et de l'originalité de leur capacité de production et qui voulaient affirmer la spécificité de leur mode de production[30]. Pourtant, la distinction est claire. L'industrie est capable de livrer une production quantitativement importante, régulière, de qualité constante et reconnue sur le marché, une production qui dépasse le marché local. Draps, lingots de métal, cuirs et autres produits sont munis de leurs marques, autant de signes qui en assurent la reconnaissance. C'est l'ampleur et la qualité du marché (dans le sens de la spécificité des produits et non dans celui de « bonne qualité », la qualité étant toujours relative) qui permettent de définir comme « industriel » un secteur de production médiéval. Cette définition, Philippe Braunstein la partage avec les deux grands historiens et archéologues tchèque et suisse que sont Radomir Pleiner et Paul-Louis Pelet. Tous deux avaient réfléchi, pour l'Antiquité et le Moyen Âge, à la notion d'« industrie extensive », c'est-à-dire sans accroissement de la productivité, la production en quantité et de qualité constante s'opérant par la multiplication des unités de production. À cette industrie extensive il faut opposer l'« industrie intensive » qui accroît la production et la productivité par le perfectionnement technique[31]. C'est le cas des industries de la fin du Moyen Âge, qui profitent de la mise en place d'une mécanisation liée à l'énergie hydraulique et, en particulier, de machines soufflantes et frappantes. L'absence d'investissements substantiels en capital fixe et l'usage de techniques qui augmentent la productivité du travail sont souvent présentés comme les marques distinctives de l'industrie avant la révolution industrielle. Il faudrait cependant discuter du sens à donner à « substantiel », et rapporter le poids de l'investissement au contexte économique dans lequel il s'inscrit. Par exemple, dans le comté de Foix, le capital fixe investi dans les forges hydrauliques, même s'il ne peut pas être chiffré précisément, est lourd rapporté aux indices dont on dispose sur la fortune des notables qui en entreprennent leur construction[32].

La distinction à opérer entre industrie et artisanat signifie également que le secteur textile n'est pas exclusivement industriel, pas plus que le secteur métallurgique, qui regroupe des ateliers de type artisanal. Revenons sur les qualificatifs que Robert Fossier associe à l'artisanat : « segmenté et modeste ». Modeste, certes, dans la diffusion locale de ses produits, dans le niveau d'investissement. Mais comment comprendre le terme de « segmenté », car l'industrie textile, comme celle du métal, ou d'autres, peut regrouper des ateliers, petites structures souvent familiales, dont la juxtaposition ou la combinaison concourent à la production industrielle, dans le cadre du *Verlagssystem*, par exemple. Artisanat et industrie correspondent bien à deux niveaux de production, mais les unités qui les composent (les ateliers) et les hommes qui y travaillent participent souvent des deux. Le cas des forgerons béarnais est, à cet égard, tout à fait exemplaire : ils répondent, tout à la fois, à la demande locale et à des commandes des marchands qui organisent le commerce extra-régional de produits à forte valeur ajoutée : lames pour scieur de long et faux[33]. De même, dans le cadre urbain, Philippe Braunstein rappelle utilement qu'un artisan peut travailler soit pour la demande locale, soit pour l'exportation : « Un fabricant de gantelets articulés à Cologne, capitale de l'armement au XIVe siècle, est un spécialiste reconnu et respecté à la fois par l'homme d'affaires rhénan qui écoule ses produits sophistiqués sur le marché de Bruges ou de Londres, et par le grand seigneur qui lui passe commande pour son propre compte[34]. » Sans doute les exemples pyrénéens sont-ils plus modestes, mais ils ont l'intérêt de montrer que ce phénomène, c'est-à-dire la combinaison entre artisanat et industrie, caractérise aussi les campagnes et que l'atelier de l'artisan n'est ni exclusivement ouvert sur le marché local, ni uniquement intégré à l'entreprise urbaine, ni même à l'origine d'un unique courant d'exportation émanant du bourg. C'est sur la diversité du phénomène, sa fluidité, qu'il convient d'insister[35].

À la définition par la qualité du produit et par le marché, Philippe Braunstein ajoute une dimension humaine. Pour lui, l'industrie se caractérise par « une faculté de l'âme », c'est-à-dire, tout à la fois, l'esprit d'entreprise, le sens de l'organisation et de la gestion, le goût de l'innovation dont disposent certains individus. Il faut s'arrêter un moment sur la place des techniques, et particulièrement sur celle de l'innovation, dans la définition de l'industrie médiévale. Nous reviendrons en détail sur la notion d'innovation et sur son usage pour le Moyen Âge mais, dès à présent, on peut affirmer que les travaux, qui se sont développés depuis une vingtaine d'années, remettent en cause le prétendu immobilisme médiéval des techniques de production. La remarque, émise par Jacques Le Goff en 1964, ne peut plus être acceptée comme telle par les historiens de l'économie médiévale que sont les historiens des techniques[36]. La nouveauté et la création, sous différentes formes, ont caractérisé l'industrie médiévale[37]. L'artisanat n'est pas, non plus, un secteur forcément routinier, car l'ingéniosité (« *ingenium* ») peut aussi consister en l'amélioration d'un outil ou d'un savoir-faire, d'un geste. Déjà André-Georges Haudricourt nous avait alertés sur la notion de routine artisanale. Le geste technique, même le plus simple et le plus convenu, est l'expression d'une intention et n'est donc jamais une répétition plus ou moins appliquée[38]. Ajoutons qu'interpréter les savoir-faire éprouvés comme de la routine serait ignorer qu'ils sont souvent l'expression d'un équilibre entre la technique et son environnement[39].

Présentés en 1998, réitérés en 2002, les arguments de Philippe Braunstein sont toujours d'actualité aujourd'hui. Après s'être interrogé sur le fait que l'historiographie traditionnelle reconnaît le « grand commerce » et se refuse à voir l'industrie, alors que ledit « grand commerce » est incompréhensible si les seuls produits à diffuser sont ceux de l'artisanat, Philippe Braunstein affirme : « L'industrie au Moyen Âge serait-elle donc un objet nouveau ? Non, puisqu'elle existait ; encore faut-il que les historiens l'"inventent" et l'appellent par son nom. » En éclaircissant une notion en friche, Philippe Braunstein encourageait l'étude de l'industrie médiévale, sous ses différentes facettes. Cependant, pour l'industrie rurale, restait la délicate question du corpus, tant les riches fonds d'archives sont rares dans ce domaine. Les sources catalanes, en particulier celles conservées aujourd'hui dans le département des Pyrénées-Orientales, permettent de sauter le pas et de commencer l'enquête.

I

Questions de méthode

Chapitre premier

Le Vallespir et ses industries : un territoire pour l'historien

Les protocoles des notaires du Roussillon, du Conflent (vallée de la Têt) et du Vallespir (vallée du Tech), trois unités territoriales qui, bien que situées au nord des Pyrénées, dépendent de la Couronne d'Aragon jusqu'à la fin du Moyen Âge, constituent un corpus exceptionnel, propre à une étude inédite sur l'industrie médiévale. Ce fonds était encore délaissé quand je l'abordais. On lui préférait souvent les copies que l'illustre directeur des archives des Pyrénées-Orientales du milieu du XIXe siècle, Julien-Bernard Alart, avait réalisées. La documentation notariale conservée en Roussillon était d'autant plus attirante que l'historiographie traditionnelle présentait la Catalogne comme à l'origine de la sidérurgie hydraulique européenne : cette question faisait écho à mes recherches antérieures consacrées aux techniques de forge. À la lecture des registres, l'industrie surgissait. Il suffisait « d'écouter les morts avec les yeux », particulièrement dans le Vallespir, puisque dans le Conflent les sources notariées n'étaient conservées qu'à partir des années 1470[1]. Le croisement entre des sources d'une richesse inespérée et la question de l'industrie médiévale m'encourageait à tenter l'aventure.

Pouvoir « écouter les morts avec les yeux »

Les registres des notaires

Le corpus s'est organisé autour d'Arles-sur-Tech[2], un bourg implanté sur les rives du Tech, au cœur de la vallée du Vallespir, qui borde le mont du Canigou sur son versant sud, encadré par les bourgs de Céret et de Prats-de-Mollo (voir carte 1). Arles dépend de l'autorité seigneuriale de l'abbaye bénédictine Sainte-Marie et relève de la Couronne d'Aragon et de l'organe de gouvernement qu'est la Procuration royale de Roussillon et de Cerdagne installée à Perpignan. Comme l'ensemble de cet ouvrage le démontrera, ce bourg s'avère être un bon observatoire de l'économie rurale, en particulier de la coexistence et de la complémentarité de l'industrie et de toutes les autres composantes d'une économie de montagne. Il permet, en outre, d'analyser à son échelle la conjoncture de la fin du Moyen Âge, tiraillée entre croissance et crise, un thème particulièrement débattu par les médiévistes. Certes, ce bourg a conservé des registres parmi les plus anciens du Roussillon, mais il n'est pas le seul dans ce cas en Vallespir. Son originalité réside plutôt dans l'ancienneté d'une activité métallurgique dont témoigne le fonds documentaire de l'abbaye bénédictine d'Arles, autour de laquelle a prospéré le bourg, ou du moins le peu de ce qui reste de ses archives, et cela dès le Xe siècle[3].

Les registres du XVe siècle confirment la poursuite de cette activité à la fin du Moyen Âge. La documentation notariale d'Arles est répartie initialement, c'est-à-dire selon les inventaires disponibles, entre dix registres, échelonnés de 1377 à 1441. Il a fallu ajouter à ce noyau documentaire quatre autres registres : fragments de notules et de manuels divers des années 1443-1451. Ils avaient été classés dans le fonds de Prats-de-Mollo mais concernent le bourg d'Arles et les hameaux relevant de sa juridiction[4]. Le corpus se monte finalement à quatorze registres ou fragments de registres, datés de 1377 à 1451. Ils sont complétés par des actes originaux, souvent sur parchemin, conservés dans le fonds J. La répartition chronologique de cet ensemble n'est pas linéaire, mais comporte un franc hiatus, de décembre 1428 à 1443. Cependant, l'archive est généreuse et les registres épais. Cet état de la documentation ne relève pas de l'exception en vallée du Tech. Arles y occupe une position médiane parmi d'autres bourgs aux impressionnants protocoles : en amont de la vallée, Prats-de-Mollo, avec ses dix registres de 1385 à la fin du XVe siècle ; vers l'aval, Céret, qui conserve plus de quatre-vingts registres, des années 1356 à 1500. Après une première lecture, il est clairement apparu que chacun des bourgs disposait d'une particularité dans le domaine de l'industrie et de l'artisanat, mais qu'ils étaient tous liés les uns aux autres par des courants d'échanges qui illustraient la fluidité des rapports de toute nature que ces bourgs entretenaient les uns avec les autres.

Ne pouvant embrasser seule le traitement de plusieurs centaines de registres, j'ai décidé de resserrer le corpus autour de celui d'Arles, choisi comme référence. Les sources d'Arles furent intégralement dépouillées, et tous les actes intéressant l'artisanat et l'industrie, et beaucoup plus largement tous ceux se rapportant à un individu ayant participé d'une manière ou d'une autre à ces secteurs d'activité, quelle que soit sa place dans la production ou dans l'échange et quelles que soient ses autres occupations, furent enregistrés dans la base de données constituée à cette occasion. Il a fallu, ensuite, rechercher des correspondances dans les bourgs de Prats-de-Mollo et de Céret. Seuls les actes portant exclusivement sur l'artisanat et l'industrie, ou en relation avec un individu par ailleurs repéré dans les registres d'Arles, ont été indexés. Il a été décidé, en outre, de resserrer la chronologie et de la calquer sur celle des registres d'Arles. Cette limite dans le temps réduisait le corpus de Céret à soixante-treize registres, et celui de Prats-de-Mollo à six registres sur les dix conservés. Grâce à l'apport des registres de Prats-de-Mollo et de Céret, le hiatus des années 1428-1443, constaté pour Arles, était atténué.

Pour parachever cette exploration documentaire, j'ai ajouté au corpus constitué les actes des quelques registres conservés pour Le Boulou (deux registres) et Saint-Jean-Pla-de-Corts (sept registres), verrous de la vallée du Tech, en appliquant les mêmes critères de sélection que pour Prats-de-Mollo et Céret. Au final, 102 registres permettent d'examiner la question de l'industrie et de l'artisanat dans la vallée du Tech, de la seconde moitié du XIVe siècle aux années 1450. À l'issue du dépouillement, et selon les critères de sélection retenus, plus de

2 500 actes ont été isolés (2 518 exactement et pour le moment). Ils relèvent de la typologie traditionnelle des actes notariés (ventes et ventes à crédit, baux, reconnaissances de dettes, transferts de créances et procurations, etc.). Le dépouillement achevé, il est apparu que la documentation rassemblée sur l'industrie et l'artisanat dans le Vallespir ne prenait corps qu'au tournant des années 1400, les registres antérieurs, certes peu nombreux et moins épais que ceux qui leur avaient succédé, demeurant quasiment muets sur ces activités.

À ce noyau dur de la documentation, d'autres dossiers furent ajoutés en complément, parce qu'ils permettaient d'éclairer au coup par coup des aspects de l'activité industrielle ou artisanale qui avaient été mis en évidence à partir de la documentation de référence. Ainsi était isolé un ensemble de registres émanant de notaires perpignanais dont la clientèle, domiciliée dans le Vallespir ou à Perpignan, était active dans l'industrie de la haute vallée du Tech, soit vingt-trois études différentes, correspondant à plus de 100 registres échelonnés des années 1359 à 1468. En particulier, les études de Joan et Pere Vilarnau situées place de la Laine s'affirmaient comme un bon observatoire du fait de leur localisation sur un lieu où convergeaient les hommes de la montagne, notables et travailleurs. Tous ces registres offrent non seulement un complément d'information sur les années 1400, mais également un éclairage sur la seconde moitié du XIVe siècle, ce qui, dans certains domaines, notamment celui de l'innovation technique, est indispensable. Cependant, la démarche était et s'est voulue ponctuelle, toujours appliquée à partir d'une hypothèse de travail extraite du corpus de référence. Cette même démarche nous a également portée vers les registres de Céret postérieurs à 1451 (de 1452 à 1502, soit treize registres supplémentaires) et ceux du Conflent, conservés pour le bourg de Prades, dont la majorité est bien postérieure aux années de référence, de 1468 à 1499[5] (soit vingt-trois registres). Cette documentation permettait, en effet, de saisir globalement la question primordiale des cycles de migration du travail.

À ces registres notariés se sont ajoutés quelques documents épars, au demeurant exceptionnels, relevant des archives communales, et procédant, eux aussi, du travail des notaires : un *capbreu* d'Arles daté du début du XVe siècle ; un *capbreu* de Prats-de-Mollo, du début du XIVe siècle[6] ; le Livre rouge de Prats-de-Mollo, cartulaire municipal où est enregistrée la législation royale concernant le bourg dépendant du domaine. À ces documents originaux il a fallu comparer des copies informes des XVIIe et XVIIIe siècles, épaves extraites des archives de la Procuration royale ou d'études notariales que nous avons littéralement pêchées dans les séries complémentaires Bp (Série B provisoire), EDT (archives communales versées aux archives départementales) et J. Il convenait d'y ajouter une particularité du Roussillon : les nombreuses copies d'érudits du XIXe siècle.

Le Cartulaire roussillonnais de Renard de Saint-Malo

Jean-Baptiste Renard de Saint-Malo, né à Collioure en 1780, mort à Perpignan en 1854, nommé sous-préfet de Céret sous la Restauration, se plonge dans l'étude quand il est démis de ses fonctions en 1830. Il devient le correspondant assidu du *Publicateur des Pyrénées-Orientales*, puis du *Bulletin de la Société agricole, scientifique et littéraire des Pyrénées-Orientales*. Son érudition tient à la consultation régulière des archives notariales entassées dans l'amphithéâtre de l'ancienne université. Il procède à de nombreuses copies alors que le fonds est livré au pillage et à la destruction[7]. Ce travail est à l'origine de vingt cahiers manuscrits, d'une centaine de folios chacun, où les actes se succèdent sans ordre véritable. Entre les copies sont intercalées des notices historiques sur certains villages, ou bien consacrées à l'économie du comté au Moyen Âge. Ces registres sont aujourd'hui déposés au Musée paysan d'Argelès-sur-Mer, où l'on peut les consulter[8]. L'écriture est petite, caractéristique du XIXe siècle, l'encre violette est décolorée : pour tout dire, la lecture du Cartulaire roussillonnais de Saint-Malo est beaucoup plus ardue que celle des registres médiévaux, mais dans ces volumes sont enregistrés des actes aujourd'hui disparus. En particulier, la consultation des registres de Renard de Saint-Malo m'a permis d'enrichir considérablement la documentation consacrée à l'exploitation des métaux précieux en Vallespir.

La Procuration royale de Roussillon et de Cerdagne

Mes recherches m'ont également portée vers le fonds de la Procuration royale, conservé à Perpignan. Le roi est dans le bourg. Il est partie prenante de son industrie, soit en tant que seigneur (Prats-de-Mollo est dans le domaine royal) ; soit comme propriétaire de l'atelier (forges ou scieries) ; soit que son pouvoir régalien lui confère une autorité suprême (pour le traitement des mines d'argent) ; soit qu'il légifère sur l'industrie, réglementant, tout particulièrement et pour l'ensemble du comté, l'accès aux matières premières et les conditions du commerce de certains produits finis et semi-finis. Toutes ces facettes de l'activité du roi et de son administration sont rassemblées dans le fonds de la Procuration royale, instituée par Jaume Ier au XIIIe siècle. Procès-verbaux des officiers royaux, actes législatifs (amendements, mais aussi ordonnances), fiscalité (leudes et péages), actes de procédures diverses (débats et arrêts) émanant de la Chambre du Domaine (*Manuale curie patrimonii regii*) ; et pour les lieux correspondant au domaine royal et gérés par la Procuration : actes d'amodiation de forges, contrats passés avec les bûcherons, criées des revenus forestiers du roi (*Libres d'apuntaments de stabliments*, *Arrendaments*, *Criée pour la ferme des droits du roi*). Le fonds est considérable. Si, initialement, la Procuration royale devait veiller à la gestion du domaine royal, son rôle s'est rapidement étendu à toute l'administration du comté de Roussillon et de Cerdagne[9]. Le nombre des registres est très important, et la majorité d'entre eux est composée de plusieurs centaines de folios. On en dénombre 384, en majorité des XIVe et XVe siècles. Pour se repérer dans cette masse, le lecteur profite d'un inventaire d'une qualité exceptionnelle, dressé par Julien-Bernard Alart et publié après sa mort, en 1868[10]. Pour chacun des registres, Alart propose les analyses de certains textes. Certes, son choix est arbitraire, ou plutôt il relève d'une démarche qu'il n'a pas jugé utile de présenter. Cependant, ses notices sélectives constituent un point d'ancrage précieux pour l'historien qui ploie sous la lourdeur de ce fonds exceptionnel. Grâce à cet outil, j'ai retenu quatre-vingt-un registres. Les textes extraits ont été indexés à la base de données. Pour compléter les dossiers de procédure relevant de la Chambre du Domaine, j'ai profité d'un fonds modeste, perdu dans la masse considérable des archives de la Couronne d'Aragon (Barcelone), mais véritable joyau pour l'historien, soit sept petits registres très endommagés où avaient été consignées les sentences rendues devant la cour du bayle de Villefranche-de-Conflent. Charbonniers et forgeurs, par ailleurs repérés en Vallespir grâce aux archives notariales, y étaient convoqués.

Les comptabilités de la Couronne d'Aragon

Malgré sa grande richesse, la documentation conservée à Perpignan se devait, en effet, d'être complétée par les fonds conservés à Barcelone. Aux archives de la Couronne d'Aragon, on peut puiser de nombreuses informations dans les séries du vaste fonds du *Real Patrimonio*, en particulier celles du *Maestre Racional*, rassemblant les comptes royaux dépendant du comté de Roussillon et de Cerdagne. Certains d'entre eux ont déjà été présentés et étudiés par Christian Guilleré qui, dès les années 1980, avait signalé leur importance[11]. Pour chaque année, à partir de 1345 et jusqu'à la fin du XVe siècle, un registre récapitule les recettes et les dépenses du domaine royal (115 registres de 1345 à 1499). Comme de coutume, les revenus de la Couronne sont diversifiés. Certains permettent une entrée dans le domaine de l'industrie et de l'artisanat : revenus des forêts, des moulins à scier, des fours, des mines. Des registres sont parfois incomplets, manquent recettes ou dépenses, ou bien seuls les comptes de quelques mois sont reportés. Néanmoins, ces cas sont rares, même s'il faut constater qu'au fil du temps les registres sont de moins en moins intéressants pour le Vallespir. Les revenus que le roi tire de sa haute vallée disparaissent de la comptabilité du fait de leur transfert ou de leur assignation à la reine ou à un grand du royaume dont les comptes n'ont pas été conservés. C'est pourquoi, après un dépouillement exhaustif des premières années, j'ai ensuite procédé par sondages jusqu'en 1405 (soit vingt registres dépouillés).

À ce premier ensemble s'ajoutent d'autres comptabilités plus rarement utilisées par les historiens, en particulier celles de la reine Yolande conservées entre 1397 et 1423 et qui permettent, pour le Vallespir, de compléter la comptabilité royale déficiente au début du XVe siècle. L'historien de l'industrie a également beaucoup à tirer des comptabilités de chantiers et, en particulier, du Compte de l'horloge du château de Perpignan (1356), qui enregistre la circulation du charbon de bois, des métaux (fer, acier, cuivre et plomb) et leur mise en œuvre au milieu du XIVe siècle.

Ce sont ainsi des milliers de documents qui étaient rassemblés, se rapportant à l'industrie et à l'artisanat dans le bourg d'Arles et dans la haute vallée du Tech. En ce qui concerne exclusivement les actes notariés, 2 518 fiches étaient établies, correspondant à autant de textes dépouillés et indexés.

Petites villes, bourgs et industrie

Le corpus central, le noyau dur de l'enquête, émane des bourgs. D'aval en amont, et pour ne conserver que les plus importants et ceux qui sont au centre de l'enquête : Céret, Arles et Prats-de-Mollo[12]. De fait, la question de l'industrie rejoint celle du bourg et de son historiographie. Au terme des recherches que j'avais entreprises, tant sur le haut comté de Foix (vallée de l'Ariège et vallée du Vicdessos) que sur la Montagne Noire ou sur les contreforts des plateaux du haut Languedoc (Boussagues), il m'était apparu que l'industrie était un élément fort de la définition des bourgs bien que cette caractéristique n'ait pas été mise en valeur par les historiens qui avaient interrogé le phénomène.

On sait combien l'apport des historiens anglais a été décisif dans ce domaine avec la mise en évidence de la *small town* ou *market town*, centre de marché et d'échanges et rouage structurant au cœur d'un réseau de relations complexes entre villes et villages[13]. Le bourg n'a pas, pour autant, été totalement ignoré des historiens français et espagnols. Un des aspects de l'historiographie française, qu'elle partage d'ailleurs avec l'historiographie anglaise et espagnole, tient à son hésitation à désigner le bourg en tant que tel. La question du bourg a été abordée en quelque sorte indirectement, par la comparaison entre « gros villages » et « petites villes », avec une attention particulière portée aux

« villages neufs » et aux bastides, sans qu'il leur soit appliqué systématiquement une désignation spécifique[14]. Néanmoins, si l'hésitation était de mise pour nommer ce type d'agglomération, ses fonctions étaient examinées attentivement, en particulier le marché et parfois même l'artisanat et l'industrie. Sans doute, pour l'espace de la France méridionale, faut-il isoler la figure et l'œuvre de Philippe Wolff, qui a toujours accordé un intérêt particulier aux « petites villes », ou « aux gros villages » que nous regrouperions aujourd'hui sous l'appellation de bourgs, qu'il a eu le souci de replacer dans l'économie de l'Occident médiéval. On soulignera l'importance de ses travaux qui ont montré le poids économique des bourgs sur le marché international, particulièrement pour l'industrie du drap ; ou bien la spécialisation artisanale et industrielle de certains d'entre eux[15]. Le bourg était bien dans l'œuvre de Philippe Wolff, avec son poids économique, sans que l'historien ait spécifiquement insisté sur les fonctions artisanales ou industrielles, tant elles étaient une évidence pour ce grand connaisseur des archives notariales.

En 1962, dans *L'Économie rurale et la vie des campagnes médiévales*, Georges Duby insistait également sur l'importance des « petites bourgades » qui, selon lui et particulièrement aux XIVe et XVe siècles, offraient à l'historien les meilleurs postes pour examiner les échanges et les spéculations actives et nombreuses sur les produits de la campagne. Cependant, Georges Duby ne jugeait pas utile d'insister davantage sur la spécificité des bourgs. Il lui suffisait, sans pour autant en offrir une définition argumentée, de noter leur position de rouages tant sur le plan administratif qu'économique, soulignant l'importance de la commercialisation des produits agricoles et de ceux de l'élevage[16]. En fait, et en accord avec le programme qu'il s'était fixé dans son ouvrage, c'est-à-dire offrir une synthèse et ouvrir des perspectives de recherche, il encourageait « les enquêtes fructueuses » qui pouvaient être menées à partir des archives des « bourgades ». L'encouragement s'est perdu, du moins n'a-t-il pas porté ses fruits immédiatement[17].

En 2000, Guy Bois revient à la charge. Il souligne l'importance et la place spécifique des bourgs, replacés dans une hiérarchie des habitats et des pôles économiques, entre villages et villes[18]. Dans son ouvrage

La Grande Dépression médiévale (XIVe et XVe siècle). Le précédent d'une crise systémique, Guy Bois intitule même un chapitre : « Une révolution méconnue : la floraison des bourgs ». Il brosse alors une présentation de l'historiographie européenne sur le sujet. Il ignore Georges Duby et relève ce qu'il désigne comme un des paradoxes de la recherche médiévale européenne et spécifiquement française qui avait découvert le « village », mais avait passé sous silence le « bourg ». Il rappelle « l'éclairage juridique » porté par des historiens français sur le phénomène, mais en souligne les insuffisances et l'incapacité de ces chercheurs à intégrer la fonction commerciale dans la définition du bourg. Il salue les travaux anglo-saxons, particulièrement ceux de Robert Hilton, regrettant néanmoins l'appellation de *small town* ou de *market town* qui, selon lui, risquait d'estomper la spécificité du bourg, qui n'est ni un village, ni une ville. Il lui préfère le terme de « bourg » qu'il revendique clairement, en s'appuyant sur la définition que Fernand Braudel lui avait attribuée en 1986 dans son ouvrage *L'Identité de la France* : « Au sortir du village, le bourg (en prenant le mot dans un sens plus large, de gros village à petites villes) est la première dénivellation sur le chemin de la vraie ville. Pour la société rurale, il représente surtout, à lui seul, le monde extérieur en son entier : l'administration, la justice, le commerce. Il n'y a de bourg en effet que si autour de lui des villages ou des hameaux utilisent ses marchés, ses foires, ses services, ses rendez-vous [...]. Le bourg est essentiellement domination : il règne sur un canton rural qui a besoin de ses services, mais dont il vit, sans lequel il n'existerait pas lui-même[19]. »

Parmi les historiens espagnols, les Catalans ont été particulièrement attentifs au phénomène du bourg et à son poids dans l'animation des échanges et l'organisation des campagnes médiévales. C'est d'ailleurs dans une revue catalane que Guy Bois soulignait, dès 1995, l'importance des bourgs pour l'économie des campagnes médiévales[20]. La désignation utilisée est souvent celle de « petite ville » ou *vila*. Il convient à ce titre de rappeler les travaux de Mercè Aventín sur les bourgs du Vallès oriental et le concept qu'elle utilise à la suite de l'historiographie anglo-saxonne, celui de *vila-mercat*. Selon cet auteur, la *vila mercat* catalane (« la petite ville marché ») a joué « un rôle essentiel dans la structuration, l'encadrement, la dynamisation de la vie rurale, voire paysanne[21] ». D'ailleurs les nombreux travaux de recherche consacrés aux industries rurales dans la Couronne d'Aragon au XVe siècle, souvent initiés par Paulino Iradiel, prennent clairement appui sur l'étude des bourgs et les réseaux des petites villes[22].

En Angleterre, comme en France ou en Espagne, si le marché est au cœur de la définition même du bourg et si la fonction d'échanges s'inscrit à l'origine du phénomène, il n'en est pas de même des autres fonctions exercées par le bourg, dont il conviendrait à présent d'examiner la place, en appliquant la réflexion aux archives du Vallespir. À la fin du Moyen Âge, les éléments distinctifs du bourg ne se déclinent pas de la même façon qu'aux XIIe et XIIIe siècles. Je crois que l'on peut éliminer comme non opérante la question de la démographie qui a parfois été utilisée pour distinguer bourgs et petites villes. Elle est mal adaptée à la documentation médiévale et aboutit finalement à des contradictions[23]. Le bourg est assurément un lieu de commandement. Commandement seigneurial d'abord. La vallée du Tech est à l'image de la diversité de cet encadrement : Prats-de-Mollo dépend du domaine royal ; Arles, anciennement blotti autour de son abbaye, est un bourg monastique ; Céret constitue le cœur de la vicomté d'Ille. La documentation restitue la présence des agents seigneuriaux que sont les bayles ; l'activité des cours de justice d'Arles et de Céret est également inscrite dans les registres notariés qui parfois intègrent un cahier rapportant leurs procédures[24]. Cette fonction de commandement est ancienne ; elle a accompagné celle de marché. Bien évidemment, un des noyaux durs de la fonction du bourg au XVe siècle demeure le commerce. Mais le marché ou la foire, en tant que rassemblement périodique et régulier, n'est qu'un des indicateurs de la position centrale qu'occupe le bourg dans le domaine des échanges. Il n'est pas question de dire que la fonction d'échanges est désormais secondaire au XVe siècle. Le marché est là, évidemment. Il se tient régulièrement. Le commerce et l'importance des échanges que draine et organise le bourg, tout autant que la tenue régulière d'un marché, sont illustrés par la présence des bouchers et par celle des aubergistes qui sont d'excellents indicateurs de la fonction commerciale[25]. À Arles, durant la première moitié du XVe siècle, les bouchers sont nombreux. On en dénombre au moins neuf, dont certains sont actifs tout au long de la première moitié du XVe siècle : ce sont

Pere Comelles (1405-1448), Berenguer Branya (1405-1445), Francesc Branya (1407-1446), Bartomeu Carrera (1405-1446), Guillem Torrent (1405-1446). Ces hommes, acheteurs et vendeurs de bétail, éleveurs de bétail et vendeurs de viande, disposent d'un étal et sont fermiers des aides sur la viande (fiscalité indirecte) ; ils sont également très présents dans les échanges les plus divers, qu'il s'agisse de vendre des céréales, de la laine, des peaux et du suif, sans parler de l'intérêt que certains portent spécifiquement à l'industrie métallurgique ou textile. C'est le cas de Pere Comelles, que nous retrouverons à bien des occasions. Les archives notariales d'Arles livrent aussi le nom de cinq aubergistes, dont quatre sont actifs au même moment, entre 1444 et 1450[26].

L'importance accordée par la communauté à la restauration ou à la construction de ponts informe également de l'intérêt porté aux infrastructures de l'échange, qui sont considérées comme indispensables à l'économie du bourg. En 1407, un nouveau pont, celui *del Grassit*, est construit à Arles. La communauté, par l'intermédiaire de l'œuvre du Pont, fait alors appel à des maîtres de Castillo d'Empúries. En 1413, c'est un autre pont, celui de *Frexeno,* qui est restauré. Arles participe également à la reconstruction du pont de Céret, qui lui est tout aussi indispensable dans le cadre de ses échanges avec la plaine du Roussillon. Mais il faut ajouter à cette fonction d'échanges, qu'elle soit illustrée par la tenue d'un marché ou par l'activité et l'enrichissement de ceux qui l'animent, la diversité d'autres services. Ceux offerts par le bourg d'Arles sont assez représentatifs de la pluralité qu'est en mesure de proposer un bourg médiéval.

Il faut sans doute commencer l'énumération par la capacité dont dispose le bourg d'enregistrer des contrats qui encadrent, organisent et permettent le développement de la vie économique. Le bourg d'Arles ne compte pas moins de treize études de notaire durant la première moitié du XVe siècle, et encore cette forte présence est-elle très inférieure à celle dont dispose le bourg de Céret, plus peuplé. Les actes rendent compte tout autant de l'activité de production et de commercialisation de biens autres qu'agricoles, que du marché de la terre et de la conduite des familles (contrats de *germania*, testaments, actes de mariage)[27]. Les services sont également ceux du crédit : crédit d'assistance, crédit à la consommation, et également crédit pour entreprendre[28]. L'on voit bien, dans le bourg d'Arles, s'affirmer quelques prêteurs plus entreprenants ou plus sollicités que d'autres. Ce sont les bouchers, ce sont les marchands : parmi les plus actifs et les plus puissants, on retrouve Pere Comelles (boucher, marchand), Guillem Torrent (boucher) et Pere Noelli (marchand et plus rarement tendeur, c'est-à-dire commerçant au détail). Pour eux, le prêt semble bien un commerce comme un autre et pour Pere Comelles, au moins, ce service l'entraîne bien loin de son bourg, jusqu'à Thuir et à Perpignan. Tous ces prêteurs sont chrétiens.

La sophistication des services offerts par les bourgs du Vallespir est confirmée par la présence, en grand nombre, d'individus pratiquant un service de soin : barbiers, chirurgiens et apothicaires. À Arles, on ne dénombre pas moins de neuf chirurgiens, dont certains sont également qualifiés de barbiers et de médecins, et cinq apothicaires, toujours entre 1405 et 1448[29]. L'activité de l'Hôpital des pauvres est également très présente dans la gestion communale, et certains des médecins du bourg en sont les commandeurs ou les procurateurs. Nous verrons que la question des savoirs dépasse le domaine du droit, de la médecine ou de la pharmacie et s'étend aux savoirs techniques par le biais de l'innovation et donc à l'artisanat et à l'industrie. Cette disposition savante du bourg, tout particulièrement dans les domaines de la production, nous ramène à la question initiale, c'est-à-dire au rapport entre bourg, artisanat et industrie.

Qu'en est-il de l'artisanat et de l'industrie dans le bourg, selon l'historiographie récente ? L'artisanat est présent. Cependant, quand il l'est, c'est pour illustrer la diversité des activités de la petite agglomération. L'industrie, quant à elle, généralement ignorée, parfois citée entre guillemets, n'est jamais signalée comme une des spécificités fonctionnelles des bourgs[30]. Elle est même totalement passée sous silence par Maurice Berthe qui, dans un article tout à fait intéressant consacré aux élites des « petites villes » méridionales, ne fait aucune mention, ni de l'industrie, ni de l'artisanat lorsqu'il énumère les fonctions qui permettent d'identifier ces « petites villes »[31]. Pourtant, Maurice Berthe s'appuie sur des exemples du Rouergue, où l'industrie s'épanouit à la fin du Moyen Âge, et précise même à propos de Sauveterre : « Dès le XIVe siècle prospérèrent des tanneries et des ateliers de coutellerie, soutenus par les capitaux des riches marchands de Rodez. Les *mercatores* de Sauveterre étaient présents aux foires de Toulouse et d'Albi, d'Auvergne, de Pézenas, de Lodève et Montpellier. Ils vendaient leurs couteaux jusqu'en Allemagne. » Après une telle présentation, on s'étonne que l'industrie ne soit pas citée parmi les fonctions qui caractérisent le bourg (*i.e.* la « petite ville »). En effet, et cet exemple en offre une claire illustration, l'industrie n'est pas simplement une activité en plus. Elle est un des marqueurs de la spécificité du bourg puisque l'industrie se définit par sa production ouverte sur un marché extérieur, régional et international. L'industrie suppose l'exportation, proche ou lointaine, pour écouler ses produits, mais également pour recevoir matières premières et main-d'œuvre. Elle est donc l'indispensable moteur de la fonction d'échange et de redistribution attribuée communément aux bourgs. Quelle serait la place des *mercatores* de Sauveterre sans la coutellerie de ce bourg ? Cette relation organique entre bourg et industrie est une nouvelle fois passée sous silence. Même dans son intéressante étude, Mercè Aventín souligne l'importance des activités de transformation dans la *vila mercat* catalane, tout particulièrement l'activité drapante, mais ne la désigne comme une « industrie » qu'à partir du fouage de 1553. Avant, c'est-à-dire à la fin du Moyen Âge, tout le monde grouillant et industrieux des bourgs catalans participe, selon Mercè Aventín, d'un « artisanat » regroupant « artisans tout court » et « hommes de métiers riches, *paraires* » dont la présence et l'activité, si elles sont soulignées, ne sont jamais rapportées à la particularité du bourg[32]. Même Guy Bois, après avoir fait référence aux « industries urbaines », quand il liste les fonctions du bourg, cite le commerce et « l'artisanat », et insiste même sur la production « d'objets de consommation courante répondant à la demande locale », précisant quelques lignes plus loin, que « certains bourgs disposaient d'une activité spécialisée à partir de l'exploitation d'une ressource locale » ; et de citer rapidement « bourgs miniers, bourgs métallurgiques, bourgs salins »[33]. La contradiction entre, d'une part, l'attention accordée au commerce et aux circulations dont le bourg est le moteur et, d'autre part, l'ignorance de son industrie (confondue avec l'artisanat), un des secteurs pourtant à l'origine de son dynamisme marchand, renvoie, bien évidemment, à la place réduite de l'industrie dans l'historiographie[34].

Le bourg est un observatoire privilégié pour examiner l'industrie rurale, qu'elle soit intégrée à ses murs ou dispersée sur son territoire. Dans le bourg se côtoient d'ailleurs artisanat, relevant de la production et des échanges locaux, et industrie, ouverte aux échanges à plus longue distance. C'est indéniablement le cas à Arles et dans le Vallespir, comme l'atteste la richesse exceptionnelle des fonds notariés. La lecture des archives catalanes constituait donc pour moi comme l'aboutissement d'une longue recherche. L'industrie des bourgs, je l'avais attentivement pistée dans le haut comté de Foix, à partir de sources rares et arides ; dans le bourg de Vicdessos, où se pratique la vente du minerai qui est ensuite redistribué sur l'ensemble du comté et vers le Couserans (comté de Comminges) ; dans le bourg de Tarascon, qui lui est hiérarchiquement supérieur, et constitue un relais pour le commerce du fer en barres vers l'Andorre, la Seu d'Urgell et la cité de Foix[35]. L'industrie des bourgs, je l'avais également rencontrée à Boussagues, sur les contreforts des plateaux du haut Languedoc, autour de l'extraction de la houille, ou dans la vicomté de Béarn, dont les archives notariales illustraient la différence entre forgerons de villages et forgerons de bourgs, tant par leur capacité technique que par l'ampleur et la qualité des marchés auxquels s'adressaient leurs productions. Cependant, seules les sources du Vallespir offraient un accès généreux aux hommes autant qu'aux objets fabriqués. Pour cela, il a fallu lire les notaires. Cette lecture a permis d'élaborer des réponses. Or le dialogue entre l'historien et sa source s'est ancré en un temps bien défini : de 1377 à 1451, englobant la première moitié du XVe siècle. Tout comme le lieu où elle trouvait sa place (le bourg et ses caractéristiques), la période durant laquelle l'industrie pouvait être étudiée à partir de l'observatoire d'Arles disposait d'une historiographie : elle correspondait à la « crise catalane ». Il était donc, une nouvelle fois, impossible de faire l'économie d'une mise en perspective.

Industrie rurale et « crise catalane »

La séquence chronologique de l'étude relève du hasard : celui de la conservation des sources. Ainsi est-elle le résultat d'un processus aléatoire (les registres notariés conservés constituant des épaves) tout en étant associée à un dossier historiographique lourd, puisqu'elle correspond à la période traditionnellement définie comme la « crise catalane ». Jamais je n'ai eu comme objectif scientifique d'examiner, à partir de l'industrie du Vallespir, la validité de la crise catalane du XVe siècle. Pourtant, ce contexte s'est imposé comme une grille de lecture, rendue d'autant plus complexe par les critiques émises contre cette interprétation pessimiste de l'économie catalane[36]. Quelle place occupe l'industrie rurale dans ce débat ?

En France, l'historiographie de la « crise catalane » est surtout connue par les travaux de Pierre Vilar et de Claude Carrère. Il faudrait leur ajouter ceux de Jaume Vicens i Vives, grand historien catalan, mort prématurément en 1960, au moment même où Pierre Vilar publiait une première version de ce qui sera sa thèse de la crise catalane[37]. Si ces trois historiens identifient la première moitié du XVe siècle comme une période de crise économique, leurs analyses divergent sur la chronologie et sur les aspects de la crise, comme sur les mécanismes, tant structurels que conjoncturels, qui seraient à son origine. Seuls seront rappelés ici les éléments de leur démonstration qui sont indispensables pour l'étude de notre corpus.

La thèse de Pierre Vilar est publiée en 1962[38]. Elle porte sur la Catalogne moderne, en particulier sur le XVIIIe siècle. Pour Pierre Vilar, cette période correspond à une véritable résurrection de la Catalogne après une longue période de crise amorcée au Moyen Âge. C'est sous cet angle que Pierre Vilar se lance dans une étude rétrospective de l'économie et aborde le Moyen Âge. Pour lui, la crise s'amorce dès 1333, avec les premières disettes[39]. Elle est, à l'origine, démographique et rurale : la peste et ses retours fréquents en sont la cause. S'y ajoutent d'autres traumatismes : inondations et tremblements de terre. Selon lui, la forte diminution de la population aurait eu des conséquences irréversibles sur l'économie et sur ses piliers, en premier lieu l'agriculture, puis le commerce.

Relativisant la force du facteur démographique, et surtout son impact, Jaume Vicens i Vives fut le premier historien catalan à évoquer l'idée d'une crise économique générale en Catalogne, à partir des années 1380[40]. Si Jaume Vicens i Vives s'accordait avec Pierre Vilar sur la gravité de la crise, il relativisait son aspect démographique, notant que les *fogatges* (relevés de feux) manquaient avant la fin du XVe siècle pour inscrire le mécanisme de la crise dans l'effondrement démographique[41]. Il mettait même en évidence une récupération démographique satisfaisante entre 1400 et 1450, ce qui rompait avec l'idée d'un recul irréversible de la population catalane. Pour lui, la véritable cassure démographique intervenait avec la guerre civile catalane (1462-1472) à laquelle le *fogatge* de 1497 faisait écho[42]. Les données qu'il mettait en avant pour étayer sa thèse touchaient différents secteurs de l'économie et aboutissaient à restituer un effondrement général : crise du commerce ; crise financière scandée par les dévaluations monétaires et le déséquilibre des finances royales ; endettement des communautés ; difficultés accentuées par la politique impérialiste d'Alphonse le Magnanime. Cette crise économique globale avait des conséquences dans le domaine politique et social et s'accompagnait, à Barcelone, de la violence des factions et des clans et, dans les campagnes, de troubles liés au statut des *remenses*.

Claude Carrère partageait également cette conception de la crise totale. Elle plaçait, tout comme Jaume Vicens i Vives, la première alerte entre les années 1380 et 1391. Toutefois, le paroxysme de la crise se situait, pour elle, entre 1425 et 1450[43]. Cette historienne penchait pour une thèse en vigueur en son temps qui faisait des années 1450 le début de la reprise de l'économie catalane, avant un nouvel effondrement à partir de 1462. Son originalité tenait à l'intérêt qu'elle portait au secteur de la draperie[44]. Le commerce et l'agriculture n'étaient donc plus les deux seuls piliers traditionnels de l'économie catalane ; venait s'en ajouter un troisième, constitué par l'industrie, avec en tête une draperie particulièrement développée étudiée pour l'essentiel dans le cadre urbain.

L'opposition à la thèse de la crise générale est venue d'Italie, où Mario del Treppo dans son ouvrage exclusivement dédié au commerce catalan au XVe siècle affirmait que l'effondrement du commerce de Barcelone était une pure fiction[45]. À partir de son champ d'observation,

Del Treppo ne constate aucune dépression avant la guerre civile. Son analyse du règne d'Alphonse le Magnanime restitue une politique royale éclairée, d'une grande portée économique. À contre-courant de ses prédécesseurs, Mario del Treppo présentait donc la conquête comme source d'enrichissement pour ceux qui y avaient participé et à l'origine de la consolidation de la position catalane en Méditerranée. Il notait également que le principal banquier d'Alphonse le Magnanime était, sans conteste, le Perpignanais Bernat Creixell, qui tirait sa richesse de l'industrie et du commerce de la laine[46]. Nous nous rapprochons ainsi de notre territoire d'étude : Bernat était, aussi, le principal fournisseur de la Cour et, en 1448, il s'engageait à fournir au roi 1 300 draps de Perpignan livrables l'année suivante[47]. Henri Bresc aboutissait à un semblable diagnostic : « Vu de la Sicile, le problème du déclin catalan semble inversé ; les succès commerciaux des années 1400-1450 contredisent la théorie classique, dont la concordance avec les présupposés de l'histoire politique apparaît suspecte. Au miroir sicilien, le Compromis de Caspe ne signale aucun grand échec[48]. » Le succès de la draperie catalane sur le marché sicilien mettait en valeur la vitalité industrielle de la Catalogne.

Moins connu, car décédé prématurément sans achever une thèse restée inédite, Guy Romestan s'inscrivait lui aussi en faux face à la théorie de la crise totale. Son observatoire était différent et davantage adapté à ma propre recherche. Il travaillait sur le Roussillon, principalement sur Perpignan, et accordait une grande importance à l'industrie, tant urbaine que rurale. Dans plusieurs articles, il démontrait que le premier quart du XVe siècle correspondait à un enrichissement de Perpignan et des campagnes environnantes, rappelant que les années 1390-1420, qui voyaient la construction de la Loge de mer comme la mise en place du Consulat de mer, étaient parmi les plus florissantes de Perpignan. La crise était reportée aux années postérieures à 1462. On en revient ainsi à la rupture de la guerre civile. Cette remise en cause de la thèse traditionnelle à partir du cas roussillonnais a trouvé des échos. Dans une synthèse récente consacrée à Perpignan, Gilbert Larguier diffuse les recherches de Guy Romestan, qu'il enrichit de ses propres travaux. Il affirme que le modèle de Barcelone ne vaut pas pour l'ensemble de la Catalogne : « La fin du XIVe siècle, la première moitié du XVe au moins, furent au contraire une période faste pour Perpignan [...] ; les moyens financiers ne manquaient pas, on ne cessa pas d'entreprendre même si quelques projets furent différés [...], les fondements de l'économie, la production textile en particulier, restaient solides. Jamais les exportations de draps de Perpignan ne furent aussi importantes qu'entre 1370-1380 et 1430[49]. » Les recherches récentes conduites par Anthony Pinto sur l'économie de Perpignan et, en particulier, sur la draperie dans la ville, toujours appuyées sur des sources inédites, confirment définitivement la justesse des analyses de Guy Romestan[50].

Il n'est pas question de procéder ici à une critique des arguments des uns et des autres. Enregistrons simplement que deux lectures opposées s'affrontent, et que l'hypothèse d'une crise lourde et générale semble moins fondée qu'il y a quelques années. Les contradictions portées à la thèse de la crise totale touchent-elles les campagnes du Roussillon et particulièrement celle du Vallespir ? Les travaux sont rares pour examiner sérieusement cette question. Dans sa thèse publiée en 1998, Aymat Catafau se rallie à l'hypothèse de la crise générale, qui s'étendrait dans les campagnes du comté de façon continue, de 1350 à 1450. Selon lui, la crise s'abat sur les villages du Roussillon à partir du milieu du XIVe siècle. Il appuie sa démonstration sur une série de faits : replis démographiques, abandons d'habitats marginaux, rétractions des terroirs cultivés et remises fiscales, qu'il consigne et dont il dresse une liste. Bien connu, également, est le texte cité, en date de 1408, conservé dans le cartulaire communal de Prats-de-Mollo, où les consuls déplorent que les bois, qui se sont étendus aux détriments des espaces cultivés, regorgent de bêtes sauvages[51]. Pourtant, il est indéniable que la crise ne s'étend pas uniformément de 1350 à 1450 ; c'est d'ailleurs la position de Gaspar Feliu i Montfort énoncée en conclusion de son article de synthèse consacré à la crise catalane. Il écrit expressément qu'il n'y pas selon lui de crise générale de l'économie catalane de la fin du Moyen Âge, mais une succession de moments de crise et de moments de croissance. J'ajouterais, comme j'ai pu l'apprécier dans le comté de Foix à partir d'une autre grille de lecture, celle de l'économie de guerre, que la crise n'est pas non plus uniforme sur tous les terroirs, ni dans tous les secteurs de production. La crise est parcellisée[52]. Il faut, en outre, faire intervenir la notion de « mutation » autant que celle de « crise ». Dans une contribution de Paulino Iradiel au débat, l'historien souligne au sujet des campagnes catalanes, dont il faut rappeler qu'elles seraient le foyer initial de la crise selon Pierre Vilar, combien la réduction de la céréaliculture ne peut être interprétée comme un signe de la crise quand, au même moment, on constate que d'autres cultures, cultures industrielles en particulier, se développent comme se développe l'élevage.

Quelle que soit l'échelle d'observation choisie, toutes sortes d'indicateurs encouragent à revenir sur la conception d'une crise générale. Elle est intenable à la lecture assidue des archives notariales, en particulier si l'attention est portée sur l'industrie, autant celle des bourgs que des cités[53]. C'est une lecture sur laquelle il nous faut nous arrêter. Ainsi, à partir de l'examen des industries du comté d'Empúries et du comté de Roussillon, Anthony Pinto a reconstitué les cycles du pastel, ouvrant à une interprétation moins monolithique de la crise, une lecture plus contrastée d'un secteur à un autre, avec une succession rapide de fléchissements et de reprises[54]. Les rythmes de l'industrie textile, en particulier celle de Castelló d'Empúries, ont été restitués à partir des flux des approvisionnements en teinture. Or la draperie de Castelló est en pleine activité en 1380, période durant laquelle elle est approvisionnée par le pastel du Languedoc et du Comminges. Elle connaît un fléchissement dans les années 1420, mais ce n'est pas le cas de la draperie du comté de Roussillon, qui n'est pas touchée par ce ralentissement. Le retrait de celle de Castelló d'Empúries est, en outre, largement compensé par le développement d'une draperie rurale dans des bourgs proches, comme à Sant Llorenç de la Muga, à Figueres, à Peralda, où se développe une production dont la qualité est reconnue sur les marchés régionaux. À la place du vide qu'observait Claude Carrère dans les campagnes autour de Figueres au XVe siècle, on découvre un tissu économique développé et structuré. De fait, la production drapière dope entièrement l'économie des campagnes par les cultures industrielles qu'elle engendre, par le travail et les bénéfices qu'elle offre, mais aussi par les capitaux des villes qui s'y investissent. Cette étude rigoureuse d'Anthony Pinto confirme les intuitions de Guy Romestan. Sans doute les deux auteurs ont-ils en commun d'examiner la conjoncture et la question de la crise catalane à partir d'un observatoire particulier : la draperie urbaine et rurale. Leurs travaux permettent de redonner une place à la ville de Perpignan, centre de commerce et centre industriel encore très actif dans les années 1450, en l'associant aux campagnes environnantes.

S'il n'est pas question de remettre à plat l'écheveau complexe des sources et des interprétations historiques pour les confronter à notre dossier documentaire et cela d'autant plus que nous profitons de l'article de synthèse de Gaspar Feliu i Montfort, il convient de s'interroger sur la lisibilité de la crise à l'échelle des notaires d'Arles et du Vallespir, à partir de l'observatoire que constitue l'industrie. Tous les indicateurs témoignent d'une croissance incontestable au cours de la première moitié du XVe siècle. Le secteur phare est sans aucun doute le textile. Dans ce cas, la croissance de la production correspond à une ouverture de la draperie des petites villes et des villages vers les marchés extérieurs, en particulier ceux de l'Italie du Sud et des rives de l'Afrique du Nord. Il apparaît ainsi clairement que la documentation notariale ne restitue pas une crise profonde et continue. L'industrie du Vallespir, au XVe siècle, en particulier la métallurgie, est, tout au contraire, un secteur actif où les individus créent des sociétés, produisent, échangent, circulent. Il nous suffira, pour l'instant, de juxtaposer des faits, sans aller plus loin dans l'analyse, afin de mettre en doute la conjoncture noire.

Certes, la documentation du bourg d'Arles comprend un franc hiatus de 1428 à 1443, mais il est compensé par les sources abondantes de Céret. Certes, le tremblement de terre frappe en 1428[55] ; certes, la fiscalité royale est ressentie comme trop lourde par ceux qui doivent s'y plier et demandent parfois une réduction des versements qui leur sont imposés. Cependant, au même moment, il est possible de réunir des indices contraires, comme autant de touches à la mesure des informations que livrent les registres notariés : Arles entreprend la création d'un nouveau pont au début du XVe siècle (entre 1406 et 1408) ; la vallée du Tech regroupe plus de six teintureries de Céret à Prats-de-Mollo ; dans les années 1404-1405, chaque bourg (Céret, Arles et Prats-de-Mollo) abrite simultanément la création d'une nouvelle société de teinturerie, et celle de Céret est approvisionnée, directement, par le pastel du Languedoc[56]. L'activité métallurgique ne dément pas cette impression. Dans le domaine du fer, les migrations de travail et la persistance d'une main-d'œuvre étrangère tout au long du XVe siècle confirment que la production ne connaît guère de relâchement. Les teintureries, comme les forges et les fourneaux, ont besoin de bois. Or, en Vallespir, la documentation révèle que l'approvisionnement en bois est objet de tensions au cours de la première moitié du XVe siècle. Certes, il manque des données précises sur l'activité agricole durant les deux derniers siècles du Moyen Âge pour apprécier les contrastes d'un secteur de production à un autre dans un même espace : celui des campagnes. La bibliographie est cruellement indigente sur le sujet[57]. Cependant, l'attention peut être reportée vers les grands chantiers hydrauliques qui ont été l'un des supports de la croissance de la production agricole, par le recours à une irrigation abondante. Pour ne citer que deux exemples fameux : 1413, reconstruction du canal de Pézilla à l'initiative de la communauté dudit bourg ; 1427, construction du *rech* royal de Thuir au financement duquel participent les habitants de cette localité[58].

Il semble que, dans le comté de Roussillon pas plus que dans d'autres régions, une crise d'un siècle ne soit venue écraser les hommes au travail[59]. Que dire de la place de l'industrie rurale dans la crise quels que soient sa forme, ses origines, son rythme et ses mécanismes ? Il apparaît clairement à la lecture des arguments rassemblés par Gaspar Feliu i Montfort que, parmi les facteurs économiques interrogés, la production artisanale et la production industrielle sont sous-évaluées. Non qu'elles soient absentes : bien au contraire, la draperie catalane est bien présente dans l'économie urbaine et les échanges internationaux. Cependant, alors que les campagnes et leur crise sont à l'origine des débats, ceux-ci n'accordent pas d'importance à la production non agricole dans les campagnes, qu'il s'agisse de draperie ou bien d'autres activités. Cette forme de cécité m'étonne. Je l'ai déjà constatée sur d'autres terrains. Or il me semble que l'industrie du Vallespir est un exemple sur lequel peut se fonder sinon la contradiction à la thèse de la crise générale, du moins un enrichissement de la réflexion. La force de l'argument tient assurément à la qualité spécifique des sources notariales. Elles sont riches, certes ; elles sont nombreuses, et les conditions de leur rédaction offrent un atout supplémentaire. Le notaire n'est pas uniquement un homme de cabinet. Il parcourt la montagne et prend bonne note, sur place, à l'entrée de la forge ou devant la teinturerie, des termes d'un nouveau contrat. Par ailleurs, son histoire personnelle et ses réseaux interfèrent dans son écriture : le notaire est souvent lié à l'industrie.

Chapitre 2

La main des notaires et la micro-histoire

De la fin du XIVe siècle aux années 1450, les registres notariés conservés du Boulou à Prats-de-Mollo résultent du travail d'au moins vingt-deux notaires[1]. Ces hommes n'ont pas été les seuls à instrumenter dans les bourgs du Vallespir. D'autres disposaient d'une étude dont les archives n'ont pas été conservées. Quel que soit l'état de conservation de leurs archives, tous ces notaires de la vallée du Tech demeuraient jusque-là des inconnus. Or, la qualité de ma recherche dépendait de leur identification car un notaire, me semble-t-il, n'est pas qu'une main, c'est-à-dire un intermédiaire, si attentif soit-il aux attentes de ses clients. Le choix d'un observatoire restreint, le bourg et les notaires d'Arles, m'a permis d'enquêter sur ces hommes dont les écrits constituent le socle sur lequel est bâtie ma réflexion. L'enquête a abouti à des résultats inattendus.

Le notaire n'est-il qu'une main ?

De 1306 au milieu du XVe siècle[2], les habitants du bourg d'Arles profitent du service d'au moins dix-sept études (voir figure 1). De la majorité d'entre elles il reste bien peu de chose. On connaît ainsi le nom de quatre notaires cités au hasard de la documentation et dont aucun acte ne subsiste : Pere Royre, notaire en 1389 ; Arnau Forques, notaire en 1393 ; Ramon Masoni, en 1418 ; Bernat Frigola, entre 1427 et 1456, notaire également à Prats-de-Mollo à partir de 1445. Pour six autres, on conserve quelques pièces de parchemin, comme pour Ramon Companys (1306 et 1312), dont on sait qu'il travaille avec un *publicus scriptor* (Simo Tolsani signalé en 1312, 1326, 1327 et en 1339)[3]. Il s'agit de la première étude repérée dans le bourg d'Arles, sous l'autorité de l'abbaye d'Arles, au tout début du XIVe siècle. Pere Ferrari est signalé en 1341 ; Antoni Buach est en activité au moins de 1348 à 1406 ; Joan Pontilliani, de 1437 à 1451 ; Bernat Pug, de 1440 à 1458 ; Antoni Masoni, en 1441[4]. Pour trois autres, le bilan n'est pas beaucoup plus riche, bien que l'on ait conservé certains de leurs registres. Le premier est Pere Colomina (registre daté de 1377 auxquels s'ajoutent des originaux sur parchemin, en 1376 et en 1398). L'homme est consul en 1398[5] ; on sait qu'il a travaillé jusqu'en 1407 à Arles, date de son décès, et que sa carrière était en cours dès 1375[6]. Le cas de Joan Morer, dont les notules s'échelonnent de 1395 à 1424 (un registre), s'apparente à ceux de Pere Colomina et Ramon Paytavi (repéré de 1432 à 1442). Les deux hommes demeurent inconnus malgré la conservation, certes médiocre, de leurs archives.

Fig. 1. Les notaires d'Arles (1306-milieu du XVe siècle)

Nom	**Période d'activité attestée par les sources**
Companys Ramon	1306-1312
Ferrari Pere	1341
Buach Antoni	1348-1406
Colomina Pere	1375-1407
Royre Pere	1389
Forques Arnau	1393
Germa Joan	1385-1421
Morer Joan	1395-1424
Alomari Bartomeu	1399-1418
Fuster Pere	1405-1445

Nom	Période d'activité attestée par les sources
Masoni Ramon	1418
Frigola Bernat	1427-1456 (en 1445, notaire de Prats-de-Mollo)
Paytavi Ramon	1432-1442 (décédé avant janvier 1445)
Pontilliani Joan	1437-1451
Pug Bernat	1440-1458
Masoni Antoni	1441
Comelles Joan	1442-1455 (?) à partir de 1448 également notaire à Prats-de-Mollo

Pour les autres notaires, la situation est différente et contrastée. Chacun d'entre eux témoigne, à des degrés divers, de la place du notaire dans la société des bourgs de montagne et parfois de leur relation ou de leur intérêt pour l'artisanat ou l'industrie. Chacun offre une facette de l'activité notariale à partir des traces de leur expérience personnelle. Bien que nous n'ayons conservé aucun registre de son étude, Bartomeu Alomari est signalé vingt-trois fois dans le corpus. La scribanie lui a été concédée en 1399 par l'abbé d'Arles, et il verse encore, à ce titre, une dernière créance en 1406[7]. En 1407, il est désigné comme notaire de la Procuration royale : cumule-t-il les deux charges ? Impossible de le savoir, mais signalons que, dès 1406, on le désigne comme ayant été « autrefois notaire d'Arles ». Il est à nouveau actif dans le bourg en 1418. Des informations plus étayées, réunies à partir d'autres cas, confirmeront ce que les quelques éléments collectés sur Bartomeu Alomari permettent de saisir, c'est-à-dire la circulation des notaires entre les bourgs de montagne et le centre du pouvoir que constitue la Procuration royale.

De Pere Fuster *alias* Clot ont été conservés six registres (manuels et notules, de 1405 à 1425) et deux parchemins originaux (1405 et 1432)[8]. Cette belle documentation nous éclaire sur le bourg d'Arles, et un peu sur l'homme. On sait qu'il a pour épouse Jordia fille de Pere Campi, forgeron et coutelier d'Arles ; qu'il a été notaire de la seigneurie de Cabrench en 1412, puis qu'il représente plusieurs fois, en 1414 et 1418, le notaire Joan Germa. Il est désigné comme notaire de Reyners en 1427. Il décède en 1445, sans testament, et sa situation financière apparaît alors peu reluisante. Sa veuve et ses deux fils éprouvent des difficultés à rembourser une dette de 100 sous. C'est dans ce contexte que la proximité de Pere Fuster avec le milieu de l'artisanat et de l'industrie est confirmée. Son fils, Antoni Fuster, est forgeron ; sa fille a épousé un pareur de Céret, Joan Daniu. Ni son fils ni son gendre n'ont laissé d'autres témoignages. C'est la gestion de la délicate succession de Pere Fuster qui les a fait sortir de l'oubli.

De l'étude de Joan Germa quatre originaux sur parchemin ont été conservés (datés de 1385, 1398 et 1408) mais aucun registre[9] ; cependant, c'est Joan Germa qui a dressé en 1405-1406 un capbreu d'Arles aujourd'hui conservé[10]. Contrairement à Pere Fuster, son contemporain, l'homme est bien connu entre 1385 et 1421 et il est riche. Soixante-deux actes témoignent de son activité en tant que notaire, mais aussi en tant qu'entrepreneur et surtout en tant que notable. En 1393, il officie à Arles dans l'étude d'Arnau Forques[11]. En 1401, il est désigné comme notaire public de Corsavy[12]. Il sera ensuite notaire à Arles mais, à sa mort, dispose encore de droits sur la scribanie de La Bastide et de Corsavy dont héritera une de ses filles. Commissaire député de l'abbé d'Arles, il gère, à ce titre, les affaires délicates de minorité. Sa place de notaire le fait intervenir dans les affaires communales, qu'il s'agisse d'enregistrer les actes importants, au titre de consul et comme procurateur de l'université. Il est aussi procurateur de Berenguer Royre, recteur de l'église Saint-Étienne et représentant des prêtres d'Arles, un des prêteurs les plus importants du bourg au début du XVe siècle[13]. Il est également son manumisseur et règle son importante succession (1413-1414). Joan Germa est nommé plusieurs fois à la tête de la communauté. Il est procurateur et syndic en 1405, en 1412 et 1418 ; consul en 1414[14]. C'est également en tant que gestionnaire des caisses communales qu'il apparaît : il est alors procurateur des aumônes d'Arles (en 1412). Sa puissance financière peut se lire, dès 1407, à la lumière de la somme qui lui est imputée dans le cadre de l'œuvre du pont d'Arles. Il doit verser 100 livres, une des plus fortes contributions. Il est d'ailleurs capable de prêter de fortes sommes en un seul versement : 63 livres à Bernat de Volono, futur bayle d'Arles et rentier des revenus de l'abbaye ; 150 écus d'or au boucher Guillem Torrent.

La pratique du prêt s'ancre dans une activité financière et économique très contrastée. Elle est assise sur un patrimoine foncier. Joan Germa est propriétaire de trois manses dans le domaine royal de Corsavy, manses qu'il a achetés en 1407. Il prend à ferme, en 1408, le forestage du bois de Corsavy[15]. Il dispose, aussi, de biens fonciers dans des lieux éloignés d'Arles et excentrés les uns par rapport aux autres, à Castelnou dans la plaine du Roussillon (1405), à Codalet en Conflent et surtout à Saint-Laurent-de-Cerdans (1407) en pleine montagne, au sud de Prats-de-Mollo. Ses finances sont également alimentées par les rentes souscrites auprès de l'abbaye d'Arles. Les autres notables du bourg se limitent souvent aux placements fonciers et au jeu des rentes, particulièrement aux rentes constituées ou *censals*[16]. Joan Germa ajoute à ces activités celle d'investisseur dans le domaine du drap et du fer. Les sources dont je dispose ne me permettent pas de saisir la cohérence de ses affaires, mais plutôt leur diversité et leur originalité. Quand, en 1406, il achète pour 40 livres au pareur d'Arles, Jaume Perer, ses parts dans une teinturerie proche *del portal* de l'hôpital, il en détient déjà une moitié selon un contrat d'acapte conclu avec le commandeur de l'Hôpital des pauvres d'Arles. En 1407, la teinturerie *del Portal* disparaît de la documentation réunie autour de Joan Germa. L'activité de l'homme se poursuit dans le domaine de la métallurgie. En 1416, il détient déjà la mouline de Léca, proche d'Arles, dont il est désigné comme le *dominus*. La mouline est toujours entre ses mains en 1417 et il apparaît, à cette date, comme le seul propriétaire de l'atelier. Il l'est encore en 1421, quand s'interrompt la documentation rassemblée de son vivant. En 1434, lors du décès d'une de ses filles, femme de Francesc Grimau bourgeois de Perpignan, Urbà Aygabella au nom de sa propre femme, Joanna, une autre fille de Joan Germa et en tant que procurateur de la troisième héritière, récupère la forge de Léca et ses nombreuses appartenances contre un dédommagement de 250 livres données à Frances Grimau[17]. Le cas de Joan Germa, notaire intéressé aux revenus de l'industrie, n'est pas isolé. Il est rejoint par un autre notaire, très présent dans les affaires arlésiennes, mais dont l'étude est localisée à Perpignan : Pere Candell.

Pere Candell officie à Perpignan durant la première moitié du XVe siècle[18]. Son testament le précise clairement[19]. Le fait qu'il teste à

Arles le 16 mars 1446 auprès du notaire Joan Comelles, qu'il prévoit le rapatriement de son corps d'Arles à Perpignan et que les légataires et les témoins domiciliés à Arles soient nombreux restitue une image de sa vie : tiraillée entre la capitale et le haut Vallespir. Cela n'a rien de surprenant : cette situation est également celle du modeste Bartomeu Alomari qui a enregistré des actes pour Pere Candell dont il est une connaissance fidèle, sinon un ami. Pere Candell est originaire du diocèse de Gérone. Il s'installe à Perpignan où il officie et dispose d'une étude à proximité du palais des rois de Majorque. Au début de sa carrière, il travaille pour la Procuration royale et sillonne le comté quand il est envoyé en mission, comme à Puigcerdá, en 1414. Il est désigné notaire des prisons du Vallespir, dès 1412. À ce titre, il officie pour le juge du Vallespir, Pere Tores[20]. C'est d'ailleurs en 1412 qu'il obtient sa charge de notaire.

De son étude, vingt-cinq registres ou fragments de registre ont été conservés, échelonnés entre 1414 et 1452. À leur lecture, il apparaît clairement que Pere Candell traite surtout des affaires dans la capitale et ses abords immédiats, en particulier dans le bourg de Claira, au nord de Perpignan, dans la plaine du Roussillon et dans la Salanque. Il est lui-même propriétaire à Château-Roussillon[21]. Il instrumente dans ces lieux pour deux de ses clients prestigieux : Ramon et Lluis de Perellos. Le premier est gouverneur des comtés de Roussillon et de Cerdagne à partir de 1421 et le second, son frère, assure ponctuellement cette charge pendant l'absence de son aîné. En 1446, Pere Candell est désigné comme *procurator* de Lluis de Perellos. Pere Candell travaille souvent à Barcelone, et des clients originaires de Barcelone se rendent également régulièrement à son étude ; cependant, de l'autre côté des Pyrénées, c'est la région de Gérone qu'il fréquente le plus assidûment ; il est vrai que ses parents en sont originaires, plus précisément du village de Rupià où il est né et où il a conservé des attaches. C'est ainsi qu'il compte parmi ses clients réguliers des individus de ce bourg. Quand il officie en Vallespir, c'est à Céret et à Arles qu'il se rend[22]. Dans ce dernier lieu, son service s'inscrit plus particulièrement dans une famille avec laquelle il entretient des liens d'amitié, celle des Comelles, dont il défend les intérêts jusqu'à Perpignan et Saint-Cyprien[23]. Ainsi la présence de Pere à Arles tiendrait-elle autant à son réseau amical que strictement professionnel[24].

Dès le début du XVe siècle, Pere Candell apparaît lié à la sidérurgie du Vallespir. En 1411, il est, en effet, nommé procurateur de Guirona Sarrat, veuve et usufruitière de son mari, Guillem Sarrat, qui détient la mouline del Perer à Céret et dont il défend les intérêts à l'encontre des forgeurs, amodiateurs de la forge[25]. Trente-six ans plus tard, en 1445, il possède la moitié des parts de la mouline de Léca[26]. Son associé est alors l'apothicaire Urbà Aygabella qui a hérité en 1434 de son beau-père Joan Germa, sans doute seul propriétaire de la mouline de 1417 à 1421 (Joanna, femme d'Urbà est une des filles de Joan Germa) et dont nous avons retracé l'activité de notaire[27]. Les deux hommes ont également des relations communes. L'un et l'autre sont liés à la famille de Pere Comelles, ce dernier étant tout à la fois un client du notaire et un ami et associé de l'apothicaire dans le cadre d'une société consacrée à l'extraction minière. Peu de temps après, Urbà Aygabella vend à Pere Candell sa moitié de la mouline de Léca. Le notaire la possède en totalité en décembre 1446[28]. Il dispose également des pâtures qui sont associées à la mouline, à Léca et à Anglats. À la fin du XVe et encore au XVIe siècle, des membres de sa famille conserveront des parts de mine sur le site de Batère. Peut-être Pere a-t-il œuvré dans ce sens ? Ses héritiers détiennent toujours la mouline de Léca au XVIe siècle[29].

On ignore si la mouline représente l'unique investissement industriel de Pere Candell. Cependant, au moment de son décès intervenu entre avril et septembre 1454, seul cet atelier est enregistré au titre de ses biens mobiliers : « *Una farga o molina de ferre apellat de Lecha situada desus lo termes de Corsavi*[30]. » Un compte inséré dans un de ses registres prouve qu'il a été en affaires, pour de grosses sommes, avec un *fuster* de Perpignan, mais à quel titre[31] ? Cependant, les relations que Pere Candell entretient à Arles suffisent à reconstituer l'intérêt qu'il porte à l'industrie et à l'artisanat. Tous les témoins qui interviennent dans son testament sont artisans ou entrepreneurs, liés à l'artisanat du cuir, à l'industrie du bois ou à celle des métaux. À Arles, on compte, bien évidemment, Urbà Aygabella, son associé pour la mouline de Léca, Pere Comelles, boucher et entrepreneur minier, Antoni Grasser, un des membres de la famille Grasser, tous charpentiers, Francesc Cardonet cordonnier, Antoni Torneros maçon. Joan Gros, seul témoin domicilié à Céret, est apothicaire. Les témoins d'Arles ne regroupent donc aucun médecin, notaire, et surtout pareur, tous si nombreux à Arles. On se doit de le souligner : les alliés de Pere Candell, dont assurément certains sont très puissants à l'échelle du Vallespir et même du Roussillon comme Pere Comelles, extraient les minerais, travaillent les métaux, le bois, la pierre et le cuir, ou investissent dans les activités de transformation de ces produits. De même, la clientèle de Pere à Perpignan n'est pas composée de grands marchands, mais d'individus œuvrant également dans les domaines de l'artisanat et de l'industrie, en particulier celle du drap[32]. Pere Candell est, par ailleurs, un homme cultivé. L'inventaire après décès de ses biens dénombre davantage de livres qu'en disposent traditionnellement les notaires de la cité, vingt-cinq au total. S'il ne détient ni missel, ni Bible, sa bibliothèque compte plusieurs traités de notariat, dont le célèbre traité de Salatiele, un traité de logique, des ouvrages de rhétorique, de poésie et d'histoire et un traité de jardinage *El art de ortalissa e de la podaho e de laurar*[33]. Ce n'est pas un hasard si Pere Candell choisit l'étude de Joan Comelles, implanté dans le Vallespir, pour déposer son testament. Celui-ci est le fils de son ami Pere Comelles.

De tous les notaires qui disposent d'une étude à Arles, Joan Comelles est le seul dont nous puissions reconstituer la famille, car elle occupe le devant des affaires arlésiennes. Le plus ancien membre connu de la famille Comelles est Domenec Comelles (1383-1418). Il s'agit du grand-père de Joan. C'est déjà un homme puissant : rentier de la reine Yolande pour les grands pasquiers de Corsavy, rentier également des thermes de Corsavy, capable de prêter à certaines familles de chevaliers domiciliées à Perpignan plus de 100 livres en une seule créance. Il est possible que ce Comelles soit celui qui, bien qu'habitant Arles, dispose, en 1402, de la baylie de Millas[34]. Si son nom n'est jamais associé à une profession quelconque, les activités que l'on voit brassées par Domenec Comelles sont celles d'un marchand. Il vend des draps, du blé. On lui connaît deux fils. Joan Comelles, prêtre d'Arles, d'abord bénéficier de la chapelle du château royal de Corsavy puis, à partir de 1418, de Saint-Jean de Perpignan, la cathédrale. Son autre fils est Pere Comelles qui est l'un des individus les mieux connus d'Arles entre 1400 et 1450. Il est le père du notaire Joan Comelles. Nous l'avons déjà dit : cet homme est boucher, marchand, et poursuit l'activité polymorphe de son père, achetant et vendant blé, vin, bétail, fer, draps ; rentier de l'abbaye d'Arles, pratiquant le prêt à des individus et à des communautés (Arles, mais aussi Millas), en affaires dans le Vallespir comme à Perpignan, où il dépose une partie de ses avoirs ; il est présent également sur le port de Saint-Cyprien. Il investit dans les terres ; seigneur de Saint-Marsal (sur les versants du Canigou, à proximité de Batère) dans les années 1440, il est dorénavant désigné comme « vénérable Pere Comelles ». Son activité est, par ailleurs, fortement ancrée localement : il arrente les revenus du roi à Corsavy de 1406 à 1408[35] ; ceux de Montbolo en 1421[36]. C'est d'ailleurs à Montbolo que s'inscrit son activité d'entrepreneur minier. Il a quatre fils. Francesc Comelles semble être le plus jeune. Il prend en quelque sorte la succession de son oncle : il est bénéficier de la cathédrale Saint-Jean de Perpignan, à partir de 1444. Pere Comelles le jeune se déclare pareur (1414-1446), tout comme son autre frère Antoni (1407-1448). Tous deux sont associés à leur père en tant qu'exploitants miniers. Le quatrième fils de Pere est Joan Comelles, le mieux connu de la fratrie. L'identification de Joan est cependant complexe. Effectivement, si on conserve sept registres ou fragments de registres et un parchemin original de Joan Comelles (1442), il apparaît que cet homme a instrumenté dans plusieurs lieux[37]. Ses registres permettent de le suivre comme notaire d'Arles, de Prats-de-Mollo et de Céret, même s'il est délicat de reconstituer précisément ses périodes d'activité dans chacun des bourgs du fait du rassemblement désordonné de cahiers d'origines différentes dans un même registre (manuels et notules confondus) et de la médiocre conservation de ceux-ci. L'étude de Joan Comelles abrite Joan Pontilliani, qui est plusieurs fois désigné comme son substitut à Arles, l'amplitude des affaires de Joan Comelles ne lui permettant pas d'être toujours présent. Il officie également ponctuellement avec le notaire Ramon Paytavi (en 1442). Joan Comelles apparaît dans les registres de sa propre étude, au titre des affaires qu'il a pu conclure en famille. Il y est alors par deux fois désigné comme notaire, mais l'est bien plus souvent comme marchand. Une question s'impose : s'agit-il du même homme ? Tous les indices, sans pourtant que nous en ayons la certitude absolue, renvoient à un seul individu. Joan Comelles est marié à Margarida Vola, fille de Pere Vola marchand de Perpignan, ledit Vola étant un des associés de Pere

Comelles. Voilà donc un individu tout à fait intéressant. Notaire et même notaire royal, puisqu'il a reçu la cédule de l'autorité publique des mains de Pere Mauran, subvicaire des Bains et du Vallespir le 1er avril 1446, ayant travaillé dans différents bourgs de la vallée et particulièrement à Arles où est implantée sa famille, il est étroitement associé à la cité de Perpignan et au milieu du commerce et de l'industrie (drap et métallurgie). C'est donc par le biais de son réseau familial et amical que le notaire Joan Comelles est en contact direct avec l'industrie du Vallespir.

Parmi les quatre notaires sur lesquels nous avons réuni quelques éléments biographiques et qui travaillent à Arles durant la première moitié du XVe siècle, trois sont liés à l'industrie du Vallespir à des degrés divers. Le fils et le gendre du modeste Pere Fuster sont artisans ; Joan Germa a placé des capitaux dans une teinturerie et dans une forge dont il possède des parts ; Joan Comelles est le fils et le frère d'hommes que leur envergure financière et économique a porté vers la draperie et vers la métallurgie. Il faudrait leur ajouter Pere Candell, notaire à Perpignan mais proche de Pere Comelles et qui, lui aussi, a investi dans la métallurgie du Vallespir. Tous ces cas illustrent les relations étroites que les notaires entretenaient avec la production non agricole. Ces hommes de l'écrit ne sont pas uniquement des hommes de cabinet, et leur activité les entraîne souvent loin de leur étude et sur le terrain. Les témoignages que leurs registres nous livrent sur l'industrie ne peuvent que profiter du rapport direct ou indirect qu'ils ont établi avec ce secteur de la production. Cette familiarité est un gage d'authenticité quand l'acte notarié renferme des termes rares, parfois des hapax, dans le domaine des techniques.

De la parole à l'écrit

On peut poser comme une hypothèse solide qu'en Vallespir le notaire sera d'autant plus précis dans la rédaction des actes, et en particulier dans le choix du vocabulaire utilisé, que les termes qui lui serviront à désigner outils, machines, procédés, matériaux et produits ne seront pas totalement étrangers à son univers. Cette proximité est importante pour l'historien, qui a parfois à élucider les mots du travail et, en particulier, ceux de la technique, et qui peut donc se fonder sur le savoir du notaire et sur sa capacité à rendre compte d'une culture technique qu'il partage avec d'autres.

Certes, quel que soit le sujet qu'il a à traiter, l'historien se doit d'être attentif aux termes utilisés. Dans le domaine des techniques de production, cependant, ce souci lexical s'accompagne d'enquêtes délicates[38]. Les registres notariés offrent fréquemment des mots de la technique, isolés dans un discours juridique et économique, énoncés en latin, mais également en langue vernaculaire. Dans notre cas, le mot repéré résulte souvent de la transposition écrite d'une parole qui ne dispose pas d'équivalent linguistique en latin ou en catalan. Il est retranscrit et inséré tel quel dans le texte. Il est une des rares marques de l'oralité dans le discours écrit et normé des actes notariés. Parfois, le notaire crée à partir du mot tel qu'il l'entend un composé hybride, un néologisme, en attribuant une désinence latine au terme vernaculaire. Le filtre de l'écrit opacifie forcément la réalité. Le notaire peut parfois aider l'historien quand il prend le temps de proposer une traduction latine au mot de la technique. Il exprime ainsi sa volonté de trouver un langage commun, sans réduire pour autant la richesse lexicale du document, puisque le terme technique demeure associé à sa traduction latine. Cette attention est rare.

Quand l'historien s'attache à l'élaboration d'un lexique afin d'aider à la reconstitution délicate du sens des mots de la technique, l'acte notarié peut rendre compte de pratiques et de savoirs. Cette enquête est particulièrement opérante dans le domaine des innovations. C'est souvent grâce à l'apparition d'un mot nouveau qui désigne une nouvelle machine, un nouvel outil ou une nouvelle manière de faire que les historiens identifient l'émergence de l'innovation[39]. De même, la circulation de termes techniques, d'une zone linguistique à une autre, est parfois un indice rare et fragile sur la circulation des savoirs et des pratiques techniques[40]. C'est pourquoi, et cela est net à partir du corpus catalan, les sources notariées ne témoignent pas à un moment donné de toutes les techniques avec une force égale. Ainsi, durant la première moitié du XVe siècle, dans les montagnes catalanes, les informations collectées sur les techniques de production sont plus nombreuses dans le domaine de la métallurgie que dans celui du textile. Cette situation n'est pas liée à l'importance respective de chacun des secteurs dans l'économie rurale, car l'industrie du drap, tissage et teinture, occupe une place prépondérante tant au niveau des bras qu'elle utilise que des financements dont elle profite. Cette moindre importance des informations de nature technique tient sans doute au fait que la première moitié du XVe siècle n'est pas une période d'innovation pour l'industrie textile, alors qu'elle l'est dans le domaine de la métallurgie, qu'il s'agisse du traitement du cuivre argentifère ou de la soufflerie hydraulique appliquée aux forges de réduction directe du minerai de fer.

Mais si le mot permet de repérer l'innovation, il ne suffit pas à l'expliciter. Même dans le domaine le mieux éclairé par le corpus catalan, celui de la métallurgie, l'écrit du notaire ne fournit aucun renseignement précis sur les gestes, les procédures, et encore moins sur le savoir mobilisé ou la qualité du produit. Il prend acte[41]. C'est donc à l'historien de recomposer savoir et pratique à partir du mot écrit et d'établir des hypothèses. Pour cette reconstruction, les actes notariés lui offrent quelques clefs. Ils lui permettent d'inscrire le mot isolé dans un espace technique. L'enquête sur les mots aboutit, en effet, à circonscrire des territoires correspondant à des savoirs techniques localisés, situés. La technique nouvelle s'inscrit alors dans une culture technique du territoire où l'innovation s'implante d'autant plus facilement qu'elle profite de pratiques et de savoirs déjà mis en œuvre. Cet ancrage permet souvent à l'historien de mieux comprendre à quoi correspond la nouveauté dont le mot témoigne. Mais le territoire technique est aussi un tissu social. Les actes notariés permettent d'inscrire la technique nouvelle dans le milieu qui a été capable de recevoir l'innovation, sinon de participer à son élaboration. En Vallespir, le notaire y a sa place et il s'insère dans un réseau de sociabilité où des individus disposent d'un savoir technique qui est à l'œuvre dans l'industrie rurale. La technique élucidée devient alors une clef pour accéder à l'industrie. Cependant, ce type d'enquête n'est possible, et encore est-elle délicate, que si l'on emprunte une démarche particulière : celle de la micro-histoire[42].

Arles et la combinaison des focales

Je propose donc une étude de l'industrie médiévale à partir des archives notariales des bourgs du Vallespir, Arles constituant l'observatoire de référence. L'enquête s'appuie sur tous les registres notariés conservés, du Boulou à Prats-de-Mollo, car l'industrie d'Arles n'a pas été simplement mémorisée par les notaires d'Arles mais par tous ceux du Vallespir, et par certains notaires de Perpignan. Il ne s'agit pas pour autant de construire une monographie locale : celle d'une industrie rurale active à Arles et dans le Vallespir durant la première moitié du XVe siècle, en particulier une industrie métallurgique, qui fournirait un exemple fiable et transposable. Il convient de recueillir les indices « au ras du sol », d'aller au plus près des sources et de traquer toutes les empreintes pour rendre compte de l'industrie, tant dans le domaine des processus de fabrication, des conditions de gestion et du savoir technique, que pour approcher les hommes au travail, surtout les plus modestes d'entre eux, car la démarche choisie relève de la micro-histoire[43]. La main du notaire nous y aide d'autant mieux que, comme je l'ai signalé, le notaire n'est pas étranger au milieu de l'industrie. Le premier stade de l'enquête aboutit ainsi à juxtaposer des « expériences singulières », une série de biographies. L'accumulation des indices et la prétention à les recueillir au plus près des individus ne fournissent pourtant en rien l'assurance d'une légitimité historienne. Le local n'est pas le réel[44]. Simplement, cette démarche est sans doute la façon la plus respectueuse d'approcher les hommes au travail. Celui qui s'aventure dans cet espace de recherche ne dispose pas d'outils méthodologiques préétablis. L'étude locale n'est qu'un aspect de la démarche. Il en est simplement le premier stade.

L'échelle « micro » est ainsi privilégiée pour rendre compte de la diversité des activités non agricoles au village, approchées à partir des vies, d'une collection de vies, que les registres de notaire ont mémorisées. Ces vies n'ont aucune exemplarité ; le fait que je les aie isolées tient simplement à l'état de conservation des archives et à la façon dont l'écriture du notaire les restitue. Les individus étudiés ont, en effet, été choisis et regroupés en fonction de la dénomination professionnelle que leur a attribuée le notaire. Je les ai donc d'abord retenus et rassemblés selon les catégories en usage. Incontestablement, le fait de les extraire du registre leur procure un sens particulier. Il rend compte de la diversité des trajectoires empruntées par ces individus qui ont pourtant tous en commun un lieu de vie, un temps de vie, qui sont tous désignés selon des dénominations courantes et partagent une activité commune[45]. Cette diversité des expériences individuelles s'enrichit de la collection d'autres vies dans d'autres bourgs du Vallespir ; parfois dans d'autres bourgs hors du Vallespir et particulièrement en Conflent, ce qui aboutit à révéler une forme de régularité des comportements.

Le Vallespir, vallée de montagne au torrent vigoureux, au pied des versants boisés du mont Canigou est un bon observatoire de l'industrie. Certes, il dispose, *a priori*, de moins d'atouts que le Conflent. La vallée de la Têt, en effet, ouvre sur Perpignan. À la frontière des deux royaumes d'Aragon et de France, elle est davantage inscrite dans les échanges internationaux et abrite la puissance économique des grandes abbayes de Saint-Martin du Canigou et de Saint-Michel de Cuxa. Cependant, et comme je l'ai précisé par ailleurs, les archives du Conflent sont réduites et tardives contrairement à celles du Vallespir. Ce sont les sources notariales qui sont les meilleurs atouts de la vallée du Tech. Elles ouvrent l'enquête sur des bourgs dynamiques, bourg royal (Prats-de-Mollo), bourg monastique (Arles) et bourg relevant d'un seigneur laïc (Céret), qui tous disposent du fort ancrage économique et politique d'une notabilité entreprenante réunissant, en particulier, pareurs, notaires, apothicaires. Les liens d'un bourg à l'autre, d'une famille à l'autre, exceptionnellement éclairés par l'archive offrent une combinaison de focales ; les individus qui circulent portent l'enquête du village au bourg et du district industriel vers les rives de la Méditerranée.

Cette démarche apporte une connaissance particulière et neuve de l'industrie rurale. Sa diversité, qui est la première perception que nous en ayons, ne consiste pas en une juxtaposition d'activités, mais en une combinaison qui permet de désigner le Vallespir comme un district industriel. Mais le souci des comportements individuels et la reconstitution des bribes de vie troublent cette première construction. En effet, la dénomination qui nous a fait isoler des individus et reconstituer des groupes professionnels, une démarche obligatoire pour nous approcher de la source et constituer un premier corpus, ne correspond pas systématiquement aux activités pratiquées par les individus qu'elle désigne, mais s'avère être également un filtre social. Il faut donc revenir aux registres, retourner aux biographies pour éclairer et révéler, au-delà des catégories, une autre industrie, demeurée invisible, une industrie qui regroupe des activités sans nom ; des activités qui apparaissent à la lecture non des désignations professionnelles, dont elles ne profitent pas, mais des actions qui sont à l'œuvre dans les actes de la pratique ; ces actions qui font jaillir également la figure de l'entrepreneur rural dont le travail dans l'atelier n'est pas, non plus, énoncé comme tel par le notaire et dont la place spécifique dans le processus de production doit être reconstituée d'acte en acte.

De fait, de tous ces destins exhumés, seuls ceux des plus puissants peuvent être suivis longuement, parfois pendant cinquante ans dans le cadre chronologique imposé par la conservation des sources, mais aussi et surtout d'une échelle de perception à l'autre : du village, au bourg, au Vallespir, au comté ; dans un réseau étendu et polymorphe : en contact avec les voisins ; en contact avec les obligés, les associés, les acheteurs, les vendeurs ; en contact avec les proches et en contact avec le roi et ses officiers pour certains d'entre eux. En effet, si la seule expérience « au ras du sol » permet de rendre compte de la forte présence de l'industrie au bourg et d'interroger le rapport entre individus, activités communes et énoncés des catégories, elle ne permet pas d'étudier tous les aspects de l'industrie rurale. La démarche choisie (celle de l'enquête en micro-histoire) impose d'adapter l'échelle d'observation à l'objectif à atteindre et de jouer d'une combinaison d'échelles[46]. Il convient d'en examiner à présent la mise en œuvre.

Si je choisis d'analyser le processus de diffusion de l'innovation, il doit être appréhendé au ras du sol, au plus près des mots du notaire qui permettent de le pister, mais ne peut être compris dans ses composantes économiques, sociales et surtout politiques qu'à l'échelle du territoire technique, c'est-à-dire de l'espace dominé et maîtrisé par une innovation spécifique[47]. C'est à partir de l'innovation sidérurgique qu'est la mouline, une forge hydraulique de réduction directe, que je ferai l'expérience de cette première combinaison d'espaces. Son implantation en Vallespir est lue à la lumière du modèle construit à partir d'un autre observatoire autour duquel a été défini le territoire technique de la mouline : le comté de Foix. Cette lecture aboutit à deux constatations. Elle permet de confirmer le volontarisme de la politique royale et la forte présence de la notabilité des bourgs dans le processus innovant à partir de la reconstitution d'indices biographiques. Elle aboutit, dans un second temps, à la remise en cause de la construction historiographique selon laquelle la première forge hydraulique de réduction directe serait apparue en Catalogne, dès les Xe-XIe siècles. La consultation attentive des sources catalanes du Xe au XVe siècle, combinée à celles rassemblées sur l'ensemble du territoire technique de la mouline, invite à une relecture du dossier historiographique.

Un semblable jeu d'échelles est mis en œuvre pour comprendre les mécanismes du marché du fer. Seul l'usage des sources locales permet de rassembler et de reconstituer les prix, leur formation et la mise en place des deux marchés emboîtés que sont le marché du fer en gros et celui du fer au détail. De même, seule une collection d'indices permet d'approcher la pratique du troc sur un territoire où les échanges sont fortement monétarisés. Certes, les archives du bourg d'Arles définissent le prix du fer comme « celui de Pere Noelli et de ses associés ». Le prix résulte, effectivement, des relations complexes tissées entre tous les individus qui participent à ces marchés. Cependant, la question de la qualité du fer doit être résolue en priorité, car la valeur d'un objet, si dépendante soit-elle des relations entre acheteurs et vendeurs, est définie principalement par sa qualité matérielle. Or cette qualité ne peut être élucidée à partir du seul observatoire arlésien, ni même en Vallespir. Il faut, pour cela, aborder deux autres espaces : à nouveau le territoire technique où le fer est produit selon des modalités techniques particulières et l'espace marchand de sa diffusion, c'est-à-dire, dans le cas du fer produit en Vallespir, celui de la circulation des fers méditerranéens, où le fer catalan occupe une place parmi d'autres fers.

Le quatrième dossier permet d'approcher les vies minuscules, celles des hommes qui travaillent dans les forges. L'enquête est possible à partir de l'observatoire d'Arles qui donne à voir forgeurs, charbonniers, muletiers et manœuvres. Tous sont étrangers : Languedociens, Ariégeois et Basques. Cette proximité, rare, met un peu de chair dans une histoire du travail au Moyen Âge qui en compte souvent si peu. Une histoire locale d'Arles aurait sans doute noté avec intérêt l'origine de la main-d'œuvre. Le jeu d'échelles permet d'aller plus loin. Il faut pour cela revenir encore à l'observatoire privilégié qu'est le territoire technique. En effet, tous ces hommes viennent de grandes régions sidérurgiques méridionales, en particulier les Ariégeois et les Basques. Mieux, les régions dont ils sont originaires participent du territoire technique de la mouline. Il est alors possible de « pratiquer la micro-analyse à une vaste échelle[48] ». Grâce à cette démarche, les compétences de ces hommes dans la forge peuvent être interrogées et comparées dans un contexte où les pratiques de travail et de gestion ont été façonnées par les circulations anciennes des individus et des techniques que seule la variation de focale est capable de mettre en valeur.

Le dernier volet de l'enquête a pour objet l'examen des savoirs disponibles, en action et en circulation dans les campagnes médiévales, des savoirs que l'on doit qualifier de tacites, c'est-à-dire non écrits, portés, inscrits, comme « enchâssés » dans l'individu. Pour ce faire, il m'a fallu déplacer le champ des investigations vers la métallurgie des non-ferreux. Effectivement, seule la métallurgie de l'argent, à cause de l'écrit qu'elle a généré, tant dans le domaine de la construction du droit que dans celui de la codification des savoirs techniques avec l'élaboration de traités, nous offre un espace apte à répondre à ce type d'interrogations. L'enquête s'est concentrée sur une mine : celle de Pere Comelles ; sur un four de traitement des minerais polymétalliques : la *fusina* de Montbolo ; et sur un homme en particulier, Urbà Aygabella, apothicaire et associé de Pere Comelles. La reconstitution des savoirs passe également par la lecture des notaires de la Procuration royale, car le roi est partie prenante dans l'extraction des métaux précieux. La construction législative qu'il élabore résulte d'un va-et-vient entre ses attentes et ses projets, transmis et mis en œuvre par ses officiers d'une part, et la réalité du terrain, d'autre part. Celle-ci s'exprime tout autant par les choix des entrepreneurs que sont Pere Comelles et Urbà Aygabella que par leurs échecs économiques. Leur difficile expérience infléchit la loi du roi et impose sa réécriture. On le savait déjà : l'échec a des vertus. Quant à l'évaluation des savoirs techniques perçus exclusivement au travers du filtre de l'action et par l'intermédiaire du vocabulaire spécifique dont use le notaire pour en rendre compte, elle ne peut se faire simplement *in situ*. Elle impose de lire et de comprendre les indices fournis par les registres catalans à partir de deux autres observatoires, celui de l'Europe méridionale (Languedoc, Alpes italiennes et Pyrénées) et celui des pays germaniques où des enquêtes philologiques ont été conduites. Dans le cadre de ce dossier, la combinaison des échelles d'observation est exemplaire, car la lecture des circulations techniques et l'évaluation des savoirs tacites prennent tout leur sens à la mesure des capacités d'un individu : l'apothicaire Urbà Aygabella.

Le jeu d'échelles qui structure cette enquête aboutit ainsi à une lecture différente et particulière de l'industrie des campagnes, des bourgs et des villages, dans laquelle il convient à présent d'entrer de plain-pied.

II

Les industries d'Arles

Chapitre 3

Les mots du notaire et l'industrie

Dresser le tableau des activités de production non agricoles qu'abrite le bourg d'Arles constitue la première étape de l'enquête, un travail minutieux et indispensable. Plutôt que de suivre une démarche traditionnelle, s'appliquant à la description des différents secteurs de production, associée à la mesure globale et parfois chiffrée du phénomène, j'ai choisi de privilégier les acteurs économiques, partant des individus et les rassemblant à partir du critère de la désignation professionnelle que leur attribuent les notaires. Sur 631 individus repérés et domiciliés à Arles durant la première moitié du XVe siècle, 427 sont identifiés par une désignation professionnelle[1]. Parmi eux, 218 travaillent dans l'artisanat et l'industrie. Ils sont, pour les plus nombreux d'entre eux, qualifiés de tisserands, de teinturiers, de pareurs, de peigneurs, de tailleurs, de cordonniers, de *fusters*, de forgerons et de forgeurs par les notaires. Cependant, quel que soit le secteur d'activité concerné, la désignation professionnelle n'est pas systématiquement précisée dans les actes. Si j'isole les quatorze individus sur chacun desquels ont été rassemblés plus de cinquante textes, je constate que leur désignation professionnelle n'apparaît, en moyenne, que dans 24 % des actes (voir figure 2).

Ces 218 individus sont les objets de l'enquête. Ils sont le fil rouge de cet ouvrage. La documentation disponible pour certains d'entre eux autorise au mieux la construction de biographies ; au pire le patient rassemblement de morceaux de vie, tant, dans certains cas, les informations sont lapidaires. Leur biographie est une clef que l'historien doit utiliser pour comprendre l'industrie et l'entreprise. Les individus n'ont pas été choisis. Ils sont ceux sur lesquels a été rassemblée la plus large documentation. Certes, ces hommes isolés par l'éclairage notarial, lui-même érodé par la sélection des sources due à la perte des registres, peuvent ne pas restituer la situation commune de tous ceux qui travaillaient dans les ateliers du bourg. Il faut bien convenir que je n'ai pas eu le choix des archives. J'ai eu, en revanche, celui de la démarche. Reconstituer une situation moyenne m'est toujours apparu comme impossible et, à vrai dire, peu significatif. La démarche choisie, au plus près de certains individus, me fait penser l'exemplarité autrement qu'en termes rigoureusement statistiques[2]. À partir de ces biographies, en effet, il est possible d'approfondir la connaissance du travail au-delà de la simple ossature que restituent les désignations, en juxtaposant les désignations professionnelles déclarées devant le notaire et qui relèvent de catégories, et les activités réelles, pratiquées par ces hommes et reconstituées, indice après indice, à partir des mêmes sources notariales. La juxtaposition est opérante, car elle permet d'approcher, à l'intérieur d'une même profession énoncée, la diversité des pratiques, à partir des expériences individuelles[3].

Fig. 2. Les 14 individus les mieux connus (Arles, 1re moitié du XVe siècle)

Nom par nombre d'actes	Nombre total d'actes	Mentionnant l'activité	Proportion	Dénominations professionnelles
Torrent Guillem	145	46	31 %	boucher
Comelles Pere	125	7	5 %	boucher, marchand, pareur
Aygabella Bartomeu	125	4	3 %	marchand, tendeur
Branya Berenguer	117	32	27 %	boucher
Noelli Pere	110	15	13 %	marchand

Nom par nombre d'actes	**Nombre total d'actes**	**Mentionnant l'activité**	**Proportion**	**Dénominations professionnelles**
Castaneda Joan	82	16	19 %	tendeur
Colomina Pere	74	26	35 %	apothicaire
Perer Jaume senior	70	18	25 %	pareur
Aygabella Urbà	70	31	44 %	apothicaire, *specerius*, *ferrarius*
Germa Joan	56	29	51 %	notaire
Corona Ramon	55	0	0 %	aucune information
Bochabrella Ramon	54	3	5 %	tendeur
Balmes Bartomeu	53	22	41 %	forgeron
Massani Antoni	51	21	41 %	boucher
Moyenne des 14	**83**	**21**	**24 %**	

Les informations sont de qualité inégale d'une activité de production à une autre. Cette irrégularité est-elle une spécificité arlésienne ? Afin d'apprécier l'exemplarité du bourg d'Arles, il convient de rapporter les résultats de l'enquête conduite au plus près des individus et à l'échelle du seul bourg, aux données plus largement rassemblées sur l'industrie rurale en Roussillon, Conflent et Vallespir. Des travaux historiques proposent un éclairage. Cependant, la confrontation entre sources arlésiennes et historiographie n'est pas toujours possible. C'est pourquoi j'ai entrepris la récolte des matériaux bruts dans la vallée du Tech et même, parfois, au-delà du Vallespir, en poursuivant ma quête des indices rassemblés autour d'individus, mais à une autre échelle que celle du bourg. Cette démarche a été appliquée systématiquement à toutes les activités repérées initialement par une désignation. L'enquête, forcément inachevée et imparfaite, permet, toutefois, de rendre compte de la place du bourg d'Arles dans le tissu des activités artisanales et industrielles du Vallespir et de l'ensemble du Roussillon. Si cette démarche aboutit à montrer la diversité et le dynamisme de l'artisanat et de l'industrie des campagnes, elle interroge également la valeur que l'historien est en mesure d'accorder aux désignations professionnelles ; ce qu'elles révèlent et ce qu'elles cachent et, finalement, comment artisanat et industrie sont perçus dans la société rurale, au travers de l'enregistrement notarial.

Tisserands, pareurs et teinturiers

L'examen des désignations met en avant la production textile, qui rassemble 105 individus durant la première moitié du XVe siècle. Sur l'ensemble de la filière, ce sont les activités de finition qui s'imposent. En effet, si le bourg d'Arles compte vingt-sept tisserands, ils sont beaucoup moins nombreux que les pareurs, au nombre de quarante-sept, auxquels il faut ajouter les teinturiers (quatre), quelques peigneurs après 1444 (sept), et également de nombreux tailleurs, vingt et un (dont cinq dans les années 1440). Bien évidemment, ces chiffres ne restituent en rien une réalité professionnelle ; au mieux offrent-ils une forme du clivage social. Il est commun de noter que la documentation ne fait qu'effleurer les peigneurs, comme les tailleurs. L'un d'eux sort de l'ordinaire pourtant, du seul fait qu'en tant que *converso* il apparaît sous une double dénomination : d'abord celle de Mosse Guesson, puis de Joan Rossini. Il s'agit pourtant du même homme[4]. À l'opposé de ces cas où la documentation conservée est faible, il est possible de reconstituer des itinéraires de vie, des relations et des réseaux de sociabilité et de travail.

Pere Bardina, tisserand

La plupart des vingt-sept tisserands dénombrés sont regroupés avant le hiatus de la documentation, c'est-à-dire avant 1428, pour simplement cinq individus œuvrant à partir de 1443[5], et un dont l'activité couvre toute la période, de 1407 à 1444 (voir figure 3). Six individus sont absolument inconnus, au-delà de l'énoncé de leur nom et de leur activité, souvent déclarés lorsqu'ils interviennent comme témoin. Tous les autres, à une exception près, demeurent méconnus. Des tisserands, l'historien sait peu de chose, sinon qu'ils sont insérés dans des familles où la diversité des activités est patente. Le corpus ne permet pas d'aller bien au-delà de cette constatation. Ces tisserands tissent-ils ? Sans doute, mais les quelques données rassemblées sur leur activité professionnelle les montrent parfois acheter des draps[6]. La modestie de leur activité et de leurs biens est-elle à l'origine de la faiblesse de la documentation conservée ? Les registres des notaires auxquels ils se sont adressés ont-ils disparu ? La question est patente ; elle est récurrente, elle se posera pour d'autres activités. Cette situation restitue l'incertitude d'une mesure quantitative des activités de production et l'illusion méthodologique qui consiste à fonder exclusivement l'étude de la répartition des activités professionnelles sur un décompte. Un seul tisserand sort de cette ombre ordinaire : il s'agit de Pere Bardina, désigné comme tel et formant d'ailleurs, à ce titre, de jeunes apprentis originaires d'Arles et de Céret[7].

Fig. 3. Les tisserands d'Arles (1406-1445)

Nom	Date des actes mentionnant leur activité
Artigues Bernat	13 juillet 1406
Artigues Guillem	13 juillet 1406
Balmes Mateu	26 mai 1412
Bardina Pere	13 mai 1405-2 juillet 1418
Beranger Pere junior	6 mai 1418
Bosch Pere	6 avril 1405-5 septembre 1418
Brugera Pere	15 mars 1420
Campi Gabriel	18 juillet 1414-11 mai 1418
Campi Jaume	3 novembre 1406-2 juillet 1407
Campi Natale	18 mai 1406-7 juillet 1412
Camps Gabriel	26 octobre 1412-22 janvier 1416
Cardonet Antoni	8 décembre 1412-6 septembre 1417
Cortada Joan	5 mai 1417
Costa Andreu	7 juillet 1407-25 juillet 1444
Costa Nicolau	2 mars 1444
Costa Andreu	15 mars 1420
Fahenery Joan	1432
Fles Ramon	8 janvier 1408
Font Bernat	8 avril 1405-10 septembre 1407
Garau Nicolau	31 août 1444-28 juin 1445
Guaran Nicolau	28 juin 1445

Nom	**Date des actes mentionnant leur activité**
Jauffre Pere	29 janvier 1416-1er avril 1416
Rocha Simó	2 février 1405-6 mai 1418
Sola Ramon	19 décembre 1443
Solani Ramon	1446
Termenes Berenguer	4 février 1418
Tixedori Jaume	9 octobre 1407-5 août 1417

Le corpus réuni autour de cet homme est exceptionnellement étoffé pour un tisserand : quarante-sept actes conservés de 1405 à 1420, auxquels s'ajoutent des extraits du *capbreu* d'Arles[8]. Ainsi, Pere Bardina occupe une position dominante par rapport à tous ceux que les actes désignent comme tisserands. Sa famille sort de l'ordinaire. Sa femme est originaire de Perpignan où elle conserve des biens immobiliers, au moins deux maisons dans le quartier du Rigal, dont elle fera donation à ses filles en 1418[9]. Celles-ci, qui semblent être ses seuls enfants, se marient respectivement à Maurin Dur, le teinturier d'Arles, et à un forgeron de la famille prolifique des Bonabosch, Bartomeu Bonabosch. Chacune d'entre elles a reçu une dot de 70 livres, une somme moyenne mais qui les place incontestablement parmi les membres de la notabilité de village[10]. De 1405 à 1420, Pere Bardina vendra et fera l'acquisition de divers biens : vente d'une maison à Arles (14 livres et demie en 1414), vente d'une vigne en 1417 (12 livres) et d'une maison en 1418 (25 livres) ; achat d'une vigne et d'un bois (30 livres en 1408), d'un jardin près du moulin drapant (4 livres en 1416)[11]. Il déclare au début du XVe siècle, au titre des reconnaissances à l'abbaye d'Arles, quatre *hospicii*, dont l'un dans la rue des forgerons, des terres et des vignes. Ce sont ses affaires, tant professionnelles que familiales, qui amènent Pere Bardina chez son notaire, et l'on doit sans doute cet exceptionnel éclairage de son activité à ses relations avec le milieu des pareurs et des teinturiers. Pere Bardina est associé à son gendre Maurin Dur, lui-même fils de Guillem Dur, également teinturier. Les affaires qu'ils font ensemble les amènent à emprunter en commun[12]. Ils sont également capables de se faire prêter de petites sommes par des proches, sommes qu'ils remboursent très rapidement : un emprunt de 22 livres est ainsi fait à Pere Roig, pareur et par ailleurs associé de Maurin Dur, remboursées dès décembre de la même année[13]. Ils achètent en commun pour 100 livres de filasse de laine à Pere Comelles, marchand d'Arles[14]. Pere Bardina est capable de prêter de l'argent (40 livres) à la communauté d'Arles dont il est, par ailleurs et pendant dix ans, le fermier pour les aides sur les porcs et les vins[15]. À ce titre, il verse 46 livres et 4 sous en mars 1406 aux deux collecteurs d'Arles[16]. Cependant, les sources ne permettent pas de savoir si le travail en commun qui lie le tisserand et le teinturier est ponctuel et relève de la proximité et des ententes familiales ou s'il s'appuie sur une association juridique. De fait, aucune des sociétés de pareurs ne compte un tisserand, pas même Pere Bardina. Les hommes les plus nombreux et dont l'activité est inscrite dans des sociétés renouvelables sont des pareurs et des teinturiers.

Jaume Perer et Pere Roig, pareurs

Sur les quarante-sept pareurs dénombrés, trente-deux sont en activité avant décembre 1428 (voir figure 4). Traditionnellement, les pareurs (*paraires*) interviennent à la fin du processus de fabrication du drap qu'ils apprêtent. Dans la pratique, leurs tâches apparaissent bien plus diversifiées. Ils assurent et souvent coordonnent les finitions (fouler, tendre, teindre et tondre ou le faire faire) et peuvent vendre des draps[17]. C'est le cas également à Arles. Leur nombre étoffé comme les affaires qu'ils brassent font d'eux les plus puissants parmi tous ceux qui participent à la fabrication des draps, et sans doute parmi tous ceux qui travaillent hors du secteur agricole. L'énumération de leurs anthroponymes démontre que la plupart des familles très présentes dans la documentation notariale, sinon les plus riches d'Arles, disposent d'un représentant parmi les pareurs : les Aygabella, les Comelles, les Torrent, les Branya.

Fig. 4. Les pareurs d'Arles (1405-1451)

Nom	Date des actes mentionnant leur activité
Almarich Pere	14 octobre 1407-9 juillet 1418
Asam Joan	22 août 1444-2 mai 1446
Aygabella Ramon	8 décembre 1412-1448
Bassineri Pere	10 octobre 1444-18 novembre 1445
Boxera Ramon	8 avril 1414
Branya Guillem	11 novembre 1445-19 avril 1446
Cardonet Guillem	17 juin 1417
Colomina (Mathey) Pere	16 avril 1405-28 février 1418
Comelles Antoni	1445-2 mars 1446
Comelles Pere	25 juin 1417
Comelles Pere junior	Novembre 1417
Corona Pere maior	5 mars 1414
Corps Guillem	14 août 1406-25 juillet 1412
de Frexenet Pere	24 janvier 1416
Fag Miquel	11 septembre 1406-22 août 1407
Fontana Pere	14 avril 1416
Frexenet Pere	Janvier 1427-29 mai 1445
Garau Joan	1er juin 1444
Linas Jaume	29 juillet 1414-15 août 1414
Maschot Joan	9 mai 1414
Mathey Ramon	1414-octobre 1417
Maurini Berenguer al Prot	15 avril 1416-10 septembre 1417
Moner G.	14 septembre 1413
Moner Perpinianus	16 novembre 1406-10 février 1412
Monera Guillem	2 octobre 1414-23 juillet 1418
Olius Joan	5 août 1414-28 septembre 1428
Pages Pere	27 octobre 1417

Nom	Date des actes mentionnant leur activité
Perer Antoni	1444-9 mai 1445
Perer Arnau	21 mars 1405-6 novembre 1428
Perer Jaume senior	11 mai 1405-27 septembre 1417
Perer Joan	12 mars 1445
Poncii Guillem	16 septembre 1407-28 janvier 1414
Poncii Perpinianus	18 mai 1406-2 juillet 1407
Prot Berenguer	9 mai 1445
Rabassoni Marc	9 décembre 1407-7 août 1412
Rayades Dalmase	7 août 1412
Roig Pere	31 mars 1405-30 novembre 1451
Romini Pere	8 avril 1414-1418
Rossini Joan	26 juillet 1412-27 septembre 1417
Rossini Pere	30 août 1445-juin 1446
Rovina Joan	6 novembre 1417-4 avril 1418
Seix Joan	Février 1412-16 avril 1418
Serramiyana Pere	9 août 1414-10 septembre 1417
Stephani Jaume	30 novembre 1451
Torrent Francesc	5 août 1417-24 mars 1418
Vilari Joan	23 mars 1416-19 avril 1448
Xex Joan	9 juin 1445-19 avril 1448

Parmi tous ceux qui sont désignés comme pareurs, des familles émergent comme celle des Perer. Chez les Perer, quatre individus sont *paraires,* dont l'un, Jaume Perer (dit l'Ancien), est un homme sur lequel on dispose de données assez nombreuses de 1405 à 1418[18], puisque 70 actes notariés le concernant peuvent être rassemblés. Il travaille aussi bien avec des pareurs et des marchands de Perpignan que de Barcelone et achète des draps crus pour des sommes pouvant avoisiner 250 livres en une seule créance. Au cours de sa carrière, il est parfois désigné comme procurateur par des marchands perpignanais qui le mandatent pour régler leurs affaires à Arles (comme Berenguer Prot)[19] ou pour se rendre auprès de pareurs débiteurs barcelonais (comme le boucher Pere Podii [Puig] et son débiteur Mascaros)[20]. Jaume Perer désigne lui aussi un procurateur pour défendre ses propres intérêts à Barcelone : Pere Roig[21].

Jaume Perer est bien connu du fait de son statut de *socius* dans diverses sociétés de teinturerie. Ainsi, le 16 mars 1406, il vend ses parts de la teinturerie de l'Hôpital des pauvres, teinturerie qu'il détenait avec le notaire Joan Germa[22]. C'est d'ailleurs audit Joan qu'il les vend. Cette teinturerie est mitoyenne de l'Hôpital des pauvres d'Arles. Sa vente est en fait le prélude à la création d'une autre teinturerie, puisque le 22 mars 1406 Jaume Perer obtient de l'abbé de Sainte-Marie d'Arles le droit de creuser un nouveau *rech* pour apporter l'eau dans son futur atelier[23]. Une société de teinturerie est à nouveau créée en 1416. Elle réunit Jaume Perer, Arnau Perer (dont on ignore le degré de parenté avec Jaume et qui dispose d'un moulin battant en activité en 1450[24]), Pere Roig et Ramon Aygabella[25]. Cette société est-elle assise sur l'atelier élevé en 1406 ? Possible.

La vie professionnelle de Jaume Perer tourne autour des ateliers de teinture. Leur approvisionnement en bois l'occupe régulièrement[26]. C'est également dans ce cadre qu'il embauche des apprentis[27]. L'homme avec lequel il travaille le plus régulièrement est un autre pareur, Pere Roig, auquel il achète pour plus de 250 livres de draps en 1414. Consul et procurateur de la communauté en 1406, Jaume Perer est aussi procurateur et représentant des intérêts du *domicellus* Jaume Ca Maso, seigneur de Corsavy et de Montbolo, pour lequel il arrente manses et revenus et qui est, lui-même, administrateur des biens de l'abbaye de Saint-Michel de Cuxa[28]. Cette situation d'intermédiaire occupée par Jaume Perer se concrétise par l'achat, en 1413 et avec son fils Jaume, de la baylie d'Arles[29]. Cet acte pose Jaume Perer comme un membre influent de la notabilité locale. Ces différentes responsabilités et son mariage le lient, en outre, aux familles influentes d'Arles. Son épouse est la fille de Joan Maurini, pareur, domicilié à Perpignan[30]. Pere Noelli, puissant marchand à Arles et dans le Vallespir, le désigne dans son testament comme le tuteur de ses enfants[31] ; il est aussi manumisseur de Pere Romini, autre pareur d'envergure[32]. Enfin, en 1406, il arrente auprès du seigneur de Saint-Jean-Pla-de-Corts les droits (en particulier les cens) qui sont levés dans ce bourg contre 180 livres pour deux ans[33]. Ainsi, les Perer sont, de tous les pareurs, ceux dont la notabilité locale et même régionale apparaît le plus vivement au travers des relations qu'ils ont tissées. Il semble, en outre, que les pareurs de la famille Perer disposent dans leur propre réseau familial d'un véritable relais de distribution puisque les tendeurs (commerçants au détail) Joan et Agnès Perer s'adonnent prioritairement à la vente de draps à l'unité[34].

Pere Roig est également désigné comme pareur. Plus ordinaire que celle de son associé Jaume Perer, son activité est davantage insérée dans les métiers du drap d'Arles, dont elle livre d'autres aspects. S'il détient en 1418 des intérêts à Perpignan, où il est en contact avec un notaire et un apothicaire, on ignore à quel titre Pere Roig a déposé 100 livres en *comanda* auprès de ces deux hommes[35]. En fait, les actes permettent de le saisir en relation avec des interlocuteurs (associés, acheteurs, vendeurs, débiteurs) inscrits dans l'activité locale et qui rendent compte de la diversité courante des relations qu'un pareur tisse de par son activité : prêt d'argent, vente et achat de draps ; vente à des paysans de Riuferrer, mais aussi à Maurin Dur, teinturier, à d'Arnau Perer pareur, à un pareur originaire de Camprodon[36] ; achat de draps et de filasse de laine pour plus de 83 livres au boucher Massani[37] ; prêt au tailleur juif Isaac Guesson (1412, 17 livres), prêt à un peigneur, Bernat Stephani, prêt également à la communauté pour la somme de 63 livres en 1414, 30 livres en 1417 ; enfin prêt à Pere Bardina, dans ce cas associé à son gendre Maurin Dur (22 livres)[38]. Pere Roig est, par ailleurs, proche de Maurin Dur : le bois qu'il achète en 1412 est à déposer à la teinturerie de Maurin. Il lui prête également de l'argent en 1413, plus de 47 livres. Les créances circulent régulièrement de l'un à l'autre, comme mode de paiement[39]. Nous savons Pere Roig en affaires avec Jaume Perer, puisque tous deux empruntent 83 livres à la confrérie de saint Abdon et saint Sennen, en 1414 ; que la même année, le même Jaume Perer achète à Pere Roig pour plus de 250 livres de drap et que, finalement, Pere Roig et Jaume Perer créent avec Arnau Perer et Ramon Aygabella une nouvelle société de teinturerie en 1416[40]. Propriétaire d'un quart de cette société, Pere Roig dispose aussi d'un espace (*campum*) pour tirer les draps. En 1451, il achète avec son beau-fils Joan Stephani, fils de sa femme Clara Roig, un quart de la teinturerie supérieure d'Arles, pour le prix de 30 livres. Il la détient alors avec Pere Noelli (marchand), Joan Bado (apothicaire) et Joan Aygabella (meunier à Prats)[41]. Nous ignorons si, à cette date, la société de 1416 a été renouvelée et si Pere Roig est associé à une ou bien à deux sociétés de teinturerie. C'est sur cette dernière entreprise que se clôt le dossier rassemblé sur Pere Roig. Cet homme aura donc fermement inscrit son activité de pareur dans le bourg d'Arles. On le voit en contact avec des individus qu'il côtoie dans le cadre de sa profession : bouchers, pareurs, tisserands, teinturiers, tailleurs, peigneurs. Les liens complémentaires qu'ils tissent en accordant des prêts se calquent sur son réseau professionnel.

Pere et Maurin Dur, teinturiers

Ainsi, la grande affaire des pareurs semble bien la création et la gestion de teintureries. Ils se regroupent pour créer des sociétés et faire fonctionner les ateliers autour d'un homme dont le savoir-faire est nécessaire : le teinturier. Durant la première moitié du XVe siècle, plusieurs sociétés se nouent et se dénouent, regroupant pareurs et teinturiers. Une famille de teinturier s'impose : celle des Dur (voir figure 5). Guillem Dur et ses deux fils sont teinturiers. L'aîné Maurin travaille avec son père à Arles ; Bartomeu, son cadet, est teinturier à Vinça. En janvier 1406, au moment où se noue le contrat de mariage de Maurin Dur avec la fille du tisserand Pere Bardina, l'acte précise que la teinturerie du beau-père de la future mariée, sur laquelle est gagée la dot, se situe dans le *barrio* d'Arles sur la route qui mène au moulin bladier, près de la resclause[42]. Lors de la conclusion du mariage, la moitié de cet atelier familial est donnée à Maurin, qui travaille avec son père. Cette teinturerie est le point d'ancrage de la société *del Tint* qui a été créée un an auparavant, en janvier 1405, et qui réunit Bartomeu Aygabella (marchand), Pere Noelli (marchand), Pere Colomina (apothicaire ou notaire), Ramon Bochabrella (tendeur),

Pere Almarich (pareur), autour du teinturier Guillem bientôt rejoint par son fils Maurin[43]. Dans l'acte notarié qui enregistre les statuts de cette société, tous jurent de faire teindre les draps qu'ils apprêtent exclusivement dans le cadre de cette société, c'est-à-dire dans l'atelier de Guillem Dur. Ce dernier met à la disposition des associés sa teinturerie et ses outils (dont deux cuves) contre le paiement, par la société, de 55 livres par an. La situation de Guillem Dur est à la fois celle d'un associé (mais on ignore ce qu'il a investi et même s'il a investi un capital dans la société) et celle d'un sous-traitant puisque son travail lui est rémunéré par la société en sus du versement d'une part des bénéfices. Sans doute cette rémunération est-elle le prix de son savoir-faire. D'ailleurs, les statuts de la société mettent l'accent sur les deux responsables que sont le procurateur et le maître, c'est-à-dire Pere Almarich et Guillem Dur, l'un pareur, l'autre teinturier, tous les autres associés exerçant leur profession en dehors du secteur de la production drapante. En 1407, ladite société est renouvelée malgré les discordes surgies entre les associés à propos de la gestion de l'entreprise et des dettes contractées. Le nouvel accord stipule le nom des procurateurs : il s'agit à présent de Pere Noelli et de Pere Almarich. Aucun doute : Guillem Dur a été destitué[44]. Cela n'est sans doute pas étranger au fait que, toujours en 1407, Guillem et Maurin Dur créent une nouvelle société de teinturerie, sans doute encore une fois centrée sur leur atelier du *barrio*[45]. On ignore quand Guillem décède, mais à partir de cette date et jusqu'en 1418 la documentation se concentre exclusivement sur son fils Maurin.

L'activité de Maurin évolue par rapport à celle de son père. La teinturerie continue à l'occuper, et on le voit acheter du bois *tineti*, c'est-à-dire, comme le texte le précise, ni chêne, ni noyer, ni frêne mais de l'aulne. Pourquoi de l'aulne ? On pourrait penser que l'aulne, bois des rives humides, est acheté comme bois à brûler pour chauffer les cuves. Mais cet aulne pour la teinture est sans doute d'un type particulier et correspond à celui que l'on voit nommé dans les listes des *cosas vedades* (objets interdits à l'exportation) dressées contre le royaume de France et le comté de Foix durant les années 1360-1370, c'est-à-dire l'aulne noir ou *aladern* (alaterne) qui est utilisé comme teinture verte[46]. Parallèlement à la teinturerie, l'activité de Maurin

Dur semble s'élargir à d'autres étapes de la préparation des draps. Il dispose d'un terrain sur lequel sont installés des tirants[47]. Il détient également un moulin foulon[48]. De la teinturerie, son activité s'est donc portée vers le foulage. Par ailleurs, et en association avec son beau-père Pere Bardina, il s'intéresse au tissage, puisque à partir de 1417 il achète des filasses à des marchands et des bouchers pour des sommes pouvant atteindre 100 livres[49]. Couramment, il vend et achète des draps, comme nous l'avons vu faire aux pareurs. En rapport avec la diversité de ses activités, il est alors désigné comme pareur, certes une fois, mais en 1414 quand l'évolution de son activité est nette. Ce cas prouve que la dénomination professionnelle enregistrée par les notaires peut prendre soigneusement acte de l'évolution de l'activité d'un individu.

Pere Canarch, teinturier

Néanmoins, le cas de Maurin Dur ne peut être généralisé à tous ceux qui sont désignés comme teinturiers. Les teinturiers qui apparaissent dans les actes notariés sont peu nombreux, et leur situation est généralement celle de salariés et non d'associés, contrairement à Guillem et Maurin Dur (figure 5). C'est le cas, par exemple, de Pere Canarch, qui est rémunéré par trois marchands, Joan Corona de Prats, Ramon Aygabella et Pere Noelli d'Arles, pour teindre leurs draps contre 36 livres par an, 1 cane de bois d'aulne et un drap écru[50]. Les 36 livres sont versées en tant que salaire, comme le stipule le document. Cependant, Pere Carnach met à la disposition des trois hommes non seulement ses compétences mais aussi ses outils, et tout particulièrement ses cuves. Il s'agit bien d'un sous-traitant. Contrairement à celui dont dispose la famille Dur, on ignore où est localisé l'atelier de Pere Canarch. On ignore également quelle est la situation de ses trois commanditaires l'un par rapport à l'autre. Un fait est certain : la somme à verser tous les trois mois à Pere Canarch n'est pas divisée en trois parts uniformes. Joan Corona paie à lui seul 15 livres, les 21 livres restantes sont prises en charge collectivement par les deux autres hommes d'Arles qui doivent également fournir le bois prévu dans le contrat. Celui-ci stipule en outre, que, si le paiement était interrompu, Pere Canarch ne travaillerait plus pour les trois hommes.

Fig. 5. Les teinturiers d'Arles (1417-1446)

Nom	**Date des actes mentionnant leur activité**
Anyaroch Francesc	26 juillet 1417
Canarch Pere	28 février 1444-14 avril 1446
Dur Guillem	Janvier 1405-15 avril 1412
Dur Maurin	14 mars 1407-11 mai 1418

Il faut aussi compter parmi les teinturiers Francesc Anyaroch, sur lequel un seul acte a été conservé[51]. Guillem et Maurin Dur, Pere Canarch et Francesc Anayaroch : on ne peut que s'étonner du nombre restreint des teinturiers. C'est peu par rapport aux différentes sociétés de teintureries que nous avons énumérées, peu par rapport au nombre des pareurs. Au point qu'il faut bien se demander, même si la question demeure sans réponse, ce que font exactement les pareurs, que l'on ne voit pas s'activer autour d'une teinturerie ou d'un moulin drapant ? Au contraire, le nombre des teinturiers correspond au nombre des ateliers énumérés dans les actes. Effectivement, on en dénombre au moins trois, travaillant en parallèle (voir figure 6) : celui de Guillem puis Maurin Dur qui, dès 1405, est localisé dans le *barrio*, près du moulin bladier et qui dispose d'un ponton sur la rivière ; à la même période, toujours en 1406, la teinturerie qui dépend de l'Hôpital des pauvres et se situe près de son portail – aucun teinturier n'est associé à cet atelier que détient en totalité Joan Germa, notaire après qu'il a racheté ses parts à Jaume Perer, pareur, son ancien associé[52] ; une autre teinturerie encore, élevée la même année par Jaume Perer, pour laquelle celui-ci demande un droit d'eau et entreprend le creusement d'un nouveau *rech*.

Fig. 6. Les teintureries d'Arles au début du XVe siècle (ateliers et sociétés *del tint*)

Date	Atelier	Membres de la société *del tint* associée audit atelier
1405	Teinturerie de la famille Dur, atelier situé dans le *barrio*, près du moulin bladier et disposant d'un ponton	Pere Colomina (le notaire ou l'apothicaire[53]) Pere Noelli (marchand) Bartomeu Aygabella (marchand) Ramon Bochabrella (tendeur, *i.e.* marchand au détail) Pere Almarich (pareur) Guillem et Maurin Dur (teinturiers)
1406	Teinturerie (atelier) à proximité de l'hôpital et du portail	Jaume Perer (pareur) Joan Germa (notaire)
1406	Dans une maison de Pere Colomina, près d'un nouveau *rech*	Membres de la société attestée en 1416 Jaume Perer (pareur) Arnau Perer (pareur) Pere Roig (pareur) Ramon Aygabella (marchand)
1407	Teinturerie (atelier) de la famille Dur. Voir *supra*	Guillem Dur (père, teinturier) Maurin Dur (fils, teinturier, puis pareur) Guillem Torrent (boucher) Pere Bardina (tisserand et beau-père de Maurin Dur)

Cette teinturerie prendra place dans une maison de Pere Colomina[54]. Donc, durant les premières années du XVe siècle, Arles abrite trois ateliers distincts et son équipement semble en hausse. Qu'en est-il vers 1450 ? La teinturerie de Maurin Dur est toujours en activité. Mais les actes signalent également la « teinturerie supérieure » d'Arles, qui est détenue en partie par Pere Roig pareur, associé pour un quart des parts avec Joan Bado, Joan Aygabella et Pere Noelli[55]. Dès 1446 et en 1448 apparaît également la « teinturerie inférieure[56] ». Comme si souvent, il est impossible de savoir s'il s'agit de nouvelles installations ou bien si les ateliers du début du XVe siècle sont tout simplement désignés autrement.

Un fait est certain : ces techniciens, peu nombreux et indispensables que sont les teinturiers, sont désignés comme tels. Néanmoins, si la teinturerie occupe une place centrale dans l'industrie d'Arles, les teinturiers sont mal connus, à l'exception de Maurin Dur, qui doit sans doute sa renommée à la multiplicité de ses activités et à sa capacité à teindre et à vendre des draps dont il contrôle en partie la production. Cependant, même s'ils sont en retrait, les teinturiers d'Arles participent, à des degrés divers, comme associés ou comme sous-traitants, aux sociétés de teinturerie qui les font côtoyer les plus riches des notables arlésiens. Les actes restituent les contacts que nouent pareurs et teinturiers au cours de leur vie professionnelle. Or cette situation n'est pas courante. Ainsi, contrairement à la société *del Tint* d'Arles, celle de Céret ne compte aucun teinturier local. Le teinturier qui se joint aux trois pareurs pour créer une société à Céret en 1404 est domicilié à Perpignan[57]. Par ailleurs, c'est toujours seul et en son nom propre que l'on voit agir Bernat Piquer, un autre teinturier de Céret[58].

Le drap des campagnes

La situation de l'industrie du drap à Arles peut-elle être rapportée à ce que l'on sait de l'activité textile en Roussillon ? Et d'ailleurs qu'en sait-on ? Si la ville de Perpignan et surtout l'exportation lointaine de ses « beaux » draps ont capté l'attention des historiens, si la draperie catalane a été la matière des travaux de Dominique Cardon sur le drap et ses techniques, du filage au tissage, la draperie rurale demeure dans l'ombre. Guy Romestan l'avait démontré, Anthony Pinto a récemment enrichi cette démonstration d'archives nouvelles : la draperie de Perpignan est florissante jusque dans les années 1450[59]. Il apparaît que, durant la première moitié du XVe siècle, aucune crise ne frappe l'industrie du drap à Perpignan qui est, bien au contraire, en plein épanouissement[60]. Mais quels rapports de production entretiennent la capitale du comté et ses campagnes ? Quels sont les circuits financiers qui irriguent les différentes places, qu'elles soient centrales ou non, et d'ailleurs où est localisé le centre de cette production des draps catalans ? Est-il justifié de désigner un pôle dominant sinon unique, de même qu'une qualité supérieure[61] ? De Perpignan au Vallespir, la chronologie que l'historien a coutume d'utiliser, de la croissance à la crise, concerne-t-elle tous les espaces de production, les villes comme les campagnes et simultanément ?

Effectivement, sur les pentes du mont Canigou, comme dans d'autres régions où l'industrie drapante des campagnes a été florissante, on ne peut que déplorer le peu d'études attentives consacrées aux spécificités de la production rurale. Je l'ai déjà souligné : un modèle s'est imposé, aux traits accusés, urbain, polarisé et exclusivement attentif à ce qu'il est commun de désigner comme la « grande draperie », gommant la diversité et la recomposition dynamique de l'espace drapier dans le temps long, peu soucieux de la combinaison de la draperie avec d'autres industries des campagnes comme à la vigueur d'un marché où les draps sont de qualités différentes et appréciés pour cette diversité[62]. Mathieu Arnoux et Jacques Bottin ont fait le constat de cette situation historiographique pour la Normandie[63]. Ils ont rappelé combien, jusqu'en 1420, « l'espace drapier » normand se définissait selon des modalités plus complexes que celles qui voudraient le réduire à la domination de la ville de Rouen. Les campagnes de Normandie abritent des centres d'envergure internationale implantés dans des bourgs indépendants, tant du point de vue de leur approvisionnement en laine que de la qualité de leur production et de leurs marchés, et qui rassemblent autour d'eux une nébuleuse de centres drapiers de moindre importance. C'est le cas des draperies de Saint-Lô et de Saint-James, en Basse-Normandie ; de Montivilliers, près du port d'Harfleur.

Pour le nord de la Catalogne, correspondant au comté de Roussillon, au Conflent et au Vallespir, le modèle traditionnel est encore prégnant, et on ne dispose toujours pas d'une grille d'analyse permettant de le dépasser. Dans ce contexte historiographique, Anthony Pinto a récemment présenté un tableau des activités artisanales et industrielles des montagnes du Conflent et du Vallespir[64]. Cette étude n'avait pas pour objectif d'analyser la dynamique des espaces de production. Cependant, elle confirme ce dont témoignent les écrits des notaires d'Arles, de Prats-de-Mollo et de Céret, c'est-à-dire la position maîtresse occupée par l'industrie du drap en Vallespir, tout en enrichissant l'enquête d'autres témoignages et d'autres espaces comme le Conflent. Le tissage et surtout la teinturerie constituent un socle, une base du maillage industriel des vallées. Villefranche-de-Conflent, mais aussi Céret et Prats-de-Mollo en Vallespir, tout comme Arles, abritent teintureries et sociétés de teinturerie, organisées autour des cuves, des étendoirs et des moulins à foulons.

À partir de la lecture des notaires du Vallespir, en effet, des points communs apparaissent clairement. Des sociétés de teinturerie sont fondées à Arles, mais également à Prats-de-Mollo (avant 1404) et à Céret (au moins en 1401, et sans doute dès la seconde moitié du XIVe, comme le laissent supposer les lourds achats de bois opérés par les pareurs de Céret dans les forêts des alentours dès les années 1370), c'est-à-dire au même moment et durant la première moitié du XVe siècle. La comparaison des unes aux autres est difficile, car la documentation n'éclaire pas les mêmes aspects du travail et de l'entreprise. Arles semble abriter davantage d'ateliers, et ses sociétés, plus nombreuses, se font et se défont, semble-t-il. À Céret, de 1401, année de sa fondation, aux années 1420, la société *del Tint*, toujours représentée par ses procurateurs, Guillem Riba, puis Ramon Joli, l'un et l'autre pareurs, en impose par les achats de pastel qu'elle conclut et la quantité de bois qu'elle engloutit[65]. C'est par milliers de quintaux qu'elle se fournit[66]. Comme nous l'avons vu, parmi ses sociétaires, on compte trois pareurs de Céret et un teinturier de Perpignan. Ouverture du capital à la ville, lourde consommation de combustible : ces aspects pourraient bien évidemment restituer la puissance de la teinturerie de Céret. Inutile de préciser que cette évaluation est incertaine du fait de l'irrégulière conservation des registres de notaire. Toutes ces bourgades offrent des réussites bien équivalentes. Anthony Pinto rappelle que les bourgs de Villefranche (en Conflent), d'Arles et de Prats-de-Mollo exportent directement et hors du Roussillon les draps qu'ils teignent et que la fiscalité royale, qui est levée sur la sortie des draps, s'y exerce directement[67]. D'ailleurs, les registres des notaires d'Arles mentionnent régulièrement le passage ou la vente de draps dits « de Villefranche ».

Si les pareurs du Vallespir et du Conflent disposent de correspondants sur l'autre versant des Pyrénées, à Camprodon ou à Castello d'Empúries, les draps sont aussi pris en charge par les commerçants locaux, qui en entreprennent le transport et la vente. Des draps produits à Arles sont exportés jusqu'à Barcelone par des marchands du bourg : encore une fois, on retrouve Pere Noelli sur ce terrain. Ainsi, les draps tissés et apprêtés dans les montagnes participent, tout autant que ceux de Perpignan, aux flux du commerce international, ils sont exportés vers Naples ou la Sicile à partir de Prats-de-Mollo, *via* Camprodon, tout en alimentant une consommation locale dont il est impossible d'évaluer le poids[68]. Il faudrait ajouter que les pareurs du Vallespir (de Céret, dans ce cas) peuvent s'approvisionner en teinture directement auprès des régions productrices, comme la seigneurie de Mirepoix (comté de Foix), sans forcément passer par le relais de Perpignan[69] ; que l'on peut finalement s'interroger sur le sens qu'il faut attribuer à ces *orti tineti*, proches de l'eau et que le teinturier dispute au meunier (ces jardins abritent-ils des cultures industrielles[70] ?) ; que la *filassa* nécessaire à la fabrication des *panni* est également achetée à des intermédiaires locaux, marchands et bouchers, dont il faut souligner ici la place originale comme fournisseurs de laine[71] ; que semblable approvisionnement pourrait être pratiqué pour l'alun du Canigou qui, absent des textes des notaires, est pourtant enregistré par un leudaire de Perpignan en 1300[72] ; que chacune de ces bourgades dispose, bien évidemment en ce début du XVe siècle, de moulins drapants[73]. Notons d'ailleurs que, lorsqu'il est possible de profiter d'un enregistrement global de ces moulins, grâce à un *capbreu,* par exemple, comme pour le bourg de Prats-de-Mollo, entre 1327 et 1331, on est étonné de leur nombre : pas moins de quatre moulins drapants à une ou deux roues en ce début du XIVe siècle à Prats-de-Mollo et dans sa vallée (à Planis et à Podio Ventoso)[74]. À cet aspect s'ajoute la précocité des installations : les premiers moulins drapants enregistrés par Sylvie Caucanas le sont dès le XIIe siècle et, parmi eux, on note déjà celui de Prats-de-Mollo, en 1151[75].

Dans ce contexte, et à partir des cas de Pere Roig, pareur, et de Maurin Dur, teinturier et pareur, il apparaît clairement qu'un processus de concentration est en cours autour des ateliers de teinturerie. Il aboutit au contrôle d'une filière de production du drap, depuis l'achat de laine jusqu'à la teinturerie et les finitions, qui comprend aussi le stade du tissage[76]. Le cas de Maurin est clair. Marié avec la fille du tisserand Pere Bardina, il s'intéresse, avec son beau-père, à la fabrication des draps. Il teint des draps dans sa teinturerie, mais dispose, en outre, d'un moulin foulon et d'un terrain avec des tirants. Il domine la filière du drap, du tissage aux finitions, et mérite finalement d'être désigné comme pareur. Pour sa part, le cas de Pere Roig se devine davantage qu'il ne se voit. Pere Roig participe à une société de teinture. Il dispose lui aussi de tirants. Se limite-t-il à des travaux de finition ? Peut-être. Mais les prêts qu'il concède attestent de ses contacts avec des peigneurs, des tisserands et des tailleurs. Ces relations de clientèle sont-elles l'expression de relations de travail ?

Ce phénomène de concentration est conduit par des producteurs et plus particulièrement par ceux qui sont responsables des finitions, tonte des draps et teintures, et assurent également la vente du produit fini : les *paraires*. La situation est nette dans la cité de Valence aux XIVe et XVe siècles où des *paraires* (*pelaires*) organisent à leur profit le contrôle de la chaîne de production[77]. Mais, une nouvelle fois, la ville n'est pas exceptionnelle, car la position dominante du *paraire* est également patente dans les espaces ruraux de la Couronne d'Aragon. La recherche hispanique offre, dans les bourgs et les petites villes, des cas tout à fait comparables à ceux d'Arles, même si la situation économique et sociale des *paraires* n'est pas uniforme, bien évidemment[78]. Ce modèle d'entreprises rurales organisées autour du contrôle du *paraire* se retrouve également hors de la Couronne d'Aragon. Il suffit d'avoir des sources assez riches pour les débusquer. Ainsi, la Toscane, elle aussi, livre de telles figures d'entrepreneurs. Cependant, il est clair que la politique volontariste que la cité de Florence met en place contre la concurrence rurale a pour conséquence l'étouffement de la draperie des campagnes du *cantado*, dès la fin du XIVe siècle[79].

Il convient donc d'insister sur le dynamisme de la production du drap et l'autonomie, tant technique que financière, dont profitent ces bourgs durant cette première moitié du XVe siècle[80]. À la lumière des cas énumérés, la draperie arlésienne apparaît indépendante des capitaux de Perpignan et capable d'occuper des marchés parfois lointains, sans recours à la ville. En conséquence, les moyens de financement de l'industrie du drap méritent que l'on s'y attarde davantage : j'y reviendrai.

Cordonniers et corroyeurs

Après l'examen de la documentation conservée pour la draperie, celle sur le travail du cuir paraît bien médiocre. Cette activité est l'une des moins connues pour le Moyen Âge, même si des études récentes permettent d'espérer un renouvellement historiographique et un enrichissement des données grâce à l'archéologie. Les acquis demeurent, pour l'essentiel, urbains[81] ; pour les plus récents, ils éclairent également des bourgs, dont certains sont proches du Vallespir, puisque languedociens[82]. Dans le comté de Roussillon, on sait que Perpignan abrite mégisserie et tannage et que les templiers du Masdéu ont investi dans cette activité, en particulier durant la seconde moitié du XIIIe siècle, avec la création d'une tannerie (*blanqueria templi*) dont la gestion est directe jusqu'à la fin de ce siècle. Cette implantation s'accompagne de l'installation d'artisans du cuir, à proximité[83]. Quelques figures s'affirment dans le traitement des peaux autour d'individus comme Ramon Boquer qui achète dans les années 1450 un nombre considérable de peaux aux bouchers du Conflent et du Vallespir. Or la situation à Arles est exemplaire de celle rencontrée communément : on note le décalage entre le nombre important des cordonniers qui travaillent à Arles, soit trente et un, et la faiblesse des renseignements récoltés (voir figure 7). Il y a pourtant un cierge des cordonniers dans l'église Saint-Sauveur, ce qui implique l'organisation d'une confrérie. La documentation fournit également, et davantage que pour d'autres activités, des contrats d'apprentissage. Le matériau se concentre, néanmoins, autour des seuls Arnau Calvet, Francesc Cardonet et Joan Gerau.

Fig. 7. Les cordonniers d'Arles (1405-1448)

Nom	Date des actes mentionnant leur activité
Arqueryador Jaume	16 mai 1418
Aulini Pere	5 septembre 1414
Belloch G.	1er mai 1414
Buadella Guillem	9 mars 1446-19 avril 1448

Nom	**Date des actes mentionnant leur activité**
Calvet Arnau	21 juillet 1406-16 février 1420
Canarch Pere	14 septembre 1412
Cardona Pere	4 août 1414
Cardonet Francesc	15 janvier 1444-juin 1446
Cayrat Jaume	7 septembre 1440-16 janvier 1445
Clot Bartomeu	10 juillet 1412-12 novembre 1445
Colomer Joan	1er avril 1418
Coma Antoni	16 avril 1418
Costa Berenguer	5 juillet 1412-27 septembre 1417
de Campo Esteve	12 avril 1445
Fabri Joan *alias* Badon	1er juillet 1418
Fabri Pere *alias* Badon	Janvier 1412-3 mars 1417
Floret Bernat	21 septembre 1412
Gerau Bernat	7 avril 1405-23 juillet 1418
Gerau Joan	6 juin 1407-18 janvier 1418
Mathey Bartomeu	1er mai 1412-29 janvier 1414
Moner G.	10 septembre 1407-16 janvier 1445
Perot Berenguer	6 mars 1446
Perot Joan	6 mars 1446
Podii G.	2 décembre 1407
Podii Pere	14 avril 1412
Pug Guillem	28 novembre 1444-9 mars 1446
Querrat Jaume	2 janvier 1440
Rech Bernat	2 septembre 1418
Sabaterii Joan junior	7 septembre 1407-août 1423
Sabaterii Joan senior	4 août 1414
Tex Pere	29 janvier 1414

Joan Gerau, cordonnier

Joan Gerau est cordonnier, comme son frère Bernat. Contrairement à ce dernier, sur lequel nous ne savons rien, Joan a laissé des témoignages, sans doute parce qu'il est lié à des individus importants, ceux que nous avons déjà rencontrés dans l'activité du drap et d'autres que nous allons apprendre à connaître au fil de ces pages. Il s'est effectivement marié avec Francisca Noelli, la sœur de Pere Noelli, un des plus beaux partis d'Arles[84]. Il est d'ailleurs plusieurs fois associé pour affaires avec son beau-frère, marchand, qui le désignera dans son testament comme son manumisseur et comme le tuteur de ses enfants, une responsabilité qu'il partage avec le pareur Jaume Perer[85]. Joan Gerau est également lié à la famille Castaneda, telle que l'on peut la reconstituer à partir des legs testamentaires de Pere Sadernes. Il est le neveu d'Agnès Castaneda, femme de Bartomeu Aygabella, puissant marchand d'Arles[86]. Cependant, cet homme est aussi le manumisseur du modeste cordonnier G. Moner[87].

La documentation rassemblée autour de Joan Gerau dévoile beaucoup des facettes de son activité professionnelle même si, encore une fois, la pratique quotidienne de son métier reste dans l'ombre. Assurément Joan Gerau fabrique des chaussures. Il en vend à la paire comme ces « *sotularii* de son atelier » vendus 50 sous à Pere Fabri al Geli. Ce sont encore des *sotularii* qu'il livre en nombre (le prix d'achat est d'ailleurs élevé : 19 livres et 5 sous) au forgeur de Valmanya, Arnaud Foher[88]. Dans ce cas, tout laisse à penser qu'il équipe non seulement le forgeur, mais l'ensemble de ceux qui travaillent avec lui. À l'autre bout de la chaîne de production, Joan Gerau achète du cuir à un *sahonador* (corroyeur) de Perpignan qui est Joan Asam[89]. Dans le cadre du contrat, ce dernier est représenté par Andreu Asam, aumônier de l'abbaye d'Arles. Les corroyeurs de Perpignan ne sont pas les seuls sur la place d'Arles. En effet, la présence de *sahanadors* de Gérone pour le règlement d'affaires familiales laisse supposer que les cordonniers aient pu également s'approvisionner au sud des Pyrénées[90]. Les cordonniers d'Arles ont-ils également utilisé ce réseau pour diffuser leur propre production, ou celle-ci a-t-elle connu, au mieux, une distribution dans la haute vallée ? On l'ignore.

En marge et en complément de sa vie professionnelle, Joan Gerau assume également plusieurs responsabilités dans le cadre de la communauté. Il est procurateur de l'Université (1404) ; procurateur des aumônes (1405), responsable de l'œuvre du pont d'Arles en 1408[91]. Rien de surprenant non plus qu'il soit rentier du roi, comme beaucoup des membres de la notabilité villageoise, qu'il s'agisse de celle du Vallespir ou du Conflent[92]. Sa situation est en fait un peu plus complexe. En 1405 et jusqu'en mai 1406, avec son beau-frère Pere Noelli, il sous-loue à Ramon Corona, qui est *renderius* de la reine Yolande à Montbolo, une partie des revenus royaux, contre 6 livres, 11 sous et 8 deniers, payables tous les quatre mois[93]. À partir de mai 1406, le contrat est modifié. C'est seul que Joan Gerau amodie auprès du même Ramon Corona, toujours *renderius* de la reine, les revenus que cette dernière tire de Montbolo, c'est-à-dire très exactement, car cette fois l'acte le stipule, les cens, décimes, tasques et autres droits contre la somme de 34 livres pour deux ans, payables par tranche tous les quatre mois[94]. Quelques jours auparavant, ledit Ramon Corona avait lui aussi renouvelé son contrat auprès de Pere Donat, procurateur de la reine, et avait souscrit aux rentes de Corsavy et Montbolo. S'il conserve les premières, il sous-loue rapidement les autres à Joan Gerau[95]. Depuis avril 1406 et encore en 1407, ce dernier est également rentier des revenus que Jaume Camaso, seigneur de Montbolo, tire des biens qu'il tient dans la paroisse de Saint-André de Montbolo contre le paiement de 21 livres correspondant à deux ans de fermage[96]. Montbolo l'intéresse d'autant plus qu'il y détient des bois et en particulier une châtaigneraie[97].

Arnau Calvet et Francesc Cardonet, cordonniers et corroyeurs

Les deux autres cordonniers sont beaucoup moins bien éclairés par les sources mais chacun d'eux offre une information sur le métier et la façon de le pratiquer. Arnau Calvet, en achetant ses cuirs directement au boucher Berenguer Branya, prouve non seulement que l'approvisionnement en peau s'effectue sur place, ce qui paraît le plus simple, mais aussi que le cordonnier, s'il se fournit directement en cuirs de bœuf auprès d'un boucher, doit forcément traiter cette peau avant de pouvoir l'utiliser pour la confection d'objets courants[98]. Cette hypothèse est confirmée par un autre témoignage. Francesc Cardonet, cordonnier et exclusivement désigné comme tel, est effectivement condamné à une amende de 60 sous par le bayle d'Arles pour avoir lavé des peaux et des cuirs dans la resclause du moulin[99]. La désignation de cordonnier correspondrait, dans les faits, à une pratique beaucoup plus large puisque à la fabrication de chaussures ces hommes ajouteraient, au moins pour certains d'entre eux, le traitement de la peau, c'est-à-dire ce que les techniciens du cuir appellent aujourd'hui « le travail de rivière ». De même, les relations de Joan Gerau laisseraient supposer que l'activité professionnelle de cet individu ne se limite pas à fabriquer des paires de chaussures. Ainsi, comme nous avons pu le constater pour le drap à partir des cas des pareurs et de certains teinturiers, la dénomination professionnelle, au moins telle que les historiens l'interprètent aujourd'hui, ne rend pas compte d'un phénomène pourtant courant : celui de la concentration verticale. La situation des cordonniers confirme que la seule prise en compte de la désignation professionnelle, sans qu'elle soit accompagnée d'une enquête sur les pratiques, tend à réduire la diversité et surtout l'ampleur des activités liées à une profession.

Fusters

Peu de fusterie à Arles : les individus désignés comme *fusters*, ceux qui travaillent le bois, ou *fusta*, sont rares. Douze individus sont totalisés, dont huit actifs dans les années 1450 (voir figure 8). Ce métier est donc en creux dans la documentation notariale arlésienne, et cette situation est d'autant plus étonnante que le travail du bois est très présent dans les montagnes catalanes. Il nous faudra donc, plus que pour toute autre activité, interroger tous les territoires, en particulier les grandes forêts du domaine royal qui sont connues grâce à la législation qui leur a été appliquée et aux comptes royaux qui enregistrent les revenus qui en sont tirés. L'observation des *fusters*, d'abord à l'échelle d'Arles, puis du domaine royal, enfin à celle du Vallespir, permettra de relativiser le vide arlésien et de le comprendre.

Pere Grasser, fuster

Seuls les membres de la famille Grasser émergent dans ce contexte, et la documentation est peu loquace. On dénombre trois individus de cette famille occupés par le travail du bois : Pere, son fils Joan et Antoni Grasser dont on ignore les liens de parenté qu'il pourrait avoir avec les deux précédents[100]. Si trente-quatre actes ont été conservés pour Pere Grasser, ce corpus, assez étoffé et distribué de 1405 à 1446, tient autant à la succession difficile de l'homme, semble-t-il mort *ab intestat,* qu'aux activités qu'il exerçait de son vivant[101]. Sa vie n'est d'ailleurs pas totalement lisse. Si Pere Grasser est procurateur des aumônes de l'église de Saint-Sauveur, il est destitué avant terme et doit choisir un avoué de Perpignan pour le représenter. On est en 1420. Deux ans auparavant, en 1418, une controverse violente l'avait opposé à Pere Comelles et à Ramon Talo, un forgeron. Cependant, si Pere Grasser est procureur des aumônes, manumisseur, fidéjusseur, les indices fournis par la documentation demeurent trop imprécis pour reconstruire alliances et filiations. Cet homme ne peut pourtant laisser indifférent du fait de ses actions, parfois hors norme. Mais celles-ci ne se développent pas

Fig. 8. Les *fusters* d'Arles (1405-1446)

Nom	Date
Cadamont Francesc Pau	7 juin 1445
Cardonet Guillem	9 décembre 1412-2 juin 1445
Grasser Antoni	1er décembre 1445-16 mars 1446
Grasser Joan	29 février 1444-17 août 1445
Grasser Pere	24 avril 1405-1er avril 1446
Moner Pere	4 février 1405-22 février 1416
Portelli Pere	19 mars 1420-4 octobre 1445
Puig Joan	4 octobre 1445-11 décembre 1445
Riera Joan	16 septembre 1407
Riera Pere Joan	31 juillet 1407
Roig Pere[102]	4 août 1414-30 octobre 1417
Romani Andreu	14 avril 1446

dans le cadre de son métier. Un seul acte témoigne d'une livraison de *tina* (cuve) au pareur Joan Rossini. Elle n'est toujours pas soldée à son décès[103]. Ce qui n'empêche pas que la vente de récipients en bois soit régulièrement pratiquée à Arles, non par des producteurs, mais par des marchands[104].

Observer le travail du bois dans le domaine royal

Ainsi, la documentation du bourg d'Arles ne rend pas compte de l'importance de toutes les formes de transformation du bois, de la coupe à la réalisation d'objets les plus divers, dans l'économie du comté de Roussillon, des montagnes à la cité de Perpignan. Derrière la dénomination de *fuster*, les savoir-faire sont nombreux et différenciés. Ces hommes sont à la fois menuisiers et charpentiers, dont charpentiers de marine, et on les voit également organiser des coupes. Indéniablement, ils demeurent mal connus. En effet, à partir de la très riche documentation royale, l'intérêt des historiens s'est focalisé sur la consommation de charbon de bois, davantage que sur celle du bois. Les travaux historiques sont finalement peu nombreux alors qu'ordonnances, mandements royaux et arrêts de la cour de justice du patrimoine royal, particulièrement dans les années 1370-1380, veillent autant aux coupes et à la réalisation d'objets en bois qu'à la pratique du charbonnage[105].

La diversité des objets, outils et ustensiles façonnés dans les forêts du comté, est connue par les édits royaux qui organisent le forestage des forêts royales et par les concessions d'exploitation des forêts du domaine, toujours payantes. Ces textes sont antérieurs au XVe siècle. Ils se multiplient à partir de 1300. Certains sont d'autant plus intéressants qu'ils s'appliquent au Vallespir et, plus particulièrement, aux forêts de la seigneurie royale de Prats-de-Mollo[106]. Il s'agit, dans ce cas, d'organiser le prélèvement fiscal sur l'usage du bois et d'enregistrer, pour ce faire, tous les produits élaborés, en leur attribuant le versement d'un droit de forestage. Le *capbreu* de Prats-de-Mollo et de sa vallée, dressé entre 1327 et 1331, enregistre d'ailleurs le paiement des droits exigés pour la réalisation des objets en bois[107].

La liste fiscale la plus précise qui ait été conservée concerne les forêts des Ayades et de Saint-Guilhem de Combret dans la vallée de Prats-de-Mollo (voir carte 2). Le texte est un règlement daté de 1311[108]. Les objets, grands et petits, y sont très précisément enregistrés, parfois avec l'essence de l'arbre dans laquelle ils devront être réalisés : hêtre, chêne, noisetier, bouleau, frêne pour les écuelles et les gobelets, les mortiers et les cuvettes, les cercles, tonneaux et barriques diverses, les comportes et les brocs, mais aussi les antennes (mâts de voiliers) qui peuvent être tractées par une paire de bœufs, les ancres de sapin, les timons et les ceps d'araire, les bâtons de berger, les fourches. Les autres textes royaux, émis pour la Cerdagne ou le Conflent, énumèrent plus sobrement les *dental* (cep d'araire), *cabiron* (chevron), *monall* (poutre maîtresse), *cayrat/cairo* (poutre à section carrée), *pertxe* (perche), *selcle* (cercle), *concha* (auge), *morter* (mortier)[109]. Tous ces objets se retrouvent dans les listes des leudes de Perpignan[110]. Il est évident que la production, ainsi dévoilée, et qui se révèle d'une extraordinaire diversité, n'est pas le seul fait des *fusters*. Cependant, la réglementation s'adresse aux individus susceptibles de vendre leur fabrication et, en outre, si nous ignorons souvent la profession de ceux qui concluent avec la Procuration royale un contrat d'exploitation des forêts, rien n'interdit que certains d'entre eux, domiciliés dans les bourgades alentour, soient effectivement *fusters*, surtout lorsque le contrat précise la réalisation de pièces massives (comme les mâts, par exemple) et payées par saumade, et non à l'unité. Il faudrait ajouter que la grande ordonnance sur les forêts, en date de 1345, qui concerne l'ensemble du comté (Roussillon, Conflent, Vallespir, Cerdagne et Capcir), intègre, dans son dernier paragraphe, une adresse aux *fusters* de Perpignan qui travaillent dans la forêt de la Querença (Conflent)[111].

Ainsi, ces listes, qui tendent à l'exhaustivité du fait même de leur objectif fiscal, offrent un témoignage inédit et exceptionnel sur le travail du bois. Il faudrait pourtant leur ajouter une production qu'ils ignorent, celle des *astes*, c'est-à-dire d'hampes de bois pour les lances et les pics. Une quantité tout à fait impressionnante de ces objets est enregistrée chez Pere Torrent, père du boucher d'Arles Guillem Torrent quand, à sa mort, on procède à l'inventaire de ses biens. Cet homme occupe un des moulins *serradors* de Prats-de-Mollo, mais on ignore à quel titre, et surtout s'il dispose de parts du moulin, car l'inventaire de ses biens demeure inachevé. Or, dans sa maison, on dénombre dix-neuf *astes de dart de fag* (hêtre), douze *astes de lances obrades*, quatre douzaines d'*astes de lanses de fag*, vingt *astes de dart* de frênes, six *astes de lances stirades* (étirées, assouplies), huit *astes de lanses a stirar* (à assouplir, à étirer) et huit *lanses de fag stirades* (assouplies, étirées) : un total donc de soixante-dix-sept *astes*[112]. La forte présence de ces objets laisse supposer que Pere Torrent les façonne. Se ravitailler en *perxes,* c'est-à-dire en perches, est aussi l'objet du contrat qui est conclu entre un *asterius* d'Arles (fabricant de lances) et le bayle de Llech (en Conflent) qui vend 115 perches de frêne que l'acheteur doit élaborer lui-même sur place, dans les bois du vendeur. Sans aucun doute, il s'agit des futures hampes nécessaires aux lances que fabrique cet homme[113]. Des objets domestiques, et souvent méconnus, sont également élaborés dans les forêts : il s'agit des peignes en buis. On en connaît le marché grâce aux commandes de la reine, qui s'en fait livrer à Barcelone[114].

Autant qu'à la production d'objets divers, les *fusters* s'adonnent à toutes sortes de réparations. Elles apparaissent au grand jour dans la comptabilité royale, car ces hommes interviennent régulièrement sur certaines infrastructures lourdes et fragiles : canalisations en bois, chaussées des moulins, mécanismes de ces mêmes moulins. Ils fournissent les pièces de bois nécessaires et exécutent les travaux[115]. C'est ainsi que le *fuster* Pere Tregura, de Perpignan, très actif sur les chantiers royaux est aussi l'*operarius maior* du *rech* royal de Thuir, un ouvrage hydraulique majeur dans le comté[116].

À l'origine de toutes ces réalisations, on trouve la coupe et le débitage. Il faut, dès à présent, préciser que la Catalogne fut tôt équipée de moulins à scier (*moli serradors*) et souligner que les premiers témoignages écrits conservés le sont pour les environs de Prats où s'élèvent en 1313, en 1314 et en 1321 trois moulins *serradors* implantés, pour le premier, entre les lieux-dits Artiga Beringera et Esclap d'Amont, le second à la Coma del Lancer et le dernier à Saint-Guillem de Combret[117]. En ce début du XIVe siècle, c'est incontestablement dans le haut Vallespir que se concentre le plus grand nombre de scieries, d'autant qu'un autre moulin à scier est à nouveau construit à la Coma del Lancer, en 1363. On ignore s'il succède au précédent, sur le même site, ou s'il lui est ajouté[118]. L'équipement se poursuit tout au long des XIVe et XVe siècles, et les scieries se diffusent dans l'ensemble des montagnes du Roussillon et à Perpignan[119].

Revenons aux sources notariales et au XVe siècle. Le temps de l'enregistrement des usages communaux, de leur codification fiscale et, finalement, de leur limitation est passé. Il est possible que la déprise humaine de la fin du XIVe siècle soit d'ailleurs à l'origine d'une régénération de la forêt. On l'ignore. Cependant, c'est plutôt une vigilance persistante qui transparaît de l'action combinée et superposée de tous ceux qui ont accès au bois, depuis l'individu détenteur d'un manse jusqu'à la communauté et au roi. Les pratiques pourraient s'être alignées sur la législation royale éditée un siècle auparavant, que le territoire soit ou non dépendant du domaine, mais il est vrai qu'un éclairage contradictoire manque. Depuis l'ordonnance de 1345 et la volonté royale de légiférer pour l'ensemble du comté, nous ignorons tout de la législation appliquée dans les grands domaines ecclésiastiques ou dans les seigneuries laïques, comme celle de Céret. Dans les forêts royales, au cours de la première moitié du XVe siècle, la Procuration royale continue à veiller à l'application des règlements, et les gardes sont régulièrement nommés[120]. Les officiers surveillent l'exercice des privilèges. Certaines des franchises sont confirmées au début du XVe siècle à des communautés, comme à Corsavy, où le procurateur de la reine reconnaît aux consuls que les hommes du village disposent du droit ancien de *scindere* dans les forêts du lieu[121]. Quand les sources offrent un éclairage sur ce sujet, il apparaît que l'accès au bois est l'objet de l'attention de tous les ayants droit : les communautés poursuivent activement, encore au début du XVe siècle et comme elles l'avaient fait durant la seconde moitié du XIVe, tous ceux qui leur sont étrangers et qui s'approvisionneraient en matière première ou combustible dans l'espace communautaire[122]. La surveillance trouve un relais à l'échelle de l'exploitation paysanne. Ainsi, des baux à court terme, portant sur des manses, peuvent spécifier que les arbres ne pourront être coupés, même pour les besoins des exploitants. C'est encore le cas à Corsavy où, en 1406, un contrat conclu pour quatre ans précise que l'accès aux bois verts (*viridos*) est interdit, même pour faire des seaux cerclés (*pous*), des éléments de charrue et pour nourrir les bestiaux[123]. Afin de comprendre l'attention dont profite Corsavy dans la documentation, il est utile de préciser que ce village dépend du domaine royal, le roi y disposant du revenu de ses moulins, de ses bois entretenus et surveillés par le forestier de Prats-de-Mollo, de ses grands pasquiers et de sa mouline[124].

Ce sont plus particulièrement sur les grands *fustes* que se porte l'attention royale[125]. Ainsi, tous les bois de grande ampleur qui doivent être coupés dans les forêts royales pour des travaux à accomplir dans le domaine sont signalés par le Procureur royal ou son représentant aux officiers locaux, afin qu'ils en autorisent la coupe et la circulation[126]. Ce qui n'empêche pas, encore au cours du XVe siècle, la dévastation d'espaces forestiers au point que le concessionnaire du moulin *serrador* et du forestage du bois de Conat (Conflent) en appelle à la justice royale (1435)[127]. C'est aussi au début du XVe siècle que se développe une législation particulièrement attentive à la récupération des bois flottant et qui donne lieu à des applications générales : tout bois porté par les eaux courantes à la suite d'inondations appartient au roi et ne peut en aucun cas être récupéré par une autre autorité que celle du roi, fût-elle seigneuriale[128]. Ce bois peut d'ailleurs être acheté aux officiers du roi, si, une fois échoué sur le rivage, le propriétaire du terrain concerné souhaite le conserver[129]. Ainsi, en début d'année 1422, après une forte crue de la Têt en octobre 1421, la Procuration nomme un homme d'Argelès afin de repérer, récupérer et vendre les bois flottant et divagant qui se sont échoués le long du cours du fleuve et à son débouché, à Elne, à Collioure, à Argelès et à La Tour[130]. Une procédure contradictoire et probatoire est mise en place, dès novembre 1421, afin de faire valoir les droits respectifs du roi sur le bois divagant, et de tous ceux qui estiment que le bois échoué est originaire de leurs bien-fonds[131]. L'importance de cette question est confirmée par le fait que le bois, aussitôt récupéré, est utilisé sur les chantiers royaux : le bois, charrié par l'Agly en 1436, doit être livré à l'*obrer maior* du château royal de Perpignan[132].

Ainsi, durant la première moitié du XVe siècle, des tensions persistent et le bois continu d'être une matière recherchée, sinon rare. Des procès pour vol de bois, portés devant les bayles, sont attestés[133]. Mais parallèlement, et sans que cela soit en rien contradictoire, la forêt royale s'ouvre à l'exploitation privée et payante. Au tournant des XIVe et XVe siècles, en Cerdagne et en Vallespir, l'accès des devèzes, en principe interdit, est permis contre un paiement[134]. Pour exemple, la devèze du château royal de Corsavy est concédée à Béranger d'Oms en 1436. Le contrat est une acapte. Son prix est faible : 22 sous d'entrée et 2 sous de rentes[135]. On peut s'interroger sur une concession très peu onéreuse octroyée, de surcroît, à un proche du roi. Mais le mouvement semble dépasser le cas individuel. Par ailleurs, le paiement des droits de forestage ouvre les espaces boisés à des pratiques de plus en plus larges. Alors que le forestage de la forêt de la Querança est concédé en fermage par le roi depuis la fin du XIIIe siècle, ce n'est plus un seul moulin *serrador* qui est en activité, mais bien trois qu'il est prévu d'élever en 1456. La course au bois aboutit à une sélection parmi les ayants droit, en fonction de leur capacité financière.

L'activité des *fusters* s'exerce dans le cadre de cette législation. Ainsi, on dispose, pour l'année 1455, d'une série de contrats de coupe noués entre des *fusters* de Perpignan (Joan Jauffre et Pere Mas) et des hommes du Conflent (de Joncet, de Thuès, de Fonpédrouse, d'Eus, de Niers) ou du Capcir (Prats-de-Balaguer). Les commandes portent sur de grosses pièces, successivement vingt *trabes* (traverses) de cœur de pin (*cor de pi*), cinquante-deux *monales* (solives) d'*avet* (sapin), trente-deux *monales* d'*avet*, 144 *monales* de sapin et huit *trabes quadratas* de *cor de pi*, soixante-douze *monales* de sapin et soixante-douze de pin, soixante *trabes quadrata*s de pin, 300 *monales d'avet* et 300 *trabes* de pin, qu'il est toujours prévu d'entreposer sur les berges avant qu'elles ne soient mises à l'eau. Qu'il s'agisse de l'essence des arbres, de la qualité de telle ou telle partie des fûts ou des ramures, des mesures des pièces : les contrats sont d'une grande précision. Ainsi, même quand il s'agit de livrer 59 canes de fagots, la grosseur et l'âge des bois (au moins six ans d'âge) sont indiqués[136]. Or toutes les commandes précisent que les livraisons doivent être franches de tout droit, libres de tout forestage avant de quitter la berge[137].

Il faut être particulièrement attentif aux interdictions qui peuvent porter sur certaines coupes. Elles ne sont pas forcément l'expression d'une protection. Ainsi, dans des contrats conclus entre propriétaires et *fusters*, des arbres sont spécifiquement déclarés non exploitables et leur coupe interdite, qu'il s'agisse d'un grand peuplier nommément désigné, ou bien de châtaigniers, d'oliviers et de cerisiers, ou même de chênes, de noyers et parfois de frênes, car l'intérêt et les projets du vendeur de la coupe sont à l'origine du choix[138]. Or il apparaît que ces arbres protégés sont parfois exclus de la vente, tout à fait momentanément. Ils peuvent, quelque temps après, être vendus. C'est la preuve que les propriétaires, souvent des paysans, gèrent au mieux de leurs intérêts l'accès au bois. Le cas de Bernat Coma al Montagut est très clair. Il vend, en 1414, à un *fuster* de Perpignan des châtaigniers pour faire des cercles, châtaigniers qu'il avait exclus d'une coupe concédée, sur la même parcelle, à un *fuster* de Céret, quelques années plus tôt[139]. Qu'il s'agisse de vendre mieux, ou de vendre alors que les arbres sont en âge d'être coupés, l'intérêt commercial semble prédominer et, dans ce cas, il émane d'un paysan de Céret.

La circulation des bois et des hommes

Distinguons les espaces où s'exerce l'activité des *fusters*. Le Conflent apparaît bien comme l'épicentre de l'exploitation forestière et de la circulation des bois. Ainsi, du bois peut transiter du Conflent vers le Vallespir. Nous avons déjà vu que les *asterii* d'Arles se fournissaient en perches en Conflent. Des *fustes* sont également accumulées dans les moulins *serradors* de Pi, Mantet et Vernet pour être transportées frauduleusement, c'est-à-dire sans payer la leude du Conflent, vers les territoires de Prats-de-Mollo et de Camprodon, traversant le massif du Canigou et le versant nord des Pyrénées, sans doute à dos de mulets[140]. Mais l'axe majeur de circulation est la vallée de la Têt et son débouché maritime[141]. Des individus, *fusters*, pareurs ou agents royaux, passent commande de bois auprès d'hommes du cru, le bois devant être livré sur les rives de la Têt[142], le flottage étant souvent aux frais des vendeurs[143]. Il s'agit de solives (*filas*) de grande ampleur et de poutre (*trabes, monales*). On sait que ce bois est acheminé majoritairement jusqu'à

Perpignan où est levée la leude des *fustes*[144]. Il peut être débarqué sur la grève du monastère de Saint-Augustin, sous le pont Notre-Dame, ou sous le *paret del Tent*[145].

Les contrats organisant le transport par eau sont à distinguer des contrats de coupe. J'ai déjà mentionné la belle série de contrats conclus en 1455 par les *fusters* de Perpignan, Joan Jauffre et Pere Mas, et qui portait sur la coupe de bois, pour l'essentiel des bois de charpente. Or ces mêmes hommes organisent, dans un second temps, le convoyage des pièces de bois (*monales* et *bigues*, mais également rondins) et forment, pour cela, une société dont l'objectif est la préparation des trains de bois (choix des *manadors*, des cours d'eau, organisation des voyages)[146]. Pour les années 1459-1461, nous avons conservé plusieurs des contrats de flottage que Joan Jauffre et Pere Mas avaient conclus avec des hommes de Rodès et de Marquixanes. Le point de départ est le port *nou* d'Eus ou bien Py en Conflent ; celui d'arrivée, le port des Augustins, à Perpignan. Rodès semble constituer une étape puisqu'une partie du paiement peut être exigée en ce lieu. Le prix comprend la mise en eau, le conduit et la sortie des pièces de l'eau[147]. C'est également en Conflent que s'approvisionne Bernat Saquet, un des rares marchands de Perpignan à investir dans l'industrie du bois. Rentier des revenus royaux en vallée et forêt de Conat, il tient également du roi le forestage de la forêt de la Querança et achète de nombreuses coupes de bois qu'il fait débiter dans son moulin *serrador* de Perpignan après en avoir organisé le convoyage[148].

Les bois circulent sur les rivières, mais ils circulent également par cabotage maritime. S'il a été démontré pour Barcelone combien le commerce du bois originaire de la région située au nord de la capitale[149] anime la circulation portuaire, il ne faudrait pas oublier que d'autres espaces forestiers ont également approvisionné le commerce maritime du bois. Parmi eux, le Conflent, dont le bois est exporté à partir du port de Canet par le marchand Bernat Saquet, mais aussi les forêts du Languedoc, et en particulier celles du plateau de Sault. Du bois aboutit à Narbonne, par le cours de l'Aude, où il est ensuite acheminé par mer et redistribué sur les côtes. Ainsi, en 1417, l'arbre de navire qui devra être travaillé par un *fuster* de Collioure est débarqué dans ce port.

Il provient de Quillan[150]. Encore, en 1426, quand il s'agit d'œuvrer sur le pont de Perpignan, les deux grandes pièces de bois nécessaires viennent de Narbonne[151].

La présence des hommes de Perpignan, *fusters* ou marchands, est moins courante dans les montagnes du Vallespir que dans celles du Conflent, ne serait-ce que parce que le Tech ne traverse pas la capitale du comté, et que son cours est plus tumultueux[152]. Néanmoins et malgré les difficultés, le Tech est utilisé pour le flottage[153]. Dès 1414, les *fusters* de la famille Mascaros de Perpignan se fournissent en bois pour faire des cercles, en châtaignier et en noisetier, dans des forêts de Céret. Ils y sont encore en 1443, où on les voit s'opposer à un *fuster* de Céret pour une coupe qui aurait été pratiquée sur un espace dont ils revendiquent la concession[154]. Ils sont également actifs plus en amont dans la vallée du Tech, à Saint-Laurent-de-Cerdans, où Guillem Mascaros est associé pour une coupe avec deux autres *fusters* de Perpignan, dont l'un, Pere Cardona, fournit les chantiers de la Couronne[155]. Ils ne sont pas les seuls *fusters* de Perpignan à travailler en haut Vallespir : un *fuster* de la cité envoie son procurateur conclure une vente de bois à Céret[156] ; Jordi Mas achète des saumades de cercles à un homme de Prats-de-Mollo (1436)[157] ; Francesc Font et Antoni Massamont sont en affaires avec un pareur de Céret en juillet 1426, date à laquelle ils sont, par ailleurs, accusés d'avoir mis le feu dans un bois dépendant de ce bourg[158]. Notons également la présence exceptionnelle d'un *fuster* de Macianeto (diocèse de Gérone)[159].

Les fusters du Vallespir

La juxtaposition du relatif vide arlésien et de l'activité, certes ponctuelle, des *fusters* de Perpignan dans la haute vallée du Tech n'est qu'un aspect de la réalité. L'exploitation du bois est bien présente en Vallespir, comme en atteste un actif marché des parcelles boisées qui concerne plus particulièrement les châtaigneraies[160]. Mais le marché des bois est également celui des coupes, et ce sont les *fusters* de Prats-de-Mollo et de Céret qui s'en occupent[161]. On saisit bien la diversité des opérations et des productions dans le bourg de Prats-de-Mollo, quand est dressé l'inventaire des biens du *fuster* Pere Augustini qui détient des parts dans le moulin *serrador* de Combret (Prats-de-Mollo)[162]. On trouve, accumulés dans l'atelier, des chaises pour enfants, des bois de soufflets (*manxes*), des pièces de bois pour faire des rasoirs (?), mais aussi des cercles pour élaborer des barils et des bois de différentes qualités : du noyer et du châtaignier, c'est-à-dire les essences dans lesquelles les divers ustensiles sont élaborés, du bois à brûler (aulne, saule, noisetier), et du bois utilisé en charpente ou dans la construction navale (pin, sapin).

Les *fusters* du haut Vallespir se rendent eux-mêmes sur le terrain pour procéder au choix des arbres et à leur coupe, ainsi qu'au débitage précis de certaines pièces. Pour Céret, on dispose depuis la fin du XIVe siècle de nombreux contrats de coupe enregistrés par des notaires. Dans ce bourg s'activent le *fuster* Pere Galvayt et son fils Pere junior, auxquels succèdent Bartomeu Galvayt et Arnau. Les premiers travaillent parfois avec leurs voisins, Francesc Me(a)yna, Pere Riba ou Mateu Podii, avec lesquels ils partagent les coupes[163]. Les actes restituent les conditions d'accès à la matière première : les coupes sont souvent récurrentes, pendant six à huit ans, sur la même parcelle dont l'exploitation est concédée par des individus de Céret, souvent des *pagesii*, parfois des propriétaires perpignanais[164]. Les *fusters* achètent également le bois débité et livré. Ainsi, Pere Riba, associé dans ce contrat avec un pareur de Céret, achète 50 quintaux de bois. La livraison n'ayant pas pu être accomplie, le vendeur s'engage à rembourser une partie du paiement qui lui avait été versé au moment de la conclusion de la vente[165]. Quel est l'usage de ce bois ? Généralement, on l'ignore. Quand il est spécifié, il se rapporte aux teintureries. Dans ce cas, les *fusters* ne se différencient pas des paysans qui approvisionnent l'industrie du drap, sinon par la quantité livrée, à moins que le bois à brûler qu'ils vendent soit le reliquat des coupes opérées pour le bois d'œuvre. Deux actes enregistrent la vente de 1 000 quintaux de bois aux teinturiers de Céret par des *fusters*. Il s'agit d'abord de bois de *vern* (aulne) (1401) ; puis de chêne (*roire*) et d'orme (*olm*) (1410)[166]. En plus de ces achats aux *fusters*, le procurateur de la société *del Tint* de Céret achète des quantités importantes de combustible à des paysans ou des muletiers, car les *fusters* ne sont pas les seuls à fournir le bois aux teintureries[167].

Certains d'entre eux ont des intérêts dans des secteurs d'activité où l'approvisionnement en bois à brûler est primordial. Ainsi, Pere Riba, en compagnie de deux forgerons, est un des amodiataires de la mouline del Perer, à Céret, jusque dans les années 1425[168] ; c'est Joan Figueres, *fuster* de Céret, qui intervient comme procurateur pour la location du four tuilier de Céret (1415)[169].

On peut s'arrêter un moment sur les cas de Joan Figueres et de Guillem Donat, *fusters* de Céret, un peu mieux éclairés par les sources de la première moitié du XVe siècle. Le premier est actif à Céret de 1410 à 1431, seul ou avec son fils Pere Antoni, également *fuster*[170]. Il achète des coupes à des paysans de Céret[171] et travaille jusqu'en Conflent, à Codalet, où il conclut, en 1412, avec d'autres *fusters* du bourg, l'achat d'une coupe dans une châtaigneraie[172]. Si Joan Figueres travaille dans son atelier en compagnie d'hommes dont certains ont conclu avec lui un contrat par écrit, on ignore l'activité quotidienne de ce *fuster* qui teste en 1435 et dispose d'une belle aisance, puisqu'il laisse à ses deux premiers fils diverses possessions immobilières, et au plus jeune 100 livres[173]. Exceptionnellement, le corpus réuni autour de Guillem Donat[174], également désigné comme *fuster*, conduit de la coupe à la production de pièces de tonnellerie. Guillem Donat travaille, en effet, avec sa femme Francisca. Il emploie également pour certains travaux des salariés qu'il rémunère à la tâche, surtout quand il s'agit de transporter le bois[175]. Il s'adjoint ainsi l'aide d'un jeune homme, Fontana, qu'il engage pour un an[176]. Parfois, pour des livraisons de bois à la teinturerie de Céret, il apparaît comme intermédiaire entre le procurateur de la teinturerie et le propriétaire du bois, et partage le prix de la vente avec ce dernier[177]. Il est également en contact régulier avec le pareur, Pere Roig, dont il faut rappeler qu'il dispose de parts dans une teinturerie d'Arles. Il est d'ailleurs tout à fait probable que son rayon d'action professionnel le mène jusqu'à Arles et ses ateliers[178]. Il organise des coupes à Reyners[179]. Ses contacts avec les autres *fusters* de Céret sont fréquents, soit qu'il travaille avec l'un ou l'autre sur une commande, comme lorsqu'il faut livrer la société *del Tint* ; soit qu'il vende des pièces de bois que d'autres *fusters* assembleront. C'est le cas quand Mateu Podii *alias* Pug, *fuster*, lui achète 6 saumades de cercles de barrique[180].

Au final, et après ces angles de vue différents et contrastés, il apparaît que les informations livrées par les registres de Céret et de Prats-de-Mollo confirment la spécificité arlésienne. Le travail du bois est peu important à Arles, alors qu'il est bien représenté dans d'autres bourgs du Vallespir. L'hypothèse d'une perte d'informations peut être formulée pour comprendre l'activité en creux de la fusterie d'Arles mais elle est peu vraisemblable. On pourrait y ajouter une autre cause, celle-ci tangible : les *fusters* sont d'autant moins nombreux à Arles que le bois est consommé par d'autres activités. La draperie, bien sûr, avec le combustible pour les cuves des teinturiers et la cendre appliquée lors du foulage du drap, les *fusters* pouvant d'ailleurs, comme nous l'avons vu, contribuer à l'approvisionnement en bois à brûler. Cependant, à la production des draps, se superpose une autre activité fortement consommatrice de bois qui est, celle-là, très représentée à Arles : la sidérurgie.

Forgerons catalans et forgeurs étrangers

Le travail du fer : une spécialité d'Arles

Les forgerons (*fabri*) sont incontestablement les plus nombreux parmi tous les travailleurs que nous livrent les registres des notaires. Le travail du fer s'affiche comme une spécialité d'Arles : aucun autre bourg de la vallée ne compte autant de *fabri*. On en dénombre cinquante-six, pour beaucoup d'entre eux domiciliés dans la rue des Forgerons. Leur répartition, entre les années 1400 et 1450, est équilibrée. En effet, vingt-deux *fabri* travaillent à Arles au milieu du XVe siècle, contre vingt-huit entre 1400 et 1428 ; six sont actifs tout au long de la période considérée (voir figure 9). Encore une fois, la majorité d'entre eux demeurent méconnus, et leur vie professionnelle est d'autant plus difficile à saisir que, contrairement aux métiers du textile, et en particulier de la teinturerie, le travail du fer ne se développe pas dans le cadre de sociétés. On perd, ainsi, les renseignements que les contrats de société livrent traditionnellement sur les équipements des ateliers et sur les produits réalisés. Cependant, et en accord avec ce qui est à présent bien connu dans le domaine de la métallurgie, ces *fabri* sont bien ceux qui transforment le fer et non ceux qui le réduisent[181]. La distinction est toujours utile à rappeler dans un contexte technique et économique où l'ensemble de la filière de production est entièrement représenté.

Fig. 9. Les *fabri* d'Arles (1405-1448)

Nom	Date des actes mentionnant leur activité
Arqueryador Guillem	22 janvier 1445-1er août 1445
Baiuli Berenguer	27 avril 1406-7 décembre 1448[182]
Baiuli Francesc	19 septembre 1444
Baiuli Mateu	10 février 1444-1448
Baiuli Pere Antoni	22 janvier 1445-3 septembre 1448
Baiuli Roger	2 mars 1444-18 novembre 1445
Balmes Bartomeu	1er février 1406-19 mars 1420
Bonabosch Bartomeu	8 octobre 1413-25 août 1444
Bonabosch Pere junior	4 février 1406-29 août 1418
Bonabosch Pere senior	28 janvier 1412-23 février 1418
Campi Arnau	29 août 1406
Campi Pere	17 novembre 1417
Canyola G.	1418-19 mars 1420
Carrera Pere	3 février 1416
Caselles Bernat	18 juillet 1414-22 mars 1420
Caselles Esteve	8 mars 1444-4 novembre 1444
Cases Bernat	13 janvier 1406-26 janvier 1446
Cases Llorenç	11 mars 1444-11 janvier 1445
Corona Pere junior	13 mars 1416
Corona Pere maior	11 juin 1417-2 juin 1445
Costa G.	4 février 1416-1er avril 1418
Dauder Guillem junior	19 janvier 1406-21 septembre 1417
Dauder Guillem senior	24 janvier 1407-11 avril 1418

Nom	**Date des actes mentionnant leur activité**
Dauder Joan	29 janvier 1406
Doma Jaume	1418
Domenge Joan	9 juin 1424-juillet 1445
Duran Rafael	2 mars 1444-13 février 1445
Durandi Joan	5 octobre 1412
Durandi Rafael	6 mars 1446
Fuster Antoni	10 novembre 1444
Gatuna Marcel	2 décembre 1445
Guia Pere	13 février 1445
Hualger Joan	4 février 1416-15 février 1421
Labur Miquel	18 juillet 1414-31 mai 1418
Ludriera Bernat	novembre 1444-juillet 1446
Monera Antoni	10 septembre 1444-22 janvier 1445
Monera Jordi	2 mars 1444-27 février 1448
Morer Antoni	27 février 1416-7 octobre 1417
Noger G.	février 1407-7 octobre 1417
Ortalli Bernat	2 avril 1416
Pineda Pere	20 mars 1405-2 mars 1444
Pinol Ponce	29 octobre 1446
Puig Pere	21 janvier 1406-14 décembre 1427
Rech Pere	18 juillet 1414-31 mai 1418
Roig Pere	1er mai 1445
Romei Francesc	4 mars 1405
Sentelo Pere	1er mai 1412
Sentelo Ramon	25 juin 1412-22 juillet 1417
Serrat Pere Antoni	15 décembre 1412
Siges Pere	2 décembre 1445
Soleri Bartomeu	10 novembre 1444-16 août 1445
Stephani G.	10 mars 1416

Nom	Date des actes mentionnant leur activité
Taloni Ramon	février 1414-17 avril 1426
Tixedori Joan	décembre 1444
Vila Pere	22 janvier 1445
Villaplana Abdon	1er octobre 1444-2 décembre 1445

Ces hommes élaborent des produits originaux ou de facture délicate : des épées, des couteaux, des pics de lance, des chandeliers, ainsi que des *perfumadors*, « flacons à parfum ». C'est à Arles que la reine Yolande commande les siens[183]. Des produits plus courants (on pense bien évidemment aux outils aratoires) sont absents de la documentation notariale[184]. La production du haut Vallespir serait-elle si spécialisée ? Peut-être, mais la capacité technique que suppose la fabrication des lames n'exclut pas que des forgerons continuent à travailler pour l'équipement de base des campagnes. Un fait est certain : le marché du fer, en barre ou en lingot, est très actif à Arles comme l'attestent les actes notariés mais, *a contrario*, jamais les notaires n'enregistrent de vente portant sur des objets finis, qui sont uniquement repérés dans les inventaires après décès et dans les comptabilités royales, ou qui sont cités en rapport avec l'atelier spécialisé où ils sont réalisés.

Le bourg d'Arles dispose de deux moulins *tornals*, c'est-à-dire de deux moulins à aiguiser, dont l'un sert plus particulièrement à l'élaboration des lames d'épées. Il est élevé en 1412, sur les rives du Riuferrer, un torrent affluent du Tech[185] et il est détenu par un forgeron d'Arles. Un tel équipement confirme que la production de lames, ou plus largement d'armes blanches, est une des spécialités d'Arles puisqu'aux *fabri* s'ajoutent quelques individus qui sont désignés spécifiquement comme des fabricants de lames et de piques : deux *asterii (*Joan de Saint-Sébastien et Pere Porques)[186], deux *lancerii* (Martie Lopis et Joan Lo Castillo)[187], un coutelier (Pere Campi, qui est aussi désigné comme forgeron)[188] et un fourbisseur (Joan Conomina)[189]. Trois d'entre eux sont d'origine basque (Joan de Saint-Sébastien, Martie Lopis et Joan

Lo Castillo). Or, à l'exception de Martie Lopis, particulièrement bien inséré dans la société catalane, au point de se marier avec la fille d'un meunier de Perpignan, ces spécialistes basques demeurent en marge du groupe des forgerons arlésiens.

Le travail de forge s'opère traditionnellement dans un atelier équipé d'outils simples que les forgerons peuvent acheter ou louer : marteaux, pinces, enclume et soufflets. Il s'organise autour d'un homme, le forgeron, et il est très rare que les textes dévoilent les aides dont il aurait pu s'entourer. En cela, la forge de transformation, ou forge de village, se distingue nettement de l'atelier de réduction qui réunit, autour du bas fourneau, un groupe structuré et encadré par des forgeurs. Rien de tel ici. Comme nous l'avons souligné, le travail du forgeron qui s'accomplit en dehors du cadre juridique de sociétés est ignoré du notariat. De ce point de vue, sa situation est comparable à celle du tisserand et du cordonnier. Si cinquante-trois textes ont pu être réunis sur le forgeron Bartomeu Balmes, entre 1406 et 1420, auxquels s'ajoutent ses déclarations (reconnaissances) dans le cadre de la rédaction du *capbreu* (Arles, 1405), c'est parce que cet homme, assurément forgeron et même maître de jeunes apprentis, est très actif dans sa communauté : procurateur des aumônes de Saint-Sauveur, *operarius* de l'œuvre du pont, procurateur de l'Hôpital. Pourtant, des familles de forgerons se distinguent nettement. Il s'agit des Baiuli (Berenguer, Roger, Mateu, Francesc et Pere Antoni) ; des Dauder (Guillem père et fils, Joan, le neveu de Guillem Dauder senior) ; des Bonabosch (Pere senior, Pere junior époux de Cilia Romei, fille du forgeron Francesc Romei, et son neveu Bartomeu Bonabosch junior, également forgeron). Pendant les cinquante ans examinés, et sur deux générations, le métier de forgeron se reçoit en héritage. Ce fort ancrage ne caractérise pas toutes les professions ; en tout cas, il ne se perçoit pas aussi nettement.

Familles de forgerons

Chaque groupe familial est singulier et présente une particularité. On ignore les liens potentiellement tissés entre les cinq Baiuli. Ils portent le même nom et pratiquent la même activité professionnelle.

Ces hommes achètent de petites quantités de fer (1 quintal par contrat), sans aucun doute leur matière première ; Berenguer se procure enclume et soufflets auprès de la femme de Bartomeu Bonabosch junior (forgeron)[190]. Roger et Mateu, au titre de témoins dans des actes de vente, sont en contact avec des forgeurs de la mouline de Léca, c'est-à-dire ceux qui produisent le fer[191]. Sans nul doute, forgerons et forgeurs se connaissent, se croisent, les uns pourvoyant les autres en matière première. Tous ces échanges sont noués verbalement. Quand le texte atteste d'une vente ou d'un achat de fer par les Baiuli, le contrat est exceptionnel, les vendeurs sont des marchands et non des forgeurs, comme Joan Castaneda qui vend 2 quintaux de fer à Berenguer Baiuli en 1405[192]. Les Dauder, père et fils, livrent d'autres formes de témoignages. En 1412, le mariage du fils Dauder avec la fille du boucher Berenguer Branya illustre la réussite de la famille. La dot s'élève à 175 livres[193]. La famille Branya n'est d'ailleurs pas étrangère au milieu des forgerons et des forgeurs, car Berenguer vend régulièrement du fer et il en achète parfois dans les moulines des environs. La famille Branya a, par ailleurs, hérité d'une maison dans le *vicho* des forgerons. Il y a là une proximité de vie qu'on ne peut négliger. À la suite immédiate de ce mariage, les deux Dauder font édifier un moulin *tornal,* sur les eaux du Riuferrer pour aiguiser les épées et autres ustensiles de fer. Il s'agit d'un des deux moulins *tornals* dont dispose le bourg en ce début du XVe siècle et il est difficile de ne pas associer étroitement l'alliance, la dot et le nouvel équipement[194]. Mais, avant juin 1417, Guillem Dauder junior, époux de la fille de Berenguer Branya, décède[195]. Dès mars 1416, il avait loué ses outils à un forgeron originaire de Foix, associé momentanément au forgeron d'Arles, Pere Corona[196]. À la suite de ce décès, le père Dauder se dessaisit d'une maison, puis ce sont des outils qui sont vendus au forgeron de la famille Hualger, et on peut supposer qu'il s'agit de ceux de son fils. Joan, son neveu et forgeron, apparaît comme le donataire des biens de Guillem. À partir de 1418, Guillem Dauder père disparaît de la documentation, et en 1447 le fils de Joan Dauder, petit-neveu de Guillem, se déclare brassier. La famille Dauder ne compte alors plus de forgeron. Il semble bien que les papiers des notaires aient enregistré une douloureuse fracture familiale.

Fig. 10. Généalogie des Bonabosch, Arles, 1re moitié du xve siècle

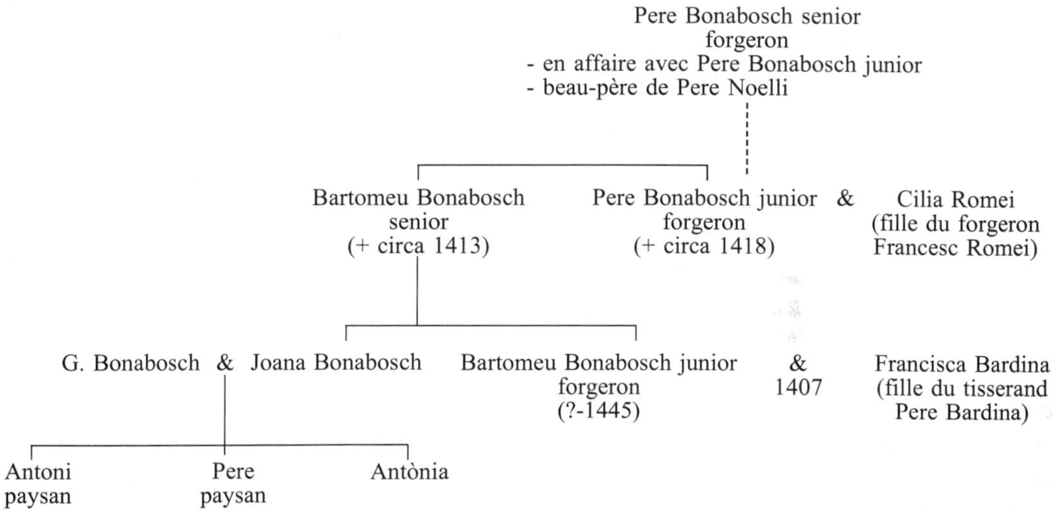

La famille Bonabosch sera inscrite plus longtemps dans le métier. Trois membres de cette famille sont des forgerons. On peut les suivre de 1406 à 1445 (voir figure 10). L'origine des Bonabosch est paysanne, et une branche perpétuera le travail de la terre, inscrit durablement dans le manse de Bonabosch, dont Joana Bonabosch se déclare propriétaire, elle qui a été l'héritière universelle de son père Bartomeu Bonabosch senior, décédé au plus tard en 1413[197]. Elle est mariée avec G. Bonabosch et on ignore quel est le lien de parenté qui lie, en dehors du mariage, ces deux membres d'une même famille. Ils ont trois enfants : Antoni, *pagesius,* qui sera l'héritier universel de sa mère ; Pere, lui aussi *pagesius* et demeurant également sur le manse familial ; et Antònia, dont on perd rapidement la trace. Si cette branche de la famille est celle des paysans, une autre est celle des forgerons. On peut la reconstituer à partir du cas de Bartomeu Bonabosch junior, frère de Joana. Bartomeu a quitté la terre familiale et il se voit attribuer 50 livres accordées par sa sœur à la mort de leur père. Dès son mariage, en 1407, avec Francisca Bardina, c'est de son oncle, Pere Bonabosch junior, avec qui il semble travailler, que Bartomeu Bonabosch junior reçoit 10 livres pour son installation[198]. Ce mariage scelle l'alliance de Bartomeu avec la famille de tisserands la mieux connue, celle qui est aussi étroitement liée avec le teinturier Maurin Dur. Ni son père Bartomeu Bonabosch senior ni sa sœur Joana n'interviennent dans son contrat de mariage. Pere Bonabosch junior, l'oncle attentif, est lui-même marié avec Cilia, fille de Francesc Romei, également forgeron. Il décède avant août 1418[199]. Il avait testé en 1417. Dès 1418, sa veuve vend ses outils au forgeron Berenguer Baiuli[200]. Il est incontestable que Pere junior, l'oncle de Bartomeu, participait d'une sociabilité « forgeronne » auquel il a associé son neveu, et qu'il a établi des relations avec des familles de forgerons : les Romei et les Baiuli. Mort semble-t-il sans héritier, Pere junior lègue deux maisons à son neveu Bartomeu, dont l'une est dans le *vicus* des forgerons, auxquelles s'ajoutent 30 sous[201]. Bartomeu Bonabosch junior lui survivra au moins jusqu'en 1445. À cette date, il a quitté Arles et il est domicilié à Lupian. Un certain Ferrer Bonabosch, *faber*, est par ailleurs domicilié à Perpignan au milieu du XVe siècle[202].

À la lecture des témoignages réunis sur ces trois familles, il est tentant de les rassembler. Pourquoi pas ? On dispose ainsi de quelques indices sur le travail de ces hommes. Certains individus achètent quelques quintaux de fer, s'achètent et se prêtent des outils ; d'autres sont en relation avec les forgeurs des moulines des alentours, certains disposent d'un moulin *tornal*, d'autres forment de jeunes apprentis[203]. Leur originalité réside surtout dans leur capacité à inscrire leur métier dans leur famille. Ni les tisserands, ni les peigneurs, ni les tailleurs n'ont de successeurs attestés dans le métier qu'ils déclarent ; le cas est très rare chez les cordonniers. Chez les pareurs, la situation est totalement inverse : on est souvent pareur de père en fils. Chez les forgerons, indéniablement on hérite d'un métier que l'on pratique. Cette situation, déjà originale parmi les fabricants, se double d'une autre originalité si on compare les forgerons aux forgeurs. Les forgerons, pendant les cinquante ans durant lesquels nous pouvons examiner leurs activités, s'inscrivent nettement dans la sociabilité et les responsabilités de la communauté. En revanche, les forgeurs, s'ils peuvent avoir recours aux notaires d'Arles lorsqu'ils travaillent dans les moulines proches du bourg, sont tous étrangers et le demeurent. Ils passent et s'arrêtent un moment. Ils sont languedociens, ariégeois et basques. Les deux communautés se mélangent rarement même si elles se côtoient.

Les forgeurs étrangers

Les forgeurs associés au bourg d'Arles sont ceux de la mouline de Léca. Les moulines sont traditionnellement implantées loin des groupements d'habitat. Cependant, si celle de Léca est excentrée du bourg d'Arles, elle se situe sur son territoire, dans la paroisse de Sainte-Marie-de-Mollet. Dépendante de la seigneurie de l'abbaye Saint-Michel de Cuxa, cette mouline est, en outre, détenue par des hommes d'Arles qui en possèdent les parts. Quand on s'arrête un moment sur les dénominations professionnelles de tous les hommes du fer qui travaillent durant la première moitié du XVe siècle autour du bas fourneau de Léca, on observe que tous ne sont pas désignés de la même façon. Trois termes sont utilisés conjointement : celui de *fargerius*, celui de *ferrarius* et celui de *ferrerius*, qui sont donc parfaitement distingués du terme *faber*. Précisons que le mot catalan qui sert à désigner « celui qui produit le fer » est *ferrer* ou/et *farrer*. Les registres d'Arles nous livrent une seule occurrence de ce terme dans un contrat d'amodiation de mouline, le seul qui soit rédigé en catalan. Ainsi, *fargerius*, *ferrarius* et *ferrerius* sont tous utilisés dans des actes rédigés en latin. Or il apparaît clairement que ces termes ne sont pas interchangeables.

À Léca, on dénombre pendant la première moitié du XVe siècle, cinq *fargerii*, huit *ferrarii* et deux *ferrerii* (voir figure 11). Commençons par la première dénomination, soit celle de *fargerius*. Elle désigne Johan Azemar *alias* Gros et son fils Raimon Azemar *alias* Gros ; de la Badia ; Arnaud Cabrona ; Johan Lantar[204]. Tous sont languedociens (du diocèse d'Alet) ou ariégeois, des régions où se parle l'occitan, qui désigne par le terme de *fargaïre*, l'homme qui réduit le fer. Seconde appellation : *ferrarius*. Il est le terme latin communément traduit par celui de « forgeron », une traduction qu'il convient d'interroger. À

Léca, il s'applique à neuf individus d'origine différente : un Catalan (Urbà Aygabella), cinq Basques (Joan Lo Castillo, Joan Lopis, Julian de La Sacca, Martie Sants et Martie Sentol) et deux Languedociens (Jacme Borulle et Azemar Canarch *alias* Talo)[205]. Par ailleurs, le *fargerius* Arnaud Cabrona est également qualifié, à vingt ans d'intervalle, de *ferrarius*. *Ferrerius,* à présent : les deux frères Johan Longal[206], désignés comme tels, sont des Languedociens. Ils sont, très précisément, qualifiés de « *fargerii sive ferrerii farge sive moline d'Alecha*[207] ».

Fig. 11. Les forgeurs et les *ferrarii* de la mouline de Léca (1408-1463)

Nom[208]	Dates des mentions	Désignation
Azemar Johan *alias* Gros (L)	1412 et 1414	*fargerius*
Azemar Raimon *alias* Gros (L)	1412	*fargerius*
De la Badia (L)	1416	*fargerius*
Cabrona Arnaud *alias* Vila (L)	1408 et 1428	*fargerius,* puis *ferrarius*
Lantar Johan (A)	1444	*fargerius*
Aygabella Urbà (C)	1446	*ferrarius*
Borulle Jacme (L)	1445 et 1446	*ferrarius*
Canarch Azemar *alias* Talo (L)	1416 et 1417	*ferrarius*
Lo Castillo Joan (B)	1452	*ferrarius*
Lopis Joan (B)	1455 et 1462	*ferrarius*
Sentol Martie Maître Metxi (B)	1463	*ferrarius*
Sants Martie (B)	1445	*ferrarius sive renderius*
de La Sacca Julian (B)	1445	*ferrarius sive renderius*
Longal Johan (1) (A)	1438	*fargerius sive ferrerius*
Longal Johan (2) (A)	1438	*fargerius sive ferrerius*

Quand il écrit *fargerius,* le notaire utilise l'occitan, reproduit et latinise le mot prononcé par les hommes qui déclinent devant lui leur identité. En effet, *fargerius* semble bien dériver du terme occitan *fargaïre*, « forgeur », c'est-à-dire l'homme qui réduit le fer dans un bas fourneau. Or tous les *fargerii* de notre documentation, quelles que soient les moulines concernées, à Léca et ailleurs en Vallespir, sont systématiquement et exclusivement occitans. Le mot dérive-t-il, spontanément, du seul énoncé de ceux qui se présentent devant le notaire, ou bien correspond-il à un choix volontaire de celui-ci ? S'agit-il de signifier l'origine du forgeur, qui est du royaume de France ? La question mérite d'être posée.

Le terme *ferrarius*, à présent. Il est indéniable qu'il ne peut être considéré comme un synonyme de *faber* et que la traduction courante n'est pas applicable au domaine exigeant de l'histoire des techniques. *Ferrarius* désigne effectivement et strictement un homme en relation avec un bas fourneau, c'est-à-dire l'atelier où le fer est produit à partir de la réduction du minerai, et non la forge de transformation. Le *ferrarius* est-il systématiquement un forgeur, au même titre que le *fargarius* ? Première remarque : quand ce terme est utilisé, et comme nous l'avons déjà noté, il transcende toutes les origines géographiques (catalane, languedocienne et basque). Seconde remarque : un acte concernant Julian de La Sacca et Martie Sants précise que les deux Basques sont *ferrarii sive renderii*[209]. Effectivement, l'un et l'autre ont pris à bail la mouline de Léca, dont ils sont donc les « rentiers ». C'est le cas également du *ferrarius* Jacme Borulle. La désignation d'Urbà Aygabella comme *ferrarius* éclaire encore un peu plus le dossier. Cet homme, propriétaire d'une partie de la mouline de Léca, est régulièrement qualifié d'*apothicarius*. Une seule fois, il est désigné comme *ferrarius.* Dans ce cas, il est associé à Jacme Borulle, son locataire, dans le cadre de la gestion commune de la mouline. On peut en déduire que le terme *ferrarius* revêt un sens particulier qui n'est ni celui de « forgeron », ni celui de « forgeur ». Le *ferrarius* peut être un forgeur et d'ailleurs le *fargerius* Arnaud Cabrona *alias* Vila (1408) est désigné comme *ferrarius* de Léca en 1428 ; mais il est surtout celui qui gère la mouline, qu'il en soit propriétaire (le cas est rare) ou bien en vertu du bail qu'il a conclu avec le ou les propriétaires. D'ailleurs, Julian de La Sacca et Martie Sants, *ferrarii* et *renderii*, Joan lo Castillo et Joan Lopis, *ferrarii*, se déclarent communément muletiers, et Urbà Aygabella, entrepreneur, propriétaire de parts de la mouline est apothicaire[210].

Le sens du terme *ferrerius* est sans doute le plus complexe à élucider. Nous avons déjà noté que la désignation des deux individus concernés permettait d'établir une équivalence entre *ferrerius* et *fargerius* grâce à la rigueur du notaire. Soucieux de précision, Simò Dalmau, notaire de Prats-de-Mollo, écrit dans un premier jet au sujet des deux frères Johan Longal qu'ils sont «*fargeris sive fargerios farrerios* ». Puis ils biffent ces trois termes et écrit à la suite : «*fargerii sive ferrerii* », et il ajoute «*farge sive molendine d'Alecha* »[211]. Dans ce cas : pas de doute ; le *sive* semble bien signifier une équivalence entre les termes qu'il lie. L'un, *fargerius*, serait employé du fait du territoire d'origine des Longal (ils sont effectivement forgeurs du comté de Foix) ; l'autre semble être le dérivé latinisé du terme catalan *ferrer/farrer,* « forgeur », comme une traduction latine du terme catalan, en quelque sorte. Les deux hommes seraient désignés deux fois comme forgeurs, selon une terminologie latine dérivée de l'occitan, puis du catalan, comme si le notaire avait écouté, puis expliqué. Le dossier est rendu plus complexe à la lecture du cas de Mateu Sicre, un catalan qui travaille dans la mouline de Serramitja. Cet homme est déclaré *ferrerius* de la mouline de Serramitja, qu'il a prise à bail[212]. Par ailleurs, il est distingué de son associé del Abbat, qui est qualifié de *fargerius. Ferrerius* résulterait-il simplement d'une déformation de la diphtongue « a » en « e », de *ferrarius* en *ferrerius*, comme il est parfois d'usage en catalan ? En effet, Mateu Sicre est bien le gestionnaire (on pourrait dire le *ferrarius*) de la mouline de Serramitja. Il est, néanmoins, désigné comme *ferrerius.* Si l'on s'en tient à la première hypothèse, selon laquelle *ferrerius* dériverait du terme catalan *ferrer*, on en revient à une situation qui, de fait, semble récurrente quand il s'agit de qualifier les forgeurs : Mateu Sicre serait désigné comme *ferrerius,* car il est catalan ; del Abbat comme *fargerius,* car il est languedocien. L'un et l'autre sont des forgeurs, même si, en plus, Mateu Sicre loue la forge. Cette analyse est confirmée du fait que Mateu Sicre est également le seul individu pour lequel le terme catalan *ferrer* soit par ailleurs usité dans un autre texte ; il est aussi, et cela doit être souligné, le seul forgeur catalan de toute la documentation[213].

Il apparaît que l'origine de l'homme est primordiale quand il s'agit de désigner le forgeur, ce qui renforce l'idée de la place fondamentale des migrations, non seulement dans l'organisation du travail, mais aussi dans la perception que les travailleurs se font les uns des autres. Le travail du fer à Arles se distingue donc par l'importance qu'il revêt dans le bourg et par le nombre des *fabri*, mais également du fait de la répartition, parfaitement enregistrée par les notaires, entre forgerons et forgeurs de langue et d'origine différentes : forgerons catalans et forgeurs ariégeois, languedociens et basques.

Au terme de ce premier niveau d'enquête, à partir des désignations des producteurs, des pareurs aux forgeurs, il est temps de rassembler tout ce qui a pu être collecté. Il apparaît, et le cas d'Arles ne fait que confirmer une situation par ailleurs bien connue, que les informations réunies ne permettent absolument pas de restituer le poids des différentes activités de production. Outre le fait que la documentation, malgré sa richesse, demeure lacunaire, tous les producteurs n'ont pas le même accès à l'étude du notaire. On a déjà remarqué la disproportion exemplaire entre le nombre important des pareurs et celui, plus réduit, des tisserands. Une fois pointés les cas de surreprésentations professionnelles, on peut se demander si la documentation restitue d'autres anamorphoses.

Il est apparu que les pratiques, telles qu'elles peuvent être reconstituées à partir des sources notariales, rapportées aux désignations professionnelles extraites des mêmes sources, ne relèvent pas forcément de ce que la tradition historienne attribue à telle ou telle profession, et de ce que la seule désignation laisserait supposer. Ainsi, la diversité des aptitudes techniques est très claire pour certaines filières de production. Si la segmentation bien connue pour le textile est reproduite dans le bourg d'Arles, des tisserands aux tailleurs, les cordonniers sont aussi des corroyeurs et les *fusters* interviennent du débitage du bois, sinon de la coupe, à sa transformation en produits divers. On doit par ailleurs noter que, dans la grande majorité des cas, chaque individu est associé à une seule désignation professionnelle. S'il y a pluriactivité parmi les producteurs, elle s'exprime rarement par des désignations professionnelles déclinées chez le notaire. Une exception néanmoins : celle des pareurs. Nous avons évoqué la figure de Maurin Dur, qui est qualifié une fois de pareur, quand effectivement son activité se déploie au-delà de la teinturerie. La désignation enregistre ponctuellement un fait, dans son cas une évolution. Quelques rares exemples peuvent être rapprochés de cette situation de double désignation. Ils correspondent au binôme pareur-marchand. C'est le cas de Berenguer Prot, pareur et marchand ; de Pere Noelli, contribuant au cierge des pareurs et se déclarant pourtant marchand et non pareur. Cette bivalence n'en est d'ailleurs pas une, le pareur étant aussi un marchand puisque, au bout de la chaîne de production du drap, il peut livrer sur le marché le produit fini qu'il a apprêté. Ajoutons que les désignations professionnelles se succèdent dans le temps et n'alternent pas. Ainsi, Pere Comelles est désigné une fois comme pareur, puis comme boucher et marchand. Les producteurs relèvent donc le plus communément d'une seule désignation professionnelle. En fait, ils relèvent d'un seul métier.

Chacune des activités « désignées », si diversifiées soient-elles dans la pratique, apparaît, en effet, correspondre à un métier, non pas forcément dans le sens juridique du terme (métier réglé), avec statut à l'appui, ce qui n'est pas attesté à Arles, mais au moins comme une collectivité de spécialistes dont l'une des fonctions essentielles est de former des apprentis ; chacune disposant d'un cierge dans l'église de Saint-Sauveur (comme pour les tisserands, les pareurs, les tailleurs, les cordonniers et les forgerons)[214] ; certaines s'appuyant sur des confréries. On est dans le domaine de la norme où l'individu est associé à une profession qui le définit socialement, profession qu'il énonce devant le notaire ou que le notaire lui applique[215]. Or cette norme fige notre vision de l'industrie. L'enquête menée sur les activités artisanales et industrielles, à partir de quelques individus pour lesquels désignations professionnelles et activités peuvent être comparées, démontre que la désignation, loin de rendre compte de la diversité des activités et de leur évolution à l'intérieur d'une même profession, restitue une autre échelle de perception, celle des métiers. Elle n'est pas impropre. Elle est autre : juridique, sans doute sociale, mais non économique. En user exclusivement aboutit à réduire la perception du dynamisme des secteurs de production non agricoles et à méconnaître des activités non répertoriées dans l'ordre des métiers.

Il convient, en particulier, de ne pas passer sous silence les activités relevant de l'industrie et de l'artisanat ignorées par les dénominations ; des activités qui ne profitent d'aucune dénomination spécifique, et dont les notaires rendent pourtant compte en les décrivant. Au gré des situations exposées par les actes notariés, des individus se livrent à des travaux qui, combinés ou non avec une « profession » déclarée, permettent d'augmenter leurs revenus : la pluriactivité n'est pas enregistrée comme telle, elle est vécue. Elle dépasse et fait éclater la stricte répartition par métiers. Ainsi, au niveau social le plus modeste, des activités relevant de l'artisanat ou de l'industrie et partagées par de nombreux individus, des activités ne se rattachant pas au code des métiers, peuvent, de fait, passer inaperçues si le lecteur des registres n'est pas attentif à la plus modeste action rapportée au vécu de tel ou tel individu et que l'accumulation rend exemplaire. À l'autre bout de l'échelle sociale, des hommes s'adonnent à une activité relevant de l'industrie, y déploient de l'énergie et y investissent de l'argent, ce dont leur dénomination professionnelle ne rend pas compte. Bien plus, elle fait écran. En effet, pour certains d'entre eux, l'industrie n'entretient aucun rapport direct avec l'étiquette professionnelle qu'ils revêtent devant le notaire. Il s'agit d'entrepreneurs. Rappelons que la pluriactivité rurale est bien connue des historiens modernistes qui l'ont approchée et en ont analysé les caractéristiques à partir de dossiers d'archives étoffés et autour du concept structurant et modélisant de la proto-industrie. Il ne peut, pourtant, à lui seul épuiser toutes les situations qui en relèvent. Pour les médiévistes, la pluriactivité est souvent davantage citée qu'étudiée, faute de sources ; toujours pensée comme une complémentarité au travail agricole, ce qui n'est pas forcément le cas, elle est associée davantage au travail précaire qu'à la direction de l'entreprise. L'entrepreneur est absent du modèle. Ainsi, il apparaît que tant les silences que les paroles des notaires ouvrent un nouvel accès à la pluriactivité. Elle sera l'objet du prochain volet de l'enquête.

Chapitre 4

Les silences du notaire et la pluriactivité

Je souhaiterais retourner à l'observatoire d'origine, le bourg d'Arles, et aux dénominations professionnelles, mais pour en étudier les manques et ce qu'ils signifient. Certaines activités, dans le domaine des productions non agricoles, loin d'être rares, ne sont pourtant jamais nommées ni citées dans les registres de notaires. Sans doute ne disposent-elles pas d'équivalent en termes de « Métier ». Si toutes sortes d'activités demeurent ainsi sans nom, il faut aussi s'interroger sur le fait que des individus, très présents dans l'industrie, endossent une désignation professionnelle qui ne fait pas référence à la part pourtant fondamentale de leur activité dans ce domaine de production. L'étude de l'industrie ne peut faire l'économie d'une enquête à partir des silences des notaires et du filtre de leurs écrits, qui aboutit à traiter de la pluriactivité.

Certes, cette démarche part du présupposé que le notaire est en quelque sorte le témoin de sa communauté et qu'il restitue un sens commun. On peut bien évidemment ne pas y souscrire. Cependant, d'un notaire à l'autre, d'une étude à l'autre, d'une main à l'autre, les différences sont si ténues que la pratique en la matière semble bien obéir à un code social. Le simple relevé des désignations, rapporté aux données brutes fournies par les actes, a déjà eu le mérite de révéler que la désignation professionnelle traduisait autre chose que l'activité professionnelle. Ainsi, le sens des désignations des hommes du fer (*fargerius*, *ferrarius*, *ferrerius*) est beaucoup plus complexe qu'il n'était apparu au premier abord ; il rend compte non seulement du travail dans la forge, mais également de l'origine géographique du travailleur et met en valeur la distinction qu'applique la communauté à ceux qui sont nés hors de ses murs. De même, le nombre important des pareurs rapporté aux autres individus travaillant dans la filière du drap interroge. J'ai déjà avancé l'idée selon laquelle la désignation de pareur pourrait tout autant correspondre à un marqueur social qu'à une qualification professionnelle. Cette hypothèse pourrait être étayée par le cas des deux fils de Pere Comelles, Pere junior et Antoni. Ils sont désignés comme pareurs, respectivement une et deux fois, au titre de témoins, et aucune autre dénomination professionnelle n'est mentionnée à leur sujet[1]. L'activité que les actes notariés révèlent et que nous leur voyons pratiquer, est celle d'entrepreneurs miniers, associés à leur père dans le cadre de la société que la famille Comelles monte à partir de 1425[2]. Ces deux hommes ont-ils été pareurs au moins un moment dans leur vie professionnelle ? Peut-être. Cependant, il se pourrait que la dénomination de « pareur » rende compte d'un statut social conféré par l'appartenance à un métier disposant d'un prestige local. Rappelons que la confrérie de saint Abdon et saint Sennen, qui réunit une partie de la notabilité d'Arles, compte de nombreux pareurs, et que les trois Comelles en sont membres. Dans le cas des fils Comelles, le statut professionnel se confond avec celui d'héritiers.

Dans cette perspective, et en contrepoint à ces remarques, il convient de présenter deux aspects complémentaires de l'industrie, relevant de la pluriactivité et qui émergent de l'interrogation combinée des désignations et de leur absence. J'utiliserai, tout d'abord, la pluriactivité comme voie d'accès à des travailleurs modestes, ou du moins à ceux auxquels il est accordé une place secondaire dans la société du bourg, sans qu'il s'agisse des plus pauvres. Il n'est pas si fréquent de pouvoir, sinon faire leur histoire, du moins les inscrire dans la production. Dans un second temps, j'interrogerai la pluriactivité à l'autre bout de l'échelle sociale, à partir de la notabilité du bourg et du statut d'entrepreneur. Ce cas est rarement étudié. Il relève pourtant de la pluriactivité, selon des modalités qui sont souvent ignorées, la pluriactivité étant davantage associée dans l'historiographie traditionnelle à la précarité qu'à la gestion d'entreprise. Je suis d'ailleurs persuadée qu'elle traverse tous les métiers, toutes les occupations, toutes les couches sociales, certes à des degrés divers et selon des modalités différentes mais s'affichant comme une des caractéristiques de l'économie rurale et de la place de l'artisanat et de l'industrie dans les campagnes : partout diffuse ; innervant souvent l'ensemble de l'économie au village ; pas forcément secondaire, ni de complément.

Pluriactivité et complément de revenu

Certaines activités relèvent de ce que l'on appellerait aujourd'hui l'économie parallèle. Des individus, qui pratiquent une activité précise correspondant à une désignation de métier, lui en adjoignent d'autres. Elles sont, au début du XVe siècle à Arles, de deux natures différentes et bien précises : le commerce d'objets ne relevant pas de la fabrication dans le secteur correspondant à leur désignation professionnelle et l'approvisionnement en matière première. Il ne s'agit donc pas d'examiner ici tous les types de revenus dont certains individus pourraient profiter au-delà de leur activité professionnelle déclarée, et on pense bien évidemment aux rentes auxquelles beaucoup souscrivent, mais bien d'activités annexes, dans le domaine de la production non agricole. Est-ce le hasard des dépouillements ? Ce cas met en lumière les cordonniers. Impossible de savoir si, d'une façon ou d'une autre, les cordonniers ont participé à l'élaboration du produit qu'ils vendent (ainsi, G. Gerau lègue à sa mère les outils pour filer et carder « *torn filandi, un parel de cards cardandi lana*[3] ») ou bien s'ils vendent des objets qu'ils ont obtenus par le biais de pignorations ou à titre de paiement. Ainsi, Francesc Cardonet désigné comme cordonnier pratique, par deux fois, la vente de petites quantités de fer (toujours inférieures à 3 quintaux)[4]. Les cas retenus laissent supposer que l'échange n'est pas dû au seul hasard des rencontres et des tractations ponctuelles mais peut relever d'une occupation en continu. En effet, quand Arnau Calvet, cordonnier, vend des draps écrus (*linidi*), ses acheteurs sont les membres de la famille Arqueryador (forgeron et cordonnier), mais également le teinturier Maurin Dur.

Ces affaires concernent également les transporteurs, qui utilisent leur réseau et ajoutent au convoyage une activité commerciale[5]. Arrêtons-nous un moment sur certains d'entre eux, qui participent au marché du fer et distribuent celui des moulines des environs d'Arles. Ainsi, Pere Paschalis est exclusivement connu pour le transport de fer qu'il pratique de contrat en contrat. Cette activité lui permet de participer au marché de redistribution : il convoie, mais il vend également quelques quintaux qu'il s'est procurés souvent en association avec un homme qui dispose de davantage de crédit, comme Jaume Angles, pareur de Céret[6]. Sans doute, l'un investit et l'autre se charge du convoyage. Parfois, et toujours pour du fer, Pere Paschalis sert d'intermédiaire entre vendeurs du Conflent et acheteurs du Vallespir[7].

Mais ces affaires sont moins nombreuses que les activités annexes qui relèvent de la fourniture ou de l'acheminement du bois. L'activité tourne autour de l'alimentation en bois des cuves des teintureries. Ainsi, en 1417, Pere Corona, forgeron, fait (*faciet*) 200 canes de bois pour le pareur Ramon Geli, et il s'agit bien, dans ce cas particulier, d'un service de coupe, et non de la vente de bois[8]. Celle-ci, associée au transport du combustible pour les teintureries d'Arles, constitue une activité annexe pour bon nombre d'individus. C'est le cas de Guillem Castaneda qui se déclare brassier, vend plusieurs fois de petites quantités de bois à des *socii* des teintureries d'Arles, 15 et 35 canes en 1406, 12 en 1412[9]. Dans au moins un des cas, en octobre 1412, le bois est coupé à Riuferrer et il est livré par flottage[10]. Pour ce travail, la femme de Guillem Castaneda se joint alors à son mari[11]. Dans un autre contexte, pour l'achat de draps au teinturier Maurin Dur, un brassier d'Arles, Guillem Breraudi, paie en livrant du bois : 1 cane valant 1 écu[12]. Jaume Camps, tisserand d'Arles, loue ses services pour le transport de 33 canes et demie de bois, du pont de Céret au *pati del Tint*[13]. À ce secteur d'activité il faut ajouter tous ceux qui font du charbon pour gagner quelques deniers. Il s'agit souvent de paysans. La fabrication de charbon relève du travail que l'on peut accomplir ponctuellement pour rembourser une dette, pour solder un achat à crédit, en fonction des capacités et des besoins respectifs et momentanés du créditeur et du débiteur, sans qu'aucune dénomination spécifique s'y rapporte.

Mais il n'y a pas que les individus modestes, ou du moins ceux qui paraissent l'être, qui vendent du bois. On peut d'ailleurs s'interroger sur l'origine du bois livré par les hommes qui sont désignés comme brassiers. Dans le cas de détenteurs de manse, la question de l'origine est résolue : ces hommes vendent leur bois aux teintureries et ils gèrent ainsi leur patrimoine foncier en relation directe avec le contexte industriel et au mieux de leurs intérêts. Le plus bel exemple d'un véritable propriétaire exploitant ne correspond pas au bourg d'Arles mais à celui de Céret. On s'y arrêtera un moment. Bernat Coma al Montagut est désigné comme *pagesius*. Or, sur les treize actes conservés qui illustrent son activité, tous se rapportent au bois. Bernat Coma vend du bois, jusqu'à 3 000 quintaux, à la teinturerie de Céret, mais il vend également aux *fusters* de Céret et de Perpignan des coupes à faire sur ses biens[14], coupes qui sont échelonnées d'un bois à l'autre, entre quatre et sept ans[15] ; il obtient aussi les « fruits » de certaines terres qu'il se voit attribuer quand il se substitue à des détenteurs de manses défaillants pour lesquels il verse cens et taille : parmi ces « fruits », les arbres figurent en bonne place[16]. Un moment, il se retrouve d'ailleurs confronté à la mise en devèze d'une de ses châtaigneraies. On ignore comment l'affaire est finalement réglée[17].

Tous ces cas rendent compte du fourmillement d'activités qui se rattachent aux secteurs artisanal et industriel, en particulier à la teinturerie. Il relève d'une pluriactivité qui a quelques difficultés à entrer dans le modèle historiographique prégnant, selon lequel elle correspondrait à une organisation binaire du travail, répartie entre travaux des champs et travaux non agricoles, pratiquée dans le cadre de la famille paysanne. Difficilement décelable, correspondant à un nombre réduit d'actes, cette infra-économie capillaire participe à la fourniture des matières premières comme à la commercialisation des produits, peut-être à leur fabrication. Nous ignorons le nombre des individus qu'elle touche, son poids global, car elle est une réalité qui se laisse difficilement approcher par les sources écrites. Elle est pratiquée autant par les *pagesii* que par les artisans. Gageons qu'elle n'est ni secondaire ni dérisoire.

Pluriactivité et entreprise

L'activité industrielle est portée par les investissements, tant physiques que financiers, de certains hommes. Il faut à présent s'interroger sur le décalage entre la profession que ces hommes déclarent et leur activité réelle, ce qui revient à traiter de la question des entrepreneurs et d'une autre forme de pluriactivité. Il est nécessaire de distinguer différents niveaux d'implication. Le cas des individus dont l'activité apparente est hors du champ industriel et qui, par ailleurs, investissent dans l'industrie en achetant des parts de sociétés, comme nous l'avons vu fréquemment dans le domaine de la teinture, est différent du cas de ceux qui peuvent participer plus activement à la gestion de leur entreprise.

La plupart des hommes pour lesquels on constate un décalage entre la désignation et l'activité se déclarent marchands, bouchers ou bien notaires. Les marchands déploient une activité diversifiée, de la vente au détail à celle en gros, aux prêts, aux placements financiers dans différentes activités productives, qu'elles soient agricoles ou industrielles. Ils correspondent à la figure classique du « marchand entrepreneur » médiéval, pas tant celle, presque mythique, du marchand dominant la ville et les échanges internationaux, mais celle, bien réelle et plus commune, que Jean-Louis Roch a rendue visible à partir du cas de la draperie : le « petit » entrepreneur, souvent lui-même artisan, qui fabrique et fait fabriquer pour son compte, vend sa production et celle des autres[18]. En effet, les marchands d'Arles déclarent et mènent une activité commerçante qu'ils enrichissent de placements industriels.

La situation particulière des bouchers dans la communauté d'Arles, à la périphérie de la notabilité du bourg, mérite que l'on s'y attarde un moment (voir figure 12)[19]. Ils sont neuf à être comptabilisés à partir des registres notariés conservés à Arles : neuf dont deux demeurent dans l'ombre (Antoni Massa et Antoni Buach). Ils disposent d'étals et sont aussi propriétaires de parts de teinturerie, comme Guillem Torrent. Ils peuvent également s'impliquer pratiquement dans la gestion de sociétés et participer à la production[20]. Les noms de certains bouchers ont déjà été cités plusieurs fois. Nous les retrouverons tout au long de ces pages : Pere Comelles, Guillem Torrent, Berenguer Branya. Ces hommes, dont certains sont très puissants à l'échelle du bourg et de la vallée, disposent généralement d'un étal, louent des prairies, investissent dans des gazailles, sont les fermiers de l'aide sur la viande, mais sont aussi les fournisseurs en laine des tisserands et pareurs ; en peau, des corroyeurs. Ce sont les matières premières tirées du bétail, viande, suif, cuir, laine, qui les font entrer de plain-pied dans l'industrie, et les font évoluer du statut de fournisseurs à celui d'investisseurs. Ils sont, par ailleurs, les créanciers de la majorité de leurs clients et sont également marchands de fer. Leurs intérêts dépassent le seul bourg d'Arles où ils sont domiciliés. La polyvalence de leur activité et leur puissance à l'échelle du Vallespir ne résultent pas de choix conjoncturels ou individuels, mais se trouvent inscrites dans la spécificité même de leur métier de boucher, à l'articulation de différents ateliers, comme fournisseurs de matières premières et comme marchands, disposant de davantage de liquidités que les autres membres de la notabilité du bourg. Ils profitent ainsi de la position d'intermédiaires privilégiés, dont ils usent pour mener toutes sortes d'affaires leur permettant d'établir des relations de travail suivies, jusqu'à Perpignan.

L'un d'entre eux, Berenguer Branya, illustre la diversité des activités des bouchers tout en n'ayant pas l'étoffe de Guillem Torrent. Acheter du bétail, l'engraisser, en particulier sur les grands pâturages de Corsavy, gager des bergers pour garder les bêtes, conclure des gazailles, acheter des prairies, parfois les enclore, et en organiser l'irrigation, le tout couronné par l'affermage des aides sur la viande, sont les activités lucratives auxquelles il se livre couramment. Sa déclaration de reconnaissances (*capbreu* de 1405) est l'une des plus étoffées du bourg : aux maisons, terres, jardins, prés s'ajoutent les tables de boucherie, au nombre de quatre. Avec d'autres bouchers, il fournit également la laine aux marchands, aux pareurs et à des tisserands, le cuir aux corroyeurs et aux tailleurs, le suif aux épiciers : rien de surprenant à cela non plus.

Fig. 12. Les bouchers d'Arles (1405-1448)

Nom	Nombre total d'actes	Période d'activité
Branya Berenguer	117	1405-1445
Branya Francesc	21	1407-1446
Buach Antoni jr.	8	1406-1448
Carrera Bartomeu	43	1405-1446
Comelles Pere	125	1405-1448
Massa Antoni	7	1444-1448
Massani Antoni	51	1406-1420
Podii (Puig) Pere	32	1405-1442
Torrent Guillem	145	1405-1446

La figure de Pere Comelles l'Ancien, désigné successivement comme pareur, puis comme boucher et marchand, est plus complexe, car l'homme multiplie les ventes au détail de draps, de fer et de céréales, pratique le prêt et investit beaucoup de son temps dans la métallurgie. Il est en effet à l'origine de la reprise de l'extraction de l'argent sur le territoire d'Arles et de Montbolo. Non seulement il est l'un des découvreurs du gisement, mais il est aussi un des créateurs de la société minière qui l'exploitera et en prise directe avec les difficultés de sa gestion, en particulier quand il est confronté aux exigences de la fiscalité royale[21]. Or, sur un total de 125 actes constituant le corpus rassemblé autour de ses activités, entre 1405 et 1448, seuls neufs font apparaître une désignation professionnelle : Pere Comelles est pareur (un unique acte en 1417)[22], puis boucher (deux actes en 1444 et 1445)[23], puis finalement marchand (six actes entre 1444 et 1446)[24]. Cette dernière désignation est la plus accessible pour l'historien, car il y retrouve un modèle connu : le marchand qui investit dans l'industrie et participe même directement à la production. Cependant, avec Pere Comelles, la distorsion est telle entre le nombre d'actes conservés et ceux où l'homme est désigné par sa profession, au demeurant en évolution, que se pose l'intérêt d'une telle désignation pour un notable. L'absence de précision doit-elle être lue comme l'expression de sa notoriété, lui qui n'a pas besoin d'être désigné tant il est connu, et qui se voit finalement qualifié de « vénérable et seigneur » à partir de 1445[25] ? La diversité ponctuelle des choix correspond-elle aux différentes facettes de son activité en fonction de la nature et de l'objectif de l'acte ? En effet, et l'exemple est clair, Pere Comelles est exclusivement désigné comme boucher quand l'acte est rédigé par la confrérie des bouchers ; Pere Comelles, en tant que pareur, intervient dans le cadre tout à fait officiel et surtout institutionnel de la communauté puisqu'il est alors témoin des versements par un clavaire d'un cens pesant sur l'Université. Ce cas confirme que la désignation de pareur est sans doute tout autant d'ordre social que professionnel[26]. La désignation de marchand allie le prestige de la désignation (à un moment où Pere Comelles est dit « seigneur ») à la diversité des activités qui sont réellement les siennes. Cette désignation est d'ailleurs utilisée dans des contextes différents : dans le cadre familial, dans celui de ses affaires (remboursement de dettes et transfert de créances), dans le cadre d'un procès dont il est l'objet et, enfin, dans le cadre du testament de Pere Candell, notaire de Perpignan fortement inscrit dans la notabilité d'Arles, où Pere Comelles intervient au titre de témoin.

Pour les notaires, la situation est différente du fait de la non-adéquation absolue entre désignation professionnelle et intérêts pour l'industrie, puisque la pratique du notariat se distingue nettement des autres activités du notaire. Le rapport des notaires à l'industrie et les liens qu'ils nouent avec l'activité industrielle ont déjà été examinés à partir du cas de deux d'entre eux, l'un officiant à Arles, Joan Germa, l'autre à Perpignan, Pere Candell. L'un et l'autre dirigent une étude. Or ils sont associés aux deux activités les plus importantes d'Arles : le drap et la sidérurgie. Leur participation se limite pour l'essentiel à la possession intégrale ou bien partielle (sous forme de parts) d'une entreprise : une teinturerie ou une forge. Rappelons que Joan Germa est un des *socii* de la teinturerie du Portal *del Ospital* et dispose de parts dans la mouline de Léca en 1416 ; Pere Candell détient l'ensemble de cette même mouline en 1446, après qu'Urbà Aygabella lui ait vendu ses parts[27]. Certes, Joan Germa gère son atelier quand, en 1406, il commande du bois[28]. L'attention qu'il porte à son nouvel investissement s'illustre donc par le contrôle ponctuel du combustible, ce qui n'est pas rien dans une teinturerie. Mais il faut bien reconnaître que cet acte est unique et que Joan Germa et Pere Candell, liés par ailleurs au milieu de l'artisanat et de l'industrie du bourg d'Arles, sont des notaires intéressés davantage aux profits de l'industrie qu'à l'activité industrielle, et que leur vie professionnelle est avant tout consacrée à leur étude. À la lumière de ces cas, celui de l'apothicaire Urbà Aygabella, associé un moment à Pere Candell dans la mouline de Léca, est très différent et beaucoup plus original.

Quelle que soit la nature des actes concernés, actes de la pratique ou bien ordonnances royales, Urbà Aygabella est majoritairement désigné comme *apothicarius*[29]. Précisons d'abord qu'Urbà Aygabella n'est pas l'unique apothicaire d'Arles. Bien au contraire, le bourg dispose des services de plusieurs apothicaires, auxquels s'ajoutent médecin, chirurgiens et barbiers : Francesc Genis, Amator Adhalbert (Asalbert), Berenguer Amat, Amator Alberti et Maître Mosse Bonet sont désignés comme chirurgiens (de 1406 à 1446)[30]. Une certaine confusion règne, d'ailleurs, entre la désignation de chirurgien et celle de barbier, et l'on sait qu'elle n'est pas rare et qu'elle est l'expression de la concurrence à laquelle se livrent les différents acteurs de la pratique médicale[31]. Ainsi, Berenguer Amat, bien que désigné comme chirurgien, forme de jeunes apprentis au métier (*officium*) de barbier, et Francesc Genis est également désigné une fois comme barbier[32] ; Bartomeu Perer, Pere Garbi (Garbini) sont barbiers (1444-1448)[33], et apparaissent, une fois et conjointement, comme chirurgiens dans le cadre d'une reconnaissance de dette relative au paiement de leur soin (*cura*) et de leur travail (*labor*)[34]. Le seul a être qualifié de *fisicus* est Mosse Bonet, juif, qui est également le seul à porter le titre de maître : il est sans doute le seul à avoir étudié la médecine[35]. Il est, en outre, membre d'une dynastie de médecins[36].

Les apothicaires sont tout aussi nombreux durant les cinquante années examinées : Bernat Bosch, Pere Colomina, Jaume Mir, Antoni Bardina, Joan Bado, Lleonard Bado et Urbà Aygabella[37]. Dans leur cas, également, s'opère un jeu subtil entre deux désignations : celle d'*apothicarius* et celle de *specerius*. Le nombre respectif de ces désignations diverge d'un individu à un autre. Certains d'entre eux sont majoritairement qualifiés de *specerius* et l'on peut douter de la nature médicale de leur activité[38]. À la lecture des actes qui les concernent, ils apparaissent avant tout comme des « épiciers » ou des « tendeurs », c'est-à-dire des vendeurs au détail[39]. La majorité d'entre eux n'est d'ailleurs connue que par quelques actes. De ce point de vue, également, le dossier d'Urbà Aygabella est exceptionnel. Il réunit un nombre important de documents, soit soixante-dix textes répartis de 1402 à 1446. Cependant, d'un apothicaire à l'autre, la différence n'est pas uniquement quantitative, mais bien qualitative. Ainsi, un unique texte témoigne indirectement de la pratique d'un *apothicarius*. Bernat Bosch, contemporain d'Urbà Aygabella, meurt à l'Hôpital des pauvres[40]. Un inventaire de ses biens est alors dressé : Bernat Bosch laisse quelques pots, deux balances et deux livres de médecine, dont les titres ne sont malheureusement pas reportés dans l'inventaire[41]. À l'opposé de ce cas unique, la grande majorité des actes qui concernent les *apothicarii* ou *specerii* témoigne, de façon banale, de la circulation de créances et de dettes, de la gestion du patrimoine familial, de leurs activités au sein de la communauté du bourg. Dans ce contexte, également, le corpus rassemblé autour d'Urbà fait figure d'exception.

De fait, dans son cas, la densité de la documentation notariale permet de dépasser la dénomination professionnelle pour interroger l'activité réelle et encourage à explorer la portée sociale de cette dénomination. Urbà est sans doute la plus intéressante figure d'entrepreneurs que nous livre la documentation notariale. La famille des Aygabella est bien représentée, tant à Arles qu'à Prats-de-Mollo. Pere Aygabella, père d'Urbà, domicilié à Arles, a deux frères : Antoni et Bartomeu. Leur réussite sociale est contrastée puisque Antoni, installé à Prats-de-Mollo, ne peut payer la dot de sa fille (34 livres) qu'avec l'aide de son frère Bartomeu et de son neveu Urbà (en 1412), alors que ces deux derniers, et particulièrement Bartomeu, font partie intégrante de la notabilité d'Arles où ils font des affaires[42]. Bartomeu est marchand. Comme Pere Comelles, il vend des draps, du bétail, accorde des prêts, s'intéresse à la teinturerie (rappelons qu'il est membre de la société *del tint* de 1405), mais surtout il est le fermier de l'abbaye de Sainte-Marie d'Arles.

Revenons à son neveu Urbà. On l'a dit : il est majoritairement désigné comme *apothicarius*, rarement comme *specerius*. En cela, sa désignation se calque sur l'évolution commune au bassin méditerranéen notée par Jean-Pierre Bénezet : l'usage du terme *speciarius/speciator/specer/specerius* diminue dès le XIVe siècle, au profit de celui d'*apothicarius/apoticarius* pour désigner des individus qui vendent des médecines[43]. Cependant, parmi les nombreux actes conservés qui témoignent de son activité, aucun ne relève de cette pratique. Urbà apparaît comme un maître de forge et un entrepreneur minier. Propriétaire d'une partie de la mouline de Léca à partir de 1434, il affronte immédiatement le problème crucial du ravitaillement en minerai. Il obtient ainsi une autorisation royale pour rechercher et tirer le minerai de fer à Corsavy en 1435. Au moment où il délaisse la mouline de Léca (en 1446), il se trouve opposé à Berenguer d'Oms, un proche du roi, au sujet d'un usage qu'il aurait sur la forêt de Combret, sans doute en rapport avec le moulin *serrador* dans lequel il a momentanément investi[44]. Jusqu'en 1446, il est très actif dans sa forge, gérant l'atelier, soucieux du ravitaillement en matières premières, écoulant une partie de sa production, établissant des relations étroites avec les forgeurs et muletiers basques. Comme nous l'avons vu, il vend ses parts de Léca en 1446 à Pere Candell qui détenait déjà, à cette date, l'autre partie du capital de la forge. Il était alors endetté auprès de son associé.

Présent dans les actes notariés, Urbà l'est également dans les sources royales au titre d'exploitant des mines d'argent de Cabrench et de Montbolo, dans ce cas en compagnie de Pere Comelles[45]. Par contre, et à l'opposé de Pere Comelles, nous ne le voyons jamais intervenir sur le marché : marché de l'argent ou commercialisation de produits fabriqués à Arles. Même si, une fois, on le voit vendre du fer à Perpignan, Urbà n'est pas un marchand. Dans les actes, où il déploie toutes ces activités industrielles, Urbà est désigné comme apothicaire, parfois comme *specerius* (dans deux actes royaux) et une unique fois comme *ferrarius*, dans un acte consacré, comme nous l'avons vu, à la gestion de sa mouline. Or on peut supposer qu'il n'est pas le seul à afficher une identité professionnelle sans rapport aucun avec une partie de son activité réelle, car il faut bien évidemment ne pas exclure que l'homme ait pu pratiquer également en tant qu'apothicaire. À partir du cas d'Urbà, il apparaît que la désignation professionnelle, telle qu'elle est enregistrée par les notaires, obéit à un modèle social sur lequel nous pouvons émettre quelques hypothèses.

La référence à la profession d'apothicaire s'impose peut-être au notaire parce qu'elle correspond à une confrérie, sinon à un métier, disposant de cierges conservés dans l'église Saint-Sauveur, ce qui n'est pas le cas pour les maîtres de mouline ou les exploitants miniers ; mais il faut bien convenir qu'Urbà n'est pas davantage classé parmi les forgerons qui, *a contrario*, en disposent. Peut-on supposer qu'il y ait une volonté sociale à ne pas afficher des activités relevant de l'industrie ? Je crois que cela aboutirait à surinterpréter les sources. Urbà peut tout simplement trouver un intérêt à être désigné comme apothicaire, une profession clairement associée à la notabilité et conférant l'accès à la confrérie de saint Abdon et saint Sennen ; une profession qu'il exerce sans doute. Pour le Moyen Âge, il est traditionnellement admis par les historiens que l'appellation de « marchand » cache, en fait, des situations plus complexes et correspond à des hommes aux activités multiples (de direction, de production ou de financement) ; elle renvoie, mais de façon souvent incomplète, à la figure de l'entrepreneur. On a vu que cette situation était celle de Bartomeu Aygabella ; plus encore de Pere Comelles, qui prête, vend, crée une société minière et investit tous azimuts ; que les notaires, avant tout des juristes, fortement inscrits dans leur profession, étaient davantage des investisseurs, intéressés aux profits de l'industrie, que des entrepreneurs. En juxtaposant et en comparant l'activité de tous ces individus, il apparaît que seul Urbà Aygabella correspond au modèle de l'entrepreneur qui émerge au XVe siècle, celui de la Renaissance[46].

Urbà n'est pas un marchand, même s'il vend ponctuellement du fer. Par ailleurs, son activité dans le domaine de l'industrie est très spécialisée : il investit son argent et son temps dans la métallurgie. C'est là un point important, car il établit le lien entre les deux activités d'Urbà. On ne peut nier que la connaissance des roches lui soit tout aussi utile dans le domaine de la pharmacopée que dans celui de la métallurgie des ferreux et des non-ferreux[47]. J'y reviendrai lorsque je traiterai de la circulation des savoirs techniques, mais, dès à présent, il apparaît clairement que la réussite d'Urbà réside dans sa capacité à déployer son activité dans un secteur industriel pour lequel il dispose d'aptitudes et de savoirs particuliers. En outre, même s'il est impossible de préciser pourquoi le travail d'Urbà en tant qu'apothicaire demeure inconnu des registres notariés conservés, il est indéniable que les sources écrites rendent compte de son dynamisme en tant que propriétaire et maître de mouline, en tant qu'exploitant de minerais argentifères, c'est-à-dire que la vie professionnelle de cet homme résulte, au moins en partie, d'un glissement de ses connaissances du domaine des soins à celui de l'industrie. À ce capital de savoirs et de compétences sur lequel s'érige son activité industrielle il ajoute une capacité à gérer des moyens matériels divers, à l'échelle de sa forge, et à les financer. L'homme est aussi au contact des innovations techniques, tant dans le domaine du fer que dans celui de l'argent, qui caractérisent le Vallespir durant la première moitié du XVe siècle. Seul un fragment de sa vie est connu, car Urbà disparaît de la documentation en 1446. Or il s'agit d'un moment crucial pour lui : Urbà vend, à cette date, toutes ses parts de la mouline de Léca alors qu'il s'est lancé, quelques années auparavant, dans l'exploitation de l'argent après avoir délaissé, peut-être momentanément, l'activité forestière. Il dispose donc, à l'échelle du bourg d'Arles, d'un esprit d'initiative et d'une capacité à combiner les activités, tant mentales que matérielles, qui définissent l'entrepreneur de la fin du Moyen Âge[48].

Cette constatation entraîne une dernière question quant à sa désignation professionnelle. Elle pourrait résulter d'un compromis entre son choix personnel et ce qui est acceptable ou attendu par la communauté. L'affichage notarial est clair : l'homme industrieux se présente et est présenté comme apothicaire, alors que sa pratique dans ce métier demeure inconnue. Cela signifie, sans doute, que si la notabilité de village s'intéresse de près à l'industrie, si elle y place son argent et en attend des revenus, si, plus encore elle y déploie une activité de gestion, elle ne dispose pas de cadre au moins social, sinon mental, pour désigner l'entrepreneur, qui ne peut, comme en témoigne le cas d'Urbà, entrer ni dans la catégorie des marchands, ni dans celle des forgerons telles qu'elles sont énoncées par les notaires, car Urbà, même rapporté au contexte d'Arles, n'est ni un marchand ni un forgeron. Finalement, la désignation d'« apothicaire » est sans doute la plus acceptable, mais elle qualifie incontestablement autre chose ou quelque chose en plus de l'activité réelle de la personne qui la revêt. Renvoie-t-elle aux capacités que l'entrepreneur souhaite afficher quand on sait que des experts miniers et préposés aux essais de minerai, par ailleurs consultés par le roi, sont des apothicaires et des médecins ? Cela est possible. Elle révèle en tout cas, une nouvelle fois et sous un angle particulier, l'inadéquation entre une grille des métiers énoncés et la réalité des activités de production. Cette situation est là pour rappeler aux historiens que l'énoncé des catégories professionnelles n'est pas un calque de la réalité mais bien plus une construction sociale, établie à partir de la grille institutionnelle des métiers, et qu'elle propose une situation apurée, sinon appauvrie, des dimensions économiques de l'artisanat et de l'industrie dans les campagnes.

Chapitre 5

Le district industriel du Vallespir

Le cadre spatial dans lequel s'ancre cette enquête ne peut se limiter à une configuration géographique (la vallée), politique et institutionnelle (le comté et les seigneuries) qui, de toute façon, n'est pas neutre. Il doit se définir et se recomposer à partir des activités économiques qu'il rassemble. La combinaison des échelles, du bourg à la vallée et au comté, permet ainsi de définir le Vallespir comme un district industriel, aux activités combinées d'un bourg à l'autre, où circulent hommes et capitaux et dont les flux circonscrivent l'espace et le définissent. La question du district et son examen permettent de sortir de l'exposition des cas individuels et des biographies pour aborder la dynamique industrielle en œuvre.

Bourgs et complémentarité fonctionnelle

Pour révéler toutes ses caractéristiques, le cas d'Arles et des activités de production non agricoles qui s'y développent doit être rapporté à l'ensemble de la vallée du Tech. Le bourg d'Arles n'est pas fermé à sa vallée, dont Arles n'est qu'un des pôles. Nous avons noté la faiblesse du nombre des *fusters* et la forte présence des forgerons[1]. Malgré l'imprécision des données, on peut retenir la spécialisation arlésienne. Elle n'est intéressante qu'à la lumière de la situation repérable dans les autres bourgs. À Prats-de-Mollo, travail du bois et confection des draps dominent dans les actes notariés du XVe siècle. Les très nombreux registres de Céret restituent la forte et prégnante activité des *fusters* ; plus en aval, Saint-Jean-Pla-de-Corts et Le Boulou sont caractérisés par le nombre important de leurs muletiers. Arles est donc le bourg des forgerons. En ce début du XVe siècle, cette situation relève peut-être d'une répartition nouvelle au détriment de Prats-de-Mollo, dont l'activité métallurgique, en particulier dans le domaine du fer, était plus importante au milieu du XIVe siècle. Nous reviendrons ultérieurement sur cette situation. Certes, on ne peut passer sous silence la compétition que certaines activités se livrent pour avoir accès au combustible et l'évolution que cela induit sur les secteurs de production d'un même territoire. J'ai déjà effectué un rapprochement entre la faible présence des *fusters* arlésiens et la forte activité des forges. Ce constat est par ailleurs confirmé par l'installation, à Prats-de-Mollo et à Céret, de fours tuiliers que ne semble pas abriter le bourg d'Arles. Mais il est vrai que l'appréciation des activités arlésiennes souffre d'un manque qui nuit à l'analyse de la situation : l'abbaye, qui dispose d'un riche patrimoine, n'apparaît jouer qu'un rôle mineur dans les activités de production, alors que sa présence est importante dans le domaine des rentes. Que faire dans ce cas lorsque les indications sont indirectes : les 200 tuiles vendues par le sacristain majeur seraient-elles produites par l'abbaye d'Arles[2] ? Quand le camérier de l'abbaye vend des draps, par quel biais en dispose-t-il[3] ? Pour comprendre le fonctionnement global de cet espace de production, il faudrait assurément prendre en compte les politiques ou du moins les choix d'équipement et de production qui ont été faits par les seigneurs durant les XIIIe et XIVe siècles et qui, à ce jour, n'ont pas été étudiés. Le démantèlement et la perte des chartriers monastiques sont irrémédiables.

Cette spécialisation du bourg n'est d'ailleurs pas exceptionnelle. Dans le domaine de la transformation du fer, elle a été repérée tant dans le Toulousain que dans l'Albigeois et le comté de Foix dès la fin du XIIIe ou au début du XIVe siècle[4]. Dans le cas du Vallespir, elle est, en outre, relative, puisque chacun des bourgs abrite, à des degrés très divers, toutes les activités de production, ce qui aboutit à des complémentarités, certes, mais aussi à des circulations tout au long de la vallée du Tech. Ainsi, comme je l'ai préalablement indiqué, de nombreux individus qui se livrent à une activité de transport indispensable à l'économie d'Arles sont originaires de Céret et des bourgs ou villages situés en aval de la vallée, Saint-Jean-Pla-de-Corts, Le Boulou et Reynès ; Esteve Boxera est le seul transporteur (cf. *traginer*) d'Arles, désigné comme tel[5]. Il convient de s'arrêter un moment sur ce groupe (voir figure 13). Première remarque : certains individus que nous voyons se livrer au transport ne sont pas enregistrés comme « transporteurs » ou muletiers dans les sources. Cette activité fait partie de celles que l'on peut pratiquer quand on est paysan et que l'on dispose de bétail. En fait, ces cas ne sont pas si fréquents, car le convoyage impose un équipement particulier et des bêtes adaptées. Il faut posséder de solides animaux de bât, et ceux-ci ont un prix. Dans un article récent, consacré au commerce des mules, Anthony Pinto insiste sur l'investissement à la base de cette activité[6]. On doit signaler que la dénomination utilisée pour ces transporteurs se répartit selon deux groupes : celui des muletiers (*muliones*) et celui des *traginers,* c'est-à-dire des transporteurs, qui pourtant interviennent souvent dans la documentation à l'occasion d'un achat de mule. Ainsi, quelle que soit la désignation spécifique du transporteur, l'animal de bât le plus courant, car il est aussi le plus adapté et le plus résistant, est la mule. Ces individus en déclarent en général deux ou trois, souvent à l'occasion d'un achat à crédit, car la mule sert de garantie. Les mules sont d'ailleurs de tels objets d'échange, de vente et de mise en gage que certaines d'entre elles disposent de référence. Ainsi, lorsqu'un muletier de Reynès, Pere Sent Pau, achète une mule à crédit et que, pour ce faire, il met en gage celle qu'il détient déjà, il précise qu'elle a appartenu à un homme de Saint-Jean-des-Abadesses, sans doute pour lever toute incertitude et pour garantir que dorénavant elle est son bien[7]. Il faudrait ajouter à ces transporteurs du Vallespir et du Roussillon beaucoup de Basques et au moins un Ariégeois et un Béarnais, de Sainte-Marie d'Oloron[8]. Les étrangers, contrairement aux Catalans, dépendent généralement d'une forge pour laquelle ils travaillent en priorité. Les Catalans, quant à eux, apparaissent comme des travailleurs indépendants, répondant à une série de contrats, dont certains ont été enregistrés chez le notaire.

Fig. 13. Les transporteurs (*mulio* et *traginer*)

Nom[9]	Date des mentions	Domiciliation indiquée dans l'acte
Arama Joan (B)	1451	Inc (pour inconnue)
Batle G.	1424	Codalet
Bells Pere	1446	Le Boulou
Berg (?)	1413	Perpignan
Bertran Berenguer	1443	Maureilles
Bonet Mateu	1445	Prats-de-Mollo
Bosch Bartomeu	1417	Saint-Jean-Pla-de-Corts
Bosch Francesc	1458-1460	Saint-Jean-Pla-de-Corts
Boxera Esteve	1413-1418	Arles
Cassadori Antoni	1416	Prats-de-Mollo
Castillion Ramon	1418	Prats-de-Mollo
Lo Castillo Joan (B)	1446-1450	Camprodon
Castilloners Pere	1418	Prats-de-Mollo
Costa Antoni	1444	Céret
Costa Marti	1445	Céret
Dauder Antoni	1444	Céret
Dauder Jaume	1444	Maureilles
De Badia Arnau	1420	Mouline de Galdares
De la Ragua Joan (B)	1445	Inc
De Sancta-Maria Joan (Be)	10 novembre 1445	Mouline de Léca
Despisso Joan (B)	1445	Inc
Durango Ferrando (B)	1446-1451	Inc
Erxile Joan (B)	1465	Mouline de Léca
Faber Joan	1406	Saint-Jean-Pla-de-Corts
Fabre Antoni	1444	Maureilles
Fabri Volonus	1413	Le Boulou
Fornacha Bernat	1417	Maureilles
Holm Joan	1444	Saint-Jean-Pla-de-Corts
Laurens Joan (B)	1444	Inc

Nom	Date des mentions	Domiciliation indiquée dans l'acte
Laurens Pedro (B)	1445	Inc
Lopis Joan (B)	1452-1453	Perpignan ; Céret
Magensa Jaume (B)	1453	Saint-Jean-Pla-de-Corts
Manyariu Guillem	1397	Prats-de-Mollo
March Guillem	1418	Saint-Jean-Pla-de-Corts
Michaelis Pere	1412-1418	Saint-Jean-Pla-de-Corts
Miquel Joan (B)	1453	Arles
Olasso Ferrando (B)	1455	Inc
Ortix Pedro (B)	1461	Inc
Paschalis Pere	1414-1417	Céret
Pedro (B)	1453	Inc
Peliceri Guillem	1445	Le Boulou
Perich Pedro (B)	1445	Inc
Rocha Ramon	1445	Saint-Jean-Pla-de-Corts
Royre Pere	1414-1431	Céret
Saint Paul Pere	1445-1448	Reynès
Sants Martie (B)	1445-1447	Inc
Serdan	1445	Inc
Serra Bernat	1407	Inc
Stephani G.	1417	Saint-Jean-Pla-de-Corts
Tolosa Joan (B)	1463	Inc
Vilari Joan	1417	Mouline de Léca
de Marquina Otxoa (B)	1461	Inc
de Myabila Arnaud (A)	1418	Comté de Foix
de Placencia Bernat (B)	1452	Mosset
de Spaleta Joan (B)	1453	Inc
de Vera Joan (B)	1463	Mouline des Bains
de la Ragua Joan (B)	1445	Inc
de La Sacca Joan (B)	1427	Inc
de La Sacca Julian (B)	1445	Inc
de La Sacca Martie (B)	1444	Inc
de la Serra Bernat (B ?)	1452	Perpignan
ça Coma F.	1418	Prats-de-Mollo

Les aptitudes des hommes se complètent d'un bourg à l'autre et tout au long de la vallée, et elles s'appuient sur un marché. Si une partie de la production sort du Vallespir, comme nous le verrons à partir de l'étude consacrée au marché du fer d'Arles, une autre partie répond à la demande de la population des bourgs et des campagnes environnantes. Rien que de très commun que de saisir, au XVe siècle et en Catalogne, dans les contrats notariés, l'achat par tel ou tel paysan d'1 quintal de fer, de draps, de chaussures. Il existe, bien évidemment, une consommation paysanne. Ce qui l'est moins, c'est que cet achat, parfois modeste, soit enregistré chez le notaire, et ne soit pas systématiquement effectué dans le bourg où le paysan habite et travaille. Ces cas se rapportent souvent à la situation complexe d'un débiteur, car les achats contractés le sont à crédit. Néanmoins, ils attestent que le Vallespir est un espace où se pratiquent des échanges croisés, d'un bourg à l'autre, quelles que soient la valeur et la qualité des produits, des acheteurs et des vendeurs.

Circulation des capitaux et financement de l'industrie

La circulation est aussi celle de l'argent, pour rétribuer un travail, ou bien pour investir dans la production. La première question qui nous vient à l'esprit concerne la place du *Verlagssystem* dans l'économie du bourg, sinon de la vallée. Il est possible que le *Verlag* soit pratiqué, mais jamais il n'est attesté en tant que tel chez les notaires du bourg d'Arles. Même dans le domaine du textile, je n'ai pas rencontré le cas du « marchand fabricant » originaire de Perpignan, ou d'une autre cité, fournissant en matière première des tisserands dont il récupérerait et paierait l'ouvrage. Sans doute faudrait-il chercher ces témoignages dans les sources de la capitale. L'enquête n'est pas close. Le nombre restreint des tisserands enregistrés par les notaires d'Arles est un phénomène que j'ai reporté aux revenus et au patrimoine médiocres, sinon faibles de ces artisans. Cette absence de documentation pourrait rendre invisible un système de production et de financement de l'industrie de type *Verlag*. En revanche, la documentation atteste d'autres formes de circulation de capitaux nécessaire à l'industrie.

Cette circulation peut venir de la ville. Ainsi, un homme de Perpignan séjourne assurément dans le bourg d'Arles, et y investit : Pere Candell, notaire, très présent en Vallespir. Il dispose de parts dans la forge hydraulique de Léca. Son intérêt pour l'industrie ne semble pas aller au-delà du placement financier et de l'attention portée à un atelier qu'il amodie à court terme. Il n'est, en outre, pas le seul individu présent à Arles, actif dans l'industrie et en contact avec Perpignan. Les nombreuses relations entre Arles et Perpignan se lisent à l'échelle des individus et des familles et elles illustrent une situation plus complexe que le transfert de capitaux ou de commandes de la ville vers les campagnes. Il suffira de rappeler les cas déjà cités. Commençons par la famille Comelles. Le frère de Pere Comelles, Joan, est pourvu d'un bénéfice à la cathédrale de Perpignan à partir de 1418. Le plus jeune des fils de Pere, Francesc Comelles, prend en quelque sorte la succession de son oncle. Il est bénéficier de la cathédrale Saint-Jean, à partir de 1444. Un autre de ses fils, le notaire Joan, est marié avec la fille d'un marchand de la ville, Pere Vola, en affaires avec Pere Comelles et, à ce titre, très présent à Arles[10]. À une échelle de revenus et de pouvoir plus modeste, la femme du tisserand Pere Bardina est originaire de Perpignan où elle dispose de deux maisons, dont une sera donnée à sa fille, femme du teinturier Maurin Dur. Des artisans se fournissent à Perpignan : rappelons que Joan Gerau y achète du cuir. Plus modestement, on pourrait même dire à l'autre bout de l'échelle sociale, Martie Lopis, *lancerius* basque, quitte Arles, où il est de passage, pour se marier avec la fille d'un meunier de Perpignan. L'alliance matrimoniale établit ou bien confirme des relations qui peuvent ouvrir les portes de la ville et de ses marchés[11]. Elle peut constituer une étape stratégique, tout comme le placement des enfants en apprentissage dans la ville, qui élargit ou confirme les relations entre familles et entre cité et bourg comme cela est le cas pour la famille Perer : le fils d'Arnau Perer (*paraire*) est en apprentissage auprès d'un apothicaire de Perpignan[12]. On pourrait ajouter un autre cas de figure : ainsi, le frère du pareur Berenguer Maurini *alias* Prot, habitant d'Arles, est marchand à Perpignan[13]. Les deux hommes travaillent ensemble, s'épaulant mutuellement. Des familles d'Arles ont, en outre, au moins un de leurs membres qui, bien que vivant à Arles et y travaillant, se déclare d'Arles et « habitant de Perpignan ». Cette situation apparaît clairement dans les registres, entre 1405 et 1418. Elle concerne des individus très différents, tant par leur activité professionnelle que par leur statut social : des marchands et des bouchers (Pere Noelli, Bartomeu Aygabella, Guillem Torrent, Berenguer Branya, Joan Castaneda) ; un apothicaire (Pere Colomina) ; trois pareurs (Jaume Perer, Pere Roig et Guillem Pons (Poncii)) ; un teinturier (Maurin Dur) ; un forgeron (Guillem Dauder)[14]. On peut supposer que les individus profitant d'une telle situation sont plus nombreux que ces quelques noms collectés au hasard des registres conservés. Néanmoins, ils ne sont pas des inconnus. Nous les avons déjà rencontrés au titre des activités industrielles d'Arles ; la majorité d'entre eux fait partie de la notabilité du bourg, de celle qui allie fortune et commandement[15]. Certains, au cours de leur vie, sont consuls et/ou procureurs des consuls à Arles ; ils sont aussi membres de la prestigieuse confrérie de saint Abdon et saint Sennen, sur l'activité de laquelle j'aurai à revenir à propos du financement de l'industrie. Pere Noelli est sans doute emblématique de ce type de notable. Procurateur et syndic, clavaire, bayle, membre de la confrérie de saint Abdon et saint Sennen, il est marchand et vend ses draps jusqu'à Barcelone. Ces affaires ne se limitent pas au commerce des draps. Fermier de la Barre, rentier de l'abbaye d'Arles, il est aussi parmi ceux qui investissent dans les teintureries. Il dispose également d'une forte influence sur le marché du fer. Si nous isolons les dix individus avec lesquels il entretient les plus nombreuses relations, quelle qu'en soit la nature, il apparaît que tous sont syndics et, pour la plupart, membres des grandes familles du bourg : les Torrent, Aygabella, Perer, entre autres[16]. Le groupe des habitants de Perpignan originaires d'Arles et, j'ajouterais, très actifs dans ce bourg, dispose par ailleurs de deux représentants dans la communauté d'Arles. Or être désigné comme « habitant de Perpignan » suppose que l'on détienne un bien immobilier dans la cité, ce qui permet de profiter des privilèges urbains et, en particulier, d'une franchise sur les droits de leude[17]. Cette situation a facilité l'écoulement de la production du bourg d'Arles. Les hommes concernés y disposaient, également, d'un réseau de relations qui a pu profiter à l'industrie et à son financement. Il est très probable que les capitaux de la ville ont pu ainsi participer au développement de l'industrie des campagnes sans que les transferts soient visibles ou du moins enregistrés chez un notaire. Cette situation ne concerne pas exclusivement Arles et elle est commune à bien des bourgs et des petites villes où elle est dénoncée, tout autant qu'à Arles, comme un moyen de ne pas payer les impôts exigés. C'est le cas, par exemple, à Baixas dès la fin du XIVe siècle[18]. Or cette inscription des réseaux ruraux dans la ville ne peut être interprétée comme le signe de la domination de la cité sur la campagne. Elle révèle, tout au contraire, la capacité des notables ruraux à investir la ville et à utiliser ses privilèges à leur profit.

La circulation des hommes d'Arles, leur contact avec la capitale ont pu, en outre, favoriser la circulation des capitaux de la ville vers les industries du bourg mais selon des modalités particulières. Certes, les textes précisent rarement les motifs des prêts consentis ou des remboursements de prêts, nombreux entre Arles et Perpignan, au point que les prêts pour entreprendre sont difficiles à isoler. En revanche, ce que nous voyons, exceptionnellement, c'est le placement de capitaux arlésiens dans un autre bourg du Vallespir, par le relais de Perpignan. Le cas de Pere Comelles nous en fournit la preuve. Il a déposé une partie de ses avoirs à la *tabula* de Perpignan, et doit débloquer l'argent qu'il prête à un pareur de Saint-Jean-Pla-de-Corts, un homme important puisqu'il détient le moulin battant du lieu[19]. Ce prêt, dont nous ignorons le motif, et qui accompagnera peut-être l'activité industrielle du pareur, nous renvoie à un mode de financement de l'artisanat et de l'industrie, aux combinaisons plus complexes que celles dont atteste communément l'historiographie.

L'industrie participe, au même titre que n'importe laquelle des activités du bourg, à une économie de l'endettement. La grande majorité des actes rassemblés autour des individus désignés comme des producteurs, selon la nomenclature des notaires (tisserands, pareurs, teinturiers, forgerons, cordonniers...), sont formulés comme des reconnaissances de dettes. Les parties se plient au modèle débiteur/créancier, qui n'est pas propre à ces seuls individus, mais concerne toute la société du bourg. Le schéma en est simple : un individu doit quelque chose à un autre, qu'il s'agisse d'un prêt (sous la forme du *mutuum*, dont on ignore le motif : s'agit-il de faire face à des difficultés financières passagères ou durables, ou d'entreprendre[20] ?), d'une avance (que l'on doit distinguer du prêt, du fait qu'elle ne comporte pas de commerce de l'argent), mais aussi de ventes à crédit portant sur les fabrications des uns et des autres (à long, moyen et court terme) et de ventes anticipées qui sont rédigées comme des reconnaissances de dette puisque le vendeur, qui a été réglé d'avance, déclare qu'il « doit » le produit, et qu'en outre ce type de vente s'apparente à un prêt. Il faut y ajouter le paiement différé des salaires. Cette « économie de l'endettement » est rendue plus complexe par l'usage courant des transferts de créances qui constituent un flux financier important et s'accompagnent de tensions, car changer de créancier change la valeur de la dette, qui peut être exigée avec plus ou moins de coercition. Cette circulation de papiers, si fréquente à la lecture des notaires, n'empêche pas l'usage de la monnaie réelle[21].

Dans ce contexte, et malgré la difficulté à identifier et isoler le phénomène, le financement de l'industrie semble bien assuré en partie par les capitaux du bourg et selon les modalités courantes que nous venons de citer[22]. Il faut, en particulier, distinguer deux situations qui rendent nécessaire l'apport de capitaux : la création d'un atelier ou l'achat de parts ; et, plus régulièrement, l'entretien ou l'achat d'outillage et de moyens de transport, c'est-à-dire de mules. Seuls l'importance de la somme et la connaissance que nous avons des individus qui empruntent, le contexte de leurs affaires quand nous pouvons l'apprécier, l'intervention des co-emprunteurs, ou bien le soutien d'un réseau, par la pratique de la fidéjussion, nous permettent de supposer que la somme empruntée se portera vers l'industrie[23]. C'est souvent la reconstitution de biographies qui démêle l'écheveau des affaires[24]. Si, à l'origine d'une société ou d'un projet, il est nécessaire de pouvoir disposer d'une somme parfois importante qui implique le recours aux prêts, le roulement courant de l'atelier peut se suffire généralement de sommes plus modestes qui résultent de ce que nous appellerions aujourd'hui un « réinvestissement d'une partie des bénéfices ». Elles permettent l'approvisionnement en matière première, le paiement des salaires. Certaines entreprises ne peuvent pas arriver à dégager systématiquement ce surplus. C'est le cas de forges hydrauliques (moulines). Le recours au prêt est alors indispensable. Il faut, dans ce contexte, souligner l'importance que revêtent les modalités de la vente du fer en gros, c'est-à-dire pratiquée sur de grandes quantités de barres ou de lingots. Le marché de gros est organisé autour des ventes anticipées. L'acheteur paie par avance la production, qui lui sera livrée en un temps convenu entre les deux parties. Cette pratique nous est souvent connue par le retard des livraisons. L'acheteur prend donc un risque mais, comme nous le verrons, cela lui permet d'avoir accès à une qualité spécifique de fer dans le contexte d'une production irrégulière et au prix le plus bas du marché. Quant au producteur, grâce au réseau d'acheteurs dont il dispose, il peut s'assurer une avance régulière de numéraire. Lui aussi prend un risque, car cette avance de numéraire recouvre la pratique du crédit ; elle est d'autant plus complexe que la production de fer est irrégulière. Cette pratique est tout à fait commune dans le contexte agricole avec l'achat de récoltes sur pied. C'est sur ce modèle qu'est calquée la vente de fer en gros[25]. Dans ce secteur de production, on voit également pratiquée la *bistractio*, une avance gracieuse de capitaux pour entreprendre. Elle est souvent concédée dans le cadre du bail de location des forges, par le propriétaire aux bailleurs, et devra être remboursée à l'expiration du contrat. Elle peut être également concédée entre compères et c'est un moyen commun de soutien financier pour tous ceux qui gèrent les forges et y travaillent et qui sont étrangers : Languedociens et Basques.

La création de la société *del Tint* d'Arles en janvier 1405 permet d'approcher un autre mécanisme de prêt à l'industrie. Cette société de teinturerie regroupe Bartomeu Aygabella (marchand), Pere Noelli (marchand), Pere Colomina (apothicaire), Ramon Bochabrella (tendeur), Pere Almarich (pareur), autour des teinturiers Guillem et Maurin Dur[26]. Quelques jours après la création de la société, les associés empruntent 85 livres. Ils se tournent alors vers le boucher Guillem Torrent, et c'est Pere Noelli qui se présente comme *principalus*[27]. Le 10 mai 1405, ce sont à nouveau 27 livres que Guillem Torrent prête aux associés[28]. La forme est toujours la même : il s'agit d'un *mutuum*. Les sommes devront être remboursées dans l'année, ce qui paraît correspondre aux besoins d'une société conclue pour un an. Or Pere Noelli et Guillem Torrent se connaissent bien. La gestion des revenus de la communauté les rapprochera à nouveau : en 1407, Pere Noelli est le fermier des revenus de la Barre et à ce titre verse les 200 livres prévues à Guillem Torrent, qui en est le collecteur désigné par les syndics de l'Université[29] ; en 1416, c'est Pere Noelli qui prête 37 livres à Arles, représenté par son syndic, Guillem Torrent, puis encore 150 livres en 1417[30]. Les deux hommes sont, par ailleurs, associés et tiennent ensemble, et avec Pere Colomina, également propriétaire de parts dans la société *del Tint*, le marché du fer en gros. Le 13 février 1406, ce sont encore 23 livres que les associés de la société *del Tint*, auxquels s'ajoute, dans ce cas, leur premier créancier devenu associé, Guillem Torrent, empruntent pour un an[31]. Cette fois-ci, les créanciers sont différents mais tout aussi représentatifs des pratiques communes en matière de prêt. Ce sont deux prêtres, Berenguer Royre, recteur de l'église Saint-Étienne d'Arles, et Guillem Miyani, recteur de la paroisse Saint-Pierre de Riuferrer, qui leur avancent cette somme plus modeste. Le premier est connu entre 1405 et 1413, date de sa mort, même si ses affaires, et en particulier ses applications testamentaires, sont gérées par ses manumisseurs jusqu'en 1418. L'activité de l'homme est totalement tournée vers le prêt. Le second est actif de 1405 à 1417, année où s'interrompt la documentation réunie autour de lui. Durant ces douze ans, Guillem Miyani est avant tout un créancier. Il pratique le prêt pour son propre compte. Ses revenus sont en partie constitués de rentes conclues sur les revenus de la communauté (*censals*)[32]. Il est aussi le représentant d'une institution charitable qui fait de cette activité une occupation régulière, la confrérie de saint Abdon et de saint Sennen, patrons du bourg.

Cette confrérie, nous en connaissons les membres en 1445, lorsqu'ils se réunissent pour nommer leur procurateur et qu'à cette occasion un procès-verbal est dressé[33]. Les vingt-six frères se sont alors rassemblés dans la chapelle de saint Abdon et saint Sennen, située dans l'abbaye d'Arles. L'acte précise qu'ils ne sont pas au complet, mais on ignore le nombre des absents. On remarque parmi les treize laïcs Pere Comelles (pareur, boucher et marchand) et ses deux fils Pere (pareur) et Joan (notaire et marchand), Pere Noelli (marchand), et les Perer, Arnau (pareur) et Bartomeu (barbier), Ramon Aygabella (pareur et marchand) ; il faut ajouter à ces individus connus Berenguer et Joan Prot (pareur et *specerius*), Joan Bado (apothicaire), Joan Rossini (pareur). Treize frères religieux, prêtres et moines, dont un membre de la famille Corona, Antoni, participent également à la réunion. On retrouve ainsi réunies des familles puissantes d'Arles, où les Comelles figurent en bonne place puisque la confrérie compte trois de leurs membres. Si on s'attarde sur les activités connues de tous ces individus, il apparaît que la confrérie rassemble surtout des marchands, des pareurs et quelques spécialistes des soins (apothicaire/*specerius* et barbier) ; que ni les artisans (tisserands, cordonniers, *fusters* ou forgerons) ni les bouchers n'y sont représentés, à part Pere Comelles qui, rappelons-le, est désigné successivement comme pareur, boucher et marchand. Mais qui sont les membres absents ? On l'ignore, mais, à partir de la majorité des membres connus de la plus puissante confrérie d'Arles, une définition de la notabilité apparaît. Elle ne se définit pas uniquement par des critères d'argent et, si elle réunit des hommes riches, assurant des postes de responsabilité à la tête de la communauté, dont beaucoup sont marchands, elle semble accorder une place à la pratique des soins. Cette proximité, en particulier entre marchand et apothicaire, est d'autant plus intéressante qu'elle aboutira à des activités communes dans le domaine de l'industrie[34]. Or cette confrérie, tenue par des notables d'Arles et l'abbaye, est un organisme de prêt.

Les sommes prêtées sont toujours importantes. Pour approcher la pratique financière de la confrérie, il suffira de partir du cas d'une des sociétés *del Tint.* En 1407, les teinturiers Guillem et Maurin Dur, à la suite de tensions, ont quitté la société *del Tint* formée en 1405. Ils en créent une autre, en février 1407. Les membres en sont Guillem et Maurin Dur, Guillem Torrent et Pere Bardina, dont il faut rappeler qu'il est tisserand et le beau-père de Maurin. En mars 1407, ils recourent au prêt, tous ensemble, et sans que l'acte mentionne la cause du prêt, bien évidemment. Ils s'adressent à la confrérie de saint Abdon et saint Sennen. Ils ont alors devant eux quatre procureurs de la confrérie, dont trois ecclésiastiques : le prêtre Guillem Durandi, le cellerier de l'abbaye d'Arles, Bernat Caderona et Guillem Myiani. Le quatrième homme est un laïc. Il s'agit de Bernat Riera, meunier. La somme est importante rapportée à la mesure du bourg et à d'autres créances qui nous sont connues par ailleurs : 110 livres. Il est prévu qu'elle soit remboursée dans l'année. On pourrait citer d'autres cas où le prêt concédé peut être, sans trop d'hésitation, rapporté à un investissement industriel. Parfois, il s'agit d'une avance et non d'un prêt, même si le terme *mutuum* est utilisé Ainsi, le 1er mai 1414, les deux pareurs Pere Roig et Jaume Perer empruntent 82 livres à la confrérie. La somme devra être rendue dans les six mois. Elle est dite concédée gratuitement par l'aumônier de l'abbaye, un prêtre et un pareur, Arnau Perer. Ce dernier est le propre frère d'un des débiteurs. La confrérie est présente dans de nombreux « montages financiers ». Ainsi, le 4 février 1406, Bartomeu Aygabella et Joan Castaneda, accompagnés par Berenguer Branya, son fils Francesc et Antoni Massani, tous les trois bouchers, versent au syndic de l'Université, qui n'est autre que Guillem Torrent, 154 livres et 7 sous, ce qui correspond à une partie des 300 livres qu'ils doivent au titre de la ferme des aides sur le pain, le vin et la viande dont les cinq hommes se sont portés acquéreurs[35]. Ces 300 livres, ils les trouvent le jour même grâce à un prêt consenti par la confrérie. Celle-ci achète pour 300 livres aux fermiers des aides une rente de 15 livres levées sur les « revenus » des emprunteurs. S'agit-il des « revenus » spécifiques qu'ils tireront de la ferme des aides ? On l'ignore. Pour représenter la confrérie lors de ce prêt déguisé, Guillem Miyani est encore procurateur, accompagné de deux prêtres. Le laïc est Pere Grasser, *fuster*.

Une autre institution est tout aussi active dans le domaine du prêt. Il s'agit de l'Hôpital des pauvres. Il dispose, tout comme la confrérie, des revenus des rentes qu'il a souscrites, auxquels il ajoute ceux de la location de son patrimoine immobilier[36]. Ses procurateurs procèdent aux prêts[37], et l'ensemble des finances fait l'objet d'un contrôle par l'université[38]. L'Hôpital répond à des besoins plus modestes que la confrérie. C'est toute la société d'Arles qui s'y presse et demande des sommes modiques, ne dépassant pas 20 livres. Une situation particulière permet d'en rendre compte. En juin 1417, le procureur de l'Hôpital, pour payer le forgeron Bartomeu Balmes, lui transfère toutes sortes de petites créances qui sont dues à l'Hôpital. Parmi ses débiteurs on trouve : Joan Germa (notaire) pour 44 sous ; Urbà Aygabella (apothicaire) pour 22 sous ; Pere Grasser (*fuster*) pour 10 sous ; sa femme pour 15 sous ; Pere Bardina (tisserand) pour 22 sous ; le jeune Bonabosch (forgeron) pour 16 sous ; Guillem Castaneda (brassier) pour 13 sous[39]. Parfois, le prêt est plus important : 20 livres sont empruntées en 1406 par le notaire Joan Germa et le tendeur Ramon Bochabrella, qui doivent les rembourser dans l'année[40]. Inutile de préciser que nous ignorons le motif de tous ces prêts. En tout cas, des artisans ou des individus qui participent d'une manière ou d'une autre à l'artisanat ou à l'industrie d'Arles ont recours au service financier de l'Hôpital. Ajoutons que ces deux institutions, confrérie et hôpital, ne sont pas les seules à pratiquer le prêt. Ainsi, l'on voit Domenec Comelles, le père de Pere Comelles l'Ancien, emprunter 10 livres à la fabrique du monastère le 10 novembre 1412. Il promet de les rembourser très précisément le 6 février 1413[41]. La fabrique du monastère répond-elle à un autre type de service financier ?

La pratique du prêt par des institutions charitables, et en particulier hospitalières, est attestée tant en Italie qu'en Espagne. Les cas examinés correspondent souvent à des hôpitaux urbains, richement dotés et qui officient à une vaste échelle[42]. En Catalogne, le cas a été signalé dans le contexte spécifique des bourgs du Vallès oriental[43]. Des organismes charitables, des confréries et des hôpitaux, dirigés par la notabilité du bourg, proposent des prêts à ceux qui en ont besoin. Mercè Aventín précise que cette offre s'adresse à « des familles dans le besoin, n'offrant pas de garantie suffisante » pour le système courant du prêt. Son étude prend appui sur le cas de l'Hôpital des pauvres du bourg de Sant-Celoni. Tout comme à Arles, l'hôpital est géré par des laïcs et des ecclésiastiques. Il devient un organisme de crédit à partir du XIVe siècle. Il reçoit des donations, la plupart du temps sous la forme de legs testamentaires. L'argent drainé permet d'acheter des rentes (*censals*). C'est par leur souscription que se pratique le prêt. Du point de vue de l'hôpital, l'achat de rentes permet de fonctionner en profitant de revenus fixes et périodiques ; du point de vue des vendeurs de rentes, « artisans, paysans, veuves, orphelins » selon Mercè Aventín, il s'agit d'obtenir un prêt dans le contexte d'une situation difficile et souvent momentanée « d'assistance »[44].

Cette fonction traditionnelle des hôpitaux et des confréries s'enrichit de la volonté de promotion et d'assurance des travailleurs « méritants »[45]. L'examen des archives du Vallespir permet d'ajouter un autre usage à l'argent de ces institutions charitables : le prêt aux entrepreneurs.

Si, dans le cas d'Arles, l'Hôpital prête de petites sommes qui peuvent répondre à une situation d'assistance, il apparaît que des individus, qui en profitent également, ne sont pas forcément dans cette situation. La confrérie de saint Abdon et saint Sennen, qui débloque des sommes beaucoup plus importantes, les prête incontestablement pour entreprendre, et elle le fait aux membres de la notabilité. Le cas de la société *del Tint* éclaire suffisamment cette situation et elle permet de rétablir les relations étroites, en termes de réseau, entre ceux qui profitent des prêts et ceux qui les accordent. Il y a là une collusion d'intérêts, que de nombreux indices permettent de reconstituer.

Ainsi, l'industrie du Vallespir trouve, au moins en partie, les capitaux dont elle a besoin sur place, grâce à des individus qui, par leur surface financière, peuvent y investir ou bien faire office de créancier. Le financement nécessaire est également fourni par des institutions religieuses ou d'assistance. Dans ce cas, l'origine de l'argent consiste souvent en legs, expressions de la religiosité des notables. Cet argent est ensuite placé sous forme de rentes et fait retour à l'économie locale dirigée par ces mêmes notables tout en permettant aux institutions charitables d'avoir des revenus fixes. Une partie du capital ou bien les revenus des rentes, dont beaucoup viennent de la notabilité, permettent à ces institutions d'offrir des prêts, dont la notabilité locale profite également. Sans doute, une partie du financement est également assurée, comme dans le secteur agricole pour l'achat de terre, par les capitaux d'origine familiale et, en particulier, par les dots mais, encore une fois, cette forme de transfert du patrimoine financier familial vers l'industrie ne se laisse pas voir dans les actes notariés du Vallespir.

Par contre, la circulation des capitaux d'un bout à l'autre du Vallespir est visible. Les actes notariés en livrent des indices. À titre d'exemple, ce sont des hommes d'Arles qui investissent dans le moulin *serrador* de Combret (Prats) et y achètent des parts[46]. De même, l'octroi de prêts dépasse la limite de la communauté : ainsi les *fuster*s de Céret empruntent majoritairement à des Arlésiens et particulièrement au teinturier Maurin Dur. Il est probable que fustiers et teinturier se retrouvent sur le terrain du combustible et que ces *mutui* se combinent à des relations d'affaires. Comme nous l'avons déjà vu, Pere Comelles prête à un pareur de Saint-Jean-Pla-de-Corts, et son réseau, très étendu, le porte régulièrement jusqu'au Boulou, où il accorde des crédits à des artisans.

La vallée du Tech s'affiche donc comme un territoire à la mesure des ambitions de certains notables. Le mouvement des capitaux et des hommes, la position dominante que certains d'entre eux exercent sur cet espace de production, la spécialisation relative des bourgs et la complémentarité des activités de production font indéniablement du Vallespir un district industriel[47]. Bien plus, l'exemple du Vallespir enrichit la notion de district, dont il faut bien avouer qu'elle est à la fois d'un usage courant sans pour autant que son sens soit rigoureusement défini.

En quoi le Vallespir est-il un district ?

Un district n'est pas un « territoire » ni un « bassin » industriel, pour rassembler des notions proches mais distinctes. Pour clarifier sa présentation, il n'est pas inutile de rappeler que le district industriel est défini à partir de deux traditions distinctes qui, selon que l'une ou l'autre soit privilégiée, orientent différemment la définition.

Si est retenue la dimension géographique du district à la suite de l'économiste italien Giacomo Beccatini, le district correspond à une forme particulière d'organisation de la production industrielle ayant joué un rôle décisif dans le développement économique italien, soit un réseau de petites et moyennes entreprises réparties sur un territoire autre que celui des zones urbaines traditionnelles[48]. En reprenant la définition dans le cadre des journées de Flaran consacrées aux industries rurales dans l'Europe médiévale et moderne, Marco Belfanti ajoute un point intéressant à la définition, utile à la réflexion des médiévistes ; il souligne l'importance, dans la constitution de ces espaces spécifiques, du maillage des bourgs, lieux privilégiés d'ancrage des petites et moyennes entreprises, phénomène net en Italie du Nord depuis le Moyen Âge.

Si est retenue la notion originelle de « district », c'est-à-dire celle construite au début du XXe siècle par l'économiste Alfred Marshall, c'est la dimension temporelle qui est privilégiée, une temporalité historique dont les racines sont souvent médiévales[49]. Alfred Marshall constate que les choix initiaux de localisation ont une efficacité persistante et s'interroge sur la très grande permanence de regroupements spatiaux d'industries spécialisées. À quoi tiennent-ils ? Sans doute faut-il privilégier la combinaison entre industries, marchés locaux et grande voie commerciale[50].

Le district du Vallespir se trouve à la confluence de ces traditions, dont il rassemble tous les éléments de définition : maillage des bourgs et des villages, ancrage d'industries spécialisées dans certains d'entre eux, marchés locaux ouverts sur les échanges régionaux et internationaux. Cependant, je souhaiterais y ajouter un élément complémentaire qui me paraît enrichir la définition : le phénomène des circulations. Mettre l'accent sur l'importance des circulations internes me paraît fondamental pour bien comprendre l'unité et l'unicité du district. Il s'agit tout autant de la circulation des hommes, des produits que de celle des capitaux qui homogénéisent le district et dessinent un espace de production et d'échanges à la tonalité économique originale. Dans ce contexte, la circulation des techniques doit être davantage prise en compte[51]. Cette circulation spécifique constitue une touche à apporter au modèle. Le district du Vallespir s'est développé en prenant appui sur l'innovation technique et sa diffusion rapide dans l'espace économique. Je reviendrai en détail sur l'équipement en moulins industriels aux mécanismes de plus en plus perfectionnés du moulin battant (drap), aux moulines (fer) et aux moulins *serradors* (bois), sans oublier les *fusine* de la métallurgie des non-ferreux dont profite le Vallespir[52]. Leur implantation se fait rapidement, tout au long de la vallée, dès la fin du XIIIe siècle et à partir des épicentres que sont Prats-de-Mollo et Arles. De cela, les notaires du Vallespir attestent également et cette situation est d'autant plus rare qu'elle mérite le développement qui lui sera accordé dans la suite de cet ouvrage.

Il nous faut à présent boucler une première étape de notre raisonnement. Un premier niveau de l'enquête consacrée aux industries d'Arles a abouti à révéler des aspects de l'industrie rurale. Dans cette vallée de montagne qu'est le Vallespir, si l'activité du drap est partout présente, les bourgs disposent d'une spécialité : Arles est un bourg de métallurgistes. Cependant, sa production s'articule sur celle de la vallée. Des activités concurrentes se sont chacune délimitées un territoire : en conséquence le travail du bois est rejeté d'Arles et il est présent à Prats-de-Mollo, et surtout à Céret. Néanmoins, à cette juxtaposition s'ajoute une complémentarité des activités qui est visible par le biais du transport, qui traverse toute la vallée et qui est assuré par les hommes des villages et des bourgs qui sont postés à l'entrée de celle-ci. De même, la livraison du combustible, particulièrement vers les teintureries d'Arles, dépend d'approvisionnements extérieurs au seul territoire du bourg. Cette analyse dynamique est confirmée par les circulations des hommes et des capitaux, et elle rend compte de l'envergure de l'industrie et du district qu'elle a circonscrit, au moins au cours de la première moitié du XVe siècle.

Si révéler la complexité de l'industrie rurale, pour mieux en étudier ensuite certains aspects, était un objectif assigné à cette présentation générale des activités non agricoles, il n'était pas le seul. En effet, interroger l'industrie à partir des individus et de leurs désignations professionnelles s'est révélé un moyen de dépasser un certain nombre d'imprécisions. Le résultat a répondu à cet objectif, car la démarche suivie a permis de briser les codes qui étaient imposés par l'écrit. Ainsi, de l'accumulation des témoignages et des cas individuels, il apparaît que les désignations en usage se calquent sur les métiers. Le traitement d'un nombre important de données permet de dépasser le schéma déformant qu'impose cette grille de lecture : ce que disent les textes n'est pas en totale conformité avec la stricte désignation professionnelle qu'ils utilisent. Les activités, tant industrielles qu'artisanales, outrepassent largement le seul champ pratique que les désignations leur assignent. Des hommes influents, disposant parfois d'un niveau de savoir particulier, comme Urbà Aygabella, sont des acteurs de poids, et leur activité dans le domaine de l'industrie est en total décalage avec leur désignation professionnelle. Dans le textile, le teinturier Maurin Dur illustre la volonté de certains, à partir des activités de finition, d'encadrer sinon de contrôler l'ensemble de la filière de production du drap. On ignore si cette dynamique en œuvre a bousculé les cadres traditionnels de production, car les sources ne nous permettent pas de mesurer l'impact des métiers dans l'organisation quotidienne du travail mais, ce qui est sûr, c'est qu'elle ne correspond pas à la lecture des cadres de production que restituent les seules dénominations professionnelles. Bien plus, le cas d'Urbà Aygabella démontre que des entrepreneurs continuent à utiliser un mode de désignation qui les relie à l'ordre des Métiers, alors qu'au moins une partie très significative de leur travail se fait en dehors du champ de ce métier désigné. Plus encore, il semble bien que la désignation conservée serve en fait de marqueur social à l'individu. À l'examen du cas des Comelles et des membres de la prestigieuse confrérie de saint Abdon et saint Sennen, il apparaît que l'étiquette de « pareur » pourrait servir à désigner le notable. Tous ces cas démontrent que le bourg abrite une activité industrielle qui dépasse les cadres juridiques de production. La capacité à transgresser ces cadres, tout en conservant ce qu'ils offrent en termes de reconnaissance sociale (pareur, apothicaire), caractérise les entrepreneurs ruraux.

L'écrit des notaires assigne une place à un groupe particulier d'entrepreneurs, ceux dont l'origine est étrangère au bourg. Rappelons que dans le cas de l'industrie du fer, c'est-à-dire dans un des secteurs de production les plus représentatifs du bourg d'Arles, le notaire fait bien la distinction entre les forgerons et les forgeurs. Lorsqu'il enregistre la désignation professionnelle de ces derniers, il prend acte de leur origine étrangère. Pour la majorité d'entre eux, ces hommes qui louent la forge, la conduisent, la gèrent, établissent des contrats de travail avec les mineurs, les charbonniers et les muletiers, doivent aussi être désignés par les historiens comme des entrepreneurs. Or remarquons que, si leur activité est inscrite dans le territoire de la communauté, ces hommes ne participent pas à la gestion communautaire. En outre, leur statut d'étranger sert de base à leur désignation professionnelle, telle qu'elle est restituée par les notaires. Il ne faudrait pas surinterpréter ce mode de désignation et en faire le signe d'un rejet. La situation est plus compliquée et fera l'objet d'un dossier spécifique.

Il suffira de noter, pour le moment, que la confrontation entre activité réelle et désignation professionnelle rend compte d'un clivage entre d'anciens cadres institutionnels et communautaires, fortement inscrits dans une collégialité dont la confrérie est représentative, et de nouvelles formes d'organisation du travail qui se développent hors de ces cadres et intègrent des phénomènes migratoires ; que l'industrie fonctionne, également, grâce aux bras de tous ceux qui demeurent hors du champ des désignations. Leur travail est sans nom, parfois caché à l'historien, et il est pourtant à la source de la pluriactivité qui s'inscrit pleinement dans ce champ de la production. Ainsi, les paroles et les silences des notaires restituent, à ceux qui veulent en saisir toutes les contradictions apparentes, le poids de l'industrie dans les campagnes catalanes et les tensions multiples qui la traversent au tournant des années 1400.

III

L'innovation technique en Catalogne

Chapitre 6

L'innovation, le roi et les notables

Arles et ses alentours abritent au XVe siècle une importante sidérurgie. Le minerai de fer est transformé dans des moulines, c'est-à-dire des forges hydrauliques de réduction directe dont la vallée du Tech est équipée dès le début des années 1300. À cette date, la mouline est une innovation[1]. À partir de cet objet technique et de son inscription dans le district du Vallespir, je souhaiterais aborder la question de l'innovation au Moyen Âge. Le concept d'innovation tel qu'il est couramment utilisé aujourd'hui a été défini par l'économiste Joseph Schumpeter au début du XXe siècle[2]. Il convient à présent de le relire à la lumière des réflexions conduites récemment par les historiens des périodes anciennes et, tout particulièrement, par les médiévistes[3]. L'innovation technique au Moyen Âge correspond bien à une « méthode de production nouvelle » et/ou à « la création d'un bien nouveau » tel que l'avait énoncé Schumpeter. Cependant, si elle apparaît comme une rupture dans le domaine des techniques, il faut bien convenir qu'au Moyen Âge, et en particulier pour la sidérurgie, cette rupture s'appuie sur des aménagements techniques et des mécanismes simples. D'ailleurs, il ne me semble pas inutile de préciser une fois encore que l'innovation technique ne s'inscrit pas forcément brutalement dans le processus de production, même si elle apparaît brutalement dans la documentation[4].

Il ne faudrait pas confondre perception de l'innovation et processus d'innovation. Une « méthode de production nouvelle » comme « la création d'un produit nouveau », pour reprendre les termes de la définition originelle, résultent souvent d'aménagements successifs et mineurs qui procèdent de tâtonnements à l'intérieur des ateliers, tâtonnements devenus visibles à un moment donné qui est celui de leur enregistrement par l'écrit. Cet enregistrement fait surgir l'innovation. Cependant, l'élaboration peut être lente. Les ruptures techniques enregistrées par l'historien correspondent souvent à l'aboutissement d'un processus, et non au processus lui-même. Il est donc indispensable de ne pas confondre les échelles de perception et d'analyse. À la mesure de l'histoire universelle et de l'Occident, l'histoire des techniques procède par bonds, de rupture en rupture, d'innovation en innovation ; à la mesure du travail de l'homme qui participe à l'élaboration d'une nouvelle technique, elle est composée d'une collection et d'une concrétion de modifications souvent modestes et rarement saisissables par le médiéviste.

Les actes notariés du Vallespir autorisent une étude rapprochée du processus de diffusion de l'innovation qu'est la mouline des années 1300. Cependant, pour prendre toute la mesure des indices livrés par les notaires et en tirer les plus sûrs enseignements, il est nécessaire de rapporter le Vallespir, et plus largement le comté de Roussillon, à l'ensemble du territoire technique correspondant à la mouline. Par « territoire technique », j'entends l'espace dominé par une technique spécifique, à un moment donné, dans un secteur particulier de production. Le territoire technique de la mouline s'étend ainsi sur un vaste espace méridional, du Rouergue aux Pyrénées[5]. Jusqu'à présent, le processus de diffusion de l'innovation avait été étudié à partir d'un unique observatoire : le comté de Foix. Les sources catalanes, outre les informations supplémentaires qu'elles offrent, permettent de jouer des échelles de perception différentes et de comparer les situations catalane et ariégeoise, tout en les rapportant à l'ensemble du territoire technique.

Le haut Vallespir et l'innovation

L'irruption de l'innovation

Dans le comté de Roussillon, les premières moulines connues apparaissent dans le haut Vallespir. Elles se diffusent ensuite en Capcir et dans le Conflent. Sylvie Caucanas a clairement établi l'implantation initiale et balisé les premiers temps de la diffusion de l'innovation, mais il est difficile, aujourd'hui encore, d'apprécier le niveau d'équipement dont profite le Roussillon tout au long du XIVe siècle. Le problème tient tout autant à la disparition des grands chartriers monastiques, ce qui touche particulièrement l'espace qui relève de Sainte-Marie d'Arles et de Saint-Michel de Cuxa, qu'à la volonté de gonfler abusivement la documentation et son interprétation, pour démontrer, à toute force, l'exception catalane. J'y reviendrai. Ainsi n'est-il pas inutile, dans un premier temps, de retourner aux sources et d'élaborer une cartographie qui tienne compte de la stricte réalité du corpus.

L'histoire commence sur le territoire de Prats-de-Mollo, le 28 octobre 1314 (voir carte 3). À cette date, quatre individus de Villefranche-de-Conflent obtiennent du roi l'autorisation d'élever une mouline (*molina*) où ils le souhaiteront entre la *coma* (combe) Ylalongua et la *coma* del Lancer, dans la juridiction de Prats[6]. L'autorisation est accompagnée d'un usage du bois limité à certaines essences, l'ensemble est concédé contre le versement d'un douzième de la production hebdomadaire de fer[7]. Sept ans plus tard, le 22 juin 1321, à Saint-Guillem-de-Combret, un de ces premiers contractants reçoit une seconde autorisation royale pour faire élever deux moulines à un feu. Le droit au bois (à l'exception des *avets*, cf. sapins) est également stipulé dans le contrat qui, en outre, précise qu'aucune autre mouline ne pourra s'élever sur ce territoire tant que celles-ci seront en activité. Il est même prévu que son propriétaire ne verse pas de foriscape en cas de vente, et que ses ouvriers ou lui-même ne contribuent ni aux tailles, ni aux aides qui pourraient être levées à Prats-de-Mollo. Le contrat est conclu contre un treizième du fer produit à livrer au roi, chaque semaine[8].

À l'origine de la diffusion de l'innovation, Prats-de-Mollo est donc un territoire à forte concentration. Mais les autorisations ont-elles été suivies de réalisations ? En 1326, une mouline est active sur le territoire de Prats. Elle est alors désignée comme celle de Lecaladeo. L'acte conservé n'est pas le contrat initial mais l'enregistrement de nouvelles conditions d'accès au charbon de bois. À la lecture des modifications d'usage qui fournissent quelques renseignements sur les concessions originelles, il semble bien que cette forge soit une de celles de Combret[9]. Il est, de toute façon, certain que les moulines de Saint-Guillem-de-Combret furent construites puisqu'en juillet 1332 l'individu auquel la concession avait été délivrée signe un accord avec les consuls et le bayle de Prats et obtient qu'en vertu de l'acte royal lui accordant le droit de construire lesdites moulines son accès au charbon puisse s'élargir à une partie des bois dit « les Garlandes »[10]. D'ailleurs, dès 1330, l'enregistrement des criées pour l'arrentement des revenus royaux mentionnait, à propos des foriscapes et des lauzimes qui étaient levés à Prats-de-Mollo, les moulines de Saint-Guillem et du val de Prats[11]. Était également citée la mouline de la Concha, dont on ignore si elle est une des forges hydrauliques construites dans les années 1320 ou bien un atelier à ajouter à la liste déjà bien fournie des implantations en val de Prats[12]. La copie du XVIIe siècle d'un inventaire des revenus royaux, en date de 1333, complète la série des citations : la mouline de la Concha, celles de Saint-Guillem et une dernière désignée comme « des Ayladas » sont sources de revenus royaux. On en revient donc à trois sites[13]. Il pourrait s'agir des moulines signalées en 1314 et 1321. Mais la mouline, toujours à Prats-de-Mollo, concédée à Guillem Pals en 1339, sans autre précision, fait-elle partie de ce groupe initial[14] ?

L'équipement se poursuit en 1366 : une nouvelle mouline doit être construite à Prats-de-Mollo. Exceptionnellement, la documentation conservée permet de la suivre sur le moyen terme. Elle relève d'une concession royale accordée à Guillem Roger Suau, une concession qui offre des avantages importants au preneur. Certes, ce bourgeois de Perpignan, changeur, doit élever la mouline à ses frais, mais il obtient l'usage gratuit du bois et du charbon, même dans les devèzes royales, l'usage de l'eau et du minerai, le droit d'approvisionner la mouline en victuailles sans payer aucun droit, le tout contre un versement modique : 10 livres d'entrée et un trentième du fer produit. À sa mort, la mouline passe à son héritier Guillem Amarell, *obrer* royal, c'est-à-dire maître des œuvres et des fortifications (1368)[15]. Cette même forge réapparaît dans la documentation en 1381 et 1382. Elle est alors détenue par Guillem Dasser, dont nous ignorons tout[16]. À cette date, il est fait allusion à sa *destrucio*.

La mouline investit également le Capcir dès le début du XIVe siècle. À Formiguères, le 17 août 1323, quatre hommes obtiennent du roi l'autorisation de construire une mouline à un ou deux feux[17]. Les conditions sont également très intéressantes : le bois mais aussi le charbon de la Matha de Formiguères sont accordés gratuitement. Toutefois, ledit charbon ne devra pas être produit à partir des « *bo* » arbres mais résulter en priorité de la carbonisation des branchages issus du débitage des fûts dans le moulin *serrador* qui est associé à la mouline. Il est également prévu que ladite Matha puisse être totalement brûlée et que, dans ce cas, la mouline se fournisse dans les bois alentour. Les preneurs obtiendraient alors le droit de réduire le cens à verser au roi ; tous ceux qui travaillent dans la mouline profitent d'avantages fiscaux, tant sur les droits de leude que sur les aides dont ils sont exemptés, et aucune autre mouline ne pourra être installée et faire usage du bois de la Matha, le tout contre un huitième de la production par semaine et 50 livres d'entrée. Cette mouline apparaît également dans le relevé des revenus royaux établi en 1333.

Ainsi, dans les années 1350, cinq moulines au moins battent le fer en Capcir et en haut Vallespir, dont quatre sont concentrées dans les environs de Prats-de-Mollo. Ce n'est que beaucoup plus tard que les autres moulines de la haute vallée du Tech apparaissent dans la documentation : celles de Léca, de Galdares, des Bains. Si rien ou presque rien n'a été conservé de leur implantation, c'est que ces forges ne dépendent pas du patrimoine royal, mais de celui de l'abbaye de Saint-Michel de Cuxa et de seigneuries laïques de moindre envergure, comme celle de Cabrench (*Cabrencio*). Or le chartrier de l'abbaye bénédictine a été perdu. Certes, des copies d'actes ont été conservées dans les archives de la Procuration royale, mais elles sont peu nombreuses et concernent des actes rédigés à la fin du XIVe siècle et au XVe siècle, donc tardives par rapport à l'émergence de l'innovation[18].

La perte du chartrier de l'abbaye Saint-Michel de Cuxa nuit également à la connaissance de l'équipement initial du Conflent, car, dans cet espace aussi, les autorisations de construction relevaient du seigneur monastique. C'est une nouvelle fois le fonds de la Procuration royale qui offre des témoignages prouvant le fonctionnement des moulines qui dépendaient du domaine de Saint-Michel : celle de Thuès (ou de la forêt de la Querança) en 1377, puis en 1393 ; celle de Valmanya, en 1398[19]. Les archives de la Couronne d'Aragon, conservées à Barcelone, et plus particulièrement les registres de justice de la baylie de Villefranche, permettent d'étoffer le corpus. La mouline de Valmanya y est citée dans le cadre d'une affaire judiciaire qui oppose le forgeur et l'abbaye pour défaut de paiement. Le conflit se déroule en 1393[20]. À ces forges monastiques s'ajoutent, en Conflent comme en Vallespir, des moulines royales. C'est ainsi qu'a été conservé l'acte de création de la mouline à deux feux de Ria, à l'ouest de Prades (1372)[21]. Celle de Mosset est en activité en 1387[22].

Finalement, au XIVe siècle, les moulines, qu'elles soient implantées en Vallespir, en Capcir ou en Conflent, sont au nombre de neuf, au moins, car ce chiffre restitue non pas l'équipement réel mais bien l'état de conservation des archives. Au regard du corpus rassemblé, même si une comptabilité précise se révèle impossible, la plus importante concentration de forges hydrauliques en Roussillon concerne le haut Vallespir et tout particulièrement le territoire de Prats-de-Mollo, bien éclairé par les sources royales dès l'origine de l'innovation.

Les moulines au temps des notaires (XVe siècle)

La documentation s'étoffe à partir de 1400 du seul fait de l'apport de l'écrit notarial (voir carte 4). Le haut Vallespir est alors équipé de Prats-de-Mollo à Céret. Au moins une partie des moulines déjà implantées, comme celles de Prats, est toujours en activité. Ainsi, l'atelier élevé en 1366, et qui appartenait à Guillem Dasser en 1382, est concédé en 1419 à Berenguer d'Oms, qui doit le restaurer[23]. La mouline del Lancer réapparaît en 1465[24]. S'ajoutent à ces installations déjà connues peut-être celle de Corsavy, si l'autorisation de construction de 1433 a été suivie d'effet[25] ; celle de Léca détenue en 1412 par des notables d'Arles et dépendante de la seigneurie de Saint-Michel de Cuxa[26] ; celle de Galdares en 1406, qui appartient alors au seigneur de Cabrench qui en a conservé la gestion directe[27] ; celle des Bains ou de la Sala, concédée en acapte[28] ; enfin, deux moulines à Céret, qui appartiennent à des hommes du bourg : la mouline « prés du pont » et celle del Perer (1404)[29], à distinguer sans doute de celle de Serre (1453)[30]. Les unes et les autres apparaissent dans la documentation notariale entre 1406 et 1460, et non à l'occasion de leur création, qui demeure donc inconnue. Quand les sources permettent de les approcher, elles sont en pleine activité, dans les années 1450, et le corpus réuni pour certaines d'entre elles est d'une richesse exceptionnelle. C'est le cas de la mouline de Léca qui profite de plus d'une cinquantaine d'actes. Quand la forge fait l'objet d'un accord entre plusieurs des héritiers de son premier propriétaire connu Joan Germa (1434), il apparaît que l'atelier est au centre de bâtiments et de terres qui participent à son fonctionnement : sa description mentionne *casals*, *bordes*, *deveses*, herbages ; dans l'atelier sont énumérés les enclumes, les marteaux et les soufflets[31].

En Conflent, les ateliers implantés au moment de la diffusion de l'innovation, même s'ils ont pu être momentanément ruinés comme ce fut le cas en Vallespir avec une des moulines de Prats, sont toujours en place durant la première moitié du XVe siècle et, surtout, toujours en activité. Il s'agit des moulines de Mosset (première mention en 1441)[32] ; de Valmanya (*ibidem*, 1419-1422)[33] ; de Thuès (à la même date)[34]. La carte s'est aussi enrichie d'autres implantations : mouline de Villefranche (*idem*, 1402-1405)[35], mouline de Baillestavy (1407)[36], mouline de Serramitja (La Bastide, 1412)[37], mouline de Sahorre (1418)[38], mouline de Campône (1429)[39] mouline d'Estoher (1445)[40], mouline de Mantet (1446)[41], mouline de La Bastide (avant 1459)[42]. Si, une nouvelle fois, on ignore tout de la date d'implantation de la majorité d'entre elles, certaines sont incontestablement élevées durant la première moitié du XVe siècle, comme celle de Campône, en 1429[43].

Enfin, il faut signaler, en Capcir, la mouline de Querol, construite en 1401, qui s'est ajoutée à celle de Formiguères[44].

Vers 1450, la carte s'est densifiée, elle s'est étoffée, mais la documentation ne permet pas de peser globalement le phénomène et d'en déduire le sens de la conjoncture industrielle. En effet, même au XVe siècle, l'information notariale n'est pas homogène. L'activité des moulines du Vallespir est attestée par les notaires de Prats-de-Mollo, d'Arles et de Céret dès le début du XVe siècle, parfois dès la fin du XIVe, tandis que celle du Conflent n'est connue qu'indirectement par les actes de la Procuration royale ou bien par les registres notariés du Vallespir, ceux des notaires de Prades n'étant conservés qu'à partir de 1468. Si cette situation empêche de saisir l'ensemble du phénomène industriel, elle permet néanmoins deux constatations tant sur le poids initial de l'équipement que sur la place qu'y occupe la haute vallée du Vallespir. Au moment de l'irruption de l'innovation et durant les premiers temps de son implantation, l'équipement catalan ne paraît pas d'un poids exceptionnel rapporté aux informations réunies sur d'autres espaces[45]. Avant le temps des notaires, on dénombre neuf moulines, contre vingt-sept dans les années 1450. Les plus précoces sont concentrées dans le haut Vallespir, en particulier à Prats-de-Mollo. C'est également dans cette zone, en 1151, que le premier moulin industriel du Roussillon (un moulin drapant) a été repéré par Sylvie Caucanas[46]. Ces indices indiquent que le Vallespir dispose d'une culture technique tout à fait précoce.

Territoire technique et modèle ariégeois

La Catalogne dans le territoire technique

Le Vallespir doit être rapporté au territoire technique de la mouline, dont il dépend[47]. Si plusieurs choix techniques peuvent coexister sur un même territoire, il est rare qu'ils connaissent un dynamisme équivalent. En Montagne Noire (dans la région du haut Languedoc), des forges à pied (forges sans recours à l'hydraulique) sont encore en activité au début du XIVe siècle. Elles disparaissent ensuite, reléguées au second plan par la forge à eau. De même à Lacaune (département du Tarn), toujours à la même période, des *fargae grossae* coexistent avec les moulines. Ces « grosses forges » sont-elles, comme en Champagne, non hydrauliques ? Elles aussi disparaissent[48]. Par contre, en forêt de Ramondens (département du Tarn), toujours sur les contreforts de la Montagne Noire, en plein territoire de la mouline, et encore en 1338, les *fargae ferrariae* se superposent à la mouline. Ce cas est exceptionnel et on ignore à quoi correspondent ces ateliers. Partout ailleurs, la domination de la mouline est rapide et absolue.

Les frontières du territoire technique de la mouline sont imbriquées avec celles d'autres territoires. Le territoire technique de la « mouline » est borné, à l'ouest, par le territoire de la « ferrière » basque, à l'est par celui de la *fusina* et du « martinet ». Dans ce dernier cas, le dossier rassemblé par les historiens à partir d'une étude philologique serrée permet de distinguer la forge hydraulique *molina* de la forge hydraulique *fusina* (car le terme *fusina* peut également désigner un four de fusion des minerais polymétalliques). La *fusina* du Dauphiné au XIVe siècle est une forge de réduction indirecte. Quant au « martinet », implanté des Cévennes à l'arc alpin, il est assurément une forge hydraulique de réduction directe où, contrairement à la mouline, seul le marteau est mû par la force de l'eau[49]. La question est plus délicate pour la ferrière (*ferraria*) basque. Certes, « mouline » et « ferrière » sont toutes deux des forges de réduction directe, mais on ignore l'équipement dont profite la ferrière basque, et tout particulièrement les différentes applications de l'hydraulique, au marteau et/ou à la soufflerie, et on ignore, également, si le fer produit dans les ferrières se démarque par sa qualité de celui produit dans les moulines.

La question des frontières est d'une grande importance pour saisir la répartition spatiale d'un usage technique et en analyser le choix. Mais encore faut-il être capable de situer ces frontières, et cela nécessite de poursuivre l'enquête. La consultation des sources catalanes a permis de consolider les limites du territoire de l'innovation et, en particulier, d'interroger de plus près une de ses zones, souvent présentée comme le berceau de la forge hydraulique : la Catalogne. À l'étude des moulines catalanes il convient d'associer toutes celles du royaume de France, implantées dans le Fenouillèdes et le pays de Sault, et dont l'approvisionnement dépendait du minerai du Canigou qui transitait à partir de la mine de Sahorre par la vallée de Mosset : la mouline de Gincla, désignée comme mouline de Gotmar, celle de Sainte-Colombe-sur-Guette et « d'autres », comme disent évasivement les actes de la Procuration royale, ces « autres » étant la mouline de Roquefort-de-Sault[50], celles de Counozouls et de Sournia également (voir carte 3). Toutes ces forges hydrauliques sont en place dès le début du XIVe siècle, et celle de Gincla est attestée dès 1311, c'est-à-dire avant la mouline de Prats-de-Mollo, première mouline catalane connue.

Cet examen attentif confirme le temps de la diffusion de l'innovation tel que nous avions pu le mettre en évidence à partir de l'observatoire ariégeois (haut Sabarthès, comté de Foix). La primauté de la Montagne Noire se maintient : la première mouline connue est celle d'Escoussens (1283). Le phénomène intéressant n'est d'ailleurs pas tant celui de l'origine géographique précise de l'émergence de l'innovation tel que le restitue l'écrit, que l'extraordinaire simultanéité de sa diffusion dans cette partie du Languedoc et des Pyrénées. Effectivement, la mouline est présente en Vicdessos dès 1299, dans les Fenouillèdes en 1311 et dans le Vallespir en 1314. Il suffira de poser comme une évidence que toutes ces régions sont pourvues des ressources naturelles nécessaires à l'élaboration du fer : minerai, bois, eau. La Catalogne s'inscrit dans ce schéma simple avec ses torrents vigoureux et surtout son minerai du Canigou. Sur cette situation s'ancre le choix royal ou seigneurial. Quand il est possible de disposer de textes et non de mentions, il apparaît que l'implantation dépend toujours de l'autorisation du roi de France ou d'Aragon (Montagne Noire et haut Vallespir), du comte de Foix ou d'un grand lignage ariégeois (les Arnaud) et qu'elle s'effectue sur leurs domaines propres. Elle est accompagnée de droits d'usage qui permettent l'accès à l'eau, parfois au minerai et surtout au bois. Il est probable que ces grands répondent alors à une sollicitation, celle des demandeurs qui font élever ces forges à leur frais et que je qualifierais de maîtres de mouline. Dans la Couronne d'Aragon, la volonté de réforme des rois de Majorque, qui s'exprimait alors par un souci de mieux contrôler et exploiter leur domaine, a été un élément favorable à l'innovation. La construction des moulines participe d'un mouvement de renouveau qui s'illustre aussi par la création de moulins à scier et par la réouverture des mines d'argent. Plus durablement, les princes accompagnent l'innovation par une législation sur le bois qui devient nécessaire alors que la consommation industrielle pèse lourdement sur le couvert forestier dans un contexte qui est aussi celui d'un monde plein. Or, si tous les espaces qui s'ouvrent à l'innovation, de la Montagne Noire à la Catalogne, inaugurent une politique forestière, tous les choix ne sont pas équivalents et chacun correspond à la place qu'occupe la sidérurgie dans l'économie.

Le roi et le charbon

L'analyse des premiers baux d'amodiation permet de saisir comment est ressentie et traitée par les autorités la question de la consommation du bois. Autant qu'un calque de la réalité, c'est plutôt une appréciation du phénomène de déboisement que les clauses restituent. De fait, il est possible de confronter plusieurs d'entre eux, tous rédigés dans les premiers temps d'implantation de la nouvelle forge, au moment où se diffuse l'innovation. Tous sont à l'origine du phénomène. Ils concernent la Montagne Noire, le Roussillon et le comté de Foix : 1312, bail d'amodiation d'une mouline en Forêt Narbonnaise ; 1314, bail d'une mouline à Prats-de-Mollo ; 1326, bail de la mouline d'Albiès[51] (voir carte 5). Or tous les trois comportent des clauses consacrées aux droits d'usage sur le bois. Pour le début du XIVe siècle, le plus précis est celui de la Montagne Noire (1312, Forêt Narbonnaise). Sans doute doit-on mettre ce souci de gestion à l'actif de la législation précoce du roi de France en ce domaine[52]. Les concessionnaires disposent d'un usage du bois, mais du bois d'œuvre, *fusta* et *merrenum*, pour construire et réparer la mouline et ses bâtiments annexes, et même pour refaire la chaussée et les adductions d'eau. Quant aux conditions d'accès au charbon, le bail en encadre étroitement la pratique. En effet, la quantité est fixée à ce qui est nécessaire aux deux feux (bas fourneaux) exclusivement. L'origine et la qualité du charbon sont également spécifiées : les arbres fruitiers ne seront pas utilisés. Encore plus intéressant, le bail organise l'espace du charbonnage. Il ne s'agit pas de brûler n'importe où. Ainsi, les charbonniers ne pourront pas revenir sur un lieu déjà exploité sans obtenir l'autorisation des gens du roi. Ils doivent procéder de « façon ordonnée ». Il est exclu, comme le dit joliment le texte, qu'ils puissent faire des « bonds » d'un lieu à un autre, « *non faciendo saltum de uno loco ad alium* ». Il y a bien là une volonté de rationaliser la pratique du charbonnage afin de permettre la régénération de la forêt, cette volonté étant par ailleurs relayée par la présence de gardes forestiers actifs dès la fin du XIIIe siècle dans les domaines de la Couronne de France ou dans ceux qui lui sont apparentés.

En Roussillon (Prats-de-Mollo, 1314), l'acte n'est pas rédigé avec autant de précision. Il est aussi beaucoup plus court. Cependant, certaines essences sont exclues des usages de la mouline, sans pour autant que le charbonnage ou le charbon soient désignés spécifiquement. Il ne s'agit plus ici des arbres fruitiers ; l'interdit se plaque, bien évidemment, sur l'économie rurale locale – les preneurs à bail pourront prendre les « *aybres dels boschs* » qui sont dans la combe où la mouline est implantée, sauf les sapins et les bouleaux « *vertz* », les frênes et les hêtres, qui sont protégés. Le sapin peut cependant être utilisé comme bois de charpente pour l'usage de la mouline. Le bail catalan évoque également le cas où un défaut d'approvisionnement en bois (*lenya*) se présenterait, il est alors prévu que la mouline puisse être implantée ailleurs sans qu'aucun espace soit défini. Cette liberté tient-elle à la méconnaissance des besoins en charbon de la nouvelle forge à peine implantée en Roussillon ?

À Albiès (comté de Foix, 1326), le bail obéit au même modèle, mais alors que l'acte ariégeois est beaucoup plus précis que les deux autres sur les conditions d'accès au minerai, les passages consacrés au bois, s'ils sont plus développés que dans le bail catalan, n'atteignent pas le degré de précision de celui de la Montagne Noire. Il est bien prévu que la mouline ne puisse pas abriter plus d'un feu, que les amodiataires ne puissent pas charbonner le hêtre et le bouleau mais, malgré la rapide mention du cas où le charbon viendrait à manquer dans la seigneurie dont dépend la mouline d'Albiès, la pression sur le bois apparaît moins encadrée qu'en Languedoc. Est-elle aussi moins forte ? On peut en douter. Cependant, elle est sans doute perçue comme telle en l'absence d'une gestion princière déjà rodée comme celle expérimentée dans les domaines d'Alphonse de Poitiers, et dans un espace où le contrôle seigneurial des usages sur le bois va à l'encontre de la pratique des communautés de montagne qui s'opposent à toutes limitations.

Il faudrait ajouter que la pression sur le bois s'inscrit dans des économies différentes. La comparaison peut être poursuivie entre le comté de Foix et le haut Vallespir. Dans le comté de Foix, la mouline s'implante dans un espace forestier dont les usages, si diversifiés soient-ils dans la pratique, s'organisent autour de deux activités de production : l'élevage et la sidérurgie. La sidérurgie est ancienne. Elle a, bien avant la fin du XIIIe siècle, concouru avec l'élevage à une attaque du couvert forestier. Cette double activité n'a pas été perturbée par celle du sciage. Effectivement, si des scieries hydrauliques s'installent en vallée de Vicdessos durant la première moitié du XIVe siècle, leur activité est réduite du fait des difficultés de circulation du bois en amont de Foix[53]. À ces pratiques s'ajoutent des usages domestiques et l'exercice d'un artisanat du bois ouvert au marché local que les textes ne dévoilent que rarement[54]. C'est sur ce socle de pratiques, somme toute limitées, que s'établit la mouline. Or, jusqu'à son arrivée, l'accès au bois est tout à fait libre et de ce point de vue les espaces où est pratiquée la réduction du fer disposent des mêmes droits que ceux où s'exercent les besoins domestiques et l'artisanat rural. Les forêts sont communément livrées aux usagers. En effet quand, à la fin du XIIIe siècle (1294), une première codification apparaît, le lieu de son émergence n'est pas fortuit : il s'agit de la vallée de Vicdessos, un lieu ancien de production du fer. Or ce premier aménagement de la législation aboutit à l'énumération des usages et non à leur limitation : le droit au charbonnage est spécifié parmi d'autres dans la charte de franchises accordée à la vallée. Il est reconnu, mais il n'est ni limité, ni organisé dans la pratique, ni payant. Énumérer, c'est prendre conscience de la diversité et du poids des usages, et c'est également mieux les connaître pour mieux les surveiller. Mais ce moyen se révèle inefficace sur des espaces dont les analyses palynologiques restituent combien ils sont alors lourdement sollicités[55].

Le basculement de la législation s'opère quelques années plus tard, en 1303. La réaction comtale est donc très rapide en regard de la chronologie des nouvelles implantations sidérurgiques, car elle répond incontestablement à la production du fer (rappelons que la première mouline attestée dans le haut comté de Foix l'est en 1299). En effet, quand le comte de Foix légifère pour la première fois sur la pratique du charbonnage, dépassant sa simple évocation parmi les droits d'usage, la réglementation intéresse en premier la grande vallée sidérurgique qu'est le Vicdessos. Les charbonniers se voient concéder les arbres morts ou secs ; ce n'est qu'une fois qu'ils les auront utilisés qu'ils pourront avoir accès aux arbres verts qui leur seront désignés par les gardes forestiers comtaux. Finalement, quand la mouline apparaît, le charbonnage est sous surveillance. C'est bien ce qui est énoncé dans le bail de la mouline d'Albiès, en 1326. L'espace concerné comme la simultanéité chronologique entre la mise en place de la législation forestière et la diffusion de la forge hydraulique constituent des indices de la relation à établir entre la mouline et l'encadrement des pratiques charbonnières, indices qui se trouvent confirmés par la place qu'occupe le charbon dans les actes d'amodiation des nouvelles forges hydrauliques. Dans ce cadre, la législation princière se précise et s'adapte à l'échelle de la forge prédatrice : le nombre des fours de réduction est souvent réduit, certaines essences sont protégées du charbonnage, qui est clairement distingué du bois d'œuvre. Donc la législation fuxéenne, qu'elle s'applique à la forge ou à une vallée productrice, aboutit au début du XIVe siècle à faire un choix qualitatif, entre arbres morts ou vifs et entre essences, et parfois à limiter la quantité à charbonner non par l'interdiction mais par la réduction du nombre de fours de réduction autorisés. La codification est d'autant plus rapide qu'elle répond à la volonté comtale de protéger une forêt qui lui assure des revenus par le biais de la production sidérurgique. Il s'agit bien de protéger pour mieux exploiter et cela dans le cadre d'une économie princière qui, pour ces espaces boisés, a fait le choix de la sidérurgie. En effet, quand il s'agit de gérer l'accès aux berges des cours d'eau, le comte de Foix n'hésite pas à réduire le nombre des moulins à scier au profit des moulines. Mais la question des rapports forge-forêt ne réside pas uniquement dans l'élaboration d'une législation forestière en un temps de diffusion de l'innovation sidérurgique. On doit s'intéresser à son application. Or on peut douter de son efficacité puisque la mesure de 1303 fut l'objet d'un refus véhément de la part des consuls de la communauté de Vicdessos et que les quelques écrits dont on dispose sur les espaces boisés du comté, certes en dehors des hautes vallées sidérurgiques, témoignent d'une dégradation tragique du couvert forestier. L'ordre princier ne suffit pas sans le relais des hommes de la montagne qui seuls ont une emprise directe sur le territoire[56].

Le choix catalan est différent et il offre un autre éclairage sur l'encadrement de l'innovation par le pouvoir[57]. Si un canevas commun de situations et de mesures peut être dégagé, la plus grande sophistication de l'économie catalane, l'ouverture des montagnes sur la mer place la forge de réduction dans un rapport plus tendu avec d'autres activités consommatrices de bois et de charbon. En effet, l'économie des forêts du Roussillon est beaucoup plus complexe que celle du comté de Foix. Ici non plus l'activité sidérurgique n'est pas récente. On sait que la zone du Canigou est exploitée dès l'Antiquité[58]. Durant le Moyen Âge, la réduction du fer se poursuit. Mais à la sidérurgie et à l'élevage pratiqués également par les communautés s'ajoutent le fourmillement des activités artisanales et industrielles, et le commerce du bois. Si dans leur énoncé les activités ne paraissent pas différentes de celles exercées dans le comté, leur place respective l'est. Ainsi, sur les flancs du mont Canigou, la sidérurgie n'est pas la principale composante de l'exploitation de la forêt, du moins des forêts royales. Au début du XIVe siècle, la documentation livre la très grande diversité des activités qu'abritent les forêts, la concurrence qui s'exerce entre elles et le choix royal.

Tournons-nous vers le haut Vallespir. Les activités de production qu'abritent les forêts sont multiples et la volonté royale d'en profiter est très nette. Rappelons le règlement des usages de la forêt de Saint-Guilhem (1311), d'autant plus important qu'il intéresse la zone de Prats-de-Mollo où, à partir de 1314, se concentre le plus grand nombre de moulines comptabilisées pour le Roussillon[59]. Dans ce lieu, et comme il a été énoncé *supra*, les hommes fabriquent toute sorte d'objets en bois, des vases, des tonneaux, des comportes, des gobelets, des écuelles, des timons, des fourches, etc. Or chacune de ces productions est soumise à un paiement spécifique qui prend en compte non seulement l'objet et ce qu'il consomme en quantité de bois mais aussi la qualité du bois employé. Ainsi sont classés, selon une échelle de qualité ascendante, le hêtre, le noisetier, le bouleau, le frêne, le chêne, le sapin. On aboutit en ce début du XIVe siècle à une gestion subtile des forêts et, peut-être, à une forme d'équilibre entre les divers prélèvements. En tout cas, dans les forêts royales qui bientôt seront investies par les moulines, une codification précise est déjà en place.

Comme dans le comté de Foix en 1294, elle est antérieure à l'implantation des usines hydrauliques. Mais là s'arrête la comparaison. La législation catalane est d'une précision inconnue du comté de Foix. Elle correspond à la volonté royale d'organiser un prélèvement répondant à des activités lucratives (production et commerce de bois de navire et d'objets en bois), activités peu développées ou absentes de l'espace ariégeois. Une répartition du bois, de sa quantité, de sa qualité est en œuvre en fonction des revenus qui en sont attendus. Néanmoins, cette codification ne semble pas comporter encore la claire volonté d'une nécessaire régénération de la forêt. Il s'agit de tout prendre de la forêt au mieux des intérêts immédiats du roi. Or, malgré leur précision, ces actes ignorent le charbon de bois et là réside la seconde différence entre le Roussillon et le comté de Foix. Elle est de taille. Rappelons qu'en Ariège, quand à la fin du XIIIe siècle les usages sont nommés sans être pourtant limités, la pratique du charbonnage est aussitôt consignée[60]. Son absence est difficile à expliquer en Roussillon. Un fait est patent : la production du charbon pour les foyers domestiques ou pour la forge n'intéresse pas la législation royale en 1311. Ce silence laisse supposer que les intérêts du roi sont ailleurs : même si la sidérurgie est en place, elle n'est pas primordiale dans l'ordre des revenus royaux qui sont attendus de la forêt[61].

C'est seulement en 1323 que le charbon est spécifiquement désigné dans un acte, à savoir le bail de la mouline de Formiguères (Capcir)[62]. Cette première mention est associée à la reconnaissance de la dégradation que pourrait opérer la mouline. Même si, dans un premier temps, il est admis que les beaux arbres ne soient pas charbonnés, il est aussi spécifié que la mouline ne devra pas manquer de bois ni de charbon tant que la forêt de la Matte sera sur pied. Il est même prévu que la forêt soit totalement détruite et carbonisée. Ainsi, quand le charbonnage est pris en compte, que sa capacité destructrice est reconnue, sa pratique ne connaît qu'une limite d'espace, celle de la forêt où se déroulera le charbonnage, et encore cette limite est-elle relative, car l'acte prévoit aussi que les amodiataires puissent trouver d'autres espaces à charbonner afin de poursuivre la production. De ce point de vue, la législation royale n'a absolument pas évolué depuis 1311 : la forêt peut être utilisée sans limite si les intérêts immédiats du roi l'imposent. Sans doute faut-il associer à ce choix prédateur dicté par des objectifs financiers immédiats l'autorisation qu'ont les premières moulines de changer de lieu d'implantation à l'intérieur de la forêt désignée si le bois venait à manquer. On retrouve bien dans cette disposition une pratique de l'exploitation qui aboutit à l'éradication totale de la forêt par ses différents usagers.

En 1326, les objectifs de la législation catalane évoluent nettement. Ils s'appliquent d'abord au haut Vallespir. Le comte de Foix a réagi plus rapidement que le roi d'Aragon (Sanche Ier, puis Jaume III) au danger du charbonnage. Lorsque je m'interroge sur les douze ans de délai, de 1314 – premier bail conservé d'une mouline en Roussillon – à 1326 – année de la nouvelle réglementation royale – et que je compte le nombre des moulines dont je sais par les sources écrites qu'elles sont effectivement en activité dans les forêts royales, c'est-à-dire au moins neuf, j'en arrive à la conclusion que l'activité sidérurgique n'a pas, en Roussillon, la place qu'elle occupe dans le Vicdessos. En Ariège, non seulement les forges hydrauliques sont plus nombreuses mais elles dominent aussi un paysage économique peu nuancé. En Roussillon, la sidérurgie est une activité secondaire par rapport au sciage, ce qui explique sans doute que le charbonnage ne soit que tardivement spécifié dans les textes. Cette remarque s'enrichit d'une constatation : quand les moulines sont élevées, elles sont, avant 1326, toujours associées à une scierie[63]. En quelque sorte, la forge est un complément du moulin à scier, elle consomme tout ce qu'il ne peut pas utiliser, arbres dont la qualité est médiocre, branches, faîte. Si dans les baux d'amodiation de moulines l'accès à certaine essence est prohibé, ce n'est jamais le cas pour les moulins à scier qui les jouxtent. Ainsi, mouline et moulin à scier occupent une place complémentaire dans la législation très précise mise en place avant leur implantation. Le moulin à scier est privilégié ; le petit artisanat rural est en position de repli, et son accès à la forêt peut être réduit lors de l'implantation d'une scierie ; le combustible pour les teintureries est maintenu ; enfin, à la mouline est concédé ce que les autres activités dédaignent. Sans doute, ce droit aux déchets explique-t-il que la mention du charbonnage soit apparue si tardivement. Elle n'était pas indispensable. Cependant, au cours de la première moitié du XIVe siècle, il semble bien que l'activité charbonnière soit devenue incontrôlable, ou du moins qu'elle ait dépassé la place que le pouvoir royal lui avait concédée dans la gestion prévisible de ses forêts. La faim de bois de la mouline a fait éclater de l'intérieur la réglementation royale. Elle a créé le désordre. Cela est d'autant plus insupportable pour le pouvoir que son choix économique ne privilégie pas la sidérurgie.

Si la réaction est tardive, elle est sévère. À partir de 1326, le charbon envahit la documentation sur le bois, et les mentions se concentrent, dans un premier temps, sur la zone de Prats-de-Mollo. Les sources sont tout à fait originales. Elles se présentent comme des compléments aux baux d'amodiation des moulines, des clauses supplémentaires en quelque sorte, mais des clauses restrictives et qui encadrent les pratiques[64]. C'est le cas pour l'une des moulines du bois de Saint-Guillem qui apparaît en 1326 sous la dénomination de la *molina* de Lecaladeo. Le charbon auquel elle a droit est limité en qualité et en quantité : on ne peut le faire qu'à partir du bois sec ou mort, absolument pas à partir de bois vert. Il ne peut être fabriqué que dans certaines zones, et la quantité à livrer à la mouline est contrôlée puisque le charbon sera exclusivement acheminé en retour des charrois de minerai. Cet approvisionnement devient payant (5 deniers pour trois sacs de charbon) et l'un des *parsonniers* de la mouline est responsable des versements sur ses biens. En outre, tout contrevenant se voit exposé à une forte amende. Dans un autre contrat concernant, cette fois-ci, la mouline de la Concha, toujours en vallée de Prats, la sévérité monte d'un cran. L'acte date de 1339. Le charbonnage est aussi désigné comme un danger pour la forêt et une zone est assignée à sa fabrication. Dans ce cas, les consuls des communautés de Prats sont nommés pour surveiller l'application du texte qui prévoit que le détenteur de la mouline rétribue un garde forestier[65]. Assurément, la mouline a désorganisé la gestion royale, mais également les usages communautaires de la forêt. La sévérité des restrictions appliquées à la forge est à la mesure des destructions constatées. Elle ouvre un autre temps de la législation royale en Catalogne.

Rien d'étonnant que ces textes, encore limités à l'approvisionnement des usines sidérurgiques du haut Vallespir, introduisent les grandes réformes des forêts de 1339 et 1345 qui intéressent d'abord le Conflent puis toutes les zones du Roussillon : Capcir, Cerdagne et Vallespir. L'importance croissante que le roi accorde à cette législation se lit dans la forme des actes : le premier de ces documents est un règlement limité au Conflent et aux usages respectifs des communautés ; le second une ordonnance proclamée pour l'utilité de la chose publique et la conservation des comtés de Roussillon et de Cerdagne, un an après l'annexion par Pierre IV d'Aragon du royaume de Majorque[66]. L'acte de 1339 précise que le problème est récent. Il est aussi le premier à clairement indiquer que les mesures doivent permettre de « conserver et restaurer lesdits bois ». Cette prise de conscience s'accompagne de mesures et des amendes sont prévues. La mise en défens peut être totale : défense absolue de tailler et de charbonner des arbres verts et secs, ni même d'entrer dans certaines parties des bois de la vallée de Conat, en Conflent. Le 25 novembre 1345, ces décisions s'élargissent à toutes les forêts royales : on ne peut ni tailler ni « dessoucher », ni faire de charbon, ni faire de cendres à partir des arbres verts, sapins, pins, frênes et même hêtres, l'essence la moins protégée au début du XIVe siècle. Le charbon ne devra être élaboré qu'avec du bois sec ou à partir d'arbres à terre, et encore devra-t-il être fabriqué dans des lieux précis et en fosses, afin que le danger des feux de forêts soit réduit, car la crainte du charbon réside aussi dans sa capacité à détruire accidentellement les forêts, en les incendiant. L'élevage est associé à cette réglementation : il est interdit de tailler des branches pour les bestiaux, à moins qu'il ne s'agisse des branches les plus basses des arbres, ni de faire paître les animaux en forêt durant un certain temps, celui nécessaire pour que les « *boschs novels se puxen fer* ». On doit rapprocher la loi de la Couronne des tensions qui agitent alors la communauté de Prats et qui obligent le forestier royal à se rendre à Perpignan pour témoigner à un procès opposant le roi et la communauté au sujet des bois royaux[67].

Une trentaine d'années après son implantation, la mouline a donc fait basculer le Roussillon dans une crise forestière[68]. Cette crise est d'abord enregistrée par les actes se rapportant à la forge, mais elle rejaillit ensuite sur l'ensemble de l'économie. La législation associée à la mouline est alors élargie à l'ensemble du comté de Roussillon, et la politique du charbon participe d'une redéfinition de tous les usages forestiers. Rappelons que la législation fuxéenne a suivi la même évolution : les mesures de 1303 nées en vallée de Vicdessos sont sans doute à l'origine de la législation sur le bois que le comte de Foix et vicomte de Béarn, Gaston Fébus, met en place dans l'ensemble de ses forêts en 1354[69].

Or, si la législation royale fournit des informations sur la dégradation des forêts et sur l'alarme qu'elle suscite, l'historien ignore son application réelle. Elle est sans doute difficile et créatrice de tensions comme nous l'avons déjà constaté pour le comté de Foix. Est-elle même possible dans les espaces excentrés de la haute montagne ? Ainsi, la solution ne résidait pas uniquement dans la limitation ou la réorganisation, souvent inopérante, des usages. Elle résidait dans le redéploiement des approvisionnements, car, si la réglementation pouvait tenter d'enrayer un processus, elle ne pouvait pas, de toute façon, rendre disponible un combustible dont le renouvellement demande du temps. La législation s'est donc accompagnée d'un redéploiement géographique des approvisionnements qui aboutit à la constitution d'espaces dominés.

Le redéploiement géographique s'opère par un report des besoins à la périphérie des zones concernées. Il s'agit de faire peser sur un espace étranger le poids destructeur de l'approvisionnement en charbon de bois. Cette démarche a été efficace dans le comté de Foix. Le traité conclu en 1347-1348 entre le comte de Foix, le vicomte de Couserans et la communauté de Vicdessos organise l'échange entre le minerai de Vicdessos, le bois et le charbon du Couserans. Qu'il ait été signé signifie que la communauté de Vicdessos – qui refusait obstinément jusque-là l'exportation de son minerai hors de ses frontières – avait absolument besoin du charbon du Couserans. Effectivement, cet accord aboutira à relâcher la pression sur la zone forestière très sollicitée de cette haute vallée sidérurgique et à protéger ses forêts sur le long terme. En contrepartie, le Couserans connaît une déforestation aggravée dès la fin du XIVe siècle. Il est un espace dominé et le restera jusqu'à la fin de l'époque moderne[70].

Ce schéma peut s'appliquer également au comté de Roussillon[71]. Si l'ordonnance de 1345 met clairement en évidence les difficultés d'approvisionnement et les mesures qui en découlent, le compte de construction de l'horloge du château de Perpignan (1356) complète notre connaissance des procédures appliquées par le prince[72]. Non seulement ce chantier royal est prestigieux mais il met en jeu d'impressionnantes quantités de matières premières. La majorité du charbon de bois est utilisée par les trois forges de transformation, qui sont spécialement construites pour élaborer les pièces de l'horloge. De mars à août, et accessoirement jusqu'en octobre, la quantité de charbon livrée oscille entre 12 et 20 tonnes en fonction des relevés du compte. Or ce chantier ne sera pas alimenté par les forêts du Roussillon. Il faut chercher pour les forges de l'horloge un combustible loin des régions où la sidérurgie a gravement contribué à le rendre plus rare. Le charbon de bois est acheminé par terre comme par mer. Dans le premier cas, il provient du Fenouillèdes et des Corbières dans le royaume de France : de Saint-Paul-de-Fenouillet et de Maury et, plus au nord, de Cubières, Soulatgé, Cucugnan et Padern. Cette zone a fourni plus de 7 tonnes de charbon. Les livraisons se font par petites quantités, le plus couramment par 1 ou 2 saumades, le maximum étant de 6 saumades, 1 saumade équivalant à 3 quintaux, le tout directement acheminé par les charbonniers. Or, au milieu du XIVe siècle, cette quantité importante livrée presque au compte-gouttes pèse sur une zone qui est elle-même en difficulté. S'il n'existe pas d'étude sur le couvert forestier des Corbières et du Fenouillèdes pour les années 1300-1350, on sait qu'à la fin du XIIIe siècle les forêts y sont encore importantes, que l'on y chasse l'ours et le loup. Mais ce temps semble révolu en 1356. En effet, le charbon majoritairement livré est élaboré à partir de la bruyère arborée (*bruch*)[73]. Il est possible que cette qualité soit exigée par le spécialiste qui conduit la forge. En effet, il semble bien que le pouvoir calorifique de la bruyère soit important et particulièrement apprécié pour les travaux de forge, dans ce cas sa racine est privilégiée[74]. Une autre hypothèse peut être formulée. La bruyère est une plante de maquis et non de forêt. Elle n'est vraisemblablement charbonnée que lorsqu'il ne reste plus d'autres végétaux à brûler. La quête du charbon à un moment de crise et de grand raidissement législatif aboutirait donc à reporter l'approvisionnement vers une zone elle-même fragilisée. À vrai dire, les deux situations peuvent se succéder et se combiner, car, une fois la bruyère dominante, elle peut être cultivée pour répondre à des besoins précis.

Le chantier de l'Horloge consomme davantage de charbon que ne peuvent fournir les Corbières et le Fenouillèdes, et le maître d'œuvre en achète également à des forgerons de Perpignan. On ignore dans ce cas la provenance du combustible. À ces deux sources d'approvisionnement s'ajoute une troisième : d'importantes quantités de charbon arrivent par bateau. Le charbon de bois est livré par deux fois sur la plage de Canet, le 13 avril et le 8 juin 1356. En tout, plus de 6 tonnes sont fournies. Dans ce cas, le produit se présente sous forme de *muig* dont on sait par le compte qu'il équivaut à 10 saumades, donc à 30 quintaux. Le compte ne précise pas l'origine du « charbon de mer », mais il indique celle des marchands. L'un vient de Collioure, à quelques kilomètres au sud de Perpignan, le second de beaucoup plus loin, de Blanes, à 60 kilomètres au nord de Barcelone[75]. Le prix de la saumade est dans ce cas inférieur à celui exigé pour le charbon des Corbières. Néanmoins, la différence de prix n'est pas excessive : 8 sous 9 deniers la saumade pour celui livré par le marchand de Blanes contre 9 sous et 3 deniers pour celui originaire des Fenouillèdes. Cela laisse supposer que l'intérêt d'un tel approvisionnement ne résidait pas uniquement dans le choix du plus bas prix, mais résultait aussi des difficultés à se procurer du charbon de bois.

Même si elle n'a pas été orchestrée de la même manière, la situation attestée par les pratiques en Roussillon est très comparable à celle mise en place par la législation entre Vicdessos et Couserans. Comme le Vicdessos qui fournit un minerai d'excellente qualité au Couserans, qui en retour exporte son bois, les Fenouillèdes sont approvisionnées par le minerai du Canigou et les Catalans en importent du charbon.

La différence est d'ordre politique. Dans le cas des Pyrénées centrales, l'échange a été orchestré et mis en place par les trois pouvoirs qui contrôlent le Vicdessos et le Couserans : le comte de Foix, le vicomte de Couserans et la communauté de Vicdessos. L'acte conservé de l'échange de 1347-1348, très endommagé, ne permet pas de savoir si des compensations financières étaient prévues au-delà de l'échange du minerai contre du charbon. En Roussillon, c'est le marché qui est à l'origine des flux et des échanges, un marché dont les revenus sont partagés pour le minerai entre le roi, les rentiers du roi, qui ont pris à charge la *trayte* du minerai qui sort de la Couronne d'Aragon, et ceux qui vendent le minerai aux maîtres des moulines du royaume de France. Pour le charbon, le marché a également fait irruption et bousculé les cadres d'approvisionnement traditionnels fondés sur les usages. Ainsi, en Roussillon comme dans le comté de Foix, la diffusion de l'innovation sidérurgique s'est accompagnée d'une législation royale et princière et d'une réorganisation des marchés d'approvisionnement. C'est d'ailleurs dans le domaine de l'approvisionnement en charbon que les choix des princes ont été fondamentaux, en stabilisant l'innovation et en permettant son implantation durable : une politique combinée à l'accès au marché des combustibles.

Les notables des bourgs et la diffusion de l'innovation

Mais c'est un autre et fondamental aspect du modèle ariégeois que les sources catalanes ont permis d'éclairer, un aspect que les textes des Pyrénées centrales ne restituaient qu'en demi-teinte, c'est-à-dire la prise en charge de l'innovation par la notabilité des bourgs. Les notables ont sollicité auprès des instances seigneuriales et royales le droit de faire élever des moulines et ils en ont surtout assuré la construction. Les sources du comté de Foix, malgré leur déficience, ont mis en lumière le groupe des maîtres de mouline de la communauté de Vicdessos. Mais il manquait de la chair à ces témoignages. Cette chair, les archives catalanes en offrent pour les XIVe et XVe siècles. Il est possible, dès l'irruption de l'innovation, de cerner la présence et l'activité de la notabilité rurale, plus facilement en Catalogne que dans tout autre lieu du territoire technique.

Partons de l'examen de ceux à qui est concédé le privilège royal d'élever les moulines. Ainsi, en 1314, 1321 et 1323, tous les hommes qui s'associent dans ce but, rassemblant un capital dont on peut supposer qu'il fut, dès l'origine de la construction, divisé en parts, sont originaires des bourgs du Vallespir et du Conflent : Prats-de-Mollo, Villefranche-de-Conflent, Sahorre ; ou du versant sud des Pyrénées pour Camprodon. Dès le début du XIVe siècle, des familles sont très présentes. C'est le cas de la famille Rog. En 1314, Ramon Rog, avec Joan Segui et Pere Oliver reçoivent, ensemble, l'autorisation de construire la mouline de la *coma* del Lancer ; puis, le même Ramon Rog obtient, cette fois-ci seul, la même concession pour deux moulines en forêt de Combret. On est alors en 1321. Deux ans plus tard, on le retrouve associé à Joan Segui, et à deux autres individus pour obtenir le droit d'élever une mouline à Formiguères. Voilà donc un homme qui en moins de dix ans investit, et parfois seul, dans au moins quatre forges hydrauliques. Mais ce n'est pas tout. Aux deux moulines de Saint-Guillem est associé un moulin à blé dont Ramon Rog a également assuré la construction. Le Livre vert de Prats, c'est-à-dire le cartulaire municipal du bourg, retrouvé récemment, et dont on ne connaissait jusque-là le contenu que par quelques copies fautives du XIXe siècle, fournit quelques indications sur la position sociale de la famille Rog[76]. Les Rog font partie de la notabilité du bourg au milieu du XIVe siècle : Ramon Rog est bayle, Bernat Rog est consul. Certes, nous ne savons rien des autres individus, même de Joan Segui qui, par deux fois, est associé à Ramon Rog. Au moins leur domiciliation permet-elle de les rapporter à la société des bourgs de montagne.

Si cette notabilité est active dans le domaine de l'industrie du fer au point d'élever à ses frais des forges d'un nouveau modèle, elle est par ailleurs très présente dans d'autres activités de production non agricoles. La très belle source que constituent les comptes royaux qui couvrent toute la fin du Moyen Âge et s'ouvrent en 1345, à un moment où l'innovation est en cours de diffusion, permet de saisir la place de cette notabilité de bourg dans les secteurs de l'industrie, particulièrement celle du fer et du bois, mais aussi dans celui des finances royales, avec la prise en charge régulière des rentes royales. Des sondages ont été opérés ; les dix premières années des comptes royaux (1345-1355) ont été dépouillées, c'est-à-dire celles qui sont les plus proches chronologiquement de l'irruption de l'innovation. Le dépouillement s'est poursuivi pour quelques années antérieures à la série notariale (1401-1405), afin de ménager une transition vers celle-ci[77]. Dans les premières années du XVe siècle, l'enregistrement d'une partie des rentes versées au roi, et particulièrement celles levées à Montbolo et à Corsavy, est interrompu ; les rentes disparaissent des registres au moment où elles sont attribuées à des membres de la famille royale ou bien à des proches de la Couronne, comme la famille de Castelnou. Cependant, pour la même période, le déficit d'informations est comblé par quelques registres de compte de la reine Yolande conservés uniquement de 1397 à 1423 et qui portent, entre autres, sur le haut Vallespir (vallée de Prats)[78]. Rarement exploités, contrairement aux comptes royaux, ces registres sont exceptionnels.

La comptabilité royale démontre que les notables de Prats-de-Mollo ne laissent pas beaucoup de place aux étrangers à leur bourg quand il s'agit d'investir dans des ateliers, de les louer ou de prendre à ferme les revenus royaux. Le premier registre (1345) affiche clairement la situation. La rente de l'ensemble de la vallée (365 livres), le forestage (12 livres), la rente de la pâture de Prats-de-Mollo (12 livres et 10 sous), celle de la Comalada, sur le territoire du bourg (30 livres) et la concession en acapte d'un moulin *serrador* royal sont aux mains des Costa, Ffigerada, Caussado et Denes, tous de Prats[79]. Durant les dix années dépouillées, les ateliers les plus présents dans la documentation, qu'ils soient achetés, vendus ou concédés en acapte, sont incontestablement les moulins *serradors*. Ils apparaissent dans la comptabilité au titre du versement des foriscapes ou bien des cens, ou encore en vertu des droits régaliens sur l'eau, et ils circulent de famille en famille. Ainsi, les taxes de mutation versées au roi nous informent que Francesc Ffigerada achète en 1345 un des moulins *serradors* implantés dans la vallée. Il appartenait jusque-là à Bernat Costa. La même année, un troisième homme reçoit en acapte du roi un autre moulin *serrador* : il s'agit d'Arnau Denes. Or, en 1347, deux ans plus tard, c'est Pere Boxx qui achète un *molin serrador* audit Arnau Denes[80]. Les scieries ou des parts de scieries passent ainsi de mains en mains, et les hommes de Prats vont même jusqu'en forêt de la Querança (en Conflent) pour exploiter le moulin à scier qui y est implanté[81]. *A contrario*, jamais la comptabilité royale ne cite de moulines, ni concédées en acapte, ni repérées lors d'une vente par l'intermédiaire du versement de foriscapes, à l'exception de celle de Querol, en 1401, qui est d'ailleurs associée à une scierie[82]. Les forges se maintiendraient-elles de façon plus stable entre les mains de certains hommes, ce qui pourrait expliquer leur absence de ces sources comptables ?

Quant aux rentes, qu'elles portent sur l'ensemble de la vallée, sur le forestage ou sur les pâtures, elles demeurent majoritairement entre les mains des mêmes hommes du bourg jusqu'à la fin du XIVe siècle[83]. Une situation nouvelle apparaît cependant en 1353. À cette date, c'est un homme de Perpignan qui prend en charge les plus coûteuses d'entre elles, celles qui correspondent aux revenus de la vallée, et cette situation se reproduira[84]. En fait, sur la longue durée, il semble bien que les rentes qui portent sur l'ensemble de la vallée soient dorénavant acquises alternativement par des individus de Prats-de-Mollo et de Perpignan. Si on se reporte à la fin de la période examinée, et à partir des comptes de la reine qui nous mènent jusqu'en 1423, la situation est la suivante : entre 1398 et 1400, la rente de Prats est détenue par Joan Pujols *maior* et Joan Pujols *minor*, oncle et neveu, marchands de Prats-de-Mollo, pour 375 livres par an[85] ; à partir de 1406 et jusqu'en 1415 au moins, cette rente est achetée par Antoni Catala marchand et *paraire* de Perpignan[86]. Puis successivement par Pere Gilabert *paraire* de Perpignan (1419)[87] ; par Jaume et Pere Fexes de Prats (1421) pour finir en 1423 entre les mains de Pere Comelles d'Arles, qui n'est pas un inconnu[88] .

Mais, si un groupe d'hommes s'impose, il est difficile, à la seule lecture des comptes royaux, d'isoler un individu, ou même une famille. Seuls les Costa apparaissent plus clairement, ce qui tient sans doute, au moins dans les années 1350, à leur activité dans le domaine du bois, qui suppose l'accès aux scieries et aux forestages et donc à l'enregistrement royal. Rappelons qu'en 1345 Ramon Costa est acheteur et vendeur de scieries. Il achète aussi, en association avec Simò Tolza et Ramon Carrera de Camprodon, les rentes du val de Prats-de-Mollo[89].

En 1347, un autre Costa, Antoni, prend la rente du forestage de Prats. On le retrouve d'ailleurs, en 1353-1354, comme preneur des pâtures del Rech[90] ; ledit Antoni Costa est alors déclaré consul de Prats-de-Mollo. L'année suivante, et cette fois-ci avec son fils Berenguer Costa d'Arles, il achète les rentes de la vallée un moment détournées par les Perpignanais[91]. La même année, ledit Berenguer a aussi à son actif la pâture du Tech contre la somme de 5 livres. Entre 1397 et 1401, les deux Costa sont toujours là[92].

Quant aux hommes d'Arles, ils investissent aussi dans les environs de leur bourg, où ils apparaissent dans la liste des foriscapes pour l'achat de divers biens. Ils sont également preneurs des rentes assises sur les revenus de la vallée d'Arles et du pasquier de Corsavy, de 1345 à 1355 ; de même pour la rente de Montbolo qui leur échappe très rarement durant ces années[93]. C'est à partir du début du XVe siècle, dans les comptes de la reine, que des individus, sur lesquels les registres notariés nous informent également, apparaissent dans la comptabilité royale, de façon récurrente et constante. Nous les avons déjà rencontrés à propos des activités industrielles du bourg d'Arles. Il s'agit de Pere Comelles, marchand, de Joan Germa, notaire, et de Ramon Corona, lieutenant du bayle. Pere Comelles arrente les revenus de Corsavy de 1406 à 1408[94] ; Joan Germa prend à ferme, en 1408, le forestage du bois de Corsavy[95]. De 1406 à 1408, Ramon Corona succède à Domenec Comelles à Montbolo[96]. Dans les années suivantes, les Corona et les Comelles alterneront comme rentiers de la reine à Montbolo et à Corsavy[97]. Dans les moments exceptionnels que sont les années de peste, des hommes d'Arles peuvent même se porter acquéreurs en Conflent, où nous retrouvons une autre famille importante d'Arles, les Aygabella : ainsi, Pere Aygabella prend en charge la rente de La Bastide en 1349-1350[98] ; Joan Nogareda forgeron d'Arles le fait en 1351[99] ; puis c'est Francesc Remi, toujours d'Arles, associé à un sabotier de La Bastide[100]. Il est vrai que la criée des rentes de Corsavy, de Montbolo, mais aussi de La Bastide se fait à Arles, où les officiers du roi viennent régulièrement vendre et *encartar* les rentes du roi[101].

L'examen des cas de Prats-de-Mollo et d'Arles nous a permis de croiser aussi quelques notables du Conflent. Je souhaiterais m'arrêter un moment sur la traite du minerai qui est la taxe levée sur la circulation du minerai extrait à Sahorre (Conflent) et transporté vers le royaume de France. Les revenus tirés de cette exportation ont été encore récemment, et à tort, présentés comme profitant surtout à l'aristocratie[102]. Or aucune source connue ne permet d'examiner le marché du minerai et sa pratique à Villefranche où est implantée la criée. Qui sont ceux qui en organisent le transport et l'exportation ? Qui sont ceux qui extraient ou font extraire le minerai de la mine de Sahorre au XIVe siècle ? Une seule mention d'une concession minière a été conservée dans les comptes royaux, en date de 1345. Il s'agit d'une acapte, et encore les archives n'ont-elles enregistré le contrat qu'au titre du paiement du clerc de Codalet qui l'a rédigée. On sait ainsi que la mine de Calvey est donnée en acapte à Losa, originaire de Villefranche[103]. Le compte ne mentionne rien d'autre. Simplement, ces quelques lignes prouvent bien que la mine appartient au roi qui en concède l'exploitation selon un contrat emphytéotique : rien que de très normal. Par contre, dudit Losa nous ignorons tout, sinon qu'il est domicilié à Villefranche-de-Conflent et qu'incontestablement il ne fait pas partie de l'aristocratie. Il faut effectivement rappeler que l'activité minière n'a pas laissé beaucoup de traces écrites au XIVe siècle et que l'on peut simplement l'approcher à partir des échos fiscaux mais aussi judiciaires qu'elle a fait naître : non-paiement de la traite, attaque des convois de minerai, détournements frauduleux de toutes sortes. Certes, le roi a accordé à certains de ses proches ou de ses fidèles le privilège d'utiliser à leur profit une certaine quantité de minerai, sans payer la traite. Ces individus peuvent profiter de la croissance de l'activité sidérurgique par un accès gratuit au minerai, mais ils sont très peu nombreux. Dans les années 1350, c'est le cas de bons serviteurs, ces privilèges ne touchant pas la haute noblesse. Les actes de donation sont accordés à Castello Patau, récompensé pour ses faits d'armes ; à Jaume Quinta, clerc du roi et à Jaspert de Tregura, désigné comme chevalier dans l'acte de donation mais dont on sait par ailleurs, et à partir de la comptabilité royale, qu'il est de 1345 à 1350 juge du patrimoine royal puis assesseur du gouverneur[104]. Les uns et les autres reçoivent le droit de disposer d'une certaine quantité de minerai parfois pour quelques années, parfois à vie, sans payer les droits de traite. Ces quantités ne sont pas forcément insignifiantes. Ainsi, Castello Patau a profité en toute gratuité pour la seule année 1364 de 720 saumades de minerai[105]. Cela explique sans doute l'application que ces hommes mettent à se faire confirmer leurs privilèges, sinon à en obtenir davantage[106], ou bien à en hériter comme Pere de Villeneuve qui, à la mort de Castello Patau, reçoit du roi le privilège dont l'ancien serviteur profitait[107], auquel il ajoutera, momentanément, la rente sur la traite du minerai.

Assurément, ces quelques privilèges ne font pas de l'aristocratie la grande gagnante de la croissance de la production sidérurgique. Il semble même que l'aristocratie, peut-être du fait de la faiblesse des archives monastiques, en soit la grande absente. À la lecture des registres de la comptabilité royale qui enregistre la rente sur la traite du minerai au même titre qu'une autre, on aboutit en Conflent à la même constatation que pour le Vallespir : cette rente est entre les mains des notables, dans ce cas des familles de Villefranche. Si profit il y a à tirer de la circulation du minerai, il est bien détenu par la notabilité de bourg. Rappelons également que la seule concession minière accordée au XIVe siècle l'est à un homme de Villefranche. Sans doute doit-on convenir que la rente sur le minerai tourne moins rapidement entre différentes mains que d'autres rentes et que deux familles la conservent plus longtemps : les Julia et les Gallador. En effet, en 1345, ce sont Francesc Julia et Pere Julia, deux hommes de Villefranche, père et fils et tous deux *paraires* qui la prennent et ont aussi à leur actif la leude, les aides sur le poisson et celles sur le marché de Villefranche[108]. Les quittances enregistrées par la Procuration royale, antérieures au premier registre de comptabilité conservé, prouvent que la famille Julia a acheté cette rente dès l'année 1333. Bernat Julia, à cette date domicilié à Mosset, promet de verser pendant deux ans 490 livres annuelles[109]. Durant les années 1350, les Julia et les Gallador se partageront la traite de la mine, les pasquiers du Conflent et la Matha de Formiguères[110]. Ils s'associent même en 1353-1354, puisque cette année-là Pere Julia et Guillem Gallador versent ensemble 220 livres dont le roi rabat 100 livres à cause de troubles qui ont enflammé le Conflent[111]. La famille Gallador se maintiendra d'ailleurs encore comme rentière du minerai en 1370-1372[112]. Durant la seconde moitié du XIVe siècle et durant les premières années du XVe siècle, d'autres individus se portent acquéreurs[113]. Tous sont de Villefranche. Bertran de Fontjoncouse, donzel, seul noble à participer au marché des rentes royales en Conflent, est associé avec Perpinya Fillols, de Villefranche, qui avait déjà affermé la rente sur le minerai quelques années auparavant (1369-1370, 325 livres pour un an) et avec Bernat Saquet, marchand de Perpignan[114].

Ainsi, en Conflent comme en Vallespir, la comptabilité royale prouve l'activité des notables locaux et leur implication directe ou indirecte (comme rentiers) dans les industries rurales. De 1345 à 1405, c'est-à-dire avant la période que j'ai désignée comme le temps des notaires, qu'il s'agisse d'élever des forges ou des moulins à scier, de vendre ou de louer ces derniers, de capter les revenus du domaine royal qui portent sur le minerai ou sur le bois, des dizaines d'individus, parfois quelques familles, se succèdent dans les registres royaux. Finalement, les années où la notabilité rurale laisse une place à la bourgeoisie perpignanaise sont rares. En fait, la ville de Perpignan, au moins au XIVe siècle, est peu présente. Si elle l'est, c'est toujours ponctuellement. Nous avons croisé au sujet des rentes et de la *trayte* du minerai les noms d'Antoni Catala, de Pere Gilabert, tous deux *paraires* de Perpignan (rentes de Prats) ; de Bernat Saquet marchand également de Perpignan (traite du minerai). Manque d'intérêt, méconnaissance du terrain, dynamisme de la notabilité locale, forte présence des seigneuries monastiques dont nous ignorons tout : les causes sont hypothétiques, mais en tout cas Perpignan ne s'est pas encore tournée vers l'industrie de son arrière-pays en cette fin du XIVe siècle. Encore faut-il préciser que les quelques membres de la bourgeoisie perpignanaise présents dans ces montagnes, s'ils disposent d'une envergure financière et géographique plus large que les notables locaux, se distinguent pourtant des grands marchands et financiers perpignanais.

De ce point de vue, Bernat Saquet, pour lequel on dispose d'un bel ensemble de sources, occupe une situation médiane entre l'aristocratie de Perpignan et la notabilité des bourgs. Il est un des rares marchands de Perpignan à s'intéresser à l'industrie rurale, plus particulièrement à celle du Conflent. Il constitue ainsi un contre-exemple parfait sur lequel je souhaite m'arrêter un moment[115]. Guy Romestan avait prévu d'étudier cet homme à la carrière atypique, mais sa mort prématurée ne lui a pas permis de mener à bien ce projet. Néanmoins, l'article qu'il lui a consacré présente très précisément le document qui permet d'approcher l'activité de ce marchand, c'est-à-dire un inventaire successoral touffu, daté de 1405. L'historien, excellent connaisseur des milieux d'affaires perpignanais, a replacé l'homme dans le contexte de croissance que connaît la cité de Perpignan dans les années 1400[116]. Guy Romestan définit Bernat Saquet comme un marchand d'envergure moyenne dont la famille « n'a pas réussi à se hisser au niveau des grandes dynasties de marchands ». Il est caractérisé par « son faible engagement dans les opérations maritimes et les opérations de change », mais il est tout à fait exceptionnel pour l'intérêt qu'il porte à l'industrie, dédaignée par l'aristocratie marchande perpignanaise. Pour cette raison, Bernat Saquet se rapproche de la notabilité des bourgs de la montagne où il investit.

Son activité essentielle est le commerce du drap, l'exportation et la revente au détail. Il vend des draps de Perpignan. Cependant, quand il procède à des commandes maritimes, les draps qu'il engage viennent de Villefranche-de-Conflent, plus rarement de Puigcerdà[117]. L'homme, comme son père qui était désigné comme *paraire*, a gardé un intérêt pour la fabrication textile. Il concède des prêts à des teinturiers, des pareurs et des tisserands. Fait-il également travailler à façon la laine alors que son inventaire cite du matériel pour filer et carder la laine dans sa maison ? On l'ignore. Bernat Saquet est également rentier du roi ; il le sera aussi de la cité de Perpignan. Cette activité à laquelle il se livre depuis 1382 occupe une place centrale dans ses affaires. Au point que Guy Romestan le considère comme un des deux principaux fermiers des impositions royales à Perpignan avec Pere Taqui, homme d'affaires d'origine florentine, beaucoup plus engagé que lui dans le grand commerce et le change. C'est que Bernat Saquet est occupé ailleurs et plus particulièrement dans les montagnes, où il a établi des contacts directs avec des notables locaux comme le bayle de Prades, à qui il achète du fer. Il est le principal fermier des revenus royaux en Conflent. S'il est rentier des pasquiers de Conflent et de Capcir (en 1393, 1394 et 1403), il est surtout intéressé par les rentes qui portent sur des espaces et des activités industriels. On le sait, il est rentier de la traite du minerai (avant et en 1398). Il détient à partir de 1372, et au moins jusqu'en 1374, une mouline à Ria. Rappelons d'ailleurs les conditions tout à fait originales de son installation. Pour l'élever, Bernat Saquet s'est associé avec Pere de Villeneuve, greffier du roi. En fait, l'officier royal prend à sa charge la rédaction de l'acte et se fait fort d'obtenir l'autorisation royale[118]. L'atelier est construit aux seuls frais de Saquet, et les deux associés se partagent les versements du droit d'entrée et des cens. Cependant, jusqu'au complet remboursement d'un tiers des dépenses de construction par Pere de Villeneuve, Bernat recevra la part des bénéfices attribuée à Pere (c'est-à-dire le tiers). Il vend du fer (1378) : s'agit-il de celui de sa mouline ? Il peut aussi en acheter (en 1386, 1388 et 1394) et dans ce cas il s'adresse à Pere de Fontjoncouse, seigneur de Mosset, dont il est le fondé de pouvoir[119], ou à Bernat Antzma, bayle de Prades. Il investit également de l'argent dans la verrerie, puisqu'il conclut une *comanda* avec la famille de verriers la plus connue pour cette période, les Xantart (1394)[120]. Il est enfin rentier du sceau (bulle de plomb) des draps levés à Arles, en Vallespir, et à Villefranche-de-Conflent, fonction qui est en rapport étroit avec son activité de marchand drapier. C'est sans doute à ce titre qu'il paie le plus gros fermage versé au roi : 4 134 livres en 1382.

Cependant, l'activité productive à laquelle Saquet a été le plus attentif est sans contexte l'industrie du bois au point que l'enregistrement de ses archives prouve qu'il avait fait faire en 1394 une traduction en catalan de la grande ordonnance sur les forêts datée de 1345[121]. L'homme s'est alors assurément informé de la législation. Il dispose aussi d'une copie d'un registre de 159 folios du procès ayant opposé en 1309 la Procuration royale et l'abbaye de Cuxa pour le forestage de la forêt de la Querança. C'est effectivement dans les années 1380 que son intérêt pour le bois s'affirme. Ainsi, il est rentier de Conat (au moins en 1381-1383). Il l'est aussi plus régulièrement du forestage de la forêt de la Querança (dont on conserve les quittances de paiements pour les années 1386-1388, 1391-1394). Il dispose depuis 1385 d'un moulin *serrador* à Perpignan, au quartier Saint-Jean, sur les berges de la Têt, c'est-à-dire dans le quartier où il est domicilié puisque son *hospicium* est rue de la Fusterie. Ce moulin de *serra* est associé à un moulin *draper*. Il l'a acheté à Dalmacio Saquerre qui en jouissait depuis 1381 (c'est sans doute pour cela que Bernat Saquet dispose dans ses archives de l'acte de vente de 1381 et même de celui, antérieur, daté de 1378). En 1390, des réparations portent sur la lanterne et le rouet de ce moulin *serrador*. En 1394, sans doute pour en faciliter l'accès, il prend en acapte du procureur du Roussillon une pièce de terre située à l'entrée de son moulin. C'est à cet endroit qu'arrivent les trains de bois qui sont convoyés sur la Têt et qu'il achète régulièrement dans le Conflent, comme ces 300 pièces de pin aux dimensions très précises qu'il se fait livrer à Prades. Il en achète aussi à Fontpédrouse. Toutes les qualités de bois l'intéressent : il achète du bois d'œuvre, mais également du petit bois et des sarments, il achète du bois sur pied. Et il prend au même moment à ferme du roi son moulin *serrador* de la Querança[122]. Or on apprend qu'il organise aussi en 1393 l'exportation par Canet, et jusqu'à Majorque, de grands *fustes*, dont des mâts (*entenes*). Plus communément, il vend des milliers de quintaux de bois aux teinturiers de Perpignan. En 1402-1403, la Procuration royale lui achète sept *files* ou *bigues* qui sont nécessaires au chantier de la tour de Tautavel qui avait brûlé[123]. Incontestablement, les années 1380-1390 sont pour Bernat Saquet celles du bois, car, au même moment, il entreprend des achats de coupes et se constitue aussi un patrimoine de parcelles boisées, comme à Baho de 1383 à 1390.

Le beau dossier conservé sur Bernat Saquet confirme la diversité des activités industrielles qu'abritent les montagnes catalanes dès la fin du XIVe siècle, où la présence du marchand de Perpignan est exceptionnelle. Ainsi, l'incontestable richesse du corpus catalan offre au modèle d'émergence et de diffusion de l'innovation (la *molina*), modèle construit à partir du cas ariégeois, l'épaisseur documentaire qui lui manquait. Elle permet d'enrichir la dimension sociale de l'innovation et sa prise en charge par la notabilité locale selon une large palette d'interventions, puisque la notabilité rurale catalane s'intéresse à bien d'autres secteurs que la sidérurgie. Se lisent également dans les archives catalanes l'action concomitante de la Couronne et des notabilités locales et leur intérêt commun. Le roi a tout à gagner en légiférant dans le sens d'une pérennisation de l'activité industrielle, quelle qu'elle soit, car l'accès au bois et, en particulier, au combustible intéresse nombre de productions non agricoles, dans le district d'Arles et bien au-delà. Dans ce cadre consolidé, l'action des élites locales peut se développer.

Ainsi, la Catalogne est-elle définitivement intégrée au vaste territoire technique de la mouline. Cependant, cette constatation revient également à interroger de très près la théorie selon laquelle la forge hydraulique serait en place en Catalogne dès le haut Moyen Âge, ce qui aboutirait à remettre en cause l'originalité de la mouline et sa position pionnière. Il convient de rappeler qu'en Catalogne la forge hydraulique n'est pas simplement un objet historique, elle est également un objet politique. Depuis les années 1930, la *farga* (la forge) est dépositaire de l'identité de la nation catalane ; elle en est le symbole. Dans le discours de certains historiens catalans, comme dans celui d'ingénieurs ou d'hommes politiques, la *farga* est toujours présentée comme une forge hydraulique et ce, dès les Xe et XIe siècles. Cette thèse réduit considérablement l'identité de la mouline en tant que forge innovante, puisque l'adaptation de la force hydraulique à la forge y est présentée comme très antérieure au XIVe siècle, et l'innovation comme d'origine spécifiquement catalane. À la suite de ce constat, et en complément indispensable au dossier consacré à la mouline, une étude précise des sources catalanes, et en particulier un examen attentif des textes antérieurs au XIVe siècle, s'avère nécessaire. La mouline doit être confrontée à la *farga*.

Chapitre 7

La forge et la question des origines

Au cœur des débats consacrés à la forge hydraulique médiévale, et plus précisément à la question de ses origines, figure l'hypothèse catalane formulée par Bertrand Gille[1]. Exposée dans les années 1960, elle occupe une place majeure dans l'histoire des techniques et cela pour quatre raisons. Incontestablement, la notoriété scientifique de son auteur explique la force de diffusion dont elle a profité. Il faudrait ajouter aussitôt que l'intérêt qu'on lui accorde est à la mesure des questions historiographiques qu'elle permet d'aborder encore aujourd'hui, car s'interroger sur l'origine de la forge hydraulique, c'est rencontrer le débat sur les premières applications de la mécanisation du travail ; c'est aussi s'appliquer à la quête des origines, démarche classique pour les historiens des techniques, toujours soucieux de pister l'invention ou l'innovation. Enfin, son audience a été d'autant plus forte qu'elle a trouvé une grande résonance en Catalogne.

L'hypothèse de Bertrand Gille

Quelle est cette hypothèse ? Elle se rapporte à un type de forge particulier, désigné par Bertrand Gille comme un « moulin à fer » : une forge de réduction directe, c'est-à-dire où l'on produit du fer à partir du charbon de bois et du minerai, réduit dans un bas fourneau[2]. De ce bas fourneau est extraite une masse spongieuse, mélange de fer et d'impuretés (scories, charbons de bois), masse qu'il faut épurer en la martelant. C'est pourquoi la force hydraulique est utilisée pour mouvoir un marteau qui cingle la loupe et la compacte. Alors qu'au fil de son article Bertrand Gille s'interroge sur les origines de la mécanisation du travail du fer, il énonce deux hypothèses : l'une cistercienne et l'autre catalane[3]. Seule la seconde nous intéressera ici : la Catalogne pourrait être le berceau de cette innovation technique majeure. L'historien se fondait alors sur un texte qu'il cite sans en fournir d'extrait, texte se rapportant au lieu de Cardedeu (à proximité de Granollers, Espagne), où se serait élevée, dès 1104, une forge correspondant à ce type d'atelier. Or, comme nous l'avons déjà indiqué, la question des origines catalanes de la forge hydraulique n'intéresse pas uniquement l'histoire des techniques. Elle occupe une place originale dans l'histoire de la Catalogne où, au cours du XXe siècle, la forge s'est imposée comme un objet technique, dépositaire de l'identité nationale. Il convient donc de rappeler les articulations de la démonstration qui illustre la relation nouée entre une forge de réduction médiévale et la Catalogne.

Couramment, la forge catalane ou *farga catalana* est assimilée techniquement à la forge de réduction directe, et cette formulation peut être employée par des historiens travaillant sur la sidérurgie, quels que soient le temps et l'espace considérés[4]. Pour forcer le trait, une forge de réduction directe au Mexique, au XIXe siècle, est une « forge catalane », car il s'agit, dans ce cas, de désigner une façon de produire du fer, une filière technique[5]. Cette démarche est clairement affirmée dans le colloque consacré à la *farga catalana,* tenu à Ripoll en 1993. Mais, la réduction directe étant la méthode la plus ancienne pour produire du fer, la formule est porteuse d'une assimilation entre l'origine du travail du fer et la Catalogne. Ainsi, cette façon de produire du fer est souvent présentée comme, sinon créée en Catalogne, du moins fondamentalement améliorée dans cette région[6]. On comprendra aisément combien l'hypothèse catalane de Bertrand Gille a pu consolider cette opinion. Or, depuis l'énoncé de cette hypothèse, tout chercheur a buté sur le texte de 1104. Ce document m'a toujours intriguée : souvent cité, jamais publié dans son intégralité, il a été présenté comme la preuve irréfutable d'une antériorité qui ne supportait aucun examen. Mais la curiosité est parfois plus forte que le poids du discours d'autorité. Après enquête, il apparaît que l'origine catalane du « moulin à fer » n'est toujours pas démontrée. On peut en appeler à la nostalgie des origines, mais c'est bien d'une reconstruction historique dont il s'agit.

Aux origines : l'ouvrage des ingénieurs

Pour ouvrir l'enquête, il convient de s'arrêter un moment sur deux ouvrages : celui des ingénieurs Antoni Gallardo i Garriga et Santiago Rubió i Tudurí, rédigé à l'occasion de l'exposition internationale de Barcelone en 1930, *La farga catalana, descripció i funcionament, història, distribució geogràfica,* et leur source historique majeure, l'étude érudite de José Balari Jovany, *Orígenes históricos de Cataluña*, Barcelone, 1899[7]. Pour les deux ingénieurs, la « forge catalane » est une forge de réduction directe, quelle que soit l'époque considérée. Ce serait mal connaître les écrits sur la sidérurgie que de faire de Gallardo et Rubió les inventeurs de cette formule encore très courante. Ils en sont les héritiers.

La formule a une histoire, récemment éclairée par Jean Cantelaube[8]. Remontons à ses origines : Jean Cantelaube a démontré qu'avant 1775 ni les voyageurs techniciens pendant la vogue des « voyages métallurgiques » (Malesherbes, en 1767 ; Jars en 1769 ; Schneider, en 1786), ni les scientifiques de l'Académie (on pense à Réaumur) n'utilisaient l'appellation « forge catalane » ou « forge à la catalane », ni n'y faisaient référence. Le qualificatif « catalane » associé à la forge se rencontre pour la première fois en 1775, chez Tronson du Coudray, correspondant de l'Académie royale des sciences dans ses *Mémoires sur les forges catalanes comparées avec les forges à hauts fourneaux*. Il y est question de la « méthode catalane » pour désigner la réduction directe telle qu'elle se pratique alors (au XVIIIe siècle) dans les Pyrénées centrales et plus précisément dans le pays de Foix. Jean Cantelaube rappelle que ce pays se trouvait alors dans l'intendance du Roussillon, d'où le sens de la dénomination « forge catalane » utilisée par Tronson du Coudray. Au siècle suivant, cette expression sera banalisée par les ingénieurs des mines, qui associent étroitement forge catalane et réduction directe, sans autre précision. Elle profitera, dans ce contexte, d'une force de diffusion extraordinaire : celle de l'enseignement de l'École des mines. Ainsi, à partir du XIXe siècle, l'expression « forge catalane » désignera indifféremment une forge de réduction directe aux caractéristiques techniques spécifiques et une filière technique de production sidérurgique[9]. À ce stade de l'histoire d'une expression, il n'est pas encore question de l'origine catalane du procédé de réduction directe, c'est-à-dire de son origine historique. Cependant, on conviendra que l'appellation « forge catalane » est propice à la confusion. Or la liaison entre le procédé de réduction directe désigné comme « forge catalane » et la Catalogne comme le lieu de son développement héroïque, sinon de son origine, est présentée et diffusée par Gallardo et Rubió, en 1930. On ignore s'ils furent les créateurs de cette interprétation historique. Ils en furent, au moins, les vecteurs très actifs[10].

Pour comprendre l'importance de leur ouvrage et la réception enthousiaste qu'il a pu avoir, il faut le replacer dans son contexte historique, celui de l'Exposition de Barcelone. Quand on le parcourt, on est saisi par la force du discours. Il est un hymne à la gloire de la culture technique catalane, mise en scène par la reconstitution d'une forge fonctionnant selon la méthode catalane, une forge andorrane : la *farga Rossell*[11]. Dans un contexte d'affirmation de la nation catalane et de sa culture après la dictature de Primo de Rivera, la forge est présentée comme un élément fort du patrimoine identitaire de la Catalogne. Elle est désignée comme un véritable « lieu de mémoire » autour duquel se construit le discours historique de Gallardo et Rubió. Or les deux ingénieurs ne se contentent pas de replacer leur description technique de l'usine dans une histoire contemporaine de la forge, ils proposent une fresque historique du procédé de réduction directe depuis les temps protohistoriques. Les nombreux exemples catalans qui émaillent le discours sont utilisés pour démontrer l'importance de la Catalogne dans la genèse du procédé. Cependant, leur documentation s'étoffe avec le Moyen Âge. Mais de quelles sources disposent ces hommes qui ne sont pas des historiens ? La quasi-totalité de leurs exemples médiévaux, antérieurs au XIIIe siècle, sont tirés de l'ouvrage de Balari y Jovany, *Orígenes históricos de Cataluña* ; ils sont, en outre, énoncés dans le même ordre (voir tableau 12).

Selon eux, le terme *fabrica* et ses dérivés catalans *farga*, *fabrega* désignent des forges de réduction. Cette affirmation est directement extraite de Balari, tout comme les six textes énumérés et échelonnés de 1104 à 1190[12]. Ils concernent des lieux du versant sud des Pyrénées, auxquels il faut ajouter, dans le comté de Roussillon, Corneilla-de-Conflent, Ascaro, Llivia et Prats-de-Mollo[13]. Tous sont illustrés par de très courts extraits et par des analyses recopiés de l'ouvrage de Balari. Cette liste, transmise telle quelle, avec toutes ses insuffisances, est le socle sur lequel s'érigera le discours historique, d'auteur en auteur jusqu'à aujourd'hui. Une remarque s'impose : cette liste, aussi bien chez Balari que chez Gallardo et Rubió, débute par le texte de 1104. Or Balari ne dit pas que ces *fabrica*, *farga*, *fabrega* sont hydrauliques. Il ne dit pas non plus qu'elles sont parmi les plus anciennes en Occident. Gallardo et Rubió sont moins prudents. Selon eux, ces forges ne sont pas hydrauliques. Par contre, tout leur discours est construit de telle façon qu'il parvient à faire croire que les forges de Catalogne sont parmi les plus anciennes. Bien évidemment, le titre même de l'ouvrage de Balari, *Orígenes históricos de Cataluña,* n'est pas étranger à ce glissement de sens. Ainsi, l'ouvrage de deux ingénieurs a donné un extraordinaire prestige à un texte qui cite simplement une forge à la limite d'un alleu, un texte que rien ne prédisposait à une telle publicité mais qui se trouve au début d'une liste : le texte de 1104[14]. À ce stade de la construction historique, insistons sur un élément majeur de la démonstration : la *fabrega* de 1104 n'est pas encore présentée comme hydraulique.

Madurell Marimón : la forge hydraulique et la parole de l'historien

Dans cette filiation prend place l'historien José Maria Madurell Marimón, conservateur des archives historiques des Protocoles de Barcelone et membre du conseil supérieur de la recherche scientifique[15]. Dès 1952, il rédige un article consacré aux forges catalanes. La question des origines n'y est qu'évoquée[16]. Il faudra attendre 1960 pour que l'historien lui accorde davantage d'importance. La revue technique *Tecnica metalurgica* publie alors une de ses conférences prononcée devant l'Association technique espagnole pour les études métallurgiques, c'est-à-dire devant un public de techniciens cultivés et instruits des travaux de Gallardo et Rubió. Madurell Marimón rappelle, en introduction, l'exposition et la reconstitution d'une forge catalane, salue la « grande œuvre » des ingénieurs et les origines de la grande industrie catalane qui, de fait, constitue son auditoire[17]. Quand il étudie les forges « primitives », lui qui n'est pas un historien des techniques mentionne la « classique forge », consacrée à la réduction du fer. À ce stade de la démonstration intervient cependant une articulation majeure. La « classique forge », Madurell Marimón la présente comme une forge hydraulique. En fait, dans un raccourci étonnamment elliptique, il rapproche la technique de la forge moderne, « *la clásica, la verdadera farga* », de celle du Moyen Âge au point de les assimiler, et fait suivre cette collusion d'une référence aux travaux de Balari, puis de la mention du texte de 1104. Ainsi, il scelle la confusion et il lui donne la caution d'un historien, certes prestigieux mais qui n'est pas un spécialiste d'histoire des techniques et pour lequel une simple conférence ne donnait pas lieu à l'énoncé d'une thèse. Pourtant, du discours de Madurell Marimón, le lecteur peut déduire que d'après les travaux de Balari, auteur d'un ouvrage majeur sur les origines de la Catalogne, un texte de 1104 fournit la preuve de l'installation d'une forge de réduction hydraulique à Cardedeu. L'auteur présente ensuite ses propres recherches et commence à remonter le temps. Il mentionne un texte de 1031, acte de vente d'une forge à Piera et Fontanet, désignée par les termes *fabrega* et *fabrica*. Or le lecteur, prisonnier de l'écrit, a tout loisir de penser qu'il s'agit, dès le XIe siècle, d'une forge de réduction directe profitant de la force hydraulique. Le discours de Madurell Marimón pourrait se résumer ainsi : les termes *farga*, *fabrega* désignent dans les textes médiévaux une forge de réduction, ancêtre de la « classique forge » qui utilise la force de l'eau ; on dispose à l'appui de cette affirmation d'un texte de 1104 cité par le grand historien Balari dans son ouvrage majeur consacré aux origines de la Catalogne, mais une source antérieure, du XIe siècle, démontre l'ancienneté du phénomène. La construction théorique est en place. Avec Madurell Marimón, elle n'a encore qu'une audience catalane. Elle devient internationale avec Bertrand Gille.

Fig. 14. Les sources de l'enquête

Date et lieux	**Extraits des textes**	**Références des textes**
1104, Cardedeu	« *En els* Orígenes históricos *de Balari, hi ha unes quantes cites corresponents a aquesta centúria, la primera de les quals diu que amb data de 1104, en descriure els límits d'un alou a Cardedeu, s'anomena el camí que anava a la farga.* »	A. Gallardo i Garriga et S. Rubió i Tudurí, *op. cit.*, p. 42. Outre l'analyse reprise par les deux ingénieurs, J. Balari Jovany fournit la référence de la source et un extrait du texte : « *in via qui vadit ad ipsa fabrega* ».
1138, Saint-André de Palomar	« *En el llibre d'*Antiquitatum II, *de la Catedral de Barcelona, es parla de la farga de Sant Andreu de Palomar, que fou donada a la Canònica de la Santa Creu per Guillem Ramon Dapifer, Bernat de Belloch i Pere de Sentmenat, veguer de Montcada, en l'any 1138.* »	A. Gallardo i Garriga et S. Rubió i Tudurí, *op. cit.*, p. 42-43. Analyse semblable. Extrait fourni par J. Balari Jovany : *Fabrica de Sancto Andreo de Palomar.* J. Balari Jovany, *op. cit.*, p. 643.
1151	« *En la Memòria de rèdits i censos que percebia el Comte de Barcelona Berenguer IV, es citen catorze fargues, en la següent forma ; cinc a Terrassa, tres a Caldes de Malavella, dues a Llagostera i una a Vilamajor, Caldes de Montbuy, Llofriu i Ascaró de Conflent ; de cap d'aquestes fargues no en tenim altra notícia que aquesta. La d'Ascaró devia donar dos pesos de ferro cada any per a fer-ne fletxes, segons es desprèn del mateix document ; la ferreria de Prats de Molló donava al Comte 120 de Belloch i Pere de Sentmenat, veguer de Montcada, en l'any 1138.* »	A. Gallardo i Garriga et S. Rubió i Tudurí, *op. cit.*, p. 43. Analyse semblable et semblable intérêt porté aux *manxes* qui sont cités par J. Balari Jovany selon la formule de 1151 : « *quartam partem cum manteges* ». En outre, J. Balari Jovany distingue les ateliers d'Ascaro, de Prats-de-Mollo et de Llívia, qu'il identifie à des forges de transformation grâce aux précisions fournies par le document, à partir de la mention des redevances à verser. J. Balari Jovany, *op. cit.*, p. 643-644 (le document est daté de 1151).

Date et lieux	**Extraits des textes**	**Références des textes**
1155, Gurb	« *En altre document de 1155 s'anomenen les fargues de Gurb que Ramon d'Olost llega a Bernat de Riudeperes.* »	A. Gallardo i Garriga et S. Rubió i Tudurí, *op. cit.*, p. 43. Analyse semblable. J. Balari Jovany, *op. cit.*, p. 643.
1185, Vacarisses et Rellinars	« *En 1185 Ramon de Montcada i el seu nebot Guillem Ramon donen a Berenguer Ferrer, muller i descendents, les fargues de Vacarises i Rellinàs.* »	A. Gallardo i Garriga et S. Rubió i Tudurí, *op. cit.*, p. 43-44. Analyse semblable. J. Balari Jovany, *op. cit.*, p. 643.
8 octobre 1190, forge des moulins de Llobregat	« *En 8 d'octubre de 1190, el rei Alfons I d'Aragó donà a Bernat Ferrer i descendents la seva farga dels Molins del Llobregat, que feia poc havia fet construir, a condició de guardar l'edifici vivint-hi i fer i adobar les eines de ferro que s'haguessin de menester per als molins del rei.* »	A. Gallardo i Garriga et S. Rubió i Tudurí, *op. cit.*, p. 44. Analyse semblable. Cette forge est identifiée par J. Balari Jovany comme une forge de transformation, grâce aux précisions fournies par le document. Extrait du texte cité par J. Balari Jovany : « *Illam meam fabricam molen dinorum de lubricato [...] que de novo ibi construere feci [...] et locedes pica omnia illorum molendinorum cum carbone tuo [...] omnia alia opera et instrumenta ferri que ad illa molendina necessaria fuerint.* » J. Balari Jovany, *op. cit.*, p. 644.

Bertrand Gille et la diffusion internationale de l'hypothèse catalane

Sur la question catalane, on dispose de deux écrits de Bertrand Gille. Rappelons que dans un article, demeuré anonyme, mais qu'il a rédigé, l'historien s'interroge sur les origines du moulin à fer, c'est-à-dire sur celles de la forge de réduction directe, munie d'un marteau hydraulique. Cet article de 1960 est publié dans la *Revue d'histoire de la sidérurgie*. Bertrand Gille y exprime ses doutes : « L'hypothèse catalane émise il y a quelque temps, mais qui n'a jamais été étudiée sérieusement depuis cette date et qui mériterait d'être approfondie, paraît séduisante aux premiers abords. La mention de 1104 paraît incertaine, il serait utile de vérifier toutes ses références pour obtenir plus de certitude sur le ou les premiers documents faisant mention de martinets, de moulins à fer, sans contestation possible. » L'acte n'est pas édité. L'historien fait ici explicitement référence à l'ouvrage de Gallardo et Rubió, qui, pourtant, n'ont jamais associé les forges du XIIe siècle à l'usage de l'hydraulique. Il ne semble pas connaître les travaux de Madurell Marimón, rédigés au même moment. À vrai dire, on ignore comment Bertrand Gille a lu l'ouvrage des ingénieurs catalans et ce que les discussions entre historiens véhiculaient sur cette question durant les années 1960. En tout cas, l'ouvrage catalan de référence lui est connu sous une forme déjà déformée, et Bertrand Gille s'interroge. Mais l'article de la sérieuse mais modeste *Revue d'histoire de la sidérurgie* est peu diffusé. Tout au contraire, l'*Histoire générale des techniques* coordonnée par Maurice Daumas et dont les chapitres consacrés au Moyen Âge sont rédigés par Bertrand Gille connaît une large audience[18]. Or, dans cette dernière édition, malgré l'usage du conditionnel, le message est moins prudent, car il se doit d'être court. Bertrand Gille écrit : « Le premier moulin à fer que nous connaissions serait celui de Cardedeu en Catalogne cité en 1104 », sans aucune référence à l'appui. Mais, en matière d'histoire des techniques, la référence à Bertrand Gille suffit. Cette mention est lue ; elle sera souvent recopiée par les auteurs européens et particulièrement anglo-saxons qui lui ouvrent une audience internationale. Certains historiens s'en empareront. Or, dans le domaine de la sidérurgie, l'acte se limite à la simple mention d'une *fabrega*, où mène un chemin qui sert de limite à un alleu.

L'origine catalane : une hypothèse fragile

Qu'en est-il aujourd'hui ? Deux groupes s'opposent. Celui des héritiers : ils se placent dans le droit fil des travaux de Gallardo et Rubió, relayés par ceux de Madurell Marimón, et s'appuient sur la notoriété de Gille ; celui des hérétiques, qui mettent en cause l'hypothèse catalane en ignorant souvent la construction historique sur laquelle elle repose. Ainsi, des études récentes ont fait fi des doutes de Bertrand Gille. Transformant « l'hypothèse catalane » en certitude, il a pu être récemment affirmé que la force hydraulique appliquée à la forge remontait, en Catalogne, au moins au xe siècle. Convenons qu'en termes d'hypothèse de recherche le projet est séduisant. Il s'appuie sur la riche documentation catalane et profite du dynamisme des recherches consacrées à cette région. Commençons l'examen du versant contemporain de l'enquête par les écrits des héritiers.

Les héritiers

Dans son ouvrage *Homes, fargues, ferro i foc. Arqueologia i documentació per a l'estudi de la producció de ferro en època medieval : les fargues dels segles IX-XIII al sud del Pirineu català*, publié grâce au soutien des Enginyers Industrials de Catalunya, Marta Sancho i Planas expose avec vigueur la thèse suivante : la forge hydraulique est présente en Catalogne dès le haut Moyen Âge[19]. Marta Sancho est archéologue, elle a fouillé dans le Vallès mais a également rassemblé de très nombreuses mentions de textes édités (139 sur une zone comprenant le Vallès et le Pallars, de 839 à 1298), corpus qu'elle présente avec clarté à la fin de son livre. C'est dans ce cadre qu'elle cite le texte de 1104 : « *Prescindeixen absolutament de la citació que aporta M. Daumas sobre el que ell considera la primera notícia documental d'un molí de ferro datat el 1104 i en la qual simplement apareix el terme farga*[20]. » Outre le fait que cette partie de l'*Histoire générale* n'a pas été rédigée par Maurice Daumas mais par Bertrand Gille, les hésitations de l'historien des techniques sont gommées. Pourtant, Marta Sancho doute elle aussi. Elle précise qu'elle ignore pourquoi ce document est considéré comme la première mention d'une forge hydraulique : « *Aquest document, citat per Balari Jovany (Balari, 1964), és una venda d'unes terres que limiten amb "ipsa via qui vadit ad ipsa farga" i que es troben "in parroquia Sancta Maria in Villa Cortitulo". Desconeixem per què M. Daumas va considerar aquesta la primera citació d'un molí de ferro i d'on va extreure la informació, ja que en la mateixa obra de Balari Jovany i en altres, surten citades fargues anteriors a aquesta, com la de Piera de 1031. M. Daumas no ens explica què entén per farga, però la seva afirmació està en la línia dels resultats obtinguts en la nostra recerca*[21]. » Pourtant, il lui suffit de citer ce qu'elle considère comme la *vulgate*, car cette référence va dans le sens de ce qu'elle veut démontrer. Finalement, l'intérêt qu'elle porte au texte de 1104 est secondaire : les siècles antérieurs l'intéressent davantage. Pour cela, elle pointe toutes les mentions de *farga*, *fabrica*, *fabricata*, *fabrega*, *fabregada* conservées dès le IXe siècle (la plus haute mention date de 839). À partir de cette collecte, sa question est simple, fondamentale et justifiée : en terme technique, que se cache-t-il derrière cette appellation ? une forge de réduction ? de quelle application de l'hydraulique s'agit-il ? La démarche qu'elle emploie pour y répondre a fait ses preuves, à la croisée des textes et du terrain, mais ses résultats demeurent fragiles.

Marta Sancho part du site qu'elle a fouillé régulièrement : celui de la Fabregada dans le Pallars Jussa (Sant-Esteve-de-la-Sarga), à propos duquel sont conservées deux mentions de 1010 et 1038 où apparaissent les deux vocables de *farga* et *fabricata* : « *Et est ipsa ecclesia et ipsum alode circha Orritense, in locho ubi dicitur ad illa Farga ; de oriente in ipsa sponda de Frexaneto, de occidente ad ipsa Postella qui discurrit de Bareta et de super de illa fonte que dicitur Carbonella et de subtus rio qui discurrit* [...] (1010) ; [...] *ipsa Fabricata* [...] *infra terminos de Castro Mur* [...] (1038)[22]. » Or, sur ce site, les preuves tangibles de la réduction du fer et de l'usage de la force hydraulique sont faibles[23]. Marta Sancho le sait et convient que le site à été déblayé par l'érosion. Pourtant, elle affirme que, malgré la faiblesse des indices, la réduction du fer et l'usage du marteau hydraulique sont incontestables. De ce cas, elle fait le socle d'une théorie générale selon laquelle toutes les mentions de *farga*, *fabrica, fabregada* et *fabricata*, comme dans les deux documents du XIe siècle concernant le site fouillé de la Fabregada où elle reconstitue une forge hydraulique, désigneraient des forges de réduction, sans doute hydrauliques, et cela au moins dès les IXe-Xe siècles, c'est-à-dire au moment où ces termes se multiplient dans la documentation[24]. Elle insiste particulièrement sur l'extrait d'un acte de 973 : « *ipsum rio qui discurrit de ipsa farga* ». Selon elle, « *és la notícia més clara sobre la utilització de la força hidràulica en les fargues*[25] ». Certes, dans ce cas, le ruisseau est proche de la forge, il lui est même associé. Cependant, pour le travail du fer, il ne faut pas confondre usage de l'eau et usage de l'énergie hydraulique. Même dans une forge de transformation où le martelage s'effectue manuellement, c'est-à-dire dans un atelier où sont fabriqués des objets à partir de produits semi-finis (barres ou lingots de fer), l'eau est nécessaire au travail du forgeron et la proximité du ruisseau est toujours appréciée. Ainsi, la lecture de la thèse de Marta Sancho procure à son lecteur une impression troublante. L'auteur connaît parfaitement les forces et les faiblesses de sa documentation. Elle émet même des doutes sur l'importance du texte de 1104 mais reste victime d'un mythe qui l'aveugle : celui de l'ancestrale forge catalane.

Véronique Izard s'insère dans cette lignée. Sa thèse de géographie (histoire de l'environnement) fait une place majeure aux textes[26]. Une nouvelle fois, la question posée est celle du recours à la force hydraulique pour les forges désignées par les vocables de *fabrica*, *fabrega*, *ferraria* et *mantica,* mais cette interrogation s'applique à un autre espace catalan que celui examiné par Marta Sancho, celui du versant nord des Pyrénées : Roussillon, Vallespir, Conflent et Capcir. L'énumération des sources commence par le texte de 1104. Véronique Izard le cite en restituant le conditionnel utilisé par Bertrand Gille. Pourtant, dans la suite de son propos, l'auteur adopte le modèle dont nous avons reconstitué la filiation. Selon elle, au milieu du XIIe siècle, plusieurs ateliers métallurgiques ont été identifiés comme des forges hydrauliques. Or les forges qu'elle cite sont très exactement celles mentionnées par Gallardo et Rubió ; à une exception près, la *fabrica* d'Apierola (1191), extraite de la comptabilité comtale, récemment éditée. Pourtant, et comme il a été démontré plus haut, aucune de ces sources ne permet d'affirmer que ces forges étaient hydrauliques. Pour d'autres sites, ceux de Py (1126), Ruiros (1168), Saint-Ferréol (X^e^-XIIe siècle), Galdares (1244) et les *fabricae* de la vallée d'*Albaniana* (Xe siècle), ignorés des travaux précédemment cités, Véronique Izard adopte une autre argumentation : elle suppose que ces forges étaient installées près de l'eau puisqu'un cours d'eau traverse le terroir où elles sont implantées et, qu'au mieux et dans un seul cas, il est nommément cité dans le document. Mais l'argument, même énoncé sous forme d'hypothèse, est difficilement tenable, tout particulièrement si l'on s'attache à la lecture des sources citées, sources de qualité très inégale. Ni l'usage de la force hydraulique, ni même l'installation de la forge sur les rives d'un cours d'eau, ne sont assurés. Troisième temps de la démonstration : le cas tout à fait intéressant des *manticae* ou *manteges,* c'est-à-dire des soufflets, terme désignant dans ce cas l'installation sidérurgique dans son ensemble. Balari avait déjà souligné l'intérêt d'une telle dénomination. Ces soufflets apparaissent à Corneilla-de-Conflent et à Py en 1151 et 1183. Véronique Izard suppose que seule la force hydraulique s'appliquant à la soufflerie justifierait que l'ensemble de l'atelier puisse être désigné uniquement par les soufflets. Là encore l'hypothèse est contestable, car les soufflets en cuir sont de toute façon des objets chers et fragiles, au point qu'au Pays basque on leur préféra des soufflets de table, en bois, jusqu'au XIXe siècle. Ce dont attestent ces textes de 1151 et 1183, c'est de l'importance de la soufflerie dans l'équipement d'une forge, de son coût au XIIe siècle, mais pas forcément de son mécanisme hydraulique. Certes, rien n'interdit de supposer qu'une soufflerie hydraulique puisse être en place dès le XIIe siècle. Pourquoi pas ? Mais il faudrait rappeler ce que suppose, en terme technique, le maniement délicat d'une telle installation, beaucoup plus difficile à maîtriser que le marteau hydraulique, tout particulièrement dans le contexte de la réduction directe, quand la carburation doit être contrôlée pour ne pas produire de la fonte ; les preuves formelles, en ce domaine, ne sont d'ailleurs pas antérieures au début du XVe siècle. Nous y reviendrons. Assurément, les arguments déployés sont fragiles et rendus encore plus fragiles par les travaux d'autres historiens et archéologues. Ceux-ci sont au nombre de cinq, et chacun, à sa manière, a bousculé les idées reçues.

Les hérétiques

Sylvie Caucanas, archiviste-paléographe et conservateur, a publié en 1990 un ouvrage de référence sur les moulins et l'irrigation en Roussillon, ouvrage que j'ai déjà longuement sollicité. Les moulins industriels et la question de leur mécanisation interviennent dans sa démonstration. Son avis sur l'hypothèse catalane formulée par Bertrand Gille, à laquelle elle fait référence, est clair, simple et net et s'appuie sur une grande connaissance des archives du Roussillon : « Bien que certains auteurs aient fait de la Catalogne le berceau de la métallurgie et datent l'apparition du moulin à fer du XIIe siècle, nous n'avons connaissance en Roussillon d'aucune mention sûre antérieure au XIVe siècle[27] », c'est-à-dire quand s'ouvre le temps des moulines[28].

Son propos trouve un écho dans les travaux de Victor Farías Zurita, historien et philologue. L'auteur a publié deux articles sur la forge. Il a également édité les textes si souvent cités à partir des morceaux choisis de Gallardo et Rubió, rendant ainsi directement accessible une partie du corpus[29]. Victor Farías, alors qu'il examine les campagnes du Vallès, reconnaît l'importance que la documentation écrite accorde à la forge des XIe-XIVe siècles. Ce qui intéresse Victor Farías, ce sont les rapports que la forge entretient avec le mas et plus largement avec le pouvoir seigneurial. Il lui faut donc absolument préciser ce qu'est une *farga*, et comment elle fonctionnait. Quelles sont ses conclusions ? Même si le philologue n'exclut pas que les termes *farga* et *fabrega* puissent désigner également un lieu où se pratique la réduction, il précise que pour les cas qu'il a examinés, c'est-à-dire ceux couramment utilisés depuis les travaux de Gallardo et Rubió, les mentions de *fabrica*, *farga*, *fabrega* correspondent à un atelier où s'exercent un travail d'élaboration des produits finis et surtout la réparation des instruments agricoles : « *Retinguem d'entrada i per evitar malentesos, que la funció principal d'una ferreria no era mai l'extracció i reelaboració del ferro* (*reducció del mineral, forja*)*, sinó, en primer lloc, la reparació de l'einam dotat amb elements de ferro* (locedare et abtare ferramenta)*, sobretot d'aquell que es feia servir a l'agricultura. A la reparació d'aquests instruments s'afegia possiblement la tasca de substituir les ferradures* (ferraturas) *desgastades de les bestias. En tot cas, i com veurem, el treball del ferrer incloïa també la reparació dels elements de ferro dels molins pertanyents al senyor* (instrumenta ferri que ad illa molendina necessaria fuerint)*. Tant sols en segon lloc i en alguns casos particulars degué venir la producció d'artefactes de ferro* (*específicament d'aquells artefactes que eren relativament senzills de fabricar*)[30] ». Rien d'hydraulique, non plus, dans ces forges. Quand, en effet, la forge est associée à des moulins, comme c'est le cas pour le site de Llobregat (« *illam meam fabricam molendinorum de Lubricato* », 1190), c'est pour faciliter l'entretien des pièces métalliques des moulins à blé et celui des outils, dont les piques qui servent à raviver la surface rugueuse des meules. Victor Farías, loin de minimiser l'importance des forges de transformation non hydrauliques démontre, au contraire, qu'elles occupent une place fondamentale dans l'économie seigneuriale par le service régulier et de proximité qu'elles apportent aux paysans des mas. Sans doute le poids économique et social tout autant que le nombre de ces ateliers expliquent-ils qu'ils aient pu s'imposer comme un élément structurant du paysage, un point récurrent et nodal pour ceux qui écrivent et qui doivent choisir des repères pour localiser.

Olivier Codina, Juan-Maria Bosch et Antoni Vila, historiens et archéologues, se sont également intéressés à cette question, à partir de l'observatoire de l'Andorre. Ils ont même repris, à bras-le-corps, la question historiographique selon laquelle l'Andorre aurait été un grand lieu de production du fer dès le haut Moyen Âge[31]. La démonstration reposait sur une documentation écrite relayée par le site archéologique du Roc d'Enclar. Il est vrai que l'Andorre profite d'un document prestigieux : la donation de Charles le Chauve, si souvent mise en avant. En 860, l'empereur octroyait à l'église d'Urgell la dîme du fer et de la poix du Pagus d'Andorre : « *Addidit aetiam de decimis Andorrensis pagi ferri et picis que aecclesie sue debentur.* » Ce texte est cité par Balari, Gallardo et Rubió, repris par Madurel Marimón, profitant d'un double privilège : son origine impériale et sa haute datation. C'est autour de lui qu'a été bâtie l'hypothèse d'une production excédentaire de fer qui alimenterait un commerce. Or il s'agit du seul document disponible sur une éventuelle réduction du minerai. Une nouvelle fois, les mentions de forge des XIIe-XIIIe siècles correspondent à une activité de transformation où le recours à la force hydraulique n'est pas mentionné. Certes le fer circulait, mais il n'était pas forcément produit dans la principauté. Quant au site du Roc d'Enclar, on a longtemps pensé qu'il pouvait avoir conservé un ferrier du IXe siècle, preuve d'une activité de réduction. Or les progrès récents des analyses paléométallurgiques font douter qu'il puisse s'agir de scories de réduction. Les fragments de parois de four permettant de restituer un bas fourneau sont de dimensions modestes, et le minerai est absent du site ; l'amas de déchets est de faible volume, et le ferrier est unique. Au mieux pourrait-il s'agir d'une opération ponctuelle de réduction à mettre en rapport avec la construction ou l'entretien du roc. Si l'Andorre fut une région de production sidérurgique, c'est à partir du XVIe siècle.

Ainsi, dans l'état actuel de la recherche, il est possible de dégager quelques constatations simples. Qu'il y ait des forges de réduction parmi toutes ces *fabrica, farga, fabrega* dont beaucoup sont, preuve à l'appui, des ateliers de transformation : peut-être ; que ces forges de réduction utilisent la force hydraulique pour actionner le marteau ou/ et la soufflerie : on peut sérieusement en douter. La documentation catalane n'en donne aucune preuve, ni au XIIe siècle, ni aux siècles antérieurs. Il faut se rendre à l'évidence : telle qu'elle est aujourd'hui formulée, l'affirmation selon laquelle les premières forges hydrauliques de réduction seraient catalanes et datées au plus tard des années 1100 résulte d'une construction historiographique, véritable « instrumentalisation » du passé[32]. La Catalogne, comme d'autres terroirs méridionaux, a accueilli la forge hydraulique qu'est la mouline au XIVe siècle. Pourtant, la Catalogne récupère sa situation pionnière à l'examen d'une autre caractéristique relevant de l'équipement hydraulique de cette forge de réduction. La richesse exceptionnelle de la documentation écrite dont elle profite la désigne, en effet, comme la première région connue à disposer d'une mouline équipée d'une soufflerie hydraulique, à Léca dans le Vallespir, dès 1416.

Léca et la soufflerie hydraulique

La question de la soufflerie

En 1947, dans *Les Origines de la grande industrie métallurgique en France*, Bertrand Gille évoquait l'importance de la question de la soufflerie hydraulique pour une bonne compréhension de l'histoire de la sidérurgie. Dans deux écrits plus tardifs, en 1960 et en 1962, il la considérait encore comme totalement en friche[33]. En 1993, Jean-François Belhoste reprenait le dossier et proposait l'hypothèse selon laquelle l'émergence de nouveaux vocables au cours de la seconde moitié du XIIIe siècle pour désigner de nouvelles forges de réduction munies de la force hydraulique, *fusina*, *molina*, *ferraria*, *martinetus*, pouvait être le signe d'une seconde étape de l'équipement de ces forges, correspondant à l'application de l'énergie de l'eau non au marteau, mais aux soufflets. Cette hypothèse était séduisante. Elle a été suivie d'enquêtes. Il paraît clair aujourd'hui, des années après la proposition de Jean-François Belhoste, que la majorité des nouvelles forges hydrauliques qui se diffusent en Occident à partir du XIIIe siècle comportent une soufflerie actionnée par la force de l'eau. Cela est le cas pour la mouline, peut-être dès l'origine de son implantation, mais aussi pour toutes celles qui relèvent du procédé de réduction indirecte, qu'il ne faut pas limiter à la seule méthode wallone apparue au milieu du XVe siècle. La réduction indirecte est en place dès le XIIIe siècle dans les Alpes lombardes et particulièrement en Valteline avec la *fusina*[34]. À la suite de Rolf Sprandel, Mathieu Arnoux a démontré que c'est en 1269-1272 qu'est attesté pour la première fois le fonctionnement d'un *furnus* et d'une *fusina*, et non en 1226[35]. Cette forge hydraulique de réduction indirecte (*furnus*/*fusina*), qui produit du fer et surtout de l'acier, à partir de la décarburation de la fonte, profiterait de la force de l'eau aussi bien pour le martelage que pour la soufflerie. Ainsi convient-il à présent de distinguer les forges des années 1300 de leur ancêtre qu'est le moulin à fer, une forge de réduction où l'énergie de l'eau est adaptée exclusivement au martelage. À l'échelle de l'Occident, il apparaît clairement que la combinaison de la soufflerie et du martelage hydrauliques constitue un seuil innovant illustré tant par la diversité et la nouveauté des applications techniques (avec l'apparition de nouvelles forges de réduction directe et indirecte aux capacités de production plus élevées) que par celles des produits fabriqués (fonte et acier par carburation du fer ou décarburation de la fonte)[36].

Les soufflets de Léca

Dans ce contexte historiographique, la mention de soufflets dans un simple bail d'amodiation de la mouline de Léca revêt une importance capitale. Il rend compte, pour la première fois dans l'espace technique de la mouline, de l'usage de la soufflerie hydraulique couplé au martelage. L'acte est daté de 1416 et l'installation qu'il énumère (la roue des soufflets) n'est pas présentée comme récente[37]. Jusqu'à présent, la plus précoce mention conservée l'était pour le Quercy, où Jean Lartigaut avait mis en évidence cette application de l'énergie hydraulique en 1487, dans la mouline de Péchaurié, grâce à la mention d'un canal des soufflets, canal « de las Malchas »[38]. La documentation notariale conservée sur Léca fournit également des données sur les réparations récurrentes opérées sur les soufflets en cuir, ce qui est rare. Les informations nouvelles prouvent que l'application de la force hydraulique aux soufflets, même contrôlée, est d'autant plus coûteuse qu'elle rencontre la fragilité du cuir. On comprend mieux pourquoi cette mouline, au milieu du XVe siècle, est recherchée par les Basques quand ils veulent louer une forge hydraulique. C'est sans doute dans cette spécificité technique que réside sa qualité particulière. Néanmoins, l'innovation se diffuse aux moulines des environs puisque celle de Baillestavy est également équipée d'une soufflerie hydraulique, comme le prouve le compte rendu de l'expertise de l'atelier conduite en 1489[39].

Il convient, avant d'aborder l'étude du marché et de la qualité des produits, de poser la question de l'impact de la soufflerie sur les qualités des fers. On sait que l'application de la soufflerie hydraulique est complexe dans le domaine de la réduction directe puisqu'il faut contrôler le souffle de la forge de telle façon que le point de fusion du minerai ne soit pas atteint dans le bas fourneau. La soufflerie hydraulique active incontestablement la carburation. En fonction de la puissance et de la régularité du souffle, le forgeur obtiendra un produit non seulement plus ou moins carburé, mais offrant des degrés de carburation différents, c'est-à-dire des fers et des aciers, à partir d'une même loupe, sans aboutir à la production de la fonte. Ce que ni la paléo-métallurgie, ni l'archéologie expérimentale qui lui est couplée ne permettent d'évaluer aujourd'hui, c'est la capacité qu'aurait une soufflerie plus puissante à unifier la carburation en même temps qu'elle l'augmenterait. Ainsi, le fait que la soufflerie hydraulique soit attestée au début du XVe siècle en Vallespir nous conduit à interroger avec d'autant plus d'intérêt la qualité des produits livrés sur le marché par les moulines et la place des fers et des aciers catalans dans l'espace méditerranéen.

Au terme de cette réflexion, il apparaît que la sidérurgie catalane n'est pas l'industrie exceptionnelle présentée par certains. À partir de la constatation de la place importante occupée par la réduction et la transformation du fer en Vallespir, il a fallu démonter des figures historiographiques pour aboutir à une situation commune. La Catalogne n'a sans doute pas abrité la première forge de réduction directe utilisant un marteau hydraulique : l'enquête aboutit aujourd'hui à affirmer que le premier moulin à fer n'est pas catalan. L'équipement en forges hydrauliques des montagnes catalanes a néanmoins participé d'un vaste mouvement qui, à partir de la fin du XIIIe siècle, a concerné une partie méridionale du royaume de France, dont les Pyrénées, englobant également le nord de la Couronne d'Aragon. La Catalogne, en effet, est une partie du territoire technique défini par l'innovation qu'est la mouline, première forge hydraulique implantée sur les versants du Canigou. Cette situation confère pourtant une place particulière à la Catalogne dans l'histoire des techniques du fait de l'exceptionnelle richesse de ses sources, tant notariales que comptables. Elle n'est plus le berceau de la forge hydraulique, mais le bail de Léca, daté de 1416, assure de l'application de l'énergie hydraulique à la soufflerie dès le début du XVe siècle en Catalogne. Les sources catalanes ont, par ailleurs, donné de la chair à l'histoire des techniques qui, ne l'oublions pas, n'est pas une histoire des mécanismes mais bien celle des hommes au travail. La présence active de la notabilité des bourgs est prouvée à l'origine même du processus de diffusion de l'innovation, de même que la vigueur de la politique royale dans le domaine du combustible. Si la sidérurgie catalane a perdu son aura de pionnière et son prestige local, elle demeure exceptionnelle, offrant à l'historien la possibilité rare de saisir l'innovation au plus près du travail des hommes et au cœur des campagnes.

IV

Les marchés des fers

Chapitre 8

Les fers et les aciers des actes notariés

Au cours de la première moitié du XVe siècle, les notaires d'Arles et de Céret enregistrent soixante-quinze prix de fer. Bien que ce chiffre paraisse dérisoire au regard des milliers d'actes que renferment leurs registres, une telle série est cependant exceptionnelle dans l'historiographie méridionale. Ainsi, parmi les nombreux produits dont Philippe Wolff a commenté et analysé les prix dans son ouvrage consacré au commerce toulousain, le fer, pourtant redistribué par Toulouse sur l'ensemble du Languedoc, n'est l'objet d'aucune présentation spécifique, même rapide. L'évolution de son prix apparaît fortuitement sur une courbe dont la lisibilité est médiocre, courbe d'ailleurs reportée à la fin de son ouvrage[1]. Pourquoi un tel désintérêt pour un matériau dont l'enjeu stratégique est majeur ? Philippe Wolff ne justifie pas son choix.

D'autres historiens ont formulé un constat simple qui éclaire ce vide historiographique : les sources manquent. Les prix des fers médiévaux sont rares des Pyrénées au Languedoc, même dans les comptabilités urbaines où l'on s'attendrait à les retrouver[2]. La série des prix collectés dans les registres des notaires du Vallespir est donc la seule aujourd'hui rassemblée pour des régions qui comptent de nombreux lieux de production. À sa lecture apparaissent clairement deux autres raisons de la rareté des traitements historiques. Outre la difficulté que l'on rencontre à les réunir, les prix du fer sont d'autant plus difficiles à interpréter pour l'historien que leur mention s'accompagne rarement d'indices sur la qualité du produit. De plus, ces prix n'obéissent souvent à aucun mouvement d'ensemble et sont d'une grande irrégularité, même sur le court terme et pour un même lieu. Toutes ces caractéristiques expliquent, sans doute, l'hésitation des historiens face à des sources inadaptées à la mesure de la conjoncture économique, démarche en usage jusque dans les années 1980, comme au désir de modélisation si courant aujourd'hui[3]. Cependant, le désordre n'est qu'apparent. Ainsi, à l'échelle du Vallespir, et plus précisément du bourg d'Arles, l'examen combiné de la qualité des fers, des conditions de l'échange et des individus qui y participent permet de lire la série des prix rassemblés non comme une accumulation de données éparses et irréductibles à toute analyse historique, mais comme l'expression chiffrée d'un marché construit et fortement monétarisé[4].

Le fer par écrit

Une forme et un poids

L'étude du notaire n'est pas le marché, même si l'une et l'autre ne sont pas très éloignés dans un bourg de montagne comme Arles. Que les notaires de ce lieu participent d'un réseau de sociabilité qui leur fait partager les intérêts des notables entrepreneurs, actifs dans le domaine de l'industrie et des échanges, qu'ils soient parfois eux-mêmes entrepreneurs, la démonstration en a été faite. L'acte notarié établit, d'ailleurs, le lien entre le droit et les affaires puisque sa rédaction répond à un objectif principal : sécuriser le contrat en fournissant une garantie écrite en cas de conflit. Cependant, il ne peut rendre compte ni de la globalité des échanges, dont beaucoup ne passent pas par l'écrit, ni des pratiques les plus courantes. Surtout, l'écrit, même le plus attentif, est imparfait pour restituer la qualité d'un produit. Pour approcher cette qualité, il faut procéder autrement et rapporter les informations extraites des actes rédigés à Arles à celles disponibles dans l'ensemble du territoire technique où les fers sont produits.

Dans les actes notariés, qu'il s'agisse d'achats anticipés, de ventes à crédit ou de quittances de paiement, les fers de la vallée du Tech sont le plus souvent identifiés par leurs formes. Elles sont précisées quand le produit quitte l'atelier au moment où le contrat est noué avec les forgeurs, et non au cours du processus de redistribution. Ces formes sont à présent bien connues, elles diffèrent peu d'un lieu à un autre du territoire technique de la mouline, de l'Aveyron aux Pyrénées-Orientales. Le fer est couramment en vergelles ou petites barres de fer (*vergas*, *vergues*). Il se présente aussi en *rellades*, en fragments, souvent associés pour un tiers avec le fer en verges. Il peut être également en morceaux de section quadrangulaire, en *cayrats*, en *cairons* ou *cairos*, en lingots. Il est plus rarement en plaques (*plates* et/ou *planes*). Il s'agit donc de produits semi-finis aux formes diverses, mais néanmoins traditionnelles, et qui résultent d'un travail opéré au marteau hydraulique de la mouline[5].

Cependant, l'enquête est plus délicate pour deux désignations qui sont récurrentes dans le corpus catalan : celle de *ferrum grossum* et celle de *ferrum*. Le *ferrum grossum* est très souvent associé dans les actes avec le fer en *verga* selon une proportion de deux tiers (*verga*) pour un tiers (*ferrum grossum*). Cette désignation qualifierait-elle un niveau inférieur de mise en forme, le *ferrum grossum* résultant d'un rapide façonnage de la loupe au marteau afin d'en faciliter la distribution ? Cette identification est plausible, d'autant que le fer acheté sous la forme de verges et de « fer gros » offrirait à son utilisateur plusieurs stades de finition (selon l'épuration et le formatage) répondant à des usages courants dans la forge de transformation. Une autre désignation plus rare et d'ailleurs inconnue des hautes vallées catalanes est à rapprocher du « fer gros » : le fer *scalabornat*, c'est-à-dire dégrossi. Il est présent sur le chantier de l'horloge de Perpignan en 1356[6].

Une grande partie du fer est tout simplement désignée par le terme *ferrum*, sans autre précision. Cette appellation simple se révèle finalement la plus complexe à élucider, car elle ne rend compte ni de la forme, ni de la qualité du produit, mais de sa place dans la chaîne de distribution. En effet, le *ferrum* apparaît exclusivement dans les actes de vente organisant la redistribution du fer et non dans ceux réglant son achat aux forgeurs. Il correspond donc au métal à un stade plus avancé de sa commercialisation. Ainsi, à la lecture des notaires, le fer en *vergas*, en *cairos*, en *plates* sortant des ateliers se transforme en *ferrum* au fur et à mesure de sa diffusion le long de la vallée du Tech.

Certains de ces *cairos*, *vergues* et *plates* sont livrés selon des poids qui sont imposés à la commande. La précision, quant aux formes et aux poids de chaque pièce, n'intervient pas couramment et correspond à des contrats de ventes anticipées de plusieurs dizaines de quintaux livrés à des marchands, qu'ils soient originaires d'Arles ou bien de Puigcerdà. Dans ce contexte, la mention du quintal *ferrasser sive del Bosch* ou bien du *poids du fer* peut apparaître. Il faut alors entendre par cette dénomination 1 quintal d'un poids particulier, au même titre que le quintal de minerai, dont on sait qu'il correspond à un peu plus que 42 kilogrammes. Ainsi, en 1412, ce sont 110 quintaux *ferrasser* qui sont commandés au forgeur de Léca par le marchand de Puigcerdà, Pere Embort, dont 15 quintaux en verges au poids de dix verges par quintal ; 15 quintaux en verges mais cette fois-ci au poids de onze verges par quintal ; 20 quintaux de *plates* (pour quatre *plates* par quintal) et le reste en verges, dont le poids pourra osciller entre treize et quatorze pièces par quintal[7]. Encore en 1414, les 55 quintaux commandés sont répartis ainsi : 27 quintaux de fer en verges, sans poids précis, ce qui prouve bien qu'il y a également un poids coutumier de la verge ; 10 quintaux de fer en *cairons* (quatorze *cairons* par quintal) ; 2 quintaux en *cairons* de quatre pièces par quintal ; 4 quintaux sans doute aussi en *cairons* (six *cairons* par quintal) ; 2 quintaux de *plates* (trois pièces par quintal) ; 3 quintaux de *plates* (six pièces par quintal) ; 2 quintaux de *planes* (quatre pièces par quintal)[8].

Formes et poids spécifiques ne sont jamais reconduits à l'identique d'une commande à une autre : il s'agit bien de répondre à une demande particulière. Mais parfois le poids du produit semi-fini ne suffit pas à la précision qu'on attend de l'objet. Dans le cas du chantier de l'horloge du château de Perpignan, il faut que les barres de fer qui soutiendront le lourd mécanisme de l'horloge soient précisément assemblées. Or le compte indique clairement qu'aucune barre de fer de cette forme ne se trouve à Perpignan. C'est pourquoi le forgeron qui doit les élaborer au marteau de la mouline le fait à l'aide de patrons en bois (*patrons i formes*) qu'il doit reproduire à l'identique. Il n'est pas question ici de dessin, mais bien de modèle grandeur nature. Trois madriers et deux planches, dont on ignore les dimensions, ont été nécessaires pour ce travail. G. Castello, *fuster* de Perpignan, a mis deux jours pour les réaliser[9].

La réputation des fers catalans

Préciser la forme du fer, c'est en prévoir l'usage, car, selon l'usage qu'il en fera, le forgeron achètera son produit selon telle ou telle présentation. La forme renseigne également sur le type de martelage auquel a été soumise la matière : la loupe, au sortir du bas fourneau, est plus ou moins longuement et différemment martelée en fonction du produit semi-fini que le forgeur souhaite élaborer[10]. Précisons que les deux étapes de la chaîne opératoire que sont la réduction et le martelage sont opérées dans un même atelier. Ces quelques précisions techniques permettent dc mieux comprendre l'importance que l'acte écrit attribue non seulement à la désignation du produit par la forme, mais aussi par l'origine dans « une économie de l'identification » comme a pu la définir Jean-Yves Grenier pour l'Ancien Régime, c'est-à-dire où « le connaisseur » est capable « d'identifier les produits, de les classer, d'éprouver leurs apparences et leurs usages et de savoir se repérer parmi des biens aux variétés lexicales nombreuses[11] ». La formulation des actes notariés permet de supposer que ces mécanismes de repérage sont en place dès le XVe siècle dans le Vallespir : la référence à une forme est complétée par la mention d'une origine.

La forme du fer n'est pas en usage à tous les stades de commercialisation du produit. Elle est précisée dans les contrats conclus entre les forgeurs et les marchands de fer qui s'approvisionnent directement à la mouline. La forme est alors associée à l'origine de l'atelier : le fer est spécifié de « la mouline de Léca, de Valmanya ou de Galdares » même si, par ailleurs, le contrat implique directement le forgeur dont le nom est mentionné, car il faut sans doute parer à tout subterfuge dans un contexte de circulation rapide des techniciens d'une forge à l'autre. Or tous les intervenants, tous ceux qui participent à la transaction, connaissent la qualité du minerai utilisé par la mouline, les infrastructures dont elle dispose et sans aucun doute les capacités de la main-d'œuvre. Le travail qui conduit à l'élaboration du produit semi-fini, c'est-à-dire la réduction et le martelage qui déterminent la forme mais aussi le degré d'épuration et de compactage du métal, est ainsi associé à un atelier et à une équipe. Acheter du fer en verges, en plaques ou en *cairons* de telle ou telle mouline, c'est opérer un choix qualitatif qui se fonde sur des critères techniques précis, reconnus tacitement bien que non énoncés car, pour les contractants, il suffit que l'acte stipule l'origine du produit. On ignore d'ailleurs si le fer porte une marque. Si cela était le cas, l'acte notarié ne le mentionne pas. Ce choix est celui des acheteurs en gros, véritables experts du métal qu'il s'agisse de marchands ou de forgerons. Le savoir tacite dont ils disposent leur permet d'identifier le fer et d'en apprécier les qualités ; le mécanisme de validation est concrétisé dans l'acte écrit par la seule mention d'origine.

L'importance attribuée à la qualité du produit est confirmée à l'échelle du royaume et s'appuie sur la législation de la Couronne d'Aragon. La garantie royale se concentre sur le contrôle de la matière première à l'origine du produit semi-fini et elle est clairement révélée par l'affaire de la *falsa mena*, « faux minerai » de Sahorre. Afin de comprendre l'enjeu de ce contrôle et de la procédure qui lui est associée, il faut, au moins rapidement, rappeler l'importance du commerce du minerai et la place qu'il occupe dans les revenus royaux[12]. Tout minerai du Conflent exporté hors du royaume doit, en effet, verser un droit de traite au roi, désigné comme « traite de la mine de Conflent ». Une ordonnance précise les modalités de sortie du minerai dès 1329[13]. Ce droit est affermé par la Procuration royale[14]. Le minerai de fer est celui du Canigou. Au XIVe siècle, il est couramment extrait de la mine de Sahorre, qui dépend de la Couronne. Celle de Batère est également exploitée. Une partie du minerai est exportée par voie maritime, à partir des ports de Collioure et de Canet, au-delà du comté de Roussillon ; une autre est consommée sur place par les moulines ; une troisième est exportée vers le royaume de France, par voie de terre, c'est-à-dire par la vallée de Mosset[15]. C'est à ce niveau que la documentation atteste du contrôle royal. Villefranche-de-Conflent abrite une criée du minerai et c'est également à Villefranche que s'acquitte la taxe sur le minerai qui approvisionne les moulines du Languedoc et du plateau de Sault[16]. Rien de surprenant que la contrebande soit active[17]. Or l'hémorragie est traitée de façon classique : surveillance et enregistrement des hommes qui se rendent sur la mine, déclaration et serment des *traginers* qui transportent le minerai, contrôle et limitation des charges exportées, amendes prévues[18]. Les registres de la baylie de Villefranche, conservés pour la première moitié du XVe siècle, enregistrent les délits commis par les mineurs et les transporteurs, nombreux à détourner quelques saumades de minerai. Il faut que les revenus du roi et de ses fermiers ne soient pas trop affectés par ces détournements, d'où les mesures de surveillance et la punition des délits ; il faut aussi que l'approvisionnement officiel soit attractif pour ceux qui s'y livrent, d'où l'ordonnance de 1426 par laquelle le roi protège les muletiers qui effectuent le voyage vers les moulines du royaume de France et qui sont victimes de violences[19]. Toutes ces mesures sont d'une grande banalité[20]. La situation est différente lors de la découverte de la *falsa mena*.

L'affaire éclate en 1393 et la mouline incriminée est celle de Sainte-Colombe[21]. Régulièrement alimentée par le minerai catalan, son forgeur aurait également fait usage d'un « faux minerai ». Le 26 juin 1393, la juridiction royale de la Couronne d'Aragon, par l'intermédiaire de son viguier du Conflent, lui enjoint d'utiliser exclusivement le minerai de Sahorre et d'identifier clairement le fer produit à Sainte-Colombe par une marque, afin qu'il soit reconnaissable sur les marchés[22]. Cette mesure est étonnante alors que la mouline incriminée est en dehors de la juridiction de la Couronne d'Aragon. Sans doute parce qu'il a été suivi de peu d'effet, l'ordre royal est relayé par l'interdiction d'exporter. Le 2 août 1393, à la suite d'une controverse opposant le roi et les fermiers de la traite, dont les revenus se réduisent du fait des décisions de la Couronne, un compte rendu de sentence expose que le minerai frauduleux, ou *falsa mena*, mélangé avec le minerai de Sahorre était utilisé non seulement à Saint-Colombe, mais également dans la mouline de Gotmar et dans d'autres situées dans le royaume de France[23]. En septembre, le fer de la mouline de Sainte-Colombe est interdit d'achat et de vente dans le royaume d'Aragon, sous peine de 25 livres d'amende. Il est déclaré « ni bon, ni marchant »[24]. Il paraît évident que ces différentes mesures ne sont pas uniquement prises pour défendre les revenus royaux tirés de l'exportation du minerai de qualité extrait sur les pentes du Canigou, revenus qui sont sans doute malmenés par ces malversations. L'enjeu est plus complexe : il s'agit également de contrôler la qualité des fers produits en France, à partir du minerai catalan, et dont une partie est consommée en Catalogne[25]. La qualité du minerai demeure sous la responsabilité royale, quel que soit, semble-t-il, son lieu de transformation. Cette situation est confirmée quelques années plus tard.

En effet, la vigilance royale ne se dément pas au début du XVe siècle, où on la voit s'exercer dans la même zone sensible, celle traversée par le minerai en direction du royaume de France. Une mine de fer est découverte sur le territoire de Mosset, à l'automne 1420. Elle est déclarée par son inventeur auprès de la Procuration. Rien que de très normal dans cette zone et à cette époque d'intense recherche minière et de confirmation des droits royaux. Ce qui l'est moins, ce sont les essais sur la qualité du minerai qui sont autorisés par ladite Procuration[26]. Il est très rare que de tels essais soient réalisés sur le minerai de fer. Sans doute faut-il rapprocher cette opération de celles auxquelles on procède plus couramment sur les minerais polymétalliques pour connaître leur teneur en métal, car certaines des autorisations de prospections qui mentionnent de tels essais sont communes à tous les minerais, de l'argent au fer. Dans le cas du fer, il faut bien avouer qu'on ignore ce qui est recherché lors de cet examen et comment sont conduits les essais demandés par le *Maestre maior* de la mouline de Mosset. Il n'en demeure pas moins que l'essai de 1420 confirme la volonté royale de contrôler la qualité du minerai de fer réduit dans les moulines du comté et à l'extérieur du royaume. Il en va de la réputation des fers du Roussillon, produits à partir du minerai catalan, qu'il soit réduit sur place ou exporté. Le roi s'en porte garant. Cependant, l'écrit, si précis puisse-t-il être dans certaines situations, laisse dans l'ombre les modalités courantes de reconnaissance des fers du Roussillon par les consommateurs éloignés du lieu de production. Ni marques, ni appellations d'origine n'apparaissent en effet dans la documentation, à l'exception de la marque exigée sur le fer incriminé de Sainte-Colombe et qui, dans ce cas, est plutôt celle de l'infamie.

Quelle désignation pour les fers du comté de Roussillon ?

Si sur le marché de Narbonne se vend du « fer de Foix » et du fer *frances de Lacaune* ; si à Albi les comptes de la ville enregistrent l'achat de « fer lombard »[27], jamais et à aucun niveau de marché, on ne rencontre de fer catalan dit « catalan » ou dont l'appellation rappellerait la zone de production du massif du Canigou, qu'il s'agisse du Vallespir ou du Conflent. De même, à partir du moment où le fer quitte le bourg d'Arles pour être redistribué, les actes qui organisent la revente n'enregistrent plus d'origine. Même la précision de la forme se fait rare. Le *ferrum* envahit le marché.

Changer d'échelle d'observation pour poursuivre l'enquête

On peut aisément comprendre que l'indication du nom de l'atelier n'ait sans doute plus beaucoup d'intérêt au fur et à mesure que le produit descend la vallée, mais ce qui paraît plus étonnant, c'est que ce produit ne reçoive pas davantage une appellation d'origine alors qu'il a été choisi avec soin sur son lieu de production et que, par ailleurs, il est en partie exporté loin du comté de Roussillon. Il faut sans doute remettre à plat ces considérations d'ordre général à partir de la lecture de travaux portant sur la sidérurgie andorrane du début du XVIIe siècle[28]. Ils montrent que le fer d'Andorre ne dispose pas de dénomination spéciale dans les textes mais que, dans les faits, la reconnaissance de l'origine du fer s'opère très loin de l'atelier, que la qualité du produit est bien repérée et associée à son origine. Sur le port de Barcelone, les acheteurs de fer recherchent spécifiquement et trouvent les fers de telle ou telle forge de la montagne andorrane. L'intérêt de la comparaison est confirmé alors que les sources modernes permettent de constater que le fer redistribué ne fait l'objet d'aucune description dans les textes, où il apparaît sous la simple dénomination de « fer ». Il suffit à l'acte écrit d'associer le métal à l'homme qui en assure la distribution. En fait, seuls certains marchands ont accès aux meilleurs fers, qu'ils peuvent choisir dans la forge de leur choix. Leur nom suffit à garantir la qualité. L'acheteur sait ce qu'il achète, car il connaît les réseaux d'approvisionnement de son vendeur. Ces modalités d'accès au produit sont sans doute en place dès le XVe siècle à Arles où, comme nous le verrons, un petit groupe d'individus contrôle le marché de gros. Ainsi, le fer qui passe par leur réseau de redistribution est comme estampillé « d'origine contrôlée » sans que la mention d'une marque spécifique figure dans l'acte, ni sans doute sur le produit lui-même.

On doit préciser que les marques sont des signes portés sur le produit. Elles peuvent être complétées dans le texte écrit du contrat par des appellations d'origine, désignations marchandes courantes qui permettent à l'acheteur potentiel de repérer un produit, sa qualité et même la technique qui a permis son élaboration. Ainsi, comme il a pu être démontré pour le comté de Foix, le fer en barres produit dans les moulines de haute Ariège est rassemblé à Foix, où il est marqué du signe distinctif de trois barres avant d'être transporté vers Toulouse. Il prend alors le nom de « fer de Foix ». Il s'agit d'un métal hétérogène, comprenant des fers et des aciers rassemblés dans une même barre et résultant de degrés de carburation différentiels à l'intérieur du bas fourneau. Si ce produit est à présent bien repéré[29], les qualités d'autres fers disposant d'appellations particulières demeurent inconnues. C'est le cas du fer *frances de Lacaune*. Les monts de Lacaune sont un des pôles de production du fer dans le royaume de France, et le fer dit « de Lacaune » est redistribué par Narbonne jusqu'à Marseille[30]. L'importation du *fer frances,* de Narbonne vers la Catalogne, par Collioure ou plus au sud par Roses, n'est pas non plus exceptionnelle, comme le prouve un des rares registres conservés du leudaire de Cadaquès[31]. Si aucune étude ne s'est encore intéressée à la qualité du fer de Lacaune, signalons qu'il peut être vendu en barres mais aussi en ballons, comme cela se pratique couramment pour l'acier. Une partie des aciers qui transitent par Rodez sont d'ailleurs originaires de Lacaune[32].

La désignation marchande n'a de sens que lorsque le produit quitte son lieu de production et doit être distingué sur un marché plus large et lointain. Ainsi, la mention du fer dit « de Foix » apparaît à Arles en Provence, à Albi, à Rodez, en Rouergue, mais jamais sur les marchés de haute Ariège. De même, c'est à Narbonne qu'est mentionné le *fer frances* de Lacaune. Les fers du Conflent et du Vallespir, quand ils sont exportés hors du Roussillon, le sont à partir de Collioure et de Canet. C'est à Collioure qu'est exigée la rente sur le poids du fer. Or les registres fiscaux de la leude portuaire qui auraient peut-être permis de saisir des désignations en usage ont disparu. Quant aux leudaires, c'est-à-dire la liste des produits et les taxes dont ils sont l'objet, s'ils sont nombreux et bien connus pour l'espace du Roussillon, n'enregistrent aucune donnée spécifique sur la qualité et sur l'origine des fers, ni aucune désignation[33]. Lorsqu'en 1453 4 000 quintaux de fer sont exportés de Collioure à Naples à la demande du roi, l'enregistrement de la commande par la chancellerie royale ne mentionne ni provenance ni qualité[34]. On peut même supposer que cette lourde commande porte sur du fer qui n'a pas été exclusivement produit en Roussillon. Aucune désignation significative non plus pour le fer qui, dans les cales des bateaux, est embarqué souvent en petite quantité à partir des ports du Roussillon aux cours des XIVe et XVe siècles[35]. D'ailleurs, à Barcelone, à Valence ou Séville, le fer catalan n'est jamais désigné spécifiquement, et une seule provenance hispanique s'impose dans tous ces ports, comme elle s'impose sur toutes les rives de la Méditerranée et au-delà : celle du Pays basque[36]. Ainsi, quand Jacqueline Guiral-Hadziiossif examine les flux de métaux semi-finis qui approvisionnent la métallurgie de Valence durant la première moitié du XVe siècle, le fer travaillé est celui originaire d'Europe du Nord, de Normandie et de Biscaye. Ce dernier est clairement identifié par la désignation de *ferropes de Viscaya e de Gallicia*. L'acier provient également de Biscaye, et surtout d'Italie[37]. Pourtant, les registres des *cosas vedades* prouvent qu'il en arrive aussi de Collioure[38]. Au même moment, le fer basque (*hierro de Viscaya*), acheminé à partir du port de débarquement qu'est Séville, alimente l'industrie de Cordoue[39]. Pour les mêmes années, Claude Carrère ne mentionne pas d'appellation particulière pour le fer du comté de Roussillon, au contraire des fers italiens qui arrivent également à Barcelone, particulièrement sous la forme de fil et de feuilles de fer[40]. La faiblesse du fer catalan est-elle réelle dans les courants d'échange méditerranéens ? Même si l'information est décalée chronologiquement, du fer embarqué à Collioure et enregistré dans le leudaire de Cadaquès circule le long des côtes de février à décembre 1305. Ainsi, pour plus de 2 400 quintaux enregistrés à Cadaquès, dont la majorité est embarquée à Collioure pour être livrée dans les ports de la Costa Brava (Blanes, Roses et Feliu) et jusqu'à Valence, aucune désignation n'est utilisée par l'homme qui tient pourtant très consciencieusement ses registres[41]. Dans ce cas précis, une grande partie du fer exporté est déchargée sur le port de Barcelone. Claude Carrère cite des cas de réexpédition de fer en provenance de Collioure et à partir de Barcelone un siècle plus tard ; ils portent sur des tonnages qui oscillent de 80 à 90 quintaux par bateau, toujours sans dénomination.

Comme tous ces exemples semblent le confirmer, les fers catalans, qui sont majoritairement ceux du comté de Roussillon, ne sont identifiables par l'historien que lorsque le lieu de leur embarquement d'origine est précisé dans l'acte écrit. Dans le cas contraire, qui est aussi le plus fréquent, ils se diluent dans un système de redistribution complexe, opéré par cabotage, ce qui rend impossible tout examen précis du trafic à partir des sources écrites[42]. Rappelons que sur les côtes de la Méditerranée, de Marseille à Barcelone, des fers de diverses origines circulent et sont rarement distingués quand la cargaison est enregistrée par l'écrit[43]. Si à Narbonne des marchands achètent du fer de Lacaune, du fer est débarqué sur le port en provenance de Gruissan et le fer catalan y trouve également preneur[44]. Il peut atteindre Marseille. Mais quelle est l'origine du fer qu'exporte Valence vers Collioure ? Tout le fer réexpédié par Barcelone est-il d'origine catalane ? Quand en 1393, Pere Taqui, qui est le facteur de Datini, achète 84 quintaux de fer en verges à Guillem de Perpertuse, que compte-t-il faire de ce métal fabriqué en France mais dont on sait qu'il est produit à partir de minerai catalan ? Il faut ici rappeler que Pere Taqui est à l'origine de l'achat de fil de fer lombard importé vers Perpignan durant la même période[45]. On ne peut rejeter l'hypothèse d'une redistribution possible du fer qu'il a acheté à Guillem de Perpertuse par le réseau Datini. Ainsi, la complexité des circulations ne permet pas de répondre simplement à la question des origines du fer, car les comptabilités, les actes notariés, les leudaires et les registres de leude ignorent souvent les désignations ou appellations particulières.

Pourtant, cette circulation du fer catalan ne s'applique pas à des tonnages globaux insignifiants, même s'ils sont fragmentés et ne profitent pas, contrairement aux fers basque ou lombard, de la lisibilité que confèrent souvent la massivité des envois et la conservation de sources fiscales, dont on connaît la richesse dans la Couronne de Castille. Même s'il est impossible de mesurer la part du fer catalan circulant sur les rives de la Méditerranée, il conviendrait d'éviter deux écueils. Le premier consisterait à proclamer la forte présence du fer catalan en Méditerranée jusqu'à supposer sa livraison importante vers le Levant, impossible cependant à mesurer du fait de l'interdiction d'exporter armes et fers aux musulmans[46]. L'autre serait, à l'opposé, de gommer toute présence du fer du comté de Roussillon en Méditerranée, éliminé par la domination des fers basques et italiens. Cela aboutirait à nier l'importance des revenus que la Couronne tire du fer exporté, comme les preuves de son embarquement à partir de Collioure et de Canet aux cours des XIVe et XVe siècles[47]. Je choisirai une position médiane. Au moins durant la première moitié du XVe siècle, période qui correspond aux sources rassemblées localement et aux monographies dédiées à de grands ports méditerranéens, une partie du fer catalan est incontestablement exportée. Cependant, il est très probable que ses flux et son espace de redistribution aient été beaucoup plus étroits qu'il n'a été souvent affirmé. Les campagnes comme les villes de Catalogne ont sans doute été les principales consommatrices du fer produit en Roussillon. Cependant, s'il n'a pas envahi la Méditerranée, le fer catalan n'en est pas davantage absent. Son mode de distribution le rend souvent invisible aux yeux de l'historien. C'est à ce stade qu'il conviendrait, une nouvelle fois, d'interroger la désignation de « fer d'Espagne » qui qualifie le fer distribué par les Basques sur la façade atlantique, et plus largement dans le nord de l'Europe. Il ne faudrait pas le confondre abusivement avec le « fer de Biscaye », nommément mentionné de Séville à Barcelone. On peut émettre l'hypothèse selon laquelle le « fer d'Espagne » pourrait rassembler des fers de différentes régions d'Espagne, accessibles par les marins biscayens.

Peut-être, parmi le fer diffusé par les Basques vers le nord de l'Europe, le fer catalan a-t-il une place dans les cales des navires marchands ? S'il demeure difficilement identifiable à cette échelle d'observation, l'enquête menée à partir des registres notariés offre, en revanche, la perspective d'une désignation marchande du fer catalan, perceptible au plus près de la production.

Le fer terssat et l'hétérogénéité des fers médiévaux

Rappelons qu'il faut attendre les années 1450 pour que le fer du haut Sabarthès profite d'une appellation (« fer de Foix »), sans doute pour se distinguer dans un marché en expansion où s'imposent des qualités différentes et des demandes spécifiques[48]. Il convient, à ce stade de la démonstration, de s'interroger sur la mention de fer *terssat*, *terceyat*, *terciat* ou *tercerat* dans les registres d'Arles. Ce terme apparaît en effet en 1428 dans le cadre d'un important contrat de livraison portant sur 87 quintaux de fer *tercerat* des moulines de Serramitja et de Baillestavy, sans que le prix soit indiqué[49]. De telles mentions se multiplient à partir de 1444, à peine six ans avant que la documentation d'Arles s'interrompe. À cette date, le prix de l'amodiation de la mouline de Galdares est exigé en livraisons hebdomadaires de fer *tersserat*[50]. En 1445-1446, cinq contrats de vente à crédit portant sur de petites quantités font référence à ce type de fer[51]. Enfin, en décembre 1445, 42 quintaux de fer *terssat* sont versés pour l'achat de biens immobiliers par des maîtres de moulines[52].

Les mentions de fer *terssat* demeurent rares. Avant l'examen des notaires catalans, j'avais pu en dénombrer deux : l'une dans un compte de La Robine enregistrant les produits déchargés sur le port de Narbonne au XVe siècle et l'autre dans un acte notarié du XVIe siècle rédigé dans le Vicdessos[53]. Dans le second cas, le fer *terssat* selon la description qu'en donne Maître Grandmont notaire à Vicdessos correspondrait à « *dus quintals ferr fort et ung quintal verga*[54] ». Dans le premier cas, le fer *terssat* est tout simplement cité dans la comptabilité portuaire qui le distingue du « fer de Foix » et du « fer fort », également débarqués sur les quais de Narbonne. Or, le « fer fort » n'est pas non plus inconnu des registres des notaires du Vallespir, même s'il est rare. Il passe en 1407 entre les mains d'un revendeur qui l'achète avec du fer en verges[55]. En 1418, il est vendu avec du fer en verges et en *rellades*[56]. Il est également enregistré dans l'inventaire d'un forgeron décédé où sont comptabilisés les outils et la matière première : deux verges de fer, une de « fer fort », sept barres de fer[57]. Précisons que le « fer fort », qui est courant sur les marchés du Languedoc et de la Catalogne du XVIe au XVIIIe siècle, est un fer carburé, dont le prix est supérieur au fer en verges et qui correspondrait, selon les normes qualitatives contemporaines, à un type d'acier[58]. La première mention repérée jusqu'à présent, l'était sur le port de Narbonne, au milieu du XVe siècle[59].

Toutes ces remarques aboutissent à un faisceau de questions. Le fer *terssat* mentionné dans les actes du Vallespir, aussi bien au sortir de l'atelier qu'échangé de mains en mains, est-il un produit caractéristique de la Catalogne ? Rien de très surprenant à ce qu'il apparaisse dès cette période sur le port de Narbonne, qui s'affirme alors comme une place de redistribution des fers régionaux. Plus surprenant est la définition qu'en donne le notaire de Vicdessos alors que le fer *terssat,* cette mention exceptée, est absolument inconnu du comté de Foix du Moyen Âge au XVIIIe siècle. Au stade où en est la recherche, et alors que les textes sont si peu nombreux que la moindre découverte peut changer le cours de la démonstration, il apparaît pourtant clairement que le fer *terssat* est une appellation plus courante dans les montagnes du Roussillon et sur les rives de la Méditerranée qu'au cœur des Pyrénées[60]. Si en catalan le terme *terssat* désigne un rapport un tiers-deux tiers, s'agit-il de rendre compte de la forme du produit tel qu'il apparaît traditionnellement au sortir de l'atelier : deux tiers de fer en verges pour un tiers de fer gros ; ou bien d'un rapport deux tiers-un tiers offrant d'autres combinaisons de formes, comme le suggère un acte qui prévoit que le fer *terssat* soit livré pour deux tiers en verges et un tiers en *rellades* ? Sans pour autant dépasser le niveau des hypothèses, il n'est pas inutile de rappeler que le conditionnement permet l'identification de certains fers à l'époque moderne[61]. Le fer *terssat*, (un tiers/deux tiers), proposé sur les marchés selon cette répartition, pourrait être repéré par les acheteurs comme spécifiquement catalan. Dernière question et dernière hypothèse : à partir des différentes définitions du fer *terssat*, peut-on rapprocher les mentions du Vallespir « fer en verges et fer gros » de celle de Maître Grandmont notaire ariégeois, « fer verga et fer fort » et assimiler ainsi fer gros et fer fort ? Je ne m'y risquerais pas, car le *ferrum grossum*, qui apparaît dans des corpus en dehors de toute relation avec la Catalogne, désigne couramment un fer qui n'est pas *operatum,* c'est-à-dire un fer peu travaillé sous le marteau et non un type d'acier, comme le « fer fort ».

Si le fer *terssat* peut correspondre à la forme et à la répartition marchandes du produit dans un même lot, l'écrit des notaires catalans ne permet pas de lui attribuer clairement une qualité qui lui serait particulière, mais simplement une présentation offrant deux niveaux d'élaboration du fer, qu'il s'agisse de fer gros et de fer en verges ou de fer en verge et en *rellades.* Un seul acte précise de façon exceptionnelle que le fer *terssat* devra être livré selon une seule forme : en verges et non en barres[62]. Cette mention ouvre une nouvelle interprétation : le terme *terssat* désignerait-il également une qualité spécifique de métal ? On sait que certaines désignations se rapportent tout autant à la forme qu'à la qualité du métal. Ainsi, à partir du cas du comté de Foix, j'ai pu démontrer que le « fer de Foix » du XVe siècle correspondait aux *merlaria* ou *merlana* des années 1300, c'est-à-dire à des merlins ou barres rondes, le terme *merlaria/merlana* désignant à la fois une forme et une qualité de métal. Dans le cas du fer *terssat*, le produit, qui est divers quant à sa forme, pourrait être hétérogène quant à sa qualité, ce qui serait une autre interprétation du terme *terssat.* Tout comme le « fer de Foix », le fer *terssat* serait un produit issu de la mouline pouvant, quelle que soit sa forme, offrir aux consommateurs une répartition de « fers » de qualités différentes : des fers et des aciers. Il faut, à ce stade, et alors que les hypothèses s'enchaînent, ajouter à cette enquête deux mentions intéressantes extraites de deux baux des moulines de Saint-Guillem-de-Combret (1321) et de Formiguères (1323). L'un et l'autre mentionnent que les preneurs pourront produire tout le *linyage* (1321) ou *linyatge* (1323) de fer qu'ils souhaiteront. Que désigne ce terme de *linyatge* ? Il peut être rapproché de *linatge*, dont le premier sens est « lignage », mais aussi « origine ». Ce *linyage/linyatge* de fer qui est produit dans la mouline ne pourrait-il pas être l'équivalent de la *merlaria*, qui est la masse de fer brute, « originelle », c'est-à-dire la loupe extraite du bas fourneau et grossièrement compactée sous forme de barres que la documentation nous donne à voir dans le comté de Foix vers 1300 et qui ensuite, tout comme le *linyatge*, disparaît pour être remplacée par le « fer de Foix », au milieu du XVe siècle ? Dans le cas catalan, le fer *terssat* succéderait chronologiquement au *linyatge/linayge*, comme, en Ariège, le « fer de Foix » à la *merlaria*.

Ainsi, du centre à l'est des Pyrénées, on disposerait de produits comparables, mais néanmoins issus de bassins distincts aux minerais caractérisés (minerais du Vicdessos et minerais du Canigou) qui se répartiraient le marché[63]. En effet, il ne semble pas que le « fer de Foix », s'il peut atteindre la Provence et est redistribué tant vers le Rouergue qu'en Languedoc, dépasse, vers le sud, le port de Narbonne. Du moins, s'il le fait, c'est en perdant sa désignation spécifique et en se noyant dans les fers sans nom qui longent la côte méditerranéenne de Narbonne à Valence. Une dernière remarque : les fers qui sont identifiés au début du XVe siècle sur le port de Narbonne sont le « fer de Foix », le fer *frances* de Lacaune, le « fer fort » et le fer *terssat*. Si notre hypothèse sur le fer *terssat* se révélait juste, tous les « fers » débarqués sur le port de Narbonne et produits dans des moulines comprendraient aussi des aciers de réduction directe, extraits de la loupe, c'est-à-dire des aciers naturels. Or les fouilles qui ont été menées récemment sur le site de la mouline d'Aulus, en Couserans (département de l'Ariège), permettent une approche qualitative et métallographique des fers produits par une mouline des XIVe et XVe siècles. Sur les deux ferriers fouillés, et dont le mobilier a été analysé, l'un et l'autre associés à un processus de réduction, tous les produits (scories, mais également plaques de métal et morceaux de lingots) comportent de l'acier, et se composent de différentes qualités d'acier naturel et de fer[64]. Sur le terrain, comme dans les textes, nous sommes dans le domaine des « fers » hétérogènes.

L'acer et le calybs

Qu'en est-il d'ailleurs de l'acier ? Désigné par les termes *acer* et *calybs,* il est très rare dans le contexte technique et économique de la mouline. Ainsi, il n'apparaît jamais dans le commerce du métal organisé dans les bourgs du Vallespir. En effet, si l'acier dit naturel est un composant de la loupe extraite du bas fourneau, il subit couramment un certain nombre d'opérations avant d'être commercialisé, qu'il s'agisse d'acier de fragmentation ou d'acier de cémentation. Résumons rapidement les différentes techniques d'élaboration de l'acier dans le cadre de la réduction directe. Le forgeron peut briser la loupe au sortir du bas fourneau et récupérer les morceaux des différentes qualités d'aciers (des fers plus carburés) qu'il reconnaît à la couleur et à la forme de la brisure. Ces aciers sont des aciers obtenus « par fragmentation ». Quant à l'acier par cémentation, il est élaboré à partir d'un fer placé au contact de carbone et chauffé de telle façon que le carbone se diffuse dans le fer[65]. Il n'est donc pas étonnant que l'acier ne soit saisissable, selon la désignation de *calybs* ou *acer,* qu'à l'extrême fin de la chaîne de distribution, quand le produit est utilisé, sur les chantiers, par exemple[66]. C'est ainsi qu'il apparaît sur celui du château de Perpignan en 1356 où il est acheté pour les mécanismes de l'horloge[67]. Une nouvelle fois, aucune provenance n'est attribuée à cet acier, aucune marque n'est spécifiée. La comptabilité du chantier distingue uniquement trois catégories distinctes d'acier : l'*acer fin*, l'*acer gros* et l'*acer*, toujours achetés à la livre et non au quintal. Ces aciers sont fournis par des forgerons de Perpignan dont certains travaillent sur le chantier, comme Pere Corbos. L'approvisionnement de ces grands travaux s'effectue pendant cinq mois, d'avril à août 1356. Durant cette période, et quels que soient les vendeurs, les prix de l'*acer* comme de l'*acer fin* oscillent entre 12 et 13 deniers la livre, alors que l'*acer gros* est moins cher : 8 à 9 deniers la livre. Or l'*acer gros* est également qualifié de *fer acrench,* le produit est très exactement désigné comme *fer acrench o acer gros*. Ainsi, la documentation offre, une nouvelle fois, ce rapprochement entre fer et acier. Si utiliser les prix pour identifier la qualité d'un produit est une opération délicate, car la qualité n'est qu'une des composantes de la formation d'un prix, le resserrement chronologique des données comptables et le nombre réduit des acheteurs et des vendeurs autorisent ponctuellement ce rapprochement pour le compte de l'horloge. Une comparaison peut être établie entre le prix de l'acier, rapporté au quintal, et celui du fer (*ferrum*). Le fer est vendu régulièrement 32 sous et 6 deniers le quintal ; l'*acer,*

104 sous le quintal ; l'*acer fin*, 112 sous et 6 deniers le quintal et plus souvent 104 sous ; l'*acer gros,* 78 sous le quintal et 69 sous. Les prix de l'*acer* et de l'*acer fin* sont donc très proches. Si la différence de prix se rapporte à une différence de qualité, la situation du chantier de Perpignan en 1356 confirmerait les autres remarques émises sur la qualité des fers produits dans les moulines. Le produit le plus cher, appelé *acer* ou *acer fin,* pourrait correspondre à un métal sélectionné après fragmentation de la loupe à partir de l'acier naturel qu'elle contient, comme on le voit pratiqué à Toulouse exactement au même moment, ou bien à un acier de cémentation. Il s'agit, en tout cas, d'un fer suffisamment carburé pour qu'on lui reconnaisse les propriétés qui sont spécifiquement celles d'un acier : dureté et souplesse nécessaires aux mécanismes de l'horloge du château. Le produit au prix intermédiaire, le *fer acrench* ou *acer gros,* pourrait correspondre à une qualité inférieure d'acier, ou à un métal hétérogène issue de la loupe, courant dans le territoire technique de la mouline.

À ce premier stade de l'enquête sur les produits, une seule certitude se dégage : la difficulté à approcher la qualité des fers et leur espace de diffusion à partir des seules sources écrites. Néanmoins, il apparaît clairement que (1) le fer produit sur les versants du Canigou est distribué tant localement que dans le royaume de France et sur les rives de la Méditerranée, dans ce cas le plus couramment par cabotage jusqu'à Valence, et par petites quantités (toutes ces conditions rendent son repérage difficile) ; que (2) sa forme et sa qualité sont comparables à celles expertisées dans d'autres lieux du territoire technique de la mouline : un fer aux formes variées et traditionnelles et à la qualité hétérogène, du fait d'une carburation différentielle. Contrairement à d'autres, le fer produit tant en Vallespir qu'en Conflent ne profite pas d'une dénomination d'origine, mais la reconstitution des modalités de sa distribution nous assure qu'il est reconnu sur les marchés. Cette reconnaissance se fait par le biais des hommes qui assurent sa commercialisation. Le fer est toujours celui de deux hommes : le forgeur qui l'a réduit (souvent associé au nom de l'atelier) et le marchand dont le réseau des fournisseurs est connu. Il faut à présent faire intervenir un troisième homme : celui qui achète le fer. Son identification est fondamentale pour comprendre la formation des prix du fer, qui ne dépend pas uniquement de la qualité du matériau, ni d'une loi du marché induite du rapport entre l'offre et la demande, mais des relations nouées entre vendeur et acheteur, nourries de l'ancienneté et de la complexité des affaires qui les ont rapprochés. Les mécanismes en jeu doivent donc prendre en compte la qualité respective des contractants. Le corpus des notaires du Vallespir permet d'approcher un marché où la valeur des hommes intervient dans la fixation des prix.

Chapitre 9

Prix des fers et valeur des hommes

Si le corpus rassemble soixante-quinze prix du fer, seuls soixante-trois sont utilisables par l'historien, car ils sont énoncés dans des situations comparables (formes et qualités du fer spécifiées, production dans les moulines des environs). Ils ne correspondent ni à des pignorations ni à des formes de troc monétarisé mais à des ventes anticipées ou à des ventes à crédit conclues devant notaire[1]. La mise en perspective des flux commerciaux présentée au chapitre précédent rend compte de l'intérêt qu'il y a à examiner les marchés et les prix à l'échelle d'un bourg et de sa région (le Vallespir) puisque les informations collectées intéressent davantage l'espace local et régional (le comté de Roussillon, le Vallespir et le Conflent) que « le grand commerce ».

Le fer le plus souvent acheté est celui qui est désigné par le simple vocable *ferrum*, sans davantage de précision. On dispose de quarante prix de fer (*ferrum*) distribués irrégulièrement pendant une quarantaine d'années, de 1401 à 1446, avec un hiatus de la documentation de 1425 à 1444[2]. Tous sont formulés dans le cadre de vente à crédit, portant, à une exception près, sur des quantités n'excédant pas 15 quintaux, et en majorité inférieures à 6 (vingt-quatre cas sur les quarante ; 4,9 quintaux par contrat en moyenne), rassemblant au total une quarantaine d'individus[3]. Or, durant cette période de quarante-cinq ans, aucune tendance, tant à la hausse qu'à la baisse, ne se dégage nettement de l'examen de ces prix. Le prix du *ferrum* est soumis à de nombreuses micro-irrégularités dans un contexte monétaire globalement stable. Il oscille entre 36 et 27 sous le quintal, pour une moyenne des prix de 32,4 sous[4].

Fig. 15. Le prix du fer au détail (Arles, 1401-1446)

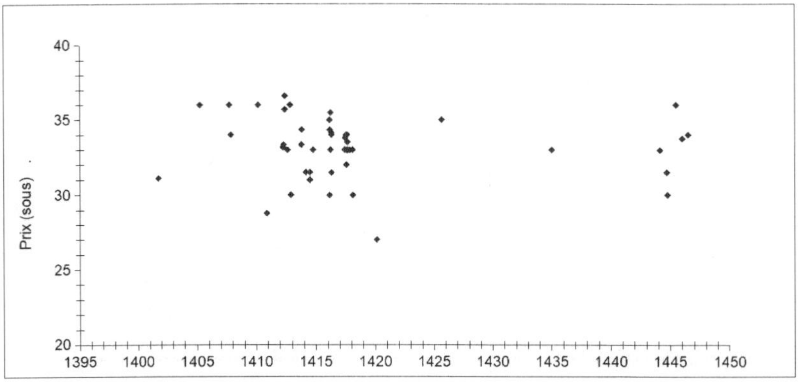

Vingt prix correspondent à la vente de fer semi-ouvré, en verges et/ou en plaques et/ou gros, souvent selon une proportion de 1/3-2/3 ; douze dans le cadre de ventes anticipées portant sur des quantités pouvant atteindre plus de 50 quintaux (soit, et selon l'ordre chronologique des actes, 110, 50, 70, 102 et 55 quintaux) mais qui sont en majorité inférieures ou égales à 20 quintaux (soit 7, 12, 8, 20, 20, 12, 20 quintaux) et huit correspondant à des ventes à crédit portant sur des quantités oscillant entre 2 et 6 quintaux[5].

Fig. 16. Prix du fer en gros (Arles, 1400-1414)

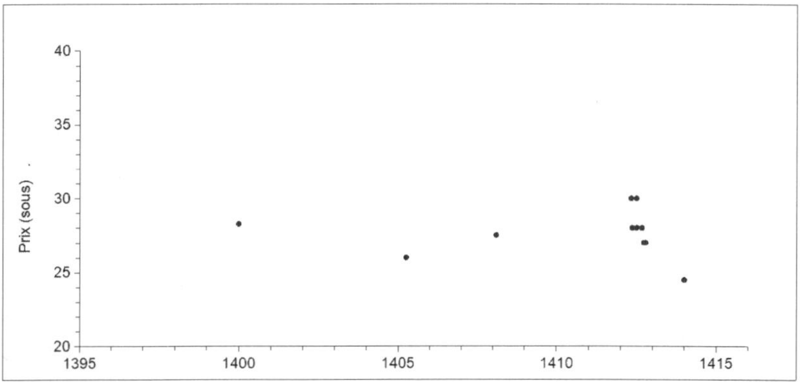

Si le second groupe de prix (correspondant aux ventes à crédit) s'apparente tout à fait au prix du *ferrum* tant pour ses valeurs que pour ses micro-irrégularités (moyenne : 32,02 sous), le premier (correspondant aux ventes anticipées) offre des prix plus bas, soit une moyenne de 27,6 sous pour les douze prix rassemblés, et surtout beaucoup moins irréguliers puisque l'ensemble des valeurs est ramassé entre 24,5 et 30 sous le quintal.

Le fer *terssat* apparaît dans la documentation en 1428. Dans ce cas, la désignation du fer n'est pas accompagnée de son prix. Il faut ensuite attendre 1444, c'est-à-dire l'extrême fin du corpus, pour que les mentions deviennent plus nombreuses et plus précises. Or seuls trois prix fiables peuvent être conservés à partir de 1445, sur six actes. Tous correspondent à des ventes à crédit. Dans ce cas, le prix du fer *terssat* oscille entre 30 et 32 sous au quintal[6].

Précisons que les prix enregistrés dans les actes de ventes à crédit ou de ventes anticipées sont rarement indiqués au quintal (quelles que soient la qualité ou la forme du fer), mais portent sur la totalité du fer vendu, la quantité étant généralement indiquée dans l'acte de vente. Dans trois documents où le prix global est accompagné d'un prix à l'unité (au quintal), aucune erreur n'a été constatée dans le traitement arithmétique des prix, ce qui justifie que l'on puisse traiter l'ensemble du corpus de telle façon que le prix au quintal soit déduit du prix global déclaré dans l'acte et rapporté à la quantité vendue. Ainsi, les prix au quintal qui constituent la trame de l'étude résultent d'un premier et élémentaire traitement des documents. Précisons également que, dans le cadre des ventes à crédit, la valeur du crédit n'est jamais précisée, seul l'est le terme du crédit. De même, les contrats de ventes anticipées précisent uniquement le délai de livraison, d'un mois à plus d'un an, les cas de non-livraison à terme étant d'ailleurs fréquents. Ces contrats de ventes anticipées sont mieux connus dans le domaine des produits agricoles, où ils correspondent couramment à des achats de récoltes sur pied[7]. Dans le cas du fer, ils permettent à l'acheteur, qui est aussi un prêteur, un accès au produit de son choix au prix le plus bas du marché. Pour le vendeur, il s'agit de profiter d'une forme de crédit. Pas plus que pour les ventes à crédit, l'intérêt n'est précisé dans les actes de ventes anticipées. Incontestablement, l'usage des contrats de ventes anticipées permet un contrôle du marché, par un accès direct aux produits et au meilleur prix.

Que peut-on mesurer lorsque l'on juxtapose ces prix de fers de qualité et de présentation diverses, tout en gardant fermement à l'esprit le cadre du contrat : vente anticipée ou vente à crédit ? En fait, il apparaît clairement que la distinction entre les prix du *ferrum* et du fer semi-ouvré (en verges, en plaques, *grossum*) permet de distinguer des marchés distincts aux contraintes différentes : un marché de gros, organisé autour des ventes anticipées, qui réunit *ferrarii* (c'est-à-dire ceux qui amodient les moulines), forgeurs et un nombre restreint de marchands, majoritairement d'Arles, que l'on pourrait qualifier de marché des experts ; un marché de redistribution plus diffus, plus capillaire, c'est-à-dire concernant un nombre plus élevé de participants et irriguant l'ensemble de la vallée, de Prats-de-Mollo au Boulou. Les ventes à crédit en constituent la base (voir figures 15 et 16). Il faudrait y ajouter un troisième niveau de transaction, où le fer est autant un produit à vendre qu'un moyen de paiement et qui concerne prioritairement les producteurs de fer, dont il faut rappeler qu'ils sont, en ce début du XVe siècle, majoritairement des étrangers.

Le « prix de Pere Noelli » et le marché des experts

Pour éclairer la formation des prix et plus globalement la compréhension des mécanismes du marché, il ne suffit donc pas d'aligner les prix en fonction des produits, c'est-à-dire de leur forme et de leur qualité. Le prix du produit rapporté à sa dénomination marchande ne suffit pas, en effet, pour guider la réflexion, il faut, en priorité, examiner les conditions de l'échange rapportées à la dénomination du fer. On s'aperçoit alors que la plupart des fers en verges, ou bien débités sous d'autres formes, et parfois le fer *terssat*, sont l'objet de ventes anticipées conclues entre les producteurs et certains marchands qui achètent des quantités pouvant dépasser les 100 quintaux.

Dans ce contexte, en 1428 et à propos de la vente de fer en verges, alors que le forgeur de la mouline de Serramitja promet de livrer 87 quintaux de fer en verges des moulines de Serramitja et de Valmanya à un marchand de Joch (en Conflent), présent en Vallespir, la vente est conclue au « juste prix », mais le prix de la transaction n'est pas précisé[8]. Cette mention est unique et d'autant plus intéressante qu'elle met en relation un produit spécifique (fer en verges), les modalités d'appréciation de sa valeur (« juste ») et la qualité du travail sous-entendue par la mention du vendeur, le forgeur qui a élaboré le produit. Inscrite dans le contexte d'un marché local, la mention du « juste prix », qui apparaît au détour d'une minute, énoncée comme une constatation d'ordre général, démontre combien la notion, sinon la pratique, du juste prix est une référence commune dans ce bourg de montagne au début du XVe siècle. L'intérêt qu'il y a à la signaler se double du rapprochement que l'on peut opérer entre cette mention et une autre désignation se rapportant au prix du fer du Vallespir, désignation également usitée par les producteurs eux-mêmes. En effet, quel rapport entretient ce « juste prix » (c'est-à-dire un prix défini localement, correspondant à une appréciation commune et à une valeur d'usage) avec « le prix de Pere Noelli et des autres marchands d'Arles », tel que l'énoncent et le pratiquent les forgeurs de la mouline de Léca en 1438[9] ?

Encore une fois, la vente de 1438 est conclue avec un producteur, dans ce cas les Longal, forgeurs de Léca. Les quintaux de fer qu'ils livrent sont désignés par eux comme *boni, pulchri et mercaderi* et sont vendus au « prix de Pere Noelli et des autres marchands d'Arles »[10], c'est-à-dire au prix auquel ces marchands achètent leur fer aux forgeurs. Comme dans le cas du « juste prix », le montant du « prix de Pere Noelli » n'est pas mentionné. Cette omission a-t-elle un sens ? Elle relève sans doute de la pratique et des habitudes : le prix est connu, il fait référence, il n'est donc pas nécessaire de l'écrire dans une minute. Nous sommes en 1438. Pourquoi Pere Noelli ? Cet homme est régulièrement désigné comme *mercator*, ce qui en soi est tout à fait intéressant, car il est exceptionnel que les individus qui s'adonnent au commerce soient aussi clairement qualifiés. Il est puissant à l'échelle du bourg, où il investit (achat de parts de teinturerie) et où il soutient les affaires communales (accordant des prêts récurrents à la communauté). Bien mieux, il est désigné plusieurs fois au début du XVe siècle comme habitant de Perpignan, bien que vivant à Arles où il est très actif. Comme je l'ai déjà souligné, cette domiciliation, dont l'intérêt fiscal est évident, facilite les échanges commerciaux entre le bourg et la cité. Sa situation par rapport au marché du fer est originale car il est le gendre de Pere Bonabosch, de la famille Bonabosch, famille de forgerons de père en fils, et le procurateur de son beau-père, lui aussi forgeron, à partir de 1412. C'est d'ailleurs en 1412 que son activité est particulièrement étoffée. En avril, Pere Noelli fait quittance à Azemar, forgeur de Léca, de la livraison de 39 quintaux de fer sur les 150 que ce dernier lui doit[11]. On ignore à quand remontait cet achat anticipé, ni quand il sera définitivement soldé. Cependant, Pere Noelli est encore en contact avec Azemar, toujours forgeur de Léca, quelques mois plus tard, en septembre. Cette fois-ci, les acheteurs sont au nombre de quatre, il pourrait bien s'agir de Pere Noelli et « des autres marchands d'Arles », puisque ce dernier est entouré de Joan Castaneda, de Guillem Torrent et de Pere Colomina. L'achat anticipé porte alors sur 102 quintaux de fer, partie en verges et partie en fer gros, qu'Azemar promet de livrer. Le prix est de 153 écus pour l'ensemble, soit un prix au quintal, toute qualité confondue, de 27 sous[12]. Toujours au mois d'avril 1412, Pere Noelli avait conclu un autre achat anticipé avec Joan March, pour une quantité nettement inférieure, soit 20 quintaux, mais avec le même souci de la provenance puisque ce fer devait être produit dans la mouline de Galdares et livré sous forme de verges et de fer gros. Le prix au quintal était de 28 sous[13]. La mouline de Galdares est d'ailleurs au centre d'une autre affaire. En juin et en juillet de la même année, Pere Noelli, cette fois entouré de ses compères Joan Castaneda et Guillem Torrent, nomme un procurateur pour réclamer à Arnaud Foher el Cabirol, forgeur de Valmanya, mais qui l'avait été auparavant de la mouline de Galdares, 311 quintaux achetés en 1409 et qui n'avaient toujours pas été livrés[14]. Cette dette, dont on ignore si elle sera soldée, n'empêche pas les mêmes Pere Noelli, Joan Castaneda et Guillem Torrent, et le même Arnaud Foher de contracter un nouvel achat anticipé au mois d'août portant sur 20 quintaux de la mouline de Galdares, en verges et en fer gros, sans que les 311 réclamés soient mentionnés[15]. Le prix au quintal est à nouveau de 27 sous. Mais rappelons que c'est plus tard, en 1438, que les forgeurs de Léca, cette fois-ci les Longal, font référence au prix de Pere Noelli et des autres marchands d'Arles. Or les registres n'ont conservé aucun achat de fer de Pere Noelli entre 1412 et 1446, année où s'interrompt la documentation d'Arles consacrée aux marchés du fer.

Une fois regroupées les informations disponibles sur les prix pratiqués par Pere Noelli, on aboutit à la constatation suivante : quand il achète du fer, Pere Noelli, qu'il soit seul ou avec ses trois autres associés d'Arles, le fait prioritairement aux forgeurs des moulines les plus proches, forgeurs qui sont aussi, dans ce cas, les locataires de Léca, Galdares et Valmanya. Pere Noelli leur achète de grosses quantités, surtout rapportées au marché de redistribution d'Arles qui intéresse des volumes souvent inférieurs à 6 quintaux. Dans ce contexte, les 142 quintaux achetés globalement en 1412, comme les 311 commandés en 1409, sont tout à fait exceptionnels même si, pour 122 quintaux achetés sur les 142, Pere Noelli partage ses responsabilités avec d'autres acheteurs : Joan Castaneda, Guillem Torrent et Pere Colomina. En 1412, les prix d'achat qui sont les leurs, pour la même qualité de fer (fer en verges et fer gros), sont respectivement de 28 sous par quintal pour 20 quintaux de fer de la mouline de Galdares ; 27 sous pour exactement la même quantité, soit 20 quintaux, mais provenant de la mouline de Valmanya, et 27 sous le quintal pour 102 quintaux de celle de Léca. Remarquons, à ce stade de la démonstration, que la quantité achetée ne semble pas se répercuter sur le prix au quintal tel que l'on peut le déduire du contrat. Il est vrai aussi que les ateliers d'origine sont différents. Sans doute peut-on considérer ces prix comme « ceux de Pere Noelli et des autres marchands d'Arles », c'est-à-dire ceux auxquels lui et ses compagnons achètent le fer des producteurs.

Notons qu'il s'agit d'un bas prix (compris entre 27 et 28 sous le quintal), même rapporté au marché des experts, c'est-à-dire correspondant à d'importantes quantités achetées directement aux producteurs par des acheteurs que l'on peut qualifier de connaisseurs. La même année 1412, pour 110 quintaux achetés au forgeur de Léca, le marchand de Puigcerdà, Pere Embort, paie le quintal de fer 30 sous[16]. Rappelons que quelques mois plus tard, et auprès du même forgeur, pour 102 quintaux, le marché était conclu par Pere Noelli et ses acolytes contre 27 sous le quintal[17]. Toutefois, il convient de signaler que la commande de Pere Embort correspond à des fers en verges mais également à des fers en plates, étalonnés selon des poids précis. Si l'on s'en tient à un marché fondé sur la notion du juste prix, on peut supposer que la différence constatée tient à la précision du travail de martelage qui correspond à une commande portant sur des produits différents, aux poids particuliers. Cependant, inutile de préciser que nous n'avons aucune certitude que la différence de prix tienne à ce paramètre technique.

Il convient à présent de comparer plus largement les prix de Pere Noelli à ceux pratiqués par d'autres acheteurs auprès des forgeurs dans le cadre d'achats anticipés et exclusivement pour du fer en verges. Les cas clairement identifiés ne sont pas si nombreux qu'ils ne puissent être rapportés. Dès 1400, Joan March, frère de l'*arrendator* de la mouline de Galdares, vend 7 quintaux de fer en verges au prix de 28 sous et 3 deniers le quintal à un pareur d'Arles[18]. Le même Joan March, cette fois-ci en 1408, vend 8 quintaux au prix unitaire de 27 sous et 6 deniers[19]. Or l'acheteur est un des associés de Pere Noelli, Joan Castaneda, tendeur d'Arles. En 1412, quand Joan March vend 20 quintaux au notaire Joan Germa, le prix est plus haut, soit 30 sous le quintal[20]. Joan March vendait la même année (en 1412) 20 quintaux de fer à Pere Noelli au prix de 28 sous le quintal[21]. Toujours en 1412, le forgeur de Léca, Azemar, vend à Joan Castaneda le fer en verges à 28 sous le quintal (commande de 50 quintaux)[22]. Il fera le même prix au boucher Antoni Massani d'Arles pour du fer en verges et du fer gros (70 quintaux achetés)[23]. Mais, encore la même année, le forgeur de Valmanya ne le vendra que 27 sous au boucher Guillem Torrent, autre associé de Pere Noelli[24]. Par deux fois, en 1405 et 1406, Joan Castaneda achète à des hommes de La Bastide pour 26 sous le quintal de fer en verges[25]. Le prix le plus bas est incontestablement celui contracté en 1414 entre les forgeurs de Serramitja et Pere Colomina, apothicaire qui, lui aussi, est un moment associé avec Pere Noelli. Dans ce cas, les 55 quintaux livrés en *vergues*, *cayrons* et *plates* de dimensions précises sont concédés contre 24 sous et 6 deniers le quintal[26].

Il apparaît que sur le marché d'Arles, de 1400 à 1414, quand il s'agit de se procurer du fer auprès des moulines des alentours, jusqu'à La Bastide, les acheteurs sont peu nombreux et tous d'Arles, à une exception près (un marchand de Puigcerdà). Deux rares actes prouvent que des contacts directs peuvent être établis avec des acheteurs de Perpignan, sans passer par les intermédiaires arlésiens, mais aucun d'eux ne mentionne de prix. La nomination d'un procurateur par le forgeur de Serramitja pour récupérer 18 sous prouve que ce forgeur est en contact direct avec un *traginer* de Perpignan qui lui doit de l'argent pour le fer qu'il lui a acheté[27]. De même, le *ferrarius* de Léca et de Serramitja vend au forgeron de Perpignan Jaume Bastardi 20 quintaux de fer en verges (en 1412)[28]. Excepté ces deux actes, les acheteurs sont majoritairement Pere Noelli et ses associés et, tout particulièrement, Joan Castaneda. Il faudrait ajouter à ce groupe arlésien Pere Embort, le marchand de Puigcerdà, mais qui n'intervient qu'une fois ; de même et également pour un seul achat : Pere Antoni Michaelis, tendeur d'Arles (c'est-à-dire commerçant au détail) ; Joan Germa, notaire de ce même bourg ; Antoni Massani, boucher d'Arles, et Berenguer Branya, boucher également, mieux connu pour son activité de revente. Le contrat qui le mentionne comme acheteur ne propose aucun prix du fer. Cependant, le forgeur de Léca lui doit de l'argent et du fer, beaucoup de fer, soit 40 quintaux non livrés en 1414 sur les 60 commandés en 1410, auxquels s'ajoutent 100 écus, dus depuis 1412[29].

Indéniablement, ce sont Pere Noelli et ses trois associés qui obtiennent les meilleurs prix, c'est-à-dire les prix les plus bas, pour le fer en verges, qu'il soit ou non associé à du fer gros. Ainsi, le prix du fer pratiqué dans le cadre de ventes anticipées par les acheteurs que sont Pere Noelli, Joan Castaneda, Guillem Torrent et Pere Colomina, est inférieur ou égal à 28 sous le quintal pour un prix plancher de 24 sous et 6 deniers, alors que les autres acheteurs qui sont présents sur le même marché, Pere Embort et Joan Germa, se le procurent pour 30 sous ; Pere Antoni Michaelis, pour 28 sous et 3 deniers, et Antoni Massani, pour 28 sous. Ces différences de prix ne s'expliquent ni par la quantité achetée (les prix ne sont pas forcément plus bas lors d'achat en nombre), ni par la forme plus ou moins élaborée du produit (le prix le plus bas correspond à une commande où les fers doivent être débités selon des tailles différentes), ni par les délais de livraison qui d'ailleurs ne sont pas forcément respectés. À l'opposé, la position des acheteurs paraît fondamentale comme le confirment nettement les deux contrats de 1412 où le même vendeur (Joan March) vend à un mois d'intervalle une même quantité de fer, d'égale qualité, à deux acheteurs différents et à deux prix différents, soit 28 et 30 sous. L'un d'entre eux est Pere Noelli.

Cependant, si différence il y a, elle est faible. En fait, il y a bien un prix arlésien du fer en gros, stable et relativement resserré, même si à l'extrême les prix oscillent entre 24 sous et 6 deniers, prix plancher et exceptionnellement bas obtenu en 1414, et 30 sous. Cette constatation trouve des résonances au-delà de la vallée du Tech, pour une période antérieure. Quand en 1383 un forgeur, celui de Gincla, une mouline du royaume de France très étroitement associée à la Catalogne par le minerai qu'elle réduit (minerai du Canigou), vend du fer à un forgeron de Perpignan (200 quintaux de fer en verges) le prix au quintal est de 27 sous[30]. Le même forgeron achètera la même année 100 quintaux de fer en verges, en plaques et en *rellades* à un homme de Joch et il le paiera à nouveau moins de 30 sous le quintal, soit 29 sous et 10 deniers, livrable de Prades à Perpignan[31]. En 1391, 88 quintaux de fer en verges, objets une nouvelle fois d'un achat anticipé par un pareur de Perpignan, ne valent que 25 sous le quintal[32]. Il s'agit bien d'un même ordre de prix, toujours inférieur à 30 sous. On peut estimer que l'on s'approche, dans ce cas également, d'un prix de référence et peut-être du « juste prix », énoncé par la documentation arlésienne[33]. Par ailleurs, il apparaît que Pere Noelli et ses compagnons disposent d'une situation leur permettant d'acheter au plus bas prix, du fait de leur forte présence sur le marché, puisque huit sur douze des ventes anticipées passent entre leurs mains. Ils le font, cependant, dans le contexte d'un marché cadré. Néanmoins, les 734 quintaux de fer qui sont ainsi extraits des ateliers et que les actes notariés ont enregistrés ne représentent pas toute la production des moulines des environs d'Arles pendant quatorze ans, et il est indéniable que l'écrit n'a conservé qu'une partie des flux du commerce de gros[34]. Il est donc possible que la position maîtresse de Pere Noelli et de ses alliés soit tout à fait relative. Néanmoins, c'est bien à leur prix que se réfèrent les forgeurs, encore en 1438.

Il faut souligner une dernière caractéristique du marché de gros : l'écu y intervient majoritairement, qu'il soit monnaie de compte ou monnaie réelle[35]. Certes, les ventes en gros se nouent entre 1400 et 1414, c'est-à-dire durant une période où le florin d'Aragon connaît une nette dépréciation. L'écu de France, d'une meilleure tenue, s'impose alors dans les échanges au point que son usage est momentanément autorisé par ordonnance royale en 1406, officiellement pour un an[36]. Notons que Pere Noelli et ses compagnons sont au fait de la valeur réelle du florin d'Aragon, ce qui n'est pas surprenant sur un marché monétarisé comme celui du bourg d'Arles[37]. Il est possible qu'à ce choix fondé sur une connaissance de la valeur réelle de la monnaie s'ajoute un autre, plus commercial. Effectivement, une partie du fer produit en Roussillon est ensuite distribuée vers la France. À proximité de la frontière entre le royaume de France et la Couronne d'Aragon, il n'est pas impossible que l'usage de l'écu soit un atout supplémentaire pour ceux qui se livrent au commerce du fer en gros. Il y a bien ici un niveau particulier d'échange, caractérisé par la qualité des contractants, par la qualité du fer semi-fini désigné comme provenant de telle ou telle mouline, par le prix du fer relativement stable et qui est le plus bas du marché et par la monnaie d'or qui sert de support à ces échanges, l'écu de France[38]. Cependant, il est impossible de poursuivre cette étude après 1414, date à laquelle les achats anticipés disparaissent de la documentation. Ce n'est qu'à l'extrême fin de la période que ce type de transactions portant sur d'importants tonnages réapparaît, mais les documents rassemblés concernent le fer de Lacaune payé en moutons d'or et les marchés sont uniquement passés de marchand à marchand, cette fois-ci dans le port de Narbonne. Le système aurait-il changé ? Le marché de gros disparaissant des registres notariés d'Arles aurait-il quitté le bourg ? Mais l'écrit lapidaire qui nous est parvenu rend-il compte de la réalité ? Il est évident que la seule consultation des notaires d'Arles et de Céret ne suffit pas pour éclaircir la question de la réorganisation des flux marchands, à partir des années 1420, quand la reprise est nette. Sans doute faudra-t-il déplacer le regard et le porter vers Perpignan et Narbonne.

Mais revenir à l'observatoire arlésien n'est pas inutile, car il permet d'autres constatations. Si je choisis d'examiner à nouveau l'ensemble des prix pratiqués dans l'espace borné que constitue le marché d'Arles, tous extraits de sources homogènes (les notaires d'Arles et de Céret), un autre marché s'ajoute à celui des experts : un marché de redistribution. Les sources sont identiques, les lieux également, certains hommes circulent d'un marché à l'autre, pourtant le mouvement des prix est différent, et cela même si on restreint la comparaison à la courte période commune à tous les contrats qui s'écoule entre 1400 et 1414.

Le marché de redistribution et la valeur des hommes

Pere Noelli et deux de ses associés se retrouvent sur le marché de redistribution où ils vendent le fer, couramment désigné dans ce cas par le terme de *ferrum*. D'ailleurs, ce trio ne conclut d'affaires en commun que pour le fer, les uns et les autres déployant d'autres activités avec d'autres hommes. Commençons par Joan Castaneda. À la seule lecture du corpus, il aurait été plus juste de dire que le prix du fer était celui de « Joan Castaneda et des autres marchands d'Arles », car Joan Castaneda est le marchand le plus actif en ce domaine, du moins à l'aune des notaires. Douze actes se rapportant à son activité de marchand de fer ont été conservés entre 1400 et 1416, année de son décès. S'il achète du fer seul et en association avec d'autres, il en vend également, en plus petite quantité : 2 quintaux de fer en 1405, 8 quintaux en août 1407, 3 quintaux en octobre de la même année, 5 quintaux en octobre 1410, 4 quintaux en 1414[39]. Le prix de vente qu'il applique oscille entre 28 et 36 sous le quintal. Guillem Torrent revend également du fer : 3 quintaux en 1412, 6 quintaux en 1413, 2 en 1414, 6 en 1416, et de nouveau 6 quintaux en 1417 pour respectivement 33 sous 4 deniers, à nouveau 33 sous et 4 deniers, 33 sous, 35 sous et 6 deniers et 34 sous[40]. Pere Noelli est également revendeur, même si cette activité est moins présente dans la documentation notariale que celle qu'il occupe comme acheteur en gros[41]. Donc ces trois acheteurs de fer pratiquent également la vente au détail. Cependant, sur le marché de redistribution, ils sont entourés d'autres hommes.

En effet, quand il s'agit de vendre le fer au détail, le nombre des vendeurs est bien supérieur et leur qualité beaucoup plus diversifiée que sur le marché de gros. Ils sont au nombre de dix-neuf. Tous les individus concernés ne sont pas domiciliés exclusivement à Arles, et la revente du fer s'étire le long de la vallée du Tech. Évidemment, des forgerons (*fabri*) sont actifs : ceux de Céret, Francesc, membre de la famille des Paracolls qui compte de nombreux forgerons ; Joan Monbrun, également forgeron à Céret. Mais d'autres les entourent. Quelle est leur situation par rapport à l'industrie sidérurgique ? Certains sont directement producteurs, sinon transformateurs du métal. Par deux fois, les *ferrarii* de la mouline del Perer vendent du fer (Joan Mombrun, Bernat Pug et Pere Riba), respectivement 9 et 4 quintaux en 1420 et 1425[42]. Or, dans ces cas, ni le matériau énoncé (*ferrum*), ni les modalités de la vente (vente à crédit) n'assimilent les contrats à une vente en gros. Ces hommes qui gèrent une mouline vendent du fer à crédit comme les autres vendeurs au détail. À Arles, on retrouve sur ce type de marché des individus qui sont de véritables entrepreneurs par la diversité des activités de production et d'échange qu'ils déploient, au même titre que les hommes que nous avons déjà rencontrés sur le marché de gros et dont la désignation professionnelle traditionnelle ne rend d'ailleurs pas compte : les bouchers, Berenguer Branya et Pere Comelles ; le marchand Bartomeu Aygabella. S'y ajoutent l'apothicaire Urbà Aygabella et le prêtre Guillem Durandi. Interviennent également, et souvent pour une seule vente, les cordonniers Francesc Cardonet et Joan Gerau, l'apothicaire Jaume Mir, Guillem Castaneda et Jaume Riera, tendeurs, A. Corona prêtre et Agnès Perer, veuve de pareur. Tous n'occupent pas la même place sur le marché de redistribution du fer, et la vente du fer les intéresse à des degrés divers. La complexité du marché de redistribution se saisit à l'échelle de l'individu et des associations souples qui se nouent et se dénouent entre vendeurs.

J'ai déjà insisté sur la place fondamentale qu'occupent les bouchers dans l'économie et la gestion de la commune d'Arles. Trois d'entre eux, Guillem Torrent, Berenguer Branya et Pere Comelles s'illustrent dans le commerce du fer. Les deux premiers achètent aux forgeurs du fer en verges et du fer gros et revendent du *ferrum*, en plus petite quantité. Guillem Torrent a une place dans la communauté, une étoffe dont ne dispose pas Berenguer Branya, mais ce dernier est sans doute plus intéressant pour le témoignage qu'il offre sur le commerce du fer et par les différents contacts qu'il noue en pratiquant cette activité. Berenguer est assurément un boucher, il fait partie de la confrérie des bouchers et on le voit acheter du bétail, conclure des contrats de gazaille, gager des bergers pour garder ses bêtes sur le port de Corsavy, louer des prés. Il vend des produits dérivés de son activité : cuirs de bœuf, draps de laine, et du fer. Son métier de boucher le prédisposait-il à s'intéresser à ce métal ? Peut-être, du fait de l'usage du fer comme moyen de paiement. Les bouchers, qui déploient une activité de redistribution aux multiples facettes, disposent de beaucoup de liquidités et se retrouvent également détenteurs du fer avec lequel ils ont été payés et qu'il leur faudra vendre[43]. Berenguer Branya est régulièrement en contact avec les forgeurs de la mouline de Léca de 1410 à 1414. Il revend le fer à Arles et aux Bains à des individus sur lesquels très peu d'informations ont été conservées : à Arles, Ramon Dolius (pour 6 quintaux) et deux forgerons (pour 1 quintal), Bernat Ortalli et Ramon Sentelo ; aux Bains, Ramon Ribera (pour 4 quintaux) et Francesc Barau (pour 2 quintaux). Berenguer Branya assure également ce commerce plus en aval dans la vallée, jusqu'à Saint-Jean-Pla-de-Corts et Le Boulou[44].

Les contacts dont Berenguer Branya dispose à Céret permettent d'examiner au plus près les conditions de redistribution du fer au-delà du Vallespir. Ainsi, Pere Paschalis *traginer* intervient deux fois comme client de Branya. En février 1416, il achète à crédit 6 quintaux de fer. Il est alors associé avec Bartomeu Martini[45]. Dès le mois de mai, l'achat est soldé. Le prêt ne court donc que sur trois mois, ce qui est exceptionnel. Or Bartomeu Martini est un *pagesius*. On le voit également vendre du bois à la teinturerie de Céret. Les quelques renseignements conservés sur cet individu restituent un membre de la paysannerie aisée, par ailleurs détenteur de manse. Il participe à l'activité industrielle de la vallée par la fourniture de matière première ou bien investit dans de petites affaires, comme cela semble le cas ici, quand il s'agit d'acheter quelques quintaux qui seront ensuite transportés par son compagnon *traginer,* et revendus ailleurs. Déjà en 1414, Pere Paschalis avait agi comme intermédiaire entre deux vendeurs de fer de La Bastide et un acheteur de Céret pour 4 quintaux qu'il avait acheminés vers la vallée du Tech[46]. L'année suivante, en 1417, il achète à nouveau 5 quintaux avec un pareur Jaume Angles[47]. Or ce dernier, au même titre que Pere Paschalis, est un client de Berenguer Branya et il dispose sans doute d'une assise financière plus importante que Bartomeu Martini. En 1416, il avait déjà acheté du fer à Berenguer Branya, en association avec un chirurgien, Palladius Noger, et avec un autre *traginer*, Pere Royre, soit 15 quintaux de fer[48]. En août 1414, ledit Pere Paschalis était lui-même associé avec Pere Royre. Ils doivent ensemble 20 livres à Guillem Durandi, prêtre d'Arles et vendeur de fer[49]. Comme témoins de cet acte, on retrouve Urbà Aygabella, apothicaire et intéressé aux profits métallurgiques, et Joan Dolius d'Arles, qui avait acheté du fer à Berenguer Branya dès 1410. Par ailleurs, le *traginer* Pere Royre vend du bois à la société *del Tint* de Céret, auprès de P. Piquer associé depuis l'origine avec Guillem Durandi, lui-même en contact avec Bartomeu Martini, l'associé de Pere Paschalis[50]. Arrêtons cette énumération où les hommes défilent et se croisent. Elle n'a d'utilité que pour démontrer qu'à Céret se font et se défont, d'année en année, des associations souples, réunissant autour du fer acheté et à revendre des hommes qui par ailleurs se connaissent et travaillent ensemble sur d'autres affaires : des *traginers* comme Pere Paschalis ou Pere Royre qui sont les membres actifs du commerce du fer au titre de transporteurs et d'intermédiaires sinon de procurateurs, et des investisseurs, pareur comme Jaume Angles qui intervient au moins dans quatre affaires relevant de l'activité métallurgique entre 1410 et 1417 et qui est également membre de la société *del Tint*[51]. Cette forme d'association permet à certains de ces hommes d'élargir au-delà de leur bourg d'origine l'espace de leurs modestes affaires et de quadriller l'ensemble de la vallée : ainsi en 1416, Berenguer Branya d'Arles vend 6 quintaux de fer à un *traginer* de Prats-de-Mollo Antoni Cassadori, associé pour ce contrat à un tailleur de Céret, Andreu Comes[52].

Autre revendeur et autre cas : celui de Pere Comelles. Pere Comelles est une figure majeure d'Arles, de son industrie et de son commerce. Comme bien des notables des bourgs du Vallespir, Pere déploie diverses activités et nous avons déjà constaté qu'il est désigné comme boucher, puis comme marchand. Or la fixation des prix du fer vendu par Pere Comelles est assez éclairante sur les mécanismes qui y sont appliqués. Lorsque Pere Comelles vend le fer au quintal, de 1412 à 1445, ses prix sont très irréguliers et ne relèvent d'aucune tendance générale, ni à la hausse, ni à la baisse. En cela, ils correspondent tout à fait au mouvement général des prix du fer au détail. Le cas de Pere Comelles, rapporté au dense réseau de relations qu'il tisse dans et hors de son bourg d'origine, autorise une lecture de la formation des prix. Les prix, s'ils enregistrent la qualité du produit et une valeur de base qui est celle appliquée dans le cadre du marché de gros, sont également une des expressions des liens entre vendeur et acheteur.

Certains des prix que Pere Comelles pratique sont particulièrement hauts. L'un intéresse Pere Passani, *pagesius* du mas de la Ludriera, à Riuferrer, un hameau d'Arles. Cet homme participe de la frange supérieure de la paysannerie. Cependant, sa situation financière est délicate. Il achète 3 quintaux de fer le 5 mai 1412, pour le prix de 36 sous et 6 deniers le quintal[53]. Ce prix est le plus élevé de tous ceux rassemblés dans le corpus. Cette somme, il l'emprunte le 1er mai, date à laquelle il reconnaît auprès de Pere Sentelo, forgeron d'Arles, une dette de même valeur dont le remboursement est prévu sur deux ans. Le 5 mai, cette même somme correspond à l'achat des 3 quintaux de fer dont le remboursement doit se faire à la Saint-Abdon, le 30 juillet, c'est-à-dire dans un court délai de trois mois. Or, déjà en janvier 1412, Pere Passani avait acheté à crédit à Pere Comelles un mulet, pour 40 sous[54]. Celui-ci n'est toujours pas payé en mai lorsque Pere Passani achète du fer, ce qui explique qu'au moment même de contracter un second achat à crédit Berenguer Roqueri (un homme de Corsavy) ait dû se proposer comme le fidéjusseur de Pere Passani pour sa dette de 40 sous. La situation délicate de Pere Passani se prolonge de 1406 à 1412, c'est-à-dire durant les six années pour lesquelles ont été conservés des témoignages sur la vie de ce paysan. Lui et trois autres hommes auxquels il est associé régulièrement lors d'achats à crédit ou de prêts, Joan Aulini, Guillem Claveri et Berenguer Roqueri, achètent régulièrement des céréales en hiver : 62 sous pour 4 eymines achetées en janvier 1407 et encore 47 sous pour 3 eymines un mois plus tard, le tout à rembourser pour le 15 août ; une demi-eymine d'orge en mars, toujours payées à crédit pour 18 sous et 6 deniers auprès de Bartomeu Aygabella. Ce dernier achat doit être remboursé dès avril. Or le 12 de ce même mois d'avril, Pere Passani et Joan Aulini empruntent à nouveau. Arnau Calvet leur accorde un *mutuum* de 35 sous à rembourser en juillet. Cet endettement chronique, sans cesse reconduit, et dont les échéances correspondent au temps des récoltes est, en outre, scandé par les difficultés que Pere Passani éprouve à verser son cens à l'abbaye Sainte-Marie d'Arles et à l'abbaye Saint-Étienne des Bains, ou à payer la taille à l'université d'Arles, au même titre d'ailleurs que d'autres paysans. Certes, on ne peut apprécier la vie d'un homme à partir de si peu de témoignages, et cette gestion à crédit n'est pas forcément synonyme de pauvreté, mais elle paraît bien l'être d'instabilité. Assurément, Pere Passani n'est pas en situation de force lorsqu'il achète du fer à Pere Comelles. J'ignore si ce haut prix de vente comprend un fort taux de crédit correspondant à la situation fragile de Pere Passani, j'ignore au-delà des achats à crédit portant sur la mule et le fer ce qui lie ces deux hommes, mais le prix du fer concédé est bien révélateur du fait que Pere Passani est redevable à Pere Comelles.

À la même période, Pere Comelles vend du *ferrum* pour seulement 30 sous le quintal, c'est-à-dire à un prix de détail parmi les plus bas et qui est, également, celui pratiqué par les forgeurs dans le cadre de ventes anticipées. Qui sont alors les heureux acheteurs de Pere Comelles ? En 1412, il s'agit de Castellonus Pagesi (6 quintaux)[55]. Toujours à 30 sous le quintal, ce sont 40 quintaux de *ferrum* qu'Urbà

Aygabella achète en 1416[56]. Il est évident que l'un comme l'autre ont peu de choses en commun avec Pere Passani. Castellonus Pagesi est souvent associé à Joan March. Comme lui, il achète mais il vend également du fer et, s'il n'est jamais défini par sa profession dans les actes, il fait partie du groupe hétérogène des revendeurs de fer dont beaucoup sont muletiers. C'est son associé, Joan March, qui permet de l'approcher. Tout comme lui, Joan March est domicilié à Saint-Jean-Pla-de-Corts. Ils semblent, l'un comme l'autre, participer tout autant à la redistribution du fer qu'à sa production. En effet, Joan March achète une mine de fer et paie, en association avec Castellonus Pagesi, le salaire d'un forgeur de la mouline de Galdares (1407)[57]. Il est d'ailleurs en compte avec les travailleurs de cette mouline dont son frère, le *traginer* Guillem March, est *arrendator* en 1418. C'est du fer de la mouline de Galdares que Joan March vend à Pere Noelli et à Joan Germa (en 1412)[58]. Mais, dans le cas qui nous intéresse ici, il ne s'agit pas de vente mais bien d'achat, et c'est seul que Castellonus Pagesi achète 6 quintaux de fer à crédit à Pere Comelles. La documentation d'Arles restitue peu d'indices sur Castellonus Pagesi, plus acheteur de fer que vendeur, s'approvisionnant davantage auprès des marchands, comme Pere Comelles et Berenguer Branya, qu'auprès des forgeurs (un seul achat à la mouline del Perer, à Céret). Néanmoins et à la lueur de ces quelques éléments biographiques, on pourrait conclure à la proximité d'intérêt entre Pere Comelles et Castellonus Pagesi, l'un comme l'autre participant à des degrés divers aux affaires de la sidérurgie. La formation des prix n'est cependant pas si simple qu'elle puisse se réduire à des intérêts communs et immédiats. Si, en 1412, Castellonus paie son *ferrum* à Pere Comelles 30 sous le quintal et le *pagesius* Pere Passani 36 sous et 6 deniers, toujours la même année Guillem March, pourtant muletier et futur *arrendator* de la mouline de Galdares, n'obtient pas le prix de Castellonus : c'est à 36 sous le quintal qu'il lui faudra emporter le fer acheté à Pere Comelles (3 quintaux)[59].

Et Urbà Aygabella ? Il est l'individu le plus intéressant du corpus rassemblé sur le bourg d'Arles. Apothicaire, investissant dans la métallurgie du fer comme dans celle de l'argent, il témoigne des expériences d'un entrepreneur rural. Dans le cas qui nous intéresse ici, il intervient comme acheteur de fer. Or, à cette date, en 1416, quand il achète 40 quintaux de fer à Pere Comelles, Urbà n'est pas encore propriétaire d'une partie de la mouline de Léca et la société minière de Pere Comelles, à laquelle il participera dès son origine, n'est pas encore créée. Ce qui est surprenant dans cet achat de 40 quintaux, c'est qu'Urbà ne se soit pas adressé aux forgeurs. Sans doute les modalités de l'achat sont-elles fondamentales pour comprendre ce choix, car Urbà achète son fer à crédit sur six mois. Dans ce cadre, le prix de 30 sous au quintal que lui concède Pere Comelles est tout à fait intéressant. Notons que si Pere Comelles vend rarement aussi bas, il ne vend jamais autant de quintaux à la fois. Toutes ses autres ventes ne dépassent pas les 10 quintaux de fer. Le cas est exceptionnel autant pour Urbà que pour Pere, et demeure inexpliqué. On ne peut s'empêcher d'y voir le prix concédé à un voisin, à un ami et à un futur associé ; néanmoins ce prix, inférieur au prix moyen (32 sous), n'est pas non plus hors norme par rapport au marché de détail tel qu'il apparaît dans les sources.

Il faudrait ajouter quelques mots sur les vendeurs que l'on pourrait qualifier « d'occasionnels » mais qui, justement, sont caractéristiques de ce marché. Il s'agit de ceux qui apparaissent dans la documentation pour une vente, exceptionnellement pour deux, comme dans le cas du cordonnier Francesc Cardonet. Certains demeurent inconnus, car la documentation notariale les ignore au-delà d'une unique transaction, comme Jaume Riera, tendeur de Céret. Or ces individus (six hommes et une femme), s'ils interviennent une unique fois sur le marché du fer, sont globalement des acteurs actifs et originaux. Effectivement, ils attestent de la circulation du métal en dehors du cercle de ceux, marchands ou non, qui s'y livrent régulièrement. Dans le cas d'Agnès Perer, la situation paraît claire : la veuve règle la succession après la mort de son époux et elle se défait de ce que contient l'atelier du pareur. Pour les cordonniers, Francesc Cardonet et Joan Gerau, pour l'apothicaire Jame Mir, très peu présent dans le domaine de l'industrie contrairement à son collègue Urbà Aygabella, sans doute aussi pour le prêtre A. Corona, les hypothèses sont fortes que le fer qu'ils vendent puisse être un produit qu'ils ont reçu en paiement. Nous reviendrons sur la question du fer-étalon monétaire mais, d'ores et déjà et à ce stade de la démonstration, il faut citer cette forme de circulation où le fer est d'abord introduit sur le marché comme moyen de paiement, puis est vendu par ceux qui l'ont reçu initialement en échange d'un service ou d'un produit.

Ainsi, la documentation notariale permet d'approcher un second marché, celui de la redistribution du fer, où se côtoient marchands confirmés et revendeurs aux statuts très diversifiés. On ignore à quelle place de la chaîne de redistribution se situe l'apothicaire Urbà Aygabella quand il achète 40 quintaux de fer à Pere Comelles. Est-il simple consommateur ou futur revendeur de ce fer ? Le marché de redistribution se caractérise également par des quantités plus faibles de métal, un métal par ailleurs qualifié de *ferrum* dans les textes. Le prix moyen du fer est aussi plus haut que dans le cadre des ventes anticipées : un peu plus de 32 sous en moyenne ; il est aussi plus irrégulier dans une conjoncture monétaire qui est pourtant globalement stable. C'est dans ce cadre que le mécanisme de formation des prix est le plus délicat à saisir. En effet, le prix est la résultante d'une combinaison de facteurs : la forme et la qualité spécifiques du fer qui demeurent inconnues mais dont on peut présumer qu'il s'agit, pour l'essentiel, de fer en verges et de fer gros produits dans les moulines des alentours, ce *ferrum* étant rapporté à une quantité déclarée ; le montant du prêt qui demeure inconnu dans le cadre de la vente à crédit ; sa durée souvent explicite et qui est très variable (paiement à la demande, à un mois, six mois, huit mois, un an) ; et un paramètre difficilement mesurable, c'est-à-dire le degré de confiance établi entre les contractants et qui pèse forcément sur le montant du prêt. Ces variables aboutissent à une grande irrégularité du prix du fer sans qu'il soit possible d'en privilégier une par rapport aux autres pour rendre compte de la diversité des prix. Trop de paramètres demeurent incertains, et des situations simples, connues et applicables au marché arlésien ne sont pas forcément reconductibles d'un contrat à un autre. Ainsi, quand Joan Castaneda vend du fer au mois de septembre 1417 à deux acheteurs distincts et sur lesquels nous ne disposons d'aucune donnée biographique, le prix de ce fer est respectivement de 34 et 36 sous le quintal. Or le prix le plus haut (36 sous) porte sur une transaction où une quantité plus importante de fer est vendue (8 quintaux contre 3) et où le délai du prêt accordé est également moins long (sept mois contre un an), toutes conditions de vente qui auraient dû tirer le prix au plus bas. Il faut alors incriminer notre méconnaissance des acheteurs. Avec les clients de Pere Comelles, il apparaît que la position de pouvoir des contractants, l'un par rapport à l'autre et dans la société du bourg, joue dans la formation du prix, mais cette constatation ne tient-elle pas à notre connaissance forcément incomplète des relations qu'ils entretiennent ? Le haut prix, comme celui que Pere Comelles impose à son modeste acheteur Passani, n'est pas forcément l'illustration d'un rapport de force violent qui relèverait de la position de notable revêtue par le marchand. Il peut également résulter de l'endettement ancien et cumulé de l'un par rapport à l'autre, endettement qui ne peut que peser sur le prix du crédit dans leurs échanges suivants et qui doit être pris en compte pour comprendre la formation du prix. Or le prix du crédit est toujours inconnu. Indéniablement, alors que le nombre des contractants est plus élevé sur le marché de redistribution que sur celui de gros, les individus concernés ont en outre établi entre eux des relations qui, sans être familiales ou même amicales, sont parfois anciennes dans le domaine économique, tout particulièrement dans une communauté organisée autour d'une « économie de l'endettement »[60]. L'irrégularité plus grande des prix au détail pourrait résulter de la diversité des situations et des liens étroits établis à l'intérieur de la communauté arlésienne. Ainsi, malgré toutes ces imperfections, l'étude des prix du fer à Arles aura permis de saisir la complexité des marchés et de montrer en quoi l'irrégularité des prix, qui ne concerne pas tous les niveaux de marché, ne peut être réduite ni aux seuls mécanismes économiques, ni à la seule nature des relations établies entre vendeurs et acheteurs, mais résulte d'une combinaison de tous ces facteurs dont l'acte notarié atteste, sans offrir la possibilité d'en dénouer toujours les mécanismes. Le cas d'Arles valide toutefois l'irrégularité des prix de détail, qui ne relève donc pas d'une aberration mais bien d'un système, au demeurant très simple, de fixation des prix, système qui offre un cadre marchand aux échanges dans le bourg.

Payer avec du fer : le marché des étrangers

Il est une pratique qui intéresse le marché du fer : celle du troc. Le troc n'est en rien un type de transaction dévalorisée. Il s'inscrit dans le cadre d'un marché fortement monétarisé. Il est présenté dans les manuels de marchands comme une activité courante et qui obéit à un certain nombre de contraintes visant à établir la justesse et la moralité des échanges. Les ouvrages les plus proches du Vallespir au XVe siècle, tant du point de vue géographique que chronologique, qu'il s'agisse du *Traité de Pamiers* (1430) ou bien de la *Suma de la Art de Arismetica* (Barcelone, 1482), prévoient que dans le cadre d'un troc la valeur des objets soit très précisément énoncée et que cette valeur soit supérieure au prix commun et comptant du marché[61]. Il est question du « prix du troc » qui prend en compte la complexité de l'opération mesurée à l'aune du « juste prix ». Les traités diffusent ainsi les moyens de calcul permettant une surévaluation équivalente des deux produits, pour aboutir à un équilibre des échanges. Dans le cadre des exercices proposés par les manuels, les produits à échanger sont évalués selon l'étalon monétaire en vigueur, c'est-à-dire, dans les cas qui nous intéressent ici, la livre de *tern*. Dans ce contexte, le troc n'est donc pas une pratique primitive, développée hors du marché monétarisé, il en est au contraire une des variantes.

À la lumière de cette théorie du troc, même illustrée d'exercices d'application, les sources du Vallespir sont en léger décalage, et cette constatation a d'autant plus d'intérêt que le terme *baratar* (« troquer ») n'intervient qu'une fois dans la documentation (mai 1417). Or vingt et un actes, échelonnés de 1407 à 1452, témoignent d'échanges en nature. La majorité d'entre eux, soit quatorze actes, concerne le fer. Cependant, il est très rare, et cela contrairement aux exercices d'application proposés dans les traités, qu'une évaluation réciproque des biens soit opérée. Quatre contrats obéissent néanmoins à ce schéma, un seul se rapporte au fer, les trois autres ont le bois comme point commun. Le premier concerne un échange drap-bois (1412) et précise à la fois le prix du drap (78 livres) et celui du bois (1 écu la cane de bois)[62] ; le second est un échange entre 60 sous de foin et des canes de bois charretées à 9 sous l'unité (mars 1418)[63]. Le dernier organise l'échange entre deux mules valant 8 florins et des *fustes de porgader d'avet* (du bois pour la vannerie) au prix de 7 sous la cane (1452)[64]. Le contrat qui concerne le fer stipule qu'une mule, dont la valeur est évaluée à 35 florins, sera payée en monnaie ou en fer *terssat* à 29 sous le quintal livré en verges de douze à treize pièces par quintal, et non en barres (1445)[65]. On se doit de souligner la précision de ce dernier acte. Non seulement la valeur des deux « produits » est indiquée, mais ces produits sont également décrits, et le fer l'est précisément et davantage que dans les contrats plus courants.

L'examen de ce type d'échanges doit être complété par celui des autres contrats qui concernent le fer, mais où la valeur des objets échangés ne se rapporte généralement qu'à une des deux parties, puisque le prix du fer n'est pas précisé. Il ne s'agit pas du cas idéal de deux marchands qui veulent échanger leurs marchandises. En fait, le modèle est autre : un seul des contractants dispose d'une marchandise que l'autre souhaite obtenir en payant avec ce dont il dispose le plus facilement, c'est-à-dire du fer. L'un est bien le vendeur, l'autre l'acheteur, et cet acheteur est toujours en relation avec le cercle des producteurs de fer. Ce contexte tendrait à expliquer que seul le prix de l'objet désiré soit précisé et non celui du fer, dont on ignore parfois jusqu'à la quantité à livrer. Dans ce cas, quelle est la place du fer dans de tels échanges ?

Examinons sept contrats en détail. Johan Ugeri, forgeur de Galdares, achète à un homme de Villefranche-de-Conflent deux mules pour le prix de 100 florins. Il paiera en fer en livrant chaque semaine 3 quintaux de fer jusqu'à épuisement de la dette (1407)[66]. Le *ferrarius* de Baillestavy prévoit de régler à un homme de Prades le blé qu'il lui doit et la location de prés situés dans la vallée de Baillestavy, en payant chaque semaine 4 florins d'or ou bien 2 quintaux de fer en verges bon et marchand (1419)[67]. Joan March, que nous avons vu actif sur le marché du fer et associé à la mouline de Galdares, verse 3 quintaux et 3 roves de fer en verges pour le paiement de médecines pour sa mule (1420)[68]. Le forgeur Arnaud Cabrona doit 20 livres pour l'achat à crédit d'une mule à Pere Puioll de Joch, auquel il a d'ailleurs l'habitude de vendre du fer. Il versera un quintal de fer par semaine jusqu'à complet paiement (1428)[69]. Pour l'achat de 16 livres de charbon, les Longal, forgeurs de la mouline de Léca, promettent de verser à leur vendeur, un charbonnier biscayen, 1 quintal de fer par semaine jusqu'à épuisement de la dette (1438)[70]. Un *ferrarius* basque de la mouline de Galdares achète à un muletier de Maureilles deux mules qu'il paiera avec du fer pour un montant de 109 florins et demi, selon une première livraison de 20 quintaux puis le reste de trois mois en trois mois (1443)[71]. En mars 1446, le Basque Joan de Pisco promet de payer à un forgeron d'Arles des ferrures dont le montant s'élève à 5 livres et 3 sous avec du fer, d'abord 1 quintal à Pâques, puis le reste à la Pentecôte[72]. Ainsi, de 1407 à 1446, des forgeurs ou des hommes qui travaillent pour eux, le plus souvent muletiers ou *traginers*, paient leur achat en fer. Il s'agit de mules, ou de produits nécessaires aux mules, ferrures et médecines ; il s'agit également de ravitaillement pour la forge, en l'occurrence de charbon. Le fer est toujours livré en quintaux, parfois précisés en verges. Son prix n'est jamais mentionné. C'est d'ailleurs dans l'un de ces actes qu'apparaît la mention « du prix du fer de Pere Noelli et des autres marchands d'Arles ». Si le prix n'est pas précisé, cela tendrait à confirmer la réalité du « marché des experts », organisé autour d'un prix du fer « en gros » reconnu, appliqué et par ailleurs régulier. Ce prix serait également celui attribué au fer étalon monétaire ou du moins moyen de paiement en nature, dans le cadre d'une économie monétarisée.

Cette place du fer est confirmée par d'autres textes où le fer sert à solder des dettes, payer des fournitures et du ravitaillement, régler des services et des salaires ou payer des rentes ou des amendes, toujours dans le même milieu. Ainsi, un *traginer* d'Arles reconnaît qu'il doit à Pere Comelles pour un *mutuum* 3 quintaux de fer, 2 en verges et 1 en fer gros[73]. On ignore si ce *mutuum* a été, dès l'origine, concédé contre du fer. Le forgeur de la mouline del Perer, à Céret, endetté auprès d'un hôtelier, promet également de le rembourser en fer (2 quintaux de fer en verges), sans que le montant de la dette soit exprimé en numéraire[74]. De même, Urbà Aygabella solde ses dettes auprès d'un marchand d'Arles selon un accord signalé comme particulier et stipulant que 7 quintaux de fer correspondent à 12 livres de dette, soit une valeur au quintal de plus de 34 sous[75]. Un mineur reçoit pour son travail 5 quintaux de fer, équivalents à 11 florins[76]. Dans ces deux derniers cas, une valeur du fer au quintal peut être exceptionnellement déduite de la transaction (car elle n'est pas spécifiée dans l'acte). Il faut s'y arrêter un moment, car dans aucun des deux cas n'est appliqué « le prix de Pere Noelli ».

Premier texte : quand il solde ses dettes avec du fer, Urbà Aygabella est propriétaire de la mouline de Léca et le prix du fer en verges qui lui sert à rembourser sa dette s'apparente aux prix du marché de redistribution, toujours supérieurs à 30 sous, ce qui n'est certes pas étonnant pour le volume : 5 quintaux, mais un peu plus étonnant quand on rapporte ce contrat au statut de producteur ou du moins d'entrepreneur de celui qui paie en fer, c'est-à-dire Urbà Aygabella. L'accord qu'il conclut avec son créancier paraît lui être très favorable puisque le prix est parmi les plus hauts pratiqués et supérieur à la moyenne des prix au détail ; on ignore pourquoi. Quant au second texte (un peu plus de 24 sous le quintal pour du fer concédé en salaire à la même date), il mentionne un prix très bas, inférieur au prix de gros de Pere Noelli. L'acte enregistre cette spécificité. Le prix est indiqué comme « étant celui pratiqué communément en pareille situation », on doit sans doute entendre « dans le cas d'un salaire ». Ladite situation relève d'un cas précis, tout autant que le contrat conclu par Urbà et signalé aussi comme particulier. Il apparaît donc que la spécificité de ces deux transactions justifie que le fer soit associé à un prix. L'enquête peut être complétée par la lecture des registres de la juridiction de la baylie de Villefranche-de-Conflent, conservés pour la première moitié du XVe siècle. Les amendes qui punissent de petits délits, surtout le détournement de quelques saumades de minerai vers le royaume de France, frappent surtout les *traginers* et parfois les charbonniers et les forgeurs. Confrontés à une peine d'expulsion, certains trouvent le moyen de réduire leur bannissement par le paiement de quelques quintaux de fer. C'est le cas des charbonniers de la mouline de Gincla : Limosi, Galabert et Germa qui livrent ainsi 5 quintaux de fer, dont le prix est estimé à 2 florins le quintal, c'est-à-dire à 22 sous. C'est aussi le cas de Peylla, du bourg de Prades, dont les quintaux sont vendus à l'encan pour 40 sous ; et des forgeurs de Valmanya qui doivent verser 4 quintaux de fer de 23 sous chacun[77]. Assurément, ces hommes comme tant d'autres, paient leurs amendes avec le fer qu'ils ont reçu pour salaire. Le prix du fer au quintal est alors fixé au plus bas, inférieur au plus faible prix du fer enregistré dans le cadre du marché de gros. Cette faible valeur tient sans doute au fait que le fer sert à payer une amende, sa valeur est dévalorisée au profit des revenus de la justice.

Certes, l'ensemble de ce corpus est peu étoffé. Mais il paraît déjà étonnant que de telles pratiques aient été enregistrées par l'écrit, alors qu'elles auraient pu relever de l'échange tacite. En effet, tous les hommes qui y participent sont issus d'un milieu étroit regroupant forgeurs, marchands, muletiers, charbonniers et forgerons, où tous se connaissent. Le paiement trouve son origine dans le circuit de redistribution du fer. Comme nous l'avons signalé, il est très probable que les bouchers ou bien les cordonniers s'approvisionnent par ce courant d'échange, leurs clients les payant en fer. Chacun y trouve son compte et la facilité des échanges est patente. Mais pourquoi ce passage à l'écrit, car plus que la pratique, c'est son enregistrement qui est exceptionnel ? Sans doute, parce que la proximité des intérêts ne suffit pas à garantir des échanges à crédit qui étirent les dates de livraison du fer sur plusieurs mois dans un milieu où les hommes ne se fixent pas. Le groupe des forgeurs réunit des individus d'origines diverses, où Ariégeois et Basques sont majoritaires. Les uns et les autres passent de contrat en contrat et de mouline en mouline. D'une forge à l'autre, les ventes anticipées ne sont pas forcément honorées et les acheteurs ne sont pas toujours livrés. De même, muletiers et *traginers* sont souvent étrangers à la communauté et au Vallespir ; ils viennent de Maureilles, de Saint-Jean-Pla-de-Corts, de Perpignan. Dans ce monde de l'incertitude, pour garantir ceux qui ont vendu un bien contre un versement de fer payé en plusieurs échéances, le contrat écrit s'impose. Il est une garantie face à l'étranger. Cela explique également pourquoi le paiement en nature intéresse davantage le fer et les hommes qui travaillent dans le milieu de la sidérurgie que d'autres produits et d'autres secteurs.

L'autre grande industrie rurale également bien représentée à Arles, à Prats-de-Mollo et à Céret est en effet l'industrie du drap, particulièrement la teinturerie. S'il est possible que des draps ou de la laine permettent de régler un achat, seuls deux contrats y font référence[78]. Pourquoi si peu de témoignages ? Certes, on peut arguer de la qualité très différente du produit. Il est sans doute plus facile de régler ses dépenses en fer pour un forgeur, qu'en drap pour un teinturier ou un drapier. Assurément, le fer en verges est plus adapté aux échanges, plus pratique, plus résistant, de qualité certes non homogène mais selon un degré de subtilité bien inférieure aux draps. Cependant, il faut avancer d'autres explications. Tout porte à croire que la pratique du paiement en nature n'a pas besoin de l'écrit dans un milieu où les producteurs sont inscrits, avec leur famille, dans une communauté stable, qu'ils sont connus et reconnus, au contraire des forgeurs, travailleurs migrants. C'est le cas pour la population des tisserands, drapiers et teinturiers. En outre, le paiement en nature pouvant également être interprété comme l'expression d'un manque de numéraire, il est évident que le monde étroit et socialement modeste des travailleurs du fer correspondrait davantage à ces conditions que celui des entrepreneurs et travailleurs du textile, dont la situation est néanmoins très diversifiée[79]. Cependant, l'argent circule parmi les producteurs de fer ; de petites sommes en monnaie réelle, mais aussi de nombreux transferts de créances : le paiement en fer est sans doute plus un choix qu'une obligation. Dans ce cas, les acheteurs-producteurs rencontrent également les intérêts de leurs vendeurs qui profitent assurément et aisément de la différence de prix entre le fer en gros et le fer au détail, et ont tout à fait intérêt à utiliser le fer étalon monétaire que l'écrit des transactions converti en *ferrum*.

Le cas d'Arles ne prétend pas à l'exhaustivité, il n'est pas non plus un cas exemplaire. Pourquoi le serait-il ? Cependant, Arles est un bon observatoire puisque le Vallespir est une des plus importantes régions de production sidérurgique de la Couronne d'Aragon et que les registres des notaires conservés pour la vallée du Tech permettent d'interroger divers aspects d'un marché qui, s'il est souvent vanté, n'a jamais été étudié globalement pour les XIVe et XVe siècles. Ainsi, le dossier rassemblé offre quelques points d'appui solides pour l'étude délicate des marchés et de la formation des prix du fer au Moyen Âge et propose un système cohérent d'interprétation. Le choix de la micro-analyse n'est d'ailleurs pas un choix de principe mais s'appuie sur la matérialité des sources. Que sait-on, en fait, du fer catalan dans les flux commerciaux qui irriguent l'Occident et ses marges à la fin du Moyen Âge ? Peu de chose, me semble-t-il, pour pouvoir traiter sérieusement de sa place dans les échanges internationaux et encore moins de son prix. Les sources ne sont pas là pour éclairer cet aspect de l'histoire. C'est pourquoi l'échelle d'observation que proposent les bourgs du Vallespir, et Arles en particulier, est d'autant plus intéressante qu'elle est finalement la seule disponible.

Ainsi, à cette échelle, le mode de désignation du produit prend tout son sens, car, selon les formulations, ce sont des qualités différentes de fer qui sont mises en valeur. Effectivement, la qualité est celle obtenue au sortir du bas fourneau, mais elle est aussi celle que lui attribue l'acte écrit. Ainsi, la lecture des notaires du Vallespir permet de comprendre le sens du terme *ferrum* et son usage. Derrière ce terme se profilent différentes formes et différentes qualités de fer que seule l'échelle locale d'observation est en mesure de restituer : fer en verges, en barres, en plaques, en *rellades*, fer gros, fer fort et fer *terssat.* L'usage du terme *ferrum*, s'il gomme la diversité des produits, ne correspond pas à un désintérêt pour ceux-ci, mais à un niveau de transaction : celui du marché de détail. D'ailleurs, la qualité du *ferrum* peut être appréciée par l'acheteur à la mesure de la qualité de son vendeur, car le *ferrum* est toujours celui d'un homme. Cette relation étroite entre un homme et un produit se retrouve également à un autre niveau de marché, quand le métal est tout à la fois produit d'échange et monnaie d'échange. Les forgeurs, dont l'activité est fondamentale pour l'économie du Vallespir, sont tous des étrangers et des migrants. C'est sans doute en tant que producteurs qu'ils paient avec du fer, mais c'est en tant qu'étrangers qu'ils sont enregistrés par l'acte notarié pour ce paiement en nature.

Aux deux marchés du fer (en gros et au détail) peuvent être associés des prix. Il y a incontestablement un prix du marché de gros, un prix de référence dont nous avons pu démontrer qu'il demeurait stable au cours de la première moitié du XVe siècle. Il l'est d'autant plus si on le compare au prix du fer redistribué à la même période. Dans ce cas, la fixation des prix dépend autant de la qualité des fers que de la valeur des hommes, de leur place en tant que producteurs et acheteurs, vendeurs et acheteurs et des relations nouées entre celui qui achète et celui qui vend. Cette valeur de l'homme est d'autant plus diversifiée que les situations sont contrastées, à l'opposé de celles du marché de gros dont les paramètres (qualités des vendeurs et des acheteurs, liens à l'intérieur de la communauté) sont en nombres plus réduits. Ainsi, quel que soit le niveau de marché observé, et à des degrés divers, le prix mesure la qualité des fers mais aussi la valeur attribuée aux hommes qui les produisent et les font circuler dans une société qui, comme la nôtre, leur assigne une place dont l'acte écrit porte témoignage.

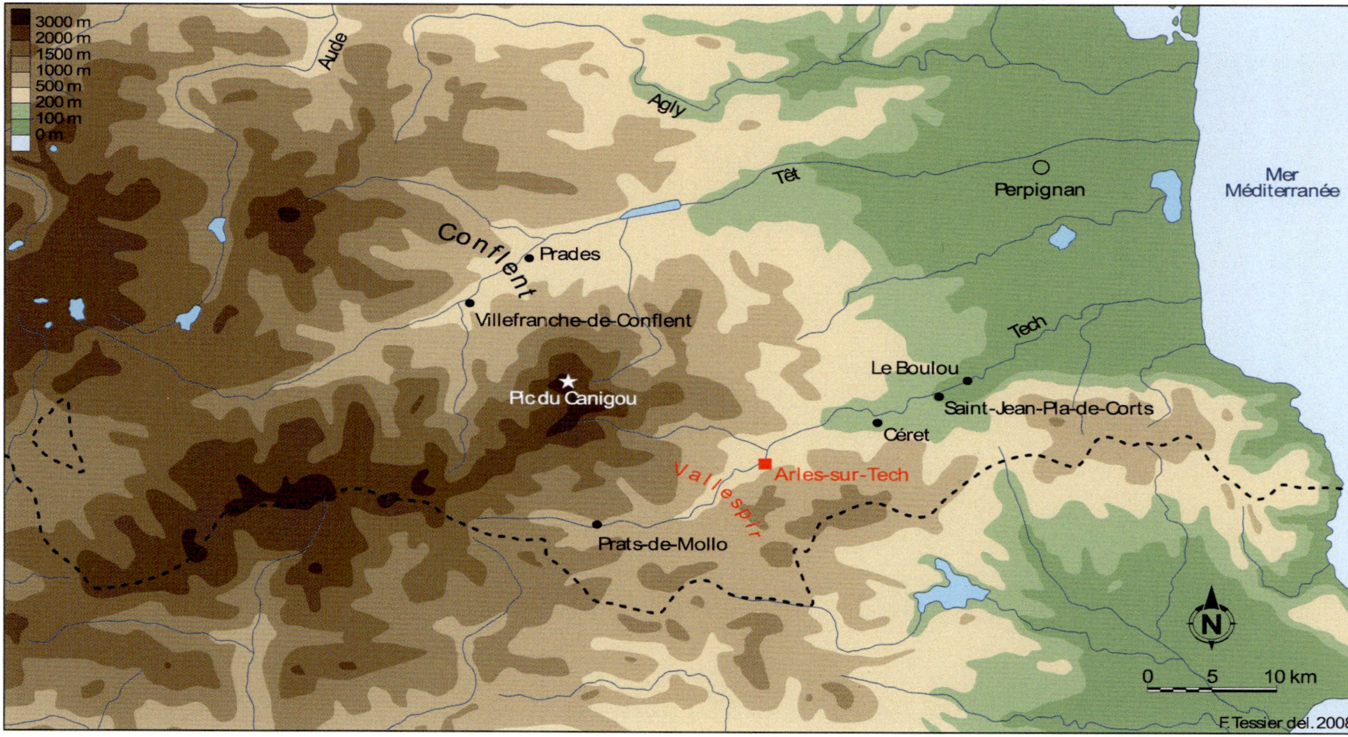

Carte 1 – Arles et le Vallespir dans le comté du Roussillon

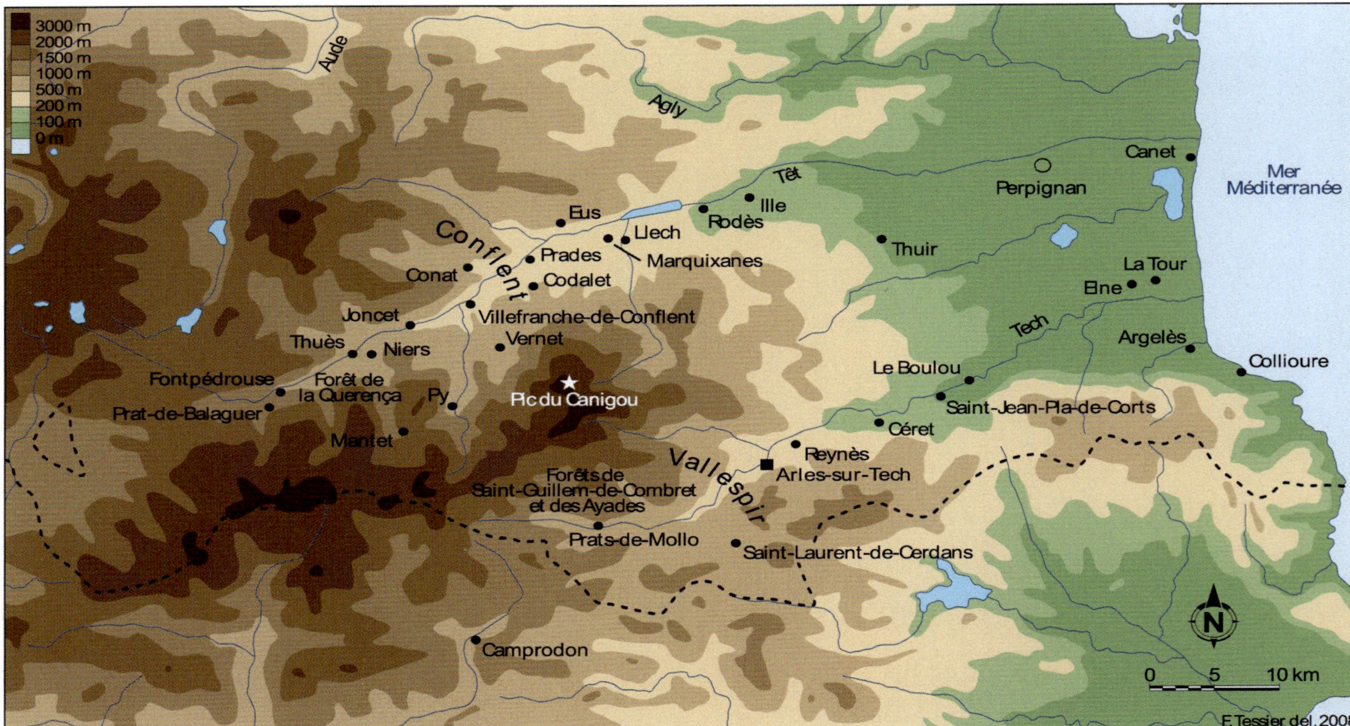

Carte 2 – Des lieux où se travaille le bois (comté du Roussillon, XIVe-XVe siècles)

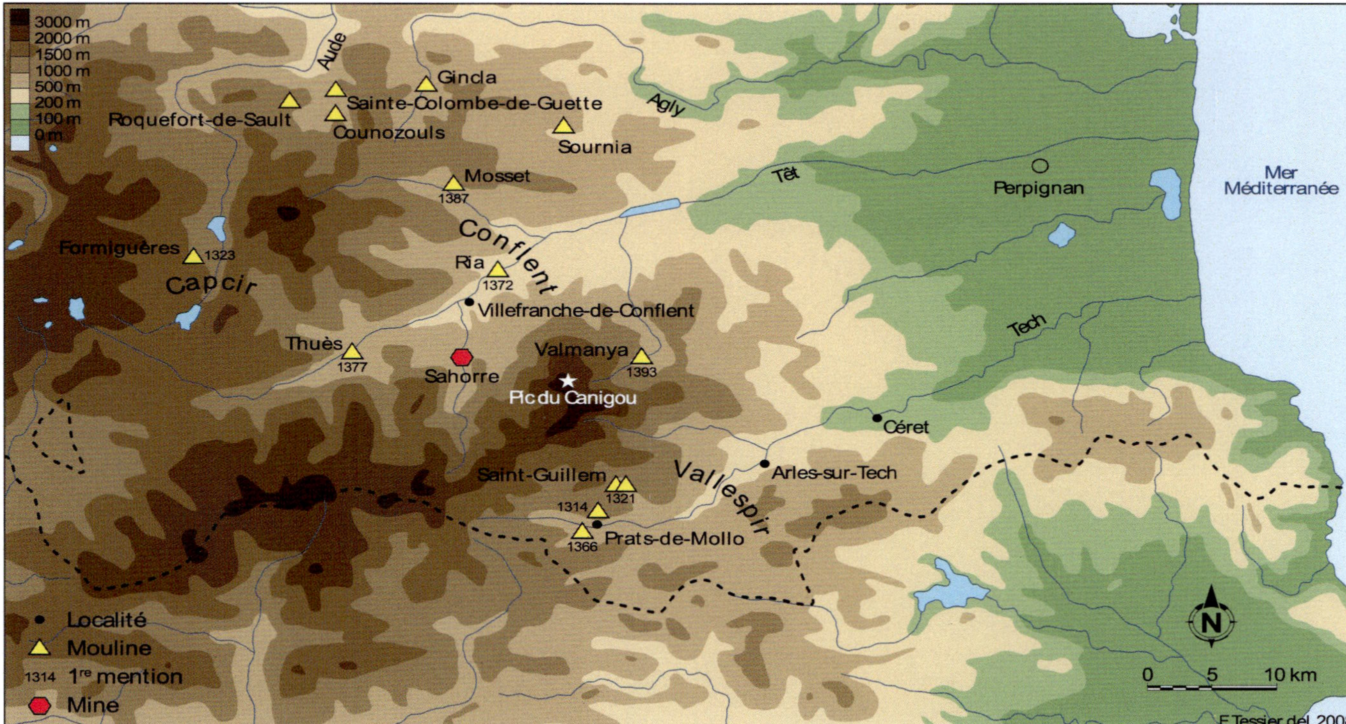

Carte 3 – Les moulines au temps de l'irruption de l'innovation (comté du Roussillon, 1314-1393)

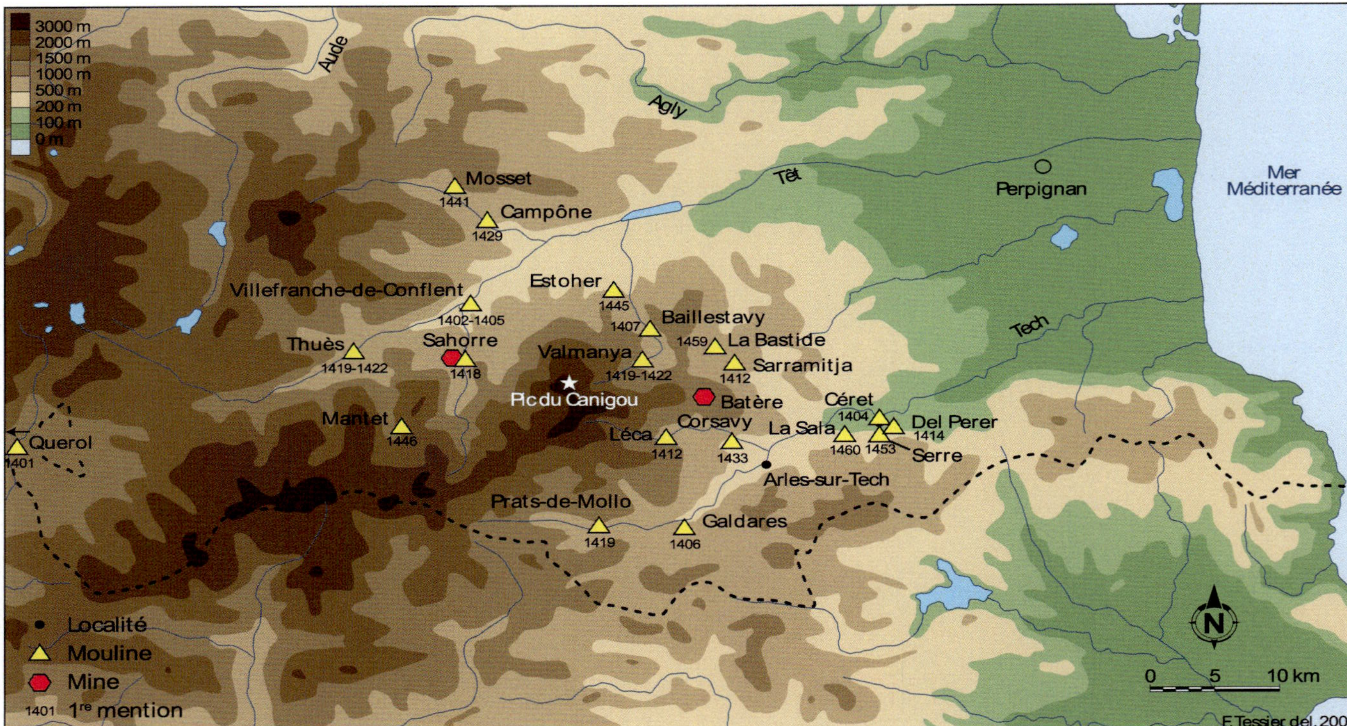

Carte 4 – Les moulines au temps des notaires (comté du Roussillon, 1401-1459)

Carte 5 – Trois baux de moulines (1312, 1314, 1326)

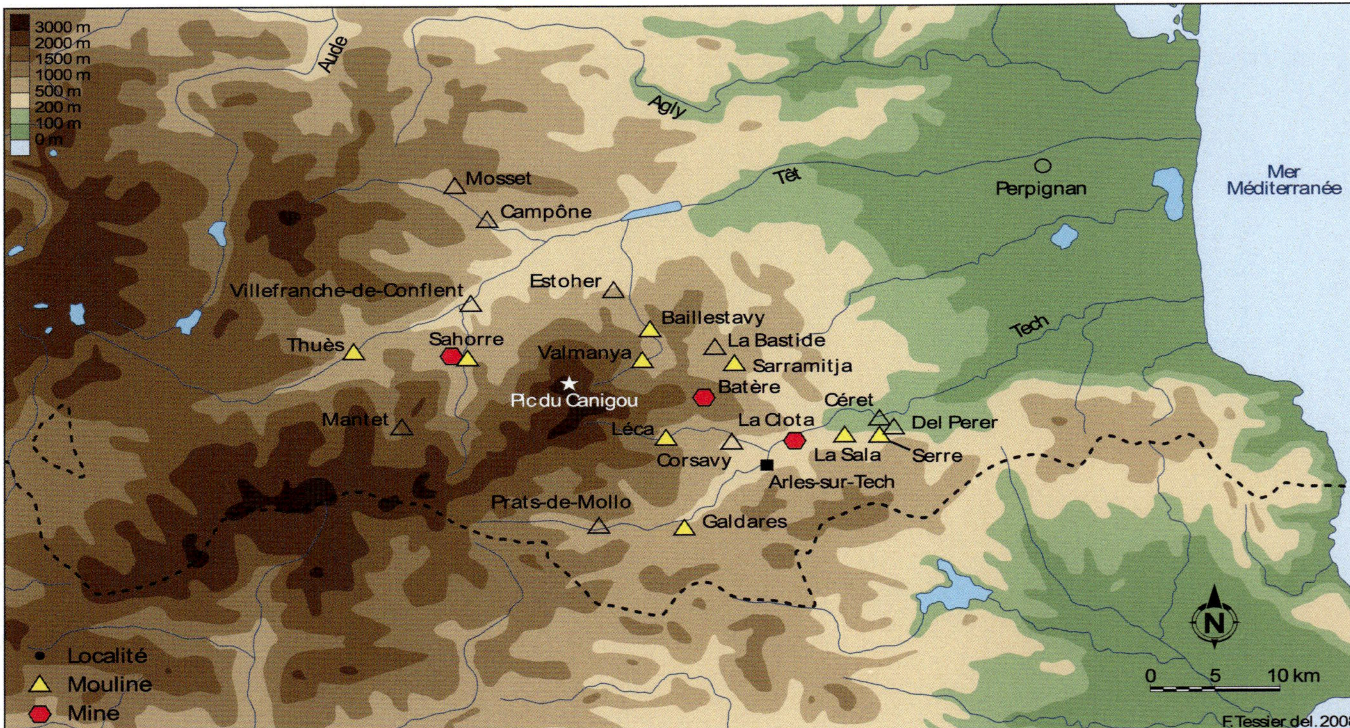

Carte 6 – Les moulines occupées par les Basques (comté du Roussillon, 1re moitié du XVe siècle)

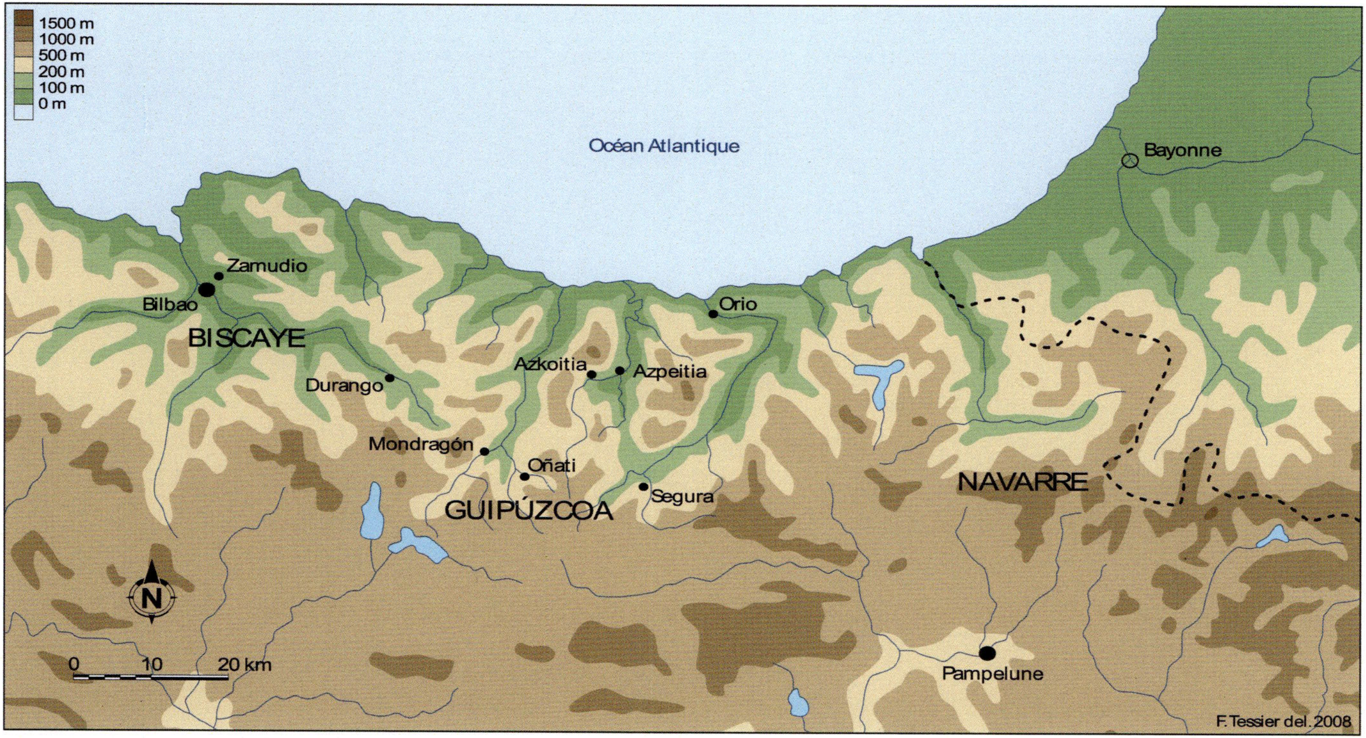

Carte 7 – Lieux d'origine des migrants basques (1re moitié du XVe siècle)

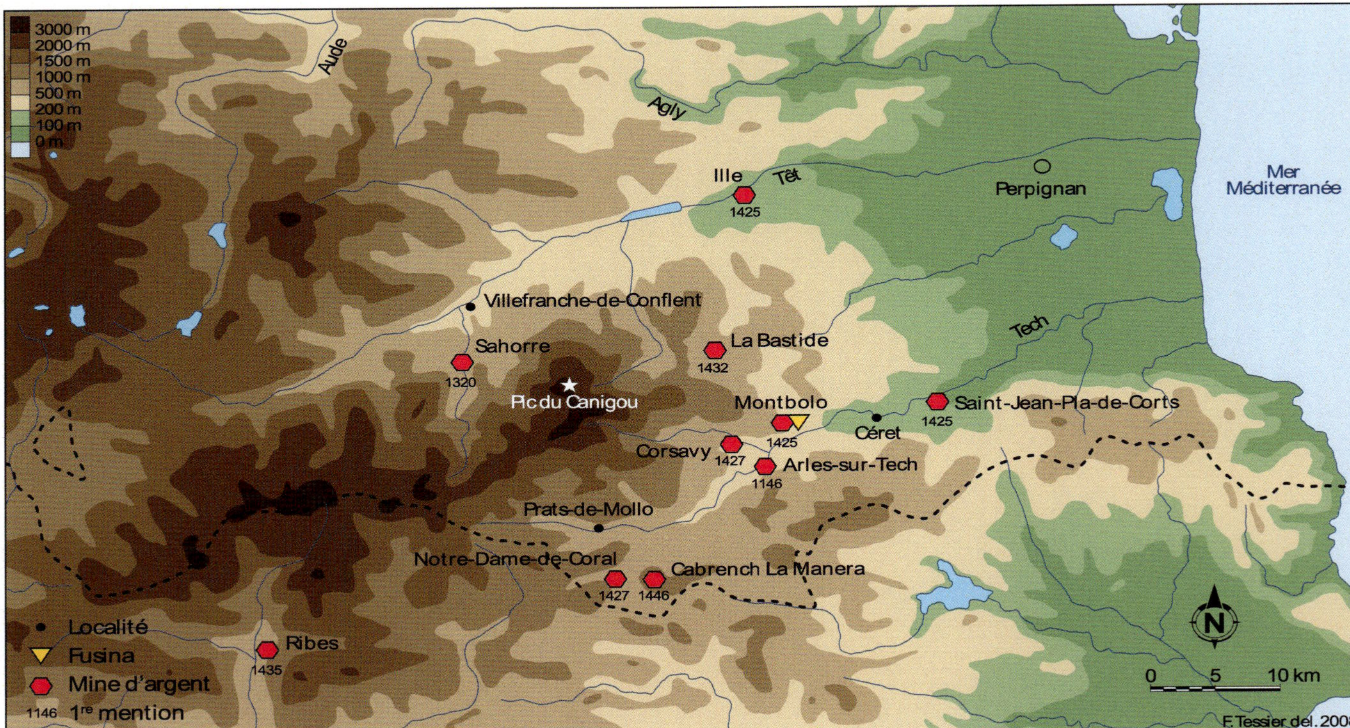

Carte 8 – Prospections et exploitations des minerais polymétalliques (comté du Roussillon, XIIe-XVe siècles)

V

Migrer pour rembourser sa dette

Chapitre 10

Basques, Ariégeois et Languedociens

L'historien éprouve des difficultés à connaître le travail des hommes, si attentif soit-il aux témoignages les plus ténus. Dans la forge, s'il est possible d'approcher l'innovation technique, de repérer les investissements de la notabilité, que dire de ceux qui y travaillent ? La peine des hommes est rarement objet d'histoire[1]. Elle l'est pourtant dans les moulines du Vallespir, quand l'historien se saisit des modestes actions que les registres des notaires ont mémorisées. Cette intrusion dans le monde du travail, au plus près de ce que le texte permet, tient à la spécificité de la main-d'œuvre qui fait tourner les entreprises rurales que sont les moulines : elle est étrangère. Les Catalans sont peu présents dans les forges, à l'exception des propriétaires de l'atelier qui peuvent, pour certains d'entre eux, participer directement à sa gestion. *A contrario*, plusieurs vagues de migrants se succèdent : des Languedociens, des Ariégeois puis des Basques.

Ce sont ces derniers qui sont les mieux connus. Les stratégies qu'ils ont mises en place pour vivre loin de leur pays et travailler en terre étrangère les ont portés vers l'étude du notaire. Ils se distinguent en cela des Languedociens et des Ariégeois, qui ont laissé moins de traces de leur passage. Ce rapport au texte traduit-il une culture du travail particulière qui rechercherait les garanties de l'écrit ? Est-ce tout simplement l'éloignement qui génère de l'écrit en multipliant la rédaction de certains types d'actes, les procurations en particulier ? Cet écrit est-il l'expression non du choix des Basques mais de ceux de leurs contractants qui ne le sont pas et se méfient d'eux ? Les causes demeurent inconnues, mais les écrits sont restés. Il est donc possible de suivre ces hommes qui se déclarent biscayens, de suivre également, mais de plus loin, les autres migrants de la forge. Ainsi se dessine une diaspora de travailleurs qui convergent vers le comté de Roussillon et témoignent de toutes les régions alors en activité dans le territoire technique de la mouline, du Quercy au Languedoc et aux Pyrénées. C'est un monde d'hommes où les femmes ont peu de place. Un monde où se côtoient mineurs, charbonniers, forgeurs et muletiers, dont beaucoup sont des manœuvres. Un monde rude où les rivalités aboutissent à des bagarres entre bandes constituées selon les origines des travailleurs. C'est également un monde de l'incertitude et de l'instabilité où le travail n'enrichit pas les hommes. La dette qui leur colle à la peau a également produit beaucoup d'écrits. Dans cette vie mouvementée et précaire, rythmée par les départs, les dettes et les conflits, la mule apparaît comme un des rares éléments de stabilité. La mule est la survie de l'homme, elle est sa richesse, elle est une promesse de retour vers la terre d'origine.

Ainsi, au fil des jours, les registres de notaire restituent un tissu de relations où les places des individus sont fixées par les formulaires notariés et évoluent selon une dualité consignée par le traitement des situations juridiques : les migrants et leurs procurateurs, les salariés basques et les Catalans qui les emploient, les créanciers et les débiteurs, les débiteurs et leurs fidéjusseurs, les vendeurs et les acheteurs, les accusés et ceux qui se portent garants. Aide, confiance, inquiétude et violence se succèdent. Les vies de ces hommes, même réduites et contraintes par les formules notariales, sont saisissables par l'historien. Il suffit de « les écouter avec les yeux[2] ».

Des Basques dans le Vallespir

C'est à partir de 1440 que les registres de notaires enregistrent l'arrivée massive des Basques dans les montagnes catalanes[3]. Auparavant, ils sont peu nombreux. Seuls dix-huit individus ont été comptabilisés entre 1406 et 1438[4]. Quant aux Basques qui ont pu être repérés au XIVe siècle, ils sont tous installés à Perpignan[5]. Pour le massif du Canigou et à partir du dépouillement quasi exhaustif des registres des deux vallées du Tech et de la Têt, on doit admettre que la migration des Basques est un phénomène remarquable, de 1440 à la fin du XVe siècle. Durant cette période, 327 individus ont pu être dénombrés de Prats-de-Mollo à Saint-Jean-Pla-de-Corts (dans le Vallespir), de Codalet à Villefranche (dans le Conflent)[6]. Ils sont désignés comme « biscayens » ou « de Biscaye ». Cette vague migratoire est composée d'hommes qui travaillent dans ou au service des moulines, qu'il s'agisse de les approvisionner, de les faire tourner ou d'acheminer leur production[7]. Elle prend toute son ampleur au cœur du XVe siècle et perdure dans les années 1490, même si elle semble alors se réduire[8]. On ignore si le flux migratoire s'est porté vers d'autres espaces ou si ces hommes sont simplement rentrés chez eux. Les dernières années du XVe siècle pourraient bien correspondre à la fin d'un cycle mais non à la fin du mouvement migratoire : le travail des Basques dans les forges de Catalogne se poursuit jusqu'au XIXe siècle.

Le dossier réuni autour de cette migration médiévale des Basques dépasse le cas des seules forges de Catalogne et renvoie à une question historiographique souvent débattue : celle de la qualité des migrations basques, réitérées du Moyen Âge à l'époque contemporaine. La migration des Basques n'est pas seulement une migration de la misère, comme il a pu être souvent affirmé. Récemment, Jean-Philippe Priotti démontrait qu'au XVIe siècle le départ des membres de l'aristocratie basque répondait bien aux modalités de gestion des sociétés marchandes et à la formation de ses membres[9]. Le dossier des Basques dans les forges de Catalogne ajoute un autre éclairage à la question des migrations basques et à leur place dans l'histoire du travail européen. Il convient à présent de revenir à l'observatoire qui est le nôtre : les forges du Vallespir au cœur du XVe siècle. Ce sont alors 175 individus installés dans la vallée du Tech qu'il m'est permis d'étudier de très près. L'originalité du dossier réside dans sa dimension rurale et sidérurgique ; les autres cas connus de semblables migrations laborieuses relèvent davantage de l'espace urbain, et les activités des Basques y sont plus diversifiées. Une exception, cependant : celle du groupe soudé des maçons basques qui migrent dans l'ensemble des Couronnes d'Aragon et de Castille et au Portugal[10].

Dès le début du XVe siècle, le phénomène migratoire est caractérisé par une forte spécialisation professionnelle. Les premiers arrivants basques qui s'installent à Arles (*asterii*, *lancerii*, forgeurs, charbonniers ou sans profession déclarée) sont tous associés à la forge. Il n'est donc pas surprenant que les registres d'Arles, bourg dont nous avons apprécié la spécialité sidérurgique, soient les premiers à les mentionner. Parmi les Basques présents dans ce bourg dès 1406, trois sont des fabricants d'armes. *Asterii* et *lancerii* élaborent des lances. Ce fait est notable, car leur proportion se réduit au cours du siècle, les forgeurs et leur équipe dominant ensuite la documentation. Exceptionnellement, l'un d'eux, Martie Lopis, bénéficie de l'éclairage de cinq textes. Il est aussi celui qui ouvre la documentation dans le Vallespir. Martie Lopis est intéressant à plus d'un titre. Son activité professionnelle le porte jusqu'en Conflent pour se fournir en perches, c'est-à-dire en hampes de bois sur lesquelles seront fixés les pics qu'il forge[11]. Actif à Arles, mais également à Perpignan, il a par ailleurs conclu avec Joan de Bischaya, originaire de Bilbao, une société pour produire des lances (*arte lancerare*) dont on ignore comment elle est organisée[12]. Avait-elle été conclue avant le départ de Martie pour la Catalogne ? Martie Lopis est particulièrement bien inséré dans la société catalane. Dès 1414, on le voit intervenir comme témoin dans le testament d'un homme d'Arles. Il est alors entouré de forgerons locaux, car le testateur évolue dans ce milieu qui est aussi celui où se côtoient Basques et Catalans[13]. En 1416, il épouse la fille d'un meunier de Perpignan, Pere Gasc[14]. Il est alors désigné comme *lancerius* de Perpignan. À partir du moment où Martie rentre de plain-pied dans la société catalane, il disparaît de nos sources. Le dernier témoignage écrit que nous conservons sur son activité met fin à la société qu'il avait créée avec son associé de Bilbao. Sa trajectoire est exceptionnelle. Dans l'ensemble de la documentation, seuls de très rares individus contractent ainsi une alliance familiale locale ou se fixent durablement. La grande majorité des migrants basques ne fait que passer.

Fig. 17. Liste des 175 Basques présents en Vallespir avant 1463

Nom	**Activité**	**Lieu d'origine**	**Présence en Catalogne**
Abarria Joan		royaume de Castille Azkoitia	10 février 1444-14 avril 1455
Aguixe Hutxoa		royaume de Castille Oñati	1451
Almassa Joan	charbonnier	royaume de Castille	1451-2 mars 1453
Andreu Joan			1461
Aneras Joan		royaume de Castille	1er février 1453
Arama Joan	muletier	royaume de Castille	1451
Aramayo Martie	mineur	biscayen	14 juin 1458-23 décembre 1465
Arasto Miguel			17 mars 1457
Arendas Pedro			19 mars 1452
Arra/Arroa Martie	mineur		2 octobre 1445-14 juin 1459
Aster Joan		biscayen	10 avril 1453
Atollo Lope			14 avril 1455
Basco Joan		royaume de Castille Biscaye	27 mars 1444-9 juin 1444
Bastant Martie	*asterius*	royaume de Navarre	1448-2 mai 1453
Belça Joan			10 août 1417
Bernardi Bertran		Biscaye	28 décembre 1429
Berastegui Miguel		royaume de Castille	30 novembre 1444
Berasthegi Pascual		royaume de Castille	30 novembre 1444
Biscayno Lope	forgeron		19 octobre 1445
Bischaya Pedro		Biscaye	18 juillet 1414

Nom	Activité	Lieu d'origine	Présence en Catalogne
Castell Pedro	*asterius*	biscayen	26 mars 1456
Daguirre Joan		royaume de Castille Oñati	2 juin 1445
Darnani Lope		royaume de Castille biscayen	19 novembre 1444
Dasa Joan		royaume de Castille	1448
Dayalla Joan		royaume de Castille biscayen	19 octobre 1445
de Agirre Martie		royaume de Castille	30 novembre 1444
de Aguzano Bernat		royaume de Navarre	23 novembre 1413
de Alcarasso Lope Garcia		royaume de Castille Oñati	22 janvier 1445-28 juin 1445
de Alday Pedro		royaume de Castille Azkoitia	26 mars 1456
de Araba Joan	charbonnier	royaume de Castille biscayen	2 août 1457
de Arats Santxo	forgeur	royaume de Castille	30 novembre 1444
de Arcoagua Otxoa		royaume de Castille biscayen Azpeitia	1er octobre 1444-22 septembre 1445
de Arustegui Domingo			14 avril 1455
de Bergara Joan	mineur	royaume de Castille biscayen	30 novembre 1444-27 octobre 1445
de Bergara Miguel		royaume de Castille royaume de Navarre	22 juillet 1444-1er février 1453
de Bilbau Martie			14 avril 1455
de Biscaya Joan	*lancerius*	royaume de Castille Bilbao	22 octobre 1418-14 avril 1455
de Castello Martie			23 décembre 1433
de Cembe Pedro	forgeur	biscayen	20 avril 1465
de Garnica Santxo		royaume de Castille	22 juillet 1444
de Gordojola Joan			2 janvier 1427

Nom	Activité	Lieu d'origine	Présence en Catalogne
de Gordojola Maria			2 janvier 1427
de Gorostieta Joan		royaume de Castille Orio	21 février 1446
de Gorostieta Maria			21 février 1446
de Gorostieta Pedro			21 février 1446
de Hibarra Pedro			10 août 1417
de Huba Martie			10 août 1417
de la Birball Joan	*asterius*		18 juillet 1414
de la Caytiu Fortico	mineur	Biscaye	14 mai 1444-10 avril 1453
de la Ragua Joan	muletier	royaume de Castille Azkoitia	15 septembre 1445
de La Sacca Joan	muletier		2 janvier 1427
de La Sacca Julian	*ferrarius/ferrarius sive renderius* muletier	royaume de Navarre Pampelune	16 avril 1445-30 avril 1446
de La Sacca Martie	muletier	royaume de Castille biscayen	10 février 1444
de la Serra Ramon			3 mai 1453
de la Via Pedro	charbonnier	Biscaye	10 janvier 1452
de Laris Rodrigo		Biscaye	22 janvier 1444
de Leins Pedro		biscayen	16 septembre 1453-27 novembre 1453
de Leycarita Joan		Biscaye	21 février 1446
de Lordiu Martie		royaume de Castille Oñati	10 octobre 1444 1448
de Lorey Joan	charbonnier	royaume de Navarre Pampelune	26 avril 1463
de Marquina Ferrando			18 mai 1461-22 octobre 1465
de Marquina Joan		Biscaye	9 décembre 1445
de Marquina Martie		Biscaye	14 avril 1455

Nom	Activité	Lieu d'origine	Présence en Catalogne
de Marquina Otxoa	muletier		18 mai 1461
de Mondragó Garcia			14 avril 1455
de Montreal Domingo	charbonnier		29 septembre 1460
de Mornyt Joan	*ferrarius*	royaume de Castille Orio	3 avril 1444
de Moxita Joanet	*ferrarius*	royaume de Castille Biscaye	Octobre 1443-30 novembre 1444
de Munago Joan		royaume de Castille Orio	21 février 1446
de Para Pedro			14 avril 1455
de Pisco Joan		royaume de Castille biscayen	31 mars 1446
de Placencia Pedro		biscayen	27 novembre 1453
de Placencia Bernat	muletier		19 mars 1452
de Ratia Joan			1451-14 avril 1455
de Ratia Martie	charbonnier	royaume de Castille	14 avril 1455
de Ros Joan		royaume de Navarre	1461
de Sant Sebastián Joan			8 avril 1444
de Sant Sebastián Lope	forgeron	royaume de Castille biscayen	15 septembre 1445-31 mars 1455
de Saldinia Lope		Biscaye	18 juillet 1414
de Salvaterra Martie			23 septembre 1445
de Scuytia Martie	charbonnier	royaume de Castille	23 septembre 1438-1er février 1453
de Scuytia Pedro		royaume de Castille	21 mai 1452
de Segura Joan	*asterius*	royaume de Castille Segura	2 août 1457
de Sorola Pedro	forgeur	royaume de Castille	4 novembre 1453
de Spaleta Joan	muletier	royaume de Navarre	16 septembre 1453

Nom	Activité	Lieu d'origine	Présence en Catalogne
de Stargua Joan			1426
de Submissa Miguel		Biscaye	9 décembre 1445
de Terrassa Perayada			22 septembre 1445
de Tolosa Xanxo	*ferrarius*	royaume de Castille biscayen	19 janvier 1452-10 avril 1453
de Urbieta Joan		royaume de Castille	30 novembre 1444
de Usola Maria		royaume de Castille Mondragón	1448-20 décembre 1445
de Varastequi Miguel		Biscaye	30 novembre 1444
de Velendis Otxoa	mineur		14 juin 1459
de Vera Joan (*alias* Goritxo)	muletier	royaume de Navarre biscayen	26 février 1463
de Vera Miguel	mineur		18 septembre 1461
de Victoria Pedro		Biscaye	26 février 1462-8 mai 1463
de Villafrancha Joan			14 avril 1455
de Villafrancha Otxoa	prêtre	royaume de Castille diocèse de Pampelune biscayen	26 avril 1463
de Villafrancha Pedro			14 avril 1455
de Xabala Joan			14 avril 1455
de Xanalaga Joan			14 avril 1455
del Gueyta Otxoa	charbonnier mineur		29 septembre 1460
del Orrio Joan	charbonnier	royaume de Castille biscayen	23 septembre 1445-24 juin 1458
del Stano Miguel			14 avril 1455
Delesgaspi Joan			22 septembre 1445
Delesgaspi Pedro	charbonnier	royaume de Castille Azkoitia	22 septembre 1445-21 mai 1452
Derans Joan		royaume de Castille	1448
Derexill		Biscaye	1er octobre 1444
Dersua Otxoa		royaume de Castille	31 janvier 1453
Descotia Joan	charbonnier		1460

Nom	**Activité**	**Lieu d'origine**	**Présence en Catalogne**
Desornosa Pedro	*asterius*	royaume de Castille	31 janvier 1453
Despisso Joan	*ferrarius*/muletier	royaume de Castille biscayen	12 avril 1445-31 mars 1455
Dolalde Pedro	*sutor* (*magister*)	Oñati	2 janvier 1479
Dudala Joan		royaume de Castille biscayen	3 avril 1444-14 avril 1455
Durango Ferrando	muletier et mineur	royaume de Castille Durango	14 mars 1431-3 février 1462
Durango Joan		royaume de Castille biscayen	9 décembre 1445-16 février 1446
Duyati Joan			3 avril 1444
Erxile Joan	muletier	biscayen	23 décembre 1465
Garcia Joan	charbonnier	biscayen	24 juin 1458
Garcia Suri Martie	charbonnier	biscayen	24 juin 1458-13 novembre 1458
Guerrera Joan			20 avril 1465
Hispina Sancho			19 octobre 1445
Hogada Pedro	peigneur	biscayen	10 octobre 1444-10 avril 1453
Laurens Joan	muletier/*ferrarius*	royaume de Castille Oñati	10 octobre 1444-7 décembre 1445
Laurens Pedro	muletier	royaume de Castille Oñati	10 octobre 1444-7 décembre 1445
Lo Castillo Joan (1)	*lancerius*		19 avril 1406-22 octobre 1418
Lo Castillo Joan (2)	*ferrarius*, muletier	royaume de Castille Durango	8 avril 1444-1463
Lomenero Fortico		royaume de Castille	31 janvier 1453
Lloppe	*ferrarius*		11 octobre 1418
Lopis Joan	charbonnier, muletier ferrarius	royaume de Castille Azpeitia	1er octobre 1444-26 février 1462
Lopis Martie	*lancerius*	Biscaye	19 avril 1406-22 octobre 1418
Lopis Pedro	charbonnier	royaume de Castille	23 novembre 1453
Magensa Jaime			30 novembre 1448-19 septembre 1453

Nom	Activité	Lieu d'origine	Présence en Catalogne
Martines Forticho	mineur	royaume de Castille	8 juin 1446-18 novembre 1454
Millia			16 février 1446
Miquel Joan	muletier	royaume de Castille	22 septembre 1445-3 mai 1453
Negaris Joan		royaume de Castille	22 juillet 1444
Negre Lope		royaume de Castille Oñati	2 mai 1453
Olavarrieta Pedro		Azpeitia	13 septembre 1445
Olasso Ferrando	muletier	Biscaye	19 janvier 1455
Ortitxa	mineur	Biscaye Oñati	20 octobre 1445
Ortix Pedro	muletier	Biscaye	18 septembre 1461
Othas Marino			4 janvier 1460
Othas Martie	prêtre		4 janvier 1460
Otxoa Joan		royaume de Castille	24 novembre 1453
Pedro	muletier		24 novembre 1453
Perich Pedro	muletier	Biscaye	23 septembre 1445-1457
Peris Ferrando		royaume de Castille biscayen	18 octobre 1445
Petit Fortico		Biscaye	14 avril 1455
Petit Joan	charbonnier	biscayen	22 septembre 1445
Petit Martie	charbonnier	royaume de Castille	2 mars 1453
Petrus Guillerm (?) Pedro			4 janvier 1460
Petxi Joan		biscayen	18 novembre 1454
Polit Martie	charbonnier	royaume de Castille Oñati	19 janvier 1452-4 novembre 1453
Prasero Joan	charbonnier		2 octobre 1445-27 octobre 1445
Roig Martie		Biscaye Oñati	28 décembre 1444
Rollandi Joan	prêtre		2 juillet 1452
Samudio Martie		royaume de Castille Zamudio	13 avril 1453 25 février 1454

Nom	Activité	Lieu d'origine	Présence en Catalogne
Sans Martie		terre de Bayonne	Octobre 1483
Sants Joan		royaume de Castille Orio	27 mars 1444-9 juin 1444
Sants Martie	*ferrarius sive renderius*/muletier	royaume de Navarre Pampelune/royaume de Castille	24 mai 1445-1447
Sarra Pedro			1420
Sartre Martie		royaume de Castille	23 novembre 1433
Scrivà Gillen	*ferrarius*		8 janvier 1463
Sentol Martie (mestre Metxi)	forgeur/*ferrarius*	Biscaye	14 avril 1455 – mai 1463
Sentol Joan	*lancerius*	biscayen	26 mars 1456-5 mai 1461
Sentol Lope			14 avril 1455
Soloboro Pedro		biscayen	20 juillet 1444-27 octobre 1445
Suasqueta Rodrigo		royaume de Castille biscayen	15 novembre 1445-1451
Surt Miguel	charbonnier	biscayen	23 septembre 1445
Tolosa Joan	muletier	royaume de Castille Biscaye	10 février 1444-26 février 1463
Traginer Pedro		royaume de Castille	24 novembre 1453
Urtis Martie			14 avril 1455
Vilaragua Joan			6 mars 1446
Vitela Joan			14 avril 1455

Si, parmi les 175 Basques installés en Vallespir, certains sont restés plus longtemps que d'autres en Catalogne, rares sont ceux qui s'installent durablement (voir figure 17). La plupart d'entre eux traversent la documentation, laissent un unique témoignage écrit et disparaissent. Les autres sont repérés plusieurs fois en Roussillon, mais on ignore s'ils sont demeurés sur place ou s'ils ont effectué des allers et retours entre la Catalogne et leur région d'origine. Ces déplacements peuvent, cependant, s'étirer sur de nombreuses années. Ainsi, et pour ne retenir que des cas où il ne peut y avoir aucun doute en matière d'homonymie, le muletier Ferrando Durango passe trente et un ans entre la Biscaye et la Catalogne ; le charbonnier, muletier, *ferrarius* Joan Lopis, dix-huit ans ; Joan del Orrio et Martie de Scuytia, charbonniers, treize et quinze ans ; Joan Despisso, muletier et *ferrarius*, dix ans ; Fortico de la Caytiu et Forticho Martines, mineurs, neuf et huit ans. Il faut se rendre à l'évidence : si les *ferrarii* nous intéressent du fait de leur activité à la tête de l'atelier, peu d'entre eux sont attestés en Vallespir durant une longue période. Joan Lopis, présent pendant dix-huit ans, et Martie Sentol, dit Maître Metxi, forgeur et *ferrarius*, actif en Catalogne entre 1455 et 1463, soit pendant huit ans, constituent des exceptions. Tous les autres sont repérés pendant un temps plus court : deux ans (Martie Sants), et même moins (Xanxo de Tolosa, Julian de La Sacca, Joanet de Moxita, Joan Laurens)[15]. Qu'ils restent, passent, reviennent ou non, bien peu de ces Basques se fixent. Un seul individu se marie avec une Catalane ; un autre, tout aussi isolé, investit dans une maison. Ce dernier fait d'ailleurs partie de ceux, très rares (quatre individus), qui vivent en couple durant leur séjour catalan[16]. Les autres ne disposent d'aucune attache durable de quelque nature que ce soit[17]. Il semble bien que la migration des Basques soit temporaire. Elle l'est aussi dans leur imaginaire, du moins quand il est dévoilé et se laisse voir au détour d'un testament ou d'une procuration : la terre d'origine y est désignée comme la patrie[18]. Cependant, les Basques que je vois travailler en Catalogne ne retournent pas forcément chez eux lorsqu'ils quittent le Vallespir. Certains s'installent en France ou bien sur le versant sud des Pyrénées. Sont-ils voués à ne jamais revenir dans leur foyer ? Je l'ignore. Je n'approche les Basques que durant un court moment de leur vie, quand ils demeurent momentanément dans les moulines dépendantes de la juridiction d'Arles ou bien dans son environnement proche : moulines de Léca, des Bains et de Galdares.

Au milieu du XVe siècle, les Basques ont investi neuf moulines sur les dix-neuf en activité et encore ne disposons-nous d'aucune donnée concernant la main-d'œuvre qui s'active dans les dix moulines restantes (voir carte 6). Cette mainmise des Basques a été lente et progressive. Les Basques côtoient d'abord les hommes qui travaillent dans les moulines et qui les ont précédés, surtout des Ariégeois, puis ils s'installent dans la forge, la dirigent et expulsent parfois leurs prédécesseurs. Si les premières moulines concernées par l'arrivée des Basques sont celles de Serramitja[19], en Conflent, puis de Valmanya au cœur du massif du Canigou[20], la documentation éclaire particulièrement bien les moulines de Léca et de Galdares où s'installent successivement des charbonniers puis des forgeurs basques.

À Léca, les premiers Basques identifiés arrivent en 1417 et ils sont charbonniers (Joan Belça et Martie de Huba). Ils travaillent à la fois pour la mouline de Valmanya et pour celle de Léca à laquelle ils fournissent du bois (*lignum*). Il faut ensuite attendre dix ans (1427) pour qu'à nouveau un acte atteste de la présence basque à Léca. Cette fois-ci, Joan de La Sacca, *traginer,* y est domicilié. Puis, en 1433, Martie Sartre, originaire de Castille et installé dans la mouline de Léca, sans davantage de précisions, obtient de la Procuration royale un contrat d'acapte lui permettant d'extraire du minerai. La faiblesse du droit d'entrée (3 sous), celle du cens annuel (11 sous), comme le peu de précisions de l'acte tendent à prouver que l'homme recherche surtout le fer. Ce document de 1433 inaugure le début d'un cycle où la croissance de l'activité sidérurgique en Catalogne s'accompagne de l'installation de nombreux migrants basques. En effet, la même année, en décembre, Martie de Castello prend à bail la mouline du château de Corsavy. Ainsi, à partir de 1430, les Basques, d'abord rémunérés en tant que charbonniers et transporteurs, deviennent bailleurs et responsables de la gestion de l'atelier. Cette place sera dorénavant la leur.

L'installation progressive des Basques relève-t-elle d'une stratégie ? Deux événements permettent de poser effectivement cette question. Une nouvelle fois, ils ont pour cadre la mouline de Léca. Je reviendrai sur les cycles de migration qui interviennent dans les moulines de Catalogne mais il faut, dès à présent, rappeler que les Languedociens et les Ariégeois ont précédé les Basques à la tête des ateliers. Léca est fréquentée par des Basques, charbonniers et transporteurs, depuis 1417. À cette date, la direction de la forge ne leur incombe pas. Puis, en mai 1444, Joan lo Castillo est désigné comme le *nuncius* d'un des propriétaires de la mouline. On ignore qu'elle est sa place dans l'atelier où les Lantar, originaires du comté de Foix, sont alors forgeurs (*fargerii*). C'est à ce moment-là, en juillet 1444, qu'éclate la première bagarre entre Basques et Ariégeois. Pedro Soloboro, charbonnier biscayen, et ses *valitores* s'opposent à Johan Lantar, *fargerius* de Léca, et à Besian Cabrona, également ariégeois, dont on sait qu'il a été auparavant le forgeur de la mouline de Sainte-Colombe (en Fenouillèdes). L'affaire, dont on ignore le motif, est réglée devant le bayle en octobre 1444. Huit mois plus tard, en juin 1445, la mouline de Léca bascule dans le clan des Basques et cela n'est en rien le fait du hasard. Effectivement, cette évolution tient à la démarche de Martie Sants, de Pampelune, qui apparaît dans la documentation en mai 1445 quand il désigne comme son représentant pour louer en son nom la mouline de Léca Julian de La Sacca, originaire de La Sacca en Navarre, qui plus tard se déclarera de Pampelune. La mission est couronnée de succès puisque dix jours plus tard, le 4 juin 1445, alors qu'ils s'apprêtent tous deux à acheter une mule, Martie Sants et Julian de La Sacca sont désignés comme les *ferrarii* de la mouline de Léca. Il semble alors que seul Julian soit sur place. La signature du bail intervient en juillet 1445. Il est conclu entre les deux Basques et les propriétaires de la mouline : Pere Candell et Urbà Aygabella. Au moins deux de ces hommes se connaissaient déjà puisqu'en avril 1445 Julian de La Sacca était en affaires avec Urbà Aygabella à l'occasion de la vente d'une mule. Le contact était donc établi entre l'apothicaire catalan et le Basque, qui était bien placé pour œuvrer à son projet. Les deux associés tiendront ensemble la mouline jusqu'en décembre 1445, date à laquelle Martie Sants semble se désengager. Ils demeureront encore quelques mois dans le haut Vallespir.

Dorénavant, la mouline de Léca est sous contrôle basque. Si, jusqu'en 1452, le nom de ceux qui gèrent la forge demeure inconnu, la présence basque s'appesantit au milieu du XVe siècle. Joan lo Castillo, qui a été le représentant des maîtres de la mouline, prend la forge en charge à cette date. Entre la bagarre de 1444 et son retour à Léca, Joan est repéré comme muletier installé à Campredon et en affaires avec Urbà Aygabella[21]. Il ne semble donc jamais avoir perdu le contact avec Léca. Se succéderont ainsi à la tête de la mouline : Joan lo Castillo, à partir de janvier 1452, puis Joan Lopis, assurément entre avril et décembre 1455, accompagné par le forgeur Martie Sentol, dit aussi *magister* Metxi. En 1461, Martie Sentol travaille à quelques kilomètres de là, à la mouline des Bains, dont il est à la fois le *ferrarius* et le forgeur. Il est de retour à Léca en 1463, où il est également forgeur et *ferrarius*[22]. Les Basques occupent dorénavant tout l'espace de travail.

Cette équipe, nous la connaissons à Léca. En 1455, une bagarre éclate à nouveau, mais cette fois-ci elle oppose les Basques de la forge de Léca à des hommes de Vilarzello, un hameau dépendant de Saint-Jean-Pla-de-Corts, tous membres de la famille Valls. Seul le groupe des Basques apparaît clairement, car chaque individu doit prêter hommage au bayle. L'équipe dans son entier compte vingt hommes, rassemblés devant la mouline. À leur tête et premier cité apparaît Joan Lopis, dont on sait qu'il est le *ferrarius* de Léca. Il est *traginer* et charbonnier, et nous reviendrons sur la place qu'il occupe tant dans les moulines du haut Vallespir qu'à Perpignan, où il a ouvert une échoppe. Parmi les hommes présents et qui ont laissé plus d'un témoignage dans les registres des notaires, on note le forgeur Maître Metxi, c'est-à-dire Martie Sentol, cité immédiatement après Joan Lopis. Certains des Basques accusés traversent rapidement la documentation à plus de dix ans d'intervalles, comme Joan Abarria, qui était déjà en contact avec Léca en 1444 et 1445 alors qu'il vendait une mule à Martie de La Sacca ; ou bien Joan de Biscaya, dont nous avons vu qu'il était associé à Martie Lopis, *lancerius* d'Arles, en 1418. Cependant, plus de la moitié des individus incriminés demeurent totalement inconnus[23]. Ce document est néanmoins exceptionnel. Il permet d'approcher de très près la main-d'œuvre d'une mouline. Une vingtaine d'hommes au travail autour du bas fourneau : c'est ce que propose couramment une forge à la catalane au XVIIe siècle, c'est-à-dire deux forgeurs et des aides dans l'atelier ; des mineurs, des charbonniers et des transporteurs pour l'approvisionnement.

La prise en main de l'activité sidérurgique par les Basques ne concerne pas uniquement Léca. L'évolution est identique à Galdares, mouline sur laquelle nous disposons d'une documentation moins dense. Les Basques s'y imposent au même moment qu'à Léca. En janvier 1444, le *ferrarius* de Galdares est Joanet de Moxita. Il l'est encore en avril 1444, au moment où Joan de Mornyt intervient aussi à ce titre dans la documentation. Il semble que les deux Basques tiennent ensemble l'atelier. Dès 1445, deux autres leur succèdent : Despisso et

Laurens. En 1462, après plus de quinze ans de silence, nous retrouvons Joan Lopis, ancien *ferrarius* de Léca, à la tête de la mouline de Galdares, car il est courant que les mêmes hommes se succèdent ainsi à la direction des ateliers[24]. À Galdares, l'équipe qui entoure les *ferrarii* demeure inconnue.

La présence basque n'est pas propre au seul Vallespir. Dans d'autres moulines et particulièrement en Conflent, les sources manquent avant 1450 pour que le phénomène soit clairement identifié. Les preuves ponctuelles ne font pourtant pas totalement défaut même si elles interviennent tardivement. La mouline de Thuès est tenue par Joan de Sanala et Miquel Surbano en 1484, puis à partir de mai 1484 par Joan et Otxoa de Sanala, auxquels succèdent Joan Salvide, en 1494, puis Martie de Ganironda, originaire de Segura[25] ; celle de Valmanya, dont il faut rappeler que dès 1417 des charbonniers basques y travaillent, est dirigée par Joan lo Castillo en 1451[26], puis par Sanxo de Rassola en 1484 et Bernat Villafranca, jusqu'en 1499[27]. À Baillestavy, les deux frères Sanxo et Martie de Rassola tiennent la mouline au moins entre 1484 et 1486, peut-être encore en 1488 ; ils y habitent alors avec Martie de Alday, originaire de Mondragón[28]. C'est Bernat de Villafranca qui leur succédera. À Sahorre, Xanxo de Tolosa est *ferrarius* en 1452[29] ; Pedro Olavarrieta et Lope de Munegaray y travaillent[30]. Xanxo quitte le Conflent l'année suivante pour se rendre en Vallespir, où il prend la direction de la mouline de Serre (près de Céret)[31]. Des Basques demeurent toujours à Sahorre après son départ. Enfin la mouline de Serramitja, dont il faut rappeler que, comme celle de Valmanya, elle a très tôt abrité des Basques, profite des services d'un forgeur basque entre 1485 et 1489 : Otxoa de Oa[32]. On constate, comme en Vallespir, que ces hommes se succèdent et se croisent dans des ateliers très proches les uns des autres.

Seule la mouline del Perer, implantée à Céret, connaît une évolution différente. La présence des Basques y est moins marquante. Certes des mineurs basques sont domiciliés à Céret en 1444. Un forgeur basque y est également installé[33]. De même, Ferrando Durango est désigné spécifiquement comme le muletier de la forge de Céret[34]. Cependant, ces hommes, peu nombreux, ne dirigent pas la mouline. Si exception il y a à la domination basque dans les moulines de Catalogne, elle apparaît dans le Vallespir, à Céret.

D'une montagne à l'autre

D'où viennent ces Basques ? Pour 115 des 175 individus de passage en Vallespir, il est possible de disposer d'une origine géographique. Le plus communément, les individus sont désignés comme « biscayens » ou de « Biscaye » (cinquante-six). Pour dix-neuf d'entre eux, l'origine déclarée est aussi le « royaume de Castille ». Ils sont alors « biscayens, du royaume de Castille ». Ces indications nous renvoient à une zone étendue et contrastée, qui s'étire de la Biscaye à la Navarre puisque, depuis la fin du XIIe siècle, la région correspondant aujourd'hui à la Guipúzcoa était majoritairement intégrée à la Couronne de Castille et que seule sa partie la plus septentrionale dépendait de la Couronne de Navarre (voir carte 7). Un Navarrais est d'ailleurs qualifié de « biscayen ». Parfois, comme en témoignent deux cas, la confusion est telle qu'un même individu, dans un même texte, est déclaré originaire du royaume de Castille et de celui de Navarre (Miquel de Bergara et Martie Sants). Certains de ces Basques, qu'ils soient ou non désignés comme tels, sont précisément originaires de la « Couronne de Navarre ». Ils sont peu nombreux : six au total. Ainsi tous ces migrants viennent-ils d'une large zone qui s'étire de Bilbao à Pampelune. Pour trente d'entre eux, l'origine est plus précise[35]. Si deux sont précisément désignés comme navarrais de Pampelune, quatre le sont de Biscaye : de Bilbao (un), de Zamudio (un) et de Durango (deux) ; les autres, soit vingt-quatre individus, sont issus de Guipúzcoa : Oñati (onze), Azkoitia (quatre), Orio (quatre), Azpeitia (trois), Segura (un), Mondragón (un). Les villages d'Oñati et d'Askoitia sont les plus prolifiques, mais en fait ce sont les vallées sidérurgiques qui ont été généralement pourvoyeuses : vallée de l'Oria et de ses affluents, d'Orio jusqu'à Segura ; vallée d'Urola avec Azpeitia et Azkoitia ; enfin, vallée de la Deba, avec Mondragón et Oñati[36]. Néanmoins, on ne trouve pas en Vallespir les grosses cohortes d'individus provenant de la Navarre, en particulier de Lesaka, et qui sont repérables en Conflent à la fin du XVe siècle.

Il est évident que la proximité géographique n'est pas le seul point commun à tous ces hommes. Les liens sont divers même s'il est délicat de les reconstituer. Liens familiaux d'abord, bien que la grande majorité des individus paraissent isolés. Certains sont néanmoins accompagnés d'un membre de leur famille, comme les deux frères Otxoa et Ferrando de Marquina[37]. Liens professionnels également, sans doute tissés entre les membres des équipes que l'on voit en action et dont on ignore l'origine. Sont-elles déjà formées au Pays basque et les migrants arrivent-ils en groupes constitués ? Sans doute, car c'est de l'habitude du travail en commun, de la connaissance des gestes de l'autre et de la capacité d'y répondre que naît la qualité du travail dans la forge. Le départ en commun et le travail en équipe qui s'ensuit sont d'ailleurs des faits courants que l'historien saisit clairement avec les colporteurs de l'Oisans, comme avec les maçons du Limousin, à l'époque moderne. L'endogamie permet, dans ces deux cas, un contrôle de la main-d'œuvre par la pression possible auprès de ceux restés au village[38]. Pour comprendre ce qui a porté ces hommes vers la Catalogne et comment ils sont arrivés en Vallespir, il faudrait à présent déplacer l'enquête vers les vallées sidérurgiques de la Guipúzcoa. Ce projet n'empêche pas les questions immédiates, même si elles demeurent aujourd'hui sans réponse. On peut effectivement s'interroger sur les choix qui ont présidé à l'éloignement de tous ces travailleurs alors que la sidérurgie du Pays basque connaît une reprise de son activité décalée chronologiquement et d'ampleur différente selon les contrées[39]. Il est d'autant plus délicat de trouver une justification à cette vague de migrants que nous ignorons si elle a été précédée par des départs similaires antérieurs à la fin du Moyen Âge, dirigés vers le comté de Roussillon ou vers d'autres espaces de production sidérurgique. On sait néanmoins que les vallées sidérurgiques d'où sont partis les Basques du XVe siècle continueront à envoyer leurs hommes hors des frontières de la Castille. Sans doute, dans la construction d'un système global de causalités, faudrait-il faire intervenir les troubles qui ensanglantent de façon récurrente, et encore au XVe siècle, certaines vallées où les factions nobiliaires se livrent aux pires exactions pour le contrôle des outils de production, parmi lesquels les forges figurent en bonne place. Ces zones ont fourni des bras aux forges de Catalogne : avec Mondragón et Durango par exemple[40]. Peut-être ces hommes sont-ils également partis à cause du régime successoral de la maison basque puisqu'il ne fait aucune place aux cadets et les condamne, en quelque sorte, à l'exil dans un contexte de forte croissance démographique[41]. Ce qui est visible, en tout cas, à partir du cas de certains migrants de passage en Roussillon, c'est le motif contraignant de la dette. Il conviendra de s'y attarder mais, dès à présent, il faut rapprocher le lien entre endettement et migration, tel que nous le saisissons par petites touches en Vallespir, de celui mieux connu dans l'Oisans à l'époque moderne[42]. Dans ce cas, les hommes quittent leurs villages à cause de la dette, et la migration est non seulement encouragée par les notables créanciers mais aussi orchestrée par eux qui tirent un profit direct du colportage par l'exportation de produits qu'ils font fabriquer au village.

Le contact se maintient avec la terre d'origine comme le prouve un émouvant testament du milieu du XVe siècle. Cet acte permet de mesurer l'attachement, tant sentimental que matériel, d'un homme à son pays[43]. Le moribond, Pedro Olavarrieta, déclare avoir travaillé dans trois moulines différentes, à Sahorre, à Estoher et à Léca, sans spécifier la nature de son activité. Il a prévu de se faire inhumer à Céret, mais il paie des messes à Azpeitia, son village d'origine. Sa succession sera gérée par sa mère qui est demeurée en Guipúzcoa. Sa femme, d'Irati, pourra disposer de la moitié de ses biens mobiliers et immobiliers à l'issue du règlement de la succession, sans davantage de précisions. Des voisins, des *besius*, sont nommés au titre des créances ou des dettes énumérées précisément par Pedro.

Ce rapport étroit à la terre d'origine, combiné à la nécessité de migrer, engendre la désignation de procurateurs pour gérer non seulement les biens et la famille demeurés en Castille ou en Navarre, mais surtout les affaires que le migrant laisse derrière lui, de forge en forge. Peut-être l'enregistrement devant le notaire correspond-il aux missions les plus délicates, car il est probable qu'il suffit le plus souvent d'un accord tacite entre deux hommes pour établir les délégations. Ainsi, Joan de Gorostieta, du bourg d'Orio et vivant à Arles, envoie dans son village Joan de Munago, présent au moment de la rédaction de l'acte, lui-même originaire d'Orio. L'homme a pour mission d'exiger les comptes de la succession du père de Joan. Sans doute le procurateur partira-t-il muni de son pouvoir afin de contacter les deux interlocuteurs nommément désignés, qui sont les cousins de Joan Gorostieta[44].

Dans la majorité des cas, la procuration n'enregistre pas le lieu de la mission. Au mieux, la désignation d'un procurateur se rapporte à un individu ou un groupe d'individus à contacter sans même que les motifs soient forcément indiqués. Un tel usage correspond aux nombreux déplacements que ces hommes effectuent dans leur espace de travail, entre le Vallespir et le Conflent et entre le Pays basque et la Catalogne. Quand elles sont précisées, les affaires qui sont à l'origine de la désignation d'un procurateur sont souvent modestes et à la mesure des problèmes non résolus que les migrants ont laissés derrière eux : quelques dettes, quelques créances. Du point de vue juridique, les situations sont diverses : le procurateur peut recevoir une délégation de pouvoir absolu afin de régler toutes les affaires du mandataire et même intenter une action en justice, ou bien son pouvoir est étroitement encadré par le texte de la procuration.

Il est toujours difficile de reconstituer les liens qui ont conduit un Basque à choisir un individu pour le représenter, car les sources offrent peu d'indices. C'est le cas, bien évidemment, quand les Basques concernés ne font que traverser la documentation, et cela caractérise la majorité des procurateurs[45]. Parfois, les liens de famille peuvent expliquer le choix du mandataire, mais une telle situation est rare[46]. C'est pourquoi, plutôt que de multiplier les exemples, il paraît plus judicieux d'examiner certains cas rapportés à des individus pour lesquels les mécanismes de la désignation peuvent être démontés. Commençons par Joan Lopis, charbonnier, muletier et *ferrarius*, présent pendant dix-huit ans sur le sol catalan. Otxoa de Arcoagua le choisit comme procurateur le 1er octobre 1444 et lui délègue le pouvoir de le représenter, quelles que soient les circonstances[47]. Un an plus tard, le 22 septembre 1445, il lui renouvelle sa confiance et cette fois-ci lui assigne des objectifs très précis auprès de débiteurs dont les noms sont reportés dans la procuration[48]. L'origine commune des deux hommes, du même village d'Azpeitia, pourrait justifier ce renouvellement[49]. On pourrait rapprocher ce cas de celui de Martie Sants, désignant Julian de La Sacca pour qu'il baille en son nom la mouline de Léca en mai 1445[50].

Les deux hommes, originaires de Pampelune, travaillent un moment ensemble à la tête de cette forge. En mars 1446, Martie Sants désigne une nouvelle fois Julian comme son procurateur pour qu'il récupère auprès d'un débiteur les 12 florins qu'on lui doit[51]. Revenons à Joan Lopis. Il est aussi le procurateur du charbonnier del Orrio qui, le 23 septembre 1445, le choisit pour régler différentes affaires dont chacune fait l'objet d'un acte particulier : récupération d'une dette de 12 florins auprès d'un seul homme (Pedro Perich) et auprès de quatre autres individus mais pour des sommes plus modestes[52]. C'est le seul moment où la documentation notariale atteste d'affaires en commun entre les deux hommes, qui n'ont pas davantage de contact avec les débiteurs concernés. D'ailleurs, quand Joan Lopis a besoin d'un procurateur, il ne se tourne ni vers Otxoa de Arcoagua, ni vers del Orrio. Il choisit Pedro de Victoria pour aller le représenter en tant que *ferrarius* de Galdares auprès de la vicarie du Roussillon[53]. Le lieu de la mission laisse à penser qu'elle n'est pas anodine, car c'est souvent auprès de cette institution que se règlent les délicates questions d'endettement. Pedro de Victoria fait donc partie de ces Basques dont le nom n'apparaît dans les registres de notaires qu'au titre de procurateur, toujours associé à une situation hors du commun, comme Rodrigo Suasqueta, dont il est précisé dans le texte de la procuration qu'il fait partie de la très noble maison et *familia* du vicomte d'Ille et de Céret, mais dont les mandataires demeurent inconnus[54].

Les Catalans, quand ils ont à résoudre des problèmes avec les Basques, se font également représenter par des Basques, qu'il s'agisse de solder une dette ou bien d'aller rechercher un des forgeurs qui refuse de se présenter devant le bayle. Ainsi, Pere Lobet désigne Joan de Mornyt pour exiger de Joan Duyati qu'il le rembourse[55] ; Urbà Aygabella se tourne vers Fortico de la Caytiu pour se saisir de Joan lo Castillo qui dirige en son nom la mouline de Léca[56]. Ces Basques se connaissent[57]. Il est évident que le choix de l'un d'entre eux répond à l'efficacité de la démarche : seuls les plus proches savent où se cachent ceux qui ont fui.

Mais *a contrario* les Basques se font-ils représenter par des Catalans ? Le cas est encore plus rare et, au milieu du XVᵉ siècle, un seul Catalan est concerné. Il s'agit à nouveau de l'aubergiste Pere Lobet. Martie Sants désigne Pere Lobet comme son procurateur quelles que soient les affaires à régler[58]. Cet acte est le seul réunissant les deux hommes. À sa suite, Martie Sants solde ses affaires, récupère de l'argent, vend une mule. Prépare-t-il un retour et la procuration à Lobet fait-elle partie de l'organisation de son départ ? Pere Lobet est également procurateur de Ferrando Durango lorsqu'il est en affaires avec Urbà Aygabella au sujet de la mouline de Léca. Il est, par ailleurs, un des rares Catalans à être appelé comme arbitre lors d'un conflit opposant deux Basques, Joan Dudala et Joan Castillo[59]. Il est évident que son activité d'aubergiste place Pere Lobet en situation d'intermédiaire privilégié, tout comme le maître de mouline Urbà Aygabella qui côtoie les Basques dans son atelier. Les deux hommes sont d'ailleurs les seuls Catalans à être régulièrement en affaires avec eux[60].

Tous ces cas laissent apparaître que, si des délégations de pouvoir peuvent se renouveler entre deux individus et illustrer ainsi une confiance réciproque née d'une amitié ou d'une proximité d'origine, cette situation est rare. Il s'avère, au contraire, qu'un même individu change de représentant en fonction des moments et des affaires à traiter. Sans aucun doute, le choix de l'homme correspond au but de la mission. Dans la plupart des cas, et quelle que soit l'ampleur de la délégation, les procurateurs sont des inconnus et la procuration est la seule trace de leur passage en Vallespir. En fait, leur particularité réside, justement, dans le fait qu'ils passent pour se rendre ailleurs. Certains d'entre eux, à quelques jours ou semaines d'intervalle, sont porteurs de plusieurs procurations. C'est le cas de Pedro de Leins ou de Pedro de Victoria. Leur destination prochaine ou une situation favorable à laquelle ils sont associés les désignent comme les intermédiaires les mieux adaptés. Remarquons également que les seuls procurateurs dont l'activité s'inscrit durablement le long de la vallée du Tech, de Prats-de-Mollo à Céret, sont transporteurs et charbonniers (comme Joan Lopis) ou charbonniers (comme del Orrio). Ces individus ne disposent pas, semble-t-il, d'une position de force ou de prestige, mais leur activité de livraison leur fait sillonner les montagnes. Enfin, il n'y a pas meilleur procurateur que celui qui défend ses propres intérêts. Ce cas n'est pas rare. Ainsi, Martie Bastant est désigné comme procurateur par Martie

Samudio qui lui doit de l'argent. Il lui faudra vendre pour lui quatre mules afin d'être remboursé par son mandataire-débiteur[61]. De même, Lope Negre désigne comme procurateur son créancier qui doit aller chercher auprès de ses débiteurs toutes les petites sommes qu'on lui doit et qui lui permettront de récupérer ses avoirs[62].

Ariégeois et Languedociens : les autres migrants de la forge

Les Basques ne sont pas les seuls travailleurs étrangers dans les forges de Catalogne. Ils ont été devancés par d'autres ; ils seront suivis par d'autres. Les Ariégeois et les Languedociens les précèdent et les Génois leur succèdent, accompagnés par les forgeurs d'Ariège, de retour à la fin du XVe siècle. Je l'ai souligné, l'originalité de la migration basque réside dans le fait que les hommes qui la constituent sont, à quelques très rares exceptions près, des travailleurs de la forge. Ce n'est pas le cas des Languedociens. *A contrario*, les Ariégeois ont en commun avec les Basques de travailler presque exclusivement dans les mines ou dans les moulines[63]. Cette spécialisation tient sans doute, comme pour les Basques, à l'ancienneté du travail du fer dans le comté de Foix et à la culture technique dont ils disposent. De retour en terres catalanes à la fin du XVe siècle, les Ariégeois continueront d'ailleurs à faire tourner les forges tout au long de la période moderne.

Les individus qui travaillent dès le début du XIVe siècle dans les premières moulines élevées en Catalogne, celles du Vallespir (moulines de Combret, del Lancer, de Ria, toutes aux environs de Prats-de-Mollo), du Capcir (à Formiguères), du Conflent (mouline de la Querança et de Valmanya), nous demeurent inconnus[64]. Encore à la fin du XIVe siècle, seuls les noms des maîtres de mouline et des seigneurs avec lesquels ils signent un contrat sont conservés. Nous avons déjà examiné l'origine de ceux qui investissent dans l'innovation : ils sont catalans, majoritairement membres de la notabilité locale, et tout particulièrement originaires du bourg de Prats-de-Mollo. Une exception doit être cependant signalée. Elle concerne la mouline de Valmanya, sur laquelle on dispose, pour la fin du XIVe siècle, de quelques renseignements précis.

En particulier, les forgeurs qui y travaillent peuvent être identifiés grâce aux arrêts du viguier de Villefranche-de-Conflent dont un registre est conservé aux archives de la Couronne d'Aragon. En 1393, une condamnation est rendue contre Arnaud Foher el Cabirol (le Cabri) et sa compagnie. L'homme qui travaille dans la mouline de Valmanya n'a pas payé ce qu'il devait à l'abbaye de Cuxa, propriétaire de ladite mouline. Arnaud Foher el Cabirol est alors désigné comme *fargerius*. Il est indéniable qu'il est responsable de l'atelier au titre du contrat qu'il a signé avec l'abbaye, contrat qu'il n'a pas honoré. Son origine n'est alors pas précisée. Il faut attendre plus de dix ans pour glaner d'autres renseignements.

Au début du XVe siècle, dans la mouline de Galdares, comme dans celle de Léca et dans celle del Perer (Céret), les Ariégeois et les Languedociens occupent le terrain. En 1406, à Galdares, deux Languedociens sont repérés ; l'un, G. Bariles, est originaire de Marçan en Languedoc et il est engagé comme forgeur ; l'autre, Johan Boffart, de Tarascon dans le comté de Foix, y travaille également et au même titre[65]. Certains de ces Méridionaux ne font que passer dans la documentation : ils sont souvent mineurs et originaires du Vicdessos[66]. D'autres s'y attardent : ils sont forgeurs. C'est le cas d'Arnaud Foher el Cabirol, que l'on retrouve à Galdares[67]. Les actes notariés nous permettent de le suivre, toujours en pointillé, entre 1410 et 1426. Le Cabirol est originaire de Puilaurens (diocèse d'Alet), dans les Fenouillèdes. Il travaille en 1409 et en 1410 dans la mouline de Galdares, où il est désigné comme *fargerius*. Deux ans plus tard, il est de retour à Valmanya. Il y demeure au moins de juin à août 1412. Dès 1412 et en 1415, il revient à Galdares puis, en 1425, la dernière notice que nous conservions à son propos permet de le localiser à Céret, à la mouline del Perer, toujours comme *fargerius*. Où qu'il soit, cet homme, accompagné de son fils Bartholomé Foher ou de son frère Raimon, est responsable de la forge : il vend le fer, paie les matières premières, verse des salaires. Ainsi, quand il est possible de saisir le roulement de la main-d'œuvre avant l'arrivée des Basques, il apparaît que les Ariégeois et les Languedociens se succèdent et se croisent. À Galdares, en 1416, les Bynio suivent les Foher. Ils venaient alors de Baillestavy. Puis Raimon Xuxat de Garanet (comté de Foix) prend la direction de la mouline en 1417.

Azemar Canarch al Talo en est ensuite le *ferrarius*, en 1418[68]. Ce sont les frères Longal qui clôturent en 1440 la présence languedocienne à Galdares, avant la domination basque, à partir 1443.

À Léca, jusqu'à la bagarre de 1444, on voit se succéder les Azemar père et fils (de 1412 à 1414), Johan Azemar *alias* Gros est même à la tête des deux moulines de Léca et Serramitja en 1412[69] ; puis, à Léca exclusivement, Azemar Canarch al Talo est installé en 1416 et 1417 ; Arnaud Cabrona, en 1408 et 1428 ; les Longal avant leur passage à Galdares (en 1438) ; et Johan Lantar (en 1444). Ces forgeurs sont accompagnés de mineurs, comme Pierre Genovat de Sem (Ariège, Vicdessos) qui teste auprès du notaire Joan Germa aux alentours de 1420[70]. Au même titre que les Longal, les uns et les autres ont travaillé ou travailleront dans d'autres moulines, comme à Serramitja près de La Bastide (le fils Azemar, Raimon, la dirige en 1412, alors que son père est à Léca). Arnaud Cabrona y travaillera également en 1428[71]. Besian Cabrona, qui est à Léca en 1444, a travaillé à Sainte-Colombe. Rappelons qu'il est « celui par qui le scandale arrive » puisque responsable avec Johan Lantar de la bagarre contre les Basques en 1444, il est aussi le forgeur de Sainte-Colombe qui, à la fin du XIVe siècle, a été dénoncé auprès de la Procuration royale pour avoir utilisé à la place du minerai de Sahorre, réputé pour sa qualité, un minerai médiocre, qualifié de *falsa mena*[72].

La mouline del Perer à Céret semble être tenue plus longtemps par les mêmes Languedociens. Incontestablement la main-d'œuvre y est plus stable. Johan Roger, désigné comme forgeur, travaille déjà à la mouline del Perer en 1404. Il y demeure encore en 1406. S'il a pu s'arrêter en 1407 à Baillestavy, il est de nouveau à Céret en 1409. Il y travaille en 1410-1411, alors qu'il est au même moment déclaré forgeur à Baillestavy ; il y est toujours en 1414 ; à cette date, il est associé à Johan de Migavilla de Counozouls, avec lequel il a loué la forge[73]. Ce sont d'ailleurs des forgeurs du Fenouillèdes et du pays de Sault, de Counozouls et de Puilaurens, qui sont en place à sa suite : Arnaud Foher el Cabirol, qui est associé à la gestion de la mouline en 1425 ; Johan Cabrona, *fargerius*, domicilié à Céret de 1443 à 1454 et qui semble s'y fixer durablement, comme le prouvent ses investissements immobiliers. Il est encore présent en 1458 en compagnie de son frère Étienne Cabrona, tous les deux actifs dans les forges de Galdares et de Céret[74]. Comme je l'ai déjà signalé, et sans aucun doute parce que la présence des Languedociens dans cette mouline est durable, celle des Basques est la plus faible que j'aie pu constater dans l'ensemble du Roussillon. Dans les années 1450, c'est autour de la mouline del Perer que se côtoient mineurs basques et ariégeois, qui s'associent dans le cadre de sociétés minières. La gestion des moulines par les Languedociens ou les Ariégeois, contrairement à celle pratiquée par les Basques, n'a jamais entraîné d'ostracisme, et la main-d'œuvre y a toujours été d'origine variée, qu'il s'agisse de travailler dans l'atelier ou à son approvisionnement.

Quand, à partir des années 1480, les hommes du royaume de France reviennent en force dans les moulines de Catalogne, charbonniers et forgeurs sont d'origine ariégeoise, souvent du haut comté de Foix, du bourg de Montferrier à celui de Vicdessos[75]. Ils occupent l'espace laissé vacant par le reflux des migrations basques. L'expertise de la mouline de Baillestavy, qui est conduite le 21 septembre 1489, réunit dans l'atelier au moins deux Ariégeois, Nadonus et Bernard Lantar, rejoints par les Capibell[76]. Le savoir et le conseil sont donc entre les mains des hommes du royaume de France. L'un d'entre eux est particulièrement intéressant : il se nomme Johan Traversier. À la fin du XVe siècle, des membres de la famille Traversier sont parmi les maîtres de mouline les plus puissants de la haute Ariège. Ils émigrent alors dans les régions sidérurgiques du Quercy et de l'Agenais. Dans le comté de Foix, leur réussite est telle que, durant la seconde moitié du XVIe siècle, Pierre Traversier est qualifié de noble et seigneur de Château-Verdun, un haut lieu de l'exploitation sidérurgique. Jean Lartigaut a été le premier historien à repérer les Traversier dans la région de Catus où, durant la seconde moitié du XVe siècle, c'est-à-dire dans un contexte de reconstruction, plusieurs membres de cette famille amodient au moins quatre moulines[77]. Les voici, au même moment, en Catalogne. En effet, en 1495, Johan Traversier, d'Ax (vallée de l'Ariège), s'installe dans la mouline de Thuès en Conflent, accompagné de son fils Arnaud et d'Arnaud Buffart/Boffart (à mettre en relation avec le premier Ariégeois repéré et actif en Catalogne au début du

XVe siècle, un dénommé Johan Boffart de Tarascon)[78]. Le contrat est signé pour trois ans avec l'abbaye Saint-Michel de Cuxa, qui en est propriétaire. Incontestablement, le cas des Traversier rend compte de la migration des élites locales du village, au bourg et à la ville ; dans leur cas de Vicdessos, à Tarascon, à Ax puis à Foix[79] ; puis de leur implantation en dehors de leur région d'origine, dans un secteur de production où ils disposent d'un savoir-faire. Cette migration s'accompagne, pour certains de leurs membres, des marqueurs sociaux de leur ascension comme l'accès à la noblesse au cours du XVIe siècle pour Pierre Traversier, de Château-Verdun. Les Lantar sont également de retour, avec Nandonus Lantar, Arnaud et Johan Lantar en 1489, 1499 et en 1505. Ce sont ainsi des familles qui, au-delà des circulations de certains de leurs membres, s'installent durablement en Catalogne. Tout aussi intéressante est la présence d'hommes d'autres régions du sud du royaume de France où l'activité sidérurgique, un moment interrompue par une conjoncture délicate, est alors en pleine reprise[80].

En fait, c'est le territoire de la mouline qui est comme concentré en Vallespir et en Conflent : toutes les grandes régions de sidérurgie qui se sont maintenues à la fin du XIVe et au début du XVe siècle dans le royaume de France (le haut comté de Foix, les Corbières, la Montagne Noire), comme celles qui sont en pleine renaissance en cette fin du XVe siècle (le Quercy et la région de l'Herm) y ont, en quelque sorte, des représentants[81]. La sidérurgie catalane est une industrie où se rencontrent capitaux catalans et main-d'œuvre étrangère et expérimentée.

Chapitre 11

Travailler dans la forge

Le dossier documentaire constitué autour de la forge permet de plonger dans le monde du travail. On y trouve les hommes regroupés autour du bas fourneau, dévoreur de minerai et de charbon de bois et qu'il faut alimenter à grand recours de charrois. Ce travail de force, qui nécessite de délicates compétences pour produire un métal de qualité, se déploie dans le cadre d'entreprises affermées à des forgeurs, des muletiers ou des charbonniers étrangers, le plus souvent d'origine basque. Parts de mines, parts de forges, parts de mules constituent le socle financier de modestes sociétés. Pour les forges (les moulines), les capitaux sont rassemblés par les notables des bourgs. Ils disposent ainsi de l'outil de travail, et certains d'entre eux assurent également une partie de la gestion de l'atelier, gestion qu'ils partagent avec les preneurs de la forge. Celle-ci fonctionne grâce au travail d'une main-d'œuvre émigrée perpétuellement confrontée à l'endettement et qui déploie toutes sortes de stratégies pour maintenir son contrôle sur l'atelier, lieu de vie et point d'ancrage pour cette population confrontée aux risques et à l'incertitude.

Gérer la forge

Le contrat et la répartition des obligations

Les baux qui stipulent les conditions de location des forges sont rares. La documentation notariale en conserve sept pour l'ensemble du haut Vallespir, conclus entre 1406 et 1452, et encore la majorité d'entre eux sont-ils antérieurs à la période basque[1]. Ainsi, le bail signé entre le Basque Joanet de Moxita et le seigneur de Reynès constitue le seul contrat aujourd'hui conservé pour le Vallespir du milieu du XVe siècle, où l'une des deux parties soit basque. Cela est d'autant plus curieux que le renouvellement des preneurs à la tête des moulines est si rapide que cette succession aurait pu produire de l'écrit, beaucoup d'écrits puisque, comme nous le verrons, les moulines sont louées pour une durée très courte, d'un an en moyenne. Or ce n'est pas le cas. Cette constatation souligne l'étrangeté de la situation : les Basques qui se rendent chez le notaire pour un rien, pour récupérer la moindre créance, dérisoire même en regard de la médiocrité de leur situation économique, n'auraient pas fait appel au service du notaire à un moment pourtant crucial de leur vie professionnelle, c'est-à-dire quand ils louent des forges ? Cette situation est embarrassante pour l'historien. Doit-on prétexter de la conservation inégale des sources ou bien poser l'hypothèse d'un faible recours à l'écrit dans le cas, très spécifique, de l'établissement du contrat de location ? Ce dernier relèverait-il de la pratique orale, ce qui expliquerait la faiblesse du corpus écrit ? Cela est difficilement crédible, surtout si l'on se remémore que même la phase d'approche de la mouline a pu produire de l'écrit. Comme nous l'avons vu pour Léca, il apparaît qu'obtenir une mouline relève d'une bonne stratégie, et qu'il faut savoir établir le contact avec le bailleur et choisir pour cela les bons intermédiaires. Si la faible présence des baux dans le corpus reflète la rareté du contrat écrit, il reste pourtant encore à expliquer pourquoi, dans ce cas, même s'ils sont peu nombreux, ces baux ont été conservés pour les *ferrarii* qui ne sont pas Basques alors que justement ces hommes ont recours beaucoup moins souvent aux notaires que les Basques pour leurs propres affaires. Cette constatation se double d'une autre interrogation : alors que la méfiance est parfois de mise entre

Catalans et Basques, pourquoi cette méfiance n'a-t-elle pas produit de baux ? Toutes ces questions, si elles doivent être formulées, ne trouvent pas de réponses satisfaisantes. Cependant, malgré le faible nombre des baux conservés, la documentation permet d'approcher les conditions qui sont celles des preneurs basques. Il faut avoir recours à d'autres types d'actes, rédigés à l'occasion de dettes ou lorsque le locataire ne fait pas face à ses engagements. Il est donc possible d'interroger indirectement le contrat de location des moulines et, plus particulièrement, les obligations respectives des *ferrarii* et des maîtres de moulines.

Le contrat est signé entre le ou les bailleurs, maîtres de mouline, c'est-à-dire celui ou ceux qui en détiennent le bien-fonds (le capital mobilier), souvent divisé en parts, et le ou les locataires. Les maîtres des moulines du haut Vallespir sont connus. Au milieu du XVe siècle, la mouline de Léca est possédée par Pere Candell et Urbà Aygabella, elle l'avait été au début du siècle par le notaire Joan Germa ; celle de Galdares appartient au seigneur de Cabrench, successivement Garaldus de Ruppebertino ou Rocabertino (au début du XVe siècle) et Francesc de Sant Marti (vers 1450). Les locataires sont généralement au nombre de deux. En cela, la situation des Basques n'a rien d'original : le fait de louer à deux permet, bien évidemment, de diviser par deux le poids des responsabilités, qui sont lourdes. Les deux hommes ne sont pas forcément des forgeurs, ils le sont même rarement. Ainsi, sur les huit *ferrarii* basques qui ont pu être identifiés dans les moulines de Léca et de Galdares, un seul est assurément forgeur : il s'agit de Martie Sentol, dit Maître Metxi. Peut-être faudrait-il lui ajouter Xanxo de Tolosa qui est désigné également comme Maître Xanxo. Les autres sont muletiers (Joan lo Castillo, Julian de La Sacca, Martie Sants, Joan Despisso, Joan Laurens) ou bien charbonniers et transporteurs, tel Joan Lopis. Pour d'autres, seul le statut de *ferrarius* a été enregistré (Joanet de Moxita et de Mornyt) sans que nous puissions connaître davantage l'activité initiale ou complémentaire du preneur. Il semble bien que cette situation ne soit pas une originalité basque. Parmi les locataires languedociens ou ariégeois, et malgré la rareté des dénominations professionnelles, il est également possible d'identifier des transporteurs. Ces hommes assurent la gestion de l'atelier et doivent s'entourer de spécialistes de la réduction, les forgeurs et leur équipe. C'est, semble-t-il, leur capacité à transporter, à approvisionner la mouline, à livrer sa production qui leur permet d'occuper cette place à la tête de la forge ; peut-être faudrait-il ajouter à cette liste les capitaux dont ils disposent, car les mules ont un prix et elles constituent un capital important dans ce contexte spécifique de travail.

Le contrat auquel ils sont soumis est effectivement conclu à très court terme, pour un an, rarement davantage. Cette caractéristique n'est pas propre aux locataires basques, elle intéresse tous les *ferrarii*. La mouline del Perer, qui est louée huit ans en 1404 puis quatre ans en 1425, est une exception. Toutes les autres moulines et quelles que soient la qualité et l'origine du preneur sont louées selon un rythme beaucoup plus rapide. La mouline de Galdares au début du XVe siècle et alors que les bailleurs ne sont pas basques est louée pour un an, à partir du mois d'avril 1406[2]. En 1417, le second bail conservé est encore une fois conclu pour un an et cette fois-ci avec un homme de Foix. Examinons Léca à présent. La mouline est louée en 1416 pour un an. Celle de Céret, qu'il faut distinguer de la mouline del Perer à Céret, est également louée pour deux ans en 1452. Quand un éclairage est possible en dehors du Vallespir, il ne contredit pas cette situation : en 1414, la mouline de Valmanya est également louée pour un an. En fait, à l'exception de la mouline del Perer, ce n'est qu'à la fin du XVe siècle et dans un contexte de reconstruction que les baux pourront atteindre quatre ans. Si en 1484 l'abbaye de Saint-Michel de Cuxa loue sa mouline de Baillestavy pour une durée de cinq ans, c'est qu'elle intègre au bail l'obligation de remonter l'atelier en partie détruit. La circulation des Basques, qu'ils soient ou non *ferrarii*, d'une mouline à l'autre et selon un rythme très rapide, confirme d'ailleurs le temps très court des contrats de location. Quel est l'intérêt des uns et des autres à cette circulation de la main-d'œuvre ? Une seule explication à ce phénomène qui trouve une résonance dans les sources modernes et donne un sens à une situation aberrante du point de vue économique : en signant pour un an, les propriétaires maintiennent leur contrôle sur l'atelier. Il s'agit peut-être de modifier, d'un bail à l'autre, les revenus attendus ou les conditions de location, en « collant » à la conjoncture. Cependant, la documentation ne permet pas d'apprécier cette situation. Il s'agit plutôt, semble-t-il, de réduire la capacité de nuisance des *ferrarii*, qui pourraient ne pas honorer leurs engagements et surtout ne pas entretenir l'outil de production. C'est cette situation que livrent les sources modernes andorranes : la forge, quand elle est louée à moyen terme, est souvent usée jusqu'à son abandon, sans que l'atelier ait été maintenu dans sa situation initiale. Il est possible que l'origine même des forgeurs, des étrangers, pèse d'autant sur la méfiance des propriétaires[3]. Pourtant, et de façon paradoxale, il est évident qu'un si rapide roulement ne pouvait qu'encourager l'attitude que les bailleurs tentaient de limiter. En effet, comment être attentif au soin d'un atelier où on a à peine le temps de s'installer ?

Le bail prévoit que le locataire doit assurer le maintien de l'outil de travail et la livraison d'une certaine quantité de la production au propriétaire, au titre du loyer. En fait, les obligations d'un *ferrarius* sont très diversifiées et lourdes, et c'est souvent les actes rédigés lorsqu'un conflit éclate qui permettent de mesurer l'activité réelle du locataire au-delà de l'énoncé souvent laconique des baux. Il doit s'approvisionner en matières premières ; payer les charbonniers, les mineurs, les transporteurs et les forgeurs ; s'occuper du ravitaillement en aliments et en vêtements pour une équipe de travailleurs souvent isolée dans la montagne ; pourvoir à l'entretien de l'équipement, sans doute en vertu de l'obligation de laisser la mouline dans son état initial[4] ; et, bien évidemment, vendre le fer produit, c'est-à-dire établir des contacts avec les acheteurs et s'assurer aussi d'une production régulière et correspondant à la qualité exigée sur le marché. Ce fer, il lui revient également de le livrer.

Le fait que je ne dispose d'aucune comptabilité d'entreprise ne me permet pas de mesurer l'investissement financier des *ferrarii*. Il faut distinguer leur travail de leur responsabilité financière. Qu'ils gèrent, qu'ils se déplacent, qu'ils versent les salaires, ou même qu'ils renouvellent le capital immobilier par l'achat de soufflets par exemple, n'entraîne pas forcément qu'ils soient les seuls à prendre en charge ces dépenses. Beaucoup sont en fait partagées entre propriétaires et locataires, et la répartition définitive des frais se fait à l'expiration du bail et au départ des locataires. Ainsi, la reconstitution de la situation réelle de l'entreprise est délicate. Seul l'examen de quelques rares moulines, en l'occurrence celles de Léca, Galdares et del Perer, permet d'approcher la réalité de l'entreprise. Léca appartient, rappelons-le, à l'apothicaire Urbà Aygabella et au notaire Pere Candell. Il est clair qu'à Léca les propriétaires participent à une partie des frais de roulement (salaires, coût du charbon) et à la gestion, en particulier aux conditions d'approvisionnement des matières premières. À l'opposé, le détenteur de la forge de Galdares paraît totalement extérieur à sa gestion. Rappelons qu'il s'agit du seigneur de Cabrench. Aucun doute : la notabilité des bourgs gère au plus près ses ateliers.

Les frais inhérents à la mise en marche de la forge, et dont une partie est à la charge des preneurs, dépassent souvent leurs capacités financières (on pense à l'approvisionnement en matières premières et combustible). C'est pourquoi les propriétaires des moulines font des avances en numéraire à leurs locataires, avances dont le remboursement est prévu au cours du bail. C'est la pratique de la *bistractio,* du mot catalan *bestraure*[5]. Ce terme, parfois associé à celui d'*accomodare* (*i.e.* « prêter de l'argent ») apparaît dans le corpus dès la fin du XIVe siècle. Il est utilisé dans huit actes qui relèvent tous de la sidérurgie[6]. Le dossier le plus précis dont je dispose sur la *bistractio* concerne la mouline de Léca. La *bistractio* est comprise comme une avance sur les gains à venir et s'ajoute aux sommes que les bailleurs prévoient de prêter aux preneurs dans le cadre du bail d'amodiation[7]. Ainsi, en juillet 1445, Julian de La Sacca, *ferrarius* de Léca, reconnaît que Pere Candell lui a prêté, d'une part, 20 florins dans le cadre du contrat écrit (*albaran*) et, d'autre part, 40 florins sur les 120 qu'il devait lui *bistrahere*[8]. En octobre 1445, l'un des propriétaires, cette fois-ci il s'agit d'Urbà Aygabella, reconnaît que les deux forgeurs lui ont remis 74 livres et 6 sous qu'ils tenaient de lui selon la *bistractio* prévue « dans » et « en plus » du contrat d'amodiation. On ignore si cette somme avancée par Urbà s'ajoute à celle concédée par Candell ou bien correspond aux mêmes 120 livres. En tout cas, les modalités de remboursement sont très précises et font l'objet d'une description. Les *ferrarii* devront se substituer à Urbà et payer un certain nombre de ses dettes jusqu'à hauteur des 74 livres et 6 sous : à Martie Arroa et à Soloboro, celui-ci au titre de procurateur de Joan Prasero, 16 livres et 16 sous ; à Joan del Orrio, 5 livres et 4 sous, le tout pour du charbon ;

à Pere Candell, 9 livres 14 sous et 10 deniers qu'Urbà lui devait. Les locataires ont également vendu trois bœufs à Urbà, pour 21 livres et demi. Le reste sera payé en fer[9]. Quelques jours plus tard, Joan Presaro reconnaît qu'il a effectivement reçu de Julian de La Sacca l'argent qu'il avait exigé d'Urbà par l'intermédiaire de son procurateur Soloboro.

Les sommes correspondant à la *bistractio,* quand elles sont remises aux locataires en début de bail, transitent de mains en mains pour aboutir à celles des *ferrarii.* Ainsi, en 1450, toujours dans la mouline de Léca, le *nuncius* des *ferrarii* (dont le nom est inconnu) atteste avoir reçu des mains de l'hôtelier Corona 41 livres sur les 140 florins que Pere Candell, un des propriétaires de la mouline, avait promis de *bistrahere* aux locataires et au titre du bail. Il a fallu débloquer la somme auprès d'une banque (*tabula*) de Perpignan, ce qu'a fait le fils Candell, puis faire transiter l'argent par l'hôtelier d'Arles, qui lui-même l'a remis au *nuncius* des *ferrarii*, dont on peut supposer qu'il le leur a porté[10].

Les autres actes énonçant la pratique de la *bistractio* sont moins éloquents et plus délicats à interpréter. Dans le cadre d'une très lourde affaire d'endettement sur laquelle nous reviendrons, un des Basques concernés aurait fait une *bistractio* à son frère, qui est sous le coup de la justice. L'acte est très endommagé, et il est difficile d'en tirer davantage, mais il semble bien que la somme en question ait été avancée pour surseoir à l'application de la peine d'emprisonnement prévue[11]. Un autre cas concerne la mouline de Mosset en Conflent, et date de la même période. Le contexte est semblable, mais l'opération financière n'est pas identique. Dans ce cas, Joan Lopis, qui se déclare alors charbonnier à Perpignan, répondant à « la demande et aux suppliques » de Xanxo de Tolosa qui est, à ce moment-là, *ferrarius* à Sahorre, avance (*bestrahere*) et paie 22 florins pour la location de la mouline de Mosset (*pro arrandamento*) à Bernat Cadell qui est le représentant de Béranger d'Oms, seigneur de Mosset dont on peut supposer qu'il a des droits sur la mouline, sinon qu'il en est le propriétaire[12]. On ignore à quoi correspond exactement cette somme, mais les difficultés rencontrées par ailleurs par Xanxo de Tolosa, le fait qu'il soit question de missions accomplies par Bernat Cadell auprès de la vicarie et qu'à cette somme s'ajoute aussi un salaire non payé laisse à penser que

Lopis a avancé à Xanxo l'argent que ce dernier devait à la clôture de son bail pour la mouline de Mosset[13]. Un troisième texte se rapporte à la mouline del Lancer en vallée de Prats-de-Mollo. Son forgeur, Pere de Cembe, atteste qu'il a reçu 30 livres pour travailler dans ladite mouline, qui lui ont été versées par Francesc de Converoses dans le cadre d'une *bistractio*. Les deux hommes semblent en affaires puisque ledit Cembe doit également 5 quintaux de fer à Francesc qui a payé pour lui des produits (*bonis*)[14]. Ces quelques indications renvoient au contexte mieux connu de la mouline de Léca. Il se pourrait que cette somme versée au locataire le soit par le propriétaire de la mouline (Francesc de Converoses) pour le roulement de l'atelier qu'il vient de faire approvisionner. Le dernier acte du corpus est différent. Il est antérieur, en date de 1383, et s'inscrit dans un contexte de vente de fer. Le *ferrarius* de la mouline de Gincla, dans le royaume de France, vend 200 quintaux à un forgeron de Perpignan (le document est endommagé, les noms sont effacés). Alors que la livraison n'a pas encore débuté, l'acte atteste qu'une partie de la somme correspondant à la vente a déjà été payée et avancée (*bistrahere*)[15]. Si le contexte est spécifique, le sens demeure : *bistrahere* correspond bien à une avance. Ici, le terme *bistrahere* est utilisé dans le cadre contractuel bien connu d'une vente anticipée.

Le mot et la pratique ont perduré en Catalogne. Ils sont bien attestés dans les forges andorranes du XVIIe au XIXe siècle et dans des compagnies commerciales et pastorales pour lesquelles des livres comptables ont été conservés, car le terme n'apparaît plus dans les actes notariés. Dans ce contexte, la *bestreta* est une somme qui a été portée à l'actif d'un individu ou d'une entreprise en sus de ce qui était prévu dans le contrat initial et qui sera rétrocédée avant la clôture des comptes : avance de salaire à un ouvrier payé à la tâche ; facilité de trésorerie à un locataire de forge. Dans ce cas précis, la somme est transférée du propriétaire au locataire afin d'engager les ouvriers avant le début de la campagne de production ou d'approvisionner la forge. Cette somme s'ajoute au montant du loyer. Il s'agit en quelque sorte d'un prêt gracieux, sans intérêt sinon celui du bon démarrage et de la bonne gestion de l'entreprise dans le cadre d'un partage des charges entre preneurs et bailleurs[16]. Il est possible que la *bistractio* des XIVe et XVe siècles catalans s'y apparente[17].

Dans le haut Vallespir, au milieu du XVe siècle, il nous manque les éléments précis du contrat pour apprécier la liste des obligations assurées par les propriétaires. Si je ne dispose pas de comptabilité, j'ai rassemblé quelques quittances. L'une d'elles est intéressante. Le 30 avril 1446, six mois après l'achèvement du bail par lequel Julian de La Sacca et Martie Sants tenaient la mouline de Léca, le premier reconnaît qu'Urbà Aygabella lui a remis 14 livres sur les 83 livres et 1 sou qu'il lui devait. L'objet de la dette n'est pas précisé[18]. Mais, alors que Julian a quitté la forge, cette somme importante ne correspondrait-elle pas, au moins en partie, à la répartition réelle des revenus de la forge telle qu'elle est prévue dans le contrat, une fois le bail échu ? La situation semble d'ailleurs très contrastée entre le notaire Pere Candell, qui est en mesure de débloquer une forte somme à partir des dépôts qu'il détient à Perpignan, et Urbà Aygabella qui ne semble pas disposer de cette surface financière, qui a du mal à rembourser ce qu'il doit et qui vendra dans la foulée les parts de sa mouline à son associé, en décembre 1446. Cette vente, qui s'accompagne de celle des terres dépendantes de la mouline, s'impose à Urbà du fait des dettes qu'il a contractées auprès de Pere Candell. Rappelons qu'Urbà détient la moitié des parts de la mouline du fait de la succession de son beau-père Joan Germa. En 1434, à la suite de tractations entre les trois héritières de Joan Germa, ses trois filles (dont Joanna femme d'Urbà), ce dernier récupère la mouline et verse à la partie adverse (représentée par Francesc Grimau, le mari d'une des sœurs décédée de Joanna) 250 livres[19]. J'ignore ce que cette somme représente pour Urbà, dont je ne connais pas la fortune, mais il me semble bien que, dix ans après, la dette ait nourri la dette.

Urbà est cependant le maître de mouline qui apparaît le plus présent dans sa forge. S'il est impossible de mesurer les frais qui lui incombent précisément, l'activité qu'il déploie, parfois au coude à coude avec les Basques de son atelier, peut être reconstituée. Nous avons remarqué combien la soufflerie de Léca est innovante, car actionnée par la force hydraulique dès le début du XVe siècle. Or Urbà est particulièrement attentif à ses soufflets. En novembre 1440, il reconnaît auprès du boucher Francesc Branya une dette de 44 florins pour l'achat de soufflets. Ces soufflets avaient été achetés à Joan Borda *manxerius* de Vinça[20]. À partir de cette date, Urbà est également en contact régulier avec Jacme Borulle, semble-t-il originaire du Languedoc, un moment installé à La Bastide, qui a vendu durant la même période des soufflets aux *ferrarii* de Galdares. Il est aussi en constant rapport avec la main-d'œuvre de sa forge dont il est d'ailleurs responsable au titre de son statut de « seigneur de la mouline ». Joan lo Castillo est désigné comme son *nuncius*, son représentant dans la forge. Urbà est le *principalus* de son *ferrarius* Julian de La Sacca lorsque celui-ci achète une mule, et l'on sait déjà qu'il est un des rares Catalans avec Pere Lobet à fréquenter les migrants basques. Il est leur intermédiaire quand il s'agit de vendre des mules et de faire transiter l'argent de l'acheteur au vendeur. Il est également présent sur le marché du fer, ponctuellement, en 1416, alors qu'à cette date il ne semble pas disposer d'une forge, et entre 1435 et 1446, avant qu'il ne se dessaisisse de sa mouline. Étonnement, il ne passe pas par les marchands spécialisés que sont Pere Noelli et ses associés et vend du fer à des marchands de Perpignan. Nous ignorons malheureusement le prix de vente et les conditions de ces ventes. Nul doute qu'un des enjeux majeurs de cet entrepreneur est l'approvisionnement de sa forge en matière première. La répartition des sommes qui doivent être payées au titre du remboursement de la *bistractio* par les *ferrarii* directement aux créanciers d'Urbà démontre que celui-ci est responsable d'une partie de l'approvisionnement en charbon. Par ailleurs, Urbà est aussi le seul maître de mouline ayant obtenu une concession royale lui permettant de rechercher le minerai de fer à Corsavy, c'est-à-dire en contrebas de la grande mine de Batère et non loin de sa mouline de Léca.

Ainsi, pour les bailleurs comme pour les preneurs, la question de l'accès aux matières premières, minerai et charbon, et celle de leurs prix sont primordiales. Elles le resteront jusqu'au XIXe siècle dans les forges catalanes. Or ces conditions, telles qu'elles apparaissent en Vallespir dans les années 1450, diffèrent de celles du siècle précédent et illustrent le changement fondamental qui est intervenu : l'intrusion du marché dans le domaine de l'approvisionnement en charbon et en minerai.

Encore au XIVe siècle, dans le cas il est vrai de moulines royales, les baux de location associaient la concession temporaire de l'atelier à un usage sur le bois, usage qui pouvait être aménagé, mais qui n'était jamais remis en cause. Cela n'est plus le cas pour les moulines de Léca, Galdares et del Perer au XVe siècle. Les moulines de Prats-de-Mollo, et particulièrement celle del Lancer toujours en activité en 1461, profitent-elles toujours de l'usage qui leur avait été concédé lors de leur construction ? On l'ignore. En tout cas, quand l'information est disponible, l'approvisionnement en combustible comme en minerai doit dorénavant être réglé par les tenants de la mouline. La gestion ne se limite pas aux coûts. Il faut aussi être attentif à la régularité de l'approvisionnement et à sa qualité. Qui assure cet approvisionnement ? Qu'il y ait parmi les membres de l'équipe attachés à la forge des mineurs, des charbonniers et des muletiers ou *traginers,* cela ne fait pas de doute. Des hommes sont en effet désignés comme « ceux de la forge » ou « demeurant dans la forge » sans que l'on sache exactement quelle est leur situation contractuelle vis-à-vis du *ferrarius*. C'est souvent dans le cadre de poursuites, afin de récupérer un salaire, que l'on apprend que tel ou tel individu a travaillé pour la mouline. Joan de Bergara, qui se déclare mineur domicilié à Céret, a travaillé pour le *ferrarius* de Galdares en 1444[21]. De Vera, mineur, demeure à la forge de Léca en 1461. En 1465, ce sont Joan Erxile, muletier, et Martie Aramayo, mineur, qui sont tous deux domiciliés à Léca[22]. Ces hommes participent-ils à l'équipe stable qui entoure le forgeur autour du bas fourneau ? Certains d'entre eux peut-être, mais il est évident qu'une partie du charbon et du minerai consommés est également achetée à des charbonniers ou des mineurs indépendants. Ces hommes associent leurs activités d'extraction et de transformation à celle de *traginer,* car le transport des pondéreux, et tout particulièrement du charbon, est tout aussi délicat et coûteux que son élaboration. Il vaut donc mieux l'assurer soi-même, d'autant que le paiement de la matière première ou du combustible, en monnaie réelle, transite également par le transporteur, qui s'assure ainsi du règlement de son travail. Or ces mineurs et ces charbonniers, fournisseurs de la mouline, sont eux-mêmes organisés en sociétés de « parsonniers » qui sont le plus souvent dirigées par des muletiers.

Entreprise et sous-traitance

Il n'est pas inutile de rappeler que les premiers Basques à être identifiés dans les moulines du Vallespir, dès 1417, à Léca, sont des charbonniers[23]. Toujours à Léca, et alors que les Languedociens dirigent encore les moulines catalanes, ce sont des charbonniers basques qui parfois les approvisionnent[24]. Rappelons aussi que ce sont eux qui s'opposent aux Ariégeois en 1444, ouvrant ainsi la période basque de la mouline de Léca. Si, incontestablement, des charbonniers font partie de l'équipe qui entoure les *ferrarii*, à ces bras s'ajoutent les livraisons opérées par des entrepreneurs à l'envergure locale. L'un d'entre eux, Joan del Orrio, sort de l'ombre ordinaire en 1445. Joan fournit la mouline de Léca. Il travaille au moins ponctuellement avec le transporteur Pedro Perich. Les deux hommes se partagent par moitié la valeur du charbon vendu. C'est d'ailleurs au titre d'un retard de versement, Pedro Perich n'ayant pas remis à son associé la moitié de la somme qu'il avait perçue, que cette entreprise est connue. Joan del Orrio, s'il doit de l'argent à Joan Daguirre et à son aide (*mancipium*), 16 livres et 18 sous au titre d'un travail (*solidata*), sans que nous sachions quelle était la nature de ce travail, honore rapidement ses dettes, ce qui est suffisamment rare pour être noté[25].

Une seconde entreprise de charbonnage, organisée par Joan Lopis et sa femme Maria de Usola, est d'une autre envergure. Elle apparaît dans la documentation en 1448. Joan est alors charbonnier et *traginer*. Il a ouvert avec sa femme Maria une *botega* à Perpignan. Les contacts que le couple noue le rattachent au Vallespir et au bourg de Céret, où Joan et Maria disposent d'une maison et sont domiciliés à partir de 1453. À cette période, rares sont les Basques pour lesquels nous disposions de la preuve d'un ancrage patrimonial. Qu'ils soient à Perpignan ou à Céret, Joan et Maria concluent avec d'autres charbonniers des contrats d'approvisionnement exigeant d'eux l'exclusivité de leur production et proposant, en contrepartie, un prix fixe pour l'achat de charbon. À celui-ci s'ajoute une participation aux frais de leurs fournisseurs pendant la durée du contrat, couramment pendant six mois[26]. En 1455, Joan Lopis devient *ferrarius* de la mouline de Léca. Son activité de *traginer* a sans doute aidé Joan à tisser des liens de Perpignan à Céret, puis de Céret à Léca, lui permettant de prendre à bail une des plus belles forges de la région. Après Léca (1455), Joan est *ferrarius* de la mouline de Galdares (1462). Le charbonnier-*traginer-ferrarius* était sans aucun doute bien placé pour gérer au mieux l'approvisionnement de sa forge en charbon et tirer profit de son origine basque quand il a fallu réunir autour de lui une équipe de spécialistes. Il est aussi capable, en tant que muletier, d'acheminer le combustible et le minerai, ainsi que le fer produit par la forge qu'il a louée. Il semble bien que cette dernière capacité soit celle qui lui assure une forme de réussite dans son domaine professionnel. Il n'est pas inutile de rappeler que, pour les quelques cas connus, les *ferrarii* sont souvent des transporteurs.

De petits entrepreneurs se retrouvent également sur le carreau de la mine. Deux lieux d'extraction alimentent les moulines du Vallespir : Batère (entre Saint-Marsal et Corsavy) et La Clota (à Reynès). L'extraction se poursuivra jusqu'en 1987 sur le site de Batère, qui est une grande mine catalane. Néanmoins, aux XIVe et XVe siècles et malgré l'activité qui s'y déploie, cette mine est moins connue que celle de Sahorre qui approvisionne les moulines du Conflent et celles du royaume de France et qui, de ce fait, a été au centre des préoccupations de la Procuration royale. En effet, les concessions royales du droit d'cxploiter et d'exporter le minerai, octroyées à certains fidèles et sur lesquelles se sont fondés tant de travaux historiques, correspondent à la seule mine de Sahorre. Les Basques y sont d'ailleurs implantés à la fin du Moyen Âge quand Joan Otxoa, sans doute d'origine basque, partage avec un homme de Sahorre, désigné comme *magister* Guiot, les revenus d'une mine ouverte entre Sahorre et le Vernet et tous ceux à venir si jamais d'autres mines étaient découvertes[27]. Un homme de Vicdessos, Arnau Seguer, y travaille pour eux en 1482[28]. Sur ce versant du Canigou, la mine d'Escaro est également exploitée dans les années 1490 ; une concession est délivrée en acapte par l'abbaye Saint-Michel de Cuxa au même Joan Otxoa[29]. Le lieu de la Pinosa (La Pinouse) est très précisément cité dans le contrat. La documentation est moins étoffée pour la modeste mine de La Clota, comme pour celle de Batère.

À La Clota, la mine demeure la propriété du seigneur local de Reynès. Il en concède l'exploitation à des individus ou à des sociétés, selon des baux à très court terme (un an)[30]. La mine de La Clota correspond à un approvisionnement de proximité. Au XVe siècle, seule la mouline de Céret y a recours régulièrement, et les modalités d'accès au minerai démontrent la complexité des rapports entretenus entre la mouline et les entreprises minières, où les *traginers*, ici aussi, semblent contrôler la filière. En 1459, Ferrando Durango, qui est connu comme transporteur attaché à la mouline del Perer est, dans le cas qui nous intéresse, désigné comme *menero*, associé à Martie Ara (ou Aroa dans un autre acte). Tous deux accueillent en leur *companya* un autre mineur basque, Otxoa de Velendis. La nouvelle société est créée pour une durée de quatre ans. Elle est établie sur la mine de La Clota[31]. Elle est renouvelée en 1462, date à laquelle elle s'ouvre à Martie Aramayo, également mineur[32]. Les sources n'en disent pas plus, mais ce type d'entreprise n'est pas unique. D'autres cas sont mieux connus dont Jaime Magensa est le ciment. En 1448, le *ferrarius* de la mouline de Céret signe avec Jaime Magensa, un muletier basque, un contrat d'approvisionnement portant exclusivement sur le minerai de La Clota[33]. Le prix de livraison est de 4 sous et 5 deniers la saumade si le transporteur utilise ses mules ; de 2 sous et 5 deniers, si ce sont les mules du *ferrarius* qui portent le minerai. Quatre ans plus tard, en juillet 1452, une société minière est montée par trois mineurs : un Basque, Fortico Martines, et deux Ariégeois, les frères Duran, Arnaud et Jacme. On dispose des statuts de cette société qui ont été enregistrés par un notaire. Le capital comme les revenus seront partagés entre Fortico, d'une part, et les Duran, d'autre part. Il faudra l'accord de tous pour engager des ouvriers qui seront payés par moitié[34]. Or, en septembre 1453, Jaime Magensa prend contact avec Fortico Martines et les frères Duran. Il signe avec eux un contrat d'approvisionnement qui stipule que les mineurs s'engagent à lui vendre la totalité de leur production pendant la durée d'un an. Le prix de vente fixé pour cette période est de 2 sous la saumade. Cette exclusivité ne pourra pas être remise en cause pendant un an sous peine d'une amende tout à fait prohibitive de 100 livres. En comparant le contrat conclu entre Jaime Magensa et le *ferrarius* de Céret (en 1448) à celui signé entre ledit Jaime et les mineurs de La Clota (en 1453), on peut mesurer les bénéfices tirés par le muletier quand il utilise ses propres mules pour convoyer le minerai vers la forge de Céret. La saumade achetée 2 sous aux mineurs sera vendue 4 sous et 5 deniers au *ferrarius*[35]. Ainsi, parmi les petits entrepreneurs, sous-traitants de la forge, il semble bien que l'activité de muletier assure à ceux qui disposent d'un capital suffisant pour acheter une ou plusieurs mules la possibilité d'accroître leurs gains plus rapidement. La mule enrichit l'homme, ce qui explique sans doute combien l'achat de mules est au centre des préoccupations et de l'activité des Basques.

La mine la plus importante pour la sidérurgie du Vallespir est incontestablement celle de Batère. Elle apparaît comme une référence pour les Basques qui cherchent à louer une mouline[36]. Rappelons que Martie Sants demande à son futur associé, Julian de La Sacca, de lui louer la mouline de Léca ou toute autre qui dépendrait de Batère[37]. Il s'agit sans doute, pour le futur amodiataire, de s'assurer de la qualité d'un minerai avec lequel il a l'habitude de travailler. Cependant, les sources conservées à propos de cette mine ne sont pas à la mesure du prestige dont elle a joui. En cela, Batère ne diffère pas des autres mines de fer médiévales qui profitent d'un éclairage, souvent indirect, du fait de l'intérêt ponctuel et seigneurial qui est porté à leurs revenus. Or quels sont les seigneurs de la mine de Batère en cette fin du Moyen Âge ? Le roi, en partie[38]. Au XVe siècle et encore au XVIe siècle, des versements sont dus à la Couronne au titre de l'extraction. Semblable exigence émane également de l'abbé de Saint-Michel de Cuxa. Peut-être la faiblesse du corpus est-elle due à la perte du chartrier de Cuxa. Il est pourtant étonnant que les comptes de la Couronne, particulièrement au milieu du XIVe siècle quand les transferts de revenus du domaine au titre du versement de rentes sont encore rares, ne mentionnent jamais la mine de Batère. A-t-elle été ouverte plus tardivement ? L'intérêt que le roi accorde au minerai de fer ne se dément pourtant pas : il achète ses mines à l'abbaye de Saint-Michel de Cuxa, au début du XVe siècle[39]. Quatre documents ont été conservés à propos des mines de Batère. Les deux premiers, datés respectivement de 1405 et 1437, pourraient en signaler l'exploitation. Il s'agit, pour le premier, d'une quittance délivrée par un pareur d'Arles mentionnant une terre herme sur le lieu Les Balmes à Corsavy[40]. Le second est un acte royal de la concession de la devèze du château de Corsavy dans lequel le « *mener* de Guillera » est indiqué.

Les informations fournies par le troisième texte sont plus riches. Il s'agit d'une copie non datée mais attribuable au XVIe siècle qui a pour titre « Mémorial des mines de Batère[41] ». Comme tout grand bassin minier, Batère se compose de différentes mines. Ce document en établit une liste avec des versements dus pour chacune d'elles : celle de Na Vilafrancha[42] ; de Las Canals ; de la Bocha Negra ; de la Bocha Nova ; des Xofre (du nom d'une famille) ; de M. Funes ; de la Grillades ; de Pere Fa ; de la Torra et de Sant Miquel. Donc au total, ce sont dix mines qui sont ouvertes sur le bassin de Batère. Toutes appartiennent à des individus ou à des familles qui versent un droit que l'on peut sans doute apparenter à un cens et dont la valeur apparaît dérisoire (10 deniers) comparée, par exemple, au prix d'une concession annuelle à La Clota (12 livres par an en 1471). Les mieux possessionnés sont les Sant Ferriol, dont on ignore tout. Des mines appartiennent pourtant à des familles qui ne nous sont pas totalement inconnues, celle des Geli par exemple. Au début du XVe siècle, les Geli sont forgerons dans le bourg d'Arles. De même, la mine de la Grillades appartient à Mossen Candell. L'on sait que les Candell disposent toujours de leurs parts de la mouline de Léca à la fin du XVe siècle et au XVIe siècle. Le dernier et troisième texte conservé, daté de 1498, est constitué de deux dépositions de témoins. Répondant à une question qui n'a pas été recopiée dans le registre de la Procuration, ils attestent, l'un et l'autre, que depuis l'effondrement de la mine de Batère l'approvisionnement des moulines se fait à partir de la mine de La Clota et d'une mine localisée à Léca, dont le minerai est d'une qualité exécrable. La mine de Batère n'est donc plus accessible à la fin du XVe siècle. L'extraction reprendra au XVIe siècle.

Toutes les difficultés rencontrées par les *ferrarii* ou les maîtres de moulines pour obtenir un approvisionnement régulier et de qualité expliquent que certains d'entre eux aient souhaité pouvoir extraire eux-mêmes ou faire extraire le minerai nécessaire à leur atelier. Les cas rassemblés renvoient majoritairement au territoire de Corsavy. Ainsi, Urbà Aygabella obtient de la Procuration royale le droit de tirer le fer dans la seigneurie royale de Corsavy, en 1435, pour l'usage de sa mouline de Léca, dont il vient d'acheter les parts[43]. Le texte, une simple analyse sur une liste récapitulative des droits dus au roi, ne me permet pas d'approfondir davantage : on ignore le cadre juridique et économique de cet accès au minerai qui se fait en contrebas de la mine de Batère. Parfois, c'est le concessionnaire lui-même ou bien un membre de son équipe qui obtient un droit de recherche et d'exploitation. Ainsi, le Basque Martie Sartre, demeurant en 1433 dans la mouline de Léca, conclut avec la Procuration un contrat lui permettant pendant six ans de rechercher les minerais là où il le souhaite contre un versement de 11 sous[44]. En 1460, Martie Sentol, cette fois-ci précisément désigné comme *ferrarius* de la mouline des Bains, profite du même type de contrat : s'il trouve du fer ou bien d'autres minerais à Corsavy, il devra verser une redevance modique au roi : encore une fois 11 sous, précisés ici « de cens annuel »[45]. Certains iront jusqu'à acheter une mine sur un lieu d'extraction secondaire, ce qui permet de pallier une défaillance ponctuelle. C'est le cas de Joan March, associé à son frère *arrendator* de la mouline de Galdares et par ailleurs *traginer*, qui achète une *mene ferraterie* à un homme de Palaudano pour le prix dérisoire de 55 sous, dès 1407[46].

Une entreprise instable

Travailler avec et pour la dette

Dans les textes, la gestion des *ferrarii* apparaît comme une suite ininterrompue de dettes, d'emprunts et de difficultés à payer les salaires, à honorer les commandes ou les ventes anticipées. En cela, les Basques ne sont pas différents des autres locataires. Qu'ils soient ariégeois, languedociens ou basques, tous les *ferrarii* connaissent les mêmes difficultés. Il semble bien qu'elles soient inhérentes à la gestion de l'atelier. Les sources relatives aux Basques, plus nombreuses que pour les autres migrants de la forge, permettent d'approcher ce dossier délicat.

Les dettes sont parfois anciennes. Ces hommes sont-ils partis du Pays basque parce qu'ils étaient lourdement endettés ? Certains d'entre eux sans doute puisque leur dette les poursuit jusqu'en Catalogne. C'est le cas de Joan Laurens, muletier basque, originaire d'Oñati et *ferrarius* de la mouline de Galdares[47]. Son cas est caractéristique du poids de la dette, de la violence qu'elle crée et de la solidarité qu'elle déclenche. Joan Laurens est arrêté par le lieutenant du bayle d'Arles en octobre 1444, pour une dette qu'il tarde à régler à Martie de Lordiu, d'Oñati. En fait, l'affaire est ancienne, et Martie de Lordiu est le procurateur du créancier de Joan Laurens, créancier basque, demeurant à Oñati. Cette dette s'élève à 50 florins. Elle a été souscrite en janvier 1443 devant Martie Otxoa, notaire d'Oñati, et auprès de Lupus Garcia de Alcarasso d'Oñati, dont Martie de Lordiu est le représentant selon une procuration établie à Oñati en juillet 1443. Alors qu'il vient d'être appréhendé par Joan Asam, lieutenant du bayle d'Arles, et après lui avoir prêté hommage, Joan Laurens promet de régler sa dette et présente une liste de fidéjusseurs. Ce sont Pedro Laurens, le frère de Joan, muletier comme lui ; Pedro Soloboro, charbonnier qui une semaine avant était lui-même arrêté par le bayle à cause d'une bagarre ; Fortico de la Caytiu, mineur. Ils sont réunis autour de Joan Laurens, en octobre 1444, pour l'aider dans cette affaire délicate et, outre Pedro Laurens, sans doute sont-ils choisis parmi les familiers de Joan, des familiers qui disposent de répondant financier, à la mesure de leur milieu, bien évidemment[48]. L'affaire rebondit quelques mois après. La promesse n'a sans doute pas été suivie de tous les effets attendus. En janvier 1445, le frère de Joan Laurens, Pedro Laurens, qui s'était déjà porté fidéjusseur, se substitue à son frère et promet de payer 30 florins qui correspondent au reliquat de la dette qui s'élevait initialement à 50 florins et cela avant Pâques afin d'éviter la prison à son frère. Il laisse en garantie deux de ses mules. À la suite de cet accord, Martie de Lordiu reconnaît qu'il ne fera aucune poursuite avant Pâques contre les deux frères. Sans doute Pedro Laurens a-t-il réussi à trouver les 30 florins promis puisque le 12 avril 1445 Joan Laurens accompagné de Joan Despisso reconnaissent qu'ils doivent tous les deux 50 florins à Pedro. C'est donc non seulement le reliquat de paiement (30 florins), mais la totalité de la somme qui aurait été versée par le frère de Joan dans le cadre d'une *bistractio*. Cette reconnaissance de dette prouve que Pedro a tenu ses promesses entre octobre 1444, au moment où il se porte fidéjusseur, et janvier 1445. Les deux hommes promettent de rembourser Pedro avant la Saint-Jean 1445 et remettent à leur créancier, c'est-à-dire à présent audit Pedro, deux mules. On apprend aussi que la dette initiale correspondait à l'achat par Joan Laurens et Joan Despisso d'une mule à Lupus Garcia de Alcarasso. Il s'agissait d'un investissement obligé pour ces deux hommes muletiers et *ferrarii*, mais un investissement qui dépassait leur capacité financière. Le même jour, c'est-à-dire le 12 avril, Martie de Lordiu confirme qu'il a bien reçu 30 florins des mains de Pedro. Le 28 juin, la dette est définitivement épurée. Un quitus est rédigé auprès du notaire d'Arles par Martie de Lordiu. La reconnaissance de dette est cancellée comme il est indiqué dans la marge, en complément de l'acte de janvier 1445. Si la situation de Joan Laurens s'est améliorée, c'est tout à fait momentanément. Dès octobre 1445, Joan Laurens et Joan Despisso sont assaillis par un créancier à qui ils doivent 12 livres. Dix ans plus tard, lorsque nous retrouvons à nouveau Joan Despisso, il doit 5 livres et 3 sous à Lope de Sant Sebastián, forgeron basque installé à Arles, pour l'achat de ferrures qu'il n'a pas réglées selon le terme prévu.

Autre cas, moins étayé mais tout aussi exemplaire : Xanxo de Tolosa, alors qu'il dirige la mouline de Serre, reconnaît une dette auprès de son compatriote, Joan Aster. La somme qui a été accordée dans le cadre d'un prêt s'élève à 7 livres et 14 sous. Xanxo règle sa dette par un transfert de créance sur Fortico Martines. Ce transfert est consolidé, car, le même jour et dans la même étude, Fortico Martines, mineur et domicilié à Céret, se déclare le débiteur de Xanxo de Tolosa. La somme qu'il doit est exactement celle exigée de Xanxo, soit 7 livres et 14 sous. Les deux actions sont combinées, et Xanxo ne peut régler sa dette que parce que Fortico Martines promet de régler la sienne. On ignore quels sont les intérêts en jeu mais un fait est certain : Xanxo de Tolosa, *ferrarius* de Serre, ne dispose pas des 7 livres attendues[49]. Un an auparavant, en 1452, alors qu'il était *ferrerius* à Sahorre, il était déjà gravement endetté et Joan Lopis avait dû avancer (*bistrahere*) ce que Xanxo devait au propriétaire de la mouline de Mosset après la clôture des comptes, c'est-à-dire 23 florins, auxquels s'ajoutaient d'autres dettes non chiffrées. Cette somme couvrait aussi des procurations auprès de la vicarie, dont on peut supposer qu'elles relevaient de son endettement, et un salaire que ledit Xanxo n'avait pas payé, ce qui paraît assez fréquent. Ainsi, même entre Basques, les poursuites sont appliquées et les fidéjussions parfois délicates[50].

La dette des *ferrarii* s'élargit, en effet, aux salaires impayés. Certes, ils ne sont pas les seuls à devoir de petites sommes pour un travail qu'ils n'ont pas rémunéré. Les charbonniers et les mineurs entrepreneurs sont, eux aussi, débiteurs auprès de ceux qu'ils ont employés[51]. Cependant, ce sont les *ferrarii* qui sont le plus souvent accusés. Joanet de Moxita, alors qu'il dirige la mouline de Galdares, paie, mais avec retard, le salaire (*saudate sive laboris*) d'un mineur qui a dû engager des poursuites contre lui. La somme n'est pas négligeable : 11 florins[52]. Le paiement se fait par transfert de créance des mains d'un autre Basque, le forgeur Santxo de Arats. D'autres cas se bousculent dans la documentation. Ferrando Peris envoie son procurateur exiger des deux *ferrarii* de Galdares, Joan Laurens et Joan Despisso, qu'ils lui paient les 12 livres et 6 deniers qu'ils lui doivent *pro jornalio*[53]. Julian de La Sacca promet de régler son salaire (*solidata*) à Johan de Sancta-Maria, originaire de Sainte-Marie d'Oloron, un muletier du Béarn, pour le temps qu'il a travaillé dans la forge de Léca (10 novembre 1445)[54]. L'a-t-il fait alors que l'acte notarié n'a jamais été cancellé ? Joan Negaris de Londe envoie un procurateur auprès de Michel de Bergara pour récupérer, entre autres, 10 sous pour un salaire, *pro solidata seu labore*[55]. En 1463, Martie Sentol, alors forgeur de Léca, est poursuivi par le procurateur de Otxoa de Villafrancha, qui lui réclame un salaire[56]. À partir de ces cas, on entrevoit les conditions du contrat conclu, souvent tacitement, entre l'employeur et le salarié : ce dernier est payé le plus couramment à la tâche, parfois à la journée. Il s'agit, le plus couramment, de charbonniers ou de transporteurs. Ainsi ignore-t-on les modalités de paiement de ceux qui sont autour du fourneau et qui disposent des compétences sans lesquelles l'entreprise n'est pas viable : les forgeurs et leurs aides. Il apparaît ainsi que les plus humbles parmi les migrants, ceux qui louent leur service aux uns et aux autres, qui ne sont associés dans aucune entreprise mais salariés dans de nombreuses, sont souvent en attente d'être payés et doivent engager des poursuites contre leurs débiteurs, parfois sans succès. Rappelons que dans son testament, rédigé en 1445, Pedro Olavarrieta précise qu'il a travaillé dans trois moulines. Il ne déclare aucune qualification. À la veille de sa mort, il n'a toujours pas été payé[57]. Il faudrait ajouter que beaucoup de ces paiements sont finalement versés non en argent mais en fer. La situation est identique pour les Languedociens. En 1458, Étienne

Cabrona reconnaît qu'il doit à son frère Johan Cabrona 15 quintaux de fer pour son travail aux forges de Galdares et de Céret. Ce paiement, en nature, sera finalement versé sous la forme d'une mule[58]. Rappelons combien les *ferrarii*, qu'ils soient d'ailleurs basques ou languedociens, participent à des échanges où le fer fait office d'étalon monétaire.

Les difficultés financières qui sont celles des *ferrarii* et qui rejaillissent sur l'ensemble de ceux qui travaillent avec eux, à la suite des débits qui les enchaînent les uns aux autres, ne trouvent de solution que dans le soutien des membres de la communauté des Basques, qu'ils soient de la famille ou familiers. Effectivement, dans les deux cas présentés *supra*, la situation grave née de l'endettement et qui mène à la prison est momentanément repoussée par le frère ou l'ami qui offre une avance. Il ne s'agit pas d'un don : la *bistractio* est une avance mais dont il semble bien qu'elle soit gracieuse. Quand les Basques se prêtent d'importantes sommes d'argent (dans les cas examinés, plus de 23 florins et 50 florins), c'est exclusivement par la *bistractio*. Au milieu du XVe siècle, la documentation ne conserve que quatre reconnaissances de dettes pour prêt (*mutuum*) contractées entre Basques, et toutes relèvent de petites sommes. On ignore à quelle situation correspondent ces prêts et il est totalement impossible d'évaluer le taux pratiqué ; même les modalités de remboursement demeurent imprécises[59]. Ainsi, le seul soutien fort et clairement visible, c'est-à-dire la pratique de la *bistractio,* doit être interprété comme un aspect majeur de la stratégie mise en place par les humbles ou ceux qui sont fragilisés par la migration. Certes, ce type de soutien financier n'est pas original pour une communauté de migrants. Il n'en demeure pas moins que ceux qui sont menacés de prison « prient » leurs proches de leur venir en aide et qu'ils le font.

Des incertitudes et des risques

À partir de l'exemple de Léca, il apparaît clairement que les *ferrarii,* mais aussi les bailleurs en vertu du contrat qui les lient, conduisent l'activité de la forge dans un contexte de tensions qui naît de la nécessité de contrôler, en un temps très court, à la fois l'approvisionnement de l'atelier, sa bonne marche et la distribution du produit semi-fini afin de rentrer dans leurs frais, mais aussi de s'assurer un bénéfice. Pour les preneurs, la part à verser aux détenteurs de l'atelier obérerait-elle l'équilibre de leurs finances en ne permettant pas de dégager un bénéfice suffisant ? De là viendraient les difficultés que certains rencontrent à la tête de l'atelier et leur endettement chronique. La question est fondamentale, mais les sources manquent pour y répondre puisque les baux sont très rares. Pour le Vallespir, où sept baux ont été conservés, un élément de réponse peut être proposé[60].

Ces baux ont un défaut majeur : un seul d'entre eux concerne un locataire basque. Cependant, la documentation, dans son ensemble, n'établit pas une différence entre les conditions de travail des Basques et des autres *ferrarii* dans les moulines catalanes. À partir de cette constatation, examinons le dossier disponible. Le premier contrat conservé pour la mouline de Léca est daté du 18 février 1416. L'atelier est loué pour un an par un Languedocien, Azemar Canarch al Talo. À cette date et pendant un an, le preneur devra livrer 75 quintaux de fer, sous la forme de 1 ou de 2 quintaux par semaine jusqu'au terme du versement. Pour la mouline de Galdares, selon un contrat passé le 30 juin 1417, Xuxat de Garanet, du comté de Foix, devra 60 quintaux, soit 2 quintaux de fer en verges par semaine. En 1444, le Basque Joanet de Moxita, pour la même mouline, doit verser chaque semaine 4 quintaux et demi de fer *terssat,* mais on ignore le montant annuel du loyer. En 1452, le locataire de la mouline de Céret, encore une fois un Languedocien, Ramon Fabri Ales Moro, doit 100 quintaux par an, soit 2 quintaux par semaine. Passons en Conflent, à Valmanya. En 1414, la mouline est concédée contre 157 quintaux pour dix-huit mois, auxquels s'ajoutent 50 quintaux pour les pâtures, ce qui correspond, si on s'en tient au seul atelier, à une centaine de quintaux par an[61]. À la fin du XVe siècle, cette mouline ne devra plus que 50 quintaux par an (1488). On sait qu'en Conflent, une partie des moulines, comme celle de Baillestavy, est alors à reconstruire pour cause de guerre.

Avant d'analyser ces données, il faut rappeler que j'ignore tout, absolument tout, de la caractéristique des ateliers et, en particulier, le nombre de bas fourneaux qu'ils abritent, car il peut y avoir des moulines à plusieurs feux, ce qui rend illusoire toute comparaison d'un atelier à l'autre. De même, la qualité du fer n'apparaît qu'une fois dans les contrats de location, alors qu'elle est formulée très clairement dans les actes de vente de fer en gros souscrits entre *ferrarii* et marchands. Ces réserves faites, les quatre exemples font apparaître que les versements oscillent entre 60 et 100 quintaux par an. Or 100 quintaux annuels, rapportés au prix de gros et même au prix du fer au détail, correspondent à 251 et 294 florins, c'est-à-dire à la valeur de cinq ou six bonnes mules catalanes, ce qui n'est pas rien quand on voit avec quelle difficulté certains *ferrarii* remboursent l'achat d'une mule. En fait, il faudrait pouvoir mesurer la quantité de fer qui reste aux mains du locataire une fois qu'il a versé son loyer, et pour cela il s'avère nécessaire d'approcher la production d'un atelier. Pour le XIVe siècle, une capacité de production hebdomadaire de 16 à 26 quintaux par fourneau a été proposée à partir des cas ariégeois et catalan[62]. Il est peu probable qu'elle se soit réduite alors que la soufflerie hydraulique, si elle n'est pas forcément généralisée dans toutes les forges, est assurément en place dans certaines d'entre elles. Ainsi, un loyer correspondant à 2 quintaux hebdomadaires, ou même 4 et demi, si nous conservons la plus haute des données, ne peut théoriquement obérer la rentabilité de l'atelier. Mais la théorie ne rend pas compte de la grande irrégularité de la production, qui est une des caractéristiques du procédé de réduction directe.

En effet, aux difficultés de trésorerie dont témoigne la situation des *ferrarii* basques et de ceux, languedociens ou ariégeois, qui les ont précédés, il faudrait ajouter les cas de non-livraison de fer dans un contexte de ventes anticipées. Il semble que des *ferrarii* n'aient pas honoré leurs engagements. Le cas n'est pas fréquent. Il concerne des *ferrarii* languedociens, mais il ne doit pas pour autant être passé sous silence. Ainsi, en 1408, Arnaud Cabrona n'a pas versé 40 quintaux de fer ; en 1412, Arnaud Foher el Cabirol n'a toujours pas livré 311 quintaux qui lui ont été commandés. Ces défaillances les mettent dans une situation délicate, puisque les ventes anticipées s'apparentent à un prêt et que le fer a été acquitté par l'acheteur. Sans doute, pour obtenir un financement, le *ferrarius* s'est-il engagé de façon trop audacieuse dans le système des ventes anticipées. Dans ces conditions, il est légitime de se demander si l'achat de fer effectué par certains *ferrarii* à des revendeurs, achat *a priori* aberrant, ne répond pas à une situation tendue entre les capacités de production de la mouline et les engagements qui ont été pris auprès des acheteurs dans le cadre de ventes anticipées. Ainsi, en janvier 1444, trois hommes, un muletier de Maureilles et deux Basques, dont le *ferrarius* de Galdares, Joanet de Moxita, achètent 6 quintaux de fer au marchand Pere Comelles qu'ils promettent de payer dans la semaine[63]. En 1461, Martie Sentol, alors qu'il est forgeur de la mouline des Bains, achète avec Joan Sentol et Georges Duran, qui sont ses fidéjusseurs, 18 quintaux de fer *terssat* auprès de Joan Geli[64]. Cet homme est un forgeron d'Arles, et sa famille est possessionnée sur la mine de Batère[65].

Ces difficultés à livrer associées à ces achats pourraient relever non pas tant de la faiblesse de la production que de son irrégularité. Cette irrégularité est patente pour la forge de réduction directe qui succédera à la mouline, la forge à la catalane ; une irrégularité qui peut s'accuser par défaut des moyens de ravitaillement mais dont l'origine est technique. Le bas fourneau ne produit pas forcément la quantité de fer attendue et à la demande. Même le coup de main des forgeurs, même l'habitude de travail dans un même atelier et avec un minerai dont la qualité est connue de ceux qui le réduisent ne sont pas en mesure de lisser la production ou du moins de la rendre régulière. L'irrégularité de la production est donc structurelle.

Ainsi, l'instabilité mais aussi le risque de la prison caractérisent la vie de ceux qui gèrent l'entreprise rurale qu'est la mouline. La difficulté tient d'abord aux conditions techniques d'élaboration du métal et aux tensions que ces difficultés font naître entre la production et le marché. À ces tensions s'ajoutent celles nées de la précarité d'une main-d'œuvre qui est structurellement toujours sur le départ, ou même parfois en fuite, qu'elle quitte son lieu de vie initial ou qu'elle quitte la forge pour laquelle elle n'a été engagée que peu de temps. Il faut également jouer des difficultés d'approvisionnement en matière première quand la conjoncture difficile, due à la fermeture de la grande mine de Batère par exemple, se combine aux tensions sur le marché spécifique du charbon de bois, tensions que l'on voit à l'œuvre dès le milieu du XIVe siècle.

Cette instabilité se lit dans la vie d'Urbà Aygabella et dans sa trajectoire d'entrepreneur. Lui, le maître de mouline le plus présent dans son atelier, n'est pas en mesure de conserver sa forge. On ignore quelle est la cause de son endettement auprès de son associé Pere Candell, mais il y a fort à parier que la somme de 250 florins versée pour l'accès à la mouline dans le cadre de la succession des biens de Joan Germa, puis les conditions de la gestion de la mouline n'y sont pas étrangères. Urbà Aygabella poursuivra sa vie d'entrepreneur dans le domaine des non-ferreux. Pour les travailleurs de la forge, la solution résidait dans d'autres pratiques. Il leur a fallu mettre en œuvre des stratégies de survie, à eux, endettés sans doute avant le départ, pris dans l'engrenage de la dette par la fragilité de l'entreprise qu'est la mouline et éloignés du cercle familial.

Les stratégies des pauvres

Par pauvres, il faut bien évidemment entendre ceux qui vivent de leur travail, qu'ils soient salariés ou non. Ce groupe des pauvres Basques dispose d'une élite et c'est souvent celle-ci que nous voyons à l'œuvre, par l'intermédiaire de l'écrit. Cette élite est composée de tous ceux qui travaillent de leurs mains et qui ont réussi à accumuler un petit capital. Rien dans la documentation ne permet, en effet, de penser que celui-ci est hérité. Il est vrai que nous n'avons que très peu d'éclairage sur la situation économique de ces hommes au moment de leur départ, mais l'activité qu'ils déploient pour constituer ou préserver leur bien en Catalogne et la nature de ce bien (mule, tasse en argent) toujours mobile et à portée de main prouvent l'effort accompli pour en disposer. Cette réussite indéniable est le résultat de stratégies. Les Basques, pauvres, travaillant dans les forges de Catalogne, combattent tous les mécanismes d'appauvrissement liés à leur situation instable, incertaine et à hauts risques, car la prison n'est jamais bien loin[66]. Ces stratégies se développent dans le groupe des migrants, un groupe soudé et inégalitaire, qui reproduit sans doute la position de chacun de ses membres au moment du départ mais qui constitue aussi l'espace protégé dans lequel se développe le soutien. Nous avons déjà mis en valeur certaines de ces stratégies qui relèvent de la mobilisation des réseaux, réseaux anciens constitués au Pays basque, réseaux récents nés de l'émigration. Il faut, à présent, non seulement les rappeler mais en montrer la cohérence globale.

Nous avons noté combien la *bistractio* se substituait au prêt à intérêt, même s'il ne faut pas limiter le *mutuum* et sa pratique aux quelques rares actes notariés qui en prouvent l'existence entre Basques. Sans doute, le *mutuum* pouvait être conclu *sine carta*. Quoi qu'il en soit, la *bistractio* est inscrite comme une pratique commune au monde des forgeurs, qui associe bailleurs et preneurs, et peut être également utilisée comme un moyen d'entraide entre Basques, sans que nous sachions si, dans leur cas, cette pratique relève d'un phénomène d'acculturation. Ces stratégies intègrent également la circulation rapide des informations. Celle-ci est clairement en action lorsque Martie Sants cherche à louer une forge qui lui convienne et s'adresse avec profit à Julian de La Sacca. On peut se demander si le recours à l'écrit n'est pas aussi une des formes de la stratégie mise en œuvre par les Basques. Il faut convenir que les Basques utilisent les services des notaires davantage que tous les autres travailleurs de la forge. Ils sont même étonnamment présents pour des individus qui ne disposent ni de familles, ni de biens sur place et n'ont donc rien à gérer du point de vue patrimonial. La documentation écrite rend compte à profusion des affaires qu'ils concluent entre eux (on pense, en particulier, à la nomination de procurateurs) et laisse dans l'ombre l'enregistrement de faits majeurs, comme la location d'une mouline. Les baux ont pu être égarés certes, mais il se peut aussi que l'acte important ne soit pas celui que nous jugeons aujourd'hui comme tel. Le recours à l'écrit pourrait ne pas être conçu comme une garantie dans les moments que nous qualifions de majeurs mais plutôt comme l'expression d'un lien social. Dans ce cas, procurations, achats à crédit, transferts de créances, tous ces actes qui composent l'essentiel du corpus notarié des Basques, seraient d'autant plus importants qu'ils entretiennent les liens à l'intérieur du groupe des migrants, puisque les affaires se traitent surtout entre Basques. Ainsi s'expliquerait également que la majorité des procurations ne se rapporte pas à la patrie lointaine, mais au groupe mouvant des migrants basques qui réactivent, par ce biais, leurs réseaux parfois distendus par l'éloignement des ateliers.

En complément à ces pratiques, je souhaite à présent en examiner deux autres qui se développent en périphérie de l'atelier. La première réside, pour les plus entreprenants des Basques, dans l'achat de mules. Cette action, qui pourrait paraître anodine, concrétise la constitution, l'augmentation ou la préservation d'un capital qui permet d'accéder à l'entreprise et au marché. La stratégie de survie passe aussi par l'expression de la violence et la constitution de bandes qui affirment la force, la résistance et la capacité de réaction du groupe des migrants face à leurs concurrents.

La mule et l'homme

Ce n'est pas trop dire que c'est autour des mules que s'organise la vie des Basques. Cet animal de bât robuste, adapté à la montagne, réalise le lien entre la forge, ses approvisionnements et le marché. Tous les transports gravitant autour de la forge lui incombent : transport de charbon, de minerai, de fer et acheminement des biens consommés par l'équipe de travail. L'animal est au cœur de l'économie de l'entreprise. Cette situation éclaire la place qu'occupent souvent les muletiers à la tête des moulines ou des autres entreprises qui leur sont associées pour le charbonnage ou l'extraction minière. La mule aide à la production et permet de tirer une plus-value de celle-ci. Elle est aussi une source de revenus, car elle peut être louée[67]. C'est pour cet usage que des mules sont achetées par moitié. Une demi-mule équivaut à une part d'entreprise. Cependant, la mule est bien plus que cela. La mule est le capital du migrant, un capital qui le suit et qui le soutient[68]. Quand il lui faut à nouveau emprunter de l'argent pour rembourser une dette ou entreprendre un nouveau départ, la mule est souvent déposée en gage[69]. Elle est un objet d'échange. Elle constitue avec les tasses en argent que transporte le migrant un capital que l'on peut emmener et facilement monnayer[70]. Ainsi, quand le moribond Pedro Olavarrieta rédige son testament et en vient à dresser la liste de ses dettes et de ses créances, ses avoirs se répartissent entre tasses en argent et mules, placées ou mises en dépôt[71]. De même, en avril 1453, quand Martie Samudio, Basque demeurant à Céret, reçoit d'un de ses compatriotes la somme de 12 livres en *comanda*, il vend le même jour quatre mules localisées dans la mouline de Céret. On ignore si ces bêtes étaient louées. On ignore d'ailleurs à peu près tout de l'homme qui dispose néanmoins de quatre mules. La situation est claire : Martie s'endette pour investir, récupère une partie de son capital fixe, c'est-à-dire ses mules, et disparaît[72]. En février 1454, il est en France[73]. La mule, par sa valeur comme par sa fonction, est aussi une assurance du retour au pays, un objectif majeur pour tous ces individus. Tous les Basques n'ont pas accès à cet animal. La mule ou plutôt les mules sont tout à la fois le signe de la réussite, la cause de l'endettement et un point d'ancrage autour duquel s'organise la vie du migrant.

La place et la valeur réelle et symbolique de l'animal expliquent pourquoi l'achat et la vente de mules occupent un pan important de l'activité des Basques en Catalogne, telle que la restitue l'écrit notarié, d'autant que la mule élevée en Roussillon est la plus cotée des mules méridionales sur un marché du bétail aux dimensions internationales[74]. Si les Basques désignent des procurateurs, règlent leurs dettes ou sont pourchassés pour dettes, vendent et achètent du fer, du charbon et du minerai, ils achètent aussi et surtout des mules. Pour être plus précise, ils achètent une mule, car si l'achat peut se renouveler il est rare qu'un de ces hommes soit suffisamment riche pour investir dans deux bêtes à la fois. Seul le *ferrarius* Joanet de Moxita (mouline de Galdares) est en mesure d'engager 109 florins pour l'achat de deux bêtes. Non que les Basques disposent d'un seul animal, car à l'occasion de mises en gage il apparaît qu'ils en possèdent parfois deux ou trois sinon davantage, mais le renouvellement de leur capital-animal s'opère le plus souvent à l'unité.

De 1443 à 1465, en Vallespir et dans le groupe des Basques, vingt-trois actes de ventes de mule ont été conservés, que l'on peut comparer à un nombre équivalent de contrats conclus entre Catalans[75]. C'est un chiffre minimal, car il ne regroupe que les contrats conclus par écrit et exclut toutes les reconnaissances de dettes pour lesquelles l'origine de la dette n'est pas indiquée (et qui peuvent porter sur l'achat initial d'une mule) ou bien les engagements conclus oralement (*sine carta*). Dans ce corpus, certains individus apparaissent plus souvent que d'autres, au titre de vendeurs ou d'acheteurs. Trois sont bien présents : Joan lo Castillo (cinq actes de 1447 à 1463, comme acheteur (trois) et comme vendeur (deux)) ; Martie Sants (quatre actes, où Martie achète et vend à égalité) ; Julian de La Sacca (trois actes en 1445, deux comme vendeur et un comme acheteur). Tous les trois ont en commun d'être à la fois muletiers et *ferrarii*, ce qui suffit à expliquer l'activité qu'ils déploient pour acheter et vendre des animaux de bât et leur capacité financière à le faire. Ainsi, dans la seule année 1445, Martie Sants et Julian de La Sacca, qui sont alors associés pour la gestion de la mouline de Léca, achètent trois mules et en vendent tout autant. Impossible de savoir à quoi correspondent ces échanges, car la qualité des bêtes comme leur origine demeurent inconnues. Les prix pratiqués, oscillant entre 20 et 43 florins, sont par ailleurs courants pour une mule catalane et plutôt élevés pour une mule d'une autre origine[76]. En tout cas, ils ne sont pas dérisoires. S'agit-il de mieux s'équiper pour les besoins de la forge que les deux hommes viennent de prendre en location ? S'agit-il de se procurer l'argent liquide nécessaire pour répondre aux frais de mise en route de la mouline ? La forte présence de *ferrarii*-muletiers sur le marché des mules confirme que l'achat d'une mule n'est, de toute façon, pas à la mesure de toutes les bourses et que les acquéreurs sont aussi ceux dont la documentation restitue, sinon la réussite, du moins la capacité à entreprendre[77].

Comment les Basques organisent-ils leurs transactions ? Ont-ils des interlocuteurs particuliers ? Sur les vingt-trois transactions intéressant les Basques, quatorze sont opérées entre Basques et neuf avec des Catalans. Rien de très surprenant : les affaires se font davantage dans le milieu des proches où s'établit une forme de confiance. Sur ce marché qui rassemble vingt-sept intervenants, les hommes les plus présents (dix) sont incontestablement les muletiers. À Julian de La Sacca, Martie Sants et Joan lo Castillo déjà mentionnés il faudrait ajouter d'autres qui n'apparaissent qu'une fois et sont *mulio* ou *traginer* : Pere et Joan Laurens, Joan Erxile, Pedro, Jaime Magensa, Joan de Vera, Joan Lopis. Si, d'autre part, on examine de plus près quels sont les Catalans parties prenantes dans ce marché, deux aspects sautent aux yeux et livrent la touche particulière de ces échanges. Les Basques sont majoritairement acheteurs de mules auprès des Catalans (six cas sur neuf). Ils viennent assurément se fournir en bon matériel. Leurs vendeurs sont alors diversifiés. Ce sont le muletier de Maureilles, Berenguer Bertrand, Bernard de la Serra également muletier, Joan Romagera *pagesius*, Bartomeu Foguet peigneur et Pere Lobet aubergiste d'Arles qui leur vendent des bêtes. Lui seul nous est connu et lui seul fréquente régulièrement les Basques, dont il est parfois, comme nous l'avons déjà signalé, le procurateur. Dans les trois autres transactions qui intéressent Catalans et Basques, ces derniers vendent des mules. Dans ce cas, nous retrouvons les interlocuteurs traditionnels des Basques : maître de mouline et aubergiste. Urbà Aygabella achète à son *ferrarius* de Léca, Julian de La Sacca, une mule en 1445 et l'année suivante une autre mule à un autre Basque également bien connu, Joan lo Castillo. C'est le même Julian de La Sacca qui, en 1445, vend une mule à l'aubergiste d'Arles Mateu Corona (les prix sont d'ailleurs très comparables : 43, 38 et 44 florins la mule).

Examinons de plus près ces prix. Sont-ils différents en fonction des interlocuteurs et particulièrement entre Basques et Catalans ? En fait, cette question demeure sans réponse satisfaisante. Effectivement, les prix sont très différents d'une vente à l'autre et très irréguliers, que l'on considère les transactions entre Basques (de 1444 à 1465), entre Basques et Catalans (de 1443 à 1468) et entre Catalans (1406-1463). L'historien ne peut malheureusement rien faire de cette diversité, car il manque un paramètre fondamental pour apprécier le prix de la mule. Sans même revenir sur les réflexions exposées à propos de la définition du prix du fer et, en particulier, sur tous les paramètres sociaux qui peuvent interférer dans la formation du prix, nous n'avons aucun moyen d'apprécier la qualité spécifique de chaque animal. Limitons-nous aux constatations suivantes. Le panel de prix qu'offre le corpus oscille entre 65 florins et 12 florins par mule. Le prix moyen d'une mule échangée entre Catalans est de 35 florins ; de 31 dans le cadre des échanges entre Basques. Impossible de clarifier cette différence. Ces hauts prix (en moyenne) correspondent à ceux d'une bonne mule roussillonnaise sur le marché catalan[78]. Normal, car il faut que les bêtes soient résistantes pour supporter les lourdes charges de minerai et de fer. Quant aux conditions de vente et de paiement, elles peuvent être examinées d'un peu plus près. Les clauses de garantie, le plus souvent évoquées rapidement en fin d'acte sous forme d'abréviations, ne diffèrent pas en fonction de l'origine ou de la situation des contractants. Un seul acte sort de l'ordinaire, celui par lequel Pere Lobet vend une mule à Joan Basco et Joan Sants. Le texte est une brève, et pourtant le notaire a pris le temps de reporter scrupuleusement les formules : mise en gage, certes, mais aussi hommage obligatoire auprès du bayle. À cela s'ajoute le mode de paiement, particulier. La mule vaut 65 florins. Ce prix est élevé et classe l'animal parmi les bêtes exceptionnelles. Les deux Basques promettent de payer chaque semaine 6 écus, pour une valeur de 18 sous par écu. À ce rythme, la mule devrait être réglée en moins de sept semaines. Ce règlement est très rapide. Il paraît correspondre au mode de paiement des muletiers quand ils sont engagés à travailler régulièrement dans une mouline et sont payés à la semaine[79]. Il est aussi un moyen pour le vendeur de contrôler plus étroitement ses débiteurs. Toutes ces preuves de contrôle tiennent-elles à la valeur exceptionnelle de la bête qui est la plus chère de toutes celles comptabilisées dans notre corpus ? Effectivement, quand l'acte le mentionne, le paiement se fait le plus couramment en deux ou trois versements répartis sur l'année, quelles que soient l'origine et la qualité sociale des acheteurs[80].

En revanche, les modes de paiement divergent selon l'origine des contractants : seuls les étrangers paient leurs mules avec du fer et d'autres produits. Les Basques sont alors majoritaires (six transactions sur sept), et rejoints par le *ferrarius* Jacme Borulle, d'origine languedocienne. On le sait, le troc peut porter sur de petites transactions, mais pas exclusivement. Un acte organise l'échange entre deux mules valant 8 florins et des *fustes de porgader d'avet* (du bois pour la vannerie) au prix de 7 sous la cane (1452)[81]. Un autre stipule qu'une mule, dont la valeur est évaluée à 35 florins, sera payée en monnaie ou en fer *terssat* à 29 sous le quintal livré en verges de douze à treize pièces par quintal (1445)[82]. L'achat de deux mules d'une valeur de 109 florins, payées en fer par des Basques dont l'un est le *ferrarius* de Galdares relève donc d'un niveau d'échange tout à fait exceptionnel[83]. Il a déjà été souligné combien le mode de paiement avec du fer était ambivalent puisqu'il pouvait illustrer la faible capacité monétaire des acheteurs mais répondre aussi à la demande des vendeurs de mule, le fer étant une forme d'étalon monétaire largement en usage dans le haut Vallespir.

Parce que la mule est le seul investissement consenti par les Basques, parce qu'elle est aussi et souvent leur seul capital, l'achat d'une mule est à l'origine de l'engrenage de la dette, engrenage qui aboutit souvent aux poursuites judiciaires[84]. Rappelons que la difficile situation financière rencontrée par Joan Laurens, qui implique son frère et ses proches, a pour cause l'achat d'une mule au Pays basque, deux ans auparavant, pour la somme de 50 florins. L'achat d'une mule est aussi à l'origine de tensions et d'injures. Cette situation, assez commune, transparaît dans les actes notariés qui concluent la procédure judiciaire ouverte par le conflit. Les deux hommes qui se sont opposés à propos d'une mule se jurent alors la paix devant le bayle. Pour le lecteur du registre notarié, l'affaire commence et s'arrête le plus souvent là. Tous les cas repérés opposent deux Basques : Joan Dudala et Joan lo Castillo ; Joan Basco et Joan Sants ; Joan Laurens et Martie de Lordiu ; Joan de Ros et Joan Andreu. Outre l'affaire des frères Laurens, le dépouillement exhaustif des registres permet parfois d'aller un peu plus loin. En effet, si la paix n'est pas réalisée, c'est-à-dire si les injures se renouvellent ou bien si l'enjeu du conflit initial n'est pas réglé, l'engrenage judiciaire se met en place. En avril 1444, Joan lo Castillo promet de régler ses affaires avec Joan Dudala. Cependant, en mai 1444, il est à nouveau en état d'arrestation. Il se cache. Urbà Aygabella intervient alors. Il envoie un Basque le rechercher à Léca et lui enjoint de rapporter également l'« argent nécessaire ». S'agit-il de payer l'amende, de régler le paiement de la mule ? En 1450, Joan lo Castillo prête à nouveau serment devant le bayle. Il jure qu'il ne quittera pas son domicile d'Arles. Or les autres témoignages réunis sur cet homme font de lui un individu dynamique, muletier, *ferrarius* de Léca, acheteur de mules. Son activité laborieuse l'a conduit, semble-t-il, à l'endettement.

Dans le conflit qui oppose Joan Basco et Joan Sants, la situation est plus claire. Son origine réside dans deux mules que les deux hommes ont achetées en commun. Une de ces mules correspond au contrat que nous avons signalé comme sévère et qui les engageait auprès de Pere Lobet selon des modalités de remboursement particulières. Le remboursement aurait dû intervenir en mai. Sans doute cela n'a-t-il pas été possible. Joan Sants n'a pas pu faire face, et les deux hommes sont confrontés ensemble à Pere Lobet. Le 9 juin, ils se jurent la paix et le même jour, sans doute pour se désengager, Joan Basco transmet à Pere Lobet une créance émise sur Joan Sants pour une valeur de 40 florins. Ce transfert de créance oblige davantage le débiteur et le met en danger, car Pere Lobet est assurément un interlocuteur plus dur que Joan Basco et, en outre, il n'est pas basque. Même s'il est l'un des rares Catalans en affaires avec les Basques, il est de fait un étranger. Peut-être le conflit né entre les deux associés résulte-t-il autant de l'endettement et de sa lourdeur financière que de la nouvelle situation fragilisée de Joan Sants. La mule, et quelle mule, car il s'agit de la bête la plus chère du corpus, est à l'origine du conflit.

L'action judiciaire s'arrête souvent à ce stade. Parfois, elle conduit à la prison. Sans doute cette escalade a-t-elle abouti à l'emprisonnement de deux Basques dont les noms demeurent inconnus. Le notaire a consigné la démarche de quatre de leurs proches, Martie Bastant, Otxoa Dersua, Fortico Lomenero et Pedro Desornosa, qui viennent faire enregistrer le versement des 100 florins qu'ils acquittent au procureur du bayle de Céret pour les faire libérer. À la lumière des indices que nous avons sur la valeur des biens qui entourent les Basques (barres de fer, saumades de charbon, mules), on mesure l'effort consenti par ces hommes pour réunir une telle somme.

Valitores et bandositats

Le dossier consacré aux Basques a été ouvert en mesurant la capacité qu'ils avaient déployée pour contrôler la majorité des moulines du Vallespir mais aussi du Conflent. Je le fermerai en reprenant ce dossier. À Léca, une bagarre ayant opposé deux bandes rivales est à l'origine de la disparition des Ariégeois de la forge, une disparition que nous avons interprétée comme une expulsion. Il faut revenir sur ces conflits puisqu'ils secouent la collectivité basque par trois fois en 1444 et en 1455. Ils peuvent correspondre à une stratégie de conquête de l'outil de travail, mais sont aussi le moyen d'exprimer une identité, car ils opposent souvent les Basques à un groupe d'autres migrants, la plupart ariégeois. En 1444 et en 1455, les hommes désignés comme responsables sont suivis d'autres qui restent souvent anonymes mais que le notaire désigne comme leurs *valitores*. Tous sont opposés dans le cadre de *bandositats*. Ces deux termes signifient clairement que la bagarre est différente des conflits qui opposent traditionnellement les Basques entre eux. Elle est d'une autre nature.

Le 20 juillet 1444, Pedro Soloboro et Johan Lantar se jurent la paix. La situation est classique mais, à la différence de celles examinées précédemment, les deux hommes, qui sont des migrants travaillant dans la forge, sont d'origine différente. Pedro Soloboro est Basque. Il apparaît dans la documentation à cette occasion et il est encore à proximité de la mouline de Léca en 1445 puisqu'il sert alors d'intermédiaire entre les maîtres de mouline et les *ferrarii* basques lors du paiement de la clôture des comptes. Il est l'intermédiaire par lequel transitera le salaire de Joan Prasero qui a travaillé pour la mouline en tant que charbonnier. Pedro Soloboro est-il lui-même charbonnier ? Violence et charbonnage seraient-ils indéfectiblement associés comme le clament à l'envie les stéréotypes qui circulent depuis le XIXe siècle sur ces hommes de la forêt présentés comme des brutes hirsutes[85] ? Certes, mais les travaux en anthropologie historique nous ont aussi appris que la violence était assez bien partagée au Moyen Âge et que les charbonniers n'en avaient pas l'apanage. En face de Pedro Soloboro se trouve Johan Lantar. Les Lantar sont des Ariégeois de Montferrier. Ils sont arrivés en groupe dans les moulines du Vallespir, et un Bernard Lantar est également installé en Vallespir en 1455. Ils seront à nouveau présents à la fin du XVe siècle quand les Ariégeois se substitueront aux Basques. Un Johan Lantar (mais s'agit-il du même individu ?) sera alors accompagné de Nandonius et de Bernard Lantar. Ces deux derniers travaillent à la restauration de la forge de Baillestavy, en 1489, avec un groupe étoffé d'Ariégeois[86]. Ils travailleront aussi à Valmanya. Au milieu comme à la fin du XVe siècle, on ignore tout à fait quelle est la place de ces Ariégeois dans la forge. Sont-ils également charbonniers ? En effet, à l'époque moderne, deux groupes sont régulièrement cités pour leur savoir-faire dans ce domaine : les Basques et les Ariégeois[87].

Reprenons le cours des événements. Le 20 juillet 1444, Pedro Soloboro et Johan Lantar doivent se jurer la paix sous peine d'une amende de

25 livres. Ils prêtent hommage au bayle, Joan Asam. L'affaire aurait pu s'arrêter là. Pourtant, le 1er octobre 1444, elle monte au contraire d'un cran. Johan Lantar est alors associé à Besian Cabrona. Ce nom nous ramène plus de cinquante ans en arrière, en 1393, dans la forge de Sainte-Colombe, où un Besian Cabrona était accusé d'avoir produit du fer avec un minerai de mauvaise qualité, la *falsa mena*[88]. En 1444, le dit Besian est dit de La Bastide. Il faut sans doute comprendre qu'il y travaille. En effet, les Cabrona sont souvent associés à la mouline de Serramitja, qui dépend de La Bastide. Dès le début du XVe siècle, Arnaud Cabrona, qui est forgeur dans les moulines de Céret et de Serramitja (La Bastide) puis *ferrarius* à Léca, est dit originaire de Counozouls[89]. Le plus connu des Cabrona est Johan Cabrona, souvent accompagné de son fils Étienne, qui travaille comme *fargerius*, semble-t-il, à Céret. Les Cabrona identifiés à Counozouls et à Sainte-Colombe sont donc des Languedociens du diocèse d'Alet, grand pays de forges. Ainsi, au charbonnier basque et à ses *valitores* sont opposés l'Ariégeois Johan Lantar et le Languedocien Besian Cabrona suivis de leurs *valitores*. Le groupe s'est donc étoffé. L'amende également. Les accusés promettent d'interrompre toutes injures, de ne plus malmener hommes et biens sous peine d'une amende de 100 livres. Cette nette augmentation peut être diversement interprétée. Les tensions se sont peut-être poursuivies entre les deux hommes depuis juillet 1444. La non-obéissance, alors qu'il y a eu serment et hommage au bayle, peut avoir pour conséquence l'augmentation de la peine. Il se pourrait également que les tensions aient changé de nature et qu'elles soient plus violentes, car le texte, une simple brève, comme l'acte précédent, fait référence non seulement à des injures mais aussi à des violences aux personnes et aux biens. En ce jour du 1er octobre 1444, Basques, Ariégeois et Languedociens font une seconde fois hommage au bayle. Pedro Soloboro prête serment à Arles, Johan Lantar également, très précisément sur le pug de la Cugulera. Il le fait pour lui et ses *valitores*. Il promet également qu'il obtiendra dans les dix jours le serment de Besian Cabrona, ce qui a été effectivement fait comme le prouve une courte notice en forme de procès-verbal, ajoutée en bas de page. Les violences entre les nations n'ont pas attendu les années 1440. Dès 1427, dans la forge de Léca, Joan de La Sacca est violemment pris à partie par Arnaud Guillem, qui fait irruption de façon intempestive dans la mouline, le frappe et repart avec une mule

qui s'avère ne pas appartenir à Joan. C'est à cause de cette méprise que l'événement a été consigné chez le notaire. Or des individus portant le patronyme de Guillem (un nom très courant en Languedoc, comme dans les Pyrénées), et qui travaillent dans les forges du Roussillon à la fin du XVe siècle, sont originaires de Montferrier, dans le comté de Foix qui est également un des villages d'origine des Lantar.

Sans surprise, les violences entre migrants se poursuivent en 1455. On ne connaît le conflit que par son règlement juridique et la mise en scène qui en a été faite par l'autorité, car par moins de cinq prestations de serment en trois lieux différents ont été exigées des partis. La cause énoncée se réduit à peu de chose. L'acte précise simplement qu'il y a eu litige, bagarre et *bandositat* entre deux groupes, l'un formé autour de la famille Valls, Pere, Marti et Berenguer Valls de Saint-Jean-Pla-de-Corts et leurs *valitores* d'une part, et de vingt-deux Basques de l'autre. Des trois Valls nous ignorons tout, et le nom de Valls est si courant sur l'ensemble de la chaîne des Pyrénées qu'il est impossible de proposer une hypothétique origine. Les hommes sont simplement désignés comme de Saint-Jean-Pla-de-Corts. Cependant, quand en 1420, le forgeron de Serramitja (La Bastide) achète une mule à Jacme Valls, de Saint-Jean, celui-ci est boucher[90]. Or il a déjà été question des bouchers à propos des marchés du fer et l'on sait que forgeurs et bouchers sont souvent en contact, ne serait-ce qu'à cause du lucratif commerce des mules. Quant aux Basques, dix-neuf d'entre eux habitent dans la mouline de Léca[91]. Le lien qui les unit est, sans aucun doute, l'atelier de la forge et le travail autour du bas fourneau. Du 14 au 20 avril, les accusés prêtent successivement serment et hommage. Le 14, dans un lieu qui n'est pas précisé, les causes sont énoncées, les partis sont présentés mais seuls dix-sept Basques sont expressément nommés, soit quatorze habitants à Léca et trois autres Biscayens qui n'apparaîtront plus les jours suivants (Pedro de Para, Joan de Xabala et Joan de Ratia). Tous ces hommes jurent d'accepter l'arbitrage d'Urbà Aygabella, qui représente les Basques, et de Joan Comelles, qui est le représentant des Valls. L'arbitrage devra être déclaré dans les vingt et un jours. Ce jour (le 14), de tous les Basques présents, seuls Joan Lopis, Fortico Petit et Martie Sentol prêtent serment et hommage. Premiers dans la liste dressée le même jour, les trois hommes sont incontestablement considérés comme les trois chefs des *bandositats* ou du moins les trois responsables du groupe. Le lendemain, Pere Valls prête serment au Boulou. Le 17, le Basque Joan Dudala, qui n'était pas présent le 14, fait de même à Arles. Le 18, on assiste à un nouveau rassemblement des Basques sur le manse de la Talleda à Corsavy, dont dépend la mouline de Léca. La majorité des Basques est présente ; quatorze parmi ceux déjà enregistrés le 14 avril auxquels s'ajoutent Joan Dudala, Martie de Ratia, Martie Ortis, Joan Vitela et Joan de Xanalagua. Serments et hommages sont renouvelés devant le bayle du château royal de Corsavy. Dans cette seconde liste qui est établie le 18 avril, trois noms sont soulignés : il s'agit, une nouvelle fois, de Joan Lopis, Fortico Petit et Martie Sentol. Le dossier se clôt par la prestation de serment de Berenguer et Marti Valls le 20 avril au Boulou, c'est-à-dire cinq jours après celui prêté par Pere Valls.

Que tirer de cet événement ? L'organisation orchestrée de la prestation de serment, beaucoup plus lourde que pour les bagarres précédentes, tient au nombre des accusés, peut-être également aux faits incriminés. Si nous nous attardons sur les deux arbitres, il est indéniable qu'ils ne sont pas choisis au hasard. On connaît les liens entre Urbà et la mouline de Léca même si Urbà a vendu ses parts de Léca à Pere Candell, en décembre 1446. On connaît aussi les liens entre Urbà et les Basques. En 1450, Urbà est toujours en contact étroit avec eux. Quant à Joan Comelles, notaire d'Arles, rappelons qu'il est le fils de Pere Comelles, qui nous a tant retenus. On ignore à quel titre il a été désigné comme arbitre. Nous ne lui connaissons aucun contact avec les Valls, ni avec les Basques, ni même, contrairement à d'autres membres de la famille Comelles, un intérêt pour la métallurgie. Sans doute a-t-il hérité de l'autorité de son père, dont il est régulièrement le procurateur à partir de 1445. À n'en pas douter sa présence comme arbitre rend compte de l'importance de l'affaire.

Cette affaire nous fait rencontrer à nouveau des Basques que nous avions croisés, en particulier deux hommes parmi les trois spécifiquement désignés par l'autorité. Nous avons vu que Joan Lopis est à la tête d'une entreprise de charbonnage. Il est ensuite *ferrarius* à Léca et à Galdares. Il est un des rares à avoir travaillé à Perpignan. Un des rares à être installé avec son épouse et à avoir acheté une maison à Céret. Il est présent en Catalogne au moins pendant dix-huit années. Il fait partie des Basques les plus actifs sur le marché des mules. Il fait aussi partie de ceux qui peuvent avancer de l'argent (jusqu'à 23 florins) à un compatriote en détresse. Au terme de l'enquête sur les Basques dans les forges de Catalogne, Joan Lopis a incontestablement réussi son passage dans le comté de Roussillon, où il est un des rares, des très rares Basques, à avoir déployé une activité qui l'a conduit à la réussite sociale. En 1455, cet homme n'est donc pas un vagabond, violent et de passage à Léca. Qu'en est-il de Maître Metxi, c'est-à-dire Martie Sentol ? Comme Joan Lopis, il sort de l'ordinaire. Maître Metxi est le seul forgeur, qualifié de « Maître », qui soit assurément *ferrarius* dans la mouline des Bains en 1460-1461, puis dans celle de Léca, en 1463. Il n'est pas le seul Sentol présent sur le sol catalan au milieu du XVe siècle. Joan Sentol est son fidéjusseur en 1461. Lope Sentol est à ses côtés en 1455. Et Fortico Petit, le troisième Basque accusé au même titre que les deux précédents ? Il demeure inconnu[92]. Cependant, ses deux alliés, désignés avec lui comme responsables et chefs de bande, font partie de l'élite des Basques en Catalogne.

Il faut à présent s'interroger sur le vocabulaire spécifique qui est utilisé en 1444 puis en 1455 pour désigner ces tensions entre Basques et non-Basques. Si le terme de *valitores* apparaît en 1444, celui de *bandositat* n'est utilisé qu'en 1455. Ni l'un ni l'autre ne sont propres aux Basques ou aux autres migrants. Cinq affaires enregistrées de 1406 à 1445 par les notaires sont également des *bandositats*. Des hommes d'Arles ou de Prats-de-Mollo s'opposent avec violence à d'autres Catalans originaires de bourgs du Vallespir ou du Roussillon. Ainsi, en 1406, l'aubergiste Antoni Corona d'Arles est accusé de « *bandositat, discordia et mala sediciones* », tout comme Pere Porcell avec qui il a échangé des injures et des coups[93]. Parfois, les actions violentes se renouvellent de génération en génération, sans qu'il nous soit possible de reconstituer un fil continu entre les opposants, sinon qu'une même famille se retrouve au cœur de conflits à vingt-cinq ans de distance. Bernat Verques de Prats-de-Mollo et Bernat de Volono et leurs *valitores* doivent se jurer la paix en 1421[94]. Bernat de Volono est qualifié de *domicellus* et il sera quelques années plus tard bayle d'Arles.

En 1445, c'est un autre membre de la famille Verques, Ramon Verques, qui doit jurer la paix avec Antoni Puioll[95]. Dernière constatation : cette violence touche toutes les strates de la société rurale. En 1444, Antoni Torneros, entouré de Bernat, d'Andreu et de Marc Torneros et de leurs *valitores*, doit se présenter, tout comme Andreu Fag et Bernat Holmes, originaires de Serralongue et de La Manera, et leurs *valitores,* devant la maison du pareur Andreu Perrer pour faire hommage au lieutenant du bayle. Andreu Fag et Bernat Homes se font représenter par un marchand de Saint-Jean-des-Abadesses[96]. Dans le camp opposé, Marc Torneros, prêtre et qui détient un bénéfice dans le monastère d'Arles, jure la paix devant l'abbé.

On ignore la plupart du temps ce qui est à l'origine de ce déchaînement d'injures et de coups. Cependant, le point commun de ces *bandositats* pourrait bien être la xénophobie, celle dont font preuve les migrants les uns contre les autres ; celle aussi qui pourrait être à l'origine des bagarres entre les Catalans, qui sont toujours issus de villages différents et, par ailleurs, bien implantés dans leurs villages d'origine. L'étranger commence aux portes de la communauté[97]. À la violence succède sans doute vengeance et riposte de groupe à groupe, de génération en génération, et ce type de comportement est partagé par les Catalans et les migrants. Pourtant, avec les Basques et leurs opposants, hommes du fer comme eux mais d'origine ariégeoise ou languedocienne, l'historien du travail entre de plain-pied dans le domaine des solidarités de groupe qui s'enracinent profondément dans la société médiévale. La mouline catalane devient alors un enjeu : il s'agit de conquérir l'espace et l'outil de travail en molestant, en exhibant sa force, puis en éliminant les concurrents[98].

Il est néanmoins possible d'inscrire ces luttes dans un contexte particulier, celui des *bandositats* qui enflamment les villes catalanes de la fin du Moyen Âge et qui opposent entre eux des partisans qui sont désignés comme des *valitores*. Ces *bandositats* urbaines se développent selon des modalités variées et pour des causes variées, parfois pour la conquête du pouvoir urbain, l'intérêt résidant essentiellement dans le conflit lui-même, comme catalyseur d'identité et expression des forces en présence[99]. Sans doute n'est-ce pas un hasard si les notaires utilisent pour désigner les heurts entre groupes rivaux d'étrangers les mots dont ils se servent pour nommer la lutte entre les factions urbaines catalanes. Les uns et les autres ont en commun la violence et sa récurrence. Les uns et les autres permettent de tester des solidarités de groupes dans un contexte de concurrence économique, ce type de concurrence n'étant pas étranger non plus aux *bandositats* urbaines. Que ce soit aux abords de la mouline ou pour la conquête du pouvoir urbain, les partisans suivent un chef de bande. Pour les Basques en exil, il semble bien que la proximité dans l'atelier et peut-être la fraternité qui en est née se substituent à la famille, qui est réduite sinon absente ; rappelons en effet que le groupe des *valitores* accusé de *bandositat* qui entourent Joan Lopis, Fortico Petit et Martie Sentol compte dix-sept individus, tous domiciliés dans la mouline de Léca. Les partisans sont les membres de l'équipe qui entourent le *ferrarius* (Joan Lopis), le charbonnier (Fortico Petit) et le forgeur (Maître Metxi). *Bandositats* basques ou catalanes ont également en commun d'être traitées de façon comparable par les autorités : rapprochement opéré entre les factions afin qu'elles signent la paix ; arrêt des principaux membres ; arbitres requis ; dans le cadre de sentences arbitrales, les accords sont enregistrés par la cour ordinaire, avec serments, hommages et menace de fortes amendes pour les contrevenants. Ces violences, quand elles sont l'œuvre des Basques, font partie des stratégies que met en place le groupe pour sa propre défense en terre étrangère, défense qui lui impose de contrôler l'outil et l'espace de travail.

Présents dans les montagnes du comté dès le début du XVe siècle, les Basques font la conquête des moulines catalanes à partir de 1440. Ils succèdent alors aux Languedociens et aux Ariégeois, qui seront de retour vers 1480. Les uns et les autres sont originaires de grandes régions sidérurgiques centrées sur les Pyrénées, véritables bastions de la sidérurgie de l'Europe méridionale. Ainsi, quand il est possible d'examiner la main-d'œuvre des forges, ces ateliers qui sont une des bases de l'économie et de la prospérité de la Catalogne, il apparaît que ce sont des étrangers qui les font tourner, même si ponctuellement certains maîtres de mouline peuvent s'activer à proximité du bas fourneau. La situation de tous ces migrants ne semble pas différente, même si les Basques ont davantage recours aux services des notaires que les autres et ont laissé derrière eux beaucoup plus de témoignages écrits. Leur passage dans la forge est rapide, tendu ; leur situation en équilibre précaire. Il s'agit d'une main-d'œuvre conduite par une élite, en partie composée par des muletiers, véritables petits entrepreneurs à la tête des moulines ou des entreprises de transport, de charbonnage ou d'extraction minière qui en assurent la sous-traitance. La mule est le symbole de la réussite de certains d'entre eux. Les groupes d'origine différente s'affrontent, se mesurent les uns aux autres, mettent en place des stratégies pour s'imposer et pour trouver une place dans la forge, c'est-à-dire pour survivre. Cependant, ce que nous percevons de leur travail ne permet pas de distinguer un groupe d'un autre, une culture d'atelier d'une autre. D'ailleurs le fer qui sort des moulines et que nous avons suivi sur le marché d'Arles et au-delà n'apparaît pas de qualité différente qu'il soit produit par les Languedociens, les Ariégeois ou les Basques. La situation est très différente pour les sidérurgistes génois qui entreprennent la conquête des forges du Vallespir et du Conflent à partir des années 1490[100]. Si des forgeurs de Ligurie offrent leurs services et intègrent l'équipe constituée autour du bas fourneau comme à Léca, si d'autres prennent en charge des moulines comme en Conflent et en Vallespir, des entrepreneurs génois élèvent des forges. Certains, comme les Gentile, disposent de deux forges en Ligurie, à Voltri, pour lesquelles ils exportent du minerai de la mine de Batère. Ils assurent, par l'intermédiaire d'un forgeur génois, lui-même originaire de Voltri, Ygorinus de Vigo (Davigo), la gestion de la mouline de Galdares en 1491[101]. Celle-ci appartient alors au marchand de Perpignan Jaume Calvet. L'autre famille importante est celle des Travi : Baptiste Travi, habitant à Arles, se désigne comme *dominus de les fargues* de Prats-de-Mollo au début du XVIe siècle[102]. L'envergure financière des Génois s'accompagne de la diffusion de techniques innovantes. Ainsi, dans l'ensemble de la chaîne des Pyrénées, du Roussillon au Pays basque, s'implantent au cours du XVIe siècle des moulines et des forges dites « à la génoise/*a la genovese* » qui se distinguent par la puissance de leur soufflerie hydraulique[103].

Assurément, à la lecture des sources notariées du Roussillon, le passage des Basques, comme des Ariégeois et des Languedociens n'est pas aussi éclatant. Cependant, la banalité mérite d'être interrogée. N'est-elle pas l'expression d'un socle de pratiques communes à tous ceux qui travaillent dans les forges hydrauliques de réduction directe implantées de l'ouest à l'est des Pyrénées ? On peut la lire comme un indice des circulations déjà anciennes des travailleurs, circulations qui ont fondé l'espace technique commun aux sidérurgies pyrénéennes médiévales, espace technique que ces migrations ont contribué à délimiter et dont elles ont uniformisé les pratiques de travail et de gestion.

VI

La mine d'argent et l'élaboration des savoirs

Chapitre 12

La mine des Comelles

En mars 1425, Pere Comelles l'Ancien et son fils Pere obtiennent de la Procuration royale le droit d'exploiter les minerais d'or et d'argent dans leur vigne de Montbolo. En 1447, cette mine est désignée comme le *Mener real* d'En Comelles et l'extraction s'y poursuit. Elle y perdure jusqu'en 1468. Alphonse le Magnanime s'est, en effet, intéressé à la mine d'En Comelles qu'il a placée sous la sauvegarde royale. Ainsi, de 1425 à 1468, la découverte puis l'exploitation de la mine d'En Comelles inaugurent une nouvelle période de l'activité métallurgique en Catalogne. Ce simple fait est exceptionnel tant l'extraction argentifère se réduit au XVe siècle en Europe méridionale, dans le sud du royaume de France, en Navarre et en Italie, c'est-à-dire dans toutes les régions où elle avait été très active. La mine des Comelles à Montbolo ouvre ainsi une nouvelle page de l'histoire des mines européennes tant du point de vue de son environnement géographique que de la qualité de ses exploitants : des notables ruraux, auxquels le roi s'associe.

1425 : la reprise de l'extraction argentifère

Quand, en 1425, la mine des Comelles est découverte à Montbolo, elle n'est pas la première exploitation argentifère dont la documentation écrite atteste dans le massif du Canigou. Dès le XIIe siècle, au moins, la montagne abrite des mines d'argent, d'abord sur son versant sud, à proximité d'Arles, puis au nord dans les environs de Sahorre. Prospections et extractions ne se déroulent pas en continu, mais subissent des phases de développement puis d'arrêt suivies de reprises. Pour mieux comprendre l'importance de l'exploitation des Comelles à Montbolo, il faut la replacer dans son environnement, tant géographique que technique.

Une troisième phase d'exploitation des minerais du Canigou

L'abbaye d'Arles ouvre le corpus. Les bénédictins obtiennent au XIIe siècle, d'abord du comte de Castelnou puis du roi d'Aragon, le droit d'extraire de l'argent de la coume de Boxeda (en 1146) et dans la mine de pug Alduc, c'est-à-dire le pug d'Arles (en 1196). Le premier lieu n'a pas pu être identifié mais les actes précisent que le minerai de Boxeda (*mina*) qui vient d'être découvert comme la mine de pug Alduc (*menera*) sont situés dans l'alleu de Sainte-Marie d'Arles[1]. Si l'abbaye bénéficie des deux gisements, c'est après contestations et conciliations à l'amiable entre elle et le comte de Castelnou d'une part, avec le roi d'Aragon d'autre part[2]. Il apparaît donc que c'est sur le versant sud du mont Canigou et près d'Arles qu'une phase précoce d'exploitation (la première ?) se serait ouverte dès le XIIe siècle. Dans ce domaine aussi, celui de l'exploitation des minerais précieux, comme dans celui de l'énergie hydraulique appliquée au sciage ou à la sidérurgie (au XIVe siècle), Arles et le haut Vallespir seraient une nouvelle fois pionniers[3]. Il faut ensuite attendre le début du XIVe siècle pour que la documentation écrite fournisse les indices d'une reprise (voir carte 8).

Entre 1320 et 1323, on s'active dans les environs de Sahorre, au nord du massif. Trois concessions royales se succèdent dans cette zone, confirmant la reprise en main du domaine royal et l'intérêt porté tant à son équipement qu'à ses revenus. Le 24 mars 1320, un orfèvre de Sales (province de Gérone), Bernat Caupena, obtient du roi le droit d'« escombrar et cavar » c'est-à-dire de creuser et de tirer les déchets (« décombrer ») dans les « crosos [puits] o caunes o balmes [galeries] », qui témoignent alors d'une exploitation antérieure. Celle-ci n'est pas désignée par son nom mais ses limites sont très précisément enregistrées dans l'acte de concession et localisées en fonction des chemins et des parcelles[4]. Incontestablement, le lieu est connu et il a été parcouru. Bernat Caupena peut également ouvrir de nouvelles mines. À la suite du texte du 24 mars 1320, sur le même folio du registre de la Procuration royale, une autre main a ajouté que, le 13 décembre 1323, deux hommes de Sahorre, Pere Sala et Berenguer Rocha, ont également reçu une licence pour tirer le minerai desdites « caves o balmes » selon les termes de la donation précédente et sur un périmètre correspondant à 5 cannes de Montpellier[5]. On ignore ce qu'il est alors advenu de Bernat Caupena. Il avait néanmoins travaillé, comme le confirme un troisième acte daté du 23 décembre 1321 qui mentionne que ledit Caupena dispose d'un moulin qu'il a fait édifier sur le site et qui lui permet de moudre le minerai[6]. À cette date, un an et demi après la concession octroyée à Bernat Caupena, les frères Roma, ceux-ci originaires de Perpignan, obtiennent de la Procuration royale le droit de prendre, « fondre e obrar » toutes les *cacarrassa*, *lopies* ou *escobiles* d'argent, de plomb ou de tout autre métal extraits de l'ancienne mine des Areyns[7]. Cette mine de Sahorre est ici nommée pour la première et dernière fois dans l'ensemble de la documentation. On peut identifier ces *cacarrassa*, *lopies* ou *escobiles* comme des déchets de traitements antérieurs du plomb argentifère : des « carcasses » ou résidus de litharge, des « lopins » de plomb d'œuvre, des scories. Les nouveaux concessionnaires sont donc autorisés à retraiter des déchets pour en extraire l'argent qui pourrait y être encore contenu. Qu'il s'agisse de lopins ou de déchets de fusion, l'épuration n'est pas dérisoire puisque tous ces déchets s'accumulent dans un périmètre de 29 cannes de Montpellier de long sur 10 cannes de large, c'est-à-dire sur une surface d'environ 300 mètres carrés. Sur quelle hauteur ? On l'ignore ; même incomplètes, ces informations prouvent qu'avant 1321 on a beaucoup travaillé aux Areyns.

Quel est le degré d'aboutissement de ces reprises, tant dans le domaine de l'extraction que de la fusion ? Les frères Roma ont obtenu leur concession pour deux ans. Elle ne devait pas être renouvelée dans le cas où les preneurs n'y auraient pas travaillé. Deux ans après, ce sont, comme nous l'avons vu, deux hommes de Sahorre qui profitent d'un droit qui s'apparente plutôt à celui concédé en 1320 à Bernat Caupena : il n'est plus question de retraitement mais bien d'extraction. Quelle que soit la nature des différentes entreprises, les sources sont muettes jusqu'en 1389. C'est alors que treize hommes, ceux-ci originaires des bourgs de Sahorre, Thuir et Villefranche, concluent avec le roi un contrat d'acapte pour l'exploitation de la mine de Sahorre[8]. On peut s'interroger sur le nombre exceptionnel des preneurs. Les investissements et les risques seraient-ils si lourds ? En tout cas, en décembre 1398, le lieutenant de la Procuration royale s'inquiète de ce contrat et de ses résultats. S'il évoque le fait que ladite mine (cf. minerai) « *es montiplicada* », il apparaît clairement qu'il n'a aucune nouvelle de l'exploitation ouverte près de dix ans plus tôt. Il enjoint aux bayles de Villefranche et de Sahorre d'enquêter. Le dossier conservé sur la mine de plomb argentifère de Sahorre s'interrompt ici. Aux dires des textes, quand la mine des Comelles est découverte (en 1425), cela fait donc plus de trente-cinq ans que les minerais polymétalliques ne sont plus extraits sur les versants du mont Canigou.

XIIe-XIVe siècle : les mines d'argent de l'Europe méridionale

Ouverture de mines au XIIe siècle, tensions entre seigneuries laïques et ecclésiastiques pour leur contrôle, réouverture d'anciens chantiers au début du XIVe siècle : ce rythme n'est pas uniquement celui des exploitations des versants du Canigou. Il est commun aux mines méridionales, du Languedoc à l'Italie. Aux XIIe, XIIIe et durant la première moitié du XIVe siècle, en effet, les plus beaux dossiers documentaires consacrés aux mines d'argent ne se trouvent pas en Catalogne, mais en Italie (Massa Maritima, par exemple) et du Languedoc aux Pyrénées. Le sud du royaume de France, en particulier, a abrité de nombreuses exploitations. Beaucoup d'entre elles sont demeurées modestes. Pourtant, globalement, cette partie méridionale du royaume de France comme le nord de l'Aragon, avec le Roussillon, ont été pourvoyeurs de métaux précieux[9].

Les prémisses interviennent dans le haut Vallespir, car l'ouverture de l'exploitation à la coume de Boxeda est non seulement la première connue par les textes en Roussillon mais aussi pour cet ensemble méridional. Cependant, le relais est très rapidement pris par les contreforts du Massif central, les Corbières et le Languedoc, où les conflits, pour l'accès à l'argent, entre seigneurs laïques et ecclésiastiques imposent le recours à l'écrit. Or nombre de ces textes sont parvenus jusqu'à nous. Il n'est pas question ici de proposer une synthèse sur l'activité argentifère du sud du royaume de France au nord de la Couronne d'Aragon mais, pour mieux saisir la place des entreprises catalanes, d'en rappeler la géographie et le rythme, un rythme qui est, rappelons-le, celui de l'enregistrement écrit d'une activité dont l'origine demeure inconnue[10]. Cependant, le fait d'enregistrer prouve incontestablement le renouveau ou le développement d'une activité qui excite les convoitises. D'ailleurs, au-delà d'une chronologie commune, ces exploitations partagent une même culture juridique et technique dont l'épicentre semble languedocien, au moins jusque dans les années 1350. Au XIIe siècle, en effet, les témoignages conservés pour le Canigou rendent compte d'une influence des pratiques languedociennes : même vocabulaire pour désigner les travaux souterrains et les résidus de traitement (*crosos*, *balmes, lopies* entre autres) ; mêmes modalités juridiques d'exploitation qui, dès l'acte de 1146, apparaissent dans la définition d'un périmètre d'exploitation limité à 100 cannes de Montpellier. Encore au milieu du XIVe siècle, Paul Girardi, un Florentin, maître des mines de Navarre, rappelle la communauté culturelle et juridique qui lie les régions méridionales dans le domaine minier[11]. Il déclare ne pouvoir trouver de mineurs à la hauteur de ses ambitions qu'à Montpellier qui, rappelons-le, de 1204 à 1349, dépend de la Couronne d'Aragon[12].

Dans le sud du royaume de France et au cours des XIIe et XIIIe siècles, l'activité est dispersée et multiple. À proximité de l'abbaye de

Villemagne, dite l'Argentière (Hérault), on extrait l'argent en 1164. Dès les années 1150, l'abbaye cistercienne de Sylvanès (Aveyron) exploite les mines du district de Fayet. Au nord de l'Aveyron, près de Villefranche, les mines de Peyrusse-le-Roc sont également en activité avant 1183[13]. Dans le Minervois, le gisement de Cabrières est travaillé en 1184. À l'extrémité sud de la plaine languedocienne, au cœur des Corbières, les seigneurs de Termes et le vicomte de Béziers se partagent les revenus du district de Palairac (1191), bientôt suivis par l'abbaye de Lagrasse, puis par un compagnon de Simon de Montfort, Alain de Roucy (1215)[14]. L'extraction se poursuit au XIIIe siècle. Elle est particulièrement vive en Rouergue : au minier de Montjaux qui dépend du comte de Rodez ; à Orzals, toute proche, où Alphonse de Poitiers relance l'extraction, ce dont témoignent les enquêtes et la comptabilité pour la période 1249-1271, une zone à laquelle est rattaché le village du Minier qui profite de privilèges au titre de son exploitation, dès 1276[15] ; également à Najac et à Villefranche-de-Rouergue[16]. Dans la haute vallée de l'Orb, à Ceilhes-et-Rocozels (Hérault), l'exploitation est ouverte avant que les actes écrits l'attestent, c'est-à-dire avant 1221 ; de même à Boussagues, tout proche[17]. Au même moment, plus à l'est, dans les Cévennes, est rédigée la charte d'Hierle (1227) qui confirme les coutumes de la seigneurie, coutumes qui régissent, entre autres, l'extraction de l'argent[18].

Si l'activité se poursuit durant la première moitié du XIVe siècle, elle est d'une autre nature et relève d'une autre tendance. Le temps du bouillonnement et de la dispersion est achevé. Beaucoup d'exploitations déclinent ou disparaissent : la belle mine d'Orzals est, de ce fait, exemplaire même si le Rouergue abrite momentanément de nouvelles entreprises, aux alentours de Villefranche par exemple[19]. Deux situations nouvelles caractérisent cette période : d'une part des tentatives de reprise sur d'anciens lieux d'extraction où s'opère un retraitement des déchets, comme sur le site de Sahorre dès 1321 et aussi, beaucoup plus tard (fin du XVe siècle) en Languedoc, à Ceilhes-et-Rocozels[20] ; d'autre part, à côté de cette pratique encore exceptionnelle, une concentration de l'exploitation sur les chantiers plus importants. Ainsi, on sait qu'au moins en 1320 et jusque dans les années 1340, et cela malgré le contexte judiciaire qui entrave l'exploitation, des travaux de grande ampleur ont été menés dans le Couserans, sur la mine d'Aulus[21]. Cependant, après la mise sous séquestre royal qui intervient en 1349, la belle mine d'Aulus disparaît de la documentation. Parallèlement, la mine d'Urrobi en Navarre est ouverte en 1340. Les premières années d'activité sont florissantes. Le carreau de la mine est équipé de telle façon que l'argent puisse être traité sur place, mais ici, également, la production décroît brutalement, dès 1343, alors que 2 565 marcs et 18 onces de cuivre et d'argent (sans distinction possible) avaient été produits entre 1340 et 1343[22].

L'activité extractive se ralentit, se réduit et parfois s'arrête vers 1350. Cette cassure majeure concerne d'autres espaces méridionaux bien connus : dans les Alpes, les mines de Brandes et les mines d'Hurtières. Il faut également citer l'interruption de l'extraction à Massa Maritima et à Iglesias qui intéresse la Couronne d'Aragon en ce milieu du XIVe siècle. Dans la zone qui s'étend du haut Languedoc aux Pyrénées, c'en est bien fini des mines d'argent. Aucune tentative de reprise n'aboutit. Le dossier rassemblé sur les mines de Navarre confirme également cette évolution à l'ouest des Pyrénées. Malgré des tentatives de reprises et de nouvelles prospections sous l'égide de mineurs et d'affineurs tant italiens qu'allemands, l'activité se clôt définitivement en 1416[23]. Dans le royaume de France, même après les années 1450, dans un contexte de retour à la paix, il semble bien que la reprise mentionnée par de nombreux auteurs, en Languedoc comme en Provence, ne relève en fait que de sursauts sans lendemain[24]. Le renouveau se construit dans un autre espace, centré celui-là sur les provinces germaniques. Or, dans le contexte méridional, la situation du Roussillon est originale. Il ne s'agit pas ici de mettre en valeur le flot des concessions et des autorisations de prospection que la documentation conserve – leur nombre reflète les échecs rencontrés –, mais d'insister sur l'activité d'une mine : celle de Montbolo, ouverte vers 1425, et encore exploitée au milieu du XVe siècle. Elle est exceptionnelle.

De la mine des Comelles au *Mener real*

Vers 1414-vers 1468 : le cas du Roussillon

La grande période d'exploitation des mines d'argent du Roussillon est incontestablement la première moitié du XVe siècle (voir carte 8)[25]. Pour six actes conservés entre 1146 et 1389, quatre-vingt sont dénombrés au cours de la période 1405-1468, dont la plupart concernent la mine des Comelles, à Montbolo. Ordonnance royale, concessions minières, criées, quittances, baux en acapte balisent un temps où la famille Comelles, du fait de sa mine d'argent, s'est approchée de la Couronne. Si les Comelles sont parmi les rares dont les prospections aient abouti à l'ouverture d'une mine, ils n'ont pas été les seuls à rechercher les minerais les plus divers, dont ceux d'or et d'argent, qui pouvaient se trouver en haut Vallespir et en Conflent. Les registres de la Procuration royale ont conservé de nombreuses autorisations de prospection et d'exploitation qui révèlent l'intérêt porté aux profits miniers (voir figure 18).

Les concessionnaires sont nombreux et divers : habitants de Vivès près de Saint-Jean-Pla-de-Corts (1414), de Saint-Jean-Pla-de-Corts et de Céret (1425), de La Bastide (1432), tous demeurés inconnus ; un prêtre de Mercorignan dans le royaume de France (1435) ; des notables de bourg, comme Urbà Aygabella et les Comelles d'Arles (en 1425), Arnau Calvet, barbier de Bula et Jaume Amsos, *scriptor* d'Ille (1447), Macia Valls, habitant de Vinça (1448) ; des hommes de Perpignan comme Joan Genis, *paraire* (1425), Antoni Pynia, bourgeois (1439), Huguet Tardiu, *mercer* (1425), Pere Feliu (1446) et Agosti de Agosti, marchands (1468). Certains sont domiciliés sur l'autre versant des Pyrénées comme Antoni Teuler, médecin de Ripoll (1435) ; Francesc Vives, Aleridus Plaça et Ramon Fort, marchands et épicier de Barcelone et de Saint-Jean-des-Abadesses (1436) ; ou comme Joan Alissen de Barcelone (1460) et Pere Joan Saguer de Gérone (1467). L'un vient du duché de Bourgogne (1447). Quelques-uns, peu nombreux, sont proches du roi ou à son service : grand de la Couronne comme Berenguer d'Oms (1416), *miles* comme Mateu de Podio (1418) et Francesc de Sant Marti (1445 et 1446) ; fidèle comme Francesc Desideri (1433) ou simple garde du château de Montbolo

(Andreu Noguer, 1451). Les noms défilent (voir figure 18). Il est rare qu'un même individu réapparaisse deux fois dans la documentation. C'est néanmoins le cas des Comelles et d'Urbà Aygabella ; celui également d'Huguet Tardiu, *mercer* de Perpignan, qui apparaît en mai 1425 dans le cadre de la licence qui lui est accordée, puis en 1428, et encore en 1431 à titre d'expert et d'associé dans une entreprise minière[26].

Lors de la reprise de l'extraction au XVe siècle, les premières concessions royales datent successivement de 1414, 1416 et 1418. Elles s'appliquent toutes au comté de Roussillon et de Cerdagne, sans aucune localisation précise[27]. Un second temps s'ouvre en 1425. Les lieux des concessions sont alors indiqués avec soin et correspondent davantage à des autorisations d'extraction qu'à des prospections : la vigne de Pere Comelles (1425), le champ du Trésor qui appartient au *sabater* de Saint-Jean-Pla-de-Corts (1425), le territoire de La Bastide (1432)[28]. En juin 1427, l'état des travaux est, en quelque sorte, consigné dans le préambule de l'ordonnance générale sur les mines de métaux précieux où sont cités, comme en référence, les lieux d'« Arles, de Montbolo, de Corsavi, de Prats-de-Mollo et le puig de Notre-Dame du Coral[29] ». Une nouvelle fois, en 1433, dans une licence accordée à Francesc Desideri pour l'ensemble du comté, le texte spécifie que ledit concessionnaire peut exploiter dans le Roussillon et à « Prats-de-Mollo, La Bastide et Arles, près de la vigne de Pere Comelles[30] ». Le territoire de La Bastide est ainsi ajouté en 1433 à la liste de l'ordonnance de 1427, une autorisation ayant été accordée en ce lieu un an avant, en 1432[31]. Ainsi, les concessions successives prennent en compte les territoires où ont été découverts de nouveaux gisements ; oublient, sans doute, ceux où l'extraction n'a pas abouti. Le cas se renouvelle encore en avril et en mai 1435 quand deux nouvelles concessions englobant l'ensemble du Roussillon spécifient les noms de « Ribes, de Prats, d'Arles, de Montbolo et de La Bastide[32] ». Tous ces bourgs ne sont pas désignés au hasard. Dans les années 1430, ils ont effectivement abrité des prospections et des chantiers. Des cycles peuvent être reconstitués. L'énumération de lieux précis révèle l'avancée des recherches et des trouvailles et, plus particulièrement, l'épicentre momentané des travaux, jusqu'à l'épuisement des gisements ou des espoirs qu'ils avaient suscités.

À partir de 1436 (en 1436, 1439, 1445, 1447, 1460, 1467), les concessions royales en reviennent à une désignation générale se rapportant à l'ensemble du comté, à laquelle est ajoutée une mention explicite précisant que « même les mines ayant été exploitées peuvent faire l'objet d'une reprise du moment qu'elles sont abandonnées[33] ». La localisation des extractions anciennes n'est plus mentionnée, les concessions s'ouvrent à nouveau à l'ensemble du Roussillon. Seules trois nouvelles zones émergent et traversent rapidement la documentation : celle de Cabrench (1446), où une mine est effectivement ouverte à La Manera ; celle d'Ille et de Caseneuve (en 1447) ; et le Conflent (1448)[34]. Cependant, après 1450, les derniers textes conservés en reviennent au seul site qui soit resté attractif tout au long de ce demi-siècle : le territoire de Montbolo. C'est là que des prospections sont relancées dès 1447 et encore en 1451. C'est là que s'ouvrent à nouveau, en 1458 et en 1468, deux nouvelles mines[35]. C'est là que l'extraction se poursuit encore au début du XVIe siècle avant que la Couronne ne se détourne du Roussillon pour porter ses regards vers les Amériques.

Fig. 18. Licences de prospection et d'exploitation accordées par le roi ou la Procuration royale dans le comté de Roussillon (1414-1468)

Date	Concessionnaires	Statut ou profession	Lieu de résidence	Lieu d'exercice de la concession
11 janvier 1414	Cellerat Pere		Vivès	« dans la seigneurie royale »
	Oliver Barthomeu		Vivès	
	Redoler Laurens		Vivès	
	Valmanya Bernat		Vivès	
13 mars 1416	d'Oms Berenguer			comté de Roussillon
12 décembre 1418	de Podio Mateu	*miles* et conseiller du roi		
19 mars 1425	Comelles Pere		Arles	« dans leur vigne »
	Comelles Pere junior		Arles	
26 mai 1425	Aygabella Urbà	*speciayre*	Arles	comté de Roussillon
26 mai 1425	Tardiu Huguet	*mercer*	Perpignan	comté de Roussillon

Date	Concessionnaires	Statut ou profession	Lieu de résidence	Lieu d'exercice de la concession
18 septembre 1425	Coma Andreu		Céret	« dans le champ appelé le Trésor appartenant à P. Sabater, à Saint-Jean-Pla-de-Corts »
	de Castellet Pere		Céret	
	Ferrer Joan		Céret	
	Genis Joan	*paraire*	Perpignan	
	Grevol Guillem		Céret	
	Grevol Pere		Céret	
	Gros Antoni		Céret	
	Joglar Antoni		Céret	
	Moner Guillem		Céret	
	Sabater Pere		Saint-Jean-Pla-de-Corts	
	Talaxa Barthomeu		Céret	
	Telo Pere	notaire	Saint-Jean-Pla-de-Corts	
27 août 1432	Noguerol Bernat		La Bastide	« La Bastide et autres lieux »
	Selva Pere		La Bastide	
1er avril 1433	Desideri Francesc		Barcelone	« dans le comté de Roussillon, à proximité de Prats-de-Mollo, de La Bastide, d'Arles près de la vigne de Pere Comelles ». Sur des gisements à ouvrir ou déjà exploités.
30 septembre 1433	Aygabella Urbà		Arles	« dans le comté de Roussillon, à proximité de Prats-de-Mollo, de La Bastide, d'Arles près de la vigne de Pere Comelles »
	Benezet Berenguer		Elne	
	Comelles Pere		Arles	

Date	Concessionnaires	Statut ou profession	Lieu de résidence	Lieu d'exercice de la concession
	Desideri Francesc		Barcelone	
	Manera Bernat		Les Bains	
	Pujol Barthomeu		Prats-de-Mollo	
20 avril 1435	Teuler Antoni	médecin	Ripoll	« dans tout le comté de Roussillon, à Ribes, Prats-de-Mollo, Arles, Montbolo, La Bastide et autres lieux »
10 mai 1435	Comes Bernard	prêtre	Mercorignan (diocèse de Narbonne)	« dans tout le comté de Roussillon, à Ribes, Prats-de-Mollo, Arles, Montbolo, La Bastide et autres lieux »
23 juillet 1436	Fort Ramon	*specer*	Barcelone	« dans l'ensemble du comté et même dans les mines déjà exploitées qui ont été abandonnées pendant un an et un jour »
	Plaça Alardus	marchand	Barcelone	
	Vives Francesc	marchand	Saint-Jean-des-Abadesses	
16 février 1439	Pinya Antoni	bourgeois	Perpignan	« dans l'ensemble du comté et même dans les mines déjà exploitées qui ont été abandonnées pendant un an et un jour »
20 octobre 1445	de Sant Marti Francesc	*miles*		comté de Roussillon
	Fahena Joan Pere	*miles*		
17 novembre 1446	Aygabella Urbà	*apothicarius*	Arles	mine de La Manera, territoire de Cabrench
	de Sant Marti Francesc	*miles*	Gérone	
	Feliu Pere	marchand	Perpignan	

Date	Concessionnaires	Statut ou profession	Lieu de résidence	Lieu d'exercice de la concession
24 avril 1447	Vixardot Philippe	mineur et affineur	Duché de Bourgogne	« dans tout le comté sauf dans les mines qui ont été concédées et qui sont toujours en exploitation et sauf le minier royal dit d'En Comelles ; dans les haldes du minier royal d'En Comelles »
10 juin 1447	Amsos Jaume	*scriptor*	Ille	Ille et Caseneuve
	Calvet Arnau	barbier	Bula	
1448	Valls Macia		Vinça	en Conflent
23 juin 1451	Noguer Andreu	majordome du château de Montbolo	Montbolo	« dans le territoire dépendant du château de Montbolo, près de la mine d'En Comelles »
17 juin 1460	Alissen Joan	« qui a l'expérience des choses de la mine »	Barcelone	« dans tous les lieux de la principauté de Catalogne, comté de Roussillon et de Cerdagne »
27 avril 1467	Saguer Pere Joan		Gérone	comté de Roussillon
23 février 1468	de Agosti Agosti et ses associés	marchand	Perpignan	Montbolo

Quels furent les résultats tangibles de toutes ces licences royales ? La réponse est épineuse, car les actes sont tout à la fois des autorisations de prospection, d'extraction et parfois de traitement des minerais polymétalliques. Cependant, comme la législation royale s'avère de plus en plus précise, puisque la déclaration de découvertes auprès de la Procuration royale est devenue obligatoire et la surveillance de l'extraction remise à un gardien des mines, les archives de la Procuration restituent une partie de l'activité réelle des chantiers. En 1425, une mine est ouverte dans le champ appelé le Trésor, à Saint-Jean-Pla-de-Corts[36]. En 1428, du cuivre, du plomb et de l'azur sont extraits de la mine de Baridà (près de Bellver, au sud de la Cerdagne)[37]. En

1436, on travaille dans la mine de La Bastide, près de la forge, sur la route qui joint La Bastide à Arles[38]. En 1446, la mine de La Manera dans le territoire de Cabrench est exploitée[39]. C'est bien peu face à la documentation rassemblée pour Montbolo où s'ouvre, en 1425, dans la vigne de Pere Comelles, la mine qui attisera bientôt les convoitises. Son histoire peut se suivre pas à pas grâce au solide dossier qui a pu être rassemblé à partir des actes de la Procuration royale, des protocoles des notaires du Vallespir et du fonds Saint-Malo, aujourd'hui conservé à Argelès-sur-Mer[40].

Une mine dans la vigne de Pere Comelles

Le 19 mars 1425, le lieutenant de la Procuration, Pere Roure, atteste qu'il a bien reçu la licence royale qui a été accordée à Pere Comelles l'Ancien et à son fils Pere selon laquelle ils peuvent extraire les minerais d'or et d'argent de leur vigne, sans qu'un lieu spécifique soit mentionné[41]. L'acte est court et concis : il s'agit d'un simple enregistrement. À cette date, l'intérêt des Comelles pour les mines n'est pas récent. Dès 1405, Pere Comelles l'Ancien, profitant de son statut de subvicaire des Bains, avait conduit des prospections sur le territoire de Montferrier sans en informer le seigneur du lieu Pere Blan, ce qui lui vaut un procès[42]. Il aura donc fallu plus de vingt ans pour que les efforts des Comelles aboutissent à un résultat tangible.

Quelques mois plus tard, et en réponse aux nombreuses concessions qui ont été accordées sur le territoire d'Arles et de Montbolo, la Procuration royale nomme un gardien des mines. L'initiative des Comelles a donc encouragé d'autres recherches. Pere Comelles a été aussitôt suivi par son voisin et compère Urbà Aygabella qui, le 26 mai 1425, reçoit le droit d'extraire où il veut dans le comté[43]. Il n'ira pas bien loin, car, dès le début du mois de décembre 1425, un clerc de la Procuration est délégué pour enregistrer la mine d'argent qui vient d'être nouvellement découverte par les deux associés que sont Pere Comelles et Urbà Aygabella. Elle est localisée sur le « pug d'Arles ». Le pug d'Arles est très probablement le lieu d'extraction ancien, contrôlé dès le XIIe siècle par l'abbaye d'Arles et appelé alors le pug Alduc. Il sera ensuite traditionnellement désigné par le nom du hameau qui lui est le plus proche : Montbolo, comme il sera aussi régulièrement fait allusion à « la mine de la vigne des Comelles ». On peut donc affirmer que la mine déclarée par les deux associés correspond au gisement dont l'exploitation a commencé quelques mois plus tôt dans la vigne de Pere Comelles. Urbà s'est donc adjoint à l'aventure. Esteve Mir, licencié en droit dont les quittances de paiement en date du 12 décembre 1425 et du 18 janvier 1426 ont été conservées, précise que la somme qui lui a été versée par la Procuration royale correspond à ses travaux (*labor*) pour la mine d'argent d'Arles et de Montbolo[44]. Il a effectivement rédigé, dès décembre 1425, entre le roi et les deux découvreurs, un contrat d'acapte[45]. L'homme reviendra plusieurs fois à Arles et à Montbolo au cours de l'année 1426. Il n'est pas le seul à faire des allers et retours en haut Vallespir. Barthomeu Seria, notaire de la Procuration royale, et Raimon de Serviano, docteur en décret du juge du patrimoine royal, se sont rendus également à Arles afin de discuter d'un accord, dont on ignore la teneur, avec Francesc Ferrer, maître de la *Secca* de Valence qui est alors présent en haut Vallespir à la demande du roi[46]. La rencontre a eu lieu le 4 mars 1426. La présence du grand officier en dit long sur l'intérêt que le roi porte à cette nouvelle mine. Cet intérêt se concrétise le 29 novembre 1426 quand le roi Alphonse le Magnanime signe avec Pere Comelles et ses associés un nouvel accord dont nous ignorons malheureusement la nature et la teneur précises puisque seuls des extraits mentionnant la part de métal à verser désormais à la Couronne ont été recopiés à l'identique dans deux actes ultérieurs[47]. Il faut distinguer cet accord du premier contrat d'acapte rédigé en décembre 1425. En 1426, au moment de la signature du second accord, l'entreprise réunit Pere, ses deux fils Pere et Antoni, Urbà Aygabella et Bartomeu Carrera, tous d'Arles[48]. Extraction et traitement des minerais se poursuivent dans la vigne des Comelles puisque le 4 février 1427 le maître de la *Secca* de Valence atteste auprès de la Procuration royale de la réception de marcs d'argent originaires de Montbolo et très précisément de la mine de Pere Comelles[49].

C'est d'ailleurs à partir de cette date que la question du traitement sur place du minerai et donc de sa fusion se pose. Le 19 mars 1427, la Procuration royale nomme Miquel Alerigues, orfèvre de Perpignan, comme maître de la *fusina* d'Arles, c'est-à-dire de l'atelier de traitement des minerais[50]. Il se rend aussitôt à Arles (le 21 mars) en compagnie de clercs et de notaires de la Procuration et d'Arnau Desvolo, le gardien des mines nommé dès 1425, afin de procéder à des essais sur le minerai[51]. La compagnie est rejointe, à partir du 23 mars et sur ordre de Francesc Ferrer maître de la *Secca* de Valence, par le lieutenant de la Procuration royale accompagné de deux maîtres mineurs dont le nom n'apparaît qu'à cette occasion dans la documentation : Johan et Erico Alanyano. Ils s'adjoignent aux précédents pour faire les « essais de la terre et des pierres extraites ». Tous sont de retour à Perpignan le 26 mars 1427[52]. Une nouvelle mission est alors envoyée à Montbolo du 7 au 9 avril, à la demande du procureur fiscal, afin d'enregistrer les biens dudit Comelles et de ses associés « à cause de la mine d'argent découverte dans la vigne dudit Comelles[53] ». Ce contrôle du capital des membres de la société confirme leur association avec le roi et la volonté de ce dernier de connaître non seulement les capacités financières de ceux avec lesquels il partage quelques intérêts, mais aussi de repérer leur enrichissement suspect, s'il y avait lieu. À partir de ce moment, les enjeux financiers sont suffisamment importants pour que la mine soit l'objet d'une surveillance accrue de la part de la Couronne. Le 26 avril 1427, le roi nomme son représentant Joan de Montalba, qui a été son procurateur en Sardaigne, afin qu'il fasse appliquer les accords conclus avec les Comelles en novembre 1426[54]. La nomination de Joan de Montalba sera suivie par celle du lieutenant et remplaçant du maître de la *fusina*, Miquel Alerigues, trop souvent absent du haut Vallespir. Il s'agit d'Arnau Perer, *paraire* d'Arles[55]. Sa nomination, qui intervient en novembre 1428, est complétée en décembre par celle de Joan Camplan de Montbolo, comme nouveau gardien des mines[56]. Trois ans après sa découverte dans une vigne de Montbolo, la mine d'En Comelles est devenue une grosse affaire.

Le roi et la mine

Cet encadrement exceptionnel tient à l'intérêt que le roi porte à la mine des Comelles. En effet, Alphonse le Magnanime a investi dans cette entreprise et il s'est engagé dans sa gestion. Cet engagement ne semble pas s'être fait d'un coup, car, en décembre 1425, un simple contrat d'acapte avait été conclu entre le roi, Pere Comelles et Urbà Aygabella contre le versement traditionnel d'un cens et d'un droit d'entrée auxquels s'ajoutait une partie du minerai attribuée au roi. Or, en vertu du nouveau contrat conclu en novembre 1426, le roi recevait un quart des revenus. La participation royale ne semble pas se limiter à une simple ponction telle que le laisseraient supposer les mentions conservées du contrat dont il faut rappeler qu'il a été perdu. En effet, une brève récapitulation des dépenses faites pour la mine de Montbolo rédigée par le maître de la *Secca* de Valence, le 4 février 1427, donc deux mois après la signature de ce dernier contrat, fait état de 38 marcs 7 onces et 6 deniers extraits de la mine de Montbolo dont 31 marcs 4 onces et 6 deniers ont aussitôt servi à payer les travaux dans la mine de Montbolo. L'acte indique que ces 31 marcs représentent la totalité de la part attribuée aux Comelles et à leurs associés (soit 29 marcs 1 once et 6 deniers) auxquels s'ajoutent 2 marcs et 3 deniers de participation royale. Le roi conserve 7 marcs et 3 onces. Or ces dépenses correspondent aux ordres du roi, qui a exigé que des mineurs de « Falces » soient employés et que des salaires leur soient versés. Des chevaux ont également été achetés[57].

Pourquoi avoir imposé des mineurs originaires de Falces, c'est-à-dire d'un bourg de Navarre, inconnu jusque-là de la recherche scientifique ? Étonnant, au point qu'on se demande si le nom du lieu a été bien retranscrit par Saint-Malo, car la quittance rédigée par le maître de la *Secca* n'est connue que par une copie de l'érudit du XIXe siècle, les registres du notaire Guillem Roure ayant été perdus pour les années 1430-1450. Falces est un bourg situé à une cinquantaine de kilomètres au sud de Pampelune. Aucune mine polymétallique n'est exploitée au Moyen Âge sur son territoire. Certes, Falces n'est pas loin des vallées sidérurgiques de Navarre. Certes, nous avons vu combien étaient nombreux les Basques, qu'ils soient originaires de Navarre ou de Guipúzcoa, travaillant dans les moulines catalanes[58]. Cependant, leur culture technique n'est pas celle de mineurs d'argent mais celle de mineurs de fer et de forgeurs. Aller chercher si loin et sur ordre du roi des hommes qui n'auraient pas été des spécialistes compétents paraît incompréhensible. Si la Navarre a abrité la mine d'Urrobi, son exploitation intensive a été de très courte durée, soit entre 1340 et 1343. Au début du XVe siècle, elle est tombée dans l'oubli. En outre, Urrobi est éloigné de Falces[59]. Il fallait se rendre à l'évidence et corriger le nom d'origine des mineurs. Les mines qui avaient fourni une main-d'œuvre spécialisée ne pouvaient pas être celles de « Falces » en Navarre, mais celles de « Falset » en Catalogne, au sud de Poblet, dans le comté de Prades.

Que le roi ait fait venir des mineurs de Falset rend compte de l'importance qu'il attribuait à Montbolo. Falset est, en effet, une grande mine de plomb argentifère qui dépend du comté de Prades attribué à la branche cadette de la Couronne au début du XIVe siècle. À partir de 1342, sous la conduite attentive de l'infant Pere, elle devient un épicentre minier, profitant de la culture technique des Sardes d'Iglesias qui participent aux prémices et au développement de l'exploitation puisque l'infant les recrute entre 1343 et 1348[60]. La référence à Iglesias est également présente à Montbolo. Rappelons que le roi s'y fait représenter, pour défendre ses intérêts, par Joan de Montalba, son ancien procureur en Sardaigne. Or la mine d'Iglesias est d'autant plus importante pour la Couronne d'Aragon en ce début du XVe siècle qu'Alphonse le Magnanime, après avoir imposé la paix dans l'île, décide de l'ouverture d'une *Secca* en Sardaigne, en 1420[61]. On sait que la reprise de l'extraction à Iglesias ne se fera pas. Par contre, quand arrivent à Montbolo les mineurs originaires de Falset, c'est-à-dire avant février 1427, on travaille toujours sur la mine du comté de Prades. L'extraction y est souterraine et l'abattage au feu pratiqué : des techniques communes en cette période.

Revenons à Montbolo. Aucune information sur la mine des Comelles n'a été conservée entre 1427 et 1433. Si en septembre 1433 les Comelles et leurs associés travaillent toujours dans leur mine de Montbolo, il apparaît que leur situation est difficile. Les conditions qui leur ont été accordées par le roi en novembre 1426 rendent délicates la poursuite de leur entreprise. Cet état de fait est signalé dans une licence royale accordée par la reine Marie à Francesc Desideri, en avril 1433, acte modifié en septembre 1433. Il est alors précisé que le dit Francesc

Desideri, qui a profité d'un droit d'extraction dès avril 1433 sur l'ensemble du Roussillon, et qui a prêté serment pour cette concession en juillet 1433, peut s'associer avec les Comelles. Selon l'acte royal, ce rapprochement devrait permettre à Francesc Desideri de profiter des connaissances des Comelles et d'Urbà Aygabella en matière de mine, et à ces derniers de poursuivre leur entreprise selon les conditions accordées à Francesc Desideri, qui sont plus intéressantes pour les contractants. Lesdits hommes s'adjoignent Bartomeu Pujol de Prats, Bernat Manera des Bains et Berenguer Beneset d'Elne[62]. Avec Bernat Manera, l'exploitation s'ouvre à un autre cercle du milieu des notables villageois intéressés aux mines d'argent. Bernat Manera est, et cela n'a rien pour nous surprendre, parmi les hommes importants du haut Vallespir. En 1403, il se déclare *lapidarius* (tailleur de pierre), seule désignation professionnelle qu'il endossera durant sa vie[63]. Il est bayle de Saint-Laurent-de-Cerdans en 1445. Il est également procurateur du camérier de l'abbaye de Saint-Jean-des-Abadesses et lié à la maison de Berenguer d'Oms[64]. Toujours en 1445, il est nommé gardien des mines d'argent du roi. On ignore si l'attribution de cette charge correspond à ses qualités de tailleur de pierre ou bien à son réseau de relations. En tout cas, en 1433, la société réorganisée autour de Francesc Desideri, sous l'égide de la reine Marie, regroupe des hommes réunissant pouvoir local et capacités professionnelles.

Le résultat de cette association demeure inconnu. Cependant, en 1446, Urbà Aygabella est connu pour son activité dans la mine de La Manera, sur le territoire de Cabrench. Il est alors associé à Francesc de Sant Marti et à Pere Feliu et non à Francesc Desideri. Qu'est-il advenu de l'exploitation de Montbolo ? Les Comelles *et alii* ont-ils abandonné leur mine ? En 1445, Antoni Comelles, le frère de Pere l'Ancien, obtient une nouvelle licence pour rechercher les minerais sur la vigne familiale[65]. Quelques années plus tard, la mine semble pourtant échapper totalement et définitivement aux Comelles. En 1447, elle est désignée comme *Mener real* et elle est concédée par le roi à des exploitants bourguignons, selon une procédure peu commune. Le 24 avril 1447, Philippe Vixardot reçoit, en effet, une licence royale qui lui permet d'extraire l'or et l'argent dans le Roussillon, sauf dans les mines déjà ouvertes, et particulièrement dans le *Mener real* d'En

Comelles. Toutefois, il obtient le même jour mais selon un autre acte les *terras motas* du minier royal, qu'il peut enrichir[66]. Tout laisse à penser qu'il est autorisé à traiter, sinon les haldes, du moins les minerais extraits et laissés sur place par les précédents exploitants. S'agit-il d'un traitement minéralurgique consistant dans le lavage et le concassage du minerai ? S'agit-il de le fondre ? On l'ignore. En tout cas, trois mineurs et fondeurs bourguignons ont bien été conduits sur place par les officiers de la Procuration : Philippe Vixardot, Johan Vaguer et Jacques Vincenai[67]. Pourtant, l'année 1447 ne sonne pas la fin des mines de Montbolo, ni même de la mine d'En Comelles devenue *Mener real*. Une nouvelle concession est accordée en 1451. À cette date, Andreu Noguer, majordome du château royal de Montbolo, obtient le droit de tirer le minerai à proximité du *Mener real*[68]. Encore en 1458, des essais sont conduits sur le minerai de plomb argentifère de Montbolo[69]. En 1468, c'est une mine de cuivre qui est découverte dans cette zone par l'orfèvre perpignanais Agosti de Agosti[70]. Même la mine de Pere Comelles est ouverte à nouveau. On apprend ainsi que Johan Alissen, désigné dans la licence royale comme « ayant l'expérience de la mine » et bénéficiant en juin 1460 de l'autorisation d'exploiter où il le souhaite dans le comté, porte son choix sur la mine d'En Comelles et cela dès le mois suivant. Or il s'avère que la mine d'En Comelles est sous sauvegarde royale selon les vœux du prédécesseur du roi Jean, c'est-à-dire Alphonse le Magnanime. Les officiers royaux lui ont donc défendu l'accès au *Mener real*, défense qui est aussitôt levée sur décision royale de son successeur[71]. Pourtant cette sauvegarde sera réaffirmée quelques années plus tard, en 1467, puis en 1468[72]. Alors que l'on ignore tout de l'activité réelle exercée à la suite des concessions accordées au milieu du XVe siècle à Ille et dans ses environs, comme en Conflent ou sur l'ensemble du Roussillon, le territoire de Montbolo et la mine d'En Comelles sont toujours en exploitation, sinon de façon continue, du moins de façon récurrente[73]. Cependant, les attestations de reprise se font moins nombreuses après 1450 et la mine de Pere Comelles sort de la documentation en 1468. Elle aura eu le temps de marquer tout à la fois l'espace minier, les savoirs qui lui sont associés et la législation royale.

Chapitre 13

Compétences et savoirs

La mine d'argent des Comelles permet d'aborder la question des savoirs, de leur circulation, de leur adaptation et de leur métissage. Elle est un terrain d'expérimentations tant dans le domaine de la législation royale que dans celui de l'élaboration des savoirs techniques. Le statut des experts, la relation entre savoirs codifiés et savoirs tacites et, plus largement, la place qu'il faut attribuer à l'expérience dans le domaine de l'élaboration des savoirs peuvent être étudiés à partir du dossier rassemblé sur cette mine du Canigou. S'il est indéniable que nombre de savoirs mobilisés résultent de transferts à partir de la ville, avec le cortège de dominations et d'acculturations que ces circulations induisent, des enquêtes récentes modifient ce modèle dominant[1]. La ville n'a pas uniquement transmis des savoirs aux campagnes qui en auraient été le réceptacle passif : elle en a également reçu, souvent par l'intermédiaire de ses élites. Le cas de la mine des Comelles démontre que les savoirs subissent des hybridations du fait de circulations composites et multipolaires, parfois désordonnées, entre villes, bourgs et villages.

La mine des Comelles et la loi d'Alphonse le Magnanime

Aux XIVe et XVe siècles, la Couronne d'Aragon abrite trois zones métallurgiques : le comté de Roussillon avec le Conflent et le haut Vallespir, la Sardaigne avec les mines d'Iglesias dont la Couronne hérite au début du XIVe siècle et, enfin, le territoire de Falset auquel j'ai déjà fait allusion. Or, à la lecture des sources du Roussillon, il apparaît que la législation et l'administration royales consacrées aux métaux précieux se construisent durant la première moitié du XVe siècle, avec Alphonse le Magnanime, et qu'elles ont le Roussillon comme lieu d'expérimentation[2]. Le territoire d'Arles et de Montbolo a été un des terrains d'apprentissage des légistes royaux en matière de droit minier, et la mine d'En Comelles est un témoin essentiel de la mise en place de la législation minière de la Couronne d'Aragon. Tous les écrits antérieurs au XVe siècle nous renvoient, en effet, à une gestion domaniale des mines d'argent. Ainsi, en 1196, le roi revendique un droit sur la mine du pug Alduc, située sur le pug d'Arles, correspondant vraisemblablement au site de Montbolo. Rappelons qu'à cette date, le roi ne donne pas à l'abbaye d'Arles le droit d'exploiter, mais qu'il le lui vend. Le pug dépend du domaine royal et le roi gère ses biens patrimoniaux. De même et beaucoup plus tard, les concessions royales qui se succèdent au XIVe siècle à Sahorre, sur le versant nord du mont Canigou, ne rappellent jamais le pouvoir régalien exercé sur l'espace minier et, en particulier, sur les mines de métaux précieux. Sahorre dépend du domaine royal, et le roi applique aux minerais polymétalliques le cadre juridique des baux emphytéotiques qu'il utilise à l'usage des autres richesses naturelles qu'il détient. D'emblée, le développement des recherches minières au début du XVe siècle se heurte à un relatif vide juridique au point que le roi doit constater, en décembre 1425, qu'il ne dispose pas à cette date en Roussillon et en Cerdagne de « bonnes personnes » sachant le droit minier et qui puissent l'exercer sur les maîtres et les ouvriers travaillant dans les mines[3]. Certes, dès le milieu du XIVe siècle, une réglementation minière a été mise en place à Falset selon un modèle qui est clairement celui des mines de Sardaigne puisqu'il a été procédé à une copie de la législation sarde sur ordre du comte de Prades. Cependant, Falset est un comté, même s'il est détenu par l'infant d'Aragon et que son argent est traité par l'hôtel de la monnaie de Barcelone. Sa législation ne s'applique ni à la Couronne ni au domaine royal[4]. Les ordonnances du comté de Prades participent d'un socle législatif commun aux seigneuries d'Occident comme le rappelle Paul Girardi, maître des Monnaies de Navarre, quand il fait son rapport à Charles le Mauvais, insistant sur la diversité des droits seigneuriaux, la multiplicité des pratiques dans le domaine des minerais polymétalliques et le bouillonnement des situations qui en découle au début du XIVe siècle[5]. Certains éléments de cette législation apparaîtront également dans l'ordonnance royale d'Alphonse le Magnanime (1427), mais ils ne dérivent pas forcément du « modèle » de Falset. Les questions du ravitaillement en bois, de l'abandon de l'extraction, de la sauvegarde des mineurs, tout à fait courantes dans le domaine minier occidental, et cela dès le XIIIe siècle, ne sont pas traitées de la même façon à Falset et dans le haut Vallespir. Examiner le renouveau du droit minier en Catalogne à partir du cas de Montbolo ouvre donc des perspectives intéressantes dans le domaine de la construction juridique. L'écriture du droit s'élabore à partir de la confrontation entre tradition juridique et contingences matérielles, comme au coup par coup et en fonction des réalités du terrain autour de la mine d'En Comelles. Elle est un laboratoire de la Couronne.

L'ordonnance de juin 1427 à l'épreuve de l'expérience

Quand l'activité minière reprend durant la première moitié du XVe siècle, après plus de soixante-quinze ans d'interruption, le roi accorde des licences de prospection et d'extraction, d'abord pour l'ensemble du Roussillon, puis pour des lieux plus précis. Parfois, seul l'enregistrement de l'acte royal par la Procuration ou bien sa criée ont été conservés. Comme nous l'avons vu, les actes se succèdent à partir de 1416 et se multiplient en 1425, date à laquelle Urbà Aygabella, les Comelles puis Huguet Tardiu et des hommes de Céret et de Saint-Jean-Pla-de-Corts reçoivent leur autorisation[6].

En juin 1427, le cadre législatif connaît une nette évolution. À cette date, le roi rédige non une nouvelle et énième licence, mais une ordonnance qui a pour titre *Provisio real sobre les menes e com se deve cavar e fondre*. L'examen attentif du texte confirme sa nature spécifique. Tous les actes royaux antérieurs précisent les dispositions à prendre dans le domaine de l'extraction et de la transformation des métaux, mais ils sont tous rattachés à une concession spécifique délivrée à un individu ou à un groupe d'individus. Tout au contraire, si l'ordonnance rappelle dans son préambule que la décision royale a pour but le développement de l'extraction dans le Roussillon et plus particulièrement à Prats, Arles, Montbolo, Notre-Dame de Coral et « autres lieux », elle se place au-delà de la licence, ne s'adresse à aucun concessionnaire particulier et relève des dispositions d'ordre général. Sa rédaction est d'ailleurs préparée par les juristes de la Procuration royale qui, en 1425, recensent les actes anciens relatifs à l'exploitation de l'argent. Ainsi, c'est entre les mois de mai et de décembre 1425 que sont recopiés la donation-vente de la mine de pug Alduc (1196), puis l'accord conclu à propos de la mine d'argent de la coume de Boxeda (1146)[7]. Ordonnance royale par sa forme comme par son fonds, l'acte de juin 1427 ouvre une ère nouvelle dans le domaine du droit minier. Rappelons que la première ordonnance minière destinée à l'ensemble du royaume de France est proclamée en 1413, imposant le pouvoir régalien sur le sous-sol et, en conséquence, le droit royal du dixième sur la production des métaux. Si elle est appliquée à l'ensemble du royaume, cette ordonnance a été à l'origine rédigée pour les mines du Lyonnais[8]. Qu'en est-il en Catalogne et dans la Couronne d'Aragon ?

Au moment de la rédaction de l'ordonnance de juin 1427, les sources du Roussillon, du Conflent et du Vallespir ne témoignent que d'une seule exploitation en activité : celle de Pere Comelles. Toutes les décisions qui précédent et suivent immédiatement la rédaction de l'ordonnance lui sont liées. Ainsi, la nomination de gardiens des mines et l'énoncé des charges qui leur incombent n'intéressent que les mines en activité, c'est-à-dire, à cette date, celles d'Arles et de Montbolo. La première nomination qui intervient en 1425 spécifie même, dans son préambule, que le choix d'un officier royal est devenu nécessaire face aux nombreuses licences qui ont été distribuées sur les territoires d'Arles et de Montbolo et autres lieux. Si, en effet, d'autres lieux ont fait l'objet d'autorisations, c'est à Arles et non ailleurs qu'Arnau Desvolo est finalement nommé. De même, c'est avant février 1427 et à Montbolo que le roi fait venir des mineurs de Falset. Encore en 1427, en mars cette fois-ci, l'argentier perpignanais Miquel Alerigues est désigné comme maître de la *fusina,* et sa charge est inscrite dans un territoire, celui des mines d'Arles auquel il est rattaché. Entre mars et avril 1427, des essais sont conduits en haut Vallespir et ils le sont sur les minerais de la mine de Pere Comelles. L'intérêt que le roi porte à cette mine est tel qu'il désigne à ce moment-là, c'est-à-dire fin avril 1427, son gouverneur en Sardaigne, Joan de Montalba, pour en surveiller les revenus. Enfin, si l'ordonnance de juin 1427 concerne tout le Roussillon, l'enregistrement de sa criée par les notaires de la Procuration royale, qui intervient dès le 5 juillet, atteste de la façon dont elle a été perçue par les officiers royaux : ils l'intitulent, en effet, « criée nouvellement faite pour les mines d'Arles ». Ce n'est pas trop dire qu'Arles a été l'atelier où s'est construite la politique royale en matière de minerais précieux.

Selon l'ordonnance, les exploitants peuvent rechercher et extraire l'or, l'argent, le plomb, le coffol (la galène), le cuivre et l'étain sans payer de droits d'entrée. Dans le cas d'une découverte, l'exploitant disposera de deux jours pour la déclarer à la Procuration royale sans qu'il puisse faire aucun essai du minerai, ni aucune fusion. À l'issue des essais et en fonction de la richesse du minerai, les droits à verser au roi sont précisés : pour les mines d'or et d'argent qui livrent 2 marcs, ou moins, de métal par quintal de minerai : un quart de métal, franc de tous frais (25 %) ; pour celles qui livrent de 2 à 5 marcs fins : un tiers (33 %) ; au-dessus de 5 et jusqu'à 10 : la moitié (50 %) ; au-dessus de 10 marcs fins par quintal de minerai et jusqu'à 15 : les trois quarts (75 %)[9]. Le cuivre versera la sixième part (16,6 %) ; le plomb, la huitième (12,5 %) (voir figure 19). La concession est valable tant que l'exploitant y travaille. S'il s'interrompt durant un an et un jour, elle peut être accordée à un autre. Sa durée n'est pas limitée, mais un abandon définitif doit être signalé aux officiers royaux. Il est clair que ce texte législatif a pour objectif d'affirmer et d'organiser le prélèvement royal sur l'extraction minière mais n'est en aucun cas un code minier. Seule la mention d'un périmètre d'exploitation mesuré en cannes de Montpellier relève d'un intérêt très ponctuel pour les conditions pratiques de l'exploitation. Il n'est pas neuf puisqu'il apparaît sous cette forme dès le XIIe siècle dans la charte concernant la mine du pug Alduc.

Un rapprochement de ce texte avec l'ordonnance de Falset promulguée par Pere, comte de Prades, en 1348, est instructif (voir figure 19). Dans ce dernier cas, la valeur attribuée au minerai peut atteindre un niveau bien supérieur à 15 marcs puisque le taux maximal évoqué est de 40 marcs au quintal et que la teneur la plus basse oscille entre 10 et 5 marcs. Pour la valeur la plus haute, la part exigée par le seigneur est de la moitié (50 %) et non des trois quarts comme pour le roi (75 %). Pour les minerais les moins riches, elle tombe à un cinquième (20 %) alors que pour une semblable teneur (entre 10 et 5 marcs) le roi exige la moitié en 1427. Si on rapporte la part du roi aux teneurs supposées (selon le marc de Perpignan et de Valence), il apparaît que les exigences du roi et ses espoirs sont démesurés. En effet, si les exploitants travaillent une mine dont la teneur est comprise entre 5 et 10 marcs d'argent au quintal, ils conservent 50 % du métal extrait, soit de 2,5 à 5 marcs d'argent ; si le gisement exploité dispose d'une teneur entre 10 et 15 marcs, la part leur revenant est comprise entre 2,5 et 3,75 marcs d'argent, soit seulement 25 %. Dans le cas d'une mine à forte teneur, le roi organise donc un véritable matraquage des exploitants, qui ne peuvent pas profiter, à frais égal d'extraction, du facteur chance inhérent à l'exploitation minière qui aiguise convoitise et entreprise. Ainsi, à soixante-quinze ans d'intervalle, les exigences du roi sont bien supérieures à celles du comte. Si l'ordonnance de Falset a été retenue en 1427, c'est exclusivement au sujet des peines prévues, dans le cas où le traitement du minerai se ferait en dehors de la surveillance du maître de la *fusina*.

Fig. 19. La fiscalité royale sur les mines d'argent (Couronne d'Aragon, comté de Roussillon, XVe siècle)

Ordonnance royale de juin 1427 (en marcs/quintal)

Teneur or/argent	Part du roi	Soit en m/q	Part de l'exploitant (m/q)
< 2	1/4 (25 %)	< 0,5	< 1,5
2 à 5	1/3 (33 %)	0,66 à 1,66	1,33 à 3,33
5 à 10	1/2 (50 %)	2,5 à 5	2,5 à 5
10 à 15	3/4 (75 %)	7,5 à 11,25	2,5 à 3,75
Cuivre	1/6 (16,6 %)		
Plomb	1/8 (12,5 %)		

Décret de décembre 1427 (en marcs/quintal)

Teneur argent	Part du roi	Part de l'exploitant
Quelle que soit la teneur	25 %	75 %

Licence royale de 1432, comté de Roussillon (en marcs/quintal)

Teneur or/argent	Part du roi	Soit en m/q	Part de l'exploitant (m/q)
< 2	1/8 (12,5 %)	< 0,25	< 1,75
2 à 6	1/7 (14 %)	0,28 à 0,86	1,72 à 5,14
> 6	1/4 (25 %)	> 1,5	> 4,5

Licences royales à partir de 1436, comté de Roussillon

Exploitation	Part du roi	Part de l'exploitant
Nouvelle	10 %	90 %
Reprise d'anciens travaux	20 %	80 %

Pour comparaison :
Ordonnance comté de Prades (mine de Falset), 1348 (en marcs/quintal)

Teneur or/argent	Part du seigneur	Soit en m/q	Part de l'exploitant (m/q)
~ 40	1/2 (50 %)	~ 20	~ 20
5 à 10	1/5 (20 %)	1 à 2	4 à 8

Toute la seconde partie de l'ordonnance concerne le traitement des minerais et relève d'une même logique de gouvernement : affirmer et consolider les droits du roi. Il est stipulé que tant que les officiers royaux ne se sont pas rendus sur place, les découvreurs et exploitants ne pourront pas extraire plus de 2 livres de minerais réservées aux essais. Le minerai sera ensuite déposé dans la *botiga* de la *fusina*, c'est-à-dire l'atelier où se pratique la fonte, et dont l'accès est soumis à la détention de trois clefs. L'une sera remise à l'exploitant, la deuxième à l'officier du roi, c'est-à-dire le *custador* (le gardien) des mines, et la troisième au maître responsable de la fusion. Le minerai devra être lavé, écrasé, fondu et affiné sous le contrôle du maître de la *fusina*. Toutes ces dispositions ont pour but d'empêcher la fraude. Elles se plaquent sur les procédures qui sont également en place dans les hôtels des Monnaies. Semblable diligence était aussi communément exigée de l'administrateur de la mine et des exploitants à Falset.

Très rapidement, le versement des droits royaux par les concessionnaires pose problème. Après la promulgation de l'ordonnance et dès son enregistrement par la Procuration royale, les exigences royales sont confrontées à la réalité de l'exploitation et à son coût : l'expérience de la mine fait évoluer la législation. Dès le 24 décembre 1427, le gouverneur du Roussillon doit rappeler les conditions d'application de l'ordonnance et les rapporter à celles du terrain. Cette démarche dévoile les ajustements de la loi. L'ordonnance est modifiée, et la part à verser au Trésor, formulée lors de l'enregistrement, est uniformisée. Contrairement au texte initial de l'ordonnance, le décret d'application ne tient pas compte des différentes teneurs du minerai. Le montant est, en outre, fixé au plus bas : pour l'argent, un quart du métal affiné, c'est-à-dire correspondant à un minerai dont la teneur en argent serait inférieure à 2 marcs par quintal de minerai selon l'ordonnance de juin 1427. Cette modification est majeure et elle doit être interrogée, d'autant que les nouvelles licences d'exploitation, concédées ultérieurement, n'appliquent pas cette législation. Quel sens donner à la différence entre ordonnance, décret d'application et licences d'exploitation ? Pour apprécier le phénomène, il faut, dans un premier temps, examiner toutes les licences accordées après l'ordonnance de juin 1427.

Aucun texte n'a été conservé entre juin 1427 et août 1432 (voir figure 19). En 1432, le concessionnaire, s'il extrait de 1 quintal de minerai 2 marcs d'argent, doit verser un huitième (12,5 %) ; s'il extrait entre 2 et 6 marcs, un septième (14 %) ; au-delà de 6 marcs : un quart (25 %). La nouvelle échelle des valeurs est donc révélatrice des contingences de l'exploitation et de l'expérience de la mine. Elle prend en compte la richesse des minerais exploités, bien inférieure aux prévisions royales, ce qui explique sans doute que la valeur supérieure à 15 marcs ne soit plus citée. Elle restitue, en outre, sa diversité potentielle ou réelle, contrairement au choix du décret de décembre qui limitait l'impact de la qualité du minerai dans l'élaboration de la fiscalité royale en réduisant l'échelle des teneurs à un seul niveau. Elle maintient ainsi l'attrait de l'entreprise, aiguisé par la recherche du « trésor ». Cependant, si les teneurs considérées évoluent entre 2 et 6 marcs, la part proportionnelle qu'il est prévu de verser au roi est très inférieure à celle stipulée dans l'ordonnance initiale de 1427. Il faut, sans aucun doute, interpréter cette évolution comme la conséquence d'une meilleure connaissance du minerai associée à une plus grande attention portée aux frais engagés par l'exploitant. C'est ce qui explique qu'en avril 1433, quand une nouvelle licence est accordée à Francesc Desideri, la part du roi dépend aussi du niveau atteint par les travaux : le concessionnaire livrera, à qualité égale, moins de minerai s'il ouvre la mine (un dixième soit 10 %) et davantage s'il récupère une exploitation abandonnée (un cinquième soit 20 %). Les deux concessions suivantes reprendront cette répartition entre mine exploitée ou non. Mais, dès 1436 et en 1439, en 1445 et jusque dans les années 1460, les conditions de versements changent une nouvelle fois. Un fait demeure néanmoins : l'acte royal en revient aux dispositions de décembre 1427. Les versements ne dépendent plus de la richesse du minerai mais de sa seule nature : minerai argentifère. Ils sont dorénavant et définitivement fixés au plus bas et oscillent entre un dixième et un cinquième du métal extrait[10]. Cette tendance, qui s'apprécie nettement sur une dizaine d'années, soit de 1436 à 1445, doit être replacée dans le contexte qui est celui de l'extraction telle qu'elle se pratique sur les versants du Canigou depuis 1425. Elle en est l'illustration. Elle résulte de la pratique du terrain et de la réaction des exploitants. Or la documentation désigne la mine de Pere Comelles comme à l'origine de ces aménagements. Peut-être n'a-t-elle pas été la seule mais elle seule a produit de l'écrit. Encore une fois, la mine des Comelles joue le rôle de laboratoire pour la Couronne.

Les Comelles et la refonte de la législation royale

La licence d'exploitation attribuée à Pere Comelles et à ses associés date de mars 1425, mais les modalités d'application sont précisées dans deux contrats successifs en décembre 1425, puis en novembre 1426. Malheureusement, le premier demeure inconnu et le second ne nous est parvenu que par un extrait copié dans un acte de septembre 1433[11]. Ce défaut d'information obscurcit l'enquête. Conduisons-la avec les moyens dont nous disposons. En mars 1425, la licence royale accordée aux Comelles n'est pas la première conservée pour le XVe siècle. Trois autres l'ont précédée (voir figure 18). L'une en janvier 1414 accordée à des hommes du Vivès. Les deux autres en mars 1416 et en décembre 1418, attribuées à des proches du roi, c'est-à-dire Berenguer d'Oms et Matthieu de Podio, ce dernier simple *miles*[12]. Or les parts réservées au roi, à quelques années d'intervalles, sont très différentes : un cinquième (soit 20 %) en 1414, un vingtième (soit 5 %) en 1416, la moitié en 1418. On ignore à quoi correspond cette inégalité, sinon au degré de familiarité que le roi entretient avec les uns et les autres et qui profite incontestablement au fidèle qu'est Berenguer d'Oms. La qualité du minerai, la difficulté de l'extraction ne peuvent être prises en compte alors que chacune de ces trois licences est accordée sur l'ensemble du Roussillon. D'ailleurs, ces concessions ont-elles abouti à une exploitation ? Quand, en novembre 1426, intervient le second accord conclu entre le roi, les Comelles et leurs associés, les exigences sont encore différentes. Il s'agit de verser, dans ce cas, un quart de l'argent métal. Il est d'ailleurs bien question du quart appartenant au roi dans la quittance qui mentionne les dépenses engagées par le roi sur la mine d'En Comelles en février 1427[13]. Étonnante différence entre la situation des Comelles et celle de leurs prédécesseurs, d'autant que deux licences semblables, accordées également en 1425, respectivement à Urbà Aygabella et à Huguet Tardiu n'imposaient qu'un versement d'un douzième (soit 8,33 %)[14]. Préférence royale, richesse escomptée du minerai, ou plutôt méconnaissance des aléas et des difficultés d'une exploitation minière après plus d'une génération d'interruption des extractions sur les versants du Canigou ? En tout cas, la part du minerai revenant au roi dans le cadre du contrat de novembre 1426 est la plus importante jamais exigée au cours du XVe siècle, exception faite de la concession accordée en 1418 à Mathieu de Podio qui devait verser la moitié de l'or, de l'argent et des pierres précieuses, comme des gemmes, révélant d'ailleurs par cette énumération le degré théorique de l'acte royal. Effectivement, et comme nous l'avons préalablement noté, dans les concessions ultérieures de 1432, 1433, 1436, 1439 et 1445, la part d'argent à verser au roi oscille entre un dixième et un cinquième (10 et 20 %), quelle que soit la richesse du minerai et selon l'ouverture ou la réouverture des mines. Ainsi, les Comelles versent davantage que tous les autres exploitants, qu'ils soient leurs prédécesseurs ou leurs successeurs. Le quart exigé dans la mine des Comelles relève-t-il d'une prise de participation du roi dans le cadre d'une entreprise à laquelle il collaborerait directement, comme cela est indiqué dans la quittance du 4 février 1427[15] ? En fait, le quart exigé en novembre 1426 correspond exactement à la part due pour les minerais les moins riches (moins de 2 marcs d'argent) selon l'ordonnance de juin 1427 et à ce qui est exigé, quelle que soit la qualité du minerai, en vertu de l'enregistrement de la Procuration royale en décembre 1427.

Or, en septembre 1433, dans le cadre d'une nouvelle concession accordée par la reine Marie en tant que lieutenant général de son mari, les difficultés des Comelles sont clairement énoncées. Il est très précisément fait état de leurs grandes dépenses et de la faible part qu'ils conservent du métal. Il est alors prévu que Francesc Desideri, bénéficiaire de la licence de septembre 1433, et qui avait déjà profité d'une première licence en avril 1433, cette dernière n'ayant sans doute abouti à aucune exploitation, s'associe avec les Comelles et Urbà Aygabella, auxquels se joindront également Bartomeu Pujol de Prats-de-Mollo, Bernart Manera des Bains et Berenguer Benezet d'Elne. Tous travailleront selon les conditions fixées par l'ordonnance de juin 1427, mais avec des barèmes revus à la baisse, soit le versement du dixième ou du cinquième de l'argent (10 ou 20 %) en fonction de l'état du chantier, nouvelle mine ou mine abandonnée. Comme nous l'avons vu, ces parts correspondent à ce qui sera dorénavant exigé des futurs exploitants[16].

Cette réduction des exigences royales doit se lire comme une conséquence de l'expérience des Comelles. La difficulté de l'extraction, les frais encourus, même avec la participation royale, outrepassaient les revenus qu'ils pouvaient en tirer. Le roi ne pouvait pas agir sur les conditions du terrain ; il pouvait *a contrario* prélever moins. Cette décision doit aussi se comprendre à la lumière du recours aux essais qui permet de mesurer la richesse du minerai. Elle est corroborée par le procès-verbal d'un de ces essais, certes tardif puisque réalisé le 23 juin 1458, un temps où les Comelles ont déserté l'exploitation, mais très précisément effectué à partir d'un minerai extrait à Montbolo. L'essai consiste à mesurer la part de l'argent métal dans le minerai : minerai de plomb ou de cuivre, ou association de plomb, de cuivre et d'argent. Celui qui nous intéresse ici a été exceptionnellement consigné dans les registres de la Procuration royale, de façon superficielle, le scribe n'ayant recopié que le résultat de l'opération et non ses étapes. Les deux lignes griffonnées en bas d'une page du registre précisent : « *per quintal de mena, 30 livres de plomb ; per quintal de plom que hix* [extrait de] *de la dita mina 3 onses et 14 deniers pesan* ». Si on convient que l'once de 1458 utilisée à Perpignan dans le cadre de cet essai équivaut à un huitième du marc, ledit marc oscillant entre 234,8 grammes et 239 grammes, et que le denier poids d'argent vaut un vingt-quatrième de l'once, on obtient par quintal de plomb extrait 84 deniers d'argent, c'est-à-dire 0,448 marc, soit, selon la valeur du marc retenue, entre 105,17 grammes et 107,05 grammes d'argent par quintal de plomb. Ce résultat nous renvoie à un taux de 2,55 pour

1 000[17], chiffre correspondant aux résultats que les analyses ont pu fournir sur d'autres grands sites miniers médiévaux où il a été possible de procéder à de telles expertises à partir de galènes argentifères : Aulus en Couserans (mine du XIVe siècle), 2 pour 1 000 ; Melle en Poitou (mine carolingienne) de 1 à 3 pour 1 000. On sait combien la richesse d'un minerai est diversifiée et contrastée sur un même gisement ; on sait également qu'en 1458 le site de Montbolo est exploité depuis plus de trente ans. Cependant, il offre encore un minerai dont la teneur correspond communément à celle attestée pour des entreprises médiévales. La richesse du minerai n'est donc pas en cause dans les difficultés des Comelles. Il faut la rapporter aux conditions économiques et financières de l'extraction, dont rend compte l'ordonnance de 1427 en fixant comme plancher du barème 2 marcs/quintal, un niveau bien éloigné du 0,448 marc de l'essai de 1458. La situation difficile des Comelles, alors que leur capacité d'entrepreneurs est reconnue par la Couronne, a entraîné la révision de l'ordonnance de juin 1427. Le roi s'est plié aux exigences du terrain, un terrain mieux connu grâce à l'expérimentation et à la mesure de la teneur en argent du minerai grâce à l'essai.

Les essais et l'expertise à Montbolo

La procédure

Pour bien saisir la portée des essais dans le cadre de l'extraction de l'argent, il convient de rappeler que la législation aragonaise ne dispose pas de l'équivalent du dixième reconnu au roi de France à la fin du Moyen Âge. La fiscalité sur le minerai est établie en fonction de la teneur en argent dudit minerai, d'où la pratique obligatoire de l'essai qui expertise la qualité du minerai, conditionne l'ouverture de l'exploitation et les versements à la Couronne[18]. Les essais sur le minerai découvert dans la vigne des Comelles, les premiers en Roussillon à notre connaissance, interviennent au plus tôt en mars 1427. Comme je l'ai indiqué, plusieurs missions, connues indirectement par trois quittances de paiements versés aux officiers royaux pour le remboursement de leurs frais, ont été organisées entre le 21 et le 26 mars. Le

21 mars 1427 se sont rendus à Arles Nicola de Gracia, messager du roi, Ramon Ferrer, qui est le notaire royal en charge du rapport écrit, et Pere Roure, lieutenant représentant du gouverneur. Ces trois hommes sont, à des titres divers, les représentants de l'administration royale et les juristes qui garantissent les droits du roi. Ils sont accompagnés de deux autres hommes dont le rôle est plus technique : Arnau Desvolo et Miquel Alerigues. Ce premier voyage a donné lieu à deux quittances de paiement pour Nicola de Gracia, l'une payée dès le 30 mars 1427, l'autre seulement en mars 1431. Il s'agit, dans l'un et l'autre cas, de faire des essais (« *faciendo los essays* ») dans la mine découverte récemment. La quittance de paiement présentée par Pere Roure, quant à elle, a été enregistrée le 26 mars 1427. Elle rapporte que la compagnie est allée non seulement à Arles, mais aussi, le 23 mars, à Montbolo. Pere Roure était alors accompagné d'Arnau Desvolo et de deux autres hommes jusque-là inconnus de la documentation : Johan et Erico Alanyano, qui sont désignés l'un et l'autre comme *magister menearum*[19]. La quittance précise également que cette opération s'est faite sur l'ordre du maître de la *Secca* de Valence, Francesc Ferrer, et qu'il s'agissait bien de faire les *essays* de la terre et des pierres extraites. Il n'est pas étonnant que ces essais aient été commandités par la *Secca* de Valence et non par celle de Perpignan, car c'est à Valence qu'est frappé l'argent.

Une dernière et quatrième quittance de paiement permet d'enrichir ce dossier. Début avril, Martin Calvet boutiquier (*botigerius*) de Perpignan atteste qu'il a reçu les 108 sous et 3 deniers de Barcelone que la Procuration royale lui devait pour l'achat de 2 quintaux 8 livres et demie de plomb *ad opus afinandi* la mine d'argent de Montbolo et plus spécifiquement la mine de Pere Comelles[20]. S'agit-il du plomb qu'il a fallu se procurer pour procéder aux essais ou de la matière première nécessaire à une première fusion ? Dans le cas d'essais, combien d'essais ont-ils été finalement réalisés ? Ces questions demeurent sans réponse. La Procuration royale paie rapidement ses fournisseurs. Il est donc possible que le plomb acheté en avril soit celui utilisé dans le cadre des essais conduits en mars. Dans ce cas, la quantité de plomb énoncée permet de supposer un type d'essai particulier qui consiste à procéder sur de grandes quantités, l'essai étant en fait une fusion : on pratique un emplombage dans un four, ce qui, techniquement, relève du domaine de la production. S'il s'agit de traiter du minerai de plomb argentifère, le plomb acheté est ajouté comme fondant lors de la réduction du minerai et assurément lors de l'étape finale de l'affinage ; s'il s'agit de minerai de cuivre, le plomb sert à la coupellation. Il est d'ailleurs probable que ces essais aient été effectués dans la *fusina* élevée à Montbolo, c'est-à-dire dans l'atelier de traitement des minerais, sur l'identification duquel nous reviendrons.

Tout au long du XVe siècle, du Roussillon au Vallespir, la législation qui se rapporte aux essais nous restitue des pratiques contrastées, comme si elle se faisait l'écho d'expérimentations diverses à moins qu'elle n'exprime l'incompétence de la Procuration royale en matière de législation minière, ce dont je doute. L'ordonnance de juin 1427 fait référence à 2 livres de minerai autorisées pour les essais. Or, si l'achat de plomb honoré en avril 1427 correspond à un essai, les 2 quintaux renvoient à une quantité de minerai traité bien supérieure à ces 2 livres énoncées. Vingt ans plus tard, une licence d'exploitation accordée en 1447 stipule que les essais qui seront menés dorénavant se feront avec une quantité supérieure à celle enregistrée dans l'ordonnance, soit 4 quintaux de minerai. Enfin, un essai pratiqué en 1458 à Montbolo permet de comparer texte et pratique : dans ce cas, l'essai a été opéré sur un quintal de minerai. Dans tous ces cas, de 1427 à 1458, les normes appliquées à l'essai et à sa réalisation pratique se rapportent à de grandes quantités. Cependant, en 1468, une licence d'exploitation accordée très exactement pour la mine de Montbolo fait référence à 3 onces seulement, soit une centaine de grammes. Cette petite quantité n'est pourtant pas inédite dans le domaine des expertises du minerai. Constatons que, dans la seconde moitié du XVe siècle, après une vingtaine d'années d'hésitation, l'application de la méthode fondée sur de petites quantités qui était énoncée dès l'ordonnance de 1427 est à nouveau prévue dans la licence de 1468. La quantité de minerai qui pourrait être traitée se réduit même de 2 livres à 3 onces (entre 1427 et 1468). Or les études récentes sur les essais de minerai désignent les années 1450 comme celles d'un basculement technique qui ouvre définitivement l'ère des essais à petite échelle[21]. Le dossier de Montbolo offre ainsi un des cas les mieux documentés sur ce seuil innovant.

La réflexion consacrée aux tâtonnements techniques à l'origine de l'innovation s'enrichit de la comparaison avec Falset. Si, en 1468 à Montbolo, la Procuration royale prévoit l'application d'innovations techniques dans le domaine des essais métallurgiques en imposant la miniaturisation, dans la pratique seront-ils réalisés de cette manière ? On l'ignore. Ce retour aux petites quantités dérive-t-il simplement du choix d'un scribe plus pointilleux que ses prédécesseurs et qui s'appuie, lors de la délivrance de la licence de 1468, sur le texte de référence qui est celui de l'ordonnance de 1427 ? Signalons, afin de bien établir la distinction entre l'enregistrement institutionnel des innovations, leur codification et leur application réelle, qu'à Falset, dès 1344, les ordonnances prévoyaient que les essais puissent être pratiqués, comme en 1468 dans le comté de Roussillon, à partir de 3 onces de minerais. Des recherches récentes prouvent que cette réglementation correspond, au moins à Falset, à ce qui est réalisé sur le terrain. Cette faible quantité était déjà celle énoncée dans le règlement aragonais des mines d'Iglesias, en Sardaigne (*Breve di villa di Chiesa*), en 1327, c'est-à-dire au moment de la conquête de cette île par la Couronne. Il y a incontestablement une filiation entre ces trois mentions qui relèvent d'une même culture juridique et technique. Quelles que soient les modalités complexes de circulation des savoirs d'une mine à l'autre, et en particulier de Falset à Montbolo, sans doute faut-il rapporter ce choix technique aux hommes qui dirigent l'exploitation à Falset et qui sont formés dans les ateliers monétaires. L'un, Joan de la Seda, gère l'exploitation de Falset. Il en est l'administrateur de 1348 à 1350. Il s'occupe de la répartition des concessions et du contrôle de la production et a laissé un livre de gestion. Avant son arrivée à Falset, il tenait l'office d'essayeur à la monnaie d'Iglesias. C'est ce poste qu'il rejoint en 1350. L'autre homme, Leonardo de Dino, est l'essayeur de Falset pendant dix ans, de 1348 à 1358[22]. Leur activité professionnelle est rythmée par des allers-retours entre la mine de Falset et la *Secca* d'Iglesias et, dans ce contexte, la nature de l'essai métallurgique dont attestent les actes officiels pourrait dériver de leur maîtrise de l'essai monétaire. Il semble bien que l'espace de la Couronne d'Aragon et Falset en particulier constituent un épicentre dans la mise en place du procédé de miniaturisation des essais sur le minerai. Les mines du comté de Roussillon au cours de la première moitié du XVe siècle en auraient hérité d'autant que le roi a fait venir de Falset des mineurs pour travailler à la mine des Comelles.

Il ne faut pas confondre, en effet, les essais sur les monnaies, qui ont été au centre d'une élaboration et d'une codification du savoir dont témoignent de nombreux traités, et les essais sur les minerais, qui sont demeurés à la périphérie de cette mise en forme[23]. On sait qu'ils sont pratiqués communément à la fin du Moyen Âge, ne serait-ce que pour mesurer l'intérêt (et par là même le risque) à ouvrir un nouveau gisement. Les textes savants s'y rapportant demeurent rares. Certes, au XIIe siècle, dans la *Mappa clavicula,* une recette exige 100 livres de plomb pour réaliser un essai sur du minerai[24]. Cependant, ce n'est qu'au XVIe siècle que les traités y accordent une large place (citons pour mémoire le *De re metallica* d'Agricola) ; les essais sur les minerais sont alors régulièrement opérés sur de grandes mines au fur et à mesure de l'extension des chantiers et de l'évolution des faciès miniers. Rien d'étonnant dans ce contexte économique et technique que le traité d'Erckers soit exclusivement consacré aux essais pratiqués sur le minerai. Ils sont alors réalisés sur de très petites quantités puisque le travail se fait au grain[25].

Les témoignages directs sur la pratique, c'est-à-dire sur le terrain, antérieurs au XVe siècle sont rares. Dans les Pyrénées, les exceptionnels comptes de la Couronne de Navarre associés au mémoire que Paolo Girardi, d'origine florentine, maître des mines de Navarre et entrepreneur minier, consacre à l'approvisionnement des ateliers monétaires en métal précieux restituent l'usage des essais sur le minerai (seconde moitié du XIVe siècle). Paolo Girardi a pour mission, en amont de l'exploitation, de s'assurer de sa viabilité et de son intérêt pour la Couronne par la pratique de l'essai. On dispose alors de quelques indices sur la procédure, mais les plus détaillés concernent le cas d'essais sur le cuivre exclusivement. Le traitement consiste en un grillage sur place, puis en une fonte dans le four d'une ferrière hydraulique, c'est-à-dire une forge de réduction directe qui a été aménagée pour l'occasion. En ce qui concerne, toujours en Navarre, les essais sur le minerai argentifère, les hypothèses vont également dans le sens d'un essai en grand[26]. La documentation la plus précise concerne les Alpes des années 1350. Un procès-verbal d'essai est dressé en 1359, en Oisans, sur une mine de plomb argentifère[27]. Dans ce cas aussi, l'essai est pratiqué en grand[28].

Les essais pratiqués à Montbolo sont suivis par d'autres, conduits sur les mines susceptibles d'une exploitation et qui ont été effectivement ouvertes : en 1428 à Baridà (proche de Bellver) ; en 1437 à La Bastide ; et de nouveau en 1458 à Montbolo. À la Bastide, un procès-verbal rédigé en septembre 1436 nous informe qu'un représentant de la Procuration royale pénètre dans une cavité (*occulum*) et se saisit des morceaux de minerais (*lapides sive trossos*). Il les rapporte à Perpignan pour en faire l'essai. On a déjà noté l'expertise qui avait été faite au même moment sur la mine de fer de Mosset et l'importance attribuée par la Procuration royale à la qualité du minerai de fer dans l'affaire de la *falsa mena*. Ces procédures appliquées au domaine de la sidérurgie participent d'un même contexte où se mêlent, à la fois, le souci de mesurer la qualité d'un minerai avant d'en débuter l'extraction et la volonté d'associer l'essai à l'exercice du pouvoir royal comme garant de cette qualité. De fait, à partir de l'ordonnance de juin 1427, la mesure de la richesse du minerai devient un préalable indispensable à l'autorisation d'ouverture accordée par l'administration royale. L'essai a ainsi le statut d'expertise puisqu'il correspond à une étape du processus de contrôle de la qualité du minerai indispensable pour obtenir officiellement l'autorisation d'extraction, laquelle est conditionnée par le calcul initial du versement fiscal, dont le résultat dépend de l'essai.

En 1433, les modalités décrites dans une licence d'exploitation sont les plus précises dont je dispose ; elles répondent aux fraudes. Le texte insiste sur le choix des experts qui procèdent aux essais et qui sont capables d'émettre un avis en examinant attentivement le minerai choisi. On retrouve dans le vocabulaire utilisé l'importance accordée à l'œil de l'expert, formulation qui se rencontre couramment dans les comptes rendus d'expertise[29] ; on insiste aussi sur l'importance accordée à la surveillance de ce minerai et au fait que l'essai soit effectué obligatoirement sur le lieu de l'extraction. Cette pratique est d'ailleurs spécifique aux minerais argentifères. On comprend, bien évidemment, la nécessité de contrôler strictement l'origine du minerai traité et d'en limiter la circulation et les manipulations. Cependant, par-delà la loi, le déroulement de ces essais se plie aussi aux contingences matérielles du moment. Il y a sans doute une grande différence entre la loi et son application quand il faut expertiser un minerai rapidement et sur place, donc en pleine montagne. Ainsi, en 1428, comme le lieutenant de la Procuration Bernat Montaner ne peut se rendre à Baridà pour faire les essais, sont délégués à sa place un juriste et un marchand qui nous demeurent inconnus, accompagnés par Huguet Tardiu qui est, dans ce cas, désigné comme *botiger* et dont on sait qu'il est parmi les premiers à avoir profité d'une licence d'exploitation qui lui a été remise par le roi dès 1425. Il est entrepreneur minier[30]. Sans doute a-t-il mis la main à la pâte.

Les experts à Montbolo

Ainsi, si réduite soit-elle, la documentation spécifique sur les essais permet d'examiner la question des experts et d'approcher ces hommes choisis par la Couronne. Seule la licence royale de 1433 s'attarde sur la capacité particulière qui doit être celle d'un essayeur en insistant sur son jugé. L'ordonnance de 1427 et la majorité des licences d'exploitation ignorent le domaine de compétences des experts, à l'inverse des deux ordonnances de Falset des années 1350, qui lui consacrent un paragraphe entier. Certes, l'échelle des entreprises n'est pas comparable, et les compétences exigées ne le sont pas davantage. Les dossiers administratifs conservés par la Procuration royale permettent, néanmoins, d'approcher quelques individus. On les voit assez précisément au moment de l'ouverture de la mine de Pere Comelles grâce aux quittances des frais de déplacements et, ponctuellement, pour les essais effectués à Baridà et à La Bastide. L'expertise est collective, et l'expert (ou les experts), entouré d'officiers et de leur troupe de notaires et de greffiers, est un membre du groupe étoffé qui se porte vers le minerai nouvellement découvert. Ainsi, dès mars 1426, le maître de la *Secca* de Valence était sur place, à Montbolo. Deux hommes désignés par lui prennent également le chemin de la mine de Pere Comelles, deux maîtres mineurs dont le nom (Johan et Erico Alanyano) laisserait supposer une origine languedocienne. Les autres hommes appelés pour expertise sont d'origine locale.

Mentionnons d'abord Miquel Alerigues, qui intervient dès la première expertise du minerai à Montbolo et qui sera ensuite nommé maître de la *fusina*. Il est orfèvre et d'une famille d'orfèvres implantée à Perpignan. Sa charge relève de sa connaissance des métaux polymétalliques et de leur traitement (argent et or, bien sûr, mais aussi plomb et cuivre) mais également de l'ancrage de son travail dans le haut Vallespir. En effet, de toutes les pièces d'orfèvrerie qui ont été conservées pour le Moyen Âge, les très rares que l'on puisse attribuer précisément à leur créateur sont celles élaborées par Miquel Alerigues, car elles portent une inscription désignant clairement leur auteur et la date de leur élaboration. Il s'agit des deux bustes reliquaires de saint Abdon et saint Sennen datés de 1425 et de 1440 et réalisés pour l'abbaye d'Arles. Ainsi, quand Miquel Alerigues arrive comme expert à Montbolo sur la mine de Pere Comelles, il connaît déjà Arles et ses environs et la confrérie de saint Abdon et saint Sennen, confrérie dont est membre Pere Comelles comme d'ailleurs la très grande majorité des notables du bourg. Cinq membres de la famille Alerigues se sont succédé comme orfèvres et ont travaillé principalement pour les églises de Perpignan, entre 1342 et 1460. On leur attribue une recette de cément à soudure, la seule aujourd'hui conservée pour la Catalogne médiévale, et l'on sait combien la soudure est une des pratiques les plus complexes à maîtriser dans le domaine de l'orfèvrerie. Revenons à Miquel. Il est le fils de Pere Alerigues et le frère de Francesc, tous deux orfèvres. Sans doute Miquel est-il le mieux connu du fait des œuvres conservées, mais aussi grâce à la documentation écrite rassemblée autour de son activité : des commandes bien sûr, et toute sorte d'écrits en relation avec ses responsabilités ou ses initiatives dans le domaine minier. Miquel Alerigues est en effet non seulement appelé par le roi sur le site de Montbolo mais il forme également avec quelques associés une société minière (1431). Or, parmi tous les orfèvres qui ont été recensés pour les XIVe et XVe siècles en Roussillon, soit soixante-douze individus, seuls trois sont connus pour leur activité minière : Ramon Ciscar qui en 1442 exploite le cuivre et l'azur dans la vallée de Ribes[31] ; Miquel Alerigues ; et Agosti de Agosti, ce dernier tirant encore le minerai de Montbolo en 1468 et clôturant ainsi le dossier rassemblé sur la mine dite de Pere Comelles[32]. C'est aussi un orfèvre qui est à l'origine de la réouverture de la mine de Sahorre en 1320. Les orfèvres sont parmi les plus couramment cités lorsque les sources donnent des informations sur ceux qui pratiquent les essais, par exemple, dans le cas des minerais du nord du royaume de Navarre (Lesaca et Bera), dans les années 1390[33]. Ces hommes ont les compétences requises pour manipuler les métaux précieux et travailler sur de petites quantités. Néanmoins, dans le cas de Montbolo, Miquel Alerigues semble rapidement abandonner le terrain, et les premiers essais auxquels il a pu participer sont pratiqués à grande échelle.

Revenons au moins prestigieux mais tout aussi intéressant dernier expert que nous livre la documentation. Celui-ci est désigné pour la mine de Baridà. Il s'agit de Huguet Tardiu, *mercer* ou *botigarius* de Perpignan. Nous avons vu qu'il avait obtenu une licence d'exploitation dès 1425. Il faudrait ajouter qu'il fait partie des associés qui créent, en 1431, avec Miquel Alerigues et son fils Jordi, l'entreprise minière citée *supra*[34]. Ainsi, le savoir technique n'est-il pas uniquement concentré entre les mains des hommes de Perpignan et des spécialistes que sont les orfèvres ; ce savoir, en outre, ne se limite pas uniquement au traitement du minerai. Nous disposons, par ailleurs, d'autres références à des experts locaux dans le proche Languedoc. Ceux-ci sont convoqués pour une expertise de la mine, très précisément une opération de bornage dans la mine d'Orzals et sur son carreau, en 1281[35]. Les *magistri,* qui sont réunis pour cette expertise, sont originaires des bourgs proches de Villemagne et de Boussagues et, pour l'un d'entre eux, de Saint-Laurent-le-Minier, au cœur de la zone minière d'Hierle[36]. L'enquête sur ces experts locaux est amorcée, et les témoignages, s'ils sont encore rares, sont d'une qualité exceptionnelle. Que penser des exploitants miniers de Montbolo, Pere Comelles et Urbà Aygabella ? En l'absence de procès-verbaux, j'ignore s'ils ont participé aux essais qui ont été faits à Montbolo. Ce que je sais, par contre, c'est qu'ils sont désignés par la Couronne comme « bons connaisseurs de la mine » et associés à l'implantation de la *fusina*, c'est-à-dire au four de traitement du minerai argentifère. Leur cas n'est pas anecdotique.

La *fusina*, les hommes d'Arles et le savoir technique

Une fusina à Montbolo

La *fusina* apparaît en novembre 1425 dans les archives de la Procuration royale[37]. Son implantation est étroitement liée à l'ouverture de la mine d'En Comelles. En effet, la chronologie des actes conservés est éclairante : en mars 1425, le droit d'extraction est concédé à Pere Comelles sur sa vigne de Montbolo ; en novembre 1425, le lieutenant de la Procuration, au vu des autorisations d'extraction qui ont été délivrées dans la zone d'Arles et de Montbolo, décide de nommer Arnau Desvolo, domicilié à Arles, gardien (*garda e veedor/vehedor*) en charge des mines, de la *fuhina* et de la « purification » des minerais[38]. En juin 1427, l'ordonnance royale mentionne la *botiga de la fusina* fermée avec trois clefs dont disposent trois hommes : l'officier royal, l'inventeur de la mine et le maître de la *fusina,* qui doit être désigné par le roi pour superviser le lavage, le broyage, la fonte et l'affinage du minerai[39]. Mais, sur le terrain, avant même la rédaction de l'ordonnance, dès mars 1427 et par lettre patente, le procureur royal avait jugé nécessaire de désigner à Arles une « bonne personne » pour être maître de la *fusina*[40]. Nous le connaissons : il s'agit de Miquel Alerigues.

L'absence de ce dernier est dénoncée dès 1428. Confronté à une situation préjudiciable aux intérêts du roi, le lieutenant du procureur royal désigne un homme d'Arles, Arnau Perer, comme lieutenant de Miquel Alerigues[41]. Cet acte de nomination est exclusivement consacré aux mines et à leur surveillance, sans référence à la *fusina*. Pourtant, le terme est employé la même année : il est question de « faire les *fusines* et *ensay* » à propos de mines d'argent nouvellement découvertes à Baridà[42]. En 1433, dans une licence d'exploitation concernant plus spécifiquement la zone d'Arles, il est précisément indiqué que le minerai sera apporté à la *fusina* pour être fondu (*fundere*) et affiné (*apurare*) par des *fusinarios* qui devront prêter serment auprès des officiers royaux. Ainsi, de 1425 à 1428, le terme de *fusina* semble désigner tout autant l'opération de fusion du métal que l'atelier où le minerai est essayé ou/et traité, mais en 1433 le sens se fixe définitivement sur la seconde définition. Quand la *fusina* est citée à nouveau, en 1436 puis en 1439, sont mentionnés, outre la pratique de la fonte des minerais (*fusum et apurandum*), les *fusinae,* le *magister fusinae,* les *fusinerios et ministrales ad fundendum et operandum metalla* comme si cet atelier avait trouvé sa place dans la métallurgie de la région et s'était, en quelque sorte, banalisé depuis son implantation initiale à Arles[43]. Cependant, après 1439, la *fusina* disparaît définitivement de la documentation alors que l'extraction minière se poursuit.

Ainsi, le corpus rassemblé sur la *fusina*, neuf actes au total de 1425 à 1439, mentionne l'atelier (*botiga* de la *fusina*) ; signale son fonctionnement et l'attention qui lui est portée puisque le premier maître de la *fusina* est un orfèvre renommé de Perpignan ; l'associe au traitement du minerai argentifère de Montbolo ; atteste de sa diffusion dans le comté ou du moins du projet de sa diffusion. Les actes de 1436 et de 1439, des autorisations d'installation, ne présument en rien du fonctionnement réel de la *fusina* en dehors de la zone d'Arles et de Montbolo. Comme souvent dans le domaine des techniques, les renseignements bruts fournis par l'écrit ne livrent pas davantage de précisions. Néanmoins, la lecture attentive des textes catalans, à la lumière des travaux européens dans le domaine de l'élaboration de l'argent, offre déjà une moisson exceptionnelle de faits et d'hypothèses de travail.

La mention de la *fusina* d'Arles n'intervient pas, en effet, dans n'importe quel contexte minéralogique et chronologique. La date de 1425 correspond à une reprise de l'exploitation de l'argent dans une zone nouvelle, sur le versant sud du Canigou. Un siècle auparavant, de 1320 à 1323, puis encore en 1389, l'exploitation du plomb argentifère était concentrée autour de Sahorre[44]. Or, près d'Arles et de Montbolo, si le plomb argentifère est exploité, on extrait aussi le cuivre. Cette hétérogénéité des gisements est attestée par la documentation médiévale. En 1458, le minerai de plomb de Montbolo est soumis à des essais qui en livrent la teneur. En 1468, une concession est spécifiquement accordée sur une mine de cuivre, toujours à Montbolo[45]. Il est d'ailleurs tout à fait possible que les gisements soient distincts et que nous ne soyons pas en présence de minerais complexes. L'examen géologique devrait éclaircir cette situation. Il est fondamental pour l'expertise de la *fusina*.

Actuellement, la documentation géologique disponible ne fait état ni de cuivre, ni de plomb à Montbolo[46]. Précisons que le nouvel intérêt pour le cuivre dont témoigne la documentation arlésienne correspond à une tendance européenne qui s'accuse au cours du siècle[47].

La fusina au temps du Saigerprozess

Qu'est-ce qu'une *fusina* au début du XVe siècle ? Ce terme est connu dans l'espace italien[48]. Il semble d'ailleurs qu'il s'y soit longtemps cantonné. Il a déjà fait l'objet d'enquêtes approfondies qui révèlent la complexité de la situation et nous avons déjà fait allusion à la *fusina* comme une forge de réduction hydraulique dans le domaine alpin. Mais la situation est, en fait, plus compliquée, car le mot touche à toutes les métallurgies et son sens évolue en fonction du contexte chronologique et minéralogique. Le traitement de l'argent est à l'origine de son émergence. Les indices les plus anciens dont on dispose correspondent à la zone alpine. C'est en 1179, à Ardesio dans les Alpes lombardes, qu'une *fusina argenti* est associée à des *fornellos argenti* pour le traitement de l'argent à partir du plomb argentifère[49]. Mais au XIIIe siècle, toujours en Lombardie, le terme désigne des ateliers métallurgiques particuliers, car ils traitent la fonte de fer : *furnus* et *fusina*. Le mot a glissé de la fusion du plomb au mode de réduction indirecte, avec fusion du minerai de fer[50]. Pourtant, au XIVe siècle, le terme *fusina* dans le contexte ligure désigne des forges de réduction directe du minerai de fer, c'est-à-dire sans fusion. Il y a au moins un point commun à tous ces ateliers très différents : les uns et les autres disposent de souffleries hydrauliques. Ainsi, en Lombardie, comme en Ligurie, la *fusina* a délaissé le domaine de l'argent à la fin du Moyen Âge. Cependant, dans d'autres zones, cet usage perdure. En 1508, dans le Haut-Vicentin, une *fusina* traite un minerai complexe, rassemblant à la fois du plomb et du cuivre argentifères[51].

Cet exemple tardif pourrait se rapporter aux indices documentaires rassemblés autour de la *fusina* catalane. Une hypothèse consisterait à associer l'apparition de cette *fusina* aux tentatives pour traiter les minerais polymétalliques à base de plomb et/ou de cuivre qui sont extraits sur le territoire de Montbolo. Effectivement, la *fusina* doit être reconstituée comme une unité de production composée de plusieurs fours, dont un permet de monter en température : le four de réduction. Il peut aussi bien traiter des minerais de plomb argentifère pour obtenir du plomb d'œuvre, qu'il faudra ensuite affiner pour aboutir à l'argent, que des minerais de cuivre argentifère, s'il s'agit de carbonate ou d'oxyde de cuivre. Le traitement est assurément plus complexe dans le cas de sulfure de cuivre puisque la production de matte dans le four de réduction doit être complétée par un traitement desdites mattes dans le même four pour aboutir au cuivre métallurgique et à l'argent. Cette polyvalence de l'atelier et sa souplesse correspondent d'ailleurs à ce que nous savons d'une *fusina* : il s'agit d'un atelier dont le cœur est constitué d'un four muni d'une soufflerie hydraulique, cette soufflerie étant la clef de toutes sortes de métallurgies qui nécessitent de monter en température pour aboutir à la fusion. Dans le cas catalan, les attestations sont bien antérieures à celles dont on dispose pour la Vénétie puisqu'elles interviennent dès 1425. Il s'agit de l'implantation d'un nouvel atelier sans que l'on puisse être assuré que ces essais, ces tâtonnements techniques, ces recherches aient abouti à un résultat tant du point de vue technique qu'économique puisque la *fusina* disparaît rapidement de la documentation.

Il faut alors faire intervenir une autre mention : un acte provençal de 1470, édité par Noël Coulet, accessible à la communauté scientifique mais qui est demeuré sans postérité, oublié même des spécialistes[52]. Le texte est un contrat d'exploitation pour le traitement des minerais de plomb, de cuivre, d'or et d'argent, délivré par l'administration du roi René. Alors qu'il présente ce document, Noël Coulet désigne le four nécessaire à l'opération de fusion comme un « martinet » et fait référence au prestigieux Journal du Procureur Dauvet. Cependant, l'acte édité et rédigé en provençal mentionne une *fozina* et non un martinet. Le texte précise même que les deux entrepreneurs devront « *baylar als dichs alamans dessus nominas la fozina entierament facha ambe tos los pertinemens per fondre et per afinar an lo molin*[53] ». Assurément, la *fozina* est hydraulique. Ce sont des Allemands qui sont employés en Provence, non pour l'extraction mais exclusivement pour la fusion. Ces hommes, au nombre de cinq, sont originaires de Nuremberg, de

Salzbourg, de Freising. L'un vient de Prague. L'intermédiaire qui a établi le contact avec la cour du roi René est un Allemand du Sud, originaire de Constance, et installé à Aix depuis plus de trente ans. Les capacités des fondeurs allemands sont précisées tant on attend d'eux qu'ils soient réguliers dans leur ouvrage et présents sur place. Le contrat est précis : il s'agit de traiter l'argent extrait du plomb et du cuivre et l'or extrait du cuivre. Comme en Catalogne, la *fusina* mentionnée en Provence, en 1470, disparaît rapidement de la documentation. Cependant, cette tardive mention permet d'affirmer que la *fusina* de Montbolo n'est pas isolée ; que d'autres fours de traitement des minerais polymétalliques, désignés comme *fusine*, se sont implantés dans l'Europe méridionale, en dehors des frontières italiennes mais dans des domaines géographiques, politiques et techniques en étroite relation avec les provinces du nord de l'Italie. Ainsi, la chronologie de la *fusina* en tant que four de fusion des minerais de plomb et/ou de cuivre argentifères s'étire à présent de 1425 à 1508. Cette période, en particulier la fin du XVe siècle, est aussi le moment d'émergence d'une innovation majeure : le *Saigerprozess*. Il n'est pas question de comparer la *fusina* au procédé révolutionnaire du *Saiger*, mais de montrer, à partir du rapprochement entre ces deux ateliers, les modalités complexes du processus d'innovation, entre savoirs situés et savoirs en circulation.

L'apothicaire d'Arles et la métallurgie

Les circulations des savoirs

L'extraction de l'argent à partir du cuivre, si elle est ancienne, demeure délicate et n'apparaît mieux maîtrisée qu'à partir de 1480 à Schwaz au Tyrol, justement en relation avec la mise en place d'un nouveau procédé, le *Saigerprozess,* qui permet de séparer l'argent du cuivre par cofusion, liquation et ressuage ; un procédé qui aboutit à récupérer, à qualité de minerai égal, 60 % d'argent de plus que la méthode ancienne par emplombage. Le *Saigerprozess* est cité dès 1482 dans le *Hausbuch*[54]. Il est évident que ce procédé abouti et maîtrisé n'est pas en place dès 1425 en Catalogne. L'est-il en Provence dès 1470, alors que les hommes qui utilisent la *fozina* sont tous d'origine allemande ?

D'ailleurs, le cuivre de Montbolo fait-il partie de ces cuivres pauvres qui doivent être en quelque sorte enrichis par le *Saigerprozess* ? Les questions demeurent sans réponse. En 1425 à Montbolo, il s'agit sans doute de pratiquer un emplombage en cherchant à améliorer l'efficacité de cette technique et en traitant en parallèle les deux types de minerais, plomb argentifère et cuivre argentifère, comme cela apparaît très clairement dans la *fozina* provençale et dans la *fusina* vénète. L'intérêt du four résiderait, comme nous l'avons vu, dans sa polyvalence et sa souplesse. Il faudrait ajouter qu'il est probable qu'une telle installation ne pèse pas trop sur le couvert forestier, ce qui, rapporté à la gestion du bois, est fondamental dans le contexte catalan[55].

La mise en lumière de ces tentatives apporte des indices sur la circulation d'un savoir en élaboration. Des relais directs entre l'Italie, patrie de la *fusina*, et le haut Vallespir ne peuvent être établis[56]. Dans le domaine de la métallurgie, les Génois sont très présents, mais ils n'investiront la vallée du Tech qu'à la fin du XVe siècle, en un temps où ils ne sont pas associés à la *fusina.* En revanche, des Bourguignons, mineurs et *afinàdors*, arrivent sur le terrain en 1447 et se voient accorder par le roi d'Aragon le droit d'affiner les minerais déjà extraits, c'est-à-dire des haldes de la mine d'En Comelles (*terras mota*)[57]. Cette mention laisse supposer qu'ils disposent d'une technique performante, sans doute minérallurgique, d'autant que ce cas est en résonance avec celui du Liégeois Lambert Pieron qui, au même moment, offre ses services au duc de Bourgogne pour extraire l'argent des mines de cuivre selon un procédé qu'il qualifie de « nouveau » sans pour autant en livrer les modalités[58]. Réalité ou discours ? On doit ajouter que les licences royales de 1433, 1436 et 1439, la première offrant aux hommes de la *fusina* les avantages des officiers de la *Secca*, les deux dernières citant précisément les *fusinerios,* sont aussi les seules à énoncer la possibilité d'employer une main-d'œuvre étrangère.

Cependant, si la piste bourguignonne est intéressante, la culture technique qui dans le domaine des polymétalliques paraît en œuvre dès le début du XIVe siècle sur les versants du Canigou se suffit à elle-même. En Conflent, sur la mine de Sahorre, l'usage d'un moulin hydraulique pour retraiter les scories de fusion ou bien du plomb d'œuvre, afin de récupérer les billes de plomb qui auraient pu rester emprisonnées dans les déchets, est prouvé, ce qui est assez exceptionnel dans la documentation. Le traitement consiste à écraser les scories en utilisant des meules hydrauliques, à opérer un lavage soigné et à procéder à une nouvelle fusion des débris afin de libérer l'argent. Les deux Perpignanais qui interviennent sur le site minier abandonné ont reçu, en effet, l'autorisation de *fondre e obrar* toutes les *cacarrassa*, *lopies* ou *escobiles* d'argent, de plomb ou de tout autre métal extraits de l'ancienne mine. Pour ce retraitement et cette fonte, ils obtiennent le droit de faire un moulin pour *amundar e obrar* (« moudre et travailler »). Dans ce cas s'agit-il simplement d'écraser les déchets[59] ou bien le terme *obrar*, associé au nouveau moulin, correspond-il aussi à une fonte et à l'usage de la soufflerie ? Impossible de le savoir. Mais ce retraitement, même limité à la procédure mécanique, n'est pas non plus si courant. Le cas de Sahorre est un des plus anciens attestés par la documentation écrite[60].

Pour ancrer davantage la question des circulations des savoirs techniques dans le territoire catalan, et même dans le haut Vallespir sinon à Arles, renouons avec les actes notariés. L'échelle d'observation qu'ils offrent permet de réunir des indices sur l'espace technique concerné et sur les hommes qui accueillent la *fusina*. Rappelons que le minier d'En Comelles, même qualifié de royal, est exploité par des hommes d'Arles. Ce sont eux qui l'ont découvert, qui ont demandé le droit d'extraire et qui ont obtenu une licence du pouvoir royal. Aucune documentation n'a malheureusement été conservée sur les conditions d'implantation, tant juridiques qu'économiques, de la *fusina*. On ignore quelle est la place des hommes d'Arles dans le choix et le fonctionnement de cette innovation. Cependant, en 1433, quand il s'agit de prendre en charge les frais de fusion du minerai dans la *fusina*, il est bien prévu qu'ils soient partagés entre le roi d'une part et Francesc Desideri, Pere Comelles, son fils, Urbà Aygabella et des hommes qui leur sont associés d'autre part[61]. Leur participation s'arrête-t-elle là ?

Les hommes d'Arles sont nombreux à être enregistrés par la Procuration au titre de leur activité métallurgique. Nous avons vu combien les capacités de Pere Comelles et d'Urbà Aygabella, en tant qu'entrepreneurs miniers, étaient appréciées par la Couronne et en quelque sorte mises à profit quand la reine, accordant une nouvelle licence à Francesc Desideri, lui enjoint de s'associer aux deux hommes qui sont qualifiés de « bons connaisseurs de la mine ». Si Pere n'a pas exploité d'autres espaces que sa vigne, Urbà a porté son expérience vers la mine de Cabrench. De même, la défense des intérêts du roi sur la mine de Montbolo passe par la désignation d'officiers qui sont originaires d'Arles ou de Montbolo. Toutes les nominations de gardiens des mines enregistrées par la Procuration royale concernent des hommes de ces deux lieux ou des environs proches. En 1425, il s'agit d'Arnau Desvolo d'Arles ; en 1428, de Joan Camplan de Montbolo, fils de Ferrer Camplan. En 1432, Ferrando, un mineur de La Clota, une petite mine proche d'Arles, est quant à lui nommé gardien des mines d'or et d'argent du roi, un titre bien prestigieux pour un mineur d'origine basque. Il est vrai qu'il est un des associés de Miquel Alerigues et de son fils Georges, argentiers, dans le cadre d'une entreprise minière établie en 1431. Enfin, en 1445, Bernart et Jordi Manera d'Arles, dont on a déjà signalé l'activité minière aux côtés de Francesc Desideri, Pere Comelles et Urbà Aygabella, occupent ce poste. Certes, la proximité géographique joue certainement en leur faveur, car le gardien doit effectuer une surveillance régulière et si possible constante, mais ces hommes ont également à déployer leurs capacités au service du roi. Rappelons qu'Arnau Desvolo d'Arles, nommé comme gardien, devait aussi surveiller la *fuhina* et la « purification » des minerais[62]. Il est bien précisé dans son contrat qu'il doit *dispondre, ordinar, conèxer* et *determenar* « disposer, ordonner, connaître et décider » pour le procurateur royal dans tous les débats qui ont pour objet les mines d'argent. En avril 1445, encore, quand Bernart Manera est nommé à son tour gardien des mines, il doit veiller spécifiquement à la fonte[63]. Enfin, le maître de la *fusina*, Miquel Alerigues, argentier de Perpignan nommé par la Procuration royale, sera remplacé, du fait de ses absences, par un homme d'Arles, Arnau Perer, pareur[64]. Cet individu n'a laissé qu'une trace limitée dans les sources notariales conservées. Si le rôle des gardiens relève davantage du maintien de l'ordre et de l'application du droit que de la technique et de sa maîtrise, la situation est différente pour un maître de la *fusina* comme Arnau Perer. Surveiller la fonte et intervenir dans la gestion de la mine ne peut être efficace sans une bonne connaissance des procédés. On sait que, dans un autre contexte, en Dauphiné au milieu du XIVe siècle, ce sont des habitants de l'Oisans qui conduisent la délicate opération d'expertise sur le minerai argentifère, une expertise qui relève, comme nous l'avons vu, d'une fusion « en grand » à partir de plusieurs quintaux de minerai, ce qui suppose une maîtrise de l'emplombage[65]. L'hypothèse d'un semblable « savoir au village » peut être proposée pour Arles. Cependant, la documentation permet parfois de dépasser les hypothèses. Si elle laisse dans l'ombre Arnau Perer, elle éclaire l'apothicaire Urbà Aygabella, qui est associé à Pere Comelles.

Nous avons déjà présenté Urbà Aygabella comme un entrepreneur rural et nous avons noté non seulement la diversité de ses intérêts, mais également leur spécificité puisque tous relèvent de l'exploitation du métal. Rappelons qu'il détient la moitié des parts de la mouline de Léca. Dans le domaine de l'argent, il a d'abord obtenu personnellement une licence dès 1425, puis il a découvert avec Pere Comelles, entre mars et décembre 1425, la mine d'argent dite d'En Comelles[66]. Alors que cette entreprise disparaît de la documentation, il reçoit une nouvelle licence d'exploitation en compagnie d'un *miles* de Gérone et d'un marchand de Perpignan pour la mine de La Manera à Cabrench (1446)[67]. Entre-temps, et sur le conseil de la reine, il travaille avec Francesc Desideri et Pere Comelles, afin d'aider au développement d'une nouvelle entreprise sur le site de Montbolo. Cette spécialisation métallurgique associée à son activité déclarée d'apothicaire nous a permis de définir Urbà comme un entrepreneur, appliquant le savoir et les capacités rassemblées dans un domaine particulier de connaissances, ici l'élaboration des médicaments, aux bénéfices de ses entreprises métallurgiques. On ignore qu'elle fut la formation initiale d'Urbà. Sans doute, comme cela est d'usage courant dans la Couronne d'Aragon au XVe siècle où le métier d'apothicaire est très contrôlé, Urbà a-t-il suivi un apprentissage à base de connaissances théoriques et pratiques dispensées pendant deux à trois ans[68]. Certes, on pourrait supposer un passage et une formation à Barcelone, qui dispose, au XVe siècle, d'une des plus actives communautés d'apothicaires d'Europe du Sud[69]. Cependant, si Arles et ses notables nouent des relations commerciales avec la grande ville, Urbà reste en dehors de ces échanges. Il ne peut, de toute façon, avoir fait l'impasse sur la connaissance des roches que suppose l'élaboration des médecines. Les minerais et les métaux sont effectivement parmi les ingrédients d'usage courant : sulfate de fer (couperose) mais aussi et surtout litharge et oxyde et sulfate de cuivre (vitriol)[70]. À cette connaissance s'ajoute la pratique nécessaire et rigoureuse de la métrologie[71]. Il faut parfois peser de très petites quantités au cours de la préparation des médecines qui impose le mélange d'ingrédients divers. Connaissance des roches, pratique de la pesée et usage d'arithmétiques simples sont également des savoirs adaptés et même nécessaires à un homme qui touche de près la réduction et la fusion des minéraux[72]. Sans doute, l'intérêt pour l'expérience et la pratique dont font preuve ceux qui prescrivent et élaborent les médecines expliquent qu'ils soient si nombreux au cours des deux derniers siècles du Moyen Âge à rédiger des traités techniques et à faire office d'ingénieurs aux côtés des princes qui les emploient[73]. Or, dans le domaine de la métallurgie de l'argent, la relation entre savoir médical, élaboration des médicaments et entreprise, telle qu'Urbà la personnifie, n'est pas unique. Elle relève d'un modèle.

Son cas fait écho à l'exemple célèbre de Georg Bauer dit Agricola, né en 1494 en Saxe, médecin, pharmacien et auteur du *De re metallica* (publié *post mortem* en 1556)[74]. Le *De re metallica* est le dernier ouvrage d'Agricola, mais il ne fut pas le seul. La curiosité de Georg Bauer pour la mine et les métallurgies est incontestablement née de sa pratique médicale et de l'élaboration des médicaments qui lui est associée. Dès l'âge de 20 ans, lors d'un séjour en Italie consacré à approfondir ses connaissances médicales (de 1523 à 1526), il participe à l'entreprise d'édition des textes grecs de Galien et d'Hippocrate[75]. Puis ses interrogations personnelles se concrétisent dans son premier ouvrage, le *Bermannus* (publié en 1530). Dans le cadre du dialogue qui est la forme de cet essai, Georg Bauer pose clairement la question de l'exercice de la médecine, qu'il juge impossible sans une parfaite connaissance et identification des produits mentionnés dans les divers ouvrages grecs et arabes. Il conclut qu'une collecte des mots est nécessaire, afin d'identifier précisément les composants[76]. Le *Bermannus* est le premier d'une dizaine d'ouvrages où Agricola poursuit et enrichit son enquête lexicographique. Il la complète d'une étude consacrée aux mesures. Pour comprendre pleinement la démarche d'Agricola, sans doute faut-il ajouter à cet intérêt scientifique et professionnel le fait que Georg Bauer avait pratiqué la médecine en Saxe et sur le carreau de la mine à Joachimsthal, puis à Chemnitz (à partir de 1531). Marié successivement à deux femmes dont les familles exerçaient dans le domaine de l'extraction et de la fonderie, il a lui-même investi des capitaux dans la croissance minière exceptionnelle que connaît la Saxe au XVIe siècle. Agricola illustre, de la façon la plus prestigieuse qui soit du fait de la mise en forme de son savoir, l'association entre médecine, pharmacie et métallurgie, comme Urbà Aygabella relève de sa version méconnue et rurale. En Roussillon, peut-on trouver d'autres témoignages de l'intérêt porté par les médecins ou les apothicaires à l'exploitation minière ? Dans son article pionnier consacré aux médecins du Roussillon au XIVe siècle, Bernard Alart ne le mentionne pas[77]. De même, de la belle et récente étude consacrée à la boutique d'un apothicaire de Barcelone et à la publication de son livre de compte, rien non plus ne filtre d'une activité minière ou métallurgique qui aurait pu se greffer sur des connaissances accumulées dans un autre secteur du savoir[78]. Dans le domaine de la métallurgie, le cas d'Urbà n'est pourtant pas unique. Il suffit de se rapporter aux concessions minières que nous avons réunies pour souligner l'intérêt qu'il y aurait à approfondir le dossier catalan. En effet, parmi tous ceux qui sollicitent du roi le droit d'extraire et de traiter les minerais polymétalliques, le seul domaine de compétences récurrent est celui des médecins, des barbiers et des apothicaires : Joan de Vallaberan, associé aux Alerigues en 1431, est apothicaire ; Jaume Amsos l'est aussi à Ille ; Arnau Teuler est médecin à Ripoll[79].

Actes notariés, savoirs tacites et savoirs codifiés

Cette relation entre médecine et métallurgie nous renvoie à une autre question traditionnelle dans le domaine de l'histoire des sciences et des techniques, celle des savoirs tacites et de la place qu'il convient de leur attribuer dans la catégorie des savoirs médiévaux[80]. Si les traités techniques consacrés à la métallurgie, et ils sont rares avant le XVIe siècle, offrent un condensé codifié et ordonné des savoirs techniques, ils n'épuisent pas tous les savoirs disponibles en la matière et ne constituent pas les seules sources dont dispose l'historien pour les connaître. En particulier, ils se distinguent des « savoirs tacites », c'est-à-dire des savoirs non écrits qui se transmettent par la parole, mais surtout par le geste, par la personne physique, en quelque sorte, dans laquelle ils sont comme incorporés[81]. Ces savoirs sont d'autant plus fragiles que leur mémorisation passe par le renouvellement, de génération en génération, des personnes qui les détiennent. Leur place est fondamentale dans le domaine du savoir médiéval, et les ignorer consisterait à gommer de la mémoire et de l'histoire une grande part des savoirs techniques dont disposait l'Occident médiéval. C'est ce que constatait déjà Guy Beaujouan quand il signalait la difficulté pour l'historien à connaître et à reconstituer le geste technique. Cette prise en compte des savoirs tacites doit beaucoup à l'École française de technologie fondée autour de Jacques Guillerme et de Jan Sebestik et qui a trouvé un prolongement et un enrichissement dans l'œuvre de l'ethnologue historien André-Georges Haudricourt. Il m'appartient ici de donner quelques jalons historiographiques pour saisir leurs contributions à une réflexion sur les savoirs techniques. À partir des travaux de Johann Beckmann (1739-1811, Göttingen), et dans le cadre du séminaire de Georges Canguilhem, Jacques Guillerme et Jan Sebestik ont cherché à définir la « technologie »[82]. La technologie est une science de la technique, une science de l'action intentionnelle, toute technique étant définie comme une action finalisée et efficace qui suppose une réflexion rapportée à un objectif. Dans cette lignée et à la même période, André-Georges Haudricourt insistait sur le fait que le savoir technique est toujours aux prises avec des contingences matérielles et que le « bricolage », loin d'être synonyme d'imperfections, résulte justement de cette confrontation créative[83]. Ainsi, l'action est-elle inhérente aux savoirs techniques, ce qui suppose, pour ceux qui l'exercent, des capacités à concevoir, à agencer, à s'adapter et à projeter. Le geste technique, même le plus simple et le plus convenu, n'est donc jamais une répétition plus ou moins appliquée, une simple routine. Il est l'aboutissement d'un compromis, d'une série de contraintes qu'il faut gérer au fur et à mesure que se réalise l'objet. Le geste technique est donc le fruit d'aptitudes à concevoir des solutions adaptées à des exigences particulières et résulte, comme tel, d'un processus intellectuel qui révèle des capacités d'abstraction et s'inscrit dans la construction d'un savoir, d'un savoir souvent tacite. Pour le Moyen Âge, les actes notariés, au prix d'un large dépouillement et d'une enquête rigoureuse, permettent d'approcher et de recomposer quelques bribes de ces savoirs non écrits mais dont l'application a été enregistrée par l'écrit ; la *fusina* de Montbolo et la soufflerie de la mouline de Léca, qui toutes deux sont en relation avec l'apothicaire Urbà Aygabella, sont ainsi des objets techniques qui ont condensé des savoirs[84].

Mais l'étude de cas se révèle insuffisante si elle n'est pas rapportée aux constructions théoriques qui sont élaborées au même moment. Nous avons déjà saisi combien l'exemple d'Arles, de sa *fusina* et de son apothicaire restitue le croisement et les imbrications entre savoir métallurgique et savoir médicinal. Le cas est d'autant plus rare qu'il s'inscrit dans un contexte rural. Rien d'étonnant que ce dossier soit celui consacré aux mines d'argent. Le métal précieux, la présence royale et la production d'écrits qu'imposent contrôle et fiscalité du roi offrent un éclairage que le fer ne fournit pas avec autant d'éclat. Cependant, le lien que la mine et la *fusina* de Montbolo entretiennent avec Perpignan, la Procuration royale et ses officiers qui vont et viennent d'Arles à la cité ne doit pas gommer la place spécifique du bourg rural dans le domaine de l'élaboration comme de la circulation des savoirs techniques. Le cas d'Urbà Aygabella autorise, à présent, l'ouverture d'un dossier délicat qui consiste à comparer savoirs codifiés et savoirs tacites à partir de l'examen des traités techniques consacrés à la métallurgie et à la lumière des actes rassemblés pour le Vallespir, rédigés tant à l'échelle de la Procuration royale qu'au village. Il s'agit, par cette démarche, d'apprécier la place des savoirs tacites dans le domaine des savoirs. Ériger un clivage radical entre savoirs tacites et savoirs codifiés de la fin du Moyen Âge ne suffit plus, en effet, pour clarifier leur coexistence. Il convient d'appréhender différemment la question de leur relation par une relecture croisée, afin de ne pas rejeter arbitrairement la technique sans écrit hors du domaine du savoir[85].

De fait, encore aujourd'hui et malgré l'apport de la philosophie et de l'anthropologie des techniques, l'absence de mise en forme par l'écrit continue de pénaliser les savoirs tacites, leur ôtant souvent leur légitimité. La situation n'est pas récente. Elle était déjà en œuvre à l'époque médiévale puisque, comme le précise Guy Beaujouan, « l'insistance platonicienne sur la dichotomie entre esprit et matière a relégué les procédés techniques du côté de la matière et les dissocie de la vie de l'esprit[86] ». Même l'émergence de la mécanique dans les catégories du savoir, avec l'œuvre d'Hugues de Saint-Victor, est étrangère aux applications pratiques et aux techniques et interroge la connaissance du divin : le travail des artisans imitant la nature, les arts mécaniques sont une des voies d'accès à Dieu[87]. Cet intérêt ponctuel ne doit pas faire oublier le mépris courant que les gens du savoir expriment encore au XIIIe siècle pour les domaines de la production[88]. Or la situation bascule à partir de la seconde moitié de ce siècle, quand « la prise de conscience de l'aptitude à innover » s'impose à quelques savants[89]. Le recours à la *scientia experimentalis* selon Roger Bacon et son éloge de Pierre de Maricourt illustrent le nouveau rapport qui se noue alors entre savoirs théoriques et pratiques, savoirs codifiés et tacites. Ainsi, au chapitre XIII de son *opus tertium,* Roger Bacon fait référence à Pierre de Maricourt en ces mots : « Il sait par expérience les choses de la nature, de la médecine et de l'alchimie et aussi celles du Ciel et d'ici-bas. Il a honte d'ignorer ce que peuvent savoir un laïc, une petite vieille, un soldat ou un paysan. Il a donc cherché à bien connaître tout ce qui touche au travail des divers métaux, à la guerre et aux armes, à la chasse, à l'agriculture et à l'arpentage[90]. » Les savoirs tacites, en particulier dans le domaine des techniques de production, trouvent enfin une place qui rend compte de leur spécificité dans les catégories du savoir médiéval, mais cette place n'est reconnue que par quelques savants qui sont, pour la plupart, en dehors du monde de l'Université. En outre, pour qu'elles confirment cet intérêt, les techniques relevant de savoirs tacites doivent se plier à la codification. Des techniciens de la fin du Moyen Âge l'avaient bien compris, comme en témoigne le cas de Bertrand Boysset. Celui-ci est arpenteur. Homme cultivé, auteur de poèmes et d'une chronique des événements de sa ville (Arles, en Provence), il vit de sa pratique au XIVe siècle. Or il rédige deux traités sur son activité quotidienne, traités qu'il intitule *Siensia del destrar* (arpentage) : le « destre » est la perche graduée ; et *Siensa d'atermenar* (bornage) : le « terme » est la borne. Cette rédaction, à force de reprises et de compléments, occupe quinze ans de sa vie, et le passage à l'écrit comme l'usage du terme *Siensa* ne sont pas anodins dans ce cas précis. Ils témoignent d'une entreprise de justification d'un savoir non reconnu dans le corps des disciplines universitaires auquel Bertrand Boysset veut accéder. Le technicien sait que l'écrit permet la reconnaissance de sa pratique comme inhérente à un savoir, mais cette volonté de mise en forme demeure rare[91].

Il convient à présent, à la lumière de ces observations sur savoirs tacites et savoirs codifiés, d'examiner le niveau de savoir que suppose la conduite de la *fusina* et d'élargir cette étude à la métallurgie du fer. L'écriture du notaire rend compte de pratiques qui supposent la maîtrise d'un savoir et même souvent d'un savoir complexe, comme le donnent à voir, au même moment, les traités techniques. À ce niveau de la démonstration, il paraît nécessaire de rappeler le dossier de la mouline de Léca tel que nous l'avons exposé précédemment. C'est à Léca qu'est attesté pour la première fois dans l'espace technique de la mouline l'usage de la soufflerie hydraulique couplée au martelage : un bail d'amodiation daté de 1416 mentionne la roue des soufflets. Par ailleurs, des documents concernant la mouline de Léca fournissent des informations sur la réparation et l'achat de soufflets en cuir, ce qui est rare. On sait que l'application de la soufflerie hydraulique au procédé de réduction directe est complexe, puisqu'il ne faut pas atteindre le point de fusion. Mais ces indices complémentaires prouvent également que le mouvement impulsé aux soufflets est délicat et rendu coûteux par la fragilité du cuir. Seul l'usage, plus tardif, des soufflets de table permettra de dépasser cet inconvénient majeur. Ici encore, tout comme pour la *fusina*, nous sommes dans le cadre des tâtonnements, de la lente mise en place de nouveaux procédés. Or le domaine d'application de ces nouveautés à l'échelle du bourg d'Arles, qu'il s'agisse du traitement de l'argent (*fusina*) ou de la soufflerie hydraulique appliquée à la réduction directe du fer (*molina*), n'est pas décalé par rapport aux techniques innovantes de l'époque, perçues à l'échelle de l'Occident et enregistrées dans des écrits prestigieux.

De quels textes disposons-nous pour procéder à ce rapprochement ? Aux XIVe et XVe siècles, il est peu probable que la diffusion des traités techniques, quel que soit le sujet qu'ils abordent, atteigne la population commune des praticiens. Quand elle le fait, c'est pour une minorité d'entre eux : cénacle d'artistes et d'ingénieurs qui annotent les traités de leurs prédécesseurs, techniciens attachés aux hôtels des monnaies ou mobilisés sur de grands chantiers urbains. L'examen des rares traités qui abordent le travail du métal, qu'ils soient spécialisés ou non, confirme cet avis. Celui, isolé, et ô combien prestigieux de Théophile (*Diversarum artium schaedula*, vers 1120) comme les sommes du XVIe siècle de Vannoccio Biringuccio (*De la pirotechnia*, 1540) ou d'Agricola (*De re metallica*, 1556) ne sont pas des manuels rédigés pour l'apprentissage ou la formation de ceux qui pratiquent communément la technique, pour les hommes des mines, des forges et des fours[92]. Certes, le traité de Théophile est incontestablement une exception par l'intérêt qu'il porte, au début du XIIe siècle, aux réalisations techniques. Par son souci de la description des procédés, il dépasse en précision les autres textes techniques qui lui sont contemporains ou immédiatement postérieurs et qui n'abordent la métallurgie que par le biais de la répétition de recettes hétéroclites[93]. Néanmoins, l'ouvrage de Théophile ne traite pas de la production du métal mais du travail de l'orfèvre. La même remarque pourrait être faite à propos des traités consacrés aux essais de la monnaie, plus nombreux à partir du XIVe siècle[94]. Ainsi, pour cerner les connaissances en circulation sur la phase d'élaboration des métaux qui nous intéresse ici, tant dans le domaine de la réduction du fer que dans celui de la fusion du plomb et du cuivre argentifères, les seuls traités disponibles sont rédigés au début du XVIe siècle. Sans doute cet état de fait ne relève-t-il pas du hasard. La métallurgie lourde n'est ni le domaine des artistes, ni celui des monnayeurs, ni même celui des ingénieurs, qui ne s'y intéressent généralement que lorsque le métal élaboré permet la réalisation de l'armement. Cependant, il faut bien convenir que, pas plus que l'ouvrage de Théophile, ceux de Biringuccio et d'Agricola, par leur format, l'usage du latin et la richesse de leur iconographie, ne sont adaptés à l'atelier et au chantier. Pourtant, ils sont davantage en prise avec la réalité de la pratique que traités, encyclopédies et recettes des siècles précédents et, en particulier, ils affichent clairement la volonté de diffuser la connaissance. Cette volonté d'expliquer et de faire comprendre est même au cœur de leur démarche. Chez Agricola, elle est à l'œuvre dans l'élaboration du vocabulaire technique et dans la réalisation des planches. Le texte est relayé par le dessin, qui n'est pas conçu comme un support, ni comme un complément mais comme inhérent à l'exposé didactique[95].

Pour toutes ces raisons, le *De la pirotechnia* de Biringuccio et le *De re metallica* d'Agricola sont tous les deux des traités adaptés à une confrontation entre savoirs tacites et savoirs codifiés. Ils peuvent effectivement se lire comme un témoignage à la mesure d'une vie : celle d'hommes qui mettent en forme des savoirs techniques dont ils témoignent grâce à leur expérience de fondeur, circulant tant en Italie que dans l'Europe centrale, comme Biringuccio, ou bien grâce à leur immersion dans une société marquée par la mine, comme Agricola, savoirs dont ils souhaitent l'un et l'autre la diffusion[96]. Ceux qu'ils ordonnent dans leurs sommes métallurgiques correspondent à des connaissances accumulées par plusieurs générations et qui se diffusent sous la forme de savoirs tacites depuis la fin du Moyen Âge. Voilà pourquoi l'historien est fondé à comparer les deux traités aux témoignages des actes notariés du XVe siècle, afin de profiter d'un effet de miroir entre des sources de différente nature et qui ne sont pas forcément et totalement hermétiques l'une à l'autre ; l'une et l'autre témoignant de l'exigence de l'expérience matérielle.

De quoi rendent compte la *Pirotechnia* et le *De re metallica* ? Dans les domaines des polymétalliques, avec le *Saigerprozess*, ils illustrent un aboutissement, le résultat d'un long processus innovant et le choix final du procédé le mieux adapté au contexte de leur écriture, c'est-à-dire l'Italie et l'Europe centrale du début du XVIe siècle, car il semble bien que les connaissances de Biringuccio dans ce domaine se soient enrichies de ses voyages dans les territoires germaniques et qu'Agricola ait lu son prédécesseur[97]. À la lumière de la démarche dont procèdent les deux traités, et après l'enquête que nous avons menée autour de la *fusina* de Montbolo, il apparaît que la *fusina* s'inscrit justement dans ce long processus d'élaboration d'un savoir technique, processus en cours en Occident tout au long du XVe siècle et qui intéresse le traitement du cuivre. Certes, la *fusina* n'est pas le *Saigerprozess*. Cependant, son implantation à Montbolo n'est pas décalée par rapport à ce contexte et illustre les recherches et les tentatives à l'origine de l'innovation, tentatives partagées par de nombreux groupes humains comme le révèlent les sources catalanes, provençales et italiennes ; un long processus qui est aussi celui des modalités de la création technique. Si le *Saigerprozess* est une rupture technique dont on connaît et reconnaît les fabuleuses conséquences à l'origine de la fortune particulière des Fugger, l'exemple de la *fusina* catalane, relayé par la *fusina* provençale et ses fondeurs allemands et par la *fusina* vénitienne, démontre que la rupture est un effet d'optique, car elle n'est que l'étape finale de la maturation à l'origine de la nouveauté[98]. Le cas de la *fusina* prouve finalement que l'innovation est l'aboutissement de tentatives dont une seule a été mémorisée, car une seule a pleinement réussi dans le domaine économique et une seule a été magnifiée par l'écrit. La *fusina* est un des essais rapporté à un territoire technique particulier. Elle est une des solutions proposées au traitement des minerais polymétalliques et de ses enjeux économiques au XVe siècle[99]. Or ce tâtonnement inventif ne peut être saisi que dans le cadre d'une enquête qui participe de la démarche de la micro-histoire et qui ne relève donc pas d'une histoire locale, mais bien d'une réflexion menée à partir de différentes échelles d'observation et d'écriture de l'histoire.

De même, l'application de la soufflerie hydraulique constitue une étape importante de l'histoire de la métallurgie. Ainsi, la mécanisation de la soufflerie, d'abord expérimentée et banalisée dans le domaine de l'argent qui profite d'investissements princiers ou royaux et de l'apport de techniciens au fait des nouveautés, s'est diffusée au secteur de la sidérurgie, semble-t-il d'abord dans la filière de la réduction indirecte dont l'origine technique, faut-il le rappeler, réside précisément dans la soufflerie hydraulique puisque la fusion du métal et la production de fonte en dépendent. Ce n'est qu'au début du XVe siècle que la soufflerie hydraulique est clairement attestée dans le contexte de la réduction directe, aussi bien en Italie qu'en Languedoc et dans les Pyrénées[100]. Le premier dessin conservé représentant des soufflets hydrauliques actionnés dans une forge de réduction correspond à ce cas et il date également de la première moitié du XVe siècle. L'ingénieur hydraulicien siennois Taccola présente, entre 1427 et 1449, dans un traité consacré aux machines à usage militaire intitulé *De rebus militaribus*, deux soufflets installés dans une forge de réduction directe dont la représentation se limite au foyer[101]. L'illustration se concentre sur le système de cames qui actionne alternativement les deux soufflets. Or, Taccola invente peu. Les machines qu'il met en œuvre dans son traité sont souvent héritières d'une antique tradition et leur fonctionnement est avéré. Certaines sont d'origine plus récente, et Taccola est le premier à en donner une représentation. C'est le cas de la soufflerie hydraulique, qui participe de l'intérêt que Taccola porte, comme son successeur Francesco di Giorgio, à l'hydraulique. Les moulins occupent une place importante dans leurs corpus avec des réalisations parfois étonnantes comme le moulin à mercure, invention de Taccola, qui d'ailleurs tranche parmi des choix techniques qui sont communément les siens mais qu'il faut néanmoins rapporter aux mines siennoises du mont Amiata. Le dessin de la soufflerie hydraulique se place dans un registre technique plus modeste. Il insiste sur la puissance et l'efficacité de la soufflerie et condense dans cette représentation les réalisations qui se développent alors sur le terrain. Il n'est pas inutile de rappeler que Sienne et ses campagnes sont aussi un territoire de la sidérurgie directe où des expériences sur la soufflerie ont pu se développer[102]. Mais les premières applications de la soufflerie hydraulique dépassent le lieu de sa première représentation. La soufflerie de la mouline de Léca est l'une d'entre elles. Pour la mouline de Léca, l'implantation de la soufflerie hydraulique doit également être rapportée au contexte de la métallurgie de l'argent. Il y a là une circulation de l'innovation d'un secteur à l'autre de production, une transposition technique, que l'on voit en œuvre à l'échelle d'un bourg rural puisque la mouline voisine avec la *fusina* et qu'elles disposent de deux points communs : une soufflerie hydraulique et un homme. En effet, quelle que soit la lecture qu'on puisse en faire, la circulation de l'innovation nous ramène encore une fois au même individu : Urbà Aygabella, propriétaire d'une partie de la mouline de Léca et partie prenante dans la société minière de la mine d'En Comelles en relation avec la *fusina* de Montbolo. En particulier, sa forte présence dans son atelier sidérurgique, où il est tout à la fois attentif au combustible et à la réparation des soufflets, laisse à penser qu'il ait pu être un des vecteurs de cette circulation technique. Nous sommes bien dans le domaine des savoirs tacites, ancrés dans la personne physique. Ainsi, pour la soufflerie hydraulique de la forge comme pour la *fusina*, le traité technique doit se lire à la lumière des savoirs tacites dont il rend compte, au hasard des choix de son rédacteur, et non le contraire. Le technicien de la forge ou du four ne consulte pas de traités. Au contraire, les auteurs des traités, à partir du XVe siècle et dans une commune volonté de diffusion de la connaissance selon le modèle humaniste, restituent par l'écrit une partie des savoirs tacites qu'ils ont choisi de codifier.

La mine ouverte dans la vigne de Pere Comelles, sur le pug d'Arles, est bien un objet d'histoire européenne. Elle s'inscrit indéniablement dans l'histoire de la Couronne d'Aragon, et son étude éclaire l'élaboration des connaissances, tant dans le domaine législatif que technique, au temps de la Renaissance. L'enquête est sortie des registres notariés et elle s'est portée vers les fonds de la Procuration royale où les hommes d'Arles, Pere Comelles et Urbà Aygabella, ont laissé des témoignages de leurs activités. Le bourg d'Arles était bien représenté dans les couloirs du pouvoir. Les sources une fois collectées ont permis l'ouverture d'une enquête exceptionnelle qui non seulement confirme l'importance de l'activité des notables ruraux dans le domaine de la production des non-ferreux, mais permet aussi d'interroger autrement les rapports ville-campagne, entre cour royale et bourg, dans les domaines de l'élaboration des savoirs par la claire mise en évidence de relations qui ne sont pas unilatérales. Sans doute, le secteur de l'argent est-il le meilleur observatoire pour une telle enquête parce qu'il produit beaucoup d'écrits et ouvre exceptionnellement sur la Cour et les gens du savoir, permettant ainsi une comparaison tant dans le domaine du droit que dans celui de la métallurgie. Or, il apparaît, une nouvelle fois, que le bourg rural n'est pas uniquement un lieu abritant une activité qui lui échappe et le dépasse. À partir du cas de la sidérurgie, nous avions déjà rencontré le dynamisme de ces entreprises que sont les moulines, la complexité de leur gestion, l'autonomie de leur financement et les mouvements migratoires à grande échelle qui convergeaient vers elles. Le terrain était celui de l'action, de la production et de la gestion. La métallurgie de l'argent a permis d'interroger l'activité des notables ruraux dans un domaine des savoirs qu'il est plus courant d'étudier en milieu urbain et à partir des témoignages relevant de gens dits « de savoir » du fait de la prégnance d'un modèle historiographique selon lequel le savoir est réservé à la ville, à ses élites et à sa production théorique[103]. Il s'avère pourtant qu'autour de la mine de Pere Comelles et d'Urbà Aygabella le savoir n'est pas délivré aux notables du bourg d'Arles, mais qu'ils participent directement à son élaboration.

Conclusion

Les notaires d'Arles et du Vallespir ont enregistré, jour après jour, page après page, l'activité des industries de la haute vallée du Tech et témoigné de toutes sortes d'entreprises. Pour comprendre la place de l'industrie et des entreprises dans les campagnes catalanes, il fallait non seulement noter le moindre renseignement fourni par une documentation très répétitive où néanmoins chaque acte est unique et dépositaire d'informations particulières, mais également analyser ces données avec prudence. Certes, le notaire peut d'autant mieux témoigner de l'industrie qu'il détient des intérêts dans ce secteur ; il peut être d'autant plus attentif à la notabilité rurale qu'il en est membre. Cependant, il rédige ses actes non seulement en fonction des normes d'écriture de son métier, mais aussi avec les outils mentaux qui sont les siens et les représentations sociales qui leur sont associées. Il apparaît, en particulier, que les catégories qu'il utilise pour désigner le métier ou la profession de ceux qui viennent le consulter et travaillent dans l'industrie sont parfois en décalage avec les activités dont témoigne la documentation notariale. Il convient donc, pour l'historien, de récolter toutes les informations et de s'attarder sur les individus et la reconstitution de leur vie comme autant de révélateurs d'une situation complexe que les actes cachent autant qu'ils la restituent. C'est le cas pour les entrepreneurs ruraux.

À partir de ces remarques de méthode, afin de profiter au mieux des caractéristiques de la documentation et pour cerner d'assez près un nombre important d'individus, la démarche choisie a été celle de la micro-histoire. C'est à partir des individus, de leur biographie, que l'industrie a pu être étudiée et inscrite dans l'entreprise. L'enquête imposait d'adapter l'échelle d'observation à l'objectif à atteindre et de jouer d'une combinaison d'échelles pour saisir différents aspects de ce secteur d'activité, présentés comme autant d'angles d'attaque formulés en fonction des sources et des questions historiographiques. À partir du bourg, du Vallespir, du comté et des régions du pourtour de la Méditerranée, l'industrie des campagnes s'est révélée.

Cette industrie regroupe différents secteurs et niveaux de production. La fabrication des draps, en particulier la teinture, est pratiquée dans plusieurs ateliers d'Arles, et des teintureries sont également actives durant la première moitié du XVe siècle, à Céret et à Prats-de-Mollo. Si tous les bourgs accueillent des industries qui leur sont communes, l'examen attentif des actes démontre que certains d'entre eux sont, par ailleurs, spécialisés dans un type de production ou dans une activité de service qui leur est associée : Arles et la métallurgie ; Céret et le travail du bois ; Saint-Jean-Pla-de-Corts et le transport. Néanmoins, de bourg en bourg et sur l'ensemble de la vallée, il apparaît également que le Vallespir constitue un district industriel aux activités combinées et complémentaires, où les hommes et les capitaux circulent. C'est cette circulation qui fait du district un espace particulier et en dessine les contours. Certaines de ses activités s'inscrivent dans des entreprises au capital divisé en parts, détenues par des notables. Certains sont des entrepreneurs. Leur action dans l'industrie ne se limite pas à un investissement passif, ils pratiquent une véritable gestion de leur atelier, illustrée, entre autres, par le choix de l'innovation technique.

À l'échelle du Vallespir comme à celle du bourg d'Arles, les registres des notaires enrichis de la comptabilité royale témoignent, en effet, de la présence active des notables ruraux. Ces hommes qui détiennent toutes sortes d'ateliers, des teintureries, des forges et des moulins à scier, utilisent des moyens de financement internes au bourg où diverses stratégies sont mises en œuvre pour profiter de la pluralité des modalités de prêt dans une société où l'endettement structure les rapports sociaux comme les rapports de production. Ainsi, l'industrie rurale, en particulier celle d'Arles, n'apparaît pas comme forcément commandée et approvisionnée, tant en matières premières qu'en capitaux, par la ville. Si les individus qui la dirigent entretiennent des rapports étroits avec Perpignan et parfois Barcelone, il n'en demeure pas moins qu'ils sont bien insérés dans la société du bourg, d'où ils conduisent leurs affaires. En particulier, il s'avère qu'une partie du financement dont ils profitent pour mener à bien ces affaires provient des institutions charitables ou d'entraide que sont les confréries et l'hôpital, dont les revenus dépendent de la générosité des familles dont ils sont membres. Si des capitaux proviennent de la ville proche ou lointaine, il apparaît qu'ils sont souvent drainés par les réseaux construits dans la ville par les notabilités rurales et procèdent ainsi du dynamisme des campagnes en milieu urbain.

Pas plus que pour ses finances, l'industrie du bourg n'est soumise à la ville en termes de savoir, en particulier dans le domaine des techniques. Le savoir n'est pas délivré aux notables du bourg d'Arles qui, tout au contraire, participent directement à son élaboration. Le secteur de la métallurgie, en particulier celui de la mine d'argent et du traitement des minerais polymétalliques, est un observatoire adapté à l'enquête. Celle-ci est à nouveau partie des individus, de la mine de la famille Comelles et de ses associés, dont l'apothicaire Urbà Aygabella. Elle a permis de démontrer que la loi, dans ce cas une ordonnance royale consacrée à l'extraction et à la transformation des métaux précieux, a été peu à peu modifiée et l'objet de réécritures et d'amendements, car il a fallu l'adapter aux conditions réelles de l'extraction. Le roi s'est plié aux exigences du terrain, et la loi s'est enrichie de l'expérience de la mine et de la pratique des essais sur le minerai. Dans ce contexte, à l'échelle d'Arles, et en la personne d'Urbà Aygabella, l'enquête fait apparaître que le savoir tacite dont dispose certains membres de la notabilité rurale, et dont témoignent la *fusina* et la soufflerie hydraulique de la mouline de Léca, n'est pas en décalage par rapport aux innovations en circulation au même moment en Occident. Tout au contraire, il participe d'une élaboration commune qui aboutit aux connaissances rassemblées et codifiées dans les traités techniques des

XVe et XVIe siècles, lesquels ont été le réceptacle d'expériences partagées et simultanées à l'échelle du continent.

Parmi les produits que livre cette industrie, les données concernant le fer sont exceptionnellement nombreuses. Une enquête lexicale, enrichie des acquis récents de la métallographie, permet d'aborder l'identification des produits à partir de leurs désignations. Le choix d'un observatoire restreint, en l'occurrence le bourg d'Arles, aide à mieux cerner la question des appellations et des modalités de vente et de redistribution du fer. Il est ainsi apparu que le fer n'est pas un produit de qualité homogène et qu'en outre la désignation du produit selon le terme neutre de *ferrum* ne correspond pas à un désintérêt pour le produit, mais à un niveau de transaction, celui du marché de redistribution. À ce niveau d'échange, c'est un autre élément de la transaction, en l'occurrence la qualité du vendeur, qui rend compte de la valeur du produit échangé, par la place qu'il occupe sur le marché et plus largement dans la société du Vallespir. Le *ferrum* est toujours celui d'un homme. En effet, la lecture des actes notariés et le rassemblement des prix et des produits dans un même lieu d'observation mettent en évidence deux marchés superposés et combinés : un marché de gros où se pratique un prix défini par des marchands locaux spécialisés (un marché des experts), un prix néanmoins encadré et que la documentation permet de rapprocher du « juste prix » ; un marché de redistribution, aux prix irréguliers et auquel participe un nombre plus important d'individus, aux occupations et professions diversifiées. C'est à ce niveau d'échange qu'il apparaît clairement que la formation du prix du fer dépend non seulement de la qualité du produit, mais également de la position respective des acheteurs et des vendeurs, créditeurs et débiteurs, les uns par rapport aux autres, et dont la place qu'ils occupent respectivement dans la société du bourg rejaillit sur les formations des prix. Cette relation étroite entre un homme et un produit se retrouve également à un troisième niveau de marché, quand le métal est, tout à la fois, produit d'échange et étalon monétaire. La pratique courante qui consiste à acheter des produits avec du fer, selon une valeur tacite attribuée au métal dans une économie rurale par ailleurs monétarisée, s'inscrit dans une population particulière : celles des forgeurs étrangers et des hommes qui les entourent dans la forge.

Ils sont, au début du XVe siècle, ariégeois et languedociens, puis basques. Les Basques, en particulier, font enregistrer la moindre de leurs transactions par les notaires, ce qui permet à l'historien une plongée exceptionnelle dans le monde du travail. Ainsi, au fil des registres, 175 Basques ont pu être repérés avant 1463. Ils occupent, en quelques années, la majorité des moulines du comté de Roussillon et mettent en œuvre des stratégies qui leur permettent de contrôler différents ateliers et de s'entraider dans un contexte difficile, car dominé par l'endettement. Ceux qui concluent les contrats de location avec les notables propriétaires de l'atelier en assurent le fonctionnement durant le temps court du bail, en moyenne un an. Il est possible de suivre au plus près les conditions de vie de ces hommes, tout au long du XVe siècle. C'est souvent accablés par les dettes et pressés par leurs créditeurs que les Basques aboutissent en Catalogne ; sur place, ils s'endettent à nouveau pour investir en achetant des mules, animal indispensable à leur activité, qu'ils soient *ferrarii*, forgeurs, charbonniers ou transporteurs, la mule constituant, en outre, un placement dont ils pourront disposer au moment de leur retour au pays. Si la pratique des Basques dans la forge, et en particulier leur compétence technique, n'apparaît pas différente de celle des travailleurs qui les ont précédés, Ariégeois ou Languedociens, les heurts sont nombreux entre les uns et les autres. Certaines moulines sont le cadre de violences, de *bandositats*, entre groupe de Basques et groupe d'Ariégeois. On aurait tort de voir dans ce déchaînement de violence un acte gratuit. Ces bagarres font partie d'une stratégie de survie qui aboutit au contrôle de la mouline puisque la conséquence en est l'éviction d'un des deux groupes de l'atelier. La violence est un moyen de s'imposer en terre étrangère et de s'approprier l'outil de travail.

Il ressort de cette enquête dans le village et dans le bourg, au plus près des individus, de leurs choix, de leurs contraintes, de leurs pratiques, de leurs savoirs, de leurs réussites et de leurs échecs, une industrie particulière : une industrie rurale qui ne correspond pas au modèle couramment retenu par les médiévistes. La remise en cause d'un modèle dominant en histoire ne signifie pas pour autant qu'il faille le rejeter. Il suffit de le relativiser, car la fréquentation des archives fait jaillir la diversité et la fluidité des situations et permet au final de se départir des modèles. Pour illustrer une telle constatation, il me suffira de rappeler l'évolution récente de l'historiographie consacrée à la Révolution industrielle, un phénomène bien connu même des non-historiens. L'apologie du modèle britannique, fondé sur l'histoire des transferts de techniques anglaises sur le continent est à l'origine du concept de la Révolution industrielle associé à l'affirmation de la « supériorité » britannique comme une voie optimale de la croissance. Récemment, et en contradiction avec ce modèle unique et dominant, plusieurs relectures ont abouti à mettre en valeur la pluralité des voies de la croissance et de l'industrialisation et, finalement, une pluralité d'expériences européennes. À l'issue de ces révisions, il apparaît qu'il existe en Europe plusieurs formes d'industrialisation aux modes de production et aux rythmes différents, fondées davantage sur la force hydraulique que sur la houille et la vapeur et où l'innovation radicale se juxtapose à d'autres modalités d'innovations techniques, souvent au cœur même des techniques dites traditionnelles[1]. Même si le phénomène historiographique n'a pas la même ampleur, « l'industrie au village » offre une remise en cause des rapports entre artisanat et industrie au Moyen Âge et propose une autre appréciation du poids de l'industrie dans l'économie médiévale et dans celle des campagnes, en temps de croissance et de crise. C'est une industrie tenue par la notabilité des bourgs et ses entrepreneurs ; une industrie qui a généré un marché aux procédures complexes ; une industrie ouverte sur des espaces lointains, par l'exportation de ses produits, par sa capacité à participer à la circulation de techniques innovantes et à générer l'afflux d'une main-d'œuvre étrangère ; une industrie rurale en relation avec la ville et avec le roi mais qui ne se plie pas uniquement au modèle « centre et périphérie » et à la domination urbaine. La ville et le roi peuvent intervenir dans l'industrie du bourg, mais celle-ci dépend également des initiatives de vies singulières, souvent « minuscules ». Si le Vallespir est un observatoire exceptionnel du phénomène, ne doutons pas que bien des campagnes médiévales n'abritent pas que des seigneurs et des paysans.

Notes

INTRODUCTION

1. Déjà, en 1991, dans la synthèse des travaux des historiens français qu'il présentait dans le domaine de l'économie médiévale, Robert-Henri Bautier notait une baisse d'intérêt pour l'histoire économique, accompagnée d'une forte poussée des recherches portant sur ce qu'il nommait « la production des matériaux de base », c'est-à-dire, pour l'essentiel, l'industrie métallurgique : Robert-Henri Bautier, « L'histoire économique et sociale de la France médiévale de l'an mil à la fin du XVe siècle », dans *L'Histoire médiévale en France. Bibliographie et perspectives*, Paris, 1991, p. 49-56 [en particulier p. 80 et p. 97-98]. Une synthèse récente dans *Les Industries rurales dans l'Europe médiévale et moderne, Actes des XXXIIIe journées internationales d'histoire de l'abbaye de Flaran*, Jean-Michel Minovez, Catherine Verna et Liliane Hilaire-Pérez dir., Toulouse, 2013 ; consulter également, pour une mise en perspective, Philippe Braunstein, Philippe Bernardi et Mathieu Arnoux, « Production, travail, consommation », dans *Les tendances actuelles de L'Histoire du Moyen Âge en France et en Allemagne*, sous la direction de Jean-Claude Schmitt et Otto Gerhard Oexle, Paris, 2002, p. 536-554.

2. Jean Gimpel, *La Révolution industrielle du Moyen Âge*, Paris, 1975. Jean Gimpel reprend ici une expression lancée par Eleonora M. Carus-Wilson dès 1941 dans son article, « An Industrial Revolution in the Thirteenth Century », publié dans l'*Economic History Review*. Il faut rendre également hommage à Thérèse Sclafert qui, tant par son sujet que par la façon de le traiter, était en avance sur l'historiographie de son temps lorsqu'elle publiait *L'Industrie du fer dans la région d'Allevard au Moyen Âge*, Grenoble, 1926.

3. Philippe Wolff et Frédéric Mauro, « L'âge de l'artisanat (Ve-XVIIIe siècle) », dans *L'Histoire générale du travail*, Louis-Henri Parias éd., Paris, 1960, vol. 2.

4. Entre autres, un classique : Georges Espinasse et Henri Pirenne, *Recueil de documents relatifs à l'histoire de l'industrie drapière en Flandre*, Courtrai, 1906.

5. Philippe Wolff et Frédéric Mauro, *op. cit.*, p. 121 : « Plus d'un document nous montre les problèmes posés par l'urbanisation et l'industrialisation d'une seigneurie naguère rurale : services et redevances coutumières ne correspondent plus aux activités des habitants que de nouvelles taxes ne frappent pas encore. »

6. Philippe Contamine *et alii*, *L'Économie médiévale*, Paris, 1993.

7. *Ibid.*, p. 179.

8. Le concept de proto-industrie (associé au phénomène de proto-industrialisation) a été présenté par son auteur dans le *Journal of Economic History* en 1972 à partir du cas des campagnes flamandes du XVIIIe siècle. On peut consulter également, Franklin F. Mendels, « Des industries rurales à la proto-industrialisation, historique d'un changement de perspective », *Annales ESC*, 1984, p. 977-1008. La proto-industrie n'est pas n'importe quelle industrie, ni même n'importe quelle industrie rurale. Elle a des caractéristiques particulières : une production localisée à la campagne et à laquelle participent de petits paysans disposant de parcelles et des prolétaires campagnards (« manufacture rurale dispersée ») ; une production destinée à des échanges extérieurs et régulée par des intermédiaires et des marchands ; l'ensemble de cette structure régionale est coordonné par la ville. La proto-industrie associe à la « manufacture rurale » certaines formes de la « manufacture urbaine » dispersée et même concentrée (ce que certains historiens appellent la proto-fabrique). Ainsi, c'est souvent dans la ville que sont réalisées les dernières phases d'élaboration du produit qui exigent le plus haut niveau de qualification de la part d'artisans dispersés ou concentrés dans la cité et équipés d'un capital fixe encore modique. À cette forme de production sont associés un modèle familial et une démographie particulière que l'on ne doit pas abstraire du schéma productif. Voir les mises au point de Pierre Jeannin dans « La proto-industrialisation : développement ou impasse : note critique », *Annales ESC*, 1980, p. 52-65.

9. Philippe Contamine *et alii*, *op. cit.*, p. 277.

10. Robert Fossier, *Le Travail au Moyen Âge,* coll. « La vie quotidienne », Paris, 2000, p. 211.

11. *Ibid.*, p. 232.

12. *Ibid.*, p. 94.

13. *Ibid.*, p. 211.

14. *Ibid.*, p. 232.

15. *Dictionnaire du Moyen Âge*, publié sous la direction de Claude Gauvard, Alain de Libera et Michel Zink, Paris, 2002.

16. En particulier, Michel Balard, Jean-Philippe Genêt et Michel Rouche, *Le Moyen Âge en Occident*, Paris, 1990, p. 250-253 (chapitre intitulé : « L'artisanat, l'industrie, les mines, la production »).

17. Jacques Bottin, « Entre ville et campagnes : réflexions sur les modes de développement de la production textile dans l'Europe du premier âge moderne », dans *Les Industries rurales dans l'Europe médiévale et moderne, Actes des XXXIIIe journées internationales d'histoire de l'abbaye de Flaran,* Jean-Michel Minovez, Catherine Verna et Liliane Hilaire-Pérez dir., Toulouse, 2013, p. 145-165.

18. Consulter, entre autres, Alessandro Stella, « *Ars lane* ou *ars rationandi* ? » dans *Le Marchand au Moyen Âge, Actes du XIXe congrès de la Société des historiens médiévistes*

de l'enseignement supérieur public, Paris, 1992, p. 113-119. R. Goldthwaite, *The Economy of Renaissance Florence*, Baltimore, 2008.

19. Denis Clauzel et Stéphane Calonne, « Artisanat rural et marché urbain : la draperie à Lille et dans ses campagnes à la fin du Moyen Âge », *Revue du Nord*, 1990, p. 531-573 ; Jean-Pierre Sosson, « Les métiers : normes et réalité. L'exemple des anciens Pays-Bas méridionaux aux XIVe et XVe siècles », dans *Le Travail au Moyen Âge. Une approche interdisciplinaire, Actes du colloque international de Louvain-la-Neuve, mai 1987*, Jacqueline Hamesse et Colette Muraille-Samaran éd., Louvain-la-Neuve, 1990, p. 338-348.

20. Les travaux sont nombreux. Entre autres titres, *L'Espace cistercien, Actes du colloque de l'abbaye de Fontfroide, 1993*, Léon Pressouyre dir., Paris, 1994 ; Catherine Verna, *Les Mines et les Forges des cisterciens en Champagne méridionale et en Bourgogne du Nord*, Paris, 1995.

21. Georges Duby, *L'Économie rurale et la vie des campagnes dans l'Occident médiéval (France, Angleterre, Empire, IXe-XVe siècle). Essai de synthèse et perspectives de recherches*, Paris, 1962 (réédition 1977), t. II, p. 254-255. Plus récemment, il convient de souligner l'apport fondamental de la synthèse proposée par François Menant, qui accorde une place à l'entreprise rurale dans la conjoncture de 1300 : François Menant, « Les campagnes européennes avant la peste. Préliminaires historiographiques pour de nouvelles approches méditerranéennes », dans *Dynamiques du monde rural dans la conjoncture de 1300. Échanges, prélèvements et consommation en Méditerranée occidentale,* Études réunies par Monique Bourin, François Menant et Lluis To Figueras, Rome, 2014, p. 9-101.

22. Hermann Kellenbenz, « Industries rurales en Occident de la fin du Moyen Âge au XVIIIe siècle », *Annales ESC*, 1963, p. 833-882.

23. Catherine Verna, *Le Temps des moulines. Fer, technique et société dans les Pyrénées centrales (fin du XIIIe-XVIe siècle)*, Paris, 2001.

24. Federigo Melis, *Documenti per la storia economica dei secoli XIII-XVI*, Florence, 1972, p. 156-159, cité par Mathieu Arnoux, *Mineurs, férons et maîtres de forge. Étude sur la production du fer dans la Normandie du Moyen Âge (XIe-XVe siècle)*, Paris, 1993, p. 29.

25. Philippe Braunstein, « L'industrie à la fin du Moyen Âge : un objet historique nouveau » dans Philippe Braunstein, *Travail et entreprise au Moyen Âge*, Bruxelles, 2003, p. 104. Mathieu Arnoux et Jacques Bottin, « Autour de Rouen et de Paris : modalités d'intégration d'un espace drapier (XIIIe-XVIe siècle) », *Revue d'histoire moderne et contemporaine*, 2001, p. 162-191.

26. *Les Industries rurales dans l'Europe médiévale et moderne, Actes des XXXIIIe journées internationales d'histoire de l'abbaye de Flaran*, Jean-Michel Minovez, Catherine Verna et Liliane Hilaire-Pérez dir., Toulouse, 2013.

27. M. M. Postan, *The Medieval Economy and Society. An Economic History of Britain in the Middles Ages*, Londres, 1978 (entre autres, p. 183).

28. Philippe Braunstein, « L'industrie à la fin du Moyen Âge : un objet historique nouveau ? » dans Louis Bergeron et Patrice Bourdelais dir., *La France n'est-elle pas douée pour l'industrie ?*, Paris, 1998, p. 25-40 [réédité dans *Travail et entreprise au Moyen Âge*, Bruxelles, 2003, p. 93-111].

29. Réédition dans *Travail et entreprise, op. cit.* ; Philippe Braunstein réitère cette constatation dans « Production, travail, consommation », dans *Les Tendances actuelles de l'Histoire du Moyen Âge en France et en Allemagne*, sous la direction de Jean-Claude Schmitt et Otto Gerhard Oexle, Paris, 2002, p. 544.

30. Philippe Braunstein, « Artisans », dans Jacques Le Goff et Jean-Claude Schmitt, *Dictionnaire raisonné de l'Occident médiéval*, Paris, 1999, p. 67-77. Consulter également Robert Fossier, « L'artisanat rural au Moyen Âge : bilans et problèmes », dans *L'Artisan au village dans l'Europe médiévale et moderne, Actes des XIX*[e] *journées internationales d'histoire de l'abbaye de Flaran, Flaran, 1997*, Mireille Mousnier éd., Toulouse, 2000, p. 7-32.

31. Paul-Louis Pelet, « Une industrie bimillénaire : la sidérurgie du Jura vaudois », *Annales ESC*, 1974, p. 789-812.

32. Catherine Verna, *Le Temps des moulines..., op. cit.*

33. Catherine Verna, « Forgerons de villages : quelques témoignages béarnais des XIVe et XVe siècles », dans *L'Artisan au village dans l'Europe médiévale et moderne, Actes des XIX*[e] *journées internationales d'histoire de l'Abbaye de Flaran, Flaran, septembre 1997*, Mireille Mousnier éd., Toulouse, 2000, p. 230-231.

34. Philippe Braunstein, « Artisans », *op. cit.*, p. 73.

35. Philippe Braunstein, « Artisans », *op. cit.*, p. 73. Consulter également *Artisans, industrie. Nouvelles révolutions du Moyen Âge à nos jours*, textes réunis par Natacha Coquery, Liliane Hilaire-Pérez, Line Sallmann et Catherine Verna, Cahier d'histoire et de philosophie des sciences, n° 52, Lyon, 2004.

36. « Il n'est sans doute pas de secteur de la vie médiévale où un autre trait de mentalité, l'horreur des "nouveautés", n'ait agi avec plus de force anti-progressiste que dans le domaine technique. Innover était là, encore plus qu'ailleurs, une monstruosité, un péché. Il mettait en danger l'équilibre économique, social et mental », Jacques Le Goff, *La Civilisation de l'Occident médiéval*, Paris, 1964, p. 254.

37. Remarque d'Alain Guerreau à propos de la distinction à effectuer entre la façon dont se représente une société par la voix de ses clercs, hostiles au changement, et ses aptitudes aux changements et aux innovations dans les domaines de production, tant agricole qu'artisanale et industrielle : Alain Guerreau, « L'étude de l'économie médiévale. Genèse et problèmes actuels », dans *Le Moyen Âge aujourd'hui. Trois regards contemporains sur le Moyen Âge, histoire, théologie, cinéma*, Paris, 1998, p. 68-69.

38. André-Georges Haudricourt, « La technologie science humaine », *La Pensée*, 1964 ; réédité dans André-Georges Haudricourt, *La Technologie science humaine. Recherches d'histoire et d'ethnologie des techniques*, Paris, 1987, p. 37-46.

39. Philippe Braunstein, Philippe Bernardi, Mathieu Arnoux, « Production, travail, consommation », *op. cit.*, p. 542 ; Denis Woronoff, « Le quotidien des techniques : de la répétition aux aménagements », dans *Les Entreprises et leurs réseaux : hommes, capitaux, techniques et pouvoir (XIX*[e] *et XX*[e] *siècles)*, Dominique Barjot et Michèle Merger dir., Paris, 1998, p. 785-791 ; Catherine Verna, *Le Temps des moulines, op. cit.*, Paris, 2001, p. 324.

I – QUESTIONS DE MÉTHODE

Chapitre premier
Le Vallespir et ses industries : un territoire pour l'historien

1. Je me suis permis ici un détournement de titre car, dans sa leçon inaugurale au Collège de France intitulée « Écouter les morts avec les yeux », Roger Chartier fait peu référence aux actes de la pratique, mais ce vers, qu'il a lui-même emprunté au poète espagnol Quevedo, allie la mélancolie et la force de résurrection souvent inscrites dans le travail de l'historien : Roger Chartier, *Écouter les morts avec les yeux*, Paris, 2008.

2. Dorénavant, nous désignerons le bourg d'Arles-sur-Tech par son nom médiéval : Arles.

3. Un premier travail sur les Pyrénées-Orientales m'avait permis de dévoiler, à partir du dépouillement de la collection Baluze, l'intérêt porté par l'abbaye bénédictine à l'exploitation argentifère : Catherine Verna, « Esquisse d'une histoire des mines et de la métallurgie monastiques dans les Pyrénées », dans *Moines et métallurgie dans la France médiévale,* Études réunies par Paul Benoit et Denis Cailleaux, Paris, 1991, p. 45-58.

4. Il s'agit des registres 3E40 910, 3E40 911, 3E40 912 et 3E40 913.

5. Un seul registre de Prades est conservé pour une période antérieure : 3E3 901 (1417-1420).

6. Un *capbreu* ou livre de reconnaissance est un registre notarié où sont consignées les déclarations des tenanciers pour les biens dont ils disposent dans une seigneurie foncière. On profite de l'édition récente de certains d'entre eux, *Les* capbreus *du roi Jacques II de Majorque (1292-1294)*, Rodrigue Tréton éd., avec la collaboration d'Aymat Catafau et de Laure Verdon, Paris, 2011.

7. Abbé Capeille, *Dictionnaire de biographies roussillonnaises*, Perpignan, 1914.

8. Les registres sont mis à la disposition du lecteur par la conservatrice du Musée paysan, et je tiens à l'en remercier.

9. Série 1B. Elle est d'autant plus importante que la série H – tout particulièrement les fonds des abbayes de Sainte-Marie d'Arles et de Saint-Michel de Cuxa qui nous intéressent au premier chef –, est particulièrement déficiente. La série B pallie parfois ces manques.

10. Pierre Vidal, « Notice sur la vie et les travaux de Julien-Bernard Alart, ancien archiviste des Pyrénées-Orientales », *Bulletin de la Société agricole, scientifique et littéraire des Pyrénées-Orientales*, 1896, p. 87-202. La série 1B est incontestablement l'œuvre de Julien-Bernard Alart. Il y a regroupé tous les registres de la Procuration royale et/ou relevant de l'administration du domaine, auxquels il a ajouté des manuels et notules de notaires ayant travaillé pour la Procuration. On doit en outre à ce travailleur acharné la copie d'un nombre considérable d'actes notariés qui constituent son impressionnant Cartulaire roussillonnais, manuscrit conservé aux archives départementales (plusieurs milliers d'actes répartis en plusieurs dizaines de volumes).

11. Christian Guilleré, « Les finances royales à la fin du règne d'Alfonso IV el Benigno (1335-1336) », *Mélanges de la Casa Velásquez,* 1982, p. 33-60 ; Christian Guilleré, « Les

finances publiques en Roussillon Cerdagne au milieu du XIVe siècle : comptes des procureurs royaux pour l'année 1345-1346 », *Annales du Midi*, 1984, p. 357-384. Voir également Tomas de Montagut i Estragues, *El maestre racional y la Corona d'Arago (1283-1419)*, Barcelone, 1987.

12. Nous disposons pour ces trois bourgs d'une pesée démographique grâce aux informations délivrées par les *capbreus*, en 1365-1370, en 1378 et en 1497. Pour ne retenir que les dates les plus proches de nos sources, en 1378, les feux attribués sont respectivement pour Arles de 176, pour Céret de 242 et pour Prats-de-Mollo de 166, Esther Redondo García, *El fogatjament general de Catalunya de 1378*, Barcelone, 2002, entre autres p. 388 ; en 1497 : Arles, 102 ; Céret, 206, Prats-de-Mollo, 100, Josep Iglésies, *El fogatge de 1497. Estudi i transcripcio*, Barcelone, 1991, entre autres, vol. 1, p. 35-36. On doit être attentif au fait que ces chiffres ne rendent pas compte d'une baisse régulière et tendancielle de la population mais proposent une évaluation de la population à deux moments distincts : Gaspar Feliu Montfort, « La demografia baixmedieval catalana : estat de la qüestió i propostes de futur », *Revista d'Història Medieval*, 10, 1999, p. 13-43.

13. Pour une présentation synthétique de l'historiographie anglo-saxonne, on peut se reporter à Robert H. Hilton, « Medieval Market Towns and Simple Commodity Production », *Past and Present*, 1985, p. 3-23 ; Christopher Dyer, « Small Towns (1270-1540) », dans *The Cambridge Urban History of Britain, t. II, 600-1540*, Cambridge, 2000, p. 505-537 ; John Drendel, « Commodities, Credit and Land on the Local Market and on the Urban Market ; the Role of Secondary Agglomeration in the Economy : Comparison of Anglo-Saxon and French Historiography », dans *Il mercato della terra, secc. XIII-XVIII, Atti della XXXV Settimana di Studi, Prato, mai 2003*, Simonetta Cavaciocchi éd., Florence, 2004, p. 685-702.

14. La démonstration est patente à la lecture de L'*Histoire de la France rurale*, t. I, *La Formation des campagnes françaises des origines à 1340*, Paris, 1975 ; également, Charles Higounet, *Paysages et villages neufs du Moyen Âge*, Bordeaux, 1975.

15. Dans sa thèse consacrée à Toulouse, Philippe Wolff interroge les relais dont dispose la capitale. Les bourgs sont systématiquement associés à son développement économique : *Commerces et marchands de Toulouse (vers 1350-vers 1450)*, Paris, 1954. De nombreux articles viennent relayer cet intérêt tout au long de sa carrière. Entre autres : « Aux frontières du Comminges : Montesquieu Volvestre en 1405, notes de démographie et d'histoire sociale », dans *Saint-Gaudens et le Comminges, Actes du XVIIIe congrès de la Fédération des sociétés savantes du Languedoc-Pyrénées-Gascogne*, Tarbes, 1963, p. 159-164 ; « Esquisse d'une histoire de la draperie en Languedoc du XIIe au début du XVIIIe siècle », dans *Produzione, commercio e consumo dei panni di lana nei secoli XII-XVIII, Atti della II Settimana di Studi, Prato, 1970*, Marco Spallanzani éd., Florence, 1976, p. 435-462.

16. Georges Duby, *L'Économie rurale et la vie des campagnes dans l'Occident médiéval (France, Angleterre, Empire, IXe-XVe siècle). Essai de synthèse et perspectives de recherches*, *op. cit.*, t. II, p. 253-265.

17. On doit mentionner la thèse de Judicael Petrowiste, *Naissance et essor d'un espace d'échanges au Moyen Âge : le réseau des bourgs marchands du Midi toulousain (XIe-milieu du XIVe siècle)*, thèse de l'université de Toulouse-Le Mirail, 2007.

18. Guy Bois, *La Grande Dépression médiévale (XIVe et XVe siècles). Le précédent d'une crise systémique*, Paris, 2000, p. 21-25 (« Une révolution méconnue : la floraison des bourgs »).

19. Cité par Guy Bois, Fernand Braudel, *L'Identité de la France*, t. I, *Espace et histoire*, Paris, 1986, p. 141.

20. Guy Bois, « Entre la cuitat i el camp : el burg medieval », *L'Avenç*, 1995, p. 188-190.

21. Mercè Aventín Puig, « Le rôle du marché dans la structuration de l'habitat catalan au bas Moyen Âge : l'exemple du Vallès oriental », dans *Villages pyrénéens. Morphogénèse d'un habitat de montagne,* Maurice Berthe et Benoit Cursente éd., Toulouse, 2001, p 273-282. La Castille n'est pas absente de la réflexion : Pascual Martínez Sopena, « Le rôle des petites villes dans l'organisation de l'espace en Castille », dans *L'Espace rural au Moyen Âge (Portugal, Espagne, France, XIIe-XIVe siècle). Mélanges en l'honneur de Robert Durand,* Monique Bourin et Stéphane Boisselier dir., Rennes, 2002, p. 149-165.

22. Pour une vue synthétique des travaux sur lesquels nous reviendrons, voir German Navarro Espinach, « Les industries rurales dans la Couronne d'Aragon au XVe siècle », dans *Les Industries rurales dans l'Europe médiévale et moderne, Actes des XXXIIIe journées internationales d'histoire de l'abbaye de Flaran*, Jean-Michel Minovez, Catherine Verna et Liliane Hilaire-Pérez dir., Toulouse, 2013, p. 89-112.

23. Voir à ce sujet les remarques de méthode émises par Jean-Pierre Sosson, « Les petites villes du Zwin (XIVe-XVe siècle) : des "espaces urbains" inviables », dans *Commerce, finances et société (XIe-XVIe siècle). Recueil de travaux d'histoire médiévale offerts à Henri Dubois*, Paris, 1993, p. 171-184.

24. Cette emprise politique et administrative du bourg a été soulignée par Maurice Berthe, « Les élites méridionales au Moyen Âge », dans *La Maison au Moyen Âge dans le Midi de la France*, Toulouse, 2002, p. 21-40. Voir également, François Mouthon, « Villes et organisation de l'espace en Bordelais à la fin du Moyen Âge : le rôle des villes secondaires, vers 1475-vers 1525 », dans *La Ville au Moyen Âge, Actes du CXX^e congrès du CTHS, Aix-en-Provence, 1995,* t. I, Paris 1998, p. 293-311.

25. Georges Duby notait, dès 1962, l'importance des bouchers et des spéculations commerciales auxquelles ils se livraient dans les bourgs du début du XVe siècle, *L'Économie rurale et la vie des campagnes..., op. cit.*, t. II, p. 255. Voir également, Josep Maria Llobet i Portella, « La produccio i el consum de carn a Cervera durant els segles XIV i XV », dans *Primer Col.loqui d'Història de l'Alimentació a la Corona d'Aragó*, t. II, Lérida, 1995, p. 53-60.

26. Les aubergistes d'Arles : Antoni Corona (1444), Mateu Corona (1444-1450), Pere Lobet (1444-1446), Ramon Mathey (1407-1418), Bernat Sabater (1444-1448).

27. Le notariat comme indicateur de la spécificité de la « petite ville ou bourgade » dans les Cévennes est mis en valeur par Franck Brechon, « Le réseau urbain en Cévennes et Vivarais », dans *La Ville au Moyen Âge. Ville et espace, Actes du CXX^e congrès du CTHS, Aix-en-Provence, 1995*, t. I, sous la direction de Noël Coulet et Olivier Guyotjeannin, Paris, 1998, p. 271-273.

28. Sur l'offre de crédit dans les bourgs, se reporter à *Endettement paysan et crédit rural dans l'Europe médiévale et moderne, Actes des XVIIe journées internationales d'histoire de l'abbaye de Flaran, Flaran, 1995*, Maurice Berthe dir., Toulouse, 1998.

29. Apothicaires : Urbà Aygabella (1412-1446), Joan Bado (1444), Lleonard Bado (1444), Antoni Bardina (1418), Bernat Bosch (1407), Pere Colomina (1405-1423), Jaume Mir (1420). Barbiers et chirurgiens : Pere Garbin (1444-1448), Francesc Genis (1405-1418), Bartomeu Perer (1444-1445), Amator Alberti (1412-1418/1444-1448), Berenguer Amat (1416-1418), Paladius Noger (1416-1442) ; médecin et chirurgien : Maître Mosse Bonet (1418).

30. Ces caractéristiques se retrouvent dans les travaux de synthèse comme dans les études de cas. Sur les espaces méridionaux, on retiendra : Pascual Martínez Sopena, « Le rôle des petites villes... », *op. cit.*, p. 160 qui mentionne l'« artisanat ». Les petites villes du Massif central disposeraient d'« aptitudes industrielles », selon Jean-Luc Fray, « Petites villes et leurs réseaux en pays de moyenne montagne. L'exemple des hautes terres du Massif central à la fin du Moyen Âge », dans *Montagnes médiévales, Actes du XXXIV*[e] *congrès de la SHMES, Chambéry, mai 2003*, Paris, 2004, p. 242. Franck Brechon retient comme critère de définition de « la petite ville ou bourgade » des Cévennes son activité commerciale spécifique (foires) et la place de son « artisanat ». Or, à Anduze, l'activité textile est celle de la soie et cela dès la fin du XIVe siècle. Il faudrait y ajouter l'activité minière. Dans ce cas, on est bien loin de « l'artisanat », et l'industrie des basses Cévennes est tout à fait originale et aurait mérité, au même titre que la foire, une place particulière dans l'étude érudite de Franck Brechon, « Le réseau urbain en Cévennes et Vivarais », dans *La Ville au Moyen Âge, op. cit.*, p. 265-277 ; Marie-Christine Bailly-Maître, « Pour une histoire des mines au Moyen Âge. L'exemple des mines de la terre d'Hierle (Gard) », *Archéologie du Midi médiéval*, 1989, p. 61-72 ; Catherine Verna et Paul Benoit, « Le charbon de terre en Europe occidentale, nouvelles approches, nouvelles données », dans *Le Charbon de terre en Europe occidentale avant l'usage industriel du coke. Proceedings of the* XXth *International Congress of History of Science*, vol. IV, Collection des travaux de l'Académie internationale d'histoire des sciences, Paul Benoit et Catherine Verna éd., Turnhout, 1999, p. 217-222. Dans les espaces septentrionaux, l'industrie est davantage mise en valeur. L'historiographie belge ne craint pas de parler de l'industrie qui est au cœur de l'activité exportatrice des petites villes de Flandre : Peter Stabel, « L'encadrement corporatif et la conjoncture dans les petites villes de la Flandre orientale, contraintes ou possibilités ? », dans *Les Métiers au Moyen âge. Aspects économiques et sociaux*, Jean-Pierre Sosson dir., Louvain-la-Neuve, 1994, p. 335-348.

31. Maurice Berthe, « Les élites méridionales au Moyen Âge », *op. cit.*, p. 35-37.

32. P. Mercè Aventín Puig, *op. cit.*, p. 275-276.

33. Guy Bois, *op. cit.*, p. 24.

34. À l'inverse de cette attitude, des modernistes spécialistes de l'industrie avaient bien compris l'importance du bourg comme observatoire privilégié de l'industrie rurale, Hermann Kellenbenz, « Industries rurales en Occident de la fin du Moyen Âge au XVIIIe siècle », *op. cit.*

35. Catherine Verna, *Le Temps des moulines*, *op. cit.*, p. 213-224.

36. État récent de la question dans l'article de Gaspar Feliu i Montfort, qui propose une synthèse de l'ensemble des travaux et des prises de position, « La crisis catalana de la baja edad media : estado de la cuestión », *Hispania, LXIV/2, n° 217*, 2004, p. 435-466.

37. Voir Gaspar Feliu i Montfort, *op. cit.*

38. Pierre Vilar, *La Catalogne dans l'Espagne moderne. Recherches sur les fondements économiques des structures nationales*, Paris, 1962, 3 vol.

39. Pierre Vilar, « Le déclin catalan du bas Moyen Âge, hypothèse sur sa chronologie », *Estudios de Historia Moderna*, 1956-1959, 6, p. 1-68.

40. Jaume Vicens i Vives décède en 1960, « Cataluña a mediados del siglo XV », dans *Obra dispersa. Catalunya ahir i avui*, I, Barcelone, 1967, p. 152-219 et « La economía de la corona de Aragón en la baja Edad Media », dans *Obra dispersa. Catalunya ahir i avui*, I, Barcelone, 1967, p. 220-237.

41. On peut apprécier la richesse de ces documents (*fogatges*) grâce à l'édition de Josep Iglésies, *El fogatge de 1497. Estudi i transcripcio*, Barcelone, 1991, 2 vol. ; et celle de Joan Peytaví Deixona, *Catalans i occitans a la Catalunya moderna (comtats de Rossillo i Cerdanaya s. XVI-XVII). Presentació històrica i transcripció del fogatge català de 1533, del registre de la taxa del Batalló de 1643 i de les dues llistes dels immigrants occitans de 1542-1543, a la zona de la Catalunya del Nord*, Barcelone, 2005, 2 vol. Cependant, il est indéniable que les *fogatges* conservés encadrent le XVe siècle. Après les *fogatges* de 1365-1370 et de 1378, il faut attendre celui de 1497. Rien donc pour la période qui nous intéresse directement.

42. Jaume Vicens i Vives, « Cataluña a mediados del siglo XV », *op. cit.*

43. Claude Carrère, *Barcelone centre économique à l'époque des difficultés* (1380-1462), Paris-La Haye, 1967, 2 vol.

44. Claude Carrère, *Barcelone centre économique*..., *op. cit.*, t. II, p. 661.

45. Mario del Treppo, *I mercanti catalani e l'espansione della Corona d'Aragon nel secolo XV*, Naples, 1972.

46. Guy Romestan, « Les hommes d'affaires de Perpignan à l'époque d'Alphonse le Magnanime », *Le Buisson catalan, Mélanges de la Société des arts, sciences et lettres des Pyrénées-Orientales*, 1997, p. 136 ; Mario del Treppo, *I mercanti catalani, op. cit.*, p. 199. Dans les années 1450, ce marchand participait aussi au commerce des esclaves, Guy Romestan, « Les hommes d'affaires... », *art. cit.*, p. 115.

47. *Ibid.*, p. 130.

48. Henri Bresc, « La draperie catalane au miroir sicilien (1300-1460) », *Acta Historica et Archeologica Mediaevalia*, 1983, p. 126.

49. Gilbert Larguier, « Perpignan la commerçante et la financière », dans *Perpignan une et plurielle*, sous la direction de Raymond Sala et Michelle Ros, Perpignan, 2004, p. 105-106.

50. Anthony Pinto, « Draperie et développement urbain : le cas de Perpignan à la fin du Moyen Âge », dans *Morphologie et identité sociale dans la ville médiévale hispanique*, sous la direction de Flocel Sabaté i Curull et Christian Guilleré, Chambéry, 2012, p. 353-403.

51. Aymat Catafau, *Les Celleres et la naissance du village en Roussillon (X[e]-XVe siècle)*, Perpignan, 1998, p. 133-144.

52. Catherine Verna, *Le Temps des moulines, op. cit.*, p. 197-207.

53. Ces rythmes, où se succèdent ruptures, cassures et récupérations, ont été mis en lumière pour des espaces méridionaux dès les années 1960 par Philippe Wolff (pour le Toulousain) et Maurice Berthe (pour la Navarre). À ces respirations globales, on peut juxtaposer une lecture par secteurs économiques qui offre d'autres rythmes : Catherine Verna, *Le Temps des moulines, op. cit.* Maurice Berthe avait remarqué qu'en Navarre, grande région de sidérurgie, si des forges pouvaient être détruites, anéanties par les calamités (peste, guerre), leur activité reprenait très rapidement. Sans doute des forgeurs étaient-ils

toujours présents une fois les fureurs passées, alimentant le commerce du fer : Maurice Berthe, *Famines et épidémies dans les campagnes navarraises à la fin du Moyen Âge*, Paris, 1984, 2 vol.

54. Anthony Pinto, « Les sources notariales, miroir des cycles d'exportation du pastel languedocien en Roussillon et dans le nord-est de la Catalogne (XIVe siècle-premier quart du XVe siècle) », *Annales du Midi*, 2001, p. 439-455. Voir également sa thèse demeurée inédite : *Commerce et draperie dans le comté d'Empúries (Catalogne) de 1260 à 1497*, thèse de l'université de Savoie, 2002, 4 vol.

55. Sur les tremblements de terre et leurs conséquences économiques et sociales, voir C. Olivera, E. Redondo, J. Lambert, A. Riera Melis et A. Roca, *Els terratrèmols dels sigles XIV i XV a Catalunya*, Barcelone, 2006.

56. Dans un autre registre, citons également la commande en 1422 par la confrérie de Sainte-Marie de l'église Saint-Pierre de Céret d'un retable à un peintre de Perpignan.

57. Les thèses de Laure Verdon et de Carole Puig s'interrompent en 1350 et ne traitent pas de la montagne : Carole Puig, *Les Campagnes roussillonnaises au Moyen Âge : pratiques agricoles et paysagères entre le XIIe et la première moitié du XIVe siècle*, université Toulouse-Le Mirail, 2003 ; Laure Verdon, *La Terre et les Hommes en Roussillon aux XIIe et XIIIe siècles, structures seigneuriales, rente et société*, Aix-en-Provence, 2001. La thèse de Christine Rendu, qui s'inscrit dans le temps long, concerne exclusivement la Cerdagne : *La Montagne d'Enveig. Une estive pyrénéenne dans la longue durée*, Perpignan, 2003. Enfin, l'édition récente des *capbreus* ne concerne pas la fin du Moyen Âge : *Les* capbreus *du roi Jacques II de Majorque (1292-1294)*, R. Tréton éd, avec la collaboration d'Aymat Catafau et Laure Verdon, Paris, 2011, t. I et II.

58. Sylvie Caucanas, *Moulins et irrigation en Roussillon du IXe au XVe siècle*, Paris, 1995, p. 264 et 276.

59. Ma thèse consacrée au comté de Foix le confirme : Catherine Verna, *Le Temps des moulines, op. cit.* (en particulier, « L'émergence d'une économie de guerre », p. 197-207).

Chapitre 2
La main des notaires et la micro-histoire

1. Aux registres conservés correspondant aux vingt-deux notaires identifiés, il faut ajouter deux registres dont les auteurs sont demeurés anonymes et pour lesquels nous ignorons s'ils émanent des études répertoriées.

2. En 1472, Joan Comelles n'est plus notaire à Arles mais à Prats-de-Mollo.

3. 4J17.

4. 4J17 et 4J18 et 3E3 435 pour Joan Pontiliani (1451).

5. 4J17 et 124 EDT 62.

6. On ignore si « le » Pere Colomina qui investit dans la société del Tint créée en 1405 est Pere Colomina notaire ou Pere Colomina apothicaire (1405-1423). Sans doute ne s'agit-il pas du pareur dont le nom est Pere Mathey Colomina.

7. 3E40 828 (11 avril 1405 et 13 novembre 1406).

8. 4J18.

9. 4J17 et 4J18 ; 124 EDT 62.

10. 3E20 449.

11. 3E40 828 (24 septembre 1406).

12. 3E1 1382 (24 mai 1418). Signalons, outre Joan Germa, la présence de trois notaires successifs à Corsavy, Ramon Vachaceri, *scriptor publicus* (en 1308) puis notaire en 1325, associé à Pere Calvini, puis Arnau Ordis (lui-même associé à Calvini en 1334) et Jacme Buach, en 1362.

13. Berenguer Royre correspond au cas connu « du curé prêteur d'argent, figure familière du monde rural », Jean-Louis Gaulin et François Menant, « Crédit rural et endettement paysan dans l'Italie communale » dans *Endettement paysan et crédit rural dans l'Europe médiévale et moderne, Actes des XVII*[e] *journées internationales d'histoire de l'abbaye de Flaran, septembre 1995*, Maurice Berthe éd., Toulouse, 1998, p. 49.

14. Sur le groupe des procurateurs et des consuls, consulter Catherine Verna, « Élites rurales, industries et fortune (Catalogne, Vallespir, XIVe et XVe siècles) », dans *Élites rurales méditerranéennes au Moyen Âge, Mélanges de l'École française de Rome, Moyen Âge*, 124-2, 2012, p. 461-478.

15. *Id.*.

16. Sur l'importance des rentes constituées, voir Antoni Furió, « Endettement paysan et crédit dans la péninsule ibérique au bas Moyen Âge », dans *Endettement paysan…*, *op. cit.*, p. 143-144 ; p. 159-165.

17. 1E59.

18. Pere Candell décède entre avril et septembre 1454.

19. 3E40 911 (16 mars 1446).

20. 3E1 976 (acte hors registre).

21. 3E3 433, fol. 116.

22. Élodie Capet, *Un Notaire au travail : Pere Candell (1414-1452)*, mémoire de master 2, université Paris-VIII, 2011 et l'article du même auteur, « Un notaire au travail : Pere Candell (1414-1452) », dans *De la Ligurie au Languedoc. Le notaire à l'étude (XII*[e]*-XVI*[e] *siècle)*, École nationale des chartes et archives départementales du Tarn, Olivier Guyotjeannin dir., à paraître.

23. 3E1 976, fol. 65.

24. Élodie Capet, *Un Notaire au travail : Pere Candell (1414-1452)*, *op. cit.*

25. Pour le moment, il suffira de préciser qu'une « mouline » est une forge hydraulique de réduction directe ; 3E40 23 (3 juin 1411).

26. Entre autres actes, 3E40 910 (21 juillet 1445).

27. 1E59.

28. 3E40 911 (19 décembre 1446).

29. 14J19 : « Joan Candell marchand de Perpignan dispose de la mouline de Léca dont il est déclaré le seigneur » (1529) ; 3E20 8, fol. 101 et suivants : affermage par Joan de Candell, marchand de Perpignan, en faveur de Gabiasso de Plane et Pelegrino de Plana, frères d'Arles, de la forge de Léca (26 septembre 1553) ; 3E20 57, fol. 129, Joan de Candell, bourgeois de Perpignan, est déclaré seigneur de la forge de Léca (1589). Je tiens à remercier Denis Fontaine qui m'a aimablement fourni les références des actes du XVIe siècle.

30. 3E1 849, fol. 49v.

31. 3E1 977 (1440).

32. Élodie Capet, *Un Notaire au travail : Pere Candell (1414-1452)*, *op. cit.*

33. Deux exemplaires de la *Vedellina,* traité sur l'art notarial, écrit par le notaire Guillem Vadell dans le premier quart du XIVe siècle ; *El art de notaria ; Ars notariae de* Salatiele ; *La Nouvelle Rhétorique* et les *Orationes* de Cicéron ; *Les Lettres* de Cassiodore ; un ouvrage de Boèce ; *Priscianus maior* de Priscien ; *Suma super titulis decretalium de* Geoffroy de Trani ; un *Digeste vella* (recueil de citations de juristes romains de la République et de l'Empire) *;* deux exemplaires des *Constitutions de Catalogne ;* deux exemplaires des *Histoires troyennes ;* des ouvrages de logique (Élodie Capet, *op. cit.*).

34. 3E49 5 (19 février 1402).

35. RP, MR, 2645 (second cahier), fol. 4.

36. Rentes de Montbolo, Pere Comelles en 1421, RP, MR, registre 2645 (quatrième cahier, 1419-1423), fol. 3-4.

37. 4J18.

38. Les historiens des techniques ont établi des lexiques, souvent consacrés à une activité de production spécifique dans une région donnée. Dans le domaine de la métallurgie, le travail d'Enzo Baraldi est une référence : Enzo Baraldi, *Lessico delle ferriere « catalano-liguri ». Fonti e glossario, Quaderni 2*, Gênes (centro di studio sulla storia della tecnica), 1979 ; Enzo Baraldi et Manlio Calegari, « Ordigni e parole dei maestri da forno bresciani e bergamaschi : lessico della siderurgia indiretta in Italia fra XII e XVII secolo », dans *La Sidérurgie alpine en Italie (XIIe-XVIIe siècle),* Études réunies par Philippe Braunstein, Rome, 2001, p. 163-213 ; consulter également, Jean Delmas, « La lexicographie du latin médiéval et l'histoire des techniques », dans *La Lexicographie du latin médiéval et ses rapports avec les recherches actuelles sur la civilisation du Moyen Âge, Actes du colloque international du CNRS, Paris, octobre 1978*, Paris, 1981, p. 421-430. Philippe Braunstein, « Maîtrise et transmission des connaissances techniques au Moyen Âge », *History of Technology*, vol. 21, 1999, p. 161.

39. Jean-François Belhoste insiste sur la démarche philologique que les historiens des techniques devraient adopter dans « The Origins of Direct Reduction Water-Powered Ironworks : Reflections Based on the Evolution of Terminology », dans *La farga catalana en el marc de l'arqueologia siderurgica, Simposi internacional sobre la Farga Catalana, Ripoll, 1993*, EstanislauTomas I Morera éd., Andorre, 1995, p. 385-398.

40. Liliane Hilaire-Pérez et Catherine Verna, « Dissemination of Technical Knowledge in the Middle Ages and the Early Modern Era. New Approaches and Methodological Issues », *Technology and Culture (Johns Hopkins University Press, EU)*, July 2006, vol. 47, p. 537-563.

41. « Savoir lire les sources, c'est passer des mots aux choses, démarche inverse de celle des notaires, des administrateurs et des juges », Philippe Braunstein, Philippe Bernardi, Mathieu Arnoux, « Production, travail, consommation », *op. cit.*, p. 540.

42. *Jeux d'échelles. La micro-analyse à l'expérience*, sous la direction de Jacques Revel, Paris, 1996 et Giovanni Levi, *Le Pouvoir au village. Histoire d'un exorciste dans le Piémont du XVIIe siècle*, Paris, 1989.

43. Sur le « paradigme de l'indice », voir Carlo Ginzburg, « Signes, traces, piste. Racines d'un paradigme de l'indice », *Le Débat*, 6, 1980, p. 3-44. Plus généralement, sur

les démarches en micro-histoire et la *microstoria,* voir Paul-André Rosental, « Qu'est-ce qu'une ressource locale ? Homeostasie et micro-analyse en histoire sociale », *Revue de synthèse, Objets d'échelles*, 2001, p. 71-91.

44. Sur cet aspect, voir Bernard Lepetit, « De l'échelle en histoire », dans *Jeux d'échelles. La micro-analyse à l'expérience*, Paris, 1996, p. 71-94 (p. 72 : « Le risque, alors, est de voir l'analyse de cas occuper une position symétrique à celle de la statistique descriptive dans une histoire sérielle traditionnelle : comme les tableaux et graphiques, la présentation des données locales est réduite à un usage symbolique, à une sorte de convention dont la fonction est d'afficher la validité de la recherche »).

45. Je renvoie à l'article de Giovanni Levi sur les usages de la biographie, « Les usages de la biographie », *Annales ESC*, 1989, p. 1325-1336 et, en particulier, p. 1334-1335, aux remarques sur la biographie, l'individu et la liberté : « La spécificité des actions de chaque individu ne peut être considérée comme indifférente et privée de pertinence. »

46. Le principe des jeux d'échelles est formulé et théorisé par Bernard Lepetit, *Jeux d'échelles…*, *op. cit.*, p. 83 : « La difficulté du maniement de l'échelle provient de cette dualité : selon l'échelle on change aussi l'optique et le niveau d'information mais rien ne dit que les phénomènes et les structures changent si le regard que l'on a sur eux se modifie. Choisir une échelle consiste alors à sélectionner un niveau d'information qui soit pertinent avec le niveau d'organisation à étudier » ; et par Jacques Revel qui présente les variations d'échelles comme « une ressource d'une exceptionnelle fécondité parce qu'elle rend possible la construction d'objets complexes et donc la prise en compte de la structure feuilletée du social. Elle pose du même coup qu'aucune échelle n'a de privilège sur une autre puisque c'est leur mise en regard qui procure le plus fort bénéfice analytique », « Présentation », *op. cit.*, p. 13. Lire également, Jacques Revel, « L'histoire au ras du sol », Introduction à l'ouvrage de Giovanni Levi, *Le Pouvoir au village…, op. cit.*

47. Sur la notion de « territoire technique », consulter Catherine Verna, *Le Temps des moulines, op. cit.*, p. 13-17.

48. Paul-André Rosental, « Qu'est-ce qu'une ressource locale ? », *op. cit.*, p. 82.

II – LES INDUSTRIES D'ARLES

Chapitre 3
Les mots du notaire et l'industrie

1. Cette démarche impose un premier classement des individus à partir d'appellations professionnelles et, plus généralement, une réflexion sur les désignations dans un milieu peu fréquenté par les médiévistes. L'apport méthodologique des modernistes est fondamental. On peut se reporter à : *Dire et vivre l'ordre social en France sous l'Ancien Régime*, Fanny Cosandey dir., Paris, 2005.

2. Jacques Revel, « Micro-analyse et construction du social », dans *Jeux d'échelles, op. cit.,* p. 31.

3. Catherine Verna, « Pour une approche biographique de l'entreprise rurale au Moyen Âge », dans *Les Industries rurales dans l'Europe médiévale et moderne, Actes des XXXIIIe journées internationales d'histoire de l'abbaye de Flaran*, Jean-Michel Minovez, Catherine Verna et Liliane Hilaire-Pérez dir., Toulouse, 2013, p. 77-88. Semblable démarche a été expérimentée à partir des sources notariales réunies pour de « petites villes »/*villas* (en castillan)/*vilas* (en catalan) ou des bourgs de la Couronne d'Aragon comme en témoignent des recherches hispaniques récentes : Germán Navarro Espinach, « Joan Santalínia i altres paraires de Castelló a la fi del segle XV », dans *Actes del V congrès d'història i filologia de la Plana*, Nules, 1998, p. 155-177 ; *id.*, « Los negocios de la burguesía en la industria precapitalista valenciana de los siglos XIV-XVI », *Revista d'Historia Medieval*, 11, 2000, p. 67-104 ; Germán Navarro Espinach et Joaquín Aparaci Martí, « Villarluengo, un lugar de la bailí de Cantavieja en el siglo XV », dans *Aragón en la Edad Media*, 20, 2008, p. 543-558.

4. 3E40 832 (26 mars 1418). Anthony Pinto, « Juifs et *conversos* dans les diocèses d'Elne et de Gérone : une reconversion réussie dans le secteur textile à la fin du Moyen Âge (*circa* 1390-*circa* 1440) ? », *Documents pour l'histoire des techniques,* n° 15, 2008, p. 10-23.

5. Il faut signaler le cas de Joan Fahenery sur lequel on conserve un témoignage daté de 1432, attestant qu'il a été procurateur et *rector* des blés de la communauté d'Arles (original sur parchemin, 4J18).

6. C'est le cas, par exemple, de Jaume Tixedor qui achète pour 36 livres de draps, (3E40 830, 9 juillet 1412). Il n'est pas unique.

7. 3E40 829 (5 août 1407).

8. L'acte du 2 juillet 1418 (voir tableau) ne conclut pas le corpus rassemblé pour cet homme, mais correspond au dernier acte où Pere Bardina est désigné comme tisserand.

9. 3E40 828 (13 mai 1405) ; 3E40 831 (6 mai 1418).

10. 3E40 828 (26 janvier 1406) ; 3E40 829 (18 décembre 1407). Par deux fois et pour chacune de ses deux filles, sur ces 70 livres, 20 ont été données par un ami, G. Myani, clerc et, par ailleurs, très présent sur le marché du crédit. Ce don cache-t-il un emprunt déguisé ? Les 50 livres restantes sont, à chaque fois, énoncées comme correspondant à la valeur d'une maison. À titre de comparaison, en 1412, la dot de la fille du boucher Berenguer Branya s'élève à 175 livres.

11. 3E40 829 (21 janvier 1408) ; 3E40 831 (18 mars 1416) ; 3E40 832 (7 octobre 1417) ; 3E40 832 (2 juillet 1418).

12. 3E40 829 (14 mars 1407).

13. 3E40 832 (2 septembre 1417).

14. 3E40 832 (17 août 1417).

15. 3E40 832 (14 août 1414).

16. 3E40 828 (11 mars 1406).

17. Anthony Pinto, « Draperie et développement urbain... », *op. cit.*

18. Une nouvelle fois, signalons que la date du 27 septembre 1417 qui apparaît dans le tableau rassemblant les pareurs d'Arles, correspond à la date du dernier acte où Jaume Perer est désigné comme pareur.

19. 3E40 828 (13 avril 1405).

20. 3E40 828 (11 mai 1405).

21. 3E40 828 (14 septembre 1406).
22. 3E40 828 (16 mars 1406).
23. 3E40 828 (22 mars 1406).
24. 3E40 910 (1er mai 1445). Arnau Perer place son fils en apprentissage à Perpignan auprès d'un apothicaire, 3E1 1732, fol. 55.
25. 3E40 831 (5 février 1416).
26. 3E40 828 (11 février 1406) ; 3E40 832 (2 juillet 1418).
27. 3E40 830 (7 mars 1412).
28. 3E40 828 (2 juillet 1406) ; 3E40 829 (6 juin 1407).
29. 3E40 831 (septembre 1413). Sur les bayles : Flocel Sabate i Curull, *El territori de la Catalunya medieval. Percepció de l'espai i divisió territorial al llarg de l'Edat Mitjana*, Barcelone, 1997, p. 198-202 ; Pere Benito i Monclús, « Agents du pouvoir ou entrepreneurs ruraux ? Les intermédiaires de la seigneurie en Catalogne médiévale, essor et déclin », dans *Les Élites rurales dans l'Europe médiévale et moderne, Actes des XXVIIe journées internationales d'histoire de l'abbaye de Flaran, Flaran, septembre 2005*, François Menant et Jean-Pierre Jesenne éd., Toulouse, 2007, p. 111-127.
30. 3E40 828 (3 mars 1405).
31. 3E40 829 (13 juillet 1407).
32. 3E40 832 (8 octobre 1414).
33. 3E40 984, fol. 33.
34. Sur les tendeurs, consulter l'article de Denis Fontaine, « Les tendeurs de Perpignan et les verriers de l'Albera (XVIe-XVIIe s.) », dans *L'Albera. Terre de passage, de mémoires et d'identités. Terra de pas, de memòries i d'identitats, Actes du colloque de Banyuls-sur-Mer, mai 2005*, textes réunis par Martine Camiade et Myriam Almarcha, Perpignan, 2006, p. 109-139.
35. 3E40 832 (11 avril 1418).
36. 3E40 829 (3 novembre 1407) ; 3E40 830 (14 janvier 1412) ; 3E40 830 (janvier 1412) ; 3E40 830 (16 avril 1412) ; 3E40 830 (16 août 1412) ; 3E40 831 (14 septembre 1413).
37. 3E40 831 (octobre 1413).
38. 3E40 830 (janvier 1412) ; 3E40 832 (12 août 1414), Pere Roig prête au peigneur Bernat Stephani 101 livres. On ignore à quel titre cette somme importante, surtout en regard de l'activité du débiteur, a été prêtée. Rappelons que les Stephani sont parents des Roig, car la femme de Pere Roig a été mariée une première fois à Bartomeu Stephani. On ignore quelle est la place de Bernat Stephani dans ce réseau d'alliance, 3E40 831 (1419) ; 3E40 832 (24 août 1417) ; 3E40 832 (3 septembre 1417).
39. 3E40 830 (4 octobre 1412) ; 3E40 831 (14 septembre 1413) ; 3E40 832 (21 septembre 1417).
40. 3E40 831 (5 février 1416).
41. 3E40 910 (30 novembre 1451).
42. 3E40 828 (26 janvier 1406).
43. 3E40 828 (janvier 1405).
44. 3E40 829 (30 mars 1407).
45. 3E40 829 (février 1407).

46. 1B138, fol. 52 et 54v (s.d.).

47. 3E40 830 (8 décembre 1412).

48. 3E40 832 (1er juin 1418).

49. 3E40 832 (17 août 1417).

50. Pere Canarch signe en fait deux contrats successifs : un premier contrat le 1er mai 1444, conclu avec Joan Corona et Ramon Aygabella, 3E40 910 ; un second en 1445, le 30 mars, qui prévoit le renouvellement du précédent, mais avec Pere Noelli comme contractant supplémentaire, 3E40 910. On ignore, même si on peut légitimement le supposer, si ces trois hommes ont fondé une société.

51. 3E40 832 (26 juillet 1417).

52. 3E40 828 (16 mars 1406).

53. Rappelons qu'au début du XVe siècle deux Pere Colomina sont actifs à Arles. Le plus âgé est Pere Colomina, notaire ; son cadet est Pere Colomina, apothicaire. On ignore les liens de parenté entre ces deux hommes.

54. 3E40 828 (22 mars 1406).

55. 3E40 910 (30 novembre 1451).

56. 3E40 911 (9 mars 1446) ; 3E40 911 (1448, s.d.).

57. 3E40 18 (juillet 1404). Cette société rassemble Pere Piquer, Bernat Tor, Guillem Riba, Guillem Ribera, pareurs de Céret, et Pere Colomina, teinturier de Perpignan. À noter que le premier cité parmi les pareurs associés est dénommé Piquer, comme Bernat Piquer, le teinturier de Céret et que le teinturier de Perpignan est l'homonyme d'un notaire et d'un apothicaire d'Arles.

58. Il intervient en tant qu'acheteur de bois pour sa teinturerie, en 1401, 1408, 1410 et 1413 (3E1 1037, 3E40 7, 3E40 8 et 3E1 1042).

59. On dispose d'une présentation historiographique consacrée à la draperie de Perpignan. Elle démontre combien les travaux des historiens se sont exclusivement concentrés sur la ville et le commerce international : Anthony Pinto, « Perpignan, un grand centre drapant méditerranéen (XIIIe-XVe) : état de l'historiographie », dans *La Fibre catalane. Industrie et textile en Roussillon au fil du temps*, Perpignan, 2005, p. 13-37 ; plus récemment, Anthony Pinto éclaire l'espace industriel de la cité et réaffirme la force et la richesse de la draperie de Perpignan, « Draperie et développement urbain : le cas de Perpignan à la fin du Moyen Âge », dans *Morphologie et identité sociale dans la ville médiévale hispanique, op. cit.*, p. 353-403.

60. Anthony Pinto, « Perpignan, un grand centre drapant... », *op. cit.*, p. 30-35 et *id.*, « Draperie et développement urbain... », *op. cit.*, p. 354-403 ; Guy Romestan, « Draperie roussillonnaise et draperie languedocienne dans la première moitié du XIVe siècle », dans *Actes du XLIIe congrès de la Fédération historique du Languedoc méditerranéen et du Roussillon*, Montpellier, 1970, p. 31-59 ; Gilbert Larguier, « Draperie et économie au temps des rois de Majorque », dans *Royaume de Majorque : de l'histoire au mythe*, Perpignan, 1997, p. 33-41.

61. Sur la diversité des polarisations concurrentes et la complexité des spatialisations, se reporter à l'article de Jacques Bottin, « Entre ville et campagnes : réflexions sur les modes de développement de la production textile dans l'Europe du premier Âge moderne », *op. cit.* Consulter également, Paulino Iradiel Murugarren, « En el Mediterráneo occidental

peninsular : dominantes et periferias dominadas en la baja Edad Media », *Áreas. Revista de Ciencias Sociales*, 1986, p. 64-76.

62. Signalons la thèse d'Olivier Codina Vialette, *De fer et de laine. Les vallées andorranes du XVIe au XIXe siècle*, Perpignan, 2005. Cette étude rigoureuse met non seulement en lumière la production des draps dans le contexte économique, social et politique des communautés montagnardes, mais s'intéresse également aux logiques de production, à la définition du territoire industriel et aux combinaisons entre deux secteurs majeurs : la draperie et la sidérurgie.

63. Mathieu Arnoux et Jacques Bottin, « Autour de Rouen et de Paris : modalités d'intégration d'un espace drapier (XIIIe-XVIe siècle) », *op. cit.* On peut également citer l'intéressante étude de Peter Stabel qui, tout en remettant en cause la sclérose des métiers urbains, montre la vigueur des industries textiles dans les bourgs et les campagnes de Flandre au XVe siècle : Peter Stabel, « L'encadrement corporatif et la conjoncture dans les petites villes de la Flandre orientale, contraintes ou possibilités ? », dans *Les Métiers au Moyen Âge, op. cit.*

64. Anthony Pinto, « Ressources et activités économiques dans les montagnes roussillonnaises, XIe-XVe siècle », dans *Montagnes médiévales, Actes du XXXIVe congrès de la SHMES, Chambéry, mai 2003*, Paris, 2004, p. 315-344.

65. 14 septembre 1401 : 1 000 quintaux d'aulne (3E1 1037) ; 22 décembre 1407 : 600 quintaux de bois (3E1 1040) ; 24 décembre 1407 : nouvel achat de bois, la quantité n'est pas spécifiée (3E1 1040) ; 23 janvier 1408 : 200 quintaux de bois de chêne et d'orme (3E40 7) ; janvier 1408 : 400 quintaux d'aulne (3E40 7) ; 10 février 1411 : 3 000 quintaux d'aulne, de noisetier et de chêne (3E40 8).

66. 3E40 7, 23 janvier 1408.

67. Se reporter à son article, « Ressources et activités économiques dans les montagnes roussillonnaises (XIe-XVe siècle) », *op. cit.* et pour les draps, plus particulièrement aux pages 334-336.

68. Le cas n'est pas original : des draps produits dans les campagnes des Ports de Morella (Vallibona) s'exportent vers Rhodes, la Sicile et Naples au XVe siècle : Carles Rabassa Vaquer, « La manufactura tèxtil en l'àmbit rural dels ports de Morella (segles XIV-XV) », *Millars, Espai i Història*, 29, 2006, p. 151-173.

69. Raimon Joli, pareur et procurateur de la société *del Tint* de Céret, est en contact avec Pere Rosini du diocèse de Mirepoix, marchand, auquel il achète du pastel, 3E44 1 (août 1421).

70. 3E40 910 (Prats-de-Mollo, 17 août 1445).

71. 3E40 832 (17 juillet 1417), achat de Maurin Dur au boucher Antoni Massani ; 3E40 832 (17 août 1417), achat de Maurin Dur et de Pere Bardina à Pere Comelles. Bien évidemment, Perpignan n'en demeure pas moins un centre actif du commerce de la laine locale, commerce qui se tient sur la place de la Laine : Antoine Jacqueton, *La Laine locale et son commerce (Perpignan, XVe siècle)*, mémoire de master 2, université Paris-VIII, 2013.

72. 1B69 (1300). Le document original a disparu, les archives des Pyrénées-Orientales n'en conservent plus qu'une photocopie, 1B148, fol. 25.

73. Comme nous l'avons vu, Maurin Dur est détenteur au moins d'une partie du moulin drapant d'Arles en 1418, 3E40 832 (1er juin 1418). Quelques années auparavant, Perpinianus Moner, pareur, déclarait posséder un moulin drapant. Inutile de préciser que nous ignorons

s'il s'agit du même atelier, 3E40 830 (février 1412). Mais, dès 1405, le moulin drapant d'Arles est cité en confront, 3E40 828 (21 mars 1405). Encore au milieu du XVe siècle apparaît le moulin d'Arnau Perer, 3E40 910 (1er mai 1445). À Céret, le moulin drapant est détenu par le pareur Pere Mascardi, 3E40 45 (novembre 1442). À Saint-Jean-Pla-de-Corts, en janvier 1446, Roger Angles se déclare pareur et « meunier des draps de laine », 3E40 911. Un moulin drapant associé à un moulin à blé est en activité dans ce bourg dès 1428, 3E40 987, fol. 150v-151.

74. *Capbreu* de Prats-de-Mollo, 1B82, fol. 15, 21v et 36v.

75. Sylvie Caucanas, *Moulins et irrigations*..., *op. cit.*, p. 195.

76. Des concentrations autour de teinturiers sont également en œuvre dans la Normandie, au XVe siècle, en ville comme dans les bourgs ruraux : Mathieu Arnoux et Jacques Bottin, « Les acteurs d'un processus industriel. Drapiers et ouvriers de la draperie entre Rouen et Paris (XIVe-XVIe siècle) », dans *Le Technicien dans la cité en Europe occidentale (1250-1650)*, Mathieu Arnoux et Pierre Monnet éd., Rome, 2004, p. 356-357, 362.

77. Germán Navarro Espinach, « Los negocios de la burguesía en la industria precapitalista valenciana de los siglos XIV-XVI », *op. cit.*

78. Germán Navarro Espinach, « Los negocios de la burguesía en la industria precapitalista valenciana de los siglos XIV-XVI », *op. cit.* Plus récemment, Germán Navarro Espinach a proposé une synthèse historiographique mettant en valeur les acquis récents de la recherche catalane sur l'industrie rurale du drap : la position des *paraires/pelaires* y est dominante (thèses de J. Aparici Martí (1997, Alto Palancia), de M. J. Deyá Bauzá (1997, Majorque), de A. Llibrer Escrig (2010, la Vall d'Albaida et le Comtat) et de C. A. Rabassa Vaquer (1996, Ports de Morella), toutes ces thèses ont été dirigées par Paulino Iradiel Murugarren (université de Valence)) : Germán Navarro Espinach, « Les industries rurales dans la Couronne d'Aragon au XVe siècle », dans *Les Industries rurales dans l'Europe médiévale et moderne, op. cit.*, p. 89-112. Un exemple significatif étudié par Joaquín Aparaci Martí, « Capilaridad de la manufactura textil en la Plana de Castelló. El caso de Onda en el siglo XV », *Anuario de Estudios Medievales*, 40/1, 2010, p. 181-199 (p. 191) ; un autre, par Carles Rabassa Vaquer, « La manufactura tèxtil en l'àmbit rural dels ports de Morella (segles XIV-XV) », *Millars, Espai i Història*, *op. cit.* La thèse de Antoni Llibrer Escrig a été publiée récemment, *Industria textil y crecimiento regional : la Vall d'Albaida y el Comtat en el siglo XV*, Valence, 2014.

79. Andrea Barlucchi, « L'industrie de la laine dans le territoire florentin (XIIe-XVe siècle) », dans *Les Industries rurales dans l'Europe médiévale et moderne, op. cit.*, p. 29-42. Consulter également du même auteur, *Il contado senese all'epoca dei Nove. Asciano e il suo territorio fra Due e Trecento*, Florence, 1997.

80. Il faudrait ajouter à l'activité du drap la production et la vente des toiles, sur laquelle, on peut le regretter, peu d'indices sont disponibles. Ainsi, Joan Lo Lombart se déclare vendeur de toile alors qu'il passe par Reyners, avec son frère fabricant de *concas* (bassines), 3E40 910 (14 avril 1445).

81. Dans l'espace qui nous intéresse ici, l'ouvrage *Mil años de trabajo del cuero, Actas del II simposium de historia de la técnicas, Cordoue, mai 1999*, Ricardo Córdoba de la Llave coord., Cordoue, 2003, demeure une référence. Consulter, en particulier, Germán

Navarro Espinach, « La industria del cuero en el reino de Valencia y el concejo de Teruel (siglos XIII-XVI) », *op. cit.*, p. 201-230.

82. Jean-Loup Abbé, « Planification et aménagement de l'espace urbain de la moyenne vallée de l'Aude au Moyen Âge : Espéraza, Couiza, Quillan, Limoux », dans *Village et ville au Moyen Âge : les dynamiques morphologiques*, Élisabeth Zadora-Rio et Henri Galinié éd., Tours, 2003, vol. 1, p. 149-182 ; vol. 2, p. 115-133. Dans le cas de Limoux, la production, inscrite dans la morphologie du bourg, est largement ouverte sur le commerce régional, où Limoux s'est taillé une réputation comme le prouve le leudaire de 1268 qui fait expressément mention d'étrangers venant faire traiter des peaux à Limoux pour les vendre ailleurs.

83. *Diplomatari del Masdéu*, Edició i estudi de Rodrigue Tréton, Fundació Noguera, Diplomataris 52, Barcelone, 2010, p. 130-131.

84. 3E40 829 (13 juillet 1407).

85. 3E40 828 (28 juillet 1406) ; 3E40 829 (13 juillet 1407).

86. 3E40 828 (2 juin 1406).

87. 3E40 829 (10 septembre 1407).

88. 3E40 830 (23 août 1412).

89. 3E40 831 (20 avril 1416).

90. 3E40 829 (22 août 1407). Les sources font aussi référence à un *sahanador* à Saint-Jean (Vallespir), en 1308.

91. 3E40 828 (2 février 1405) ; 3E40 828 (4 février 1406) ; 3E40 829 (9 janvier 1408).

92. Christian Guilleré, « Les finances publiques en Roussillon Cerdagne au milieu du XIVe siècle : comptes des procureurs royaux pour les années 1345-1346 », *op. cit.*, p. 357-384. Catherine Verna, « Pyrénées morcelées, traversées, contournées : la forge et la circulation des pondéreux », dans *Circulation des marchandises et réseaux commerciaux dans les Pyrénées (XIIIe-XIXe siècle), Actes du colloque international, Andorre, octobre 2003*, Jean-Michel Minovez et Patrice Poujade éd., Toulouse, 2005, vol. 2, p. 608-623.

93. 3E40 828 (5 mars 1405) ; 3E40 828 (10 mars 1406).

94. 3E40 828 (30 mai 1406).

95. 3E40 828 (24 mai 1406).

96. 3E40 828 (2 avril 1406) ; 3E40 829 (6 juin 1407).

97. 3E40 829 (20 juin 1407).

98. 3E40 829 (20 mars 1407).

99. 3E40 911 (7 mars 1446).

100. Antoni Grasser est connu par la controverse qui l'oppose au barbier Pere Garbini, au sujet de différents défauts de paiement que l'un et l'autre se reprochent, 3E40 911 (1er décembre 1445).

101. 3E40 911 (1er avril 1446).

102. Précisons que Pere Roig, pareur, a deux homonymes à Arles, dont Pere Roig *fuster*.

103. 3E40 910 (30 août 1445).

104. 3E40 830 (25 juillet 1412), une *tina* de 5 florins ; 3E40 830 (21 septembre 1412) une *tina* de 6 livres et demie.

105. Sur la politique mise en place par la Couronne dans les forêts du domaine, consulter Catherine Verna, « Fer, bois, houille : forge hydraulique et gestion des combustibles (Pyrénées-Languedoc, XIVe siècle) », dans *Economia e energia, secc. XIII-XVIII. XXXIV*

Settimana di Studi (Istituto internazionale di storia economica Francesco Datini), *Prato, avril 2002*, Simonetta Cavaciocchi, Florence, 2003, p. 341-456, et Flocel Sabaté, « La montagne dans la Catalogne médiévale. Perception et pouvoir », dans *Montagnes médiévales, Actes du XXXIV*e *congrès de la SHMES, Chambéry, mai 2003*, Paris, 2004, p. 179-218.

106. On peut supposer qu'une réglementation fiscale, similaire, ait pu concerner les domaines ecclésiastiques, mais les fonds aujourd'hui endommagés et lapidaires des abbayes bénédictines de Sainte-Marie d'Arles et de Saint-Michel de Cuxa ne permettent pas de le vérifier.

107. 1B82.

108. 1B94, fol. 20.

109. 1B94 fol. 8, 13 et 105. Voir Catherine Verna, « Fer, bois, houille : forge hydraulique et gestion des combustibles (Pyrénées-Languedoc, XIVe siècle) », *op. cit.*

110. 1B202, fol. 82v.

111. 1B97, fol. 100v-10v et 1B367, fol. 39r et v.

112. 3E40 909 (1438).

113. 3E40 828 (19 avril 1406).

114. 1B274 (quittances de paiement en date de 1445, 1448, 1455).

115. Quelques exemples : en 1345, Pere Drap, *fuster* de Perpignan, fournit les *monalls* et les *biges* (poutres, solives) nécessaires pour les travaux à conduire sur les *pareyts del rech* de Thuir (les berges) et sur les canalisations des moulins de la vallée, PR, MR, registre 1 (1345), fol. 181 ; en 1351, le *fuster* de la Rocha, Ramon Moner, œuvre au moulin drapant du roi, à Perpignan, PR, MR registre 8 (1351), fol. 32. En 1379-1380, les *fusters* de Perpignan, Arnau Servet et Perpinya Bonet, travaillent sur le *rech* de Thuir et aux moulins royaux de Perpignan, PR, MR registre 32 (1379-1380), fol. 98-101. En 1402-1403, Joan Griffeu, *fuster* d'Estagel, travaille plusieurs jours sur la tour del Far de Tautavel qui avait été incendiée, PR, MR registre 52 (1402-1403), fol. 120. Des travaux sont également effectués sur les moulins à sang royaux de Salses, Opoul et Forza Real, 1B274. Étienne Jauffre, également *fuster* de Perpignan, intervient pour divers travaux au château de Salses, 1B274 (juillet 1445).

116. 1B208, fol. 45 (1417).

117. 1B22, fol. 100 ; 1B94, fol. 35v et fol. 72v. Les premiers moulins *serradors* des forêts royales ont été présentés par Sylvie Caucanas dans *Moulins et irrigation en Roussillon du IX*e *au XV*e *siècle*, *op. cit.*, p. 202-204 et p. 378-379.

118. 1B113, fol. 45v-46.

119. En 1330, un moulin *serrador* est à nouveau mentionné à Prats dans le registre d'enregistrement des criées des droits et biens royaux, 1B24, fol. 22v. Ce sont encore trois moulins *serradors* qu'enregistrent les comptes royaux au titre du versement des foriscapes et des acaptes en 1345. Deux sont situés, selon le registre de la Procuration, « dans la vallée » de Prats-de-Mollo et le troisième « sur les rives du Tech », l'un avait appartenu à un homme de Camprodon, archives de la Couronne d'Aragon (Barcelone), RP, MR, registre 1 (1345), fol. 22-23. Un autre moulin, toujours en vallée de Prats, est enregistré au titre des amodiations et licences royales, en 1356, 1B351. Un moulin *serrador* est à nouveau cité à la fin du XIVe siècle dans le testament d'un *fuster* de Prats, 3E1 410, fol. 47 et suivants. Encore en juin 1433, le roi accorde à un homme de Prats-de-Mollo une autorisation pour

élever un moulin *serrador* avec les *rechs* nécessaires à son fonctionnement dans la combe de Saint-Guillem, 1B351. En 1446, un moulin *serrador* est à nouveau détenu par des hommes d'Arles qui s'en partagent les parts, 3E40 911. On l'aura compris : la question simple, et qui pourtant ne peut être résolue, est celle du nombre des moulins *serradors* fonctionnant simultanément autour de Prats-de-Mollo. Semblable équipement concerne également le Capcir. Dès 1323, un moulin *serrador* est implanté par un *fuster* à Formiguères, 1B94, fol. 83. Bien plus tard, en septembre 1434, un homme de Carol obtiendra l'autorisation d'en implanter un dans le bois de Campcardos, 1B351. Le Conflent est également concerné. Un moulin *serrador* est localisé dans la forêt de la Querença et sera concédé en acapte à Bernat Saquet, marchand de Perpignan, en juillet 1393, 1B151, fol. 4v. Un moulin *serrador* dans la forêt de la Querança (s'agit-il du même ?) sera régulièrement amodié au cours des XIVe et XVe siècles ; ainsi, en 1396, par Bernat Saquet, 1B174 ; le 30 juillet 1437 par Jaspert de Tregura et un homme de Camprodon, 1B351. Un autre moulin *serrador* est implanté dans la forêt de Conat, à partir de 1366, 1B121, fol. 74-76 et 1B118, fol. 25v. Il sera régulièrement amodié à la fin du Moyen Âge et sans doute un second est-il élevé. Toujours en Conflent, le roi concède à un *fuster* le droit d'élever un moulin à scier ou farinier à Villefranche, entre le pont des Frères et le portal de la ville, 1B351 (23 février 1453). Toutes ces scieries dépendent du patrimoine royal. On doit donc admettre qu'il ait pu s'en élever ailleurs, tout particulièrement dans les domaines monastiques qui demeurent méconnus, faute d'archives conservées. D'ailleurs, un moulin *serrador* dans la forêt de la Querança est concédé en acapte et en commun par le roi et l'abbaye de Saint-Michel de Cuxa en 1429. Est-ce celui en activité dès la fin du XIVe siècle ? L'acte prévoit que deux autres moulins à scier puissent être construits, 1B256 (30 juillet 1437). Un autre moulin, dont 1/3 des parts appartient à un homme de Prats-de-Mollo, dépend de la seigneurie de Saint-Martin du Canigou. Il se tient dans la vallée de Saint-Martin, au lieu Al Arenal, 3E3 23 (7 novembre 1399). En 1418, un homme de Conat vend un quart du moulin *serrador* de la Serra, *in ripparia de Balagio*, dépendant de la juridiction de l'abbaye Saint-Michel de Cuxa, 3E3 901, fol. 33. On peut ajouter à toutes ces mentions, celle du *ferrarius* et scieur de long *serraseyre* du moulin de Sainte-Colombe (sans doute près de Thuir), en 1393, 1B151, fol. 4. Consulter également, Sylvie Caucanas, *Moulins et irrigation, op. cit.*, p. 198-205.

120. 1B234, fol. 117v-118 (1429) ; 1B226, fol. 40 (1420). Nous connaissons les noms des forestiers et leur attribution, depuis 1345, grâce à la comptabilité royale. En 1345, Pons Nicholau, forestier du bois de Clairac ; Pere Verneda et Dauder Guillelmi, forestiers de Prats ; Pere Matheu, garde des bois du Conflent, registre 1, fol. 109-112. En 1347, Guillem Conill, forestier de Clayra, registre 3, fol. 10. En 1348, Bertran Bartholomeu, forestier de la devèze de Nav(r)et ; Pere Verneda et Guillem Dauder, forestiers des bois de Prats ; Pere Matheu, forestier du bois de Conflent, registre 4, fol. 65 et 90. En 1348-1349, Jorda de la Font, forestier de Naret ; Miquel Ripoyll, forestier du bois de Conat ; Guillem Dauder, forestier des bois de Prats ; Bernat Boserti, forestier des bois du Conflent, registre 5, fol. 40 et 41. En 1349-1350, Guillem Castello, forestier de Clairac ; Jorda del Font, forestier de la devèze de Naret ; Guillem Dauder, forestier des bois de Prats ; Bernat Fustoer, forestier de la devèze de Naret, Bernat Boshom et Joan Derra, forestiers des bois du Conflent, registre 6, fol. 40-42. En 1351, Daude Guillami, forestier de Prats ; Ramon Fuster, bayle et forestier de la devèze de Naret ; G. Castello, forestier du bois de Clairac, registre 8. En 1353,

G. Mauris, forestier du bois de Clairac ; G. Andreu et P. Vesia, forestiers de la devèze de Naret ; Johan de la Serra et Bernat Bosom, forestiers des bois de Conflent et de Cerdagne, registre 10, fol. 45 et suivants. En 1353-1354, G. Mauris, forestier du bois de Clayrac ; Joan de la Serra et Bernat Besom, forestiers des bois de Conflent, registre 12, fol. 73-74. En 1354-1355, G. Mauris, forestier du bois de Clayrac, registre 13, fol. 63v. En 1370 et en 1372, Ramon Fuster, forestier du bois de Tautavel et du bois de Naret, registres 23 et 24 (1370-1372), fol. 68v (1er registre) et 131v (2nd registre). Non seulement les forestiers surveillent les bois et rassemblent les amendes, mais ils vont également témoigner aux procès que la Procuration royale intente contre ceux qui coupent du bois, sans vergogne, dans les forêts royales (ainsi, Daude Guillelmi qui s'est rendu à Perpignan pour *proseguir* contre l'université de Prats *qui avia taylatz moltz arbres en la deveza del senior rey*, 1345, registre 1, fol. 172). Ils gèrent également coupes et ventes du bois.

121. 3E40 831 (18 mars 1416).

122. Comme à Salses, où un homme de Tura a été accusé d'avoir pris dans les bois de la communauté de l'olivier et du romarin sec, 1B226, fol. 94 (1423) ; toujours à Salses, où le bayle rend un jugement à propos de la coupe illégale de peupliers, en bordure de propriété, 1B226, fol. 125v (1424).

123. 3E40 828 (2 juillet 1406).

124. RP, MR, registre 1 (1345), fol. 148 et 168-169.

125. 1B240, fol. 86 (vallée de Conat, 1431).

126. 1B367 (22 novembre 1414) ; 1B254 (25 octobre 1434). Au titre du versement des salaires, la comptabilité royale enregistre avec précision le moindre arbre coupé dans les forêts royales pour l'usage du domaine. Ainsi, en 1345, le 21 mars, un homme de Saint-Jean a coupé un *roire* (chêne) qui sera utilisé pour la noria du château de Perpignan. Il perçoit un salaire de 1 livre. Puis un *fuster* de Perpignan scie (*serrar*) ledit arbre contre 12 sous, RP, MR, registre 1 (1345), fol. 148v et 177v. De même reviennent régulièrement dans les dépenses du domaine les réparations des moulins, à blé et drapants, pour lesquelles il faut s'approvisionner en bois. On doit également préciser que du bois débité dans les forêts royales est vendu à l'encan. Il s'agit souvent de grosses pièces. La comptabilité royale a enregistré ces ventes qui portent sur les domaines forestiers de Conat ou de la Querança et qui apparaissent au titre des revenus extraordinaires : par ex, en 1345, RP, MR, registre 1, fol. 90-91 ; ou dans les comptes de la reine, RP, MR, registre 2645, fol. 2 : ainsi, le 17 mars 1398, Agussen, *fuster* de Perpignan, pour 100 arbres qui valent à la pièce 2 sous, a versé 10 livres. La comptabilité royale enregistre, avec autant de précision, la somme versée pour le moindre objet. Vers 1370, pour 5 saumades de cercles, un homme de Thuir paie 15 sous, registre 10, fol. 20.

127. 1B254 (9 avril 1435).

128. Dès 1405, la comptabilité royale nous apprend qu'une criée en date du 14 octobre 1404 rappelle que nul homme ne doit prendre les *fustes* que les eaux apportent, sinon par volonté et licence du roi, PR, MR, registre 53 (1404-1405), fol. 111v. Ordonnances sur les bois « divagant » : 1B367 (12 novembre 1421, 12 octobre 1421 et octobre 1421) ; 1B409 (juin 1469).

129. 1B280 (octobre 1421).

130. 1B280.

131. 1B217 (4 novembre 1421).

132. 1B254 (3 janvier 1436).

133. Arnau Calvet de Céret et ses fils sont accusés d'avoir volé le bois que le *fuster* de Céret, Arnau Carrera, avait entreposé sur place après une coupe, 3E40 38 (6 avril 1430). Antoni Matheu, de Céret, est accusé d'avoir pris le bois déposé en forêt et qui appartenait à Ramon Geli, pareur de Céret, 3E40 38 (3 juillet 1430). Dans ce registre, de nombreux arrêts du bayle de Céret concernent des vols de bois ou de pièces de bois, par exemple, des pièces de cuve volées dans l'*hostal* d'un *fuster*, 3E40 38 (août 1430). Ramon Badia d'Arles est jugé pour une rapine commise dans une châtaigneraie. Il doit payer une amende de 4 livres et demie, 3E40 910 (11 novembre 1445).

134. 1B367 (1392-1402).

135. Concession accordée en 1423, renouvelée en 1430, mais enregistrée par la Procuration royale uniquement en 1437. Cette concession aurait-elle rencontré quelques difficultés d'application ? 1B254.

136. 1B285 (26 août 1455).

137. 1B285 (5 mars 1455, 1er septembre 1455, 27 septembre 1455, 27 octobre 1455, 27 octobre 1455, 9 septembre 1455).

138. 3E40 828 (1406) ; 3E40 830 (1412) ; 3E40 8 (1411) ; 3E40 9 (16 avril 1414) ; 3E40 831 (5 avril 1416). De même en Vallespir, 3E40 39 (juin 1417) : tout bois de *riberal,* c'est-à-dire de rive ; ni olivier, ni *roire* (chêne).

139. 3E40 9 (4 avril 1414).

140. 1B209 (27 juillet 1417).

141. La pratique du flottage est mal connue pour le Moyen Âge. Jean Boissière a consacré à cette question plusieurs synthèses qui portent pour l'essentiel sur la période moderne : Jean Boissière, « Un mode original de circulation marchande : le flottage », dans *La Circulation des marchandises dans la France de l'Ancien Régime*, Denis Woronoff éd., Paris, 1998, p. 15-52 ; du même auteur, « Le flottage en Europe du XIIIe au XVIIIe siècle (quelques remarques à partir de l'exemple français) », dans *L'uomo e la foresta secc. XIII-XVIII, Atti della Ventisettesima Settimana di Studi, Prato, 8-13 maggio 1995*, Simonetta Cavaciocchi éd., Florence, 1996, p. 805-857. Plus récente est l'étude de Pierre Gresser, « Une histoire méconnue : le flottage en Franche-Comté au Moyen Âge », dans *Forêt et eau (XIIIe-XXXIe siècle)*, travaux réunis et présentés par Andrée Corvol, Paris, 2007, p. 203-215. Voir également, pour le Roussillon, Jean Gigot, « Le transport des bois par flottage en Roussillon avant 1660, nouvel état de la question », dans *Actes du congrès national des sociétés savantes*, 1963, p. 419-428 et, en cours de publication, Catherine Verna, « Faire flotter le bois sur les torrents du Canigou, XIVe et XVe siècles », dans *La Circulation des matières premières*, Didier Boisseuil et Christian Ricco éd., communication présentée à Madrid, en 2014, à paraître.

142. 21 avril 1374 : quatre-vingt-douze fûts de *vern* (aulne) ont été mis à flot à partir de Rodès. Ils sont connus par les dommages qu'ils ont causés, 1B133, fol. 155v. Le 21 octobre 1383, Ramon Marques, pareur de Perpignan, commande à Pere Tixedor de Thuès des *filas* et des *monalls* de pin à livrer par eau, 3E1 458.

143. Vingt-quatre douzaines de *monelades* d'*avet* (sapin) achetées par le *fuster* de Perpignan, Joan Castello, à deux hommes d'Eus sont transportées par eau vers Perpignan, aux frais des vendeurs, 3E1 225 (9 janvier 1409). Merci à Anthony Pinto qui m'a signalé ce texte.

144. 1B21, fol. 27 et 52 (1306).

145. 1B285 (26 août 1455) ; 112EDT24 (s.d.).

146. 1B285 (8 juin 1461). Incontestablement, lesdits Jauffre et Mas sont à la tête d'une entreprise d'envergure régionale. Sur ce type d'entreprise, voir David Carvajal de la Vega, « Compañias y comercio de la madera en Castilla a fines del siglo XV e inicios del XVI », *Espacio, Tiempo y Forma, serie III, Historia medieval*, 2015, p. 201-219.

147. 1B285 (7 novembre 1459, avril 1459, 13 juin 1460).

148. 1B184, fol. 34v : quittance de paiement du procureur du roi à Bernat Saquet qui s'est acquitté du troisième versement du fermage des rentes de la vallée de Conat (21 juillet 1383). Avant que n'en dispose ledit Saquet, le forestage de la forêt de la Querança avait été vendu à Pere et Ramon Pelissier de Perpignan, et cela depuis 1378, 1B136, fol. 92 (1380), ACA, RP, MR, registre 32, fol. 39v et Guy Romestan, « Un marchand perpignanais au XIVe siècle : Bernard Saquet », dans *Le Roussillon de la Marca Hispanica aux Pyrénées-Orientales (VIIIe-XXe siècle), Actes du LXVIIe congrès de la Fédération historique du Languedoc méditerranéen et du Roussillon*, Perpignan, 1995, p. 439-474.

149. Claude Carrère, « Le droit d'ancrage et le mouvement du port de Barcelone », *Estudios de Historia moderna*, Barcelone, 1953, III, 1953, p. 147 et suivantes ; Christian Guilleré, « De Torella de Montgri à Tossa : les Catalans et la mer (fin XIIIe-XIVe siècle) », *Quaderns de la Selva*, 13, 2001, p. 83-108.

150. 1B209, fol. 59 (26 janvier 1417).

151. 1B234, fol. 54v.

152. Crues et inondations, du Tech comme de la Têt, sont d'ailleurs fréquentes et elles préoccupent la Procuration royale. Sur ce sujet, voir l'article de Rodrigue Tréton, « Crues et inondations dans les Pyrénées méditerranéennes aux XIVe et XVe siècles : état des sources et perspectives de recherches », *Domitia*, n° 8-9, 2007, p. 213-226.

153. 1B226, fol. 6 : 1422, arrêt du lieutenant du procureur royal au sujet du bois d'une « manade » qui s'est échoué sur les rives du Tech ; 3E40 832 : 2 juillet 1418, du bois pour une des teintureries d'Arles est livré par eau et à partir de Riuferrer. Les canes de bois devront être transportées à la « première eau venue ».

154. 3E49 5 (10 février 1443). D'autres témoignages de leur activité : contrat de coupe (*totum tallum*) pour six ans dans le bois des Angelatis, à Céret, conclu par Constantin Mascaros (18 avril 1426), 3E40 15.

155. Guillem Mascaros, Pere Cardona et Jaume Mora, tous *fusters* de Perpignan, s'associent pour l'achat d'une coupe à Saint-Laurent-de-Cerdans, 3E40 832 (30 octobre 1417). En réponse à une commande de la Procuration royale, Pere Cardona a livré trois *posts* de châtaignier pour la tour del Far, à Tautavel (entre 1445 et 1453), 1B274.

156. 3E49 3 (28 avril 1431).

157. 1B254 (9 août 1436). Jordi Mas est-il de la même famille que le *fuster* Pere Mas ? De même deux individus de Perpignan dénommés Jaume et Jordi Mas disposent en 1418 d'une partie d'un moulin *serrador* en forêt de Conat, 3E1 1618.

158. 3E40 15 (1er juillet 1426 et 21 juillet 1426).

159. 3E40 43 (octobre 1414).

160. 3E40 832 (octobre 1417).

161. 3E1 1045 (12 novembre 1420).

162. 3E40 909 (12 juin 1438).

163. 3E1 1037 (29 août 1401) ; 3E40 23 (1411 ?) ; 3E40 24 (16 avril 1414) ; 3E40 25 (3 février 1422). Il faut ajouter à cette liste le *fuster* Arnau Carrera, qui a déposé du bois sur la place de Céret, après une coupe (1430, 3E40 38) et qui emprunte de l'argent à un boucher d'Arles en 1417 (4J18).

164. 3E40 7 (16 janvier 1408) ; 3E40 8 (29 janvier 1410) ; 3E40 8 (8 février 1411) ; 3E40 9 (16 avril 1414) ; 3E49 3 (28 avril 1431) ; 3E40 1037 (3 janvier 1401). 3E40 1037 (août 1401).

165. 3E40 14 (25 janvier 1425).

166. 3E1 1037 (14 septembre 1401) ; 3E40 8 (29 janvier 1410).

167. Dix-huit canes de *vern* (aulne) et d'*avellanes* (noisetier) livrables à la teinturerie par Pere Royre, *traginer* de Céret, 3E40 14 (7 mars 1425). Trois cents quintaux de *vern*, de *poll* (cf. *Poll de l'aigua* : bois d'eau) et de *salit* (saule pourpre) livrables à la teinturerie par des muletiers, 3E1 1042 (21 janvier 1413). Quatre cents quintaux de bois de *vern* achetés à Bernat Maso de Reyners, 3E40 7 (janvier 1408).

168. 3E40 14 (24 avril 1425).

169. 3E40 010 (8 avril 1415).

170. Un Jaume Figueres, également *fuster,* mais dont nous ignorons le degré de parenté avec Joan et son fils Pere Antoni, l'avait précédé à Céret (1407), 3E1 1040 (26 juillet 1407).

171. 3E40 8 (8 septembre 1411) ; 3E40 16 (25 janvier 1431).

172. 3E40 830 (13 novembre 1412).

173. 3E40 41 (25 avril 1435).

174. On ignore si Guillem Donat est parent avec Jaume Donat, originaire de Maureilles, qui vient travailler à Céret à la demande du meunier de Céret, Berenguer Vilar, pour y accomplir une coupe à blanc de plusieurs bois qui appartenaient à son frère décédé, 3E1 1039 (12 octobre 1406).

175. 3E40 18 (7 janvier 1406).

176. 3E40 7 (25 janvier 1408).

177. 3E1 1040 (décembre 1407).

178. 3E40 830 (23 mai 1412).

179. 3E1 1040 (24 décembre 1407).

180. 3E44 1 (avril 1423).

181. Catherine Verna, *Le Temps des moulines, op. cit.*, p. 283.

182. Nous avons la certitude qu'il y a bien deux Berenguer Baiuli forgeron au début du XVe siècle, mais il est impossible de les distinguer (voir 4J18, acte de 1434 qui les mentionne tous deux à propos de l'émission d'une quittance).

183. MR, RP, registre 2645, cahier 4, fol. 33. La reine paie 8 florins valant 3 livres et 8 sous pour deux *perfumadors*, 6 novembre 1419.

184. 3E40 830 (29 octobre 1412) ; Anthony Pinto, « Ressources... », *op. cit.*, p. 337.

185. 3E40 830 (28 octobre 1412).

186. Joan de Saint-Sébastien est désigné comme *asterius* et *lancerius* : 3E40 910 (20 juillet 1444). En novembre de la même année, cet homme est décédé, 3E40 910 (10 novembre 1444). Pere Porques (*asterius*), 3E40 832 (5 août 1414) ; 3E40 831 (26 janvier 1416). Il est marié, en 1416, avec la fille du tailleur d'Arles, Pere Vallispir. En

1438, l'inventaire de son atelier est dressé à Prats-de-Mollo. Il est alors décédé, 3E40 909 (mars 1438).

187. Martie Lopis *lancerius* : 3E40 828 (19 avril 1406) ; 3E40 831 (22 octobre 1418). Joan lo Castillo *lancerius*, (1406 et 1418) à distinguer de son homonyme qui est *ferrarius* et muletier.

188. 3E40 831 (6 février 1416). Dans les autres actes le concernant, Pere Campi est aussi qualifié de forgeron (*faber*).

189. 3E40 831 (12 février 1416).

190. 3E40 832 (21 juin 1418).

191. Un acte original sur parchemin atteste que Mateu Baiuli possède une terre herme dans le vignoble de Saint Pierre, dépendant de l'abbaye d'Arles (1432, 4J18).

192. 3E40 828 (20 février 1405).

193. 3E40 830 (22 août 1412). À titre de comparaison, en 1370, la dot de la femme de Bernat Saquet, marchand perpignanais d'envergure moyenne, s'élève à 302 livres, Guy Romestan, « Un marchand perpignanais au XIVe siècle : Bernard Saquet », dans *Le Roussillon : de la Marca hispania aux Pyrénées orientales (VIIIe-XXe siècle), op. cit.*, p. 448 ; celle des filles de Pere Bardina, à 70 livres, pour chacune d'entre elles (1406 et 1407), voir *supra*.

194. 3E40 830 (28 octobre 1412). Dès le début du XVe siècle, le forgeron Pere Roig (homonyme du pareur et du *fuster*) disposait d'un moulin *tornal* cité au milieu du siècle comme ancien confront, 3E40 910 (1er mai 1445).

195. 3E40 832 (29 juin 1417) ; 3E40 832 (11 avril 1418).

196. 3E40 831 (16 mars 1416).

197. 3E40 831 (8 octobre 1413) ; 3E40 832 (3 juillet 1418).

198. 3E40 829 (18 décembre 1407).

199. 3E40 831 (29 août 1418).

200. 3E40 832 (21 juin 1418).

201. 3E40 832 (15 septembre 1417).

202. 3E3 461.

203. Ces informations sont celles que l'historien rassemble traditionnellement quand il travaille sur les forgerons de village ou de bourg : Catherine Verna, « Forgerons de village : quelques témoignages béarnais des XIVe et XVe siècles », dans *L'Artisan au village dans l'Europe médiévale et moderne, op. cit.*, p. 219-238.

204. Johan Azemar *alias* Gros, entre autres actes : 3E40 830 (30 mars 1412) ; 3E40 830 (8 avril 1412) ; 3E40 832 (26 janvier 1414). Raimon Azemar *alias* Gros, entre autres : 3E40 830 (1er juin 1412), 3E40 830 (1er octobre 1412), 3E40 830 (7 décembre 1412). De la Badia, 3E40 831 (24 avril 1416). Arnaud Cabrona : 3E40 831 (9 avril 1428) ; 3E40 832 (19 février 1418). Johan Cabrona, 3E40 910 (27 octobre 1445) ; 3E40 46 (1443) ; 3E40 46 (septembre 1444). Johan Lantar : 3E40 910 (20 juillet 1444).

205. Urbà Aygabella : 3E40 911 (2 mai 1446). Julian de La Sacca, entre autres : 3E40 910 (4 juin 1445) ; 3E40 910 (21 juillet 1445) ; 3E40 910 (27 octobre 1445). Martie Sants : 3E40 910 (4 juin 1445) ; 3E40 910 (27 octobre 1445). Jacme Borulle : 3E40 910 (27 novembre 1445) ; 3E40 911 (11 décembre 1445) ; 3E40 911 (2 mai 1446).

206. Les deux frères Longal portent le même prénom : Johan.

207. 3E40 909 (23 septembre 1438).

208. Les initiales utilisées désignent les Languedociens (L) ; le Catalan (C) ; les Basques (B) et les Ariégeois (A).

209. 3E40 910 (18 novembre 1445).

210. 3E40 911 (7 décembre 1445) ; 3E40 911 (22 mars 1446).

211. 3E40 909 (23 septembre 1438).

212. 3E40 831 (1414) ; 3E40 831 (10 mars 1414).

213. 3E40 831 (14 juin 1414).

214. 3E40 828 (1er septembre 1406). Cette situation est bien connue en Espagne, et particulièrement en Castille : Denis Menjot, « Les métiers en Castille au bas Moyen Âge : approche des "vécus socio-économiques" », dans *Les Métiers au Moyen Âge. Aspects économiques et sociaux*, Jean-Pierre Sosson dir., Louvain-la-Neuve, 1994, p. 208-210.

215. Précisons que cette situation est celle d'autres professions, hors des champs de l'artisanat et de l'industrie : notaires, barbiers et apothicaires, marchands, hôteliers, muletiers et bouchers.

Chapitre 4
Les silences du notaire et la pluriactivité

1. 3E40 910 (17 mars 1445) ; 3E40 911 (1445) ; 3E40 911 (2 mars 1446).

2. 1B253 (26 avril 1427) ; 3E40 910 (10 juin 1445) ; 1B267 (28 avril 1445).

3. 3E40 829 (10 septembre 1407). Ce cas n'est pas unique, d'autres testaments enregistrent la donation par le mari des outils dont la femme se sert couramment pour carder ou filer la laine, 3E40 909 (13 septembre 1438).

4. 3E40 911 (19 avril 1446 et juin 1446).

5. Nous avons déjà remarqué que l'activité de transport intéressait davantage les individus des bourgs en aval de la vallée. Ainsi, un muletier originaire de Reyners, Pere Sant Paul, achète un drap à la femme d'un tendeur d'Arles et précise que grâce à la revente de ce drap il remboursera ce qu'il doit à l'hôtelier du Boulou, 3E40 910 (12 mars 1445).

6. 3E40 831 (26 février 1416) ; 3E40 832 (25 mai 1417).

7. 3E40 9 (31 mars 1414).

8. 3E40 39 (juin 1417).

9. 3E40 828 (11 février 1406 et 19 avril 1406) ; 3E40 830 (5 octobre 1412).

10. 3E40 830 (5 octobre 1412).

11. 3E40 830 (5 octobre 1412).

12. 3E40 830 (23 décembre 1412).

13. 3E40 16 (21 mars 1431).

14. 3E1 1037 (août 1401) ; 3E40 8 (10 février et 8 septembre 1411) ; 3E40 24 (4 avril 1414) ; 3E40 25 (29 août 1422) ; 3E40 16 (25 janvier 1431).

15. 3E40 9 (4 avril 1414), coupe de tous les bois de châtaigniers et d'*avelanes* (noisetiers) qui sont bons à faire des cercles (*ad circulos*) plantés dans tous les bois lui appartenant, dans celui de Avelanet pour quatre ans ; dans celui de Sola pour cinq ans ; dans celui ales

Boscha pour six ans ; enfin, dans celui del Bach, pour sept ans ; Bernat Coma retient dans le bois ales Boscha de soixante à soixante-dix perches de châtaigniers.

16. 3E40 10 (8 avril 1415).

17. 3E40 9 (27 septembre 1414).

18. Jean-Louis Roch, « De la nature du drapier médiéval. L'exemple rouennais », *Revue historique*, CCII, 1, 2000, p. 3-31. Voir également, Jean-Pierre Sosson, « L'entrepreneur médiéval », dans *Impresa. Industria, commercio, banca secc.* XIII-XVIII, *Atti della XXII Settimana di Studi, Prato, mai 1990*, Simonetta Cavaciocchi éd., Florence, 1991, p. 275-293.

19. Catherine Verna, « Élites rurales, industries et fortune », dans *Élites rurales méditerranéennes au Moyen Âge, op. cit.*, p. 461-478.

20. 3E40 911 (1448).

21. 1B226 (19 mars 1425) ; 1B229 (11 avril 1427) ; 1B240 (1er avril 1433).

22. 3E40 832 (25 juin 1417).

23. 3E40 910 (18 février 1444) ; 3E40 910 (10 février 1445).

24. 3E40 910 (19 février 1444) ; 3E40 910 (22 février 1444) ; 3E40 910 (25 mars 1444) ; 3E40 910 (juin 1445) ; 3E40 910 (19 novembre 1445) ; 3E40 911 (17 mars 1446).

25. 3E40 910 (3 juillet 1445).

26. 3E40 832, (25 juin 1417).

27. 3E40 828 (16 mars 1406) ; 3E40 911 (19 décembre 1446).

28. 3E40 828 (16 mars et 14 avril 1406).

29. Tous les apothicaires sont également désignés comme *specerii,* et *a contrario* tous les *specerii* ne sont pas désignés comme apothicaires. Parmi les apothicaires *specerii*, Urbà Aygabella est le seul pour lequel l'appellation d'apothicaire est nettement majoritaire (vingt-huit cas contre deux) et encore ces deux cas émanent-ils de la Procuration royale et non des notaires d'Arles. Il est certain que l'on touche, dans ce cas, à l'appréciation urbaine du statut de l'homme, appréciation qui se distingue de sa place dans le bourg.

30. 3E40 828 (10 février 1405, 27 février 1405, 21 mars 1405, 24 avril 1406) ; 3E40 829 (10 mars 1407, 24 juin 1407) ; 3E40 831 (13 septembre 1413, octobre 1413) ; 3E40 832 (15 juillet 1417, 6 septembre 1417, 22 septembre 1417) ; 3E40 910 (9 juin 1445).

31. Jean-Pierre Bénézet, *Pharmacie et médicament en Méditerranée occidentale (XIIIe-XVIe siècle)*, Paris, 1999. Michael R. Mac Vaugh, *Medicine before the Plague. Practitioners and Their Patients in the Crown of Aragon (1295-1345)*, Cambridge, 1993 ; Danielle Jacquart, *La Médecine médiévale dans le cadre parisien (XIV-XVe siècle)*, Paris, 1998 ; Laurence Moulinier-Brogi, « Les médecins dans le Centre-Ouest au Moyen Âge (XIIIe-XVe siècle) », dans *Scrivere il Medioevo. Lo spazio, la santità, il cibo. Un libro dedicato ad Odile Redon,* a cura di Bruno Laurioux et Laurence Moulinier-Brogi, Rome, 2001, p. 405-429.

32. 3E40 831 (janvier 1416) ; 3E40 832 (4 août 1414).

33. 3E40 910 (17 avril 1444, 26 septembre 1444, 31 octobre 1444, mars 1445, 1er mai 1445, mai 1448) ; 3E40 911 (8 juin 1446).

34. 3E40 910 (2 juin 1445).

35. Arles n'est pas le seul bourg témoignant de ce type d'encadrement, comme en atteste un contrat d'embauche d'un chirurgien barbier qui devra soigner les pauvres de Prats-de-Mollo (1438).

36. Richard W. Emery, « Les juifs en Conflent et en Vallespir (1250-1415) », dans *Conflent, Vallespir et montagnes catalanes, FHLMR*, Montpellier, 1980, p. 85-91.

37. 3E40 828 (19 avril 1406) ; 3E40 829 (3 juin 1407, 9 novembre 1407, 3 décembre 1407) ; 3E40 832 (9 juin 1417, 26 mars 1418). 3E40 832 (11 avril 1418) ; 3E40 910 (16 mai 1444).

38. C'est le cas, par exemple, de Joan Bado, qui est six fois qualifié de *specerius* et une fois d'apothicaire, sans qu'aucun texte éclaire son activité professionnelle. Cet homme détient en 1451 un quart d'une teinturerie à Arles ; à cette époque, il était déjà propriétaire d'une partie du moulin *serrador* de Saint-Guillem-de-Combret. Il a donc investi dans le secteur industriel, mais on ne peut aller plus loin.

39. Denis Fontaine rappelle qu'au XIVe siècle, à Perpignan, les tendeurs font partie de la même confrérie que les apothicaires, « Les tendeurs de Perpignan et les verriers de l'Albera (XVIe-XVIIe s.) », dans *L'Albera. Terre de passage, de mémoires et d'identités, op. cit.*, p. 112.

40. 3E40 829 (10 juillet 1407).

41. 3E40 829 (25 juillet 1407).

42. Qui est précisément Ramon Aygabella (1402-1448) qui investit dans une société de teinturerie en 1406 ?

43. Jean-Pierre Bénézet, *Pharmacie et médicament en Méditerranée occidentale, op. cit.*, p. 62.

44. Corsavy : 1B351 (25 mai 1435). Combret : 3E40 911 (1446) et 1B257.

45. 3E40 911 (1446) ; AC d'Argelès-sur-Mer, fonds Saint-Malo (12 décembre 1425).

46. Hélène Vérin, *Entrepreneurs, entreprise. Histoire d'une idée*, Paris, 1982.

47. Jean-Pierre Bénézet, *Pharmacie et médicament en Méditerranée occidentale, op. cit.*, p. 525-531.

48. Hélène Vérin, *Entrepreneurs, entreprise*, *op. cit.* ; Philippe Braunstein, Philippe Bernardi et Mathieu Arnoux, « Production, travail, consommation », dans *Les Tendances actuelles de l'histoire du Moyen Âge, op. cit.*, p. 542-543 ; consulter également Michel Mollat, *Jacques Cœur ou l'esprit d'entreprise au XVe siècle*, Paris, 1988.

Chapitre 5
Le district industriel du Vallespir

1. Un secteur d'activité est en retrait alors qu'il apparaît souvent comme emblématique de l'artisanat ou de l'industrie au Moyen Âge, au moins en ville : celui des maçons et des tailleurs de pierre. Seul Antoni Torneros officie à Arles au début du XVe siècle, et encore n'y est-il pas régulièrement domicilié. Son activité n'est reportée qu'une fois, alors qu'il est témoin dans le testament que nous avons déjà plusieurs fois évoqué : celui de Pere Candell, 3E40 829 (octobre 1407). On le voit également à la tête d'une bande engagée dans une de ces rixes qui opposent des individus d'origine géographique ou bien de professions différentes. Sur un parchemin servant de couverture au registre 3E40 988 apparaît également fortuitement Bernat Monera senior, *lapicida* des Bains d'Arles (1402). Précisons

que lors de la construction du pont de la Font, à Arles entre 1406 et 1408, des *lapidarii*, d'ailleurs désignés comme *magistri*, sont originaires de Castillo d'Empúries. Ils ne sont que de passage. Signalons néanmoins, au Boulou, une carrière de pierre où sont confectionnées des meules. Elle apparaît dans la comptabilité royale au milieu du XIVe siècle, et on ignore si elle a continué à approvisionner les moulins des alentours, ACA, registre 12, fol. 88 (1353-1354). Dans ce cas, les huit meules extraites au Boulou sont apportées au moulin de Salses par Maître Ramon, meulier de La Rocha. L'extraction du marbre se pratique à Céret et à Baixas : Anthony Pinto, « Ressources… », *op. cit.* Du marbre taillé et œuvré à Baixas peut être convoyé vers Clairac, dans le cadre de grands travaux tant du roi que de l'archevêque de Narbonne, 1345, ACA, registre 1, fol. 176. De même, des carrières de calcaire sont exploitées près de Villefranche, en Conflent. Elles approvisionnent les chantiers royaux jusqu'à Valence, ACA, registre 5, paiements de 1344 et 1345 reportés dans le registre de 1348-1349 : pierres de Villefranche, convoyées pour la construction de la chapelle royale de Valence.

2. 3E40 910 (10 mai 1445). En 1408, dans le cadre de la construction du pont d'Arles, un four à chaux est en activité. Il paraît élevé pour l'usage du chantier et à la demande de l'œuvre du pont, 3E40 829 (9 janvier 1408).

3. 3E40 828 (28 février 1405).

4. Philippe Wolff, « Aux frontières du Comminges : Montesquieu Volvestre en 1405, notes de démographie et d'histoire sociale », *op. cit.*, p. 159-164 ; Catherine Verna, *Le Temps des moulines, op. cit.*, p. 285-287.

5. Par exemple, 3E40 831 (3 novembre 1413).

6. Anthony Pinto, « Le commerce des chevaux et des mules entre la France et les pays catalans (XIVe-XVe siècle) », *Histoire et sociétés rurales*, n° 23, 2005, p. 89-116. Ainsi, le muletier de Maureilles, Berenguer Bertran, vend une mule à un *ferrarius* au prix de 109 florins et demi, 3E40 910 (17 décembre 1443).

7. 3E40 911 (27 avril 1448).

8. 3E40 910 (10 novembre 1445).

9. B signifie l'origine basque de l'individu ; Be, son origine béarnaise ; A, ariégeoise.

10. Pere Vola profite même d'une créance que lui a transférée Pere Comelles, créance sur la communauté d'Arles, d'une valeur de 96 livres, 3E40 910 (23 mars 1444).

11. La démonstration est clairement étayée à partir des sources notariales pour le début de la période moderne et pour les verriers des Albères : Denis Fontaine, « Les tendeurs de Perpignan et les verriers de l'Albera (XVIe-XVIIe s.) », *op. cit.*, p. 109-139. Denis Fontaine étudie les « stratégies des verriers de l'Albera », tout à fait semblables à celles des hommes d'Arles.

12. 3E1 1732, fol. 55.

13. Il s'agit de Joan Maurini *alias* Prot.

14. Bartomeu Aygabella, 3E40 830 (13 novembre 1411) ; Berenguer Branya, 3E40 828 (1406), 3E40 830 (13 novembre 1411) ; Joan Castaneda, 3E40 830 (14 avril 1412) ; Pere Colomina, 3E40 830 (14 avril 1412), 3E40 831 (8 avril 1414), 3E40 831 (18 janvier 1416) ; Guillem Dauder, 3E40 828 (13 mars 1405) ; Marin Dur, 3E40 831 (6 mai 1418) ; Pere Noelli, 3E40 828 (26 mars 1405), 3E40 830 (14 avril 1412), 3E40 831 (8 avril 1414), est également désigné comme « habitant de Perpignan » dans le *capbreu* d'Arles ; Jaume Perer,

pareur, 3E40 830 (14 avril 1412) ; Guillem Pons, pareur, 3E40 830 (13 novembre 1411) ; Pere Roig, pareur, 3E40 830 (14 avril 1412) et 3E40 831 (8 avril 1414) ; Guillem Torrent, 3E40 830 (14 avril 1412).

15. Catherine Verna, « Élites rurales, industries et fortune (Catalogne, Vallespir, XIVe et XVe siècles) », dans *Élites rurales méditerranéennes au Moyen Âge, op. cit.*, p. 461-478.

16. Guillem Torrent, boucher (syndic) ; Ramon Bochabrella, tendeur (syndic) ; Bartomeu Aygabella, marchand (syndic) ; Ramon Corona (syndic) ; Pere Colomina, apothicaire (syndic) ; Ramon Aygabella, marchand (syndic) ; Urbà Aygabella, apothicaire (syndic) ; Bartomeu Carrera, boucher (syndic) ; Jaume Perer, pareur (syndic).

17. L'intérêt d'une telle situation pour l'industrie du verre est mis en évidence par Denis Fontaine, « Les tendeurs de Perpignan et les verriers de l'Albera (XVIe-XVIIe s.) », *op. cit.*, p. 109-139.

18. G 92.

19. 3E40 911 (juillet 1446).

20. Antoni Furió considère que « ne sont pas rares les cas où la destination du crédit était l'investissement productif », qu'il examine dans le cadre de la production agricole : Antoni Furió, « Endettement paysan et crédit dans la péninsule ibérique au bas Moyen Âge », dans *Endettement paysan..., op. cit.*, p. 166.

21. Dès à présent signalons l'article de Marc Bompaire, « Monnaies dans les villages, quelques exemples de France méridionale », dans *Les Villages dans l'Empire byzantin (IVe-XVe siècle)*, Jacques Lefort, Cécile Morisson et Jean-Pierre Sodini éd., Paris, 2005, p. 123-134.

22. Ce crédit interne au bourg n'est pas une exception catalane même s'il est souvent difficile à saisir. Jean Louis Gaulin et François Menant le signalent en Italie, dans le cadre d'activités agricoles, Jean-Louis Gaulin et François Menant, « Crédit rural et endettement paysan dans l'Italie communale », dans *Endettement paysan et crédit rural dans l'Europe médiévale et moderne, op. cit.*, p. 48 et 60.

23. Au XIVe siècle, et dans la zone très proche correspondant à Puigcerdà et à son territoire, Claude Denjean précise que « les échanges ont lieu à crédit. Mais pas les investissements. [cependant] Il est possible que sous et deniers empruntés servent à l'achat de petit outillage ou bien à des travaux, ce dont on a la preuve en ville », Claude Denjean, « Le crédit juif dans les campagnes cerdanes aux XIIe et XIVe siècles », dans *Endettement paysan, op. cit.*, p. 189.

24. Catherine Verna, « Pour une approche biographique de l'entreprise rurale au Moyen Âge », *op. cit.*

25. Jean-Louis Gaulin et François Menant, « Crédit rural et endettement paysan dans l'Italie communale », *op. cit.*, p. 43.

26. 3E40 828 (janvier 1405).

27. 3E40 828 (26 janvier 1405).

28. 3E40 828 (10 mai 1405).

29. 3E40 829 (14 juin et octobre 1407).

30. 3E40 832 (29 septembre 1416 et 16 juillet 1417).

31. 3E40 828 (13 février 1406).

32. 3E40 828 (2 mars 1406).

33. 3E40 910 (31 juillet 1445).

34. Pour l'analyse des différentes strates de la notabilité arlésienne et les critères de définition de cette notabilité, consulter Catherine Verna, « Élites rurales, industries et fortune (Catalogne, Vallespir, XIVe et XVe siècles) », *op. cit.*

35. 3E40 828. Ces 154 livres sont aussitôt transférées à Guillem Torrent, sous la forme de monnaie, comme le précise l'acte. Guillem Torrent est en effet, dans ce contexte, syndic de l'université d'Arles et son créancier.

36. Par exemple, rente de 15 sous vendue 15 livres par Miquel Fag, 3E40 829 (31 janvier 1407) ; concession d'une maison en acapte, 3E40 828 (15 septembre 1406).

37. Il semble qu'il s'agisse de trois laïcs, nommés par les deux syndics et l'ensemble des consuls de l'Université. C'est ainsi que sont nommés en mai 1445 les trois procurateurs de l'Hôpital : Pere Comelles, Berenguer Baiuli et Joan Bado, 3E40 910 (6 mai 1445). Mais en 1406 l'abbé d'Arles est désigné également comme procurateur, aux côtés des procurateurs laïcs. On voit aussi intervenir des *hospitalerii*, qui se succèdent et semblent assurer la gestion quotidienne de l'établissement. Il apparaît que leur désignation dépend prioritairement du choix de l'abbé, 3E40 832 (11 juillet 1417).

38. 3E40 910 (25 juin 1445).

39. 3E40 832 (18 juin 1417).

40. 3E40 828 (8 mai 1406).

41. 3E40 830 (17 novembre 1412).

42. C'est le cas, par exemple à Sienne, analysé par Stephan R. Epstein, cité dans Jean-Louis Gaulin et François Menant, « Crédit rural et endettement paysan dans l'Italie communale », *op. cit.*, p. 49.

43. Mercè Aventín Puig, « Le rôle du marché dans la structuration de l'habitat catalan au bas Moyen Âge : l'exemple du Vallès oriental », dans *Villages pyrénéens. Morphogénèse d'un habitat de montagne, op. cit.,* p. 273-282.

44. *Ibid.*, p. 279-281.

45. Mathieu Arnoux, « Travail, redistribution et construction des espaces économiques (XIe-XVe siècle) », *Le Marché dans son histoire, Revue de synthèse*, t. CXXVII, 2006, p. 290-291.

46. 3E40 911 (1446 ?, texte inachevé, s.d.).

47. Des districts industriels ont été identifiés et étudiés pour le Moyen Âge. Ainsi, au cours des XIIIe et XIVe siècles, naît le district industriel de la Valteline : Mathieu Arnoux, « Innovation technique, intervention publique et organisation du marché : aux origines du district sidérurgique de la Valteline (XIIIe-XIVe siècle) », dans *La Sidérurgie alpine en Italie (XIIe-XVIIe siècle)*, Philippe Braunstein éd., Rome, 2001, p. 215-232. Il semble bien que l'espace de la Plana de Castelló (au nord de Valence) puisse également être défini comme un district industriel. La démonstration récente proposée par Joaquín Aparaci Martí y aboutit, même si le concept de « district » n'est pas utilisé : « Capilaridad de la manufactura textil en la Plana de Castelló. El caso de Onda en el siglo XV », *op. cit.,* p. 181-199 et « Obra en piedra. Maestros vizcaínos en La Plana de Castelló (siglos XV-XVI) », *Millars, Espai i Història*, 29, 2006, p. 133-150. Des réflexions complémentaires sur la construction de l'espace et, en particulier, sur celui d'un district industriel : Pau Viciano, « Marché du crédit et structuration de l'espace rural : le Pays valencien au XVe siècle », *Histoire et*

sociétés rurales, 21, 2004, p. 13-38 ; Antoni Llibrer Escrig, « La configuració d'un districte industrial a la baixa edat mitjana. Les viles draperes de la Vall d'Albaida, l'Alcoià i el Comtat », *Recerques*, 67, 2014, p. 5-31.

48. Giacomo Becattini, *Il distretto industriale. Un nuovo modo di interpretare il cambiamento economico*, Turin, 2000 et « Riflessioni sul distretto industriale marshalliano come concetto socio-economico », *Stato e Mercato*, 1989, p. 112-128. Marco Belfanti, « Des industries rurales aux districts industriels ? Le cas de l'Italie du Nord du XVIe au XIXe siècle », dans *Les Industries rurales dans l'Europe médiévale et moderne, Actes des XXXIIIe journées internationales d'histoire de l'abbaye de Flaran, op. cit.*, p. 295-308.

49. Alfred Marshall, *Elements of Economics*, vol. 1, *Economics of Industry*, Londres, 1912.

50. Mathieu Arnoux, « Districts industriels, régions de production, marchés (Europe, XIIe-XVe siècle). Quelques pistes de réflexion », dans *Les Industries rurales dans l'Europe médiévale et moderne, op. cit.*, p. 13-28.

51. La question de la circulation technique comme « ciment » du district industriel est examinée par Marco Belfanti dans « Guilds, Patents and the Circulation of Technical Knowledge », *Technology and Culture*, 2004, p. 569-589.

52. Voir *infra*, Troisième partie, *L'innovation technique en Catalogne.*

III – L'INNOVATION TECHNIQUE EN CATALOGNE

Chapitre 6
L'innovation, le roi et les notables

1. Sur l'identification de la mouline et ses caractéristiques techniques, consulter Catherine Verna, *Le Temps des moulines, op. cit.*, p. 73-87. Rappelons qu'il faut distinguer la réduction directe (quand le fer est produit « directement », c'est-à-dire à partir du charbon de bois et du minerai réduit dans un bas fourneau) de la réduction indirecte (quand il est produit par l'intermédiaire de la fonte, issue de la fusion du minerai. La fonte devra être décarburée pour donner du fer). Sur ces procédés et leur reconstitution à la lumière de l'histoire et de l'archéologie, voir Philippe Fluzin, « Il processo siderurgico : evoluzione storica e indizi archeo-metrici », dans *La minera perduta. Cinque anni di ricerche archeometallurgiche nel territorio di Bienno*, Constanza Cuccini Tizzoni et Marco Tizzoni éd., Breno, 1999, p. 61-92.

2. Joseph Alois Schumpeter, *Théorie de l'évolution économique. Recherches sur le profit, le crédit, l'intérêt et le cycle de la conjoncture* (Jean-Jacques Anstett trad.), Paris, 1935 (1re édition 1911).

3. La synthèse que la revue des *Annales HSS* a consacrée à l'histoire des techniques accorde une place importante à l'innovation, Y. Cohen et D. Pestre, « Présentation », *Histoire des techniques, Annales HSS*, 1998, vol. 53, p. 721-744. On peut regretter que les travaux des médiévistes n'y soient pas présentés malgré la référence à Marc Bloch et à

Lucien Febvre (cf. « Techniques, ce mot qui n'a pas d'histoire ») et l'intérêt que la revue a porté à l'histoire des techniques dès le numéro spécial de 1935 (voir en particulier Marc Bloch, « Les "inventions" médiévales », p. 634-643). La réflexion sur le concept d'innovation et l'usage que peuvent en faire les médiévistes a davantage été conduite dans deux publications, un colloque (*L'Innovation technique au Moyen Âge, Actes du VI*[e] *congrès international d'archéologie médiévale*, Patrice Beck dir., Paris 1998) et un numéro spécial de la revue *Médiévales* (*Techniques : les paris de l'innovation, Médiévales,* n° 39, automne 2000). Pour une mise en perspective méditerranéenne, voir Catherine Verna, « Innovations et métallurgies en Méditerranée occidentale (XIIIe-XVe siècle) », *Anuario de Estudios Medievales,* 2011, p. 623-644.

4. En 1998, Paul Benoit rappelait la définition du terme « innovation » telle qu'elle avait été élaborée par Schumpeter. Il en présentait une lecture possible, ne conservant de la définition que les aspects qui étaient applicables au Moyen Âge et insistait, en particulier, sur la rupture que constitue l'innovation : Paul Benoit, « Au four et au moulin : innovation et conjoncture », dans *L'Innovation technique au Moyen Âge, op. cit.*, p. 293. Des nuances ont été apportées à cette définition. À partir du choix de l'analyse « micro », il a été démontré que la nouveauté (nouvel appareil, nouvelle manière de faire, nouveau produit) pouvait résulter d'une série d'aménagements mineurs, de bricolage : Catherine Verna, « Réduction du fer et innovation : à propos de quelques débats en histoire sociale des techniques », *Médiévales, Techniques : le pari de l'innovation, op. cit.*, p. 79-94. C'est déjà sur cet aspect de l'innovation que Philippe Braunstein insistait, dès 1998 : Philippe Braunstein, « Savoir et savoir-faire : les transferts techniques », dans *L'Innovation au Moyen Âge, op. cit.*, p. 304.

5. Catherine Verna, *Le Temps des moulines, op. cit.*, p. 13-16.

6. Sylvie Caucanas, *Moulins et irrigation..., op. cit.*, p. 198.

7. 1B94, fol. 33v (et XXVIv) ; 1B357, fol. 258v (s.d.).

8. 1B94, fol. 72 (et LXV).

9. 1B94, fol. 88v (et LXXXIv).

10. 124EDT75.

11. 1B24, fol. 22.

12. 1B24, fol. 22v.

13. 1B381.

14. 1B95, fol. 16v-17.

15. 1B257, fol. 61v-63.

16. 7J98, pièce 57 (copie du XIXe siècle du Livre vert).

17. 1B94, fol. 82v (LXXV).

18. Des sondages dans le fonds François de Fossa, juriste renommé et érudit du XVIIIe siècle, qui a copié de très nombreux textes dans les archives monastiques (série 12J aux archives départementales des Pyrénées-Orientales) et dans la collection Baluze (Bibliothèque nationale de France) sont demeurés sans résultat.

19. Mouline de Thuès ou de la Querança, 1B133, fol. 120-121 (1377) ; 1B153, fol. 103 (1393). Mouline de Valmanya, 1B222, fol. 11 et 14 (1398). La mouline de Valmanya appartient toujours à l'abbaye de Saint-Michel de Cuxa au début du XVIe siècle, 3E21 51, fol. 44.

20. ACA, RP, MR, Viguerie de Conflent et de Capcir, Bayle de Villefranche, registre 1515 (1393). Sylvie Caucanas, *op. cit.*, cite également le contrat de location de la forge en date du 22 décembre 1394, 3E1 6789, fol. 3-4.

21. 3E1 147, fol. 88-89.

22. 1B184, fol. 52 (15 juillet 1387).

23. 1B257, fol. 63.

24. 3E40 63 (20 avril 1465).

25. 1B351, fol. 32.

26. 3E40 830 (30 mars 1412).

27. 3E40 828 (9 juin 1406).

28. 1B285, fol. 201.

29. 3E1 1038 (1404).

30. 3E49 7, fol. 63v-64v (1453).

31. 1E59.

32. Cartulaire roussillonnais, copies du XIXe siècle faites par Alart, 107, vol. T, p. 139-141.

33. ACA, RP, MR, Viguerie de Conflent et de Capcir, Bayle de Villefranche-de-Conflent, registre 1518, fol. 2 et 36.

34. *Id.*, fol. 18.

35. *Id.*, registre 1516, fol. 4v (1402-1405).

36. 3E40 8 (texte de 1410 mentionnant une situation de 1407).

37. 3E40 830 (1412).

38. 3E3 901 (1418).

39. 1B351, fol. 30 (novembre 1429).

40. 3E40 59, fol. 91-92 (1445).

41. Mouline de Mantet, 1B267, fol. 120v, 1446.

42. 3E40 51, fol. 81 (1459).

43. 1B351, fol. 30.

44. ACA, MR, RP, registre 51, fol. 68 (1401).

45. Catherine Verna, *Le Temps des moulines, op. cit.*, p. 88-94.

46. Sylvie Caucanas, *Moulins et irrigation*, *op. cit.*, p. 19.

47. Sur la notion de « territoire technique » et sur la reconstitution de l'espace correspondant au territoire technique de la mouline, consulter Catherine Verna, *Le Temps des moulines, op. cit.*, p. 18-19.

48. Catherine Verna, « De la forge aux marchés des fers : les espaces emboîtés de la réduction directe », dans *L'obtencio del ferro pel procediment directe entre els segles IV i XIX, Actes del 6è curs d'Arqueologia d'Andorra, 2000*, Andorre, 2001, p. 63-78. Sur les « grosses forges » de la comtesse de Champagne, voir Philippe Braunstein, « Les forges champenoises de la comtesse de Flandre (1372-1404) », *Annales ESC*, 1987, p. 754.

49. Jean-François Belhoste, « *Martinetus* et *fusinae* dans la sidérurgie alpine aux XIIIe et XIVe siècles. Réflexions philologiques », dans *Il ferro nelle Alpi. Giacimienti, miniere, e metallurgia dall'Antichita al XVI secolo,* Constanza Cuccini-Tizzoni et Marco Tizzoni éd., Breno, 2000, p. 146-151.

50. Les moulines de Sainte-Colombe-sur-Guette, Counozouls, Gincla sont citées dans l'article de Claude Raynaud, « Moulins à fer et forges catalanes : mise en place d'une proto-industrie

dans les Pyrénées audoises (XIIIe-XVIIIe siècle) », *Bulletin de la Société d'études scientifiques de l'Aude*, 1995, p. 129-143. Il faut ajouter aux références indiquées dans cet article celles concernant les moulines de Roquefort-de-Sault et de Sournia, ACA, RP, MR Bayle de Villefranche-de-Conflent n° 1515 (1393) ; 1516 (1402-1405) ; 1518 (1419-1422).

51. Edmond Cabié, « Forges ou moulins à fer de la montagne Noire du XIIIe au XVIIIe siècle », *Revue du Tarn*, 1903, p. 245-248 ; Sylvie Caucanas, *Moulins et irrigation*, *op. cit.*, p. 376 ; Catherine Verna, *Le Temps des moulines, op. cit.*, p. 73 et suivantes. Les trois actes sont publiés en annexe.

52. Henri Gilles, « L'administration royale des eaux et forêts en Languedoc au Moyen Âge », *Bulletin philologique et historique du Comité des travaux historiques et scientifiques*, 1963, p. 331-376.

53. Catherine Verna, *Le Temps des moulines, op. cit.*, p. 183, 191-192.

54. *Ibid.*, p. 129 (dans la seigneurie de Miglos).

55. Didier Galop, *La Forêt, l'Homme et le Troupeau dans les Pyrénées. 6 000 ans d'histoire de l'environnement entre Garonne et Méditerranée*, Toulouse, Geode-université de Toulouse-Le Mirail, 1997, p. 236-237 (édition PUM, 1998).

56. Catherine Verna, *Le Temps des moulines, op. cit.*, p. 115-135.

57. Catherine Verna, « Fer, bois, houille : forge hydraulique et gestion des combustibles (Pyrénées-Languedoc, XIVe siècle) », *op. cit.* Sur la gestion des espaces et des ressources naturels par les rois d'Aragon, consulter Flocel Sabaté, « La montagne dans la Catalogne médiévale. Perception et pouvoir », *op. cit.*

58. Claude Domergue, professeur à l'université Toulouse-Le Mirail a dirigé de nombreuses maîtrises sur l'exploitation du minerai du Canigou durant l'Antiquité. On retiendra, en particulier, le travail inédit de Gérard Mut sur Baillestavy : Gérard Mut, *Mines et fonderies antiques et médiévales du Canigou (inventaire de la région Est)*, mémoire de maîtrise, université Toulouse-Le Mirail, 1984-1985.

59. 1B94, fol. 20, 3 août 1311.

60. Catherine Verna, *Le Temps des moulines, op. cit.*, p. 117-120.

61. Il faudrait, à présent et idéalement, opérer une comparaison avec la gestion des forêts monastiques. Les sources manquent.

62. 1B94, fol. 82v-83 (LXXVv-LXXVI).

63. Rappelons que les premiers témoignages écrits conservés le sont pour les environs de Prats-de-Mollo où s'élèvent en 1313, en 1314 et en 1321 trois moulins *serradors* implantés, pour le premier, entre les lieux-dits Artiga Beringera et Esclap d'Amont, le second à la Coma del Lancer et le dernier à Saint-Guilhem de Combret. Pour ces premières attestations, la liaison entre mouline et moulin à scier n'est pas fortuite mais bien volontaire. Cette association se retrouve à Querol en 1401, comme en Conflent, dans la vallée de la Querança.

64. 1B94, fol. 88v.

65. 1B95, fol. 16v-17.

66. 1B95, fol. 34v-35v (22 juin 1339) et 1B97, fol. 100-101v (15 novembre 1345).

67. ACA, RP, MR, registre 1, fol. 172.

68. Contrairement à l'Ariège (voir les travaux de Bernard Davasse en anthracologie et de Didier Galop en palynologie), on ne dispose pas encore, pour le Roussillon, d'analyses permettant de confirmer par l'étude du terrain ce que les textes disent. Mais la précision

des écrits, leur inscription dans un territoire précis autorisent à analyser ces alarmes comme les signes d'une crise réelle et non comme l'expression d'une peur de manquer.

69. Catherine Verna, *op. cit.*, p. 120-132.

70. Catherine Verna, *Le Temps des moulines, op. cit.*, p. 125-128.

71. Catherine Verna, « Fer, bois, houille : forge hydraulique et gestion des combustibles (Pyrénées-Languedoc, XIVe siècle) », *op. cit.*

72. ACA, MR, registre 2435 (1356, chantier de l'horloge du château de Perpignan).

73. Il s'agit d'une forme de bruyère arborée. En effet, deux termes désignent la bruyère en catalan. *Bruguera* correspond à *erica multiflora* ou *erica scoparia. Bruch* (nom masculin) correspond à *erica arborea*, un arbuste qui peut atteindre 4 ou 5 mètres, cf. *La Flore complète de la France et de la Suisse,* de Gaston Bonnier et Georges de Layens.

74. Aline Durand, Sandrine Duval et Christophe Vaschalde, « Le charbonnage des éricacées méditerranéennes : approches croisées archéologiques, anthracologiques et historiques », dans *Des Hommes et des plantes. Exploitations du milieu et gestion des ressources végétales, de la préhistoire à nos jours, Actes des XXXe rencontres internationales d'archéologie et d'histoire d'Antibes*, C. Delhon, I. Théry-Parisot et S. Thiébault dir., Antibes, 2010, p. 322-331.

75. Ces ports sont encore de ceux qui approvisionnent régulièrement Barcelone en charbon de bois au milieu du XVe siècle, c'est-à-dire dans un contexte économique très différent : Claude Carrère, « Le droit d'ancrage et le mouvement du port de Barcelone au milieu du XVe siècle », *op. cit.*, p. 149. Sur le commerce du bois (et non du charbon) par voie maritime, consulter également un article de Christian Guilleré, « De Torella de Montgri à Tossa : les Catalans et la mer (fin XIIIe-XIVe siècle) », *op. cit.*

76. 7J97.

77. Plusieurs travaux font entrer dans cette source exceptionnelle et offrent une utile mise en bouche : Christian Guilleré, « Les finances royales à la fin du règne d'Alfonso IV El Benigno (1335-1336) », *op. cit.* ; *id.*, « Les finances publiques... », *op. cit.* ; Antoni M. Arago et Rafael Condé, « Evolucio de les rendes del Conflent sota Pere el Ceremonioso (1345-1386) », dans *Conflent, Vallespir et montagnes catalanes, Actes du LIe congrès de la Fédération historique du Languedoc méditerranéen et du Roussillon, Prades-Villefranche-de-Conflent, juin 1978*, Montpellier, 1980, p. 111-121.

78. ACA, MR, registre 2645 (comptes de la reine Yolande, 1397-1423).

79. RP, MR, registre 1 (1345), fol. 22-23.

80. MR, RP, registre 4 (1348).

81. MR, RP, registre 12 (1353-1354), fol. 20v : Guillem Levet de Prats achète la même année un quart d'un moulin *serrador* à Ramon Laures et trois parts d'un moulin *serrador* appartenant à Salset Planella. Sans doute se procure-t-il ainsi la scierie dans son intégralité, car le compte ne permet pas de savoir s'il s'agit de la même installation ou de deux ateliers différents. Registre 13 (1354-1355), fol. 60 : Jaume Panies de Prats verse un droit d'entrée pour un moulin *serrador* qu'il a pris en acapte du roi. Quant au moulin de la Querança, cinq hommes de Prats-de-Mollo l'exploitent conjointement, registre 16 (1364-1365), fol. 38. Le groupe des preneurs se stabilise : ils tiennent toujours et ensemble le moulin *serrador* de la Querança en 1370-1372, MR, RP, registre 24, fol. 45v. D'autres individus de Prats-de-Mollo en disposent en 1379-1380, RP, MR, registre 32, fol. 39.

82. MR, RP, registre 51 (1401-1402), fol. 68.

83. RP, MR, registre 3 (1347) : rentes de la pâture de la Colomada et du forestage de Prats, à nouveau à Bernat et Antoine Costa. Registre 4 (1348), fol. 39 : rentes de la vallée à Bernat Costa associé à Ramon Carrera habitant de Camprodon et fils de Ramon Carrera de Prats ; forestage à Antoni Costa.

84. MR, RP, registre 10 (1353), fol. 10v.

85. RP, MR, registre 2645 (premier cahier, 1397-1401), fol. 2.

86. RP, MR, registre 2645 (second cahier, 1406-1408), fol. 8 ; (troisième cahier, 1412-1415), fol. 1.

87. RP, MR, registre 2645 (quatrième cahier, 1419), fol. 1.

88. RP, MR, registre 2645 (quatrième cahier, 1419-1423), fol. 1-2.

89. RP, MR, registre 4 (1348), fol. 39.

90. RP, MR, registre 12 (1353-1354), fol. 20.

91. RP, MR, registre 13 (1354-1355), fol. 21v.

92. RP, MR, registre 2645 (cahier 1), fol. 1.

93. RP, MR, registre 1 (1345), fol. 24 : rentes de Corsavy, Pere Rollau et Pere Destor d'Arles (102 livres) ; rentes de Montbolo, Guillem Metge (42 livres) ; fol. 179v, Pere Noger, rentier du pasquier de Corsavy, encore en 1347 contre 68 livres ; registre 5 (1348-1349) : rentes de Montbolo Pere Ventos, Jaume Ventos et Guillem Metge d'Arles (49 livres) ; registre 6 (1349-1350) : pasquier de Corsavy, Jaume Bonet qui tiendra encore cette rente entre 1351 et 1353. Registre 8 (1351) : outre la rente sur le pasquier de Corsavy, citée *supra*, rentes de Montbolo, achetées par Joan Rostoyl d'Arles. Registre 12 (1353-1354), fol. 21v-22v, pasquier de Corsavy, Jaume Bonet qui est aussi présent à Montbolo où il prend avec deux autres hommes d'Arles la rente qui porte sur le village. Registre 13 (1354-1355), fol. 23-24 : Bernat Bernadela pour la rente de Corsavy et Pere Clot associé à Bernat Pug pour le pasquier de Corsavy. Ce même Pere Clot, dont il est précisé qu'il est boucher, prend également la rente de Montbolo. RP, MR, registre 2645 (premier cahier 1397-1401), fol. 1-3. Ramon Matheu tient la rente de Corsavy en 1397-1400.

94. RP, MR, 2645 (second cahier), fol. 4.

95. *Id.*.

96. RP, MR, registre 2645 (second cahier), fol. 6.

97. Rentes de Montbolo, Antoni Corona et Domenec Comelles, de 1412 à 1415, RP, MR, registre 2645 (troisième cahier, 1412-1415), fol. 2 ; rentes de Montbolo, Pere Comelles en 1421 ; de Corsavy et de Montbolo, Antoni Corona à partir de juin 1423, RP, MR, registre 2645 (quatrième cahier, 1419-1423), fol. 3-4.

98. RP, MR, registre 6 (1349-1350).

99. RP, MR, registre 8 (1351).

100. Registre 12 (1353-1354), fol. 23.

101. Registre 12 (1353-1354), fol. 90v.

102. Véronique Izard, « La "Révolution industrielle" du XIVe siècle. Pouvoirs, enjeux, gestion et conflits autour d'un patrimoine minier, sidérurgique et forestier convoité (Pyrénées catalanes, France) », *Domitia*, n° 2, 2002, p. 143.

103. RP, MR, registre 1 (1345), fol. 184.

104. ACA, RP, MR, registre 1 (1347), fol. 107 ; registre 3 (1347), fol. 30 ; registre 4 (1347-1348), fol. 85 ; registre 5 (1348-1349), fol. 37 ; registre 10 (1353), fol. 45 ; registre 13 (1354-1355), fol. 63 ; registre 22 (1369-1370), fol. 70.

105. Mention rare de la comptabilité royale, MR, RP, registre 16, fol. 35.

106. Castello Patau : 1B110, fol. 51v-52 (octobre 1355) ; 1B110, fol. 88v-89v (juillet 1358). Pere de Villeneuve, 1B122, fol. 42 (ou XXI) (droit mentionné en 1370). Jaume Quinta, clerc du roi : 1B153, fol. 19v-20 (juillet 1389). Jaspert de Tregura, donzel : 1B153, fol. 24 (janvier 1383, confirmé en février 1391).

107. RP, MR, registre 22 (1369-1370), fol. 36.

108. RP, MR, registre 1 (1345), fol. 49v-50. Malheureusement, la somme qu'ils versent pour la *treyta* de la mine est illisible.

109. 1B381, fol. 22v.

110. En 1347, Pere Julia prend à ferme la Matha de Formiguères (Capcir), registre 5 (1348-1349), fol. 32. En 1348, la traite est prise par Guillem Gualador de Villefranche contre 285 livres 14 sous et 4 deniers. Le même homme prendra aussi la même année le forestage de la Querança (15 livres), registre 4 (1348), fol. 54v. Il réitère en 1348-1349, la traite de la mine lui coûte alors 350 ou 340 livres (divergence dans le même registre d'un folio à l'autre) et le forestage 16 livres, ce qui prouve bien d'ailleurs que le commerce du minerai s'est poursuivi en pleine peste, registre 5 (1348-1349), fol. 21v et 32. De même en 1349-1350, où Pere Julia tient la rente du pasquier du Conflent pour lequel le roi lui rabat 40 livres sur les 150 dues, registre 6 (1349-1350).

111. RP, MR, registre 12 (1354-1355), fol. 49v.

112. 1B122, fol. 42 (19 et XXI), 1370. RP, MR, registre 24 (1371-1372), fol. 44v.

113. Comme entre 1350 et 1352, où Guillem Arnau Cartays, toujours de Villefranche, succède à Guillem Gualador. En 1350, la rente est tombée à 191 livres, 13 sous et 4 deniers, RP, MR, registre 7 ; en 1351, le même Guillem Arnau Cartays verse 250 livres (registre 8) ; en 1352, 200 livres, registre 9, fol. 37v. En 1379-1380, ce sont Pere Vicens et Pere Vidal qui ont acheté la rente au prix de 243 livres et 15 sous par an, RP, MR, registre 32, fol. 38. En 1401-1402, Jaume Vidal et Jaume Riurius (190 livres), MR, RP, registre 51 (1401-1402), fol. 55.

114. RP, MR, registre 22 (1369-1370), fol. 36. Registre 16 (1364-1365), Perpinya Fillols de Villefranche afferme la traite de la mine pour deux ans à partir de 1364, contre 146 livres par an.

115. À la fin du XVe siècle, on assiste à une évolution : les marchands de Perpignan tels Jaume Campells, Jaume Rocha et Jaume Calvet investissent dans le bois et le fer du Conflent.

116. 1B184 (inventaire successoral de 1405). Guy Romestan, « Un marchand perpignanais au XIVe siècle : Bernard Saquet », *op. cit.*, p. 439-474.

117. Voir les tableaux élaborés par Guy Romestan, *op. cit.*, p. 452-454.

118. Sylvie Caucanas, *op. cit.*, p. 208-209.

119. Le seigneur de Mosset vend dans ce cas le fer qu'il reçoit des rentes de sa mouline de Mosset. On ne lui connaît aucun investissement particulier, ni financier, ni humain, dans la forge.

120. Sur l'industrie du verre en Catalogne, consulter l'article ancien mais de référence de Marcel Alart, « L'ancienne industrie de la verrerie en Roussillon », *Bulletin de la Société des arts, sciences et lettres du département des Pyrénées-Orientales*, 1873, p. 307-322.

On note récemment une reprise nette des travaux sur la verrerie : Jordi Mach, *Le Verre médiéval et moderne en Roussillon (XIIIe-XVIIIe siècle). Un état de la question*, mémoire de maîtrise de l'université de Provence, 2004, 2 vol. ; Martine Camiade et Denis Fontaine, *Verreries et verriers catalans, l'Albera, Palau-del-Vidre, Perpignan (XIVe-XVIIe siècle)*, Perpignan, 2006.

121. Pour l'ensemble des activités cité *infra*, se reporter au registre 1B184.

122. Il le conservera au début du XVe siècle, RP, MR, registre 53 (1404-1405), fol. 52.

123. RP, MR, registre 52 (1402-1403), fol. 120.

Chapitre 7
La forge et la question des origines

1. L'ensemble du dossier qui suit correspond à l'article que j'ai publié dans la revue des Études roussillonnaises, Catherine Verna, « Forge catalane : la question des origines », dans *Le Moyen Âge en Catalogne, Actes du colloque de Prades, mai 2003*, Michel Zimmermann éd., *Études roussillonnaises, Revue d'histoire et d'archéologie méditerranéennes*, Perpignan, 2005, p. 125-142. Bertrand Gille, « Les origines du moulin à fer », *Revue d'histoire de la sidérurgie*, 1960, p. 23-32.

2. Sur le terme de « moulin à fer » et ses usages en histoire des techniques, voir Catherine Verna, « Moulin à fer : l'héritage de Bertrand Gille », dans *Jeux d'eau. Moulins, meuniers et machines hydrauliques (XIe-XXe siècle), Études offertes à Georges Comet*, Aline Durand éd., Aix-en Provence, 2008, t. II, p. 273-286.

3. Sur le dossier cistercien, on peut se reporter à Catherine Verna, « Moulin à fer : l'héritage de Bertrand Gille », *op. cit.* ; *id.*, *Les Mines et les Forges des cisterciens en Champagne méridionale et en Bourgogne du Nord (XIIe-XVe siècle)*, Paris, 1995.

4. Notons la formule utilisée par Luis Miguel Diez de Salazar Fernandez, historien des techniques et spécialiste incontesté de la sidérurgie basque des XIVe-XVIe siècles, Luis M. Diez de Salazar Fernandez, *Ferrerias en Guipúzcoa (s. XIV-XVI)*, Saint-Sébastien, 1983, p. 69 : « Pasariamos a explicar la técnica de fundicion de hierro o, lo que es igual, LA FORJA CATALANA » (la typographie utilisée par l'auteur a été respectée).

5. Estanislau Tomàs i Morera, « Consideracions generals sobre el procediment català o farga catalana », dans *La farga catalana en el marc de l'arqueologia siderurgica, Simposi internacional sobre la Farga Catalana, Ripoll, 1993*, Estanislau Tomàs i Morera éd., Andorre, 1995, p. 21-23 ; F. R. Morral, « The Catalan "Farga" inthe New World (1500-1900) », dans *La farga catalana...*, *op. cit.*, p. 125-129.

6. Je me limiterai à un exemple récent mais significatif puisqu'il émane, une nouvelle fois, de Diez de Salazar Fernandez : « *Cuándo apareció la llamada "forja catalana" ? Probablemente en la confluencia de la técnica preromana con la visigoda, a través del horno franco, heredero del merovingio, que reformaron los visigodos. Su nacimiento sería en el Pirineo catalán, de donde tomó el nombre [...] El "horno catalán" se extendió por casi toda Europa. En la Península va a permanecer inalterable hasat pasado el s. XI en que se aplique la energía hidráulica al proceso.* » En note, l'auteur ajoute : « *En Cataluña pudo*

aparecer muy pronto la ferrería hidráulica » (et de citer trois sources des IXe-Xe siècles), Luis M. Diez de Salazar Fernandez, *Ferrerias*..., *op. cit.*, note 3, p. 61-62.

7. Antoni Gallardo i Garriga et Santiago Rubió i Tudurí, *La farga catalana, descripció i funcionament història distribució geogràfica,* Barcelone, 1930 ; Joaquim Balari Jovany, *Orígenes históricos de Cataluña*, Barcelone, 1899.

8. Jean Cantelaube, *La Forge à la catalane dans les Pyrénées ariégeoises, une industrie à la montagne (XVIIe-XIXe siècle)*, Toulouse, 2005.

9. La forge catalane, apparue au XVIIe siècle, comprend un bas fourneau de forme quadrangulaire et une trompe pour insuffler l'air lors du processus de réduction. Je renvoie à la thèse de Jean Cantelaube.

10. Dès le premier paragraphe de l'introduction, le postulat est posé : « *La historia de la farga catalana, en el veritable concepte del mot, no pot ésser altra cosa que l'estudi de les seves evolucions tècniques i el desenrotllament de la seva total y transformació. Aquesta història, per ésser d'un interès massa diluït, no tindria per a nosaltres l'atractiu que pogués tenir un recull de cites històriques que ens permetessin seguir els passos i vicissituds d'algunes de les nostres fargues, de la mateixa manera que hem pogut esbrinar el passat de nostres catedrals i monestirs.* »

11. Olivier Codina Vialette, Juan M. Bosch Massana et Vincens Tura Michels, *La farga Rossell. El zenit de l'obtenció del ferro pel sistema directe (1842-1876)*, Andorre, 2001.

12. « *La fundición de hierro fué une industria muy explotada. En los documentos, se llama fabrica á la forja y dicha palabra ha dado lugar á la dobla forma fábrega y farga. La primera de estas palabras se ha conservado solamente como apellido, vocable del laguaje común y corriente* » (suit une description de la *farga catalana*, présentée comme un bas foyer, sans usage de l'hydraulique), J. Balari Jovany, *op. cit.*, n. 6, p. 643. Pourtant, lorsque des textes indiquent les travaux d'entretien ou de réparation à accomplir dans ces forges, l'auteur les désigne comme des *herrerias* ou forges de transformation, alors même que ces ateliers apparaissent sous le vocable de *fabrica*.

13. Voir le tableau des sources.

14. Extrait du document : « *in via qui vadit ad ipsa fabrega* ». Voir le tableau des sources.

15. Sur l'historiographie catalane durant la période franquiste, on peut se reporter à la synthèse d'Antoni Furió, « La historiografia catalana sota el franquisme », dans *História de la historiografia catalana*, Albert Balcells dir., Barcelone, 2004, p. 205-228.

16. José Maria Madurell Marimón, *Las fargas pirenaicas (Notas para su historia), Instituto de Estudios pirenaicas, Consejo superior de investigaciones cientificas*, Saragosse, 1952, p. 545-568.

17. José Maria Madurell Marimón, « Contribución a la historia de la Farga Catalana », *Tecnica metalurgica*, 1960, p. 103-110. Il faut ajouter un dernier article mais exclusivement consacré aux forges de l'époque moderne : José Maria Madurell Marimón, « Fargues antigues. Repertori documental », *Ausa*, p. 259-266. Je tiens à remercier Miquel dels Sants Gros i Pujol, conservateur des archives épiscopales de Vich, qui a eu l'amabilité de m'offrir cet exemplaire de la revue *Ausa*, si difficile à consulter en France.

18. Bertand Gille, « Le Moyen Âge en Occident, Ve siècle-1350 », dans *Histoire générale des techniques*, Marcel Daumas éd., Paris, 1962, p. 431-598.

19. Marta Sancho i Planas, *Homes, fargues, ferro i foc. Arqueologia i documentació per a l'estudi de la producció de ferro en època medieval : les fargues dels segles IX-XIII al sud del Pirineu català*, Barcelone, 1999.

20. *Ibid.*, p. 44. Le texte de 1104 est cité dans le catalogue sous la forme suivante : « *in ipsa via qui vadit ad ipsa farga* », p. 247.

21. « Ce document cité par Balari Jovany (Balari, 1964) est une vente de terres, que limite "*ipsa via qui vadit ad ipsa farga*" et qui se trouve "*in parroquia Sancta Maria in Villa Cortitulo*". Nous ignorons pourquoi M. Daumas le considère comme la première citation d'un moulin à fer et d'où il tient l'information, d'autant que dans la grande œuvre de Balari Jovany et dans d'autres sont citées des forges antérieures à celle-ci, comme celle de Piera, de 1031. M. Daumas ne nous dit pas ce qu'il entend par forge, mais son affirmation est dans la droite ligne des résultats de notre recherche », *ibid.*, p. 44, note 11. Je précise que l'édition originale de l'ouvrage de Balari Jovany (1899) ne mentionne pas le texte de 1031, contrairement à l'article de Madurell Marimón.

22. *Ibid.*, p. 237 et 239. Les extraits sont reproduits à l'identique, c'est-à-dire avec les mêmes coupures dans les textes.

23. Il m'est impossible de résumer en quelques phrases les acquis récents de l'archéologie et de la paléo-métallurgie, mais les structures et le mobilier qui permettraient d'attester de la réduction et surtout de l'usage de la force hydraulique sont rares sur le site de la Fabregada : peu de scories coulées (preuve de la réduction directe), aucune battiture (preuve du martelage), le lieu ayant été régulièrement lessivé par le torrent ; la présence d'une retenue d'eau est reconstituée à partir d'une forte sédimentation dans un tronçon du lit du torrent, et le site ne conserve aucun indice de la façon dont la force hydraulique permettrait d'actionner un petit marteau, *ibid.*, p. 165-176. Les résultats de la fouille sont présentés avec davantage de détails dans « *Ipsa Fabricata* » : *estudi arqueològic d'un establiment siderúgic medieval.* Monografies d'Arqueologia Medieval i Post-medieval, núm 2. Universitat de Barcelona, Barcelone, 1997.

24. *Ibid.*, p. 165 et note 58. Cette affirmation est reprise dans « Fabregada : un forn de reducció de ferro de l'Alta Edat Mitjana », dans *L'obtenció del ferro pel procediment direte entre els segles IV i XIX, Actes del 6è curs d'Arqueologia d'Andorra 2000*, Andorre, 2001, p. 211-229.

25. 973, Orrit : « *de oriente adfrontat in ipsum rio qui discurrit de ipsa farga* », Marta Sancho i Planas, *op. cit.*, note 3, p. 235 (citation du texte).

26. Véronique Izard, *Les Montagnes du fer. Éco-histoire de la métallurgie et des forêts dans les Pyrénées méditerranéennes (de l'Antiquité à nos jours). Pour une histoire de l'environnement*, thèse de l'université de Toulouse-Le Mirail, 1999, 2 vol.

27. Sylvie Caucanas, *op. cit.*, p. 198.

28. Catherine Verna, *Le Temps des moulines, op. cit.*

29. Victor Farías Zurita, « La ferreria i el mas al nord-est català medieval », dans *El mas medieval a Catalunya, quaderns, 19*, Banyoles, 1998, p. 29-44 ; *id.*, « Les ferreries al nord-est de la catalunya Vella (segles XI-XIV). Una contribució senyorial », dans *L'obtenció del ferro pel procediment direte entre els segles IV i XIX, Actes del 6è curs d'Arqueologia d'Andorra 2000*, Andorre, 2001, p. 35-62 (édition des textes de Saint-André de Palomar 1138, Vacarisses et Rellinars 1185, Llobregat 1190).

30. « Retenons d'emblée, et pour éviter tout malentendu, que la fonction principale de la *ferreria* n'était jamais l'extraction et la transformation du fer (réduction du fer et forgeage), c'était, en premier lieu, la réparation de l'outillage pourvu d'éléments en fer et surtout celui employé pour l'agriculture. À la réparation de ces outils s'ajoutait probablement la tâche consistant à changer les fers des chevaux lorsqu'ils étaient usés. De toute manière, et comme nous le verrons, le travail du forgeron incluait aussi la réparation des éléments en fer des moulins appartenant au seigneur. La fabrication d'objets en fer ne devait venir qu'en second lieu et correspondait à certains cas particuliers. En particulier, à ceux qui étaient faciles à fabriquer. »

31. Olivier Codina, Juan M. Bosch, Antoni Vila, « La production du fer en Andorre au Moyen Âge : du mythe à l'histoire », *Études roussillonnaises, Revue d'histoire et d'archéologie méditerranéennes,* 2003, p. 40-55. Voir également les remarques de Roland Viader, *L'Andorre du* IXe *au* XIVe *siècle. Montagne, féodalité et communautés*, Toulouse, 2003, p. 195-196.

32. Sur les rapports entre historiographie catalane et nationalisme catalan, on peut consulter Claire Guiu et Stéphane Péquignot, « Historiographie catalane, histoire vive. À propos de quelques ouvrages récents », *Mélanges de la Casa de Velázquez*, 2006, p. 285-306.

33. Bertrand Gille, *Les Origines de la grande industrie métallurgique en France*, Paris, 1947, p. 15 ; Marcel Daumas (dir.), « Le Moyen Âge en Occident (V[e]-1350) », *Histoire générale des techniques*, t. I : *Des origines au* XVe *siècle*, Paris, 1962, [rééd. 1996], p. 513.

34. Philippe Braunstein (dir.), *La Sidérurgie alpine en Italie (*XIIe*-*XVIIe *siècle)*, Rome, 2001, et particulièrement l'article d'Enzio Baraldi et Manglio Calegari, « Pratica e diffusione della siderurgia "indiretta" in area italiana (secc. XIII-XVI) », p. 140-153. Mathieu Arnoux, « Moulins à fer et procédé indirect. Énergie hydraulique et innovation dans la sidérurgie européenne (XIIIe-XVIe siècle) », dans *Le Contrôle des eaux en Europe occidentale (*XIIe*-*XVIe *siècle), Proceedings Eleventh International Economic History Congress*, Élisabeth Crouzet-Pavan et Jean-Claude Maire-Vigueur éd., Milan, 1994, p. 29-40.

35. Mathieu Arnoux, « Innovation technique, intervention publique et organisation du marché : aux origines du district sidérurgique de la Valteline (XIIIe-XIVe siècle) », *op. cit.*

36. Catherine Verna, « Réduction du fer et innovation... », *op. cit.,* 2001, p. 79-95.

37. 3E40 831 (non fol., 18 février 1416).

38. Jean Lartigaut, *Les Campagnes du Quercy après la guerre de Cent Ans (vers 1440-vers 1500)*, Toulouse, 1978, p. 412. Catherine Verna et Jean Cantelaube, « Le souffle de la forge : soufflets et trompes des Pyrénées (XIIe-XIXe siècle) », dans *Du Moulin à l'usine. Implantations industrielles du* X[e] *au* XXe *siècle, Actes du colloque international, Carcassonne, juin 2004*, Sylvie Caucanas et Rémy Cazals éd., Toulouse, 2005, p. 61-75.

39. 3E21 29.

V – LES MARCHÉS DES FERS

Chapitre 8
Les fers et les aciers des actes notariés

1. Philippe Wolff, *Commerces et marchands de Toulouse (vers 1350-vers 1450)*, Paris, 1954, planche XIV (titre du document : « L'évolution des prix d'après les comptes du collège de Périgord, 1438-1449 »), indication de prix pour « le fer ouvré » et « le fer brut ».

2. Gilbert Loubès, « Commerce et échanges en Gascogne centrale au bas Moyen Âge », *Bulletin de la Société archéologique du Gers*, 1986, p. 233-253. Catherine Verna, *Le Temps des moulines, op. cit.*, p. 225, note 81.

3. Voir, à ce sujet, les remarques de Laurent Feller sur l'histoire de l'histoire des prix telle qu'elle a été construite par les médiévistes : Laurent Feller, « Enrichissement, accumulation et circulation des biens. Quelques problèmes liés au marché de la terre », dans *Le Marché de la terre au Moyen Âge*, Laurent Feller et Chris Wickham dir., Rome, 2005, p. 5 et suivantes.

4. Cette étude doit beaucoup aux réflexions récentes des médiévistes sur la question des prix et des marchés, en particulier à *La Fortune de Karol. Marché de la terre et liens personnels dans les Abruzzes au haut Moyen Âge*, Laurent Feller, Agnès Gramain et Florence Weber, Rome, 2005. Toujours stimulantes sont également les remarques incisives d'Alain Guerreau sur les prix et leur usage courant par les médiévistes. Elles mettent en évidence combien la compréhension du mécanisme de formation des prix ne peut se suffire « d'une logique de marché aussi exclusive que rudimentaire » : Alain Guerreau, « L'étude de l'économie médiévale. Genèse et problèmes actuels », dans *Le Moyen Âge aujourd'hui. Trois regards contemporains sur le Moyen Âge, histoire, théologie, cinéma*, Paris, 1998, p. 31-80 (p. 55), et *id.*, « Avant le marché, les marchés : en Europe (XIIIe-XVIIIe siècle) (note critique) », *Annales HSS*, n° 6, 2001, p. 1129-1175.

5. Ces fers, tels qu'ils sont décrits dans les actes notariés, correspondent aux pièces métalliques qui ont été retrouvées récemment à Aulus (Couserans, département de l'Ariège), sur un site de mouline des XIVe-XVe siècles, c'est-à-dire des barres, des plaques et des lingots (fouilles dirigées par Florian Téreygeol).

6. ACA, RP, MR, Obras, n° 2435, Compte de l'horloge du château de Perpignan (1356), fol. 33v.

7. 3E40 830 (1412, 30 mars).

8. 3E40 831 (1414).

9. ACA, RP, MR, Obras, n° 2435, Compte de l'horloge du château de Perpignan (1356), fol. 23 et 33v.

10. À propos du martelage et de son impact sur la qualité du produit dans le contexte technique de la réduction directe, Philippe Dillmann, Régis Aranda, Maxime L'Héritier, Philippe Fluzin, « Forging of Iron-Steel Artifacts : Archaeology, Experiments and Archaeometry », dans *First International Conference of Paleosiderurgy and Industrial Heritage Recovery. Iron, History and Heritage*, INASMET, Saint-Sébastien, 2005, p. 309-324.

11. Jean-Yves Grenier, « Une économie de l'identification. Juste prix et ordre des marchandises dans l'Ancien Régime », dans *La Qualité des produits en France (XVIIIe-XXe siècle)*, Alessandro Stanziani dir., Paris, 2003, p. 25-53.

12. Catherine Verna, « Pyrénées morcelées, traversées, contournées : la forge et la circulation des pondéreux », dans *Circulation des marchandises et réseaux commerciaux dans les Pyrénées (XIIIe-XIXe siècle), op. cit.*

13. 1B177, fol. 63v et 64 (1329).

14. 1B111, fol. 40v-41v (1360).

15. Dans le royaume de France, les moulines de Gotmar et de Sainte-Colombe (voir *infra*), de Gincla, 1B226, fol. CXXXVI-143 (1424) et de Counozouls également, ACA, RP, MR Bayle de Villefranche-de-Conflent n° 1515 (1393) ; 1516 (1402-1405) ; 1518 (1419-1422) sont approvisionnées par le minerai catalan.

16. Criée : 1B226, fol. CXXXVI-143 (1424).

17. Un extrait des comptes royaux prouve que les officiers consentent à rabattre la valeur de la rente à verser au titre de la traite du minerai pour cause de contrebande, ACA, RP, registre 32.

18. 1B177 ; 1B202 (1412).

19. 1B267, fol. 156r-v.

20. La situation est comparable dans la vallée de Vicdessos (comté de Foix) où le chemin de Cavallère permet de ne pas payer la leude sur le minerai qui est levée dans le bourg de Vicdessos : Catherine Verna, *Le Temps des moulines, op. cit.*, p. 211.

21. Elle est située à Sainte-Colombe-sur-Guette, dans le département de l'Aude.

22. 1B153, fol. 106v.

23. 1B152, fol. 28 (1393).

24. *Id.*, fol. 126.

25. Une partie du fer produit en France avec le minerai catalan est, en effet, acheminée du royaume de France vers la Couronne d'Aragon. Ainsi, le forgeur de la mouline de Gotmar, en vallée de Gincla (royaume de France), vend sa production directement à un forgeron de Perpignan mieux connu pour ses achats réguliers dans le Conflent, 3E1 459, fol. 89v (1383).

26. 1B219, fol. 104v. En 1483, sur le territoire de Sahorre et du Vernet, il est prévu que si de nouvelles mines venaient à être découvertes des *probi homines* puissent les estimer, 3E21 24, fol. 12.

27. La circulation des fers, dont l'origine est rarement mentionnée dans la documentation écrite, est difficile à reconstituer. Sur les modalités et les résultats de cette enquête dans les Pyrénées et en Languedoc, voir Catherine Verna, *Le Temps des moulines, op. cit.*, p. 220-221 ; *Ead.*, « Pyrénées morcelées, traversées, contournées : la forge et la circulation des pondéreux », *op. cit.*

28. Jean Cantelaube et Olivier Codina, « La réduction directe et l'acier : le cas à la Catalane (XVIIe-XIXe siècle) », dans *L'Acier en Europe avant Bessemer*, Philippe Dillmann, Liliane Pérez et Catherine Verna éd., Toulouse, 2011, p. 361-386.

29. Catherine Verna, *Le Temps des moulines 2011, op. cit.*, p. 209, 217, 222, 223-226.

30. Edmond Baratier et François Reynaud, *Histoire du commerce de Marseille*, t. II, Paris, 1951, p. 824. Gilbert Larguier, *Le Drap et le Grain en Languedoc : Narbonne et le Narbonnais (1300-1789)*, Perpignan, 1996, p. 144.

31. Archives communales de Castello d'Empúries (Espagne), registre 78 bis, n.f. (juin 1305). Je dois la consultation de ce document inédit à Anthony Pinto, que je remercie.

32. Bernadette Suau, « Notes sur le commerce du fer et de l'acier à Rodez au milieu du XVe siècle », *Revue du Rouergue*, 1976, p. 50 et 51.

33. Ils ont été édités majoritairement par Manuel Gual Camarena, *Vocabulario del comercio medieval. Coleccion de aranceles aduaneros de la corona de Aragon, siglos XIII y XIV*, Tarragone, 1968.

34. ACA, Cancilleria, registre 2721, fol. 56.

35. À titre d'exemples : 1361, vingt-deux gerbes de fer, 3E1 121 ; 1391, 60 quintaux de fer, des draps et du miel dans la cale d'un navire affrété par deux marchands perpignanais (destination inconnue), 3E1 468, fol. 34v° ; 1434, 3E1 2250, 4 quintaux en verges et 1 en *rellades* exportés vers Blanes ; 1435, 3E1 2253, 9 quintaux de fer vers Malgrat ; 1435, trois ventes de quelques quintaux de fer (13 au total) par le marchand de Collioure Pere Capmany, 3E1 2254, fol. 31v ; 1437, transport de 150 quintaux de fer de Collioure à Barcelone, 3E1 261, fol. 6 ; 1454, saisie de quelques quintaux de fer, 1B281 ; 1475, vol de 20 quintaux de fer sur la plage de Canet, 3E1 5281 ; 1483, 18 quintaux de fer, 3E1 1660. Les mentions sont rares et aucune ne rend compte de transports en quantité et lointains à l'exemple des 4 000 quintaux de fer exportés de Collioure à Naples et enregistrés non chez un notaire, mais dans un compte royal. Cette situation a déjà été soulignée : à partir d'un examen des relations Collioure-Majorque au XVe siècle, et à propos de la circulation des fers, Pierre Macaire précise : « Nous sommes surpris de ne trouver qu'une seule mention de fer quand on sait le manque qu'en a l'Île pour la construction de ses navires ou de ces nombreuses armes que l'on voit, au travers des registres de Guiatges, prendre le chemin de Barcelone et de Valence » : Pierre Macaire, « Les relations commerciales entre Majorque, Collioure et Perpignan au XVe siècle », dans *Majorque, Languedoc et Roussillon de l'Antiquité à nos jours, Fédération historique du Languedoc méditerranéen et du Roussillon, Majorque, 1980*, Montpellier, 1982, p. 83.

36. Pour une comparaison entre les différents espaces de production sidérurgique pyrénéens et les circulations des fers produits du Pays basque à la Catalogne, accompagnée d'une mise au point bibliographique, consulter Catherine Verna, « Pyrénées morcelées, traversées, contournées : la forge et la circulation des pondéreux », *op. cit.*

37. Jacqueline Guiral-Hadziiossif, *Valence, port méditerranéen au XVe siècle (1410-1525)*, Paris, 1986, p. 315.

38. J. Hinojosa-Montalvo, « Las relaciones comerciales entre Valencia y los Pirineos durante la primera mitad del siglo XV », dans *Actas del VII Congreso internacional de Estudios pirenaicos, Seu d'Urgell, septembre 1974*, Jaca, 1983, p. 227-238.

39. Ricardo Cordoba de la Llave, « El comercio del hierro en Cordoba, un capitulo de la actividad vascongada en Andalucia a fines de la Edad Media », dans *Congreso Mundial Vasco*, 1987-1988, p. 317-325. Dans sa thèse, l'auteur précise que, parmi tous les métaux utilisés en ville, seul le fer a une origine clairement identifiée et il s'agit de fer basque : *La industria medieval de Cordoba*, Cordoue, 1990, p. 225-226.

40. La majorité des fers lombards arrivent toutefois sous la forme de produits finis, de *mercie di Milano*, armures, épingles, couteaux, etc. : Claude Carrère, *Barcelone, centre économique à l'époque des difficultés (1380-1462)*, Paris-La Haye, 1967, t. I, p. 354-356.

41. Archives communales de Castello d'Empúries, reg. 78 bis, n.f. (juin 1305).

42. Catherine Verna, « Pyrénées morcelées, traversées, contournées : la forge et la circulation des pondéreux (fin XIIIe-XVe siècle) », *op. cit.*, p. 617-618. Sur la pratique du cabotage, voir Josée-Valérie Murat, « Pratiques et succés du cabotage en Méditerranée nord-occidentale (XIVe siècle) », dans *Rives nord-méditerranéennes. Cabotages et réseaux portuaires en Méditerranée,* 2003 (en ligne). Aucune analyse des minerais, des fers et des aciers en Catalogne n'a été accomplie à ce jour, contrairement aux fers ariégeois (Vicdessos). Dans ce cas, la mise en évidence d'éléments traces dans des produits semi-finis (barres, lingots) a permis de restituer l'origine du minerai utilisé et de proposer une reconstitution des circulations des fers et des aciers : Stéphanie Leroy, Catherine Verna *et alii*, « The Medieval Iron Market in Ariège (France). Multidisciplinary Analatycal Approach and Multivariate Analyses », *Journal of Archeological Sciences*, 2012, p. 1080-1093.

43. Sur le commerce du fer en Méditerranée, Rolf Sprandel, « Le commerce du fer en Méditerranée orientale au Moyen Âge », dans *Sociétés et compagnies de commerce en Orient et dans l'océan Indien, Actes du VIIIe colloque international d'histoire maritime, Beyrouth, septembre 1966*, Michel Mollat éd., Paris, 1970, p. 387-393.

44. Archives municipales de Narbonne, CC livre de la Robynase (1401-1405), fol. 50, 55v° et 84. Guy Romestan, « Le commerce à Narbonne dans le second quart du XIVe siècle », dans *Hommage à Jean Combes, Études languedociennes, Mémoires de la Société archéologique de Montpellier*, Montpellier, 1991, p. 47-60.

45. 3E1 474, fol. 50-56v ; Guy Romestan, « Un marchand perpignanais au XIVe siècle : Bernard Saquet », *op. cit.*, p. 439-474 ; Catherine Verna, « De la forge aux marchés des fers : les espaces emboîtés de la réduction directe », *op. cit.*

46. De fait, Damien Coulon précise que le contrat conclu en 1404 et qui porte sur plus de 106 quintaux de fer catalan transportés vers Alexandrie et Beyrouth est tout à fait exceptionnel et unique dans la documentation qu'il a rassemblée : Damien Coulon, *Barcelone et le grand commerce d'Orient. Un siècle de relation avec l'Égypte et la Syrie-Palestine (*ca. *1330*-ca. *1430)*, Madrid-Barcelone, 2004, p. 396. Consulter également, Rolf Sprandel, « Notas sobre la producción de hierro en la península ibérica durante la edad media », *Anuario de Estudios Medievales*, 1983.

47. Sur la place des revenus du fer dans la Couronne, voir Christina Guilleré, « Les finances publiques en Roussillon-Catalogne au milieu du XIVe siècle : comptes des procureurs royaux pour l'année 1345-1346 », *op. cit.*

48. Catherine Verna, *Le Temps des moulines, op. cit.*, p. 223.

49. 3E40 831 (n.f.).

50. 3E40 910 (n.f.).

51. 27 novembre 1445, 3E40 910 (n.f.) ; 11 décembre 1445, 3E40 911 (n.f.) ; décembre 1445, 3E40 911 (n.f.) ; 2 mars 1446, 3E40 911 (n.f.) ; 19 avril 1446, 3E40 911 (n.f.).

52. 3E40 910 (n.f.).

53. On dispose également d'une mention de fer *terceyrat* collectée par Miguel Gual Camarena, qui indique que cette donnée est extraite d'un texte de 1500 et correspond à une mouline de la région d'Urgel, Miguel Gual Camarena, « El hierro en el medievo hispano »,

dans *La miniera hispana e iberoamericana. Estudios-fuentes-bibliographia*, vol. 1, *Estudios*, León, p. 290, note 49.

54. Archives départementales de l'Ariège, E 360 ; édition de l'acte, Édouard Barbe, *Extraits des minutes de Maître Claude Grandmont, notaire à Vicdessos au XVI*e *siècle*, Foix, 1900, p. 53-54 (10 novembre 1533).

55. 19 février 1407, 3E40 829 (n.f.).

56. 3E3 901 (1418 ?).

57. 3E40 040/29 (13 novembre 1430).

58. Rappelons que fer, acier et fonte se distinguent par leurs différentes teneurs en carbone. À la fin du XIXe siècle, Roozeboom définissait l'acier comme un alliage fer-carbone comprenant entre 1,7 % et 0,02 % de carbone. Au-delà de 1,7 %, le produit obtenu est de la fonte ; en dessous de 0,02 %, il s'agit de fer doux. En fonction du pourcentage variable de carbone compris dans l'alliage fer-carbone, les métallurgistes définissent différentes qualités d'acier : aciers hypoeutectoïdes (moins de 0,8 % de carbone), perlite (0,8 % exactement), aciers hypereutectoïdes (de 0,8 à 1,7 % de carbone). Ce sont ces différentes qualités de métal qui peuvent se retrouver dans la loupe, au sortir du bas fourneau, en fonction des différents niveaux de carburation qu'elle a subis. Consulter Philippe Fluzin, « Notions élémentaires de sidérurgie » dans *Métallurgies africaines. Nouvelles contributions*, N. Échard éd., Paris, 1983, p. 15-44 ; *id.*, « Il processo siderurgico : evoluzione storica e indizi archeometrici », dans *La miniera perduta. Cinque anni di ricerche archeometallurgiche nel territorio di Bienno,* Costanza Cucini Tizzoni et Marco Tizzoni éd., Breno, 1999, p. 61-92.

59. Catherine Verna, *Le Temps des moulines, op. cit.*, p. 220-221.

60. Précisons également que le fer *terssat* est absent de la documentation andorrane qui, par ailleurs et à partir du XVIe siècle, enregistre le « fer fort » et le « fer cédat », les deux fleurons des fers catalans : Jean Cantelaube et Olivier Codina, « La réduction directe et l'acier : le cas à la Catalane (XVIIe-XIXe siècle) », dans *L'Acier en Europe avant Bessemer, op. cit.* ; Jean Cantelaube, *La Forge à la catalane dans les Pyrénées ariégeoises, op. cit.*, p. 260 et suivantes.

61. *Ibid.*, p. 290-291.

62. 11 décembre 1445, 3E40 911 (n.f.).

63. Sur la qualité des minerais, particulièrement ceux du mont Rancié (mine de Sem, Vicdessos), voir Catherine Verna, *Le Temps des moulines, op. cit.*, p. 49-67. La qualité du minerai nous ramène à une question amplement débattue par les historiens, les archéologues et les paléo-métallurgistes : la présence de manganèse dans le minerai facilite-t-elle l'obtention de l'acier en réduction directe ? Une synthèse des débats en date de 2001 est proposée dans Catherine Verna, *Le Temps des moulines, op. cit.*, p. 63-66 ; sur ce sujet, il est toujours utile de consulter Édouard Truffaut, « Contribution du manganèse au développement historique de la sidérurgie : aspects techniques », *La Revue de métallurgie*, 1994, p. 1703-1719. Avec l'ouvrage *L'Acier en Europe avant Bessemer,* le dossier s'est considérablement enrichi : *L'Acier en Europe avant Bessemer,* Philippe Dillmann, Liliane Pérez et Catherine Verna éd., Toulouse, 2011.

64. Philippe Dillmann, Florian Téreygeol, Catherine Verna, « Premières analyses métallographiques des produits sidérurgiques trouvés sur le site médiéval de Castel-Minier (Aulus-les-Bains, 09) », *Archeo Sciences,* n° 30, 2006, p. 6-43.

65. Sur l'acier naturel et l'acier par fragmentation, voir Catherine Verna, *Le Temps des moulines, op. cit.*, p. 106-113. Les travaux de Philippe Fluzin, précédemment cités, présentent de façon détaillée ces différentes techniques.

66. Plus couramment, l'acier est mentionné pour caractériser la qualité de tel ou tel objet fini, les arbalètes en acier par exemple. Nombreuses mentions dans les registres de la Procuration royale, dans le cadre de pignorations (objets gagés pour dette), entre autres : 1B405, fol. 117, 143 (1454).

67. ACA, RP, MR, Obras, n° 2435, Compte de l'horloge du château de Perpignan (1356).

Chapitre 9
Prix des fers et valeurs des hommes

1. Certains actes mentionnant des prix du fer ont dû être éliminés du corpus du fait de l'imprécision des données portant sur la qualité ou sur la quantité du fer vendu ou bien parce que les conditions d'établissement des prix ne relevaient pas d'une vente (exemple dans le cas d'un transfert de créance correspondant à une livraison de fer différée ; d'une quittance de paiement correspondant au versement d'une dette portant sur du fer ; d'un prix du fer au quintal dans le cadre d'un versement de salaire en nature) : c'est le cas des actes du 28 novembre 1406, 3E40 828 ; 19 février 1407, 3E40 829 ; 25 juin 1412, 3E40 830 ; 23 novembre 1413, 3E40 831.

2. 29 août 1401, 3E1 1037 ; 4 août 1407, 3E40 829 ; 1er octobre 1407, 3E40 829 ; 27 janvier 1410, 3E40 022 et 3E40 008 ; 28 octobre 1410, 3E40 008 ; 3 mars 1412, 3E40 830 ; 22 mars 1412, 3E40 830 ; 28 avril 1412, 3E40 830 ; 5 mai 1412, 3E40 830 ; 10 juillet 1412, 3E40 830 ; 14 juillet 1412, 3E40 830 ; 28 septembre 1412, 3E40 830 ; 30 octobre 1412, 3E40 830 ; 15 septembre 1413, 3E40 831 ; 21 septembre 1413, 3E40 831 ; 21 mai 1414, 3E40 831 ; 23 mai 1414, 3E40 831 ; 7 septembre 1414, 3E40 831 ; 30 janvier 1416, 3E40 831 ; 3 février 1416, 3E40 831 ; 26 février 1416, 3E40 831 ; 26 février 1416, 3E40 831 ; 1er mars 1416, 3E40 831 ; 22 mars 1416, 3E40 831 ; 2 avril 1416, 3E40 831 ; 25 mai 1417, 3E40 832 ; 22 juin 1417, 3E40 832 ; 5 juillet 1417, 3E40 832 ; 19 juillet 1417, 3E40 832 ; 20 juillet 1417, 3E40 832 ; 9 août 1417, 3E40 832 ; 11 octobre 1417, 3E40 832 ; 18 janvier 1418, 3E40 832 ; 15 janvier 1418, 3E40 831 ; 22 janvier 1420, 3E1 1045 ; 1er août 1425, 3E40 014 ; 22 janvier 1444, 3E40 910 ; 14 août 1444, 3E40 910 ; 8 septembre 1444, 3E40 910 ; 15 avril 1445, 3E40 910 ; 2 décembre 1445, 3E40 911 ; juin 1446, 3E40 911.

3. Un seul contrat portant sur du *ferrum* correspond à un tonnage supérieur, de 40 quintaux. Les conditions de son établissement sont tout à fait originales et elles seront commentées *infra*.

4. Signalons, pour information, le prix du quintal de fer vendu à crédit sur le port de Collioure, en septembre et octobre 1435, fer dont on ignore la provenance, soit 32 sous et 6 deniers, 3E1 2254.

5. Ventes anticipées : 24 septembre 1400, 3E40 018 et 3E1 1290 ; 28 février 1405, 3E40 828 ; 5 janvier 1408, 3E40 829 ; 30 mars 1412, 3E40 830 ; 11 avril 1412, 3E40 830 ;

30 mai 1412, 3E40 830 ; 1er juin 1412, 3E40 830 ; 23 août 1412, 3E40 830 ; 23 août 1412, 3E40 830 ; août 1412, 3E40 830 ; 11 septembre 1412, 3E40 830 ; 1414, 3E40 831. Un acte n'a pas pu être retenu, la qualité du fer étant illisible pour cause de détérioration du document : 28 novembre 1406, 3E40 828. Ventes à crédit : 20 février 1405, 3E40 828 ; 1er février 1414, 3E40 009 ; 27 mars 1416, 3E40 831 ; 8 mai 1417, 3E40 831 ; 31 juillet 1417, 3E40 832 ; 22 novembre 1420, 3E1 1045 ; 6 décembre 1434, 3E40 041 ; 28 mai 1445, 3E40 910.

6. 9 avril 1428, 3E40 831 ; 29 mai 1444, 3E40 910 ; 27 novembre 1445, 3E40 910 ; décembre 1445, 3E40 911 ; 22 mars 1446, 3E40 911 ; 19 avril 1446, 3E40 911.

7. Jean-Louis Gaulin et François Menant, « Crédit rural et endettement paysan dans l'Italie communale », *op. cit.*, p. 42-43.

8. 3E40 831 (9 avril 1428).

9. Sur la notion de « juste prix », voir Raymond de Roover, « The Concept of the Just Price : Theory and Economic Policy », *Journal of Economic History*, 1958, p. 418-434, qui précise que le juste prix est le prix du marché, qui ne devient imposé, légal ou officiel qu'en cas de graves perturbations ; pour Alain Guerreau, le juste prix est, selon les théologiens du XIIIe siècle, défini localement selon une estimation commune et prend en compte la pratique de la *caritas* : Alain Guerreau, « Avant le marché, les marchés : en Europe (XIIIe-XVIIIe siècle) », *Annales HSS*, novembre-décembre 2006, p. 1173-1175 ; plus récemment, Isabelle Theillier, « Prix du marché, marché du grain et crédit au début du XIIIe siècle : autour d'un dossier rouennais », *Le Moyen Âge*, 2009/2, p. 253-276.

10. 3E40 909 (23 septembre 1438).

11. 3E40 830 (9 avril 1412).

12. 3E40 830 (11 septembre 1412).

13. 3E40 830 (11 avril 1412).

14. 3E40 830 (8 juin 1412) ; 3E40 830 (26 juillet 1412). La situation se renouvelle : en novembre 1412, les mêmes Arnaud et Raimon Foher concluent un autre contrat avec Joan March. En novembre 1414, 16 quintaux sont encore en attente de livraison, 3E40 984, fol. 170.

15. 3E40 830 (23 août 1412).

16. 3E40 830 (30 mars 1412).

17. 3E40 830 (11 septembre 1412).

18. 3E40 018 et 3E1 1290 (24 septembre 1400).

19. 3E40 829 (5 janvier 1408).

20. 3E40 830 (30 mai 1412).

21. 3E40 830 (11 avril 1412).

22. 3E40 830 (1er juin 1412).

23. 3E40 830 (août 1412).

24. 3E40 830 (23 août 1412).

25. 3E40 828 (28 février 1405) et 3E40 828 (28 novembre 1406).

26. 3E40 831 (1414). Les seuls prix du fer qui soient inférieurs à celui-ci correspondent au prix des fers pignorés entre 1419 et 1422, dans le cadre du paiement d'amendes après jugements de la viguerie de Villefranche, soit 20 et 22 sous le quintal.

27. 3E40 831 (23 novembre 1413).

28. 3E1 1732 (1er août 1412).

29. 3E40 832 (26 janvier 1414) et 3E40 830 (25 avril 1412).

30. 1383, 3E1 0459.

31. Septembre 1383, 3E1 0459.

32. 21 octobre 1391, 3E1 0458.

33. Sur l'usage d'un prix de référence dans le cadre du marché de la terre, voir Laurent Feller, « Enrichissement, accumulation... », *op. cit.*, p 26.

34. Ce chiffre de 734 quintaux prend en compte également les fers vendus dont les prix n'ont pu être retenus. En Ariège, la capacité de production hebdomadaire des moulines a pu être évaluée entre 670 kilogrammes et 1 tonne, en fonction de la puissance de l'atelier (du nombre des feux), voir Catherine Verna, *Le Temps des moulines, op. cit.*, p. 105. Même si on choisit de ne conserver que la capacité de production la plus basse, ces 734 quintaux correspondraient à environ une année de production.

35. Je tiens à remercier Marc Bompaire qui m'a aidée à démêler les questions monétaires que posait le traitement de mon corpus de sources.

36. Colson, « Monnaies du Roussillon », *Bulletin de la Société archéologique, scientifique et littéraire des Pyrénées-Orientales*, Bulletin IX (s.d.), p. 97 et p. 107.

37. Marc Bompaire, « Monnaies dans les villages, quelques exemples de France méridionale », dans *Les Villages dans l'Empire byzantin (IVe-XVe siècle), op. cit.* Consulter également Marc Bompaire et Antoni Furió, « Monnaie, crédit et fiscalité dans le monde rural autour de 1300 : réflexions introductives », dans *Dynamiques du monde rural dans la conjoncture de 1300. Échanges, prélèvements et consommation en Méditerranée occidentale,* Études réunies par Monique Bourin, François Menant et Lluis To Figueras, Rome, 2014, p. 9-101.

38. Sur la combinaison et la juxtaposition des circulations monétaires au niveau régional et « supra-régional » en Languedoc et régions voisines, consulter Marc Bompaire, « Circulation monétaire en Languedoc (du XIe au XIVe siècle) : influences régionales et supra-régionales », dans *Circulation monétaire régionale et supra-régionale, Actes du IIIe colloque international du Groupe suisse pour l'étude des trouvailles monétaires, Berne, mars 2000*, Harald R. Derschka, Isabella Liggi et Gilles Perret éd., Lausanne, 2002, p. 95-119.

39. 20 février 1405, 3E40 828 ; 28 février 1405, 3E40 828 ; 28 novembre 1406, 3E40 828 ; 4 août 1407, 3E40 829 ; 1er octobre 1407, 3E40 829 ; 5 janvier 1408, 3E40 829 ; 28 octobre 1410, 3E40 008 ; 1er juin 1412, 3E40 830 ; 8 juin 1412, 3E40 830 ; 26 juillet 1412, 3E40 830 ; 23 août 1412, 3E40 830 ; 11 septembre 1412, 3E40 830 ; 23 mai 1414, 3E40 831.

40. 22 mars 1412, 3E40 830 ; 15 septembre 1413, 3E40 831 ; 7 septembre 1414, 3E40 831 ; 1er mars 1416, 3E40 831 ; 19 juillet 1417, 3E40 832.

41. 27 mars 1416, 3E40 831 ; 15 avril 1445, 3E40 910.

42. 22 janvier 1420, 3E1 1045 ; 1er août 1425, 3E40 014.

43. La situation est comparable pour les cordonniers, Francesc Cardonet et Joan Gerau, qui équipent les forgeurs de chaussures montantes, bien que les valeurs en jeu soient inférieures, voir *infra*.

44. 3 mars 1412, 3E40 830 ; 10 juillet 1412, 3E40 830 ; 21 septembre 1413, 3E40 831 ; 3 février 1416, 3E40 831 ; 26 février 1416, 3E40 831 ; 26 février 1416, 3E40 831 (second

acte) ; 22 mars 1416, 3E40 831 ; 2 avril 1416, 3E40 831 ; 25 mai 1417, 3E40 832 ; 31 juillet 1417, 3E40 832.

45. 26 février 1416, 3E40 831.

46. 31 mars 1414, 3E40 009.

47. 25 mai 1417, 3E40 832.

48. 22 mars 1416, 3E40 831.

49. 5 août 1414, 3E40 832.

50. 7 mars 1425, 3E40 014.

51. On retrouve cette place centrale des *traginers* également dans le commerce des draps : entre autres documents, l'un montre qu'un *traginer* de Céret achète à crédit à Ramon Aygabella, pareur d'Arles, seize draps de couleurs différentes. L'investissement est lourd : chacun des draps vaut 12 livres. On ignore s'il porte à lui seul cette affaire, 3E40 910 (23 mars 1444).

52. 3E40 831.

53. 5 mai 1412, 3E40 830.

54. Janvier 1412, 3E40 830.

55. 30 octobre 1412, 3E40 830.

56. 30 janvier 1416, 3E40 831.

57. 31 décembre 1407, 3E40 829.

58. 11 avril 1412, 3E40 830 ; 30 mai 1412, 3E40 830.

59. 28 septembre 1412, 3E40 830.

60. À propos de la superposition possible entre interactions personnelles et transactions marchandes, consulter en particulier Florence Weber, « De l'anthropologie économique à l'ethnographie des transactions », dans *Le Marché de la terre au Moyen Âge, op. cit.*, p. 45.

61. Marie-Hélène Labarthe, « La suma de la art de Arismetica de Francesch Sanct Climent », *Domitia*, n° 2, 2002, p. 63-88 ; Stéphane Lamassé, « Calculs et marchandises (XIVe-XVe siècle) », dans *La Juste Mesure. Évaluer, quantifier et mesurer entre Orient et Occident (XIIIe-XVIIIe siècle)*, Laurence Moulinier, Line Sallmann, Catherine Verna et Nicolas Weill-Parot, Saint-Denis, 2005, p. 79-97.

62. 23 décembre 1412, 3E40 830.

63. Mars 1418, 3E40 932.

64. 19 mai 1452, 3E1 5069.

65. 11 décembre 1445, 3E40 911.

66. 18 octobre 1407, 3E40 829.

67. 1419, 3E3 901.

68. 22 mars 1420, 3E40 832.

69. 9 avril 1428, 3E40 831.

70. 23 septembre 1438, 3E40 909.

71. 17 décembre 1443, 3E40 910.

72. 31 mars 1446, 3E40 911.

73. 3 novembre 1413, 3E40 831.

74. 25 avril 1414, 3E40 043.

75. 25 mai 1444, 3E40 910.

76. 30 novembre 1444, 3E40 046.

77. ACA (Barcelone)/RP/MR Bayle de Villefranche-de-Conflent n° 1515 (1393) ; 1518 (1419-1422).

78. 23 décembre 1412, 3E40 830 ; 7 février 1448, 3E40 910.

79. Philippe Wolff remarquait déjà que le manque de numéraire pouvait expliquer le recours au paiement en nature, qu'il s'agisse de troc ou non. Il ajoutait que la « convenance des parties » justifiait également ce type de paiement, *Commerce et marchands, op. cit.*, p. 847.

V – MIGRER POUR REMBOURSER SA DETTE

Chapitre 10
Basques, Ariégeois et Languedociens

1. Philippe Braunstein, « La peine des hommes est-elle objet d'histoire ? », *Médiévales*, n° 30, 1996, p. 9-12, réédité dans *Travail et entreprise au Moyen Âge*, Bruxelles, 2003, p. 10-13.

2. Roger Chartier, *Écouter les morts avec les yeux*, Paris, 2008 (leçon inaugurale au Collège de France).

3. Il faut rappeler ici le hiatus de la documentation, au moins pour Arles, entre 1428 et 1443.

4. Martie Lopis, 19 avril 1406, 3E40 828 ; Bernat de Aguzano, 23 novembre 1413, 3E40 831 ; Martie Lopis, Pedro Biscaya, Lope de Saldinia et Joan de la Birball, 18 juillet 1414, 3E40 832 ; Joan Belça, Pedro de Hibarra et Martie de Huba, 10 août 1417, 3E40 832 ; Joan de Biscaya, 22 octobre 1418, 3E40 831 ; Pedro Sarra, 1420, 3E40 986 ; Joan de Stargua, 1426, 3E19 1037 ; Joan de Gordojola, 2 janvier 1427, 3E40 833 ; Fernando Durango, 14 mars 1431, fonds Saint-Malo ; Martie Sarte, 23 novembre 1433, 1B265, fol. 149 ; Martie lo Castillo, 23 décembre 1433, 1B351 ; Martie de Scuytia, 23 septembre 1438, 3E40 909 ; et Llope, 11 octobre 1418, 3E3 901 dont l'origine basque est incertaine.

5. Consulter Maria Teresa Ferrer i Mallol, « Los Vascos en el Mediterraneo medieval. Los primeros tiempos », *Revista de Estudios Maritimos del Pais Vasco*, 2003, p. 115-128 ; Jean-Philippe Priotti, « Basques péninsulaires et réseaux portuaires en Méditerranée (fin XIIIe-milieu XVIe siècle) », dans *Rives nord-méditerranéennes. Cabotages et réseaux portuaires en Méditerranée,* 2003 (en ligne).

6. Pour les deux vallées de la Têt et du Tech, tous les registres conservés ont été dépouillés. Outre les registres correspondant aux bourgs du Vallespir, qui sont à la base de notre documentation, j'ai également dépouillé, en collaboration avec Anthony Pinto, les registres conservés pour le bourg de Prades jusqu'au début du XVIe siècle. Furent ajoutés à ce dépouillement exhaustif quelques sondages effectués dans la série B où se trouvent rassemblés les registres de la Procuration royale et ceux de quelques notaires de Perpignan. Une première étape de ce travail a été présentée dans Anthony Pinto et Catherine Verna, « Les Basques dans les forges de Catalogne : migration, culture technique et industrie rurale

(XVe-début XVIe siècle) », dans *Entreprises en mouvement. Migrants, pratiques entrepreneuriales et diversités culturelles dans le monde (XVe-XXe siècle)*, Corine Maitte, Issiaka Mande et Manuela Martini avec Didier Terrier éd., Valenciennes, 2009, p. 31-48.

7. De rares exceptions doivent être signalées : un *sutor* à Prades en 1479, 3E21 1 ; un *fusterius* qui vend du charbon au *ferrerius* de la mouline de Thuès à la fin du XVe siècle, 3E21 12 ; un *candelarius* (fabricant de chandelles) *sive tenderius* (ou marchand au détail), originaire de Pampelune, qui demeure à Perpignan en 1441, 3E3 427 (13 novembre) ; domiciliés également à Perpignan mais originaires de Biscaye, plusieurs bouchers, 3E3 479 (fin du XVe siècle).

8. Les sources notariales du comté de Roussillon permettent d'appréhender également un flux migratoire vers le versant sud des Pyrénées. Ainsi, à la fin du XVe siècle, un bayle des Basques est nommé à Ripoll, ville du principat de Catalogne. Sur les migrations des Basques en Catalogne et plus largement dans la Couronne d'Aragon, consulter l'article de Joaquín Aparaci Martí, « Obra en piedra. Maestros vizcaínos en la plana de Castelló (siglos XV-XVI) », *op. cit.* Des Basques sont également repérés dans le comté de Foix et près d'Agen. Dans ces derniers cas, impossible de savoir s'il s'agit d'individus isolés ou de membres d'une communauté.

9. Jean-Philippe Priotti, *Bilbao et ses marchands au XVIe siècle. Genèse d'une croissance*, Lille, 2004.

10. Joaquín Aparaci Martí, « Obra en piedra. Maestros vizcaínos en la plana de Castelló (siglos XV-XVI) », *op. cit.*

11. 3E40 828, 19 avril 1406.

12. 3E40 831, 22 octobre 1418.

13. 3E40 832, 18 juillet 1414.

14. 3E1 1433, 20 mai 1416.

15. C'est par souci de rigueur que je n'ai pas retenu le cas de Joan lo Castillo, *lancerius* et *ferrarius*. Il semble pourtant qu'il s'agisse de deux individus distincts.

16. Joan de Gorostieta est installé à Arles avec sa femme Maria de Gorostieta ; Millia, dont on ignore le nom et l'origine, demeure avec Lope de Sant Sebastián, forgeron d'Arles ; Maria de Usola est la femme de Joan Lopis. B. Bernardi, originaire de Bayonne mais demeurant à Valmanya, épouse Cilia qui est originaire de ce lieu. On ignore le lien de parenté entre Maria et Joan Gordojola.

17. *A contrario*, les Ariégeois responsables de forge s'installent en Vallespir. Ils y achètent champs, terres, vignes. C'est le cas du *fargerius* et *ferrarius* Johan Cabrona, qui est actif à Céret au milieu du XVe siècle.

18. 3E40 59 (13 septembre 1445).

19. Le forgeur de Serramitja, del Abbat, nomme un procurateur basque pour aller chercher l'argent (18 sous et 9 deniers) que lui doit un *traginer* de Perpignan. Il s'agit de Bernat de Aguzano, qui n'intervient qu'une fois dans la documentation, 3E40 831, 23 novembre 1413.

20. Les deux exécuteurs testamentaires du charbonnier biscayen Joan Belça, c'est-à-dire le locataire et responsable de la mouline de Valmanya, Joan de Lavis, et le charbonnier biscayen Pedro Hibarra, attestent avoir reçu d'un autre charbonnier biscayen, Martie de Huba absent, la somme de 6 livres et 7 sous correspondant au prix du bois (*lignum*) que

Belça avait déposé dans la mouline de Léca et que Huba avait vendu pour lui, 3E40 832, 10 août 1417.

21. 3E40 911 (10 octobre 1446).

22. Martie Sentol est désigné comme *ferrarius*. C'est son titre de « Maître » qui nous le fait qualifier de forgeur, mais les textes ne le désignent jamais comme *fargerius*.

23. Garcia de Mondragón, Pedro de Para, Martie de Bibau, Miquel del Stano, Joan de Xabala, Domingo de Arustegui, Lope Atollo, Lope Sentol, Joan de Villafrancha, Pedro de Villafrancha, Joan de Vilela, Martie Urtis, Joan de Xanalaga.

24. De même, dans la mouline des Bains dont Martie Sentol est *arrendator* en 1460-1461, alors qu'au même moment Julian de La Sacca y travaille également et que Otxoa de Marquina y est *traginer*, 1B285 (1er septembre 1460) ; 3E40 53 (1460 et 5 mai 1461).

25. 3E21 25 et 3E21 12. Miquel Surbano (ou de Surbano) est présent à Prades dès 1479, 3E21 1.

26. 3E40 49 (6 juillet 1461).

27. 3E21 25 (15 avril 1484 et 17 novembre 1486) ; 3E21 13 (1496) ; 3E21 16 (1499).

28. 3E21 25 (3 février 1484) ; 3E21 5 (11 avril et 27 novembre 1486) ; 3E21 7 (17 juin 1488).

29. 3E1 5069 (28 janvier 1452).

30. 3E40 59 (septembre 1445).

31. 3E49 7 (10 avril 1453).

32. 3E40 61 (27 mai 1488).

33. 3E40 49 (novembre 1453).

34. 3E40 49 (1451).

35. Beaucoup de ces bourgs ont un nom totalement différent aujourd'hui. Nous tenons à remercier Mercedes Urteaga, historienne et archéologue basque, à qui nous devons d'avoir pu identifier les localités dont les noms anciens ne sont plus en usage. Ont été retenus les noms des bourgs spécifiés en tant que tel et non les origines qui pouvaient être déduites de l'anthroponyme des individus. Précisons que l'origine des migrants basques, telle que nous pouvons la reconstituer à partir des sources postérieures à 1460 (notaires de Céret et surtout de Prades), est beaucoup plus diversifiée : de la Biscaye à la Navarre, les migrants viennent d'Aulesti, Marquinia, Deba, Goiuria, Placencia, Bergara, Urretxu, Gabiria, Bidania, Ordizia, Tolosa, Ikaztegieta, Ataun, Berastegi, Hernanai, Oiartzun, Bera, Lesaka, Baztan.

36. Miguel Diez de Salazar Fernandez, *Ferrerias guipuzcoanas. Aspectos socio-economicos, laborales y fiscales (siglos XIV-XVI)*, Donostia Saint-Sébastien, 1997. Sur la sidérurgie médiévale basque au Moyen Âge, consulter Iñigo Mugueta Moreno, « Les territoires de la sidérurgie médiévale au Pays basque et en Navarre », dans *Les Industries rurales dans l'Europe médiévale et moderne, op. cit.*, p. 63-76 ; sur les flux commerciaux et l'importance du port d'Orio, consulter également Miguel Gual Camarena, « El hierro en el medievo hispano », dans *La miniera hispana e iberoamericana. op. cit.*, p. 275-292. Pour une typologie des forges de Guipúzcoa, se reporter à Mercedes Urteaga Artigas, « Siderurgia medieval en Gipuzkoa. Haizeolas, Ferrerias masuqueras et Ferrerias mazonas », dans *Actas de las 1 Jornadas sobre mineria y tecnologia en la edad media peninsular, León, 1995*, León, 1996, p. 543-554.

37. 3E40 53 (18 mai 1451). La filiation est indiquée dans l'acte.

38. Laurence Fontaine, *Pouvoirs, identités et migrations dans les hautes vallées des Alpes occidentales (XVIIe-XVIIIe siècle)*, Grenoble, 2003, p. 111.

39. Même si l'ouvrage de Luis Miguel Diez de Salazar Fernandez, *Aspectos socio-economicos…, op. cit.* ne permet pas de replacer la production des ferrières dans une conjoncture globale de l'économie en Guipúzcoa, il est indéniable, à la lecture des notices très précises consacrées à chacune des forges, que leur nombre croît à partir de 1460. De même, dès la seconde moitié du XVe siècle, en Biscaye, la production sidérurgique se développe au rythme de l'ouverture toujours plus large du commerce, Jean-Philippe Priotti, *Bilbao et ses marchands au XVIe siècle, op. cit.*, p. 45-46 ; Betsabé Caunedo del Potro, *Mercaderes castellanos en el golfo de Viscaya (1475-1492)*, Madrid, 1983 ; Robert-Henri Bautier, « Notes sur le commerce du fer en Europe occidentale du XIIIe au XVIe siècle », *Revue d'histoire de la sidérurgie*, 1960, p. 19 et suivantes ; Emiliano Fernandez de Pinedo, *Crecimiento economico y transformaciones sociales del Pais vasco (1100-1850)*, Madrid, 1974. Si la reprise de la croissance en Navarre n'intervient pas avant le dernier tiers du XVe siècle et même parfois après 1500, la poussée démographique s'amorce plus tôt dans les montagnes qui abritent les activités sidérurgiques où elle est alors vive dès les années 1450 : Maurice Berthe, *Famines et épidémies dans les campagnes navarraises à la fin du Moyen Âge, op. cit.*, p. 462-465. Ces bras plus nombreux, formés aux travaux de la forge, dans une région où la reprise se fait attendre se sont-ils portés vers des régions où l'on avait besoin d'eux ?

40. Manex Goyhenetche, *Histoire générale du Pays basque*, Donostia, 1998, p. 448-449 et 454. María Isabel del Val Valdivieso, « Reacción de la nobleza vizcaína ante la crisis bajomedieval », *En la España medieval*, 3, 1982, p. 695-704.

41. José Ramón Díaz de Durana, « El mundo rural guipuzcoano al final de la Edad Media : progresso agrícola, gestión et explotación de la tierra », *En la España medieval*, 21, 1998, p. 69-96.

42. Laurence Fontaine, « Montagnes et migrations de travail. Un essai de comparaison globale (XVe-XXe siècle) », *Revue d'histoire moderne et contemporaine*, 2005, p. 27-48.

43. 3E40 59 (1445).

44. 3E40 911 (21 février 1446). Les affaires de famille sont, en effet, traitées à distance. Un exemple tardif (1499) concernant le Conflent témoigne de la gestion du versement d'une dot, celle de la femme d'un charbonnier originaire de Berastegi et travaillant à Prades. Il envoie un procurateur lui-même originaire de Berastegi pour exiger de deux forgeurs de Berastegi qui s'y étaient engagés devant notaire le versement de la dot de sa femme, 3E21 16, fol. 24.

45. Miquel Arasto ; Lope Darnani ; Sanyo de Garnica ; Sancho Hispina ; Joan de Lorey ; Joan de Mornyt ; Joan de Munago ; Pedro de Scuytia ; Miquel de Submissa.

46. Le cas des deux frères de Marquina, Otxoa désignant son frère Ferrando, 3E40 53 (18 mai 1461).

47. 3E40 910 (1er octobre 1444).

48. 3E40 910 (22 septembre 1445).

49. On peut rapprocher ce cas de celui de Pedro Delesgapi, originaire de Azkoitia, qui désigne un homme originaire du même bourg que lui, 3E40 49, 21 mai 1452.

50. 3E40 910 (24 mai 1445).

51. 3E40 911 (6 mars 1446).

52. 3E40 910 (23 septembre 1445).

53. 3E40 60 (26 février 1462).

54. 3E40 59 (15 novembre 1445) ; 3E40 49 (1451).

55. 3E40 910 (3 avril 1444).

56. 3E40 910 (14 mai 1444).

57. 3E40 912 (1447).

58. 3E40 911 (22 mars 1446).

59. 3E40 910 (8 avril 1444).

60. À la fin du XVe siècle, et cette fois-ci en Conflent, c'est Joan de Erbeta, tailleur à Prades, qui est choisi par Miquel de Surbano, *ferrarius* de la mouline de Thuès, pour récupérer ses avoirs. Le choix tient peut-être à l'endettement que le Basque a auprès de lui. Mais on doit convenir que Erbeta fréquente de nombreux Basques.

61. 3E49 7 (15 avril 1453).

62. 3E49 7 (2 mai 1453). C'est le cas également entre Joan de Erbeta et un *ferrarius* de Thuès à la fin du XVe siècle (voir note *supra*), 3E21 3.

63. D'autres étrangers travaillent ou sont de passage à Arles dans les années 1400. Ils sont majoritairement originaires des régions proches (outre le Languedoc et le comté de Foix, ils viennent de la Guyenne, de la Bigorre, du Béarn). Il en arrive également du Rouergue, d'Auvergne (les hommes de Saint-Flour sont très présents), de Savoie, de Champagne et de Bourgogne, du Piémont (ville de Turin) et d'Allemagne. Certains sont installés dans les bourgs des vallées du Tech et de la Têt, où ils exercent leur métier : transporteurs du Béarn mais également tailleurs, pareurs, barbiers. Voir à ce sujet, Anthony Pinto, « Ressources et activités économiques dans les montagnes roussillonnaises (XIe-XVe s.) », *op. cit.* Un semblable brassage est courant dans les bourgs et petites villes de la Couronne d'Aragon. Consulter, par exemple, Joaquín Aparaci Martí, « Capilaridad de la manufactura textil en la Plana de Castelló. El caso de Onda en el siglo XV », *op. cit.*

64. Voir *supra*, « L'innovation, le roi et les notables ».

65. 3E40 828 (juin 1406) ; 3E40 829 (décembre 1407).

66. Germain Babi et Ludovic Soran, mineurs, 3E40 913 (1440) ; Pere Babi, mineur, 3E40 47 (1448) ; Arnaud Duran, encore mineur, 3E49 7 (1452 et 1453).

67. Il semble bien que les frères March, Joan et Guillem March, *traginers*, aient géré Galdares au moins entre 1407 et 1418.

68. 3E40 832 (23 mai 1418). En 1419, Bernard Rog (?) est *ferrarius* de Baillestavy, 3E3 901.

69. 3E1 1732, fol. 52.

70. 3E40 831 (s.d., 1420-1421 ?).

71. En 1420-1421, le forgeur de Serramitja est un dénommé Guillem Barcha, dont l'origine n'est pas précisée, 3E40 987, fol. 4v-5.

72. À moins qu'il s'agisse d'un homonyme, bien évidemment.

73. Signalons un Bernard Roger *ferrarius* de Ballestavy en 1419.

74. 3E40 51, fol. 71 (1458).

75. 3E21 2 (1482) : Arnaud Seguer de Vicdessos ; 3E21 3 (1484) : Bernard Telo de Tarascon entre en apprentissage à Codalet auprès d'un forgeron (*faber*) ; 3E21 5

(1486) : Raimon Alies de Sant Pau (Saint-Paul-de-Jarrat), comté de Foix ; 3E21 8 (1489) : Ramon Forner et Johan Forner, frères, de Rabat-les-Trois-Seigneurs et de Surba ; 3E21 29 (1489) : dans la forge de Baillestavy pour expertise, Nandonus et Bernard Lantar, Johan Bertran, Jacme et Arnaud Capibell et Maître Johan Conat ; 3E21 11 (1493) : Raimon Johan Berniola, de Villeneuve-d'Olmes, charbonnier ; 3E21 11 (1493) : Bernard Rosant *alias* la Pallola, de Montferrier, charbonnier ; 3E21 13 (1496) : Johan Traversier, son fils Arnaud d'Ax et Johan Buffart, arrentent la mouline de Thuès ; 3E21 16 (1499) : à nouveau Nandonus Lantar, en compagnie d'Arnaud Guillem de Montgaillard ; 3E21 19 (1502) : Arnaud Lantar, forgeur originaire de Montferrier. Il est encore présent en 1508 (3E21 46). 3E21 43 (1505) : Martin Roig, forgeur de Saurat (à ne pas confondre avec Martie Roig, d'Oñati).

76. 3E21 29 (non fol.).

77. Jean Lartigaut, « Ferriers pyrénéens établis en Quercy au XVe siècle », *Annales du Midi*, 1963, p. 195-201.

78. 3E21 13 (février 1496). Quelques années auparavant, en 1492 et en 1493, la mouline est gérée par le *ferrarius* basque Joan de Salbide, 3E21 10, fol. 68v et 3E21 11, fol. 73.

79. Catherine Verna, *Le Temps des moulines, op. cit.*, p. 388. Ce type de migration n'est pas facile à prouver et l'historien en a plus souvent l'intuition que la preuve formelle, qui ne peut être établie que par le rassemblement fortuit ou non de sources dispersées. C'est le cas rencontré à Boussagues, pour la famille Molinier. Les Molinier sont repérés à Boussagues (haut Languedoc) en tant qu'actifs exploitants de houille, puis à Espondeilhan, sur la route de Béziers, ensuite ils disparaissent. Se sont-ils fondus dans la ville proche de Béziers ? Catherine Verna, « La houille au village », dans *Scrivere el medioevo. Lo spazio, la santità, il cibo. Un livro dedicato ad Odile Redon,* a cura di Bruno Laurioux et Laurence Moulinier-Brogi, Rome, 2001, p. 169-188. On connaît, grâce aux travaux de Philippe Wolff, des exemples prestigieux dans le Midi toulousain : Philippe Wolff, « Une famille du XIIIe siècle. Les Ysalguier de Toulouse », *Mélanges d'histoire sociale*, 1942, p. 7-31.

80. 3E21 9 (1491), 3E21 12 et 13 (1495), 3E21 15 (1498), 3E21 41 (1503) : originaires de la Montagne Noire, Pere et Jaume Fabre *alias* Albeges, forgeurs ; des Corbières et du plateau de Sault : Guilhem Salsenach, *fargerius* originaire de Pierrefite (Perafita) diocèse de Narbonne 3E21 12 (1495) ; Henri Guerra de Counozouls (et Guicus (?) Guerra en 1502, 3E21 19 ; Pere Guerra en 1505, 3E21 43, toujours originaire de Counozouls ; 3E21 34 (1494) et 3E21 13 (1496), Vidal de Coharasa (Coarraze, Béarn ?), forgeur.

81. Sur les sidérurgies concurrentes de la Montagne Noire, des Corbières et du Quercy à partir de 1450, voir Catherine Verna, *Le Temps des moulines, op. cit.*, p. 307-310 ; *La Pierre, le Métal, l'Eau et le Bois : économie castrale en territoire audois (XIe-XIVe siècle)*, sous la direction de Marie-Christine Bailly-Maître et Marie-Élise Gardel, Carcassonne, 2008 (Catherine Verna, « Le métal », p. 114-123). Sur les moulines de l'Herm, Jean Lartigaut, *Les Campagnes du Quercy après la guerre de Cent Ans, op. cit.*

Chapitre 11
Travailler dans la forge

1. Mouline de Galdares : 3E40 828 (9 juin 1406) ; 3E40 832 (30 juin 1417) ; 3E40 910 (29 mai 1444), il s'agit dans ce cas d'une confirmation du bail enregistré à Villefranche-de-Conflent et daté du mois d'octobre 1443. Le preneur est le Basque Joanet de Moxita. Mouline de Léca : 3E40 831 (18 février 1416). Mouline del Perer, à Céret ; 3E1 1038 (28 avril 1404) ; 3E40 14 (31 mai 1425) ; 3E40 49 (6 mars 1452). En Conflent, mouline de Valmanya : 3E40 831 (14 juin 1414).

2. On voit ensuite se succéder, de 1416 à 1418, les Binyo, Cortesius et son fils (1416) ; Raimon Xuxat de Garanet (1417) ; Azemar Canarch al Talo (1418).

3. Olivier Codina Vialette, *De fer et de laine*, *op. cit.*

4. Les soufflets sont des outils particulièrement fragiles, au point que trois contrats dans trois moulines différentes témoignent de leur renouvellement. C'est le cas à Galdares, où Johan Laurens verse 22 florins pour les soufflets ; à Valmanya, avec Joan Castillo ; à Léca, où Urbà Aygabella, propriétaire d'une partie de l'atelier, assume seul la dépense.

5. *Bestreure* ou *bestraure* dans *Diccionari català-valencià-balear* (DCVB) d'A. M. Alcover i F. de B. Moll, publié sous l'égide de l'Institut d'estudis catalans : « *Aportar cert capital per endavant, mirant a treure'n profit més tard ; castillan :* adelantar, anticipar [faire une avance, en français] ».

6. La pratique de la *bistractio* est commune à de nombreuses activités de production. On la rencontre au XVe siècle tant en Conflent qu'en Vallespir et dans d'autres zones, comme la Cerdagne. Dans le domaine du drap, signalons le cas cité par J. Antoni Llibrer Escrig, « La formación des compañías para el tintado de paños. El caso de Concenteina en el siglo XV », *Anuario de Estudios Medievales*, 2011, p. 59-72 (68). Sa pratique est examinée dans les communications qui ont été présentées à la Casa de Velázquez en juin 2015 dans le cadre du colloque *Entreprises rurales en Méditerranée occidentale. Le financement des entreprises rurales (XIIe-XVIe s.)*, programme scientifique (ERMO) coordonné par Catherine Verna.

7. La somme correspondant à la *bistractio* s'ajouterait donc à d'autres avances prévues dans le bail de location de la forge, avances dont nous ignorons, dans ce dernier cas, si elles sont gratuites ou soumises à intérêt. De fait, les modalités du bail s'apparentent tout à fait à un contrat de métayage. La pratique de ces avances dans le cadre d'une exploitation agricole est bien connue de l'historiographie, elle peut s'accompagner d'opérations de crédit ou non. Dans l'espace ibérique, voir Antoni Furió, « Endettement paysan et crédit dans la péninsule ibérique au bas Moyen Âge », dans *Endettement paysan et crédit rural dans l'Europe médiévale et moderne, Actes des XVIIe journées internationales d'histoire de l'abbaye de Flaran, Flaran, septembre 1995*, Maurice Berthe éd., Toulouse, 1998, p. 147 ; Jean-Louis Gaulin et François Menant, « Crédit rural et endettement paysan dans l'Italie communale », *op. cit.*, p. 55 et 56, note 90.

8. 3E40 910 (21 juillet 1445).

9. 3E40 910 (2 octobre 1445).

10. 3E40 913 (3 juin 1450).

11. 3E40 911 (1446).

12. Précisons que Béranger d'Oms succède alors à Pere de Fontjoncouse, seigneur de Mosset et de sa mouline entre 1386 et 1394.

13. 3E1 5069 (28 janvier 1452).

14. 3E40 63 (20 avril 1465).

15. 3E1 459 fol. 89v.

16. Information orale d'Olivier Codina, que je remercie.

17. Alain Guerreau insiste sur la distinction à opérer entre le « crédit » sous la forme de l'« usure », qui est un commerce de l'argent, et les « avances », qui correspondent à la volonté « d'intégrer dans des réseaux de dépendance, en liant par l'intermédiaire d'une structure temporelle » (dans le cas qui l'intéresse, les avances effectuées par les institutions ecclésiastiques) : « Avant le marché, les marchés : en Europe (XIIIe-XVIIIe siècle) (note critique) », *op. cit.*, p. 1150, note 21. Nous verrons effectivement *infra* combien la *bistractio* est un des moteurs du système d'entraide entre Basques.

18. 3E40 911 (30 avril 1446).

19. 1E59.

20. 3E40 906, fol. 55v.

21. 3E40 46 (30 novembre 1444).

22. 3E40 57 (23 décembre 1465).

23. 3E40 832 (10 août 1417).

24. 3E40 909 (23 septembre 1438).

25. 3E40 910 (2 juin 1445).

26. 3E40 49 (4 novembre 1453).

27. S'agit-il du Joan Otxoa repéré dès 1453 (3E21 24, fol. 12) ?

28. 3E21 2, fol. 14.

29. 3E21 12, fol. 57.

30. Entre autres, un exemple tardif : le bayle du seigneur de Reynès concède à cinq mineurs le droit de tirer le minerai à la mine de La Clota, pendant un an et contre le paiement de 12 livres par an, 3E40 60 (27 août 1471).

31. 3E40 51 (14 juin 1459).

32. 3E40 53 (3 février 1462).

33. 3E40 47 (30 novembre 1448).

34. 3E49 7 (2 juillet 1452).

35. Rappelons que le quintal de fer en barres (semi-ouvré) vaut en moyenne durant la première moitié du XVe siècle sur le marché d'Arles 27,6 sous. Ainsi, 4 sous et 5 deniers la saumade de charbon n'est pas un prix insignifiant. Impossible néanmoins d'en tirer quoi que ce soit sur la part du prix du charbon dans la valeur du fer, car on ignore absolument s'il faut 1 saumade ou davantage pour produire 1 quintal de fer.

36. 3E1 1038 (28 avril 1404) ; 3E40 910 (24 mai 1445). Par ailleurs, des Génois qui s'installeront dans les forges catalanes à la fin du XVe siècle exporteront par mer du minerai de Batère jusqu'en Ligurie. S'agit-il d'un fret d'aller ?

37. 3E40 910 (24 mai 1445).

38. Il est possible que la mine de Calvey donnée en acapte par le roi à un homme de Villefranche-de-Conflent en 1345 dépende de ce gisement, RP, MR, registre 1 (1345), fol. 184.

39. 1B202 (11 janvier 1412).

40. 4J18, 1405.

41. 1B367 (fol. 1, s.d.).

42. À titre de curiosité, Antonia Villafrancha est la *ferreria* de la mouline de Baillestavy en 1506, 3E21 44, fol. 25.

43. 1B351 (25 mai 1435).

44. 1B265 (23 octobre 1433).

45. 1B285 (1er septembre 1460).

46. 3E40 829 (1er octobre 1407).

47. Plus simplement, à Prades en 1479, Pedro de Surbano rembourse les 25 florins d'or qu'il doit à Miquel de Surbano, dette qu'il avait contractée dans leur lieu d'origine à Azpeitia, 3E21 1 (2 janvier 1479).

48. On ignore la situation économique de Soloboro et de de la Caytiu. Bien évidemment, le choix des fidéjusseurs parmi les proches n'est pas une pratique spécifique aux Basques. Elle est bien attestée parmi les Catalans d'Arles et du Vallespir et couramment au Moyen Âge : Jordi Fernandez Cuandrench, « Crédit juif et solidarité villageoise dans les campagnes barcelonaises au XIIIe siècle », dans *Endettement paysan et crédit rural dans l'Europe médiévale et moderne, Actes des XVIIe journées internationales d'histoire de l'abbaye de Flaran, Flaran, septembre 1995*, Maurice Berthe éd., Toulouse, 1998, p. 170-183. Claude Denjean note qu'au XIVe siècle, dans les campagnes de Puigcerdà, le choix des fidéjusseurs est fondamental et intègre plusieurs cercles, non seulement les membres de la famille, les proches mais aussi les notables du village et de la ville de Puigcerdà : « Le crédit juif dans les campagnes cerdanes... », *op. cit.*, p. 194-195.

49. 3E49 7 (10 avril 1453).

50. Autre cas de fidéjussion à risque, intervenu à la fin du XVe siècle : en 1483, Marie Martina, demeurant en Guipúzcoa, femme de Joan Chi, sans doute décédé, désigne Martie Sants, originaire de la région de Bayonne, pour engager des poursuites et récupérer auprès de Otxoa de Oroa, lui-même de Guipúzcoa, 17 florins sur les 27 florins qu'il devait à son mari qui s'était porté fidéjusseur dans le cadre d'un contrat dont on ignore la date. Un échelonnement du remboursement est prévu, 3E21 2, fol. 50.

51. Entre autres : Otxoa del Gueyta, charbonnier et mineur, reconnaît qu'il doit 66 sous à Domingo de Montreal, charbonnier *pro laborio*. L'acte est daté du 29 septembre 1460. Il est cancellé le 5 mai 1461. Le salaire a dû être versé ; Miquel de Vera, mineur, reconnaît qu'il doit un salaire à Pedro Ortix, *traginer* (*pro solidate*).

52. 3E40 46 (30 novembre 1444).

53. 3E40 910 (18 octobre 1445).

54. 3E40 910 (10 novembre 1445), le salaire s'élève à 18 florins.

55. 3E40 910 (22 juillet 1444).

56. 3E40 914 (26 avril 1463). Situation comparable en 1484 : Joan de Sula est désigné comme procurateur par son compatriote Martie de Aldanelda pour réclamer au *ferrarius*

Sanxo de Rassola les 9 livres qu'il lui doit pour son travail dans la mouline de Vallstania (Valmanya ? Baillestavy ?) et engager des poursuites si cela s'avère nécessaire, 3E3, fol. 37.

57. 3E49 59 (1461).

58. 3E40 51, fol. 71v.

59. 1453 : Fortico Martines doit 7 livres à Xanxo de Tolosa ; 1453 : Martie Bastant doit 87 sous à Lope Negre ; 1457 : Joan Segura doit à Joan de Araba 5 livres ; 1461 : Miquel de Vera doit une somme inconnue à Pedro Ortix.

60. Mouline de Galdares : 3E40 828 (9 juin 1406) ; 3E40 832 (30 juin 1417) ; 3E40 910 (29 mai 1444). Mouline de Léca : 3E40 831 (18 février 1416). Mouline de Céret ; 3E1 1038 (28 avril 1404) ; 3E40 14 (31 mai 1425) ; 3E40 49 (6 mars 1452).

61. 3E40 831 (14 juin 1414).

62. Catherine Verna, *Le Temps des moulines, op. cit.*

63. 3E40 910 (22 janvier 1444).

64. 3E40 53 (5 mai 1461).

65. 3E40 53 (5 mai 1461).

66. Cette mise en évidence d'une pauvreté active et créative doit beaucoup aux réflexions conduites par ATD Quart Monde et, en particulier, à la lecture d'un ouvrage édité par Emmaüs et Ens-Editions : Laurence Fontaine, *Pauvreté et stratégie de survie*, Paris, 2008.

67. Des mules sont placées dans des moulines alors que leur propriétaire n'y travaille pas forcément. C'est le cas des mules de Martie Samudio, par exemple.

68. Sans doute cet animal est-il tout aussi précieux pour les autres travailleurs de la forge, les Catalans, les Languedociens et les Ariégeois. Mais soit qu'ils réalisent ailleurs les achats et les ventes de leurs mules, soit qu'ils disposent d'un autre capital complémentaire, la mule n'occupe pas une place centrale dans l'ensemble de leurs transactions.

69. Ainsi, Joan Duyati risque de perdre la mule qu'il a mise en gage pour emprunter de l'argent à Pere Lobet (soit 45 florins), 3E40 910 (3 avril 1444). Miguel de Vera doit 20 écus et demi à Pedro Ortix. Il promet de le rembourser et met en gage une mule, (18 septembre 1461).

70. 3E40 910 (19 octobre 1445) et 3E40 59 (13 septembre 1445).

71. 3E40 59 (13 septembre 1445).

72. 3E49 7 (13 avril 1453).

73. 3E40 49 (25 février 1454).

74. Anthony Pinto, « Le commerce des chevaux et des mules entre la France et les pays catalans (XIVe-XVe siècle) », *op. cit.*, p. 108.

75. Les actes de vente de mules conclus entre Catalans sont beaucoup plus nombreux que les vingt et un que nous avons rassemblés. Seuls ont été relevés ceux où l'un des contractants a une activité se rapportant à l'industrie dans le haut Vallespir.

76. Anthony Pinto, « Le commerce des chevaux et des mules entre la France et les pays catalans (XIVe-XVe siècle) », *op. cit.*, p. 89-116.

77. Rien de surprenant que parmi les Catalans concernés par ce marché les muletiers soient également largement majoritaires : Bernat Fornacha, Arnau Blanch, Pere Michaelis, Esteve Boxera, G. Stephani, Pere Royre, Berenguer Bertrand, Antoni Fabre, Antoni

Costa, Guillem Pelisser ; les aubergistes également, avec Mateu Corona, Pere Lobet, Bernat Sabater.

78. Anthony Pinto, « Le commerce... », *op. cit.*, p. 108-109.

79. Nous en avons la preuve à Léca, avant l'arrivée des Basques. Le *ferrarius* signe un contrat avec un *traginer*. Celui-ci doit servir la forge. Ce contrat prévoit qu'il soit payé 15 sous par jour et par mule, mais son salaire lui sera versé au début de chaque semaine, 3E40 832 (19 février 1418). Ce texte constitue la seule indication fournie par notre corpus sur l'usage du salaire « au temps ». Le salaire à la tâche paraît plus fréquent. Je dis bien « paraît », car les actes ne sont jamais si précis que l'on puisse assurément répartir les modes de rétribution selon les deux catégories « salaire à la tâche » et « salaire au temps ».

80. Deux exceptions toutefois : un paiement au comptant entre deux Basques, Martie Sants et Joan Castillo, pour 40 florins, 3E40 912 (1447) ; et un paiement à la demande pour une petite somme de 101 sous.

81. 19 mai 1452, 3E1 5069.

82. 11 décembre 1445, 3E40 911.

83. 17 décembre 1443, 3E40 910.

84. Sur la justice et la dette, consulter Claude Gauvard, *« De grace especial ». Crime, état et société à la fin du Moyen Âge*, Paris, 1991, 2 vol. ; *La Dette et le Juge. Juridiction gracieuse et juridiction contentieuse du XIIIe siècle au XVe siècle (France, Italie, Espagne, Angleterre, Empire)*, sous la direction de Julie Claustre, Paris, 2006, et plus particulièrement Antoni Furió, « Crédit, endettement et justice : prêteurs et débiteurs devant le juge dans le royaume de Valence (XIIIe-XVe siècle) », dans *La Dette et le Juge, op. cit.*, p. 19-53. On peut profiter d'une présentation bibliographique sur le sujet proposée par Julie Claustre dans l'introduction à ce volume et dans la thèse éditée du même auteur, *Dans les geôles du roi. L'emprisonnement pour dette à Paris à la fin du Moyen Âge*, Paris, 2007.

85. Tina Jolas, Marie-Claude Pingaud, Yvonne Verdier, Françoise Zonabend, *Une Campagne voisine. Minot, un village bourguignon*, Paris, 1990. Cet ouvrage insiste sur la perception du charbonnier par les villageois, « gens du finage et gens du bois ». La démarche qui est celle des quatre ethnologues rend hommage à « la prégnance du détail » et à « l'infime au quotidien » hérités de l'enseignement de Claude Lévi-Strauss. Dans le contexte pyrénéen, et dans un autre registre de perception, puisqu'il s'agit d'un témoignage non scientifique : Jean Terson, *Mémoires d'un apôtre saint-simonien, présentation par Daniel Fabre*, Carcassonne, 1979, raconte comment il a été accueilli par les charbonniers de Massat lorsqu'il fuyait la répression du Second Empire et témoigne de l'attention dont ont fait preuve ces hommes à son égard. Consulter également sur la place des charbonniers dans la société pyrénéenne, mais pour la période moderne, Jean-François Soulet, *Les Pyrénées au XIXe siècle*, Toulouse, 1987, 2 vol. ; Peter Sahlins, *Forest Rights, the War of the Demoiselle in XIXth-Century, France*, Cambridge (Mass.), 1994. Sur les violences « forestières » dans le Canigou, voir René Angelats, « Violences forestières dans les montagnes des Pyrénées-Orientales », dans *Le Paysage rural et ses acteurs*, Aline Rousselle et Marie-Claude Marandet éd., Perpignan, 1998, p. 363-377.

86. 3E21 29 (1489).

87. Lefebvre, « Notices sur le combustible employé dans les usines à fer des départements des hautes et basses Pyrénées », *Annales des mines*, 1937, 3, t. II/3, p. 575-584.

88. 1B153, fol. 106v.

89. 3E40 831 (9 avril 1428).

90. 3E40 987, fol. 5-6.

91. Joan Lopis, Fortico Petit, Martie de Marquinia, Maître Metxi, Garcia de Mondragón, Joan Abarria, Martie de Bilbau, Miquel del Stano, Joan de Biscaya, Domingo de Arustegui, Lope Atollo, Lope Sentol, Joan de Villafrancha, Pedro de Villafrancha, Martie de Ratia, Joan Dudala, Marti Ortis, Joan de Vitela, Joan de Xanalagua. Aux Biscayens de Léca s'ajoutent Pedro de Para, Joan de Xabala et Joan de Ratia.

92. En contact avec Joan Lopis, on trouve deux autres individus nommés Petit : Joan Petit et Martie Petit, désignés comme charbonniers, 3E40 910 (22 septembre 1445) ; 3E40 49 (1453).

93. 3E40 828 (février 1406).

94. 3E40 831 (août 1421).

95. 3E40 910 (17 novembre 1445).

96. 3E40 910 (18 janvier 1444).

97. Robert Muchembled, *La Violence au village, sociabilité et comportements populaires en Artois du XVe au XVIIe siècle*, Turnhout, 1989, p. 86-95 (« Une intense xénophobie »).

98. La violence des groupes professionnels de migrants est courante à l'époque moderne. « Cette violence s'exerce communément en bande contre des groupes potentiellement rivaux sur le marché du travail », Laurence Fontaine, *op. cit.*, p. 110. On sait que dès le Moyen Âge les maçons basques s'opposent par la violence aux indigènes, Joaquín Aparaci Martí, « Obra en piedra. Maestros vizcaínos en la plana de Castelló (siglos XV-XVI) », *op. cit.*

99. Flocel Sabaté, « Les factions dans la vie urbaine de la Catalogne du XIVe siècle », dans *Histoire et archéologie des terres catalanes au Moyen Âge,* textes réunis et présentés par Philippe Sénac, Perpignan, 1995, p. 339-365.

100. Cette migration est précédée de nombreux échanges commerciaux qui touchent autant le textile que les produits métallurgiques. Ainsi, au milieu du XIVe siècle, du fer ligure est acheminé vers Perpignan : Guy Romestan, « Les relations commerciales entre Perpignan et la Ligurie aux XIVe et XVe siècles », dans *Atti del I congresso storico Liguria-Catalogna, Ventimiglia, Albenga, Genova, octobre 1969*, Bordighera, 1974, p. 361-375. L'un des marchands qui organise cet échange est Pere Taqui, Piero Tecchini, d'origine florentine. Lui (ou son fils qui porte le même nom) est le principal correspondant de Datini à Perpignan : Catherine Verna, « De la forge aux marchés des fers : les espaces emboîtés de la réduction directe », dans *L'obtencio del ferro pel procediment directe entre els segles IV i XIX, Actes del 6è curs d'Arqueologia d'Andorra, 2000*, Andorre, 2001, p. 75 ; Anthony Pinto, « Les sources notariales, miroir des cycles d'exportation du pastel languedocien en Roussillon et dans le nord-est de la Catalogne (XIVe siècle-premier quart du XVe siècle) », *Annales du Midi*, 2001, p. 444. Pour une présentation plus générale, Marie-Theresa Ferrer i Mallol, « Els Italians a terres catalanes (segles XII-XV) », *Anuario de Estudios Medievales*, 1980, p. 410-432. Plus récemment, Joan Peytaví Deixona, « Les migrations des Italiens vers la Catalogne : un point de rencontre au nord du pays, du Moyen Âge à l'époque contemporaine », dans *La Catalogna in Europa. Transiti, passagi, traduzioni, Atti del IX Congesso internazionale, Associazione italiana di studi catalani (Venezia, 14-16 febbraio 2008)*, Édition en ligne, 30 décembre 2009.

101. Catherine Verna, « Pyrénées morcelées, traversées, contournées... », *op. cit.*, p. 620 ; 3E3 476, fol. 145-146. Un forgeur d'origine lombarde est également présent dès la fin du XVe siècle dans une forge (*farga*) localisée à Arles.

102. 3E3 481, fol. 1.

103. Jean Cantelaube et Catherine Verna, « Les forges à la génoise dans les Pyrénées centrales au XVIe siècle : quel transfert d'innovation ? », dans *Il ferro nelle Alpi, giacimenti, miniere e metallurgia dall'antichita al XVI secolo, Atti del convegno, Bienno, 1998*, a cura di Costanza Cucini Tizzoni, Marco Tizzoni, Breno, 2000, p. 152-163 ; *id.*, « Le souffle de la forge : soufflets et trompes des Pyrénées (XIIe-XIXe siècle) », *op. cit.* ; Enzo Baraldi, « La ferreria *alla genovese* tra XIV e XVII secolo », dans *Pratiche e linguaggi. Contributi a una storia della cultura tecnica e scientifica*, Cagliari, Gênes, Turin, 2005, p. 159-183.

VI – LA MINE D'ARGENT ET L'ÉLABORATION DES SAVOIRS

Chapitre 12
La mine des Comelles

1. 1B234, fol. 14 et 15. Exploitations mentionnées dans M. Morer, « Recherches historiques sur l'ancienne exploitation des mines du Roussillon », *Bulletin de la Société agricole, scientifique et littéraire des Pyrénées-Orientales*, 1854, p. 290. Catherine Verna, « Esquisse d'une histoire des mines et de la métallurgie monastiques dans les Pyrénées (IXe-XVIe siècle) », dans *Moines et métallurgie dans la France médiévale,* Études réunies par Paul Benoit et Denis Cailleaux, Paris, 1991, p. 45-58.

2. Rappelons rapidement la situation juridique telle qu'elle est connue depuis l'article de M. Morer, *op. cit.* Après arbitrage de l'évêque d'Elne, Sainte-Marie d'Arles et le vicomte de Castelnou se partagent le minerai de la coume de Boxeda. Cependant, à l'issue de l'arbitrage, le vicomte de Castelnou concède à l'abbaye tous les revenus qu'il pourrait tirer du gisement pour la reconstruction de l'autel abbatial. Le roi d'Aragon, quant à lui, se dessaisit de la mine de pug Alduc contre un versement de 1 000 sous de Barcelone, une somme considérable.

3. Catherine Verna, « Esquisse d'une histoire des mines et de la métallurgie monastiques dans les Pyrénées (IXe-XVIe siècle) », *op. cit.*

4. 1B94, fol. 68v (et LXIv) : *« De la carrera publica que es de jos lo camp deu G. Traginer per lo qual hom va de Saorra a Vilafrancha e anan dreta via entro al ruyre que es sobre lo camp deu G. Traginer e parten al dit ruyre e anant dreta via entro en la carrera per en hom va de de Saorre a Planesese seguen e avan per ladite carrera tro a la vigna deu Perpinya Servet e deu Jaume Saurina. »*

5. 1B94, fol. 68v (et LXIv).

6. 1B94, fol. 76 (LXVIIII).

7. 1B94, fol. 76 (LXVIIII).

8. 1B177, fol. 50v-51 (XLVv-XLVI).

9. Catherine Verna, « Une nouvelle page de l'histoire des mines d'argent européennes : le cas des Pyrénées centrales (XIVe-XVe siècle) », *Bulletin de la Société ariégeoise des sciences, lettres et arts,* 1996, p. 201-232. Marie-Christine Bailly-Maître et Paul Benoit, « Les mines d'argent de la France médiévale », dans *L'Argent au Moyen Âge, Actes du XXVIIIe congrès de la SHMES, Clermont-Ferrand, 1997*, Paris, 1998, p. 17-45 ; Marie-Christine Bailly-Maître, *L'Argent, du minerai au pouvoir dans la France médiévale*, Paris, 2002. Seuls les travaux qui ne sont pas cités dans ces articles et dans cet ouvrage seront signalés *infra*. Récemment, *I codici minerari nell' Europa preindustriale : archeologia e storia*, a cura di Roberto Farinelli e Giovanna Santinucci, Florence, 2014.

10. Sur l'aspect politique de cette activité et en regard de la frappe monétaire, voir Marc Bompaire, « Mines et ateliers monétaires en Languedoc au Moyen Âge », *Bulletin de la Société française de numismatique*, 57, 2002, p. 181-185.

11. Iñigo Mugueta Moreno, « Politica monetaria en Navarra bajo el reinado de los primeros Evreux (1328-1349) », *En la Espana medieval*, 27, 2004, p. 77-104.

12. Iñigo Mugueta Moreno, « Mineria cuproargentifera en el reino de Navarre (siglo XIV) », dans *Príncipe de Viana, 66/235*, 2005, p. 405-428 [p. 415].

13. Pour les mines du Rouergue, consulter Bernard Léchelon, « La mine d'argent médiévale de Bouco-Payrol », dans *Archéologie en Languedoc, Actes du colloque Mines et métallurgie de la préhistoire au Moyen Âge en Languedoc-Roussillon et régions périphériques, Cabrières, mai 1997, Revue de la Fédération archéologique de l'Hérault*, 1997, p. 167-182 ; Philippe Abraham, Jean-Gabriel Morasz, Bernard Léchelon, « Mines et métallurgies en Rouergue », dans *Du Silex au métal : mines et métallurgie en Rouergue*, Montrozier, 2001, p. 393-438 ; Jérôme Belmon, « La production de l'argent en Rouergue au Moyen Âge : première approche d'après les sources écrites », dans *Rouergue, carrefour d'histoire et de nature, Actes du LIVe congrès de la Fédération historique de Midi-Pyrénées, Millau, mai 2002*, Rodez, 2003, p. 254-289.

14. Claudie Amado, « La seigneurie des mines en pays de Béziers et en Razès, analyse de trois documents de la seconde moitié du XIIe siècle », dans *Mines et mineurs en Languedoc-Roussillon et régions voisines de l'Antiquité à nos jours, Actes du XLIXe congrès de la Fédération historique du Languedoc méditerranéen et du Roussillon, Alès, 22-23 mai 1976*, Montpellier, 1977, p. 125-144.

15. Ces privilèges lui sont accordés par le comte de Rodez. Cette charte a été publiée par Emmanuel Johans, « Les mines d'argent du comte de Rodez. Étude de la charte de coutumes du Minier », *Revue du Rouergue*, 64, 2000, p. 555-573, qui, par ailleurs, précise qu'Orzals correspond au village actuel de Montjaux et non à celui de Peyrusse-le-Roc, comme cela est souvent et communément écrit.

16. Jêrome Belmon, *op. cit.*

17. Si à Boussagues le charbon est extrait, on y exploite aussi le plomb argentifère, et le texte publié par Jean Poux restitue la morphologie souterraine d'une mine d'argent et non de houille comme le croyait son éditeur, Jean Poux, « Notes et documents sur les mines de charbon de Boussagues aux XIIIe-XIVe siècles », *Bulletin historique et philologique du Comité des travaux historiques*, 1899, p. 347-348 et Catherine Verna, « La houille au village », dans *Scrivere il Medioevo. op. cit.*

18. Marie-Christine Bailly-Maître, « Pour une histoire des mines au Moyen Âge, l'exemple de la Terre d'Hierle (Gard) », *Archéologie du Midi médiéval*, VII, 1989, p. 61-72.

19. Jérome Belmon, *op. cit.*

20. Il faut effectivement rapprocher le cas catalan d'une semblable activité de retraitement attestée à Ceilhes-et-Rocozels en 1470 : Charles Bonami, « Dans la haute vallée de l'Orb : les mines de Ceilhes-et-Rocozels au Moyen Âge », dans *Mines et mineurs..., op. cit.*, p. 105. Les termes utilisés dans le texte languedocien *caralhous* et *lopis* sont ceux déjà usités en 1321 à Sahorre, *cacarrassa* et *lopies*.

21. Catherine Verna, « Une nouvelle page de l'histoire des mines d'argent européennes : le cas des Pyrénées centrales (XIVe-XVe siècle) », *op. cit.*

22. Iñigo Mugueta Moreno, « Politica monetaria en Navarra bajo el reinado de los primeros Evreux (1328-1349) », *op. cit.* ; *id.*, « Mineria cuproargentifera... », *op. cit.*, p. 104.

23. Iñigo Mugueta Moreno, « Mineria cuproargentifera... », *op. cit.*, p. 405-428.

24. Outre l'article de Marie-Christine Bailly-Maître et de Paul Benoit, voir Noël Coulet, « Prospections minières en Provence à la fin du Moyen Âge », dans *Mines et métallurgie (XIIe-XVIe siècle), Actes du XCVIII^e^ congrès national des sociétés savantes, section philologie et histoire jusqu'en 1610, Saint-Étienne, 1973,* Paris, 1975, t. I, p. 159-168 ; Jean Rigault, « Documents sur les mines de Bourgogne au XVe siècle », dans *Mines et métallurgie (XIIe-XVIe siècle), Actes du XCVIII^e^ congrès national des sociétés savantes, section philologie et histoire jusqu'en 1610, Saint-Étienne, 1973*, Paris, 1975, t. I, p. 97-106 ; Jérôme Belmon, *op. cit.*, p. 258-260.

25. Dans l'article qu'il consacrait aux mines de métaux précieux du Roussillon, M. Morer, directeur des archives des Pyrénées-Orientales, insistait sur l'activité extractive des années 1400-1450. L'état de la recherche au moment de la rédaction de son article, au milieu du XIXe siècle, ne lui permettait pas de comparer les entreprises roussillonnaises à l'activité extractive de l'Europe méridionale, ni de souligner leur originalité à partir du XVe siècle, mais l'homme de cabinet avait déjà saisi l'accélération du processus, M. Morer, « Recherches historiques sur l'ancienne exploitation des mines du Roussillon », *Bulletin de la Société agricole, scientifique et littéraire des Pyrénées-Orientales*, 1854, p. 290-308.

26. 1B226, fol. 181 ; 1B234, fol. 138 et fonds Saint-Malo, vol. VII, p. 50v-51, texte 813.

27. 1B202, fol. 120 (11 janvier 1414) ; 3E40 029, fol. 6 et suivants (13 mars 1416, il s'agit de la confirmation d'un droit plus ancien). 1B217, fol. 67 (12 décembre 1418).

28. 1B226, fol. 181 ; 1B234, fol. 5 ; 1B237, fol. 19.

29. 1B367, fol. 150.

30. 1B240, fol. 216v-217 (ou CCXv-CCXI).

31. 27 août 1432 (La Bastide), 1B237, fol. 19 ; 1er avril 1433 (Ribes), 1B240, fol. 216v-217 (CCXv-CCXI).

32. 20 avril 1435, 1B254, fol. 41v-42 ; 10 mai 1435, 1B254, fol. 46-47.

33. 1B254, fol. 78v et suivants (1436).

34. 1B267, fol. 145 (1446) ; 1B262.

35. 1460, 1B292, fol. 87 et suivants ; 1468, 1B409, fol. 72.

36. 18 septembre 1425, 1B234, fol. 5.

37. 1B234, fol. 138.

38. 17 septembre 1436, 1B254, fol. 80v.

39. 17 novembre 1446, 1B267, fol. 145.

40. Le fonds Saint-Malo porte le nom de l'érudit du XIXe siècle qui a patiemment recopié un nombre considérable d'actes notariés à partir de registres dont beaucoup ont aujourd'hui disparu.

41. 1B226, fol. 181.

42. 3E40 828, n.f.

43. 1B226, fol. 181.

44. Fonds Saint-Malo, vol. III, p. 80.

45. Fonds Saint-Malo, vol. III, p. 80.

46. Fonds Saint-Malo, vol. III, p. 14 et 15 (rédaction de la quittance, 6 mars 1426).

47. 1B253, fol. 132-133 (1427) ; 1B240, fol. 1-4 (1433).

48. 1B253, fol. 132.

49. Fonds Saint-Malo, vol. III, p. 14.

50. 1B234, fol. 80.

51. Fonds Saint-Malo, vol. III, p. 79.

52. Fonds Saint-Malo, vol. III, p. 80.

53. 1B229, fol. 36v.

54. 1B253, fol. 132-133.

55. 1B234, fol. 93.

56. 1B234, fol. 93.

57. Fonds Saint-Malo, vol. III, p. 14.

58. Voir *supra* chapitre intitulé « Les Basques, les migrations et le travail ».

59. Iñigo Mugueta Moreno, « Politica monetaria en Navarra bajo el reinado de los primeros Evreux (1328-1349) », *op. cit.*

60. Une thèse récente de l'université de Lérida fait le point sur ce pôle majeur de l'exploitation de l'argent en Catalogne, Albert Martínez i Elcacho, « Pro crosis argenti ». *La plata al comtat de les muntanyes de Prades y baronia d'Entença en època del comte Pere (1342-1358) : regulació, gestió, i rendiment de les mines de Falset,* thèse de l'université de Lérida, 2014, 2 vol. Consulter également, Manuel Romero Tallafigo, *La cancilleria de los condes de Prades y Ribagorza (1341-1414)*, Saragosse, 1990.

61. Marco Tangheroni, *La citta dell'argento. Iglesias dalle origini alla fine del Medioevo con un'appendice di Claudia Giogioni Mercuriali*, Naples, 1985.

62. 1B240, fol. 1-4.

63. 3E40 18 n.f. (14 juin 1403).

64. 3E40 910 n.f. (8 juillet 1445 et 1er août 1445). Sur le pouvoir du bayle (*baiulus* ou *batlle*, en catalan) et en particulier sa position d'entrepreneur au village, consulter Pere Benito i Monclús, « Agents du pouvoir ou entrepreneurs ruraux ? Les intermédiaires de la seigneurie en Catalogne médiévale, essor et déclin », *op. cit.*

65. 1B267, fol. 74 et 3E40 910 n.f. (10 juin 1445).

66. 1B272, fol. 4v-5.

67. 1B274, fol. 48.

68. 1B405, fol. 18v-19.

69. 1B405, fol. 14.

70. 1B409, fol. 72.

71. 1B292, fol. 87 et suivants.

72. 1B409, fol. 72.

73. Licence d'exploitation du 20 octobre 1445, attribuée par la reine Marie à Francisc de Sant Marti et à Joan Pere Fahena, tous deux *milites*, leur donnant le droit de tirer les minerais sur tout le territoire du comté, 1B267, fol. 136 ; licence d'exploitation du 10 juin 1447 : le lieutenant de la Procuration royale accorde une licence à Arnau Calvet *scriptor* de Bula et à Jacme Amsos barbier d'Ille pour rechercher et exploiter les minerais dans les territoires d'Ille et de Casanovas, 1B272, fol. 13v-14 ; licence d'exploitation de 1448 selon laquelle Bernat Albert, lieutenant de la Procuration royale, au vu des nombreux vestiges de mines en Conflent, donne une licence d'exploitation à Macia Valls, de Perpignan, demeurant à Vinça, 1B262, fol. 38v-39 ; licence d'exploitation du 17 juin 1460 accordée à Joan Alissen hoste de Correg de Barcelone, qui a l'expérience des choses de la mine, dans tous les lieux de la principauté de Catalogne, comté de Roussillon et de Cerdagne, 1B292, fol. 87 et suivants ; licence d'exploitation du 27 avril 1467 selon laquelle le substitut du lieutenant de la Procuration royale donne licence à Pere Joan Saguer de la ville de Gérone d'extraire les métaux précieux du comté de Roussillon, 1B407, fol. 53-54.

Chapitre 13
Compétences et savoirs

1. Liliane Hilaire-Pérez et Catherine Verna, « Dissemination of Technical Knowledge in the Middle Ages and the Early Modern Era. New Approaches and Methodological Issues », *Technology and Culture (Johns Hopkins University Press, EU)*, 2006, vol. 47, p. 537-563. *Savoirs des campagnes (Catalogne, Languedoc, Provence,* XIII*e*-XVIII*e* *siècle), Études roussillonnaises*, Catherine Verna et Pere Benito i Monclús éd., Perpignan, 2013, et en particulier, Catherine Verna et Pere Benito i Monclús, « Mobiliser des savoirs dans les campagnes médiévales et modernes (Catalogne, Languedoc, Provence) ».

2. La construction du droit minier dans la Couronne d'Aragon semble avoir peu intéressé les historiens du droit. Un article pointe la faiblesse de la recherche en ce domaine pour le Moyen Âge : Patricia Zambrana Moral et Manuel J. Pelaez, « Historia del derecho de minas en el Rosellon, Andorra y Cataluna », *Revista de estudios historico-juridicos*, 2006, p. 613-625.

3. 1B232, fol. 146v.

4. Albert Martìnez Elcacho, « Las ordenanzas promulgadas en 1352 para explotar la plata en el Condado de las Montañas de Prades y Baronía de Entenza », *Historia. Instituciones. Documentos*, vol. 33, 2006, p. 423-433.

5. Iñigo Mugueta Moreno, *op. cit.*, p. 102 et 103.

6. Ces licences peuvent faire l'objet de délégation de droits quand, par exemple, Berenguer V d'Oms, conseiller du roi, vice-roi en 1425, gouverneur de Collioure à cette date et futur gouverneur de Majorque, du fait de la licence accordée à son père en 1416, distribue des droits à l'extraction sur le territoire d'Ille (1425), sur celui de Céret (1426), ou même

sur tout le Roussillon (1426) avec obligation d'enregistrer les découvertes auprès de la Procuration royale.

7. 1B234, fol. 14.

8. Philippe-Jean Hesse, « La formation d'une administration minière royale dans la France médiévale et au début du XVIe siècle », dans *Mines et métallurgies (XIIe-XVIe siècle), Actes du XCVIII[e] congrès national des sociétés savantes, section philologie et histoire jusqu'en 1610, Saint-Étienne, 1973,* Paris, 1975, p. 7-22 ; *id.*, *La Mine et les Mineurs en France de 1300 à 1550*, thèse de l'université de Paris, micro-éditions universitaires, Lille, 1968.

9. Il s'agit dans ce cas du « marc » unité de poids. Le marc utilisé dans la zone de Perpignan et de Barcelone oscille entre 234,8 grammes et 239 grammes : Marc Bompaire et Françoise Dumas, *Numismatique médiévale, L'atelier du médiéviste*, Turnhout, 2000, p. 298.

10. Si on se rapporte aux échelles des teneurs de l'ordonnance de 1427, la richesse du minerai retenu comme modèle est inférieure à 2 marcs d'argent : il s'agit d'une galène de base.

11. 1B406, fol. 35.

12. 1414 : 1B202, fol. 120 ; 1416 : 3E40 029 n.f. ; 1418 : 1B217, fol. 67.

13. Fonds Saint-Malo, vol. III (non paginé).

14. 1B226, fol. 181. La licence accordée en septembre 1425 ne peut être prise en compte, elle mentionne non la part du métal à verser au roi, mais celle du minerai. Erreur de copiste ou preuve supplémentaire des hésitations et errements des conseillers royaux en matière de mine ?

15. Fonds Saint-Malo, vol. III (non paginé).

16. En Navarre, au XIVe siècle, la part réservée au roi oscille également entre un quart et un dixième, mais nous ignorons s'il s'agit d'un taux irrégulier ou si la perception connaît une évolution dont les motifs pourraient au final être appréciés à la lumière des conditions économiques de l'exploitation et à l'adaptation du droit au terrain, comme cela est le cas en Catalogne, Iñigo Mugueta Moreno, « Mineria cuproargentifera… », *op. cit.*, p. 414.

17. Dans le cas de 1 quintal de 104 livres de 400 grammes.

18. Sur l'expertise en général et sur l'expertise dans les domaines minier et métallurgique en particulier, voir Laurent Feller et Catherine Verna, « Expertises et cultures pratiques », dans *Experts et expertises au Moyen Âge.* Consilium quaeritur a perito, *Actes du XLIIe congrès de la SHMESP, Cambridge, 2011*, Paris, 2012, p. 27-43 ; Catherine Verna, « Être expert minier (Occident, Vallespir, XIVe et XVe siècles) », dans *Expertise et valeur des choses au Moyen Âge (2). Savoirs, écritures, objets*, Laurent Feller et Ana Rodriguez éd., Madrid, 2016, p. 123-135.

19. Sans doute d'Alaigne, département de l'Aude. Cette mention renvoie à l'intense activité minière à laquelle nous avons déjà fait référence au sujet du Languedoc.

20. 1B242, fol. 20v (avril 1427).

21. La thèse de Joseph Gauthier propose une réflexion diachronique et pluridisciplinaire sur la question des essais des minerais, tant du point de vue technique qu'économique, *La Fortune des entreprises minières : histoire et archéologie de l'essai des minerais par voie sèche en Europe, du haut Moyen Âge au XVIIIe siècle*, thèse de l'université de Haute-Alsace, 2012, 2 vol., en cours de publication.

22. Albert Martínez Elcacho, « El saber i l'experiència dels Sards al servei de l'explotació de les mines d'argent de Falset (1342-1358) », dans Catherine Verna et Pere Benito i Monclús éd., *Savoirs des campagnes (Catalogne, Languedoc, Provence, XIIe-XVIIIe siècle), Études roussillonnaises, Revue d'histoire et d'archéologie méditerranéennes*, t. XXVI, 2013-2014, p. 153-161.

23. Sur la bibliographie consacrée aux essais des monnaies, consulter Marc Bompaire et Françoise Dumas, *Numismatique médiévale, L'Atelier du médiéviste*, Turnhout, 2000, p. 300-301. Il faudrait y ajouter pour l'espace hispanique qui nous intéresse particulièrement Bethsabée Caunedo del Potro et Ricardo Cordoba de la Llave, *El arte del alguarismo. Un manuel castellano de aritmética comercial y ensayo de moneda del siglo XIV*, Valladolid, 2000 et Ricardo Cordoba de la Llave : « Un recetario técnico castellano del siglo XV : el manuscrito H490 de la Facultad de Medecina de Montpellier », *En la Espana Medieval*, 2005, p. 7-48.

24. Mappae Clavicula. *A Little Key to the World of Medieval Techniques*, Cyril Stanley and John G. Hawthorne trad., Transactions of the American Philosophical Society, New series, vol. 64, Philadelphie, 1974, p. 45.

25. Lazarius Ercker, *Treatise on Ores and Assaying, translated from the German Edition (1580)*, Anneliese Grunhaldt Sisco and Cyril Stanley Smith, Chicago, 1951, dont p. 36.

26. Iñigo Mugueta Moreno, « Mineria cuproargentifera... », *op. cit.*, en particulier p. 411-412. Joseph Gauthier, *op. cit.*, p. 102 et suivantes.

27. Dans l'attente de la publication de la thèse de Joseph Gauthier, on peut consulter l'article de Marie-Christine Bailly-Maître, « Essai d'une mine de plomb et argent *versus Arenas* en Oisans par ordre du gouverneur du Dauphiné, le 15 octobre 1359 », dans *Pierres de mémoires, écrits d'histoire. Pages d'histoire en Dauphiné offertes à Vital Chomel,* textes réunis par Alain Belmont, Grenoble, 2000, p. 131-143.

28. Dans sa thèse, Joseph Gauthier présente d'autres exemples d'essais en grand pratiqués à la fin du XIVe siècle et jusque dans les années 1450, en Forez, en Bourgogne et dans les monts du Lyonnais.

29. Catherine Verna, *Le Temps des moulines..., op. cit.*, p. 112 ; Laurent Feller et Catherine Verna, « Expertises et cultures pratiques... », *op. cit.*

30. 1B234, fol. 138.

31. Édition du texte dans Pere Pujol i Tubau, « Un cercador de mines del segle XV », dans *Obra completa a cura de Joan Riera i Simo*, Andorre, 1984, p. 365-369.

32. Louis Ausseil, *L'Orfévrerie en Roussillon*, Perpignan, 1994.

33. Cette présence ne se limite pas aux Espagnes ; à titre d'exemple, c'est également un orfèvre (Jehan de Grain) qui pratique au milieu du XVe siècle les essais sur les mines du duché de Bourgogne, à proximité de Dijon, Joseph Gauthier, *op. cit.,* p. 134.

34. Fonds Saint-Malo, vol. VI, p. 50 (14 mars 1431).

35. Sur cette expertise, on doit se reporter aux travaux de Bernard Léchelon et, en particulier, à l'article à paraître « Des maîtres du sol aux argentiers : l'exploitation du minerai de cuivre du Midi de la France aux XIIe et XIIIe siècles », dans Nicolas Thomas, Pete Dandridge, *Medieval Copper, Bronze and Brass : History, Archaeology and Archaeometry of the Production of Brass, Bronze and Other Copper Alloy Objects in Medieval Europe (12th-16th Centuries), Proceedings of the Symposium of Dinant and Namur, 15-17 May*

2014, Namur, IPW (Série Études et documents, Archéologie). Sur le bornage et ses techniques, voir Pierre Portet, *Bertrand Boysset, la vie et les œuvres techniques d'un arpenteur médiéval (v. 1355 – v. 1416),* Paris, 2004, 2 vol.

36. Saint-Laurent-le-Minier dans le département du Gard : Marie-Christine Bailly-Maître et Bruno Ancel, « Au carrefour des sources et de la pratique. Le district minier médiéval d'Hierle, Saint-Laurent-le-Minier (Gard, France) », dans *I codici minerari : statuti europei a confronto dalle Tavoli di Aljustrel agli Ordinamenta Medievali, Colloque international Iglesias – Massa Maritima, décembre 2008*, Roberto Farinelli dir., Sienne, 2014, p. 26-28.

37. Dans l'état actuel du dépouillement, remarquons que s'il peut être question d'affiner (*afinar*) le minerai dans les textes antérieurs à 1425, le terme spécifique de *fusina* n'est pas utilisé.

38. 1B234, fol. 12 (novembre 1425).

39. 1B232 (juin 1427) ; 1B367, fol. 150 et suivants (juin 1427).

40. 1B234, fol. 80 (mars 1427).

41. 1B234, fol. 93 (novembre 1428). En décembre 1428, Joan Camplan de Montbolo est également nommé gardien des mines, 1B234 (décembre 1428).

42. 1B234, fol. 138 (mai 1428).

43. 1B254, fol. 78v-80v (1436) ; 1B267, fol. 81-82 (1439).

44. 1B94, fol. 68 et 76 ; 1B177, fol. 50v-51. Sylvie Caucanas, *Moulins et irrigation en Roussillon, op. cit.*, p. 200.

45. 1B409, fol. 72 (février 1468) et 1B409, fol. 72 (février 1468).

46. Cette situation peut paraître insolite et elle est pourtant commune. Beaucoup d'exploitations médiévales ont été implantées sur des gisements facilement accessibles et de faible ampleur. Qu'ils soient trop petits ou trop médiocres pour être répertoriés par le BRGM ou bien qu'ils aient été totalement exploités, les gisements médiévaux sont rarement pris en considération dans la documentation minière contemporaine.

47. *Mining, Metallurgy and Minting in the Middle Ages, Continuing Afro-European Supremacy (1250-1450)*, Ian Blanchard éd., Stuttgart, vol. 3, 2005.

48. Je tiens à remercier Enzo Baraldi et Raffaello Vergani qui, tous deux, m'ont patiemment guidée dans cette enquête délicate, ponctuée d'échanges chaleureux.

49. François Menant, « Aspects de l'économie et de la société dans les vallées lombardes aux derniers siècles du Moyen Âge », dans *La Sidérurgie alpine en Italie (XIIe-XVIIe siècle)..., op. cit.*, p. 3-30 ; Jean-François Belhoste, « *Martinetus* et *fusina* dans la sidérurgie alpine aux XIIIe et XIVe siècles. Réflexions philologiques », dans *Il ferro nelle Alpi, giacimenti, miniere e metallurgia dall'antichita al XVI secolo, atti del convegno, Bienno, 1998*, a cura di Costanza Cuccini Tizzoni et Marco Tizzoni, Breno, 2000, p. 146-151.

50. Enzo Baraldi et Manglio Calegari, « Pratica e diffusione della siderurgia "indiretta" in area italiana (secc. XIII-XVI) », dans *La Sidérurgie alpine en Italie (XIIe-XVIIe siècle)..., op. cit.*, p. 140-153 ; Enzo Baraldi, *op. cit.*, p. 167 ; Mathieu Arnoux, « Innovation technique, intervention publique et organisation du marché : aux origines du district sidérurgique de la Valteline (XIIIe-XIVe siècle) », dans *La Sidérurgie alpine..., op. cit.*, p. 229-230.

51. Raffaello Vergani, *Miniere e società nella montagna del passato, Alpi veneti, secoli XIII-XIX*, Vérone, 2003, p. 49.

52. Noël Coulet, « Prospections minières en Provence à la fin du Moyen Âge », dans *Mines et métallurgies (XIIe-XVIe siècle), Actes du XCVIIIe congrès national des sociétés savantes, op. cit.*, p. 159-168.

53. *Ibid.*, p. 167.

54. Sur le *Saigerprozess*, l'ouvrage de référence demeure celui de Lothar Suhling, *Der Seigerhüttenprozess, die Technologie des Kupferseigerns nach dem frühen metallurgischen Schrifttum*, Stuttgart, 1974.

55. En dehors du territoire de la *fusina*, encore au XVIe siècle et dans le domaine du duc de Lorraine, plomb et cuivre argentifères sont traités dans le même atelier ; l'emplombage est pratiqué : Georges Rech, « La fonderie de Wisembach d'après les comptes d'exploitation », dans *Mines et métallurgie..., op. cit.*, p. 173-188. Le choix de cette technique doit être, ici également, rapporté à la consommation en bois. Il faudrait aussi faire référence aux « usines » qui dans l'Altenberg comme dans la Forêt-Noire traitent les minerais polymétalliques avant le *Saiger*, Claus Dahm *et alii, Der Altenberg, Bergwerk und Siedlung aus dem 13. Jahrundert im Siegerland*, coll. « DFW », n° 34, 1998, 2 vol. ; Gert Goldenberg *et alii, Archäometallurgische Untersuchungen zum Metallhüttenwesen im Schwarzwald*, coll. « Archäologie und Geschichte », n° 8, 1996.

56. Citons cependant le cas d'Hurtières. Au milieu du XIVe siècle, les membres de la famille des *Argenterii*, sans doute d'origine italienne, ont réussi à tirer de l'argent d'un minerai dont jusque-là on ne traitait que le cuivre. La méthode qu'ils utilisaient demeure inconnue : Paul Benoit et Philippe Braunstein, « Les comptes miniers d'Hurtières en Savoie », dans *Mines, carrières et métallurgie dans la France médiévale*, Paul Benoit et Philippe Braunstein éd., Paris, 1983, p. 183-206.

57. 1B272, fol. 4v-5 (avril 1447) et 1B274, fol. 48 (1450).

58. Jean Rigault, « Documents sur les mines de Bourgogne au XVe siècle », dans *Mines et métallurgie (XIIe-XVIe siècle), Actes du XCVIIIe congrès national des sociétés savantes, section philologie et histoire jusqu'en 1610, op. cit.*

59. Ces meules pour broyer le minerai sont connues depuis l'Antiquité dans le Languedoc, comme dans les Pyrénées : Paul Benoit, Marie-Christine Bailly-Maître, Claude Dubois, « Meules rotatives médiévales pour le broyage des minerais », dans Daniel Meeks et Denis Garcia éd., *Techniques et économie antiques et médiévales : le temps de l'innovation*, Paris, 1997, p. 62-68.

60. Le retraitement des scories de plomb argentifère est prouvé par l'archéologie dès la période carolingienne : Florian Téreygeol *et alii*, « Les scories de plomb argentifères : une source d'innovation technique carolingienne ? », dans *Artisans, industrie. Nouvelles révolutions du Moyen Âge à nos jours*, Natacha Coquery, Liliane Hilaire-Pérez, Line Sallmann et Catherine Verna éd., *Cahier d'histoire et de philosophie des sciences*, n° 52, Lyon, 2004, p. 31-40.

61. 1B240, fol. 1-4 (septembre 1433).

62. 1B234, fol. 12.

63. 1B267, fol. 74.

64. 1B234, fol. 93.

65. Marie-Christine Bailly-Maître, *op. cit.*

66. 1B226, fol. 181 (mai 1425) ; archives communales d'Argelès (Pyrénées-Orientales), fonds Saint-Malo (décembre 1425).

67. 1B267, fol. 145 (novembre 1446) ; 3E40 911 : le territoire de Cabrench comprend Serralongue et Reyners.

68. Jean-Pierre Bénezet, *Pharmacie et médicament en Méditerranée occidentale (XIIIe-XVIe siècle)*, *op. cit.*, p. 69-70 et p. 169 et suivantes.

69. Carles Vela i Aulesa, *L'obrador d'un apotecari medieval segons el llibre de comptes de Francesc Ses Canes (Barcelona, 1378-1381)*, Barcelone, 2003.

70. *Ibid.*, p. 525. L'ouvrage majeur demeure celui de Michael R. Mac Vaugh, « The Developement of Medieval Pharmaceutical Theroy », dans *Arnaldi de Villanova opera medica, II, Aphorismi de gradibus*, Michael R. Mac Vaugh éd., Grenade-Barcelone, 1975, p. 2-143 ; voir également, Mireille Ausécache, « Le minéral au secours du corps humain dans la pharmacopée médiévale occidentale », dans *Substances minérales et corps animés / Mineral Substances and Animate Bodies. De la philosophie de la matière aux pratiques médicales (XIIe-XVe siècle)*, Danielle Jacquart et Nicolas Weill-Parot dir., Paris, 2012, p. 147-177.

71. Jean-Pierre Bénezet, *op. cit.*, p. 305 et suivantes. Joëlle Ricordel, « Quantifier la force des médicaments composés. Des exemples en médecine arabo-musulmane », dans *La Juste Mesure. Quantifier, évaluer, mesurer entre Orient et Occident (VIIIe-XVIIIe siècle)*, *op. cit.*, p. 99-116.

72. Quelles que soient ses voies d'accès au savoir, et même si l'apothicaire n'est pas médecin, il faut rappeler la relation étroite établie entre le savoir, la pratique et l'intérêt porté à l'expérience dans le domaine médical au Moyen Âge. Il s'illustre dans le développement de la chirurgie, au début du XIVe siècle : Danielle Jacquart « La scolastique médicale », dans *Histoire de la pensée médicale,* Mirko Drazen Grmek éd., t. I, *L'Antiquité et le Moyen Âge*, Paris, 1995, p. 175-210. Dans sa *Cyrurgia,* rédigée en 1306, le célèbre chirurgien, Henri de Mondeville, établit d'ailleurs un rapport entre progrès scientifique et expérience par la pratique : « Des successeurs de moindre mérite améliorent, corrigent et ornent parfois les ouvrages excellents de prédécesseurs qui leur étaient supérieurs en y ajoutant ce qu'ils ont trouvé de nouveau par l'expérience et la pratique », traduction de Guy Beaujouan, *op. cit.*

73. Il convient de souligner qu'à partir du XIIIe siècle les médecins médiévaux se sont intéressés au domaine des techniques. Ainsi, Guy Beaujouan cite ceux qu'il appelle les « médecins-ingénieurs » et s'attarde en particulier sur les cas de Gui de Vigevano et son *Texaurus regis Francie acquisitionis Terrae Sanctae* offert à Philippe VI, de Jean Fusoris connu pour son traité sur l'astrolabe et pour sa capacité à en élaborer (vers 1400) et de Giovanni Fontana (XVe siècle) : Guy Beaujouan, « L'interdépendance entre la science scolastique et les techniques utilitaires (XIIe, XIIIe et XIVe siècles) », dans *Par Raison de nombres. L'art du calcul et les savoirs scientifiques médiévaux,* Aldershot, Variorum, 1991 (XIV, réimpression d'articles). Voir également *Science et technique au Moyen Âge*, Joël Chandelier, Catherine Verna et Nicolas Weill-Parot éd., Saint-Denis, 2017.

74. La bibliographie consacrée à Agricola est pléthorique. On peut se reporter à un ouvrage assez récent qui interroge la question des relations entre mine et médecine et offre une rigoureuse et appréciable mise au point bibliographique : Marie-Claude Déprez-Masson, *Technique, mot et image. Le* De re metallica *d'Agricola*, Turnhout, 2006.

75. Entreprise poursuivie par les successeurs du grand éditeur vénitien Aldo Manutius, Marie-Claude Déprez-Masson, *op. cit.*, p. 34 et suivantes.

76. Agricola, *Bermannus (le mineur). Un dialogue sur les mines*, Robert Halleux et Albert Yans édition et traduction, Paris, 1990.

77. Bernard Alart, *La Médecine et les Médecins en Roussillon au XIVe siècle*, Lézignan, 1913.

78. Carles Vela i Aulesa, *L'obrador d'un apotecari medieval segons el llibre de comptes de Francesc Ses Canes (Barcelona, 1378-1381), op. cit.* Aucune donnée de ce type, non plus, dans Michael R. Mac Vaugh, *Medicine before the Plague, op. cit.* ; Lluis Cifuentes i Comamala, *La ciencia en català a l'Edat Mitjana i el Renaixement*, Barcelone, 2006.

79. Sur les savoirs médicaux dans les campagnes catalanes, consulter Carmel Ferragud, « La médecine en milieu rural dans la Couronne d'Aragon au Moyen Âge », dans *Savoirs des campagnes (Catalogne, Languedoc, Provence, XIIe-XVIIIe siècle)*, Catherine Verna et Pere Benito i Monclús éd., *op. cit.*, p. 15-22 et Lluis Cifuentes i Comamala, « Els sabers útils al món rural català medieval : agricultura, menescal, medicina i conservació dels aliments », dans *Savoirs des campagnes, op. cit.*, p. 33-50.

80. Il faut ici rendre hommage à Guy Beaujouan qui, en interrogeant les liens entre théorie et pratique au Moyen Âge, a ouvert la réflexion historique aux rapports entre science et technique au Moyen Âge. Voir « Un médiéviste historien des sciences. Entretien avec Guy Beaujouan, Propos recueillis par Jean-Patrice Boudet, Joël Chandelier et Nicolas Weill-Parot », *Médiévales*, n° 47, 2004, p. 153-172 ; *Science et technique au Moyen Âge, op. cit.*

81. La notion de « savoirs tacites » est dérivée des travaux de Michael Polanyi, *The Tacit Dimension*, New York, 1966. Elle a été travaillée par les économistes, qui ont insisté sur l'aspect « incorporé/enchâssé » des savoirs tacites, Daniel Foray, *L'Économie de la connaissance*, Paris, 2000.

82. Jacques Guillerme et Jan Sebestik, « Les commencements de la technologie », *revue Thalès XII*, 1966 (1968, dernière livraison de cette revue), réédité dans *Documents pour l'histoire des techniques*, nouvelle série, n° 14, 2007, p. 49-122. Sur l'École française de technologie, on peut également consulter *De la Technique à la technologie, Cahiers du STS* (Sciences, technologies, sociétés), n° 2, Paris, 1984, particulièrement les articles de Jacques Guillerme, Jean-Louis Le Moigne, Jan Sebestik et Hélène Vérin.

83. André-Georges Haudricourt, « La technologie science humaine », *La Pensée*, 1964 ; réédité dans André-Georges Haudricourt, *La Technologie science humaine. Recherches d'histoire et d'ethnologie des techniques*, Paris, 1987, p. 37-46.

84. L'apport de l'archéométrie, associée à l'archéologie, a permis d'élargir les connaissances historiques dans le domaine des savoirs tacites, particulièrement en métallurgie : Catherine Verna et Philippe Dillmann, « Histoire des techniques médiévales et culture matérielle », dans *La Culture matérielle : un objet en question. Anthropologie, archéologie et histoire, Actes du colloque international de Caen*, octobre 2015, en cours de publication.

85. C'est l'objet de la démonstration lancée par Guy Beaujouan, « Réflexions sur les rapports entre théorie et pratique au Moyen Âge », dans *Par raison de nombres. L'art du calcul et les savoirs scientifiques médiévaux*, XVI, Aldershot, Variorum, 1991 (réimpression d'articles).

86. Guy Beaujouan, « Teoria e pratica nel Medioevo », *Storia della scienza*, t. IV, Rome, 2003, p. 561-602. À ce propos Philippe Braunstein remarque également : « Nous n'en finissons pas de payer le prix d'une hiérarchie des savoirs, imposée par l'encyclopédisme

médiéval, et qui reflète jusqu'à nos jours une vision culturelle de la distinction, laissant aux processus de travail une place infime dans la considération des activités humaines », Philippe Braunstein, « Savoirs et savoir-faire... », *op. cit.*, p. 305.

87. Sur l'émergence du terme « arts mécaniques » dès l'époque carolingienne, et la place de la *practica* chez Hugues de Saint-Victor, consulter Guy Beaujouan, « Teoria e pratica... », *op. cit.*

88. Guy H. Allard, « Les arts mécaniques aux yeux de l'idéologie médiévale », dans *Les Arts mécaniques au Moyen Âge, Cahiers d'études médiévales*, 1982, p. 13-32.

89. Guy Beaujouan, « La prise de conscience de l'aptitude à innover (le tournant du milieu du XIIIe siècle) », dans *Le Moyen Âge et la science*, Bernard Ribemont éd., Paris, 1991, p. 5-14.

90. Traduction de Guy Beaujouan, *Storia della scienza*, *op. cit.*

91. Pierre Portet, *Bertrand Boysset, la vie et les œuvres techniques d'un arpenteur médiéval, op. cit.* ; Patrick Gauthier-Dalché, « Bertrand Boysset et la science », dans *Église et culture en France méridionale (XIIe-XIVe siècle), Cahiers de Fanjeaux,* n° 35, Toulouse, 2000, p. 261-285.

92. Sur le *De re metallica*, nous renvoyons aux notes *supra* ; sur la *Pirotechnia, The Pirotechnia of Vannoccio Biringuccio. The Classic Sixteenth Century Treatise on Metal and Metallurgy*, Cyril Stanley Smith and Martha Teach Gnudi édition et traduction, New York, 1990.

93. Sur le traité de Théophile, les références sont pléthoriques. On peut utilement se reporter à Carmélia Opsomer et Robert Halleux, « L'alchimie de Théophile et l'abbaye de Stavelot », dans *Comprendre et maîtriser la nature au Moyen Âge, Mélanges d'histoire des sciences offerts à Guy Beaujouan*, Paris, 1994, p. 437-459. Parmi ces catalogues de recettes figure la *Mappae clavicula* qui porte un intérêt particulier aux métaux, *Mappae Clavicula. A Little Key to the World of Medieval Techniques, op. cit.*

94. Pour la première moitié du XIVe siècle : Bethsabée Caunedo del Potro et Ricardo Cordoba de la Llave, *El arte del alguarismo, op. cit.* ; le manuel de Francesco Balducci Pegolotti, *Pratica della mercatura* (A. Evans éd., Cambridge, Mass., 1936), qui renferme un chapitre consacré aux essais de l'or et de l'argent.

95. C'est le sujet de l'ensemble de l'ouvrage de Marie-Claude Déprez-Masson, *Technique, mot et image. Le* De re metallica *d'Agricola, op. cit.*

96. Pour un accès facile au *De re metallica*, on peut se reporter à la traduction en anglais de l'édition de 1556, *De re metallica (1556)*, Georgius Agricola, H. C. Hoover (trad.), New York, 1950. Avec Agricola, comme d'ailleurs avec Biringuccio, nous sommes bien dans le domaine de « l'open technique » d'autant que les deux auteurs s'opposent clairement à la pratique du secret et insistent sur l'objectif qu'ils s'assignent l'un et l'autre : mettre en ordre et diffuser les connaissances techniques, Pamela O. Long, « The Openness of Knowledge : an Ideal and Its Context in 16th-Century Writings on Mining and Metallurgy », *Technlogy and Culture*, 32, avril 1991, p. 318-355 ; William Eamon, « From the Secrets of Nature to Public Knowledge : the Origins of Concept of Openness in Sciences », *Minerva*, 1985, p. 321-347.

97. Dans un article daté de 1999, Philippe Braunstein insistait déjà sur la nécessité, pour comprendre un savoir technique, de l'insérer dans son contexte. Il est forcément un

choix inscrit dans un territoire technique : Philippe Braunstein, « Maîtrise et transmission des connaissances techniques au Moyen Âge », *op. cit.* On retrouve ici les « savoirs du territoire » chers à Paolo Galluzzi. Sur le *Saigerprozess,* rappelons : Lothar Suhling, *Der Seigerhüttenprozess..., op. cit.* ; Ivan Guillot et Paul Benoit, « L'extraction de l'argent des minerais de cuivre au XVIe siècle : le livre XI du *De re metallica* d'Agricola », dans *Mines et métallurgie, Les Chemins de la recherche*, Paul Benoit éd., Lyon, 1994, p. 107-133.

98. Philippe Braunstein notait en 1998 : « Mais l'époque médiévale offre très rarement la trace des tâtonnements, des passages, des transferts qui accompagnent la phase préliminaire où s'ébauche la nouveauté », voir « Savoirs et savoir-faire : les transferts techniques », dans *L'Innovation technique au Moyen Âge, op. cit.*

99. Ian Blanchard, *International Lead Production and the Trade in the « Age of the* Saigerprozess », 1460-1560, Stuttgart, 1995.

100. Jean Cantelaube et Catherine Verna, « Le souffle de la forge : soufflets et trompes des Pyrénées (XIIe-XIXe siècle) », dans *Du Moulin à l'usine. Implantations industrielles du Xe au XXe siècle, op. cit.*

101. Mariano di Jacopo, dit Taccola, *De machinis libri decem*, achevé en 1449. Copie du XVe siècle effectuée par Paolo Santini, BnF, *Codex parisinus latinus* 7239, fol. 47v. Belle reproduction dans *L'Art de la guerre. Machines et stratagèmes de Taccola, ingénieur de la Renaissance*, présenté par E. Knobloch, Paris, 1992, p. 142 (le dessin est alors celui de Paolo Santini). Voir Bertrand Gille, *Les Ingénieurs de la Renaissance*, Paris, 1975 ; Paolo Galluzzi, *Prima di Leonardo. Cultura delle macchine a Siena nel Rinascimento*, Sienne, 1991 ; Paolo Galluzzi, *Les Ingénieurs de la Renaissance, de Brunelleschi à Léonard de Vinci*, Florence-Paris, 1995. Sur les « machines soufflantes » et la place du dessin de Taccola, voir Enzo Baraldi, « Una nuova età del ferro : macchine e processi della siderurgia », dans *Produzione e tecniche, a cura di Philippe Braunstein e Luca Molà, Il Rinascimento italiano e l'Europa*, vol. III, Vicence, 2007, p. 200-215.

102. Maria Elena Cortese, *L'acqua, il grano, il ferro. Opifici idraulici medievali nel bacino Farma-Merse*, Florence, 1997.

103. Catherine Verna, « Réduction du fer et innovation : à propos de quelques débats en histoire sociale des techniques », *Médiévales, Le pari de l'innovation, op. cit.*, p. 89-90.

CONCLUSION

1. Une appréciable mise au point associée aux références bibliographiques d'usage dans Liliane Pérez, « Technique, économie et politique entre la France et l'Angleterre (XVIIe-XIXe siècle) », dans *Les Techniques et la Technologie entre la France et la Grande-Bretagne (XVIIe-XIXe siècle), Documents pour l'histoire des techniques*, 2010, p. 9-29.

SOURCES ET BIBLIOGRAPHIE

1. Bernard-Julien Alart lorsqu'il constitua la série B (1B) classa 131 registres de notaires parmi les 8 000 qui étaient versés aux archives départementales en 1862 en série B, alors que très peu d'entre eux ont trait à des affaires domaniales. Ainsi le fonds des notaires de Perpignan est écartelé entre la série E (majoritairement) et la série 1B (131 registres). La série 2HDTP correspond à l'hôpital de Perpignan.

Sources et bibliographie

SOURCES MANUSCRITES

I. Archives départementales des Pyrénées-Orientales (Perpignan)

1. Procuration royale (Série 1B)

— *Chambre du Domaine du Roussillon*

1B24 : Criée pour la ferme des droits du roi Jacques II de Majorque (1330)
1B28 : *Arrendaments de rendes reyals* (1336-1343)
1B111 : *Arrendaments* (1360)
1B122 : *Arrendaments* (1370)
1B130 : *Fets del patrimoni summaris* (1369-1374)
1B155 : *Summa de rendes del reyal patrimoni* (1394)
1B190 : *Libre ordenat sobre lo quitament faedor de les coses patrimonials dels comtats de Rossello e de Cerdanya* (1248-1409)
1B263 : *Registre d'arrendaments* (1423-1445)
1B267 : *Liber pracmaticarum et provisionum regiarum* (1126-1447)
1B269 : *Renda de Thoyr y altres actes* (1369-1450)
1B351 : *Apuntaments de stabliments* (1345-1520)
1B367 : *Summarum pragmaticarum* (1126-1562)
1B381 : *Llibre y appuntaments de les rendes reals* (1333)

— *Manuels et notules des notaires rattachés à la Procuration royale de Majorque, puis du Roussillon et de Cerdagne*

1B13 (1312-1324)
1B21 (1301-1307)
1B22 (1308-1316)
1B23 (1271-1326)
1B69 (1300)
1B73 (1269-1293)
1B94 (1257-1335)
1B95 (1233-1341)
1B97 (1343-1346)
1B100 (1316-1332)
1B101 (1347-1353)
1B110 (1301-1360)
1B113 (1355-1363)
1B121 (1319-1370)
1B133 (1275-1378)
1B136 (1344-1380)
1B138 (1183-1380)
1B142 (1375-1384)
1B145 (1269-1390)
1B146 (1210-1391)
1B147 (1348-1416)
1B148 (1387-1392)
1B152 (1390-1393)
1B153 (1233-1394)
1B163 (1210-1404)
1B169 (XIVe siècle)
1B173 (1288-1399)
1B174 (1376-1400)
1B177 (1025-1401)
1B185 (1317-1407)
1B192 (1277-1411)
1B202 (1299-1415)
1B206 (1386-1416)
1B207 (1381-1417)
1B209 (1292-1418)
1B217 (1275-1422)

1B219 (1182-1422)
1B226 (1123-1425)
1B232 (1265-1431)
1B234 (966-1431)
1B240 (1207-1434)
1B250 (1352-1438)
1B253 (1341-1486)
1B254 (1212-1440)
1B257 (1312-1441)
1B262 (1299-1444)
1B272 (1137-1451)
1B276 (1243-1453)
1B280 (1361-1460)
1B281 (1447-1461)
1B292 (1403-1493)
1B350 (942-1520)
1B376 (XVe-XVIe)
1B380 (1207-1615)
1B384 (1172-1626)

— *Manuele Curie patrimonii regii (registres de procédure de la cour du Patrimoine ou du domaine royal)*

1B405 (1447-1454)
1B406 (1323-1457)
1B407 (1452-1463)
1B408 (1387-1466)
1B409 (1466-1470)
1B412 (1208-1490)
1B413 (1440-1494)
1B415 (1494-1501)
1B416 (1315-1505)
1B418 (1487-1512)
1B419 (1323-1515)
1B420 (1323-1517)
1B423 (1253-1529)

2. Registres des notaires (manuels et notules)

En séries B et E, classés selon le lieu d'installation de l'étude notariale. On a conservé l'identification des notaires telle qu'elle apparaît dans les inventaires. Les corrections proposées quant à l'identification des études sont signalées dans l'ouvrage.

— **Arles-sur-Tech**

3E20 1 (non identifié, 1387-1395)

3E40 826 (Pere Colomina, 1377)

3E40 827 (Joan Morer, 1395-1424)

3E40 828 (Pere Fuster, 1405-1412)
3E40 829 (Pere Fuster, 1407)
3E40 830 (Pere Fuster, 1411-1412)
3E40 831 (Pere Fuster, 1414-1419)
3E40 832 (Pere Fuster, 1417-1428)
3E40 833 (Pere Fuster, 1410-1411)

3E40 906 (Ramon Paytavi, 1440-1441)

— **Le Boulou**

3E3 9 (Pere Vilana, 1447)

3E40 836 (Joan Quera, 1412-1444)

— **Céret**

3E1 1037 (Esteve Morer, 1401)
3E1 1038 (Esteve Morer, 1404)
3E1 1039 (Esteve Morer, 1406)
3E1 1040 (Esteve Morer, 1407)
3E1 1042 (Esteve Morer, 1413)
3E1 1043 (Esteve Morer, 1416)
3E1 1044 (Esteve Morer, 1419)
3E1 1045 (Esteve Morer, 1420)
3E1 1047 (Esteve Morer, 1429)
3E1 1290 (Esteve Morer, 1400)
3E1 2348 (Esteve Morer, 1405)

3E40 1 (Guillem d'Argelès, 1356-1399)

3E40 2 (Bernat Llombard, 1367-1377)
3E40 3 (Bernat Llombard, 1380-1386)
3E40 4 (Bernat Llombard, 1381)

3E40 5 (Esteve Morer, 1404)
3E40 7 (Esteve Morer, 1408)
3E40 8 (Esteve Morer, 1411)
3E40 9 (Esteve Morer, 1414)
3E40 10 (Esteve Morer, 1415)
3E40 11 (Esteve Morer, 1416-1417)
3E40 12 (Esteve Morer, 1418-1419)
3E40 14 (Esteve Morer, 1425)
3E40 15 (Esteve Morer, 1426)
3E40 16 (Esteve Morer, 1431)
3E40 17 (Esteve Morer, 1434-1435)
3E40 18 (Esteve Morer, 1390-1406)
3E40 19 (Esteve Morer, 1399)
3E40 20 (Esteve Morer, 1400-1401)
3E40 21 (Esteve Morer, 1409-1411)
3E40 22 (Esteve Morer, 1410)
3E40 23 (Esteve Morer, 1411)
3E40 24 (Esteve Morer, 1414)
3E40 25 (Esteve Morer, 1422)
3E40 26 (Esteve Morer, 1423)
3E40 27 (Esteve Morer, 1424)
3E40 28 (Esteve Morer, 1425)
3E40 29 (Esteve Morer, 1426)
3E40 30 (Esteve Morer, 1427)
3E40 31 (Esteve Morer, 1427-1439)
3E40 32 (Esteve Morer, 1428)

3E44 1 (Esteve Morer, 1423)
3E44 2 (Esteve Morer, 1417-1422)
3E49 3 (Esteve Morer, 1429-1431)
3E49 4 (Esteve Morer, 1432)

3E40 36 (notaire non identifié, 1403-1404)

3E40 37 (Jaume Fabra, 1406)
3E40 38 (Jaume Fabra, 1406-1437)

3E40 39 (Jaume Fabra, 1416-1418)
3E40 40 (Jaume Fabra, 1430-1432)
3E40 41 (Jaume Fabra, 1426-1437)
3E40 42 (Jaume Fabra, 1396-1410)
3E40 43 (Jaume Fabra, 1405-1419)
3E40 44 (Jaume Fabra, 1426)

3E40 45 (Pere Riba, 1442)
3E40 46 (Pere Riba, 1442-1453)
3E40 47 (Pere Riba, 1448-1454)
3E40 48 (Pere Riba, 1450)
3E40 49 (Pere Riba, 1451-1453)
3E40 60 (Pere Riba, 1443-1446)

3E40 50 (Jordi Fabra, 1442-1446)
3E40 51 (Jordi Fabra, 1445-1459)
3E40 52 (Jordi Fabra, 1456-1457)
3E40 53 (Jordi Fabra, 1460-1462)
3E40 54 (Jordi Fabra, 1442-1445)
3E40 55 (Jordi Fabra, 1450-1460)
3E40 56 (Jordi Fabra, 1455-1478)
3E40 57 (Jordi Fabra, 1465-1470)
3E40 58 (Jordi Fabra, 1467-1468)

3E40 59 (Guillem Monera, 1445-1461)

3E40 60 (Ramon Vidal, 1462-1483)
3E40 3 (Ramon Vidal, 1480-1481)

3E40 61 (Huguet de la Creu, 1460-1494)
3E40 62 (Huguet de la Creu, 1479-1490)
3E40 63 (Huguet de la Creu, 1455-1501)
3E40 64 (Huguet de la Creu, 1472-1496)
3E40 65 (Huguet de la Creu, 1481-1502)

3E49 1 (Jaume Fabra, 1407-1410)
3E49 2 (Jaume Fabra, 1401-1405)

3E49 5 (Jordi Fabra, 1441-1451)
3E49 6 (Jordi Fabra, 1442)
3E49 7 (Jordi Fabra, 1452-1456)

3E44 3 (Joan Quera, 1442)
3E44 4 (Joan Quera, 1405-1408)
3E44 5 (Joan Quera, 1411)
3E44 6 (Joan Quera, 1449)

— **Collioure**

3E1 121 (Andreu Frigola, 1370)

— **Perpignan**

Ont été exclusivement examinés les registres des notaires de Perpignan disposant d'une clientèle dans le Vallespir. Pour la commodité de la consultation, l'ensemble des registres de notaires de Perpignan utilisés a été rassemblé chronologiquement et par étude, quels que soient les fonds dans lesquels ces registres sont classés, en série B, en série E ou en série 2HDTP[1].

3E1 96 (Andreu Romeu, 1359-1361)
3E1 97 (Andreu Romeu, 1361)
3E1 98 (Andreu Romeu, 1362)
3E1 99 (Andreu Romeu, 1362-1363)
3E1 101 (Andeu Romeu, 1363)
3E1 102 (Andreu Romeu, 1363)
3E1 103 (Andreu Romeu, 1364-1366)
3E1 104 (Andreu Romeu, 1364)
1B116 (Andreu Romeu, 1365-1368)
1B118 (Andreu Romeu, 1368)
1B131 (Andreu Romeu, 1375)
3E1 112 (Andreu Romeu, 1387)

3E3 390 (Jaume Molines, 1370)
3E3 391 (Jaume Molines, 1384-1396)
3E1 453 (Jaume Molines, 1375)
3E1 457 (Jaume Molines, 1382)
3E1 458 (Jaume Molines, 1382-1383)
3E1 459 (Jaume Molines, 1383)
3E1 460 (Jaume Molines, 1384)
3E1 463 (Jaume Molines, 1386)
3E1 464 (Jaume Molines, 1388)
3E1 468 (Jaume Molines, 1391)

3E1 470 (Jaume Molines, 1392)
3E1 471 (Jaume Molines, 1392)
3E1 474 (Jaume Molines, 1393)
3E1 475 (Jaume Molines, 1394)
3E1 479 (Jaume Molines, 1396-1406)
3E1 480 (Jaume Molines, 1396)
3E1 481 (Jaume Molines, 1396)
3E1 482 (Jaume Molines, 1397)
3E1 483 (Jaume Molines, 1397)
3E1 484 (Jaume Molines, 1398)
3E1 486 (Jaume Molines, 1399-1407)

1B151 (Pere Roure, 1393)
1B222 (Pere Roure, 1398-1424)

3E1 6789 (Guillem Bernard, 1394-1416)

1B196 (Ramon Ferrer, 1394-1412)
1B229 (Ramon Ferrer, 1394-1427)
1B198 (Ramon Ferrer, 1400-1413)
1B208 (Ramon Ferrer, 1405-1417)
1B218 (Ramon Ferrer, 1408-1422)
1B242 (Ramon Ferrer, 1419-1435)
1B216 (Ramon Ferrer, 1420-1421)

3E1 920 (Bernat Coronna, 1403)

1B184 (Pere Ornos, 1405)

3E1 1732 (Pere Baseli, 1412)

1B 200 (Pere Candell, 1414)
3E3 409 (Pere Candell, 1416)
3E1 964 (Pere Candell, 1420)
3E1 2350 (Pere Candell, 1421-1422)
3E1 965 (Pere Candell, 1421-1424)
3E1 2225 (Pere Candell, 1422)
3E1 966 (Pere Candell, 1428)
3E1 967 (Pere Candell, 1428)
3E1 968 (Pere Candell, 1430)
3E1 969 (Pere Candell, 1431)

3E1 970 (Pere Candell, 1431)
3E1 971 (Pere Candell, 1432)
3E1 973 (Pere Candell, 1436)
3E1 974 (Pere Candell, 1437)
3E1 975 (Pere Candell, 1438)
3E1 976 (Pere Candell, 1439-1440)
3E1 977 (Pere Candell, 1440)
3E1 978 (Pere Candell, 1442-1444)
3E1 980 (Pere Candell, 1444)
3E1 982 (Pere Candell, 1445)
3E1 983 (Pere Candell, 1446)
3E1 984 (Pere Candell, 1446)
3E1 985 (Pere Candell, 1448)
3E1 986 (Pere Candell, 1449)
3E1 987 (Pere Candell, 1451-1452)

3E1 1433 (Pere Basseli, 1416)

3E1 1618 (Bernat Masdamont, 1418)

3E1 4640 (Ramon Doria, 1418-1433)
3E1 1965 (Ramon Doria, 1435)

3E1 1382 (Berenguer Pereta, 1418)
3E1 1429 (Berenguer Pereta, 1444-1445)

1B239 (Gabriel Resplant, 1426-1433)

1B237 (Guillem Roure, 1430-1432)
1B265 (Guillem Roure 1445)

3E1 421 (Joan Lobet, 1434)

3E3 423 (Joan Vilarnau, 1434-1436)
3E3 424 (Joan Vilarnau, 1437-1438)
3E3 425 (Joan Vilarnau, 1437-1438)
3E3 426 (Joan Vilarnau, 1438-1439)
3E3 427 (Joan Vilarnau, 1440-1441)
3E3 428 (Joan Vilarnau, 1442-1443)
3E3 429 (Joan Vilarnau, 1444-1445)

3E3 430 (Joan Vilarnau, 1445-1446)
3E3 431 (Joan Vilarnau, 1446-1450)
3E3 432 (Joan Vilarnau, 1448)
3E3 433 (Joan Vilarnau, 1449)
3E3 434 (Joan Vilarnau, 1449-1450)
3E3 435 (Joan Vilarnau, 1451)
3E3 436 (Joan Vilarnau, 1452)
3E3 437 (Joan Vilarnau, 1452-1453)
3E3 438 (Joan Vilarnau, 1453)
3E3 440 (Joan Vilarnau, 1437-1454)
3E3 441 (Joan Vilarnau, 1434-1436)
3E3 442 (Joan Vilarnau, 1437)

3E1 260 (Guillem Jaume, 1435)

1B256 (Ramon Doria, 1436-1440)
1B260 (Ramon Doria, 1435-1443)
1B274 (Ramon Doria, 1445-1453)

1B285 (Francesc Glassat, 1435-1468)
1B278 (Francesc Glassat, 1452-1458)

3E1 2253 (Dalmau Frigola, 1435-1436)
3E1 2254 (Dalmau Frigola, 1437)

3E1 1428 (Berenguer Pinta, 1442)

2HDTP 423 (Pere Vilarnau, 1450)
3E3 461 (Pere Vilarnau, 1452)
3E3 462 (Pere Vilarnau, 1454)
3E3 463 (Pere Vilarnau, 1454-1455)
3E3 464 (Pere Vilarnau, 1455-1456)
3E3 465 (Pere Vilarnau, 1456-1457)
3E3 467 (Pere Vilarnau, 1457-1458)
3E3 468 (Pere Vilarnau, 1458-1459)
2HDTP 424 (Pere Vilarnau, 1463-1464)
2HDTP 425 (Pere Vilarnau, 1464-1465)
2HDTP 427 (Pere Vilarnau, 1471)
3E3 476 (Pere Vilarnau, 1491)
3E3 479 (Pere Vilarnau, 1494-1495)

3E3 480 (Pere Vilarnau, 1495-1496)
3E3 481 (Pere Vilarnau, 1501-1502)

3E1 5069 (Gabriel Serra, 1452)

— **Prades**

3E3 901 (Julia Amill, 1417-1420)

3E21 1 (Joan de Noguer, 1468-1485)
3E21 2 (Joan de Noguer, 1482-1483)
3E21 3 (Joan de Noguer, 1484)
3E21 5 (Joan de Noguer, 1486)
3E21 6 (Joan de Noguer, 1487)
3E21 7 (Joan de Noguer, 1488)
3E21 8 (Joan de Noguer, 1489)
3E21 9 (Joan de Noguer, 1491)
3E21 10 (Joan de Noguer, 1492)
3E21 11 (Joan de Noguer, 1493)
3E21 12 (Joan de Noguer, 1494)
3E21 13 (Joan de Noguer, 1495-1496)
3E21 14 (Joan de Noguer, 1497)
3E21 15 (Joan de Noguer, 1498)
3E21 16 (Joan de Noguer, 1499)
3E21 24 (Joan de Noguer, 1483-1484)
3E21 25 (Joan de Noguer, 1484)
3E21 26 (Joan de Noguer, 1485)
3E21 29 (Joan de Noguer, 1489)
3E21 30 (Joan de Noguer, 1491)
3E21 31 (Joan de Noguer, 1492)
3E21 32 (Joan de Noguer, 1493)
3E21 33 (Joan de Noguer, 1494)
3E21 34 (Joan de Noguer, 1495-1496)
3E21 36 (Joan de Noguer, 1498)
3E21 37 (Joan de Noguer, 1499)

— **Prats-de-Mollo**

3E1 410 (Dalmau Simo, 1388-1398)
3E1 411 (Dalmau Simo, 1418)

3E40 906 (Domenech Otger, 1385)

3E40 907 (Dalmau Simo, 1400-1435)
3E40 908 (Dalmau Simo, 1433)
3E40 909 (Dalmau Simo, 1438)

3E40 910 (Joan Comelles, 1443-1449)
3E40 911 (Joan Comelles, 1445-1454)
3E40 912 (Joan Comelles, 1446-1450)
3E40 913 (Joan Comelles, 1449-1451)
3E40 914 (Joan Comelles, 1462-1479)
3E40 915 (Joan Comelles, 1472)
3E40 61 (Joan Comelles, fin XVe siècle)

3E40 916 (Joan Vidal, fin du XVe siècle)

— **Saint-Jean-Pla-de-Corts**

3E40 847 (Joan Rollant, 1454-1461)

3E40 983 (Pere Talo, 1400-1408)
3E40 984 (Pere Talo, 1406-1414)
3E40 985 (Pere Talo, 1411-1420)
3E40 986 (Pere Talo, 1414-1422)
3E40 987 (Pere Talo, 1419-1429)
3E40 988 (Pere Talo, 1430-1448)

3. Autres archives conservées aux archives départementales des Pyrénées-Orientales

— **Arles-sur-Tech**

3E20 449 (Joan Germa, *capbreu* d'Arles-sur-Tech, 1405-1406)
1E 59, (famille Aygabella, 1434-1566)
1E 249 (famille Comelles, 1440-1456)

— **Céret**

3E40 1320 (registre de la cour de justice ordinaire de Céret, 1404-1405)
3E40 51 (*idem*, 1424-1437)
3E40 1321 (*idem*, 1445)

— **Prats-de-Mollo**

1B82 (*capbreu* de Prats-de-Mollo, 1327-1331)

Série EDT (archives communales versées aux archives départementales)

124 EDT 62 (Prats-de-Mollo, quittances, 1292-1398)
124 EDT 75 (Prats-de-Mollo, bois, 1332-1594)

Série J

2J28 (Livre rouge de Prats-de-Mollo, 1241-1788)
4J17 et 4J18, fonds du général Miquel del Riu (parchemins des XIVe et XVe siècles)
7J98 (fonds Salsas, copie du Livre rouge et du Livre vert de Prats-de-Mollo, XVIIIe siècle)

II. Fonds Jean-Baptiste Renard de Saint-Malo (Musée paysan d'Argelès-sur-Mer)

Les 20 volumes manuscrits du Cartulaire roussillonnais de Jean-Baptiste Renard de Saint-Malo, à ne pas confondre avec celui, un peu plus tardif, constitué par Julien-Bernard Alart, ont été consultés.
En particulier,
Vol. III
Vol. V
Vol. VI
Vol. VIII

III. Archives de la Couronne d'Aragon (Barcelone)

1. *Real Patrimonio, Maestre Racional*, comptabilité du domaine

Registre 1 (1345)
Registre 2 (1346-1347)
Registre 3 (1347)
Registre 4 (1348)
Registre 5 (1348-1349)
Registre 6 (1349-1350)
Registre 7 (1350)
Registre 8 (1351)
Registre 9 (1352)
Registre 10 (1353)
Registre 12 (1353-1354)

Registre 13 (1354-1355)
Registre 16 (1364-1365)
Registre 22 (1369-1370)
Registre 23 (1370-1371)
Registre 24 (1371-1372)
Registre 32 (1379-1380)
Registre 51 (1401-1402)
Registre 52 (1402-1403)
Registre 53 (1404-1405)

2. *Real Patrimonio, Maestre Racional*, comptes des Reines

Registre 2645 (compte de la reine Yolande, 1397-1423)

3. *Real Patrimonio, Maestre Racional*, chantiers du château de Perpignan (comptabilités)

Registre 2434 (1346-1347, travaux au château de Perpignan)
Registre 2435 (1356, chantier de l'horloge du château de Perpignan)
Registre 2436 (1367-1371, travaux au château de Perpignan)

4. *Real Patrimonio, Maestre Racional*, viguerie de Conflent et de Capcir, bayle de Villefranche-de-Conflent (1375-1452)

Registre 1514 (1375-1378)
Registre 1515 (1393)
Registre 1516 (1402-1405)
Registre 1517 (1405-1408)
Registre 1518 (1419-1422)
Registre 1519 (1444-1446)
Registre 1520 (1449-1452)

Bibliographie

Ph. Abraham, J.-G. Morasz, B. Léchelon, « Mines et métallurgies en Rouergue », dans *Du Silex au métal : mines et métallurgie en Rouergue*, Montrozier, 2001, p. 393-438.

J-L. Abbé, « Arpenter et borner les terroirs de l'Europe méridionale au Moyen Âge : savoir et savoir-faire », dans *Monde rural et histoire des sciences en Méditerranée, du bon sens à la logique*, A. Rousselle (éd.), Perpignan, 1998, p. 51-62.

J.-L. Abbé, « Planification et aménagement de l'espace urbain de la moyenne vallée de l'Aude au Moyen Âge : Espéraza, Couiza, Quillan, Limoux », dans *Village et ville au Moyen Âge : les dynamiques morphologiques*, E. Zadora-Rio et H. Galinié (éd.), Tours, 2003, vol. 1, p. 149-182 ; vol. 2, p. 115-133.

L'Acier en Europe avant Bessemer, Ph. Dillmann, L. Hilaire, C. Verna (éd.), Toulouse, 2011.

J. S. Ackerman, « "*Ars sine scientia nihil est*" : Gothic Theory of Architecture at the Cathedral of Milan », *Art Bulletin*, 1949, p. 84-111.

Agricola, *Bermannus (le mineur). Un dialogue sur les mines*, R. Halleux et A. Yans (éd. et trad.), Paris, 1990.

J. B. Alart, « Exploitation des marbres roussillonnais au XIVe siècle », *Écho du Roussillon*, 1864.

J. B. Alart, « L'ancienne industrie de la verrerie en Roussillon », *Bulletin de la Société littéraire des Pyrénées-Orientales*, 1873, p. 307-322.

J. B. Alart, *La Médecine et les Médecins en Roussillon au XIVe siècle*, Lézignan, 1913.

G. H. Allard, « Les arts mécaniques aux yeux de l'idéologie médiévale », dans *Les Arts mécaniques au Moyen Âge, Cahiers d'études médiévales*, 1982, p. 13-32.

C. Amado, « La seigneurie des mines en pays de Béziers et en Razès, analyse de trois documents de la seconde moitié du xiie siècle », dans *Mines et mineurs en Languedoc-Roussillon et régions voisines de l'Antiquité à nos jours, Actes du XLIXe congrès de la Fédération historique du Languedoc méditerranéen et du Roussillon, Alès, 22-23 mai 1976*, Montpellier, 1977, p. 125-144.

R. Angelats, « Violences forestières dans les montagnes des Pyrénées-Orientales », dans *Le Paysage rural et ses acteurs*, A. Rousselle et M.-C. Marandet (éd.), Perpignan, 1998, p. 363-377.

J. Aparaci Martí, « Obra en piedra. Maestros vizcaínos en la plana de Castelló (siglos xv-xvi) », *Millars, Espai i Història*, 29, 2006, p. 133-150.

J. Aparaci Martí, « Capilaridad de la manufactura textil en la Plana de Castelló. El caso de Onda en el siglo xv », *Anuario de Estudios Medievales*, 40/1, 2010, p. 181-199.

A.-M. Arago et R. Condé, « Evolucio de les rendes del Conflent sota Pere el Ceremonioso (1345-1386) », dans *Conflent, Vallespir et montagnes catalanes, Actes du LIe congrès de la Fédération historique du Languedoc méditerranéen et du Roussillon, Prades-Villefranche-de-Conflent, juin 1978*, Montpellier, 1980, p. 111-121.

L'Argent des campagnes. Échanges, monnaie, crédit dans la France rurale d'Ancien Régime, Actes de la journée d'études tenue à Bercy le 18 décembre 2000, Ph. Minard et D. Woronoff (dir.), Paris, 2003.

L'Argent des villages du xiiie au xviiie siècle. Comptabilités paroissiales et communales. Fiscalité locale, Actes du colloque d'Angers, octobre 1998, A. Follain (éd.), Rennes, 2000.

M. Arnoux, *Mineurs, férons et maîtres de forge. Étude sur la production du fer dans la Normandie du Moyen Âge (xie-xve siècle)*, Paris, 1993.

M. Arnoux, « Moulins à fer et procédé indirect. Énergie hydraulique et innovation dans la sidérurgie européenne (xiiie-xvie siècle) », dans *Le Contrôle des eaux en Europe occidentale (xiie-xvie siècle), Proceedings Eleventh International Economic History Congress*, E. Crouzet-Pavan et J.-Cl. Maire-Vigueur (éd.), Milan, 1994, p. 29-40.

M. Arnoux, « Matières premières, innovation technique, marché du fer : les logiques de la carte sidérurgique de l'Europe (xiiie-xvie siècle) », dans *Gli insediamenti economici e le loro logiche*, V. Giura (éd.), Naples, 1998, p. 1-14.

M. Arnoux, « Le fer dans les campagnes médiévales (xie-xve siècle) », dans *L'Artisan au village dans l'Europe médiévale et moderne, Actes des XIXe journées internationales d'histoire de l'abbaye de Flaran, Flaran, septembre 1997*, M. Mousnier (éd.), Toulouse, 2000, p. 187-203.

M. Arnoux, « Innovation technique, intervention publique et organisation du marché : aux origines du district sidérurgique de la Valteline (xiiie-xive siècle) », dans *La*

Sidérurgie alpine en Italie (XIIe-XVIIe siècle), Études réunies par Ph. BRAUNSTEIN, Rome, 2001, p. 215-232.

M. ARNOUX, « Travail, redistribution et construction des espaces économiques (XIe-XVe siècle) », *Le Marché dans son histoire, Revue de synthèse*, t. CXXVII, 2006, p. 273-298.

M. ARNOUX, « Districts industriels, régions de production, marchés (Europe, XIIe-XVe siècle). Quelques pistes de réflexion », dans *Les Industries rurales dans l'Europe médiévale et moderne, Actes des XXXIIIe journées internationales d'histoire de l'abbaye de Flaran*, J.-M. MINOVEZ, C. VERNA et L. HILAIRE-PÉREZ (dir.), Toulouse, 2013, p. 13-28.

M. ARNOUX et J. BOTTIN, « Autour de Rouen et de Paris : modalités d'intégration d'un espace drapier (XIIIe-XVIe siècle) », *Revue d'Histoire moderne et contemporaine*, 2001, p. 162-191.

M. ARNOUX et J. BOTTIN, « Les acteurs d'un processus industriel. Drapiers et ouvriers de la draperie entre Rouen et Paris (XIVe-XVIe siècle) », dans *Le Technicien dans la cité en Europe occidentale (1250-1650)*, M. ARNOUX et P. MONNET (éd.), Rome, 2004, p. 347-386.

M. ARNOUX et I. THEILLER, « Les marchés comme lieux et enjeux de pouvoir en Normandie (XIe-XVe siècle) », dans *Les Lieux de pouvoir en Normandie et sur ses marges,* Actes publiés sous la direction d'A.-M. FLAMBARD HÉRICHER, Rouen, 2006, p. 53-70.

L'Art de la guerre. Machines et stratagèmes de Taccola, ingénieur de la Renaissance, présenté par E. KNOBLOCH, Paris, 1992.

Artisans, industrie. Nouvelles révolutions du Moyen Âge à nos jours, textes réunis par N. COQUERY, L. HILAIRE-PÉREZ, L. SALLMANN et C. VERNA, Cahier d'histoire et de philosophie des sciences, n° 52, Lyon, 2004.

M. AUSÉCACHE, « Le minéral au secours du corps humain dans la pharmacopée médiévale occidentale », dans *Substances minérales et corps animés / Mineral Substances and Animate Bodies. De la philosophie de la matière aux pratiques médicales (XIIe-XVe siècle)*, D. JACQUART et N. WEILL-PAROT (dir.), Paris, 2012, p. 147-177.

L. AUSSEIL, *L'Orfèvrerie en Roussillon*, Perpignan, 1994.

M. AVENTÍN PUIG, « Le rôle du marché dans la structuration de l'habitat catalan au bas Moyen Âge : l'exemple du Vallès oriental », dans *Villages pyrénéens. Morphogénèse d'un habitat de montagne,* M. BERTHE et B. CURSENTE (éd.), Toulouse, 2001, p. 273-282.

Au-delà de l'écrit. Les hommes et leurs vécus matériels au Moyen Âge à la lumière des sciences et des techniques. Nouvelles perspectives, Actes du colloque international de Marche-en-Famenne, octobre 2002, R. NOZEL, I. PAQUAY et J.-P. SOSSON (éd.), Turnhout, 2003.

M. Aymard, « Autoconsommation et marchés. Chayanov, Labrousse ou Leroy Ladurie ? », *Annales ESC*, 1983, p. 1392-1410.

M. Aymard, « L'entrepreneur dans la société de son temps », dans *L'impresa. Industria, commercio, banca secc. XIII-XVIII, Atti della XXII Settimana di Studi, Prato, mai 1990*, S. Cavaciocchi (éd.), Florence, 1991, p. 791-817.

M.-Ch. Bailly-Maître, « Pour une histoire des mines au Moyen Âge. L'exemple des mines de la terre d'Hierle (Gard) », *Archéologie du Midi médiéval*, 1989, p. 61-72.

M.-Ch. Bailly-Maître, « Essai d'une mine de plomb et argent *Versus Arena* en Oisans par ordre du gouverneur du Dauphiné le 15 octobre 1359 », dans *Pierres de mémoire, écrits d'histoire. Pages d'histoire en Dauphiné offertes à Vital Chomel*, textes réunis par A. Belmont, Grenoble, 2000, p. 131-143.

M.-Ch. Bailly-Maître, *L'Argent, du minerai au pouvoir dans la France médiévale*, Paris, 2002.

M.-Ch. Bailly-Maître et P. Benoit, « Les mines d'argent de la France méridionale », dans *L'Argent au Moyen Âge, Actes du XXVIIIe congrès de la SHMES, Clermont-Ferrand, 1997*, Paris, 1998, p. 17-45.

M.-C. Bailly-Maître et B. Ancel, « Au carrefour des sources et de la pratique. Le district minier médiéval d'Hierle, Saint-Laurent-le-Minier (Gard, France) », dans *I codici minerari : statuti europei a confronto dalle Tavoli di Aljustrel agli Ordinamenta Medievali, Colloque international Iglesias – Massa Maritima, décembre 2008*, R. Farinelli (dir.), Sienne, 2014, p. 26-28.

M. Balard, J.-Ph. Genêt et M. Rouche, *Le Moyen Âge en Occident*, Paris, 1990.

J. Balari Jovany, *Orígenes históricos de Cataluña*, Barcelone, 1899.

C. Batlle, « L'expansio baixmedieval (segles XIII-XV) », dans *Historia de Catalunya*, vol. III, P. Vilar (dir), Barcelone, 1988.

C. Battle, « El desenvolupament economic de Catalunya : mercat i fires del segles XI al XV », dans *Fires, mercats i mon rural. IV jornades sobre sistemes agraris, organitzacio social i poder local als països catalans Alguaire, 2002*, E. Vicedo (dir.), Lérida, 2004, p. 45-99.

E. Baraldi, *Lessico delle ferriere « catalano-liguri ». Fonti e glossario, Quaderni 2*, Gênes (centro di studio sulla storia della tecnica), 1979.

E. Baraldi, « La ferreria *alla genovese* tra XIVe XVII secolo », dans *Pratiche e linguaggi. Contributi a una storia della cultura tecnica e scientifica*, Cagliari, Gênes, Turin, 2005, p. 159-183.

E. Baraldi, « Una nuova età del ferro : macchine e processi della siderurgia », dans *Produzione e tecniche, a cura di Philippe Braunstein e Luca Molà, Il Rinascimento italiano e l'Europa*, vol. III, Vicence, 2007, p. 200-215.

E. BARALDI et M. CALEGARI, « Pratica e diffusione della siderurgia “indiretta” in area italiana (secc. XIII-XVI) », dans *La Sidérurgie alpine en Italie (XIIe-XVIIe siècle),* Études réunies par Ph. BRAUNSTEIN, Rome, 2001, p. 93-162.

E. BARALDI et M. CALEGARI, « Ordigni e parole dei maestri da forno bresciani e bergamaschi : lessico della siderurgia indiretta in Italia fra XII e XVII secolo », dans *La Sidérurgie alpine en Italie (XIIe-XVIIe siècle),* Études réunies par Ph. BRAUNSTEIN, Rome, 2001, p. 163-213.

E. BARATIER et F. REYNAUD, *Histoire du commerce de Marseille*, Paris, 1951.

E. BARBE, *Extraits des minutes de Maître Claude Grandmont, notaire à Vicdessos au XVIe siècle*, Foix, 1900.

A. BARLUCCHI, *Il contado senese all'epoca dei Nove. Asciano e il suo territorio fra Due e Trecento*, Florence, 1997.

A. BARLUCCHI, « L'industrie de la laine dans le territoire florentin (XIIe-XVe siècle), dans *Les Industries rurales dans l'Europe médiévale et moderne, Actes des XXXIIIe journées internationales d'histoire de l'abbaye de Flaran*, J.-M. MINOVEZ, C. VERNA et L. HILAIRE-PÉREZ (dir.), Toulouse, 2013, p. 29-42.

R.-H. BAUTIER, « Notes sur le commerce du fer en Europe occidentale du XIIIe au XVIe siècle », *Revue d'histoire de la sidérurgie*, 1960, p. 7-35.

R.-H. BAUTIER, « L'histoire économique et sociale de la France médiévale de l'an mil à la fin du XVe siècle », dans *L'Histoire médiévale en France. Bibliographie et perspectives*, Paris, 1991, p. 49-56.

G. BEAUJOUAN, « Le vocabulaire scientifique du latin médiéval », dans *Lexicographie du latin médiéval et ses rapports avec les recherches actuelles sur la civilisation du Moyen Âge, Actes du colloque international du CNRS, Paris, octobre 1978,* Paris, 1981, p. 345-354.

G. BEAUJOUAN, « La prise de conscience de l'aptitude à innover (le tournant du milieu du XIIIe siècle) », dans *Le Moyen Âge et la Science*, B. RIBEMONT (éd.), Paris, 1991, p. 5-14.

G. BEAUJOUAN, « L'interdépendance entre la science scolastique et les techniques utilitaires (XIIe, XIIIe et XIVe siècles), dans *Par Raison de nombres. L'art du calcul et les savoirs scientifiques médiévaux, XVI,* Aldershot, Variorum, 1991, XIV.

G. BEAUJOUAN, « Réflexions sur les rapports entre théorie et pratique au Moyen Âge », dans *Par Raison de nombres. L'art du calcul et les savoirs scientifiques médiévaux,* Aldershot, Variorum, 1991, XVI.

G. BEAUJOUAN, « Teoria e pratica nel Medioevo », dans *Storia della sciencia*, vol. IV, Rome, 2003, p. 561-602.

G. BECCATINI, « Riflessioni sul distretto industriale marshalliano come concetto socio-economico », *Stato e Mercato*, 1989, p. 112-128.

G. BECATTINI, *Il distretto industriale. Un nuovo modo di interpretare il cambiamento economico*, Turin, 2000.

G. BECATTINI, *Industria e carattere. Saggi sul pensiero di Alfred Marshall*, Milan, 2010.

M. BELFANTI, « Guilds, Patents and the Circulation of Technical Knowledge », *Technology and Culture*, 2004, p. 569-589.

M. BELFANTI, « Des industries rurales aux districts industriels ? Le cas de l'Italie du Nord du XVIe au XIXe siècle », dans *Les Industries rurales dans l'Europe médiévale et moderne, Actes des XXXIIIe journées internationales d'histoire de l'abbaye de Flaran*, J.-M. MINOVEZ, C. VERNA et L. HILAIRE-PÉREZ (dir.), Toulouse, 2013, p. 295-308.

J.-Fr. BELHOSTE, « Une sylviculture pour les forges », dans *Forges et forêts. Recherches sur la consommation proto-industrielle de bois*, D. WORONOFF (dir.), Paris, 1990, p. 219-261.

J.-Fr. BELHOSTE, « The Origins of Direct Reduction Water-Powered Ironworks : Reflections Based on the Evolution of Terminology », dans *La farga catalana en el marc de l'arqueologia siderurgica, Simposi internacional sobre la Farga Catalana, Ripoll, 1993*, E. TOMAS I MORERA (éd.), Andorre, 1995, p. 385-398.

J-Fr. BELHOSTE, « *Martinetus* et *fusinae* dans la sidérurgie alpine aux XIIIe et XIVe siècles. Réflexions philologiques », dans *Il ferro nelle Alpi, giacimenti, miniere e metallurgia dall'antichita al xvi secolo, atti del convegno, Bienno, 1998*, a cura di C. CUCINI TIZZONI et M. TIZZONI, Breno, 2000, p. 146-151.

J. BELMON, « La production de l'argent en Rouergue au Moyen Âge : première approche d'après les sources écrites », dans *Rouergue, carrefour d'histoire et de nature, Actes du LIVe congrès de la Fédération historique de Midi-Pyrénées, Millau, mai 2002*, Rodez, 2003, p. 254-289.

J -P. BÉNÉZET, *Pharmacie et médicament en Méditerranée occidentale (XIIIe-XVIe siècle)*, Paris, 1999.

P. BENITO i MONCLÚS, « Agents du pouvoir ou entrepreneurs ruraux ? Les intermédiaires de la seigneurie en Catalogne médiévale, essor et déclin », dans *Les Élites rurales dans l'Europe médiévale et moderne, Actes des XXVIIe journées internationales d'histoire de l'abbaye de Flaran, Flaran, septembre 2005*, F. MENANT et J.-P. JESENNE (éd.), Toulouse, 2007, p. 111-127.

P. BENOIT, « Technology and Crisis : the Great Depression of the Middle Ages and the Tecnology of the Renaissance », *History and Technology*, 1984, p. 319-334.

P. BENOIT, « Conclusions. La métallurgie des non-ferreux aux époques médiévale et moderne : une industrie de pointe », dans *Mines et métallurgie, Les Chemins de la recherche,* n° 21, P. BENOIT (éd.), Lyon, 1994, p. 301-310.

P. BENOIT, « Au four et au moulin : innovation et conjoncture », dans *L'Innovation technique au Moyen Âge, Actes du VIe congrès international d'archéologie médiévale*, P. BECK (dir.), Paris 1998, p. 293-301.

P. BENOIT et Ph. BRAUNSTEIN, « Les comptes miniers d'Hurtières en Savoie », dans *Mines, carrières et métallurgie dans la France médiévale, Actes du colloque de Paris, 1980*, P. BENOIT et Ph. BRAUNSTEIN (éd.), Paris, 1983, p. 183-206.

P. BENOIT, M.-Ch. BAILLY-MAITRE et C. DUBOIS, « Meules rotatives médiévales pour le broyage des minerais », dans *Techniques et économie antiques et médiévales : le temps de l'innovation*, D. MEEKS et D. GARCIA (éd.), Paris, 1997, p. 62-68.

Ph. BERNARDI, « Essai, tâtonnement et pari : le rôle de l'individu dans l'innovation », *Techniques : les paris de l'innovation, Médiévales,* n° 39, 2000, p. 14-29.

M. BERTHE, *Famines et épidémies dans les campagnes navarraises à la fin du Moyen Âge*, Paris, 1984, 2 vol.

M. BERTHE, « Les élites méridionales au Moyen Âge », dans *La Maison au Moyen Âge dans le Midi de la France*, Toulouse, 2002, p. 21-40.

C. BILLOT, « Métiers de la métallurgie et migrations en France à la fin du Moyen Âge », dans *Hommes et travail du métal dans les villes médiévales,* Études réunies et éditées par P. BENOIT et D. CAILLEAUX, Paris, 1988, p. 227-239.

T. N. BISSON, *Fiscal Accounts of Catalonia under the Early Count-Kings (1151-1213)*, Londres, 1984.

I. BLANCHARD, *International Lead Production and the Trade in the « Age of the Saigerprozess »* (1460-1560), Stuttgart, 1995.

M. BLOCH, « Les "inventions" médiévales », *Annales d'histoire économique et sociale*, 1935, p. 634-643.

G. BOIS, « Entre la cuitat i el camp : el burg medieval », *L'Avenç*, 1995, p. 36-41.

G. BOIS, *La Grande Dépression médiévale, XIVe et XVe siècles. Le précédent d'une crise systémique*, Paris, 2000.

J. BOISSIÈRE, « Un mode original de circulation marchande : le flottage », dans *La Circulation des marchandises dans la France de l'Ancien Régime*, D. WORONOFF (éd.), Paris, 1998, p. 15-52.

J. BOISSIÈRE, « Le flottage en Europe du XIIIe au XVIIIe siècle (quelques remarques à partir de l'exemple français) », dans *L'uomo e la foresta secc. XIII-XVIII, Atti della Ventisettesima Settimana di Studi, Prato, 8-13 maggio 1995*, S. CAVACIOCCHI (éd.), Florence, 1996, p. 805-857.

M. BOMPAIRE, « Mines et ateliers monétaires en Languedoc au Moyen Âge », *Bulletin de la Société française de numismatique*, 2002, p. 181-185.

M. BOMPAIRE, « Circulation monétaire en Languedoc (du XIe au XIVe siècle) : influences régionales et supra-régionales », dans *Circulation monétaire régionale et supra-régionale, Actes du IIIe colloque international du Groupe suisse pour l'étude des trouvailles monétaires, Berne, mars 2000*, H. R. DERSCHKA, I. LIGGI et G. PERRET (éd.), Lausanne, 2002, p. 95-119.

M. BOMPAIRE, « Monnaies dans les villages, quelques exemples de France méridionale », dans *Les Villages dans l'Empire byzantin (IVe-XVe siècle)*, J. LEFORT, C. MORISSON et J.-P. SODINI (éd.), Paris, 2005, p. 123-134.

M. BOMPAIRE et F. DUMAS, *Numismatique médiévale, L'atelier du médiéviste*, Turnhout, 2000.

M. BOMPAIRE et A. FURIÓ, « Monnaie, crédit et fiscalité dans le monde rural autour de 1300 : réflexions introductives », dans *Dynamiques du monde rural dans la conjoncture de 1300. Échanges, prélèvements et consommation en Méditerranée occidentale,* Études réunies par M. BOURIN, F. MENANT et L. TO FIGUERAS, Rome, 2014, p. 9-101.

C. BONAMI, « Dans la haute vallée de l'Orb : les mines de Ceilhes-et-Rocozels au Moyen Âge », dans *Mines et mineurs en Languedoc-Roussillon et régions voisines de l'Antiquité à nos jours, Actes du XLIXe congrès de la Fédération historique du Languedoc méditerranéen et du Roussillon, Alès, 22-23 mai 1976*, Montpellier, 1977, p. 93-105.

J. BONHÔTE, *Forges et forêts dans les Pyrénées ariégeoises. Pour une histoire de l'environnement*, Aspet, 1998.

P. BONNASSIE et P. GUICHARD, « Les communautés rurales en Catalogne et en pays valencien », dans *Communautés villageoises en Europe occidentale du Moyen Âge aux temps modernes, Actes des IV journées internationales d'histoire de l'abbaye de Flaran, Flaran, septembre 1982*, Auch, 1984, p. 79-115.

J. BOTTIN, « Entre ville et campagnes : réflexions sur les modes de développement de la production textile dans l'Europe du premier Âge moderne », dans *Les Industries rurales dans l'Europe médiévale et moderne, Actes des XXXIIIe journées internationales d'histoire de l'abbaye de Flaran*, J.-M. MINOVEZ, C. VERNA et L. HILAIRE-PÉREZ (dir.), Toulouse, 2013, p. 145-166.

M. BOURIN, *Villages médiévaux en Bas-Languedoc : genèse d'une sociabilité (Xe-XIVe siècle)*, Paris, 1987, 2 vol.

F. BRAUDEL, *L'Identité de la France*, t. I, *Espace et histoire*, Paris, 1986.

Ph. BRAUNSTEIN, « Les techniciens et le pouvoir à la fin du Moyen Âge : une direction de recherche », dans *Prosopographie et genèse de l'État moderne*, F. AUTRAND (éd.), Paris, 1986, p. 223-226 (*Travail et entreprise au Moyen Âge*, Bruxelles, 2003, p. 65-72).

Ph. BRAUNSTEIN, « Les forges champenoises de la comtesse de Flandre (1372-1404) », *Annales ESC*, 1987, p. 747-777 (*Travail et entreprise au Moyen Âge*, Bruxelles, 2003, p. 309-345).

Ph. BRAUNSTEIN, « La peine des hommes est-elle objet d'histoire ? », *Les Dépendances au travail, Médiévales*, n° 30, 1996, p. 9-12 (*Travail et entreprise au Moyen Âge*, Bruxelles, 2003, p. 10-13).

Ph. BRAUNSTEIN, « Savoir et savoir-faire : les transferts techniques », dans *L'Innovation au Moyen Âge, Actes du VIe congrès international d'archéologie médiévale*, P. BECK (dir), Paris, 1998, p. 303-309 (*Travail et entreprise au Moyen Âge*, Bruxelles, 2003, p. 29-44).

Ph. BRAUNSTEIN, « Pour une histoire économique et sociale des techniques », dans *Sciences et techniques : un débat,* R. GUESNERIE et F. HARTOG (dir), *Cahiers des Annales,* 45, Paris, 1998, p. 209-217 (*Travail et entreprise au Moyen Âge*, Bruxelles, 2003, p. 20-28).

Ph. BRAUNSTEIN, « L'industrie à la fin du Moyen Âge, un objet historique nouveau ? », dans *La France n'est-elle pas douée pour l'industrie ?,* L. BERGERON et P. BOURDELAIS (dir.), Paris, 1998, p. 25-40 (*Travail et entreprise au Moyen Âge*, Bruxelles, 2003, p. 93-111).

Ph. BRAUNSTEIN, « Maîtrise et transmission des connaissances techniques au Moyen Âge », *History of Technology*, vol. 21, 1999, p. 155-165.

Ph. BRAUNSTEIN, « Artisans », J. LE GOFF et J.-Cl. SCHMITT, *Dictionnaire raisonné de l'Occident médiéval*, Paris, 1999, p. 67-77.

Ph. BRAUNSTEIN, « L'acier de Brescia à la fin du XIVe siècle : l'apport d'une correspondance d'affaires », dans *La Sidérurgie alpine en Italie (XIIe-XVIIe siècle)*, Études réunies par Ph. BRAUNSTEIN, Rome, 2001, p. 455-479.

Ph. BRAUNSTEIN, *Travail et entreprise au Moyen Âge*, Bruxelles, 2003.

Ph. BRAUNSTEIN, Ph. BERNARDI, et M. ARNOUX, « Production, travail, consommation », dans *Les Tendances actuelles de l'histoire du Moyen Âge en France et en Allemagne*, J.-Cl. SCHMITT et O. G. OEXLE (dir.), Paris, 2002, p. 537-554.

F. BRECHON, « Autour du notariat et des nouvelles pratiques de l'écrit dans les régions méridionales aux XIIe et XIIIe siècles », dans *Comprendre le XIIIe siècle. Études offertes à Marie-Thérèse Lorcin*, P. GUICHARD et D. ALEXANDRE-BIDON (éd.), Lyon, 1995, p. 161-172.

F. BRECHON, « Le réseau urbain en Cévennes et Vivarais », dans *La Ville au Moyen Âge. Ville et espace, Actes du CXX[e] congrès du CTHS, Aix-en-Provence, 1995*, t. I, N. COULET et O. GUYOTJEANNIN (dir.), Paris, 1998, p. 271-273.

H. BRESC, « La draperie catalane au miroir sicilien (1300-1460) », *Acta Historica et Archeologica Mediaevalia*, 1983, p. 107-128.

E. CABIÉ, « Forges ou moulins à fer de la montagne Noire du XIIIe au XVIIIe siècle », *Revue du Tarn*, 1903, p. 245-248.

M. CAMIADE et D. FONTAINE, *Verreries et verriers catalans, l'Albera, Palau-del-Vidre, Perpignan (XIVe-XVIIe siècle)*, Perpignan, 2006.

L. CAMOS i CABRUJA, « Dietari de l'obra del rellotge i la campana del castell de Perpinya l'any 1356 », dans *Homenatge a Antoni Rubio i Lluch, Miscellania d'Estudis literaris historics i linguistics*, Barcelone, p. 123-446.

J. CANTELAUBE, *La Forge à la catalane dans les Pyrénées ariégeoises, une industrie à la montagne (XVIIe-XIXe siècle)*, Toulouse, 2005.

J. CANTELAUBE et C. VERNA, « Les forges à la génoise dans les Pyrénées centrales au XVIe siècle : quel transfert d'innovation ? », dans *Il ferro nelle Alpi, giacimenti, miniere e metallurgia dall'antichita al XVI secolo, atti del convegno, Bienno, 1998*, a cura di C. CUCINI TIZZONI et M. TIZZONI, Breno, 2000, p. 152-163.

J. CANTELAUBE et C. VERNA, « Le souffle de la forge : soufflets et trompes des Pyrénées (XIIe-XIXe siècle) », dans *Du Moulin à l'usine. Implantations industrielles du Xe au XXe siècle, Actes du colloque international, Carcassonne, juin 2004*, S. CAUCANAS et R. CAZALS (éd.), Toulouse, 2005, p. 61-75.

J. CANTELAUBE et O. CODINA VALETTE, « La réduction directe et l'acier : le cas à la catalane (XVIIe-XIXe siècle) », dans *L'Acier en Europe avant Bessemer*, Ph. DILLMANN, L. PEREZ et C. VERNA (éd.), Toulouse, 2011, p. 361-386.

Les capbreus *du roi Jacques II de Majorque (1292-1294)*, R. TRÉTON (éd.), avec la collaboration d'A. CATAFAU et L. VERDON, Paris, 2011, 2 vol.

CAPEILLE (Abbé), *Dictionnaire de biographies roussillonnaises*, Perpignan, 1914.

E. CAPET, *Un Notaire au travail : Pere Candell (1414-1452)*, mémoire de master 2, université Paris-VIII, 2011.

E. CAPET, « Un notaire au travail : Pere Candell (1414-1452) », dans *De la Ligurie au Languedoc. Le notaire à l'étude (XIIe-XVIe siècle)*, École nationale des chartes et archives départementales du Tarn, O. GUYOTJEANNIN dir., Albi, 2012, à paraître.

D. CARDON, *La draperie au Moyen Âge. Essor d'une grande industrie médiévale*, Paris, 1999.

C. CARRÈRE, « Le droit d'ancrage et le mouvement du port de Barcelone au milieu du XVe siècle », *Estudios de Historia moderna*, III, 1953, p. 147-176.

C. CARRÈRE, *Barcelone, centre économique à l'époque des difficultés (1380-1462)*, Paris-La Haye, 1967, 2 vol.

E. M. CARUS-WILSON, « An Industrial Revolution in the Thirteenth Century », *Economic History Rewiew*, 1941, p. 39-60.

D. CARVAJAL DE LA VEGA, « Compañias y comercio de la madera en Castilla a fines del siglo XV e inicios del XVI », *Espacio, Tiempo y Forma, serie III, Historia medieval*, 2015, p. 201-219.

A. CATAFAU, *Les Celleres et la naissance du village en Roussillon (X^e-XVe siècle)*, Perpignan, 1998.

S. CAUCANAS, *Moulins et irrigation en Roussillon du IXe au XVe siècle*, Paris, 1995.

B. Caunedo del Potro, *Mercaderes castellanos en el golfo de Viscaya (1475-1492)*, Madrid, 1983.

B. Caunedo del Potro et R. Córdoba de la Llave, *El arte del alguarismo. Un libro castellano de aritmética comercial y de ensayo de moneda del siglo* XIV, Valladolid, 2000.

M. de Certeau, *L'Invention du quotidien*, t. I, *Les arts de faire*, Paris, 1990.

R. Chartier, *Écouter les morts avec les yeux*, Paris, 2008.

L. Cifuentes i Comamala, *La ciencia en català a l'Edat Mitjana i el Renaixement*, Barcelone, 2006.

L. Cifuentes i Comamala, « Els sabers útils al món rural català medieval : agricultura, menescal, medicina i conservació dels aliments », dans *Savoirs des campagnes (Catalogne, Languedoc, Provence,* XIIe-XVIIIe *siècle)*, C. Verna et P. Benito i Monclús (éd.), *Études roussillonnaises, Revue d'histoire et d'archéologie méditerranéennes*, t. XXVI, 2013-2014, p. 33-50.

L. Cifuentes i Comamala, R. Córdoba de la Llave, *Tintoreria y medicina en la Valencia del siglo* XV*. El manual de Joanot Valero*, Barcelone, 2011.

Circulations techniques, en amont de l'innovation : hommes, objets et idées en mouvement, M. Cotte (dir.), Belfort, 2004.

J. Claustre, *Dans les geôles du roi. L'emprisonnement pour dette à Paris à la fin du Moyen Âge*, Paris, 2007.

D. Clauzel et S. Calonne, « Artisanat rural et marché urbain : la draperie à Lille et dans ses campagnes à la fin du Moyen Âge », *Revue du Nord*, 1990, p. 531-573.

Colson, « Monnaies du Roussillon », *Bulletin de la Société archéologique, scientifique et littéraire des Pyrénées-Orientales*, Bulletin IX (s.d.).

I codici minerari nell' Europa preindustriale : archeologia e storia, a cura di R. Farinelli et G. Santinucci, Florence, 2014.

O. Codina Vialette, *De fer et de laine. Les vallées andorranes du* XVIe *au* XIXe *siècle*, Perpignan, 2005.

O. Codina Vialette, J. M. Bosch Massana, V. Tura Michels, *La farga Rossell. El zenit de l'obtenció del ferro pel sistema directe (1842-1876)*, Andorre, 2001.

O. Codina Vialette, J. M. Bosch Massana, A. Vila, « La production du fer en Andorre au Moyen Âge : du mythe à l'histoire », *Études roussillonnaises, Revue d'histoire et d'archéologie méditerranéennes,* 2003, t. XX, p. 40-55.

Y. Cohen et D. Pestre, « Présentation », *Histoire des techniques, Annales HSS*, 1998, vol. 53, p. 721-744.

Ph. Contamine *et alii*, *L'Économie médiévale*, Paris, 1993.

R. Córdoba de la Llave, « El comercio del hierro en Cordoba, un capitulo de la actividad vascongada en Andalucia a fines de la Edad Media », dans *Congreso Mundial Vasco* (1987-1988), p. 317-325.

R. Córdoba de la Llave, *La industria medieval de Cordoba*, Cordoue, 1990.

R. Córdoba de la Llave, « Un recetario técnico castellano del siglo xv : el manuscrito H490 de la facultad de Medecina de Montpellier », *En la Espagna Medieval*, 28, 2005, p. 7-48.

M. E. Cortese, *L'acqua, il grano, il ferro. Opifici idraulici medievali nel bacino Farma-Merse*, Florence, 1997.

N. Coulet, « Prospections minières en Provence à la fin du Moyen Âge », dans *Mines et métallurgies (xiie-xvie siècle), Actes du XCVIIIe congrès national des sociétés savantes, Saint-Étienne, 1973, section philologie et histoire*, Paris, 1975, p. 159-168.

D. Coulon, *Barcelone et le grand commerce d'Orient. Un siècle de relation avec l'Égypte et la Syrie-Palestine (*ca. *1330-*ca. *1430)*, Madrid-Barcelone, 2004.

M. Crusafont i Sabater, *Numismatica de la corona Catalano-aragonesa medieval (785-1516),* Madrid, 1982.

C. Dahm *et alii, Der Altenberg, Bergwerk und Siedlung aus dem 13. Jahrundert im Siegerland,* coll. DFW, n° 34, 1998, 2 vol.

G. Dalmau, « Le *capbreu* de Montferrer, étude du livre de reconnaissances d'une seigneurie laïque du Haut-Vallespir réalisé en 1339 », *Domitia*, n° 8-9, 2007, p. 1-24.

B. Davasse, *Forêts, charbonniers et paysans dans les Pyrénées de l'Est du Moyen Âge à nos jours. Une approche géographique de l'histoire de l'environnement*, Toulouse, 2000.

De la Technique à la technologie, Cahiers du STS (Sciences, technologies, sociétés), n° 2, Paris, 1984.

J. Delmas, « La lexicographie du latin médiéval et l'histoire des techniques », dans *La Lexicographie du latin médiéval et ses rapports avec les recherches actuelles sur la civilisation du Moyen Âge, Actes du colloque international du CNRS, Paris, octobre 1978*, Paris, 1981, p. 421-430.

M. del Treppo, *I mercanti catalani e l'espansione della Corona d'Aragon nel secolo xv*, Naples, 1972.

C. Denjean, « Le crédit juif dans les campagnes cerdanes aux xiiie et xive siècles », dans *Endettement paysan et crédit rural dans l'Europe médiévale et moderne, Actes des XVIIe journées internationales d'histoire de l'abbaye de Flaran, Flaran, septembre 1995*, M. Berthe (dir.), Toulouse, 1998, p. 185-197.

C. Denjean, « Crédit et notariat en Cerdagne et en Roussillon du xiiie au xve siècle », dans *Notaires et crédit dans l'Occident méditerranéen médiéval*, F. menant et O. redon (dir.), Rome, 2004, p. 185-206.

M.-C. Déprez-Masson, *Technique, mot et image. Le* De re metallica *d'Agricola*, Turnhout, 2006.

De re metallica (1556), Georgius Agricola, H. C. Hoover (trad.), New York, 1950.

La Dette et le Juge. Juridiction gracieuse et juridiction contentieuse du XIIIe siècle au XVe siècle (France, Italie, Espagne, Angleterre, Empire), J. Claustre (dir.), Paris, 2006.

M. Devèze, *La Vie de la forêt française au XVIe siècle*, Paris, 1961.

A. Dewerpe, *L'Industrie aux champs. Essai sur la proto-industrialisation en Italie du Nord (1800-1880)*, Rome, 1985.

J. R. Díaz de Durana, « El mundo rural guipuzcoano al final de la Edad Media : progresso agrícola, gestión et explotación de la tierra », *En la España medieval*, 21, 1998, p. 69-96.

Diccionari Català-Valencià-Balear, A. M. Alcover et F. de B. Moll, Institut d'Estudis Catalans, Barcelone, 1949-1962.

Dictionnaire du Moyen Âge, publié sous la direction de Cl. Gauvard, A. de Libera et M. Zink, Paris, 2002.

L. M. Diez de Salazar Fernandez, *Ferrerias en Guipúzcoa (s. XIV-XVI)*, Saint-Sébastien, 1983.

L. M. Diez de Salazar Fernandez, *Ferrerias guipuzcoanas. Aspectos socio-economicos, laborales y fiscales (siglos XIV-XVI)*, Donostia-Saint-Sébastien, 1997.

Ph. Dillmann, R. Aranda, M. L'Héritier et Ph. Fluzin, « Forging of Iron-Steel Artifacts : Archaeology, Experiments and Archaeometry », dans *First International Conference of Paleosiderurgy and Industrial Heritage Recovery. Iron, History and Heritage*, INASMET, Saint-Sébastien, 2005, p. 309-324.

Ph. Dillmann, F. Téreygeol et C. Verna, « Premières analyses métallographiques des produits sidérurgiques trouvés sur le site médiéval de Castel-Minier (Aulus-les-Bains, 09) », *Archeo Sciences,* n° 30, 2006, p. 6-43.

Ph. Dillmann, L. Hilaire et C. Verna, « Les aciers avant Bessemer », dans *L'Acier en Europe avant Bessemer*, Ph. Dillmann, L. Hilaire, C. Verna (éd.), Toulouse, 2011, p. 7-69.

Diplomatari del Masdéu, Edició i estudi de R. Tréton, Fundació Noguera, Diplomataris 52, Barcelone, 2010.

Dire et vivre l'ordre social en France sous l'Ancien Régime, F. Cosandey (dir.), Paris, 2005.

J. Drendel, « Commodities, Credit and Land on the Local Market and on the Urban Market : the Role of Secondary Agglomerations in the Economy. Comparison of

Anglo Saxon and French Historiography », dans *Il mercato della terra, secc.* XIII-XVIII, *Atti della XXXV Settimana di Studi, Prato, mai 2003*, S. CAVACIOCCHI (éd.), Florence, 2004, p. 685-702.

G. DUBY, *L'Économie rurale et la vie des campagnes dans l'Occident médiéval (France, Angleterre, Empire,* IXe-XVe *siècle). Essai de synthèse et perspectives de recherches*, Paris, 1962 (réédition 1977), 2 vol.

C. DUFY et F. WEBER, *L'Ethnographie économique*, Paris, 2007.

A. DURAND, S. DUVAL et Ch. VASCHALDE, « Le charbonnage des éricacées méditerranéennes : approches croisées archéologiques, anthracologiques et historiques », dans *Des Hommes et des plantes. Exploitations du milieu et gestion des ressources végétales de la préhistoire à nos jours, Actes des XXXe rencontres internationales d'archéologie et d'histoire d'Antibes*, C. DELHON, I. THÉRY-PARISOT et S. THIÉBAULT (dir.), Antibes, 2010, p. 322-331.

M. DUREAU, « Mathématiques et médecine au XVe siècle. L'œuvre du médecin catalan Antoine Ricart », *Bulletin philologique et historique du comité des travaux historiques et scientifiques*, 1964, Paris, 1967, p. 43-57.

Ch. DYER, « The Consumer and the Market in the Later Middle Ages », *Economic History Review*, 1989, p. 305-327.

Ch. DYER, « Small Towns (1270-1540) », dans *The Cambridge Urban History of Britain*, t. I, *600-1540*, Cambridge, 2000, p. 505-537.

W. EAMON, « From the Secrets of Nature to Public Knowledge : the Origins of Concept of Openness in Sciences », *Minerva*, 1985, p. 321-347.

Écrire, compter, mesurer. Vers une histoire des rationalités pratiques, N. COQUERY, F. MENANT et F. WEBER (dir.), Paris, 2006.

R. W. EMERY, « Les juifs en Conflent et en Vallespir (1250-1415) », dans *Conflent, Vallespir et montagnes catalanes, FHLMR*, Montpellier, 1980, p. 85-91.

Endettement paysan et crédit rural dans l'Europe médiévale et moderne, Actes des XVIIe journées internationales d'histoire de l'abbaye de Flaran, Flaran, septembre 1995, M. BERTHE (dir.), Toulouse, 1998.

S. R. EPSTEIN, *Freedom and Growth. The Rise of States and Markets in Europe (1300-1750)*, Londres, 2000.

L. ERCKER, *Treatise on Ores and Assaying, translated from the German Edition (1580),* A. GRUNHALDT SISCO et C. STANLEY SMITH (éd.), Chicago, 1951.

L'Espace cistercien, Actes du colloque de l'abbaye de Fontfroide, 1993, L. PRESSOUYRE (dir.), Paris, 1994.

G. ESPINASSE et H. PIRENNE, *Recueil de documents relatifs à l'histoire de l'industrie drapière en Flandre*, Courtrai, 1906.

V. FARIAS ZURITA, « La ferreria i el mas al nord-est català medieval », dans *El mas medieval a Catalunya, quaderns,* 19, Banyoles, 1998, p. 29-44.

V. FARIAS ZURITA, « Les ferreries al nord-est de la catalunya Vella (segles XI-XIV). Una contribució senyorial », dans *L'obtenció del ferro pel procediment direte entre els segles IV i XIX, Actes del 6è curs d'Arqueologia d'Andorra, 2000*, Andorre, 2001, p. 35-62.

V. FARIAS ZURITA, « La vila i el mas : economia pagesa i mercat a la Catalunya Vella dels segles XI-XIV », dans *Fires, mercats i mon rural. IV jornades sobre sistemes agraris, organitzacio social i poder local als països catalans, Alguaire, 2002*, E. VICEDO (dir.), Lérida, 2004, p. 101-117.

G. FELIU I MONTFORT, « La demografia baixmedieval catalana : estat de la qüestió i propostes de futur », *Revista d'Història Medieval*, 10, 1999, p. 13-43.

G. FELIU I MONTFORT, « La crisis catalana de la baja edad media : estado de la cuestión », *Hispania,* LXIV/2, n° 217, 2004, p. 435-466.

L. FELLER, « Enrichissement, accumulation et circulation des biens. Quelques problèmes liés au marché de la terre », dans *Le Marché de la terre au Moyen Âge*, L. FELLER et Ch. WICKHAM (dir.), Rome, 2005, p. 3-28.

L. FELLER, A. GRAMAIN et F. WEBER, *La Fortune de Karol. Marché de la terre et liens personnels dans les Abruzzes au haut Moyen Âge*, Rome, 2005.

L. FELLER et C. VERNA, « Expertises et cultures pratiques », dans *Experts et expertises au Moyen Âge.* Consilium quaeritur a perito, *XLIIe congrès de la SHMESP, Oxford, 31 mars-3 avril 2011*, Paris, 2012, p. 27-44.

E. FERNANDEZ DE PINEDO, *Crecimiento economico y transformaciones sociales del Pais vasco (1100-1850)*, Madrid, 1974.

J. FERNANDEZ CUANDRENCH, « Crédit juif et solidarité villageoise dans les campagnes barcelonaises au XIIIe siècle », dans *Endettement paysan et crédit rural dans l'Europe médiévale et moderne, Actes des XVIIe journées internationales d'histoire de l'abbaye de Flaran, Flaran, septembre 1995*, M. BERTHE (éd.), Toulouse, 1998, p. 170-183.

C. FERRAGUD, « La médecine en milieu rural dans la Couronne d'Aragon au Moyen Âge », dans *Savoirs des campagnes (Catalogne, Languedoc, Provence, XIIe-XVIIIe siècle)*, C. VERNA et P. BENITO I MONCLÚS (éd.), *Études roussillonnaises, Revue d'histoire et d'archéologie méditerranéennes*, t. XXVI, 2013-2014, p. 15-22.

M.-Th. FERRER I MALLOL, « Els Italians a terres catalanes (segles XII-XV) », *Anuario de Estudios Medievales*, 10, 1980, p. 410-432.

M.-Th. FERRER I MALLOL, « L'expansio d'una regalia al començament del segle XIV : el notarial reial », *Estudis historics i documents dels arxius de protocols,* 13, 1995, p. 55-73.

M.-Th. FERRER I MALLOL, « Los Vascos en el Mediterraneo medieval. Los primeros tiempos », *Revista de Estudios Maritimos del Pais Vasco*, 2003, p. 115-128.

Ph. FLUZIN, « Notions élémentaires de sidérurgie », dans *Métallurgies africaines. Nouvelles contributions*, N. ECHARD (éd.), Paris, 1983, p. 15-44.

Ph. FLUZIN, « Il processo siderurgico : evoluzione storica e indizi archeo-metrici », dans *La minera perduta. Cinque anni di ricerche archeometallurgiche nel territorio di Bienno*, C. CUCCINI TIZZONI et M. TIZZONI (éd.), Breno, 1999, p. 61-92.

Ph. FLUZIN, « Apport de l'archéométrie à la restitution de la chaîne opératoire : matériaux archéologiques et procédé. Études métallographiques », dans *L'obtencio del ferro pel procediment directe entre els segles IV i XIX, Actes del 6è curs d'Arqueologia d'Andorra, 2000*, Andorre, 2001, p. 335-365.

D. FONTAINE, « Les tendeurs de Perpignan et les verriers de l'Albera (XVIe-XVIIe s.) », dans *L'Albera. Terre de passage, de mémoires et d'identités. Terra de pas, de memòries i d'identitats, Actes du colloque de Banyuls-sur-Mer, mai 2005*, textes réunis par M. CAMIADE et M. ALMARCHA, Perpignan, 2006, p. 109-139.

L. FONTAINE, *Pouvoirs, identités et migrations dans les hautes vallées des Alpes occidentales (XVIIe-XVIIIe siècle),* Grenoble, 2003.

L. FONTAINE, « Montagnes et migrations de travail. Un essai de comparaison globale (XVe-XXe siècle) », *Revue d'histoire moderne et contemporaine*, 2005, p. 27-48.

L. FONTAINE, *Pauvreté et stratégie de survie, une conférence-débat de l'association Emmaüs*, Paris, 2008.

D. FORAY, *L'Économie de la connaissance,* Paris, 2000.

Forges et forêts. Recherches sur la consommation proto-industrielle de bois, D. WORONOFF (dir.), Paris, 1990.

Les Formes de l'expérience. Une autre histoire sociale, B. LEPETIT (dir.), Paris, 1995.

R. FOSSIER, *La Terre et les Hommes en Picardie jusqu'à la fin du XIIIe siècle*, Paris-Louvain, 1968.

R. FOSSIER, « L'artisanat rural au Moyen Âge : bilans et problèmes », dans *L'Artisan au village dans l'Europe médiévale et moderne, Actes des XIXe journées internationales d'histoire de l'abbaye de Flaran, Flaran, septembre 1997*, M. MOUSNIER (éd.), Toulouse, 2000, p. 7-32.

R. FOSSIER, *Le Travail au Moyen Âge*, collection « La vie quotidienne », Paris, 2000.

J.-L. FRAY, « Les petites villes et leurs réseaux en pays de moyenne montagne. L'exemple des hautes terres du Massif central à la fin du Moyen Âge », dans *Montagnes médiévales, XXXIVe congrès de la SHMES, Chambéry, mai 2003*, Paris, 2004, p. 241-262.

A. FURIÓ, « Endettement paysan et crédit dans la péninsule ibérique au bas Moyen Âge », dans *Endettement paysan et crédit rural dans l'Europe médiévale et moderne, Actes des XVIIe journées internationales d'histoire de l'abbaye de Flaran, Flaran, septembre 1995*, M. BERTHE (éd.), Toulouse, 1998, p. 139-167.

A. FURIÓ, « La historiografia catalana sota el franquisme », dans *História de la historiografia catalana*, A. BALCELLS (dir.), Barcelone, 2004, p. 205-228.

A. FURIÓ, « Crédit, endettement et justice : prêteurs et débiteurs devant le juge dans le royaume de Valence (XIIIe-XVe siècle) », dans *La Dette et le Juge. Juridiction gracieuse et juridiction contentieuse du XIIIe siècle au XVe siècle (France, Italie, Espagne, Angleterre, Empire)*, J. CLAUSTRE (dir.), Paris, 2006, p. 19-53.

A. GALLARDO i GARRIGA ET S. RUBIÓ i TUDURI, *La farga catalana, descripció i funcionament història distribució geogràfica,* Barcelone, 1930.

P. GALLUZZI, *Prima di Leonardo. Cultura delle macchine a Siena nel Rinascimento*, Sienne, 1991.

P. GALLUZZI, *Les Ingénieurs de la Renaissance, de Brunelleschi à Léonard de Vinci*, Florence-Paris, 1995.

D. GALOP, *La Forêt, l'Homme et le Troupeau dans les Pyrénées. 6 000 ans d'histoire de l'environnement entre Garonne et Méditerranée*, Toulouse, 1998.

J.-L. GAULIN et F. MENANT, « Crédit rural et endettement paysan dans l'Italie communale », dans *Endettement paysan et crédit rural dans l'Europe médiévale et moderne, Actes des XVIIe journées internationales d'histoire de l'abbaye de Flaran, Flaran, septembre 1995*, M. BERTHE (dir.), Toulouse, 1998, p. 35-67.

J. GAUTHIER, *La Fortune des entreprises minières : histoire et archéologie de l'essai des minerais par voie sèche en Europe, du haut Moyen Âge au XVIIIe siècle*, thèse de l'université de Haute-Alsace, 2012, 2 vol.

P. GAUTHIER-DALCHÉ, « Bertrand Boysset et la science », dans *Église et culture en France méridionale (XIIe-XIVe siècle), Cahiers de Fanjeaux,* n° 35, Toulouse, 2000, p. 261-285.

C. GAUVARD, *« De grace especial ». Crime, état et société à la fin du Moyen Âge*, Paris, 1991, 2 vol.

J.-G. GIGOT « Le transport des bois par flottage en Roussillon avant 1660, nouvel état de la question », dans *Actes du congrès national des sociétés savantes*, 1963, p. 419-428.

B. GILLE, « Le moulin à eau. Une révolution technique médiévale », *Techniques et civilisations*, 1954, p. 1-15.

B. GILLE, « Les origines du moulin à fer », *Revue d'histoire de la sidérurgie*, 1960, p. 23- 32.

B. GILLE, *Les Ingénieurs de la Renaissance*, Paris, 1975.

B. GILLE, « Le Moyen Âge en Occident (V^e-1350) », dans *Histoire générale des techniques,* 1. *Des origines au XVe siècle*, M. DAUMAS (éd.), Paris, rééd. 1996, p. 431-598.

H. GILLES, « L'administration royale des Eaux et Forêts en Languedoc au Moyen Âge », *Bulletin philologique et historique du Comité des travaux historiques et scientifiques*, 1963, p. 331-376.

J. GIMPEL, *La Révolution industrielle du Moyen Âge*, Paris, 1975.

C. GINZBURG, « Signes, traces, piste. Racines d'un paradigme de l'indice », *Le Débat*, 6, 1980, p. 3-44.

Abbé GIRALT, « La baronnie de Sahorre », *Ruscino*, 1925, p. 142-178.

G. GOLDENBERG *et alii*, *Archäometallurgische Untersuchungen zum Metallhüttenwesen im Schwarzwald,* coll. « Archäologie und Geschichte », n° 8, 1996.

R. GOLDTHWAITE, *The Economy of Renaissance Florence*, Baltimore, 2008.

M. GOYHENETCHE, *Histoire générale du Pays basque*, Donostia, 1998.

J.-Y. GRENIER, *L'Économie d'Ancien Régime. Un monde de l'échange et de l'incertitude*, Paris, 1996.

J.-Y. GRENIER, « Une économie de l'identification. Juste prix et ordre des marchandises dans l'Ancien Régime », dans *La Qualité des produits en France (XVIIIe-XXe siècle)*, A. STANZIANI (dir.), Paris, 2003, p. 25-53.

P. GRESSER, « Une histoire méconnue : le flottage en Franche-Comté au Moyen Âge », dans *Forêt et eau (XIIIe-XXXIe siècle)*, travaux réunis et présentés par A. CORVOL, Paris, 2007, p. 203-215.

M. GUAL CAMARENA, *Vocabulario del comercio medieval. Colección de aranceles aduaneros de la Corona de Aragón, siglos XIII y XIV*, Tarragone, 1968.

M. GUAL CAMARENA, « El hierro en el medievo hispano », dans *La miniera hispana e iberoamericana. Estudios-fuentes-bibliographia,* vol. 1, *Estudios*, León, p. 275-292.

A. GUERREAU, « L'étude de l'économie médiévale. Genèse et problèmes actuels », dans *Le Moyen Âge aujourd'hui. Trois regards contemporains sur le Moyen Âge, histoire, théologie, cinéma*, Paris, 1998, p. 31-80.

A. GUERREAU, « Avant le marché, les marchés : en Europe (XIIIe-XVIIIe siècle) », *Annales HSS*, novembre-décembre 2006, p. 1129-1175.

Ch. GUILLERÉ, « Les finances publiques en Roussillon Cerdagne au milieu du XIVe siècle : comptes des procureurs royaux pour les années 1345-1346 », *Annales du Midi*, 1984, p. 357-384.

Ch. GUILLERÉ, « Les finances royales à la fin du règne d'Alfonso IV El Benigno (1335-1336) », *Mélanges de la Casa de Velásquez*, t. XVIII/1, 1982, p. 33-60.

Ch. GUILLERÉ, « De Torella de Montgri à Tossa : les catalans et la mer (fin XIIIe-XIVe siècle) », *Quaderns de la Selva*, 13, 2001, p. 83-108.

Ch. Guilleré, « Notariat et crédit : Gérone et ses campagnes dans les années 1330-1340 », dans *Notaires et crédit dans l'Occident méditerranéen médiéval*, F. Menant et O. Redon (dir.), Rome, 2004, p. 207-224.

J. Guillerme et J. Sebestik, « Les commencements de la technologie », *Revue Thalès XII,* 1966, p. 1-72, réédité dans *Documents pour l'histoire des techniques*, nouvelle série, n° 14, 2007, p. 49-122.

I. Guillot et P. Benoit, « L'extraction de l'argent des minerais de cuivre au xvie siècle : le livre XI du *De re metallica* d'Agricola », dans *Mines et métallurgie, Les Chemins de la recherche,* n° 21, P. Benoit (éd.), Lyon, 1994, p. 107-133.

J. Guiral-Hadziiossif, *Valence, port méditerranéen au xve siècle (1410-1525)*, Paris, 1986.

C. Guiu et S. Péquignot, « Historiographie catalane, histoire vive. À propos de quelques ouvrages récents », *Mélanges de la Casa de Velázquez*, 2006, p. 285-306.

A.-G. Haudricourt, « La technologie science humaine », *La Pensée*, 1964 ; réédité dans *La Technologie science humaine. Recherches d'histoire et d'ethnologie des techniques*, Paris, 1987, p. 37-46.

Ph.-J. Hesse, « Les mines roussillonnaises de 1300 à 1550 », *CERCA*, n° 25, 1964, p. 251-263 ; n° 26, 1964, p. 297-309 ; n° 27, 1965, p. 17-26.

Ph.-J. Hesse, *La Mine et les Mineurs en France de 1300 à 1550*, thèse de l'université de Paris, micro-éditions universitaires, Lille, 1968.

Ph.-J. Hesse, « La formation d'une administration minière royale dans la France médiévale et au début du xvie siècle », dans *Mines et métallurgies (xiie-xvie siècle), Actes du XCVIII^e congrès national des sociétés savantes, section philologie et histoire jusqu'en 1610, Saint-Étienne, 1973,* Paris, 1975, p. 7-22.

Ch. Higounet, *Paysages et villages neufs du Moyen Âge*, Bordeaux, 1975.

L. Hilaire-Pérez et C. Verna, « Dissemination of Technical Knowledge in the Middle Ages and the Early Modern Era. New Approaches and Methodological Issues », *Technology and Culture (Johns Hopkins University Press, EU*), 2006, vol. 47, p. 537-563.

L. Hilaire-Pérez, « Savoirs techniques, identités et migrations : l'histoire face aux mythes », *Documents pour l'histoire des techniques,* n° 15, 2008, p. 3-9.

R. H. Hilton, « Medieval Market Towns and Simple commodity Production », *Past and Present*, 1985, p. 3-23.

J. Hinojosa-Montalvo, « La relaciones comerciales entre Valencia y los Pirineos durante la primera mitad del siglo xv », *Actas del VII Congreso internacional de Estudios pirenaicos, Seu d'Urgell, septembre 1974*, Jaca, 1983, p. 227-238.

Histoire de la France rurale, t. I, *La Formation des campagnes françaises des origines à 1340*, G. Duby et A. Wallon (dir.), Paris, 1975.

Homes, masos, història. La Catalunya del Nord-Est (segles XII-XX), R. CONGOST et LLUÍS TO, Gérone, 1999.

J. IGLÉSIES, *El fogatge de 1497. Estudi i transcripcio*, Barcelone, 1991, 2 vol.

L'Innovation technique au Moyen Âge, Actes du VIe congrès international d'archéologie médiévale, P. BECK (dir.), Paris, 1998.

P. IRADIEL MURUGARREN, « En el Mediterráneo occidental peninsular : dominantes et periferias dominadas en la baja Edad Media », *Áreas. Revista de Ciencias Sociales*, 1986, p. 64-76.

P. IRADIEL MURUGARREN, « Familia y función económica de la mujer en actividades no agrarias », dans *La condición de la mujer en la Edad Media*, Madrid, 1986, p. 223-259.

V. IZARD, *Les Montagnes du fer. Éco-histoire de la métallurgie et des forêts dans les Pyrénées méditerranéennes (de l'Antiquité à nos jours). Pour une histoire de l'environnement*, thèse de l'université de Toulouse-Le Mirail, 1999, 2 vol.

V. IZARD, « La "Révolution industrielle" du XIVe siècle. Pouvoirs, enjeux, gestion et conflits autour d'un patrimoine minier, sidérurgique et forestier convoité (Pyrénées catalanes, France) », *Domitia*, n° 2, 2002.

D. JACQUART, « La scolastique médicale », dans *Histoire de la pensée médicale,* M. D. GRMEK (éd.), t. I, *L'Antiquité et le Moyen Âge*, Paris, 1995, p. 175-210.

D. JACQUART, *La Médecine médiévale dans le cadre parisien (XIV-XVe siècle)*, Paris, 1998.

A. JACQUETON, *La Laine locale et son commerce (Perpignan, XVe siècle)*, mémoire de master 2, université Paris-VIII, 2013.

P. JEANNIN, « La proto-industrialisation : développement ou impasse ? Note critique », *Annales ESC*, 1980, p. 52-65.

P. JEANNIN, « Il concepto di protoindustrializzazione e la sua utilizzazione per la storia dell'industria in Europa dalla fine del medioevo », *Quaderni storici*, 1987, p. 275-285.

Jeux d'échelles. La micro-analyse à l'expérience, J. REVEL (dir.), Paris, 1996.

E. JOHANS, « Les mines d'argent du comte de Rodez. Étude de la charte de coutumes du Minier », *Revue du Rouergue*, 64, 2000, p. 555-573.

T. JOLAS, M.-Cl. PINGAUD, Y. VERDIER et F. ZONABEND, *Une Campagne voisine. Minot, un village bourguignon*, Paris, 1990.

H. KELLENBENZ, « Industries rurales en Occident de la fin du Moyen Âge au XVIIIe siècle », *Annales ESC*, 1963, p. 833-882.

M.-H. LABARTHE, « La suma de la art de Arismetica de Francesch Sanct Climent », *Domitia*, n° 2, 2002, p. 63-88.

S. LAMASSÉ, « Calculs et marchandises (XIVe-XVe siècle) », dans *La Juste Mesure. Évaluer, quantifier et mesurer entre Orient et Occident (VIIIe-XVIIIe siècle)*, L. MOULINIER, L. SALLMANN, C. VERNA et N. WEILL-PAROT (éd.), Saint-Denis, 2005, p. 79-97.

G. LARGUIER, *Le Drap et le Grain en Languedoc : Narbonne et le Narbonnais (1300-1789)*, Perpignan, 1996.

G. LARGUIER, « Draperie et économie au temps des rois de Majorque », dans *Royaume de Majorque : de l'histoire au mythe*, Perpignan, 1997, p. 33-41.

G. LARGUIER, « *Capbreu* de Catalogne du nord (Province du Roussillon) aux XVe-XVIIIe siècles », dans *Terriers et plans terriers du XIIIe au XVIIIe siècle, Actes du colloque de Paris, septembre 1998*, G. BRUNEL, O. GUYOTJEANNIN et J.-M. MORICEAU (éd.), Paris, 2002, p. 65-78.

G. LARGUIER, « Perpignan la commerçante et la financière », dans *Perpignan une et plurielle*, R. SALA et M. ROS (dir.), Perpignan, 2004, p. 103-153.

J. LARTIGAUT, *Les Campagnes du Quercy après la guerre de Cent Ans (vers 1440-vers 1500)*, Toulouse, 1978.

J. LARTIGAUT, « Ferriers pyrénéens établis en Quercy au XVe siècle », *Annales du Midi*, 1963, p. 195-201.

B. LÉCHELON, « La mine d'argent médiévale de Bouco-Payrol », dans *Archéologie en Languedoc, Actes du colloque Mines et Métallurgie de la préhistoire au Moyen Âge en Languedoc-Roussillon et régions périphériques, Cabrières, mai 1997, Revue de la Fédération archéologique de l'Hérault*, 1997, p. 167-182.

B. LÉCHELON, « Des maîtres du sol aux argentiers : l'exploitation du minerai de cuivre du Midi de la France aux XIIe et XIIIe siècles », dans N. THOMAS et P. DANDRIDGE, *Medieval Copper, Bronze and Brass : History, Archaeology and Archaeometry of the Production of Brass, Bronze and Other Copper Alloy Objects in Medieval Europe (12th-16th Centuries), Proceedings of the Symposium of Dinant and Namur, 15-17 May 2014, Namur,* IPW (Série Études et documents, Archéologie), à paraître.

LEFEBVRE, « Notices sur le combustible employé dans les usines à fer des départements des hautes et basses Pyrénées », *Annales des mines*, 1937, 3, t. II/3, p. 575-584.

J. LE GOFF, *La Civilisation de l'Occident médiéval*, Paris, 1964.

C. LEMERCIER et C. ZALC, *Méthodes quantitatives pour l'historien*, Paris, 2008.

B. LEPETIT, « De l'échelle en histoire », dans *Jeux d'échelles. La micro-analyse à l'expérience*, Paris, 1996, p. 71-94.

B. LEROY, « Politique monétaire et extraction minière en Navarre vers 1340 », *Revue numismatique*, 1972, p. 105-123.

S. Leroy, C. Verna *et alii*, « The Medieval Iron Market in Ariège (France). Multidisciplinary Analytical Approach and Multivariate Analyses », *Journal of Archeological Sciences*, 2012, p. 1080 1093.

G. Levi, *Le Pouvoir au village. Histoire d'un exorciste dans le Piémont du XVIIe siècle*, Paris, 1989.

G. Levi, « Les usages de la biographie », *Annales ESC*, 1989, p. 1325-1336.

J. M. Llobet i portella, « La produccio i el consum de carn a Cervera durant els segles xiv i xv », dans *Primer Col. loqui d'Història de l'Alimentació a la Corona d'Aragó*, t. II, Lérida, 1995, p. 53-60.

J. A. Llibrer Escrig, « La formación des compañías para el tintado de paños. El caso de Concenteina en el siglo xv », *Anuario de Estudios Medievales*, 2011, p. 59-72.

J. A. Llibrer Escrig, « La configuració d'un districte industrial a la baixa edat mitjana. Les viles draperes de la Vall d'Albaida, l'Alcoià i el Comtat », *Recerques*, 67, 2014, p. 5-31.

J. A. Llibrer Escrig, « Artesanos emprededores en la industria textil. Del taller al mercado : el caso del pelaire contestano Bernat Martí (1469-1482) », *En la España Medieval*, 37, 2014, p. 295-317.

J. A. Llibrer Escrig, *Industria textil y crecimiento regional : la Vall d'Albaida y el Comtat en el siglo XV*, Valence, 2014.

P. O. Long, « The Openness of Knowledge : an Ideal and Its Context in 16th-Century Writings on Mining and Metallurgy », *Technlogy and Culture*, 32, 1991, p. 318-355.

D. Lorhmann, « Échanges techniques entre Orient et Occident au temps des Croisades », dans *Occident et Proche-Orient. Contacts scientifiques au temps des croisades, Actes du colloque de Louvain-la-Neuve, mars 1997*, I. Draelants, A. tihon et B. van den abeele, Turnhout, 2000, p. 117-144.

G. Loubès, « Commerce et échanges en Gascogne centrale au bas Moyen Âge », *Bulletin de la Société archéologique du Gers*, 1986, p. 233-253.

P. Macaire, « Les relations commerciales entre Majorque, Collioure et Perpignan au xve siècle », dans *Majorque, Languedoc et Roussillon de l'Antiquité à nos jours, LIIIe congrès de la Fédération historique du Languedoc méditerranéen et du Roussillon, Majorque, 1980*, Montpellier, 1982, p. 77-90.

J. Mach, *Le Verre médiéval et moderne en Roussillon (XIIIe-XVIIIe siècle). Un état de la question*, mémoire de maîtrise de l'université de Provence, 2004, 2 vol.

M. R. Mac Vaugh, « The Developement of Medieval Pharmaceutical Theroy », dans *Arnaldi de Villanova opera medica, II, Aphorismi de gradibus*, M. R. Mac Vaugh (éd.), Grenade-Barcelone, 1975, p. 2-143.

M. R. MAC VAUGH, *Medicine before the Plague. Practitioners and Their Patients in the Crown of Aragon (1295-1345)*, Cambridge, 1993.

J. M. MADURELL MARIMÓN, *Las fargas pirenaicas (Notas para su historia)*, *Instituto de Estudios pirenaicas, Consejo superior de investigaciones cientificas*, Saragosse, 1952, p. 545-568.

J. M. MADURELL MARIMÓN, « Contribución a la historia de la Farga Catalana », *Tecnica metalurgica*, 1960, p. 103-110.

J. M. MADURELL MARIMÓN, « Fargues antigues. Repertori documental », *Ausa*, p. 259-266.

C. MAITTE, « Corporation et politique au village : Altare entre migrations et différenciation sociale (XVIe-XIXe siècle) », *Revue historique*, 2001, p. 47-77.

Mappae Clavicula. *A Little Key to the World of Medieval Techniques,* C. STANLEY et J. G. HAWTHORNE trad., Transactions of the American Philosophical Society, New series, vol. 64, Philadelphie, 1974.

Le Marché dans son histoire, *Revue de synthèse*, t. CXXVII, 2006.

D. MARGAIRAZ, *Foires et marchés dans la France pré-industrielle*, Paris, 1988.

D. MARGAIRAZ et Ph. MINARD, « Le marché dans son histoire », *Le Marché dans son histoire, Revue de synthès*e, t. CXXVII, 2006, p. 241-252.

A. MARSHALL, *Elements of Economics*, vol. 1, *Economics of Industry*, Londres, 1912.

P. MARTÍNEZ SOPENA, « Les *Francos* dans les villes du chemin de Saint-Jacques », dans *Les Immigrants et la ville : insertion, intégration, discrimination (XIIe-XXe siècle)*, D. MENJOT et J.-L. PINOL (éd.), Paris, 1996, p. 9-25.

P. MARTÍNEZ SOPENA, « Le rôle des petites villes dans l'organisation de l'espace en Castille », dans *L'Espace rural au Moyen Âge (Portugal, France, Espagne, XIIe-XIVe siècle). Mélanges en l'honneur de Robert Durand*, Rennes, 2002, p. 149-165.

A. MARTÍNEZ ELCACHO, « Las ordenanzas promulgadas en 1352 para explotar la plata en el Condado de las Montañas de Prades y Baronía de Entenza », *Historia. Instituciones. Documentos*, vol. 33, 2006, p. 423-433.

A. MARTÍNEZ ELCACHO, « El saber i l'experiència dels Sards al servei de l'explotació de les mines d'argent de Falset (1342-1358) », dans C. VERNA et P. BENITO I MONCLÚS (éd.), *Savoirs des campagnes (Catalogne, Languedoc, Provence, XIIe-XVIIIe siècle)*, *Études roussillonnaises, Revue d'histoire et d'archéologie méditerranéennes*, t. XXVI, 2013-2014, p. 153-161.

A. MARTÍNEZ ELCACHO, « Pro crosis argenti ». *La plata al comtat de les muntanyes de Prades y baronia d'Entença en època del comte Pere (1342-1358) : regulació, gestió, i rendiment de les mines de Falset,* thèse de l'université de Lérida, 2014, 2 vol.

C.-G. MAUBERT, « Le mouvement du port de Barcelone pendant l'hiver 1357 », *Anuario de Estudios Medievales*, 1980, p. 659-660.

« Un médiéviste historien des sciences. Entretien avec Guy Beaujouan, Propos recueillis par J.-P. BOUDET, J. CHANDELIER et N. WEILL-PAROT », *Médiévales*, n° 47, 2004, p. 153-172.

F. MELIS, *Documenti per la storia economica dei secoli XIII-XVI,* Florence, 1972.

F. MENANT, *Les Campagnes lombardes au Moyen Âge. L'économie et la société rurales dans la région de Bergame, de Crémone et de Brescia du Xe au XIIIe siècle*, Rome, 1993.

F. MENANT, « Pour une histoire médiévale de l'entreprise minière en Lombardie », *Annales ESC*, 1987, p. 779-796.

F. MENANT, « Aspects de l'économie et de la société dans les vallées lombardes aux derniers siècles du Moyen Âge », dans *La Sidérurgie alpine en Italie (XIIe-XVIIe siècle)*, Études réunies par Ph. BRAUNSTEIN, Rome, 2001, p. 3-30.

F. MENANT, « Les campagnes européennes avant la peste. Préliminaires historiographiques pour de nouvelles approches méditerranéennes », dans *Dynamiques du monde rural dans la conjoncture de 1300. Échanges, prélèvements et consommation en Méditerranée occidentale,* Études réunies par M. BOURIN, F. MENANT et L. TO FIGUERAS, Rome, 2014, p. 9-101.

Fr. F. MENDELS, « Des industries rurales à la proto-industrialisation, historique d'un changement de perspective », *Annales ESC*, 1984, p. 977-1008.

D. MENJOT, « Les métiers en Castille au bas Moyen Âge : approche des "vécus socio-économiques" », dans *Les Métiers au Moyen Âge. Aspects économiques et sociaux*, J.-P. SOSSON (dir.), Louvain-la-Neuve, 1994, p. 205-227.

D. MENJOT, *Les Espagnes médiévales*, Paris, 1996.

Mil años de trabajo del cuero, Actas del II simposium de historia de la técnicas, Cordoue, mai 1999, R. CÓRDOBA DE LA LLAVE (coord.), Cordoue, 2003.

Mining, Metallurgy and Minting in the Middle Ages, Continuing Afro-European Supremacy (1250-1450), I. BLANCHARD (éd.), Stuttgart, vol. 3, 2005.

J.-M. MINOVEZ, L. HILAIRE-PÉREZ et C. VERNA, « L'industrie des campagnes : retrouver la longue durée », dans *Les Industries rurales dans l'Europe médiévale et moderne, Actes des XXXIIIe journées internationales d'histoire de l'abbaye de Flaran*, J.-M. MINOVEZ, C. VERNA ET L. HILAIRE-PÉREZ (dir.), Toulouse, 2013, P. 7-12.

M. MOLLAT, *Jacques Cœur ou l'esprit d'entreprise au XVe siècle*, Paris, 1988.

M. MOLLAT, « L'entrepreneur et la culture de son temps », dans *Impresa, Industria, Commercio, Banca, secc. XIII-XVIII, Atti della XXII Settimana di Studi, Prato, mai 1990*, S. CAVACIOCCHI (éd.), Florence, 1991, p. 326-342.

T. DE MONTAGUT I ESTRAGUES, *El maestre racional y la Corona d'Arago (1283-1419)*, Barcelone, 1987.

F. R. MORRAL, « The Catalan "Farga" in the New World (1500-1900) », dans *La farga catalana en el marc de l'arqueologia siderurgica, Simposi internacional sobre la Farga Catalana, Ripoll, 1993*, E. TOMÀS I MORERA (éd.), Andorre, 1995, p. 125-129.

M. MORER, « Recherches historiques sur l'ancienne exploitation des mines du Roussillon », *Bulletin de la Société agricole, scientifique et littéraire des Pyrénées-Orientales*, 1854, p. 290-308.

L. MOULINIER-BROGI, « Les médecins dans le Centre-Ouest au Moyen Âge (XIIIe-XVe siècle) », dans *Scrivere il Medioevo. Lo spazio, la santità, il cibo. Un libro dedicato ad Odile Redon,* a cura di B. LAURIOUX et L. MOULINIER-BROGI, Rome, 2001, p. 405-429.

F. MOUTHON, « Villes et organisation de l'espace en Bordelais à la fin du Moyen âge : le rôle des villes secondaires (vers 1475-vers 1525) », dans *La Ville au Moyen Âge, Actes du CXX[e] congrès du CTHS, Aix-en-Provence, 1995*, t. I, Paris, 1998, p. 293-311.

F. MOUTHON, « Rioms et Podensac : développement et influence comparés d'une ville et d'un bourg de leurs origines au début du XVIe siècle », *Annales du Midi*, 2001, p. 131-156.

R. MUCHEMBLED, *La Violence au village, sociabilité et comportements populaires en Artois du XVe au XVIIe siècle*, Turnhout, 1989.

I. MUGUETA MORENO, « Politica monetaria en Navarra bajo el reinado de los primeros Evreux (1328-1349) », *En la Espana Medieval*, 27, 2004, p. 77-104.

I. MUGUETA MORENO, « Mineria cuproargentifera en el reino de Navarre (siglo XIV) », dans *Príncipe de Viana, 66/235*, 2005, p. 405-428.

I. MUGUETA MORENO, « Les territoires de la sidérurgie médiévale au Pays basque et en Navarre », dans *Les Industries rurales dans l'Europe médiévale et moderne, Actes des XXXIIIe journées internationales d'histoire de l'abbaye de Flaran*, J.-M. MINOVEZ, C. VERNA et L. HILAIRE-PÉREZ (dir.), Toulouse, 2013, p. 63-76.

J.-V. MURAT, « Pratiques et succès du cabotage en Méditerranée nord-occidentale, XIVe siècle », dans *Rives nord-méditerranéennes. Cabotages et réseaux portuaires en Méditerranée,* 2003 (en ligne).

G. MUT, *Mines et fonderies antiques et médiévales du Canigou (inventaire de la région est)*, mémoire de maîtrise, université Toulouse-Le Mirail, 1985.

G. NAVARRO ESPINACH, « Joan Santalínía i altres paraires de Castelló a la fi del segle XV », dans *Actes del V congrès d'història i filologia de la Plana*, Nules, 1998, p. 155-177.

G. NAVARRO ESPINACH, « Los negocios de la burguesía en la industria precapitalista valenciana de los siglos XIV-XVI », *Revista d'Historia Medieval*, 11, 2000, p. 67-104.

G. Navarro Espinach, « La industria del cuero en el reino de Valencia y el concejo de Teruel (siglos xiii-xvi) », dans *Mil años de trabajo del cuero, Actas del II simposium de historia de la técnicas, Cordoue, mai 1999*, Ricardo Córdoba de la Llave (coord.), Cordoue, 2003, p. 201-230.

G. Navarro Espinach, « Les industries rurales dans la Couronne d'Aragon au xve siècle », dans *Les Industries rurales dans l'Europe médiévale et moderne, Actes des XXXIIIe journées internationales d'histoire de l'abbaye de Flaran*, J.-M. Minovez, C. Verna et L. Hilaire-Pérez (dir.), Toulouse, 2013, p. 89-112.

G. Navarro Espinach, J. Aparaci Martí, « Villarluengo, un lugar de la bailí de Cantavieja en el siglo xv », dans *Aragón en la Edad Media*, 20, 2008, p. 543-558.

Notaires et crédit dans l'Occident méditerranéen médiéval, F. menant et O. redon (dir.), Rome, 2004.

C. Olivera, E. Redondo, J. lambert, A. Riera Melis et A. Roca, *Els terratrèmols dels sigles xiv-xv a Catalunya*, Barcelone, 2006.

C. Opsomer et R. Halleux, « L'alchimie de Théophile et l'abbaye de Stavelot », dans *Comprendre et maîtriser la nature au Moyen Âge, mélanges d'histoire des sciences offerts à Guy Beaujouan*, Paris, 1994, p. 437-459.

Les Origines de la grande industrie métallurgique en France, B. Gille (dir), Paris, 1947.

Le Pays catalan, J. Sagnes (éd.), Pau, 1983.

F. B. Pegolotti, *Pratica della mercatura,* A. Evans (éd.), Cambridge, Mass., 1936.

P.-L. Pelet, « Une industrie bimillénaire : la sidérurgie du Jura vaudois », *Annales ESC*, 1974, p. 789-812.

L. Pérez, « Technique, économie et politique entre la France et l'Angleterre (xviie-xixe siècle) », dans *Les Techniques et la Technologie entre la France et la Grande-Bretagne (xviie-xixe siècle), Documents pour l'histoire des techniques*, 2010, p. 9-29.

M. Perrot, « Une éthique du faire », dans *Michel de Certeau, Les Chemins de l'histoire*, C. Delacroix, Fr. Dosse, P. Garcia et M. Trebitsch (dir.), Paris, 2002, p. 209-217.

J.-M. Pesez, « Le Moyen Âge est-il un temps d'innovation technique ? », dans *L'Innovation technique au Moyen Âge, Actes du VIe congrès international d'archéologie médiévale*, P. Beck (éd.), Paris, 1998, p. 11-14.

J. Petrowiste, *Naissance et essor d'un espace d'échanges au Moyen Âge : le réseau des bourgs marchands du Midi toulousain (xie-milieu xive siècle*), thèse de l'université de Toulouse-Le Mirail, 2007, 2 vol.

J. Peytaví Deixona, *Catalans i Occitans a la Catalunya moderna (comtats de Rossello i Cerdanya s. xvi-xvii). Presentació històrica i transcripció del fogatge català de 1533, del registre de la taxa del Batalló de 1643 i de les dues llistes dels immigrants occitans de 1542-1543, a la zona de la Catalunya del Nord*, Barcelone, 2005, 2 vol.

J. PEYTAVÍ DEIXONA, « Les migrations des Italiens vers la Catalogne : un point de rencontre au nord du pays, du Moyen Âge à l'époque contemporaine », dans *La Catalogna in Europa. Transiti, passagi, traduzioni, Atti del IX Congesso internazionale, Associazione italiana di studi catalani (Venezia, 14-16 febbraio 2008)*, Édition en ligne, 30 décembre 2009.

A. PINTO, « Les sources notariales, miroir des cycles d'exportation du pastel languedocien en Roussillon et dans le nord-est de la Catalogne (XIVe s.-premier quart du XVe) », *Annales du Midi*, 2001, p. 423-455.

A. PINTO, « Ressources et activités économiques dans les montagnes roussillonnaises (XIe-XVe siècle) », dans *Montagnes médiévales, XXXIVe congrès de la SHMES, Chambéry, 23-25 mai 2003*, Paris, 2004, p. 315-344.

A. PINTO, « Le commerce des chevaux et des mules entre la France et les pays catalans (XIVe-XVe siècle) », *Histoire et sociétés rurales*, n° 23, 2005, p. 89-116.

A. PINTO, « Perpignan un grand centre drapant méditerranéen (XIIIe-XVe) : état de l'historiographie », dans *La Fibre catalane. Industrie et textile en Roussillon au fil du temps*, Perpignan, 2005, p. 13-37.

A. PINTO, « Juifs et *conversos* dans les diocèses d'Elne et de Gérone : une reconversion réussie dans le secteur textile à la fin du Moyen Âge (*circa* 1390-*circa* 1440) ? », *Documents pour l'histoire des techniques*, n° 15, 2008, p. 10-23.

A. PINTO, « Draperie et développement urbain : le cas de Perpignan à la fin du Moyen Âge », dans *Morphologie et identité sociale dans la ville médiévale hispanique*, F. SABATÉ I CURULL et Ch. GUILLERÉ (dir.), Chambéry, 2012, p. 353-403.

A. PINTO et C. VERNA, « Les Basques dans les forges de Catalogne : migration, culture technique et industrie rurale (XVe-début XVIe siècle) », dans *Entreprises en mouvement. Migrants, pratiques entrepreneuriales et diversités culturelles dans le monde (XVe-XXe siècle)*, C. MAITTE, I. MANDE et M. MARTINI avec D. TERRIER (éd.), Valenciennes, 2009, p. 31-48.

S. PIQUERO ZARAUZ, « El siglo XVI, época dorada de los movimientos migratorios guipuzcoanos de media y larga distancia durante la Edad Moderna », dans *La Lucha de Bandos en el Pais Vasco : de los Parientes Mayores a la Hidalguia Universal. Guipúzcoa, de los bandos a la Provincia (siglos XIV a XVI)*, J. R. DIAZ DE DURANA et ORTIZ DE URBINA (éd.), Bilbao, 1998, p. 399-423.

The Pirotechnia of Vannoccio Biringuccio. The Classic Sixteenth-Century Treatise on Metal and Metallurgy, C. S. SMITH et M. TEACH GNUDI (éd. et trad.), New York, 1990.

M. POLANYI, *The Tacit Dimension*, New York, 1966.

P. PORTET, *Bertrand Boysset, la vie et les œuvres techniques d'un arpenteur médiéval (v. 1355-v. 1416)*, Paris, 2004, 2 vol.

P. PORTET, « Une expertise en Camargue en 1405. Bertrand Boysset et le bornage du *vallatus vetus* », dans *Savoirs des campagnes (Catalogne, Languedoc, Provence, XIIe-XVIIIe siècle)*, C. VERNA et P. BENITO I MONCLÚS (dir.), *Études roussillonnaises, Revue d'histoire et d'archéologie méditerranéennes*, t. XXVI, 2013-2014, p. 79-94.

M. M. POSTAN, *The Medieval Economy and Society. An Economic History of Britain in the Middles Ages*, Londres, 1978.

J. POUX, « Notes et documents sur les mines de charbon de Boussagues aux XIIIe-XIVe siècles », *Bulletin historique et philologique du Comité des travaux historiques*, 1899, p. 347-348.

J.-Ph. PRIOTTI, *Bilbao et ses marchands au XVIe siècle. Genèse d'une croissance*, Lille, 2004.

J.-Ph. PRIOTTI, « Basques péninsulaires et réseaux portuaires en Méditerranée (fin XIIIe-milieu XVIe siècle) », dans *Rives nord-méditerranéennes. Cabotages et réseaux portuaires en Méditerranée*, 2003 (en ligne).

C. PUIG, *Les Campagnes roussillonnaises au Moyen Âge : pratiques agricoles et paysagères entre le XIIe et la première moitié du XIVe siècle*, thèse de l'université Toulouse-Le Mirail, 2003, 2 vol.

C. PUIG, « Les *capbreus* du roi de Majorque (1292-1294) », dans *De l'estime au cadastre en Europe. Le Moyen Âge, Actes du colloque de juin 2003*, A. RIGAUDIÈRE (éd.), Paris, 2006, p. 437-456.

P. PUJOL I TUBAU, « Un cercador de mines del segle XV », dans *Obra completa a cura de Joan Riera i Simo*, Andorre, 1984, p. 365-369.

La Qualité des produits en France (XVIIIe-XXe siècle), A. STANZIANI (dir.), Paris, 2003.

C. RABASSA VAQUER, « La manufactura tèxtil en l'àmbit rural dels ports de Morella (segles XIV-XV) », *Millars, Espai i Història*, 29, 2006, p. 151-173.

C. RAYNAUD, « Moulins à fer et forges catalanes : mise en place d'une proto-industrie dans les Pyrénées audoises (XIIIe-XVIIIe siècle) », *Bulletin de la Société d'Études scientifiques de l'Aude*, 1995, p. 129-143.

G. RECH, « La fonderie de Wisembach d'après les comptes d'exploitation », dans *Mines et métallurgie, Les Chemins de la recherche*, n° 21, P. BENOIT (éd.), Lyon, 1994. 173-188.

E. REDONDO GARCÍA, *El fogatjament general de Catalunya de 1378*, Barcelone, 2002.

C. RENDU, *La Montagne d'Enveig. Une estive pyrénéenne dans la longue durée*, Perpignan, 2003.

J. REVEL, « L'histoire au ras du sol », Introduction à G. LEVI, *Le Pouvoir au village. Histoire d'un exorciste dans le Piémont du XVIIe siècle*, Paris, 1989.

J. REVEL, « Présentation », dans *Jeux d'échelles. La micro-analyse à l'expérience*, Paris, 1996, p. 7-14.

J. REVEL, « Micro-analyse et construction du social », dans *Jeux d'échelles. La micro-analyse à l'expérience*, Paris, 1996, p. 15-36.

J. RICORDEL, « Quantifier la force des médicaments composés. Des exemples en médecine arabo-musulmane », dans *La Juste Mesure. Quantifier, évaluer, mesurer entre Orient et Occident (VIIIe-XVIIIe siècle)*, sous la direction de L. MOULINIER, L. SALLMANN, C. VERNA, N. WEILL-PAROT (éd.), Saint-Denis, 2005, p. 99-116.

J. RIGAULT, « Documents sur les mines de Bourgogne au XVe siècle », dans *Mines et métallurgies (XIIe-XVIe siècle), Actes du XCVIIIe congrès national des sociétés savantes, section philologie et histoire jusqu'en 1610, Saint-Étienne, 1973*, Paris 1975, p. 97-106.

J. L. ROCH, « De la nature du drapier médiéval. L'exemple rouennais », *Revue historique*, CCII, 1, 2000, p. 3-31.

G. ROMESTAN, « La foire d'Elne au XIVe siècle », *Cahiers ligures de préhistoire et d'archéologie*, 1969, p. 79-82.

G. ROMESTAN, « Draperie rousillonnaise et draperie languedocienne dans la première moitié du XIVe siècle », dans *Actes du XLIIe congrès de la Fédération historique du Languedoc méditerranéen et du Roussillon*, Montpellier, 1970, p. 31-59.

G. ROMESTAN, « Les relations commerciales entre Perpignan et la Ligurie aux XIVe et XVe siècles », dans *Atti del I congresso storico Liguria-Catalogna, Ventimiglia, Albenga, Genova, octobre 1969*, Bordighera, 1974, p. 364-375.

G. ROMESTAN, « Perpignan et les foires de Pézenas et Montagnac aux XIVe et XVe siècles », dans *Fédération historique du Languedoc méditerranéen et du Roussillon*, Montpellier, 1976, p. 75-103.

G. ROMESTAN, « Le commerce à Narbonne dans le second quart du XIVe siècle », dans *Hommage à Jean Combes, Études languedociennes, Mémoires de la Société archéologique de Montpellier*, Montpellier, 1991, p. 47-60.

G. ROMESTAN, « Un marchand perpignanais au XIVe siècle : Bernard Saquet », dans *Le Roussillon de la Marca Hispanica aux Pyrénées-Orientales (VIIIe-XXe siècle), Actes du LXVIIe congrès de la Fédération historique du Languedoc Méditerranéen et du Roussillon*, Perpignan, 1995, p. 439-474.

G. ROMESTAN, « Les hommes d'affaires de Perpignan à l'époque d'Alphonse le Magnanime », *Le Buisson catalan, Mélanges de la Société des arts, sciences et lettres des Pyrénées-Orientales*, 1997, p. 115-142.

P.-A. ROSENTAL, « Qu'est-ce qu'une ressource locale ? Homéostasie et microanalyse en histoire sociale », *Revue de synthèse, Objets d'échelles*, 2001, p. 71-91.

R. de ROOVER, « The Concept of the Just Price : Theory and Economic Policy », *Journal of Economic History*, 1958, p. 418-434.

F. SABATÉ I CURULL, « Les factions dans la vie urbaine de la Catalogne du XIVe siècle », dans *Histoire et archéologie des terres catalanes au Moyen Âge,* textes réunis et présentés par Ph. SÉNAC, Perpignan, 1995, p. 339-365.

F. SABATÉ I CURULL, *El territori de la Catalunya medieval. Percepció de l'espai i divisió territorial al llarg de l'Edat Mitjana*, Barcelone, 1997.

F. SABATÉ I CURULL, « La montagne dans la Catalogne médiévale. Perception et pouvoir », dans *Montagnes médiévales, Actes du XXXIVe congrès de la SHMES, Chambéry, mai 2003*, Paris, 2004, p. 179-218.

P. SAHLINS, *Forest Rights, the War of the Demoiselle in XIXth-Century, France*, Cambridge (Mass.), 1994.

M. SANCHO I PLANAS, « *Ipsa Fabricata* » *: estudi arqueològic d'un establiment siderúgic medieval*. Monografies d'Arqueologia Medieval i Post-medieval, núm 2. Universitat de Barcelona, Barcelone, 1997.

M. SANCHO I PLANAS, *Homes, fargues, ferro i foc. Arqueologia i documentació per a l'estudi de la producció de ferro en època medieval : les fargues dels segles IX-XIII al sud del Pirineu català*, Barcelone, 1999.

M. SANCHO I PLANAS, « Fabregada : un forn de reducció de ferro de l'Alta Edat Mitjana », dans *L'obtenció del ferro pel procediment direte entre els segles IV i XIX, Actes del 6è curs d'Arqueologia d'Andorra, 2000*, Andorre, 2001, p. 211-229.

Savoirs des campagnes (Catalogne, Languedoc, Provence, XIIe-XVIIIe siècle), C. VERNA et P. BENITO I MONCLÚS (dir.), *Études roussillonnaises, Revue d'histoire et d'archéologie méditerranéennes*, t. XXVI, 2013-2014.

Science et technique au Moyen Âge, J. CHANDELIER, C. VERNA et N. WEILL-PAROT (éd.), Saint-Denis, 2017.

Th. SCLAFERT, *L'Industrie du fer dans la région d'Allevard au Moyen Âge*, Grenoble, 1926.

J. A. SCHUMPETER, *Théorie de l'évolution économique. Recherches sur le profit, le crédit, l'intérêt et le cycle de la conjoncture* (J.-J. ANSTETT trad.), Paris, 1935 (1re édition en 1911).

La Sidérurgie alpine en Italie (XIIe-XVIIe siècle), Études réunies par Ph. BRAUNSTEIN, Rome, 2001.

G. SICARD, *Aux Origines des sociétés anonymes, les moulins de Toulouse au Moyen Âge*, Toulouse, 1953.

J.-P. SOSSON, « Les métiers : normes et réalité. L'exemple des anciens Pays-Bas méridionaux aux XIVe et XVe siècles », dans *Le Travail au Moyen Âge. Une approche interdisciplinaire, Actes du colloque international de Louvain-la-Neuve, mai 1987*, J. HAMESSE et C. MURAILLE-SAMARAN (éd.), Louvain-la-Neuve, 1990, p. 338-348.

J.-P. SOSSON, « Les petites villes du Zwin (XIVe-XVe siècle) : des “espaces urbains” inviables », dans *Commerce, finances et société (XIe-XVIe siècle). Recueil de travaux d'histoire médiévale offerts à Henri Dubois*, Paris, 1993, p. 171-184.

J.-P. SOSSON, « L'entrepreneur médiéval », dans *Impresa. Industria, commercio, banca secc. XIII-XVIII, Atti della XXII Settimana di Studi, Prato, mai 1990*, S. CAVACIOCCHI (éd.), Florence, 1991, p. 275-293.

J. F. SOULET, *Les Pyrénées au XIXe siècle*, Toulouse, 1987, 2 vol.

R. SPRANDEL, « Le commerce du fer en Méditerranée orientale au Moyen Âge », dans *Sociétés et compagnies de commerce en Orient et dans l'océan Indien, Actes du VIIIe colloque international d'histoire maritime, Beyrouth, septembre 1966*, M. MOLLAT (éd.), Paris, 1970, p. 387-393.

R. SPRANDEL, « Notas sobre la produccion de hierro en la peninsula ibérica durante la Edad media », *Anuario de Estudios Medievales*, 1983, p. 351-365.

P. STABEL, « L'encadrement corporatif et la conjoncture dans les petites villes de la Flandre orientale, contraintes ou possibilités ? », dans *Les Métiers au Moyen Âge, Aspects économiques et sociaux*, J.-P. SOSSON (dir.), Louvain-la-Neuve, 1994, p. 335-348.

A. STELLA, « *Ars lane* ou *ars rationandi* ? », dans *Le Marchand au Moyen Âge, Actes du XIXe congrès de la Société des historiens médiévistes de l'enseignement supérieur public*, Paris, 1992, p. 113-119.

L. SUHLING, *Der Seigerhüttenprozess, die Technologie des Kupferseigerns nach dem frühen metallurgischen Schrifttum*, Stuttgart, 1974.

B. SUAU, « Notes sur le commerce du fer et de l'acier à Rodez au milieu du XVe siècle », *Revue du Rouergue*, 1976, p. 50 et 51.

M. R. TALLAFIGO, « Ordenanzas para la explotación de la plata en el candado de Prades y baronia de entenza (años 1343-1352) », *Historia, Instituciones, Documentos 6*, 1979, p. 325-340.

M. R. TALLAFIGO, *La cancilleria de los condes de Prades y Ribagorza (1341-1414)*, Saragosse, 1990.

M. TANGHERONI, *La citta dell'argento. Iglesias dalle origini alla fine del Medioevo con un'appendice di Claudia Giogioni Mercuriali*, Naples, 1985.

Technological Change, Methods and Themes in History of Technology, R. FOX (ed.), Amsterdam, 1998.

F. TÉREYGEOL *et alii*, « Les scories de plomb argentifères : une source d'innovation technique carolingienne ? », dans *Artisans, industrie. Nouvelles révolutions du Moyen Âge à nos jours*, N. COQUERY, L. HILAIRE-PÉREZ, L. SALLMANN et C. VERNA (éd.), Cahier d'histoire et de philosophie des sciences, n° 52, Lyon, 2004, p. 31-40.

J. Terson, *Mémoires d'un apôtre saint-simonien, présentation par Daniel Fabre*, Carcassonne, 1979.

E. de Teulet, *État des juridictions inférieures du comté de Roussillon avant 1790*, Paris, 1887.

I. Theiller, « Prix du marché, marché du grain et crédit au début du XIIIe siècle : autour d'un dossier rouennais », *Le Moyen Âge*, 2009/2, p. 253-276.

E. Tomàs i Morera, « Consideracions generals sobre el procediment català o farga catalana », dans *La farga catalana en el marc de l'arqueologia siderurgica, Simposi internacional sobre la Farga Catalana, Ripoll, 1993*, E. Tomàs i Morera (éd.), Andorre, 1995, p. 21-23.

R. Tréton, « Crues et inondations dans les Pyrénées méditerranéennes aux XIVe et XVe siècles : état des sources et perspectives de recherches », *Domitia*, n° 8-9, 2007, p. 213-226.

E. Truffaut, « Contribution du manganèse au développement historique de la sidérurgie : aspects techniques », *La Revue de métallurgie*, 1994, p. 1703-1719.

M. Urteaga Artigas, « Siderurgia medieval en Gipuzkoa. Haizeolas, Ferrerias masuqueras et Ferrerias mazonas », dans *Actas de las 1 Jornadas sobre mineria y tecnologia en la edad media peninsular, León, 1995*, León, 1996, p. 543-554.

I. del Val Valdivieso, « Reacción de la nobleza vizcaína ante la crisis bajomedieval », *En la España medieval*, 3, 1982, p. 695-704.

C. Vela i Aulesa, *L'obrador d'un apotecari medieval segons el llibre de comptes de Francesc Ses Canes (Barcelona, 1378-1381)*, Barcelone, 2003.

L. Verdon, *La Terre et les Hommes en Roussillon aux XIIe et XIIIe siècles, structures seigneuriales, rente et société*, Aix-en-Provence, 2001.

R. Vergani, *Miniere e società nella montagna del passato, Alpi veneti, secoli XIII-XIX*, Vérone, 2003.

H. Vérin, *Entrepreneurs, entreprise. Histoire d'une idée*, Paris, 1982.

C. Verna, « Esquisse d'une histoire des mines et de la métallurgie monastiques dans les Pyrénées », dans *Moines et métallurgie dans la France médiévale*, Études réunies par P. Benoit et D. Cailleaux, Paris, 1991, p. 45-58.

C. Verna, *Les Mines et les Forges des cisterciens en Champagne méridionale et en Bourgogne du Nord (XIIe-XVe siècle)*, Paris, 1995.

C. Verna, « Une nouvelle page de l'histoire des mines d'argent européennes : le cas des Pyrénées centrales (XIVe-XVe siècle) », *Bulletin de la Société ariégeoise des sciences, lettres et arts*, 1996, p. 201-232.

C. Verna, « Forgerons de village : quelques témoignages béarnais des XIVe et XVe siècles », dans *L'Artisan au village dans l'Europe médiévale et moderne*,

Actes des XIXe journées internationales d'histoire de l'abbaye de Flaran, Flaran, septembre 1997, M. MOUSNIER (éd.), Toulouse, 2000, p. 219-238.

C. VERNA, « Réduction du fer et innovation : à propos de quelques débats en histoire sociale des techniques », *Techniques : les paris de l'innovation, Médiévales,* n° 39, 2001, p. 79-95.

C. VERNA, *Le Temps des moulines. Fer, technique et société dans les Pyrénées centrales (XIIIe-XVIe siècle)*, Paris, 2001.

C. VERNA, « De la forge aux marchés des fers : les espaces emboîtés de la réduction directe », dans *L'obtencio del ferro pel procediment directe entre els segles IV i XIX, Actes del 6è curs d'Arqueologia d'Andorra, 2000*, Andorre, 2001, p. 63-78.

C. VERNA, « La houille au village », dans *Scrivere el medioevo. Lo spazio, la santità, il cibo. Un livro dedicato ad Odile Redon,* a cura di B. LAURIOUX et L. MOULINIER-BROGI, Rome, 2001, p. 169-188.

C. VERNA, « Fer, bois, houille : forge hydraulique et gestion des combustibles (Pyrénées-Languedoc, XIVe siècle) », dans *Economia e energia, secc. XIII-XVIII. Atti della XXXIV Settimana di Studi, Prato, avril 2002*, S. CAVACIOCCHI (éd.), Florence, 2003, p. 388-401.

C. VERNA, « Pyrénées morcelées, traversées, contournées : la forge et la circulation des pondéreux », dans *Circulation des marchandises et réseaux commerciaux dans les Pyrénées (XIIIe-XIXe siècle), colloque international d'Andorre, octobre 2003*, J.-M. MINOVEZ et P. POUJADE (éd.), Toulouse, 2005, vol. 2, p. 608-623.

C. VERNA, « Forge catalane : la question des origines », dans *Le Moyen Âge en Catalogne, colloque de Prades, mai 2003*, Michel ZIMMERMANN (éd.), *Études roussillonnaises, Revue d'histoire et d'archéologie méditerranéennes*, 2005, t. XXI, p. 125-142.

C. VERNA, « Le métal », dans *La Pierre, le Métal, l'Eau et le Bois : économie castrale en territoire audois (XIe-XIVe siècle)*, M.-Ch. BAILLY-MAITRE et M.-E. GARDEL (dir.), Carcassonne, 2008, p. 114-123.

C. VERNA, « Moulin à fer : l'héritage de Bertrand Gille », dans *Jeux d'eau. Moulins, meuniers et machines hydrauliques (XIe-XXe siècle), Études offertes à Georges Comet*, A. DURAND (éd.), Aix-en Provence, 2008, t. II, p. 273-286.

C. VERNA, « Innovations et métallurgies en Méditerranée occidentale (XIIIe-XVe siècle) », *Anuario de Estudios Medievales,* 41/2, 2011, p. 623-644.

C. VERNA, « Quelles sources pour quelles entreprises au Moyen Âge », dans *Dove va la storia economica secc. XIII-XVIII. Atti della XLII Settimana di Studi, Prato, avril 2010*, S. CAVACCIOCHI (éd.), Florence, 2011, p. 6-37.

C. VERNA, « Élites rurales, industries et fortune », dans *Élites rurales méditerranéennes au Moyen Âge, Mélanges de l'École française de Rome, Moyen Âge,* 124-2, 2012, p. 461-478.

C. VERNA, « Pour une approche biographique des entrepreneurs des campagnes médiévales », dans *Les Industries rurales dans l'Europe médiévale et moderne, Actes des XXXIIIe journées internationales d'histoire de l'abbaye de Flaran*, J.-M. MINOVEZ, C. VERNA et L. HILAIRE-PÉREZ (dir.), Toulouse, 2013, p. 77-88.

C. VERNA, « Être expert minier (Occident, Vallespir, XIVe et XVe siècles) », dans *Expertise et valeur des choses au Moyen Âge* (2). *Savoirs, écritures, objets*, L. FELLER et A. RODRIGUEZ (éd.), Madrid, 2016, p. 123-135.

C. VERNA, « Faire flotter le bois sur les torrents du Canigou (XIVe et XVe siècles) », dans *La Circulation des matières premières*, D. BOISSEUIL et Ch. RICCO (éd.), à paraître.

C. VERNA et P. BENITO i MONCLÚS, « Mobiliser des savoirs dans les campagnes médiévales et modernes (Catalogne, Languedoc, Provence) », dans *Savoirs des campagnes (Catalogne, Languedoc, Provence, XIIe-XVIIIe siècle)*, C. VERNA et P. BENITO I MONCLÚS (dir.), *Études roussillonnaises, Revue d'histoire et d'archéologie méditerranéennes*, t. XXVI, 2013-2014, p. 9-14.

C. VERNA et Ph. DILLMANN, « Histoire des techniques médiévales et culture matérielle », dans *La Culture matérielle : un objet en question. Anthropologie, archéologie et histoire, colloque international de Caen*, octobre 2015, en cours de publication.

R. VIADER, *L'Andorre du IXe au XIVe siècle. Montagne, féodalité et communauté*, Toulouse, 2003.

J. VICENS I VIVES, *Evolucion de la economia catalana durante la primera metad del siglo XV*, Palma, 1955.

J. VICENS I VIVES, « Cataluña a mediados del siglo XV », dans *Obra dispersa. Catalunya ahir i avui*, I, Barcelone, 1967, p. 152-219.

J. VICENS I VIVES, « La economía de la corona de Aragón en la baja Edad Media », dans *Obra dispersa. Catalunya ahir i avui*, I, Barcelone, 1967, p. 220-237.

P. VICIANO, « Marché du crédit et structuration de l'espace rural : le Pays valencien au XVe siècle », *Histoire et sociétés rurales*, 21, 2004, p. 13-38.

P. VIDAL, « Notice sur la vie et les travaux de Julien-Bernard Alart, ancien archiviste des Pyrénées-Orientales », *Bulletin de la Société agricole, scientifique et littéraire des Pyrénées-Orientales*, 1896, p. 87-202.

P. VILAR, « Le déclin catalan du bas Moyen Âge, hypothèse sur sa chronologie », *Estudios de Historia Moderna*, 1960, p. 1-68.

P. VILAR, *La Catalogne dans l'Espagne moderne. Recherches sur les fondements économiques des structures nationales*, Paris, 1962, 3 vol.

W. VON STROMER, « Cartels, consortiums et innovations dans l'exploitation du fer d'Europe centrale à la fin du Moyen Âge », dans *Les Techniques minières de l'Antiquité au XVIIIe siècle, Actes du colloque international réuni dans le cadre du CXIII[e] congrès national des sociétés savantes, Strasbourg, 1988*, Paris, 1992, p. 167-186.

F. WEBER, « De l'anthropologie économique à l'ethnographie des transactions », dans *Le Marché de la terre au Moyen Âge*, L. FELLER et Ch. WICKHAM (dir.), Rome, 2005, p. 29-48.

Ph. WOLFF, « Une famille du XIIIe siècle. Les Ysalguier de Toulouse », *Mélanges d'histoire sociale*, 1942, p. 7-31.

Ph. WOLFF, *Commerces et marchands de Toulouse (vers 1350-vers 1450)*, Paris, 1954.

Ph. WOLFF, « Aux frontières du Comminges : Montesquieu Volvestre en 1405, notes de démographie et d'histoire sociale », dans *Saint-Gaudens et le Comminges, Actes du XVIIIe congrès de la Fédération des sociétés savantes du Languedoc-Pyrénées-Gascogne*, Tarbes, 1963, p. 159-164.

Ph. WOLFF, « Esquisse d'une histoire de la draperie en Languedoc du XIIe au début du XVIIIe siècle », dans *Produzione, commercio e consumo dei panni di lana nei secoli XII-XVIII, Atti della II Settimana di Studi, Prato, mai 1970*, M. SPALLANZANI (éd.), Florence, 1976, p. 435-62.

Ph. WOLFF et F. MAURO, « L'âge de l'artisanat (Ve-XVIIIe siècle) », dans *L'Histoire générale du travail*, L.-H. PARIAS (éd.), Paris, 1960, vol. 2.

D. WORONOFF, « Le quotidien des techniques : de la répétition aux aménagements », dans *Les Entreprises et leurs réseaux : hommes, capitaux, techniques et pouvoir (XIXe-XXe siècle)*, D. BAJORT et M. MERGER (dir.), 1998, p. 785-791.

P. ZAMBRANA MORAL et M. J. PELAEZ, « Historia del derecho de minas en el Rosellon, Andorra y Cataluna », *Revista de estudios historico-juridicos*, 2006, p. 613-625.

Index rerum

Table des illustrations

Table des matières

IV. Les marchés des fers

V. Migrer pour rembourser sa dette

VI. La mine d'argent et l'élaboration des savoirs

COLLECTION HISTOIRE

CLASSEMENT CHRONOLOGIQUE

[Généralités sur l'Histoire]

[H 128] Gérard DELILLE, *L'Économie de Dieu. Famille et marché entre christianisme, hébraïsme et islam*

[H 88] Kurt FLASH, *Prendre congé de Dilthey. Que serait un néohistorisme en histoire de la philosophie ?* suivi de *Congé à Dilthey*

[H 137] David. S. LANDES, *L'Heure qu'il est. Les Horloges, la mesure du temps et la formation du monde moderne*

[H 8] Daniel Shabetaï MILO, *Trahir le temps (Histoire)*

[H 10] Daniel Shabetaï MILO & Alain BOURREAU, *Alter Histoire. Essais d'histoire expérimentale*

[Généralités sur l'Antiquité]

[H 102] Polymnia ATHANASSIADI, *Vers la pensée unique. La montée de l'intolérance dans l'Antiquité classique*

[H 7] Jérôme CARCOPINO, *Les Bonnes Leçons*

[H 3] Moses Immanuel FINLEY, *On a perdu la guerre de Troie. Propos et polémiques sur l'Antiquité*

[H 33] Peter GARNSEY, *Famine et approvisionnement dans le monde gréco-romain. Réactions aux risques et aux crises*

[H 68] Peter GARNSEY, *Conceptions de l'esclavage d'Aristote à saint Augustin*

[H 118] Peter GARNSEY, *Penser la propriété. De l'Antiquité jusqu'à l'ère des révolutions*

[H 28] Fritz GRAF, *La Magie dans l'Antiquité gréco-romaine. Idéologie et pratique*

[H 1] Pierre GRIMAL, *Les Erreurs de la liberté*

[H 114] Alfredo LÓPEZ AUSTIN & Leonardo LÓPEZ LUJÁN, *Le Passé indigène. Histoire pré-coloniale du Mexique*

[H 31] Einar MÁR JÓNSSON, *Le Miroir. Naissance d'un genre littéraire*

[H 64] Ramsay MACMULLEN, *Les Émotions dans l'Histoire, ancienne et moderne*

[H 15] Arnaldo MOMIGLIANO, *Les Fondations du savoir historique*

[H 135] Vivian NUTTON, *La Médecine antique*

[H 84] Louis ROBERT, *Choix d'écrits*

[H 66] Youval ROTMAN, *Les Esclaves et l'esclavage. De la Méditerranée antique à la Méditerranée médiévale (VIe-XIe siècles)*

[H 39] Aline ROUSSELLE, *La Contamination spirituelle. Science, droit et religion dans l'Antiquité*

[H 17] Édouard WILL & Claude ORRIEUX, *« Prosélytisme juif » ? Histoire d'une erreur*

[L'Extrême Orient]

[H 104] Damien CHAUSSENDE, *Des Trois royaumes aux Jin. La légitimation du pouvoir impérial en Chine au IIIe siècle*

[H 129] Cédric FERRIER, *L'Inde des Gupta (IVe-VIe siècle)*

[H 109] Pierre MARSONE, *La Steppe et l'Empire. La formation de la dynastie Khitan (Liao). IVe-Xe siècles*

[H 119] Yuri Pines, *L'Invention de la Chine éternelle. Comment les maîtres-penseurs des Royaumes combattants ont construit l'empire le plus long de l'histoire (V[e]-IIIe siècles avant J.-C .)*

[H 136] Michèle Pirazzoli-t'Serstevens & Marianne Bujard, *Les Dynasties Qin et Han. Histoire générale de la Chine (221 av. J.-C. - 220 apr. J.-C.)*

[Histoire Grecque]

[H 77] Alain Duplouy, *Le Prestige des élites. Recherches sur les modes de reconnaissance sociale en Grèce entre les Xe et Ve siècles avant J.-C.*

[H 74] Pierre Ellinger, *La Fin des maux. D'un Pausanias à l'autre. Essai de mythologie et d'histoire*

[H 76] Christian Habicht, *Athènes hellénistique. Histoire de la cité d'Alexandre le Grand à Marc Antoine*

[H 25] Mogens Herman Hansen, *La Démocratie athénienne à l'époque de Démosthène. Structures, principes et idéologie*

[H 50] Mogens Herman Hansen, Polis *et cité-État. Un concept antique et son équivalent moderne*

[H 92] Mogens Herman Hansen, Polis. *Une introduction à la cité grecque*

[H 5] Victor Davis Hanson, *Le Modèle occidental de la guerre. La bataille d'infanterie dans la Grèce classique*

[H 36] Jean Irigoin, *Tradition et critique des textes grecs*

[H 57] Nicole Loraux (dir.), *La Grèce au féminin*

[H 63] John Ma, *Antiochos III et les cités de l'Asie Mineure occidentale*

[H 42] Irad Malkin, *La Méditerranée spartiate. Mythe et territoire*

[H 9] Christian Meier, *De la tragédie grecque comme art politique*

[H 79] Charalampos Orfanos, *Les Sauvageons d'Athènes ou la didactique du rire chez Aristophane*

[H 112] Stéphane Ratti, *Polémiques entre païens et chrétiens*

[H 113] Nicolas Richer, *La Religion des Spartiates. Croyances et cultes dans l'Antiquité*

[H 53] Annie Schnapp-Gourbeillon, *Aux origines de la Grèce (XIIIe-VIIIe siècles avant J.-C.). La genèse du politique*

[H 70] Pierre Vidal-Naquet, *Le Miroir brisé. Tragédie athénienne et politique*

[H 72] Pierre Vidal-Naquet, *L'Atlantide. Petite histoire d'un mythe platonicien*

[Histoire Romaine]

[H 95] Maria Grazia Bajoni, *Les Grammairiens lascifs. La grammaire à la fin de l'Empire romain*

[H 117] Véronique Boudon-Millot, *Galien de Pergame. Un médecin grec à Rome*

[H 19] André Chastagnol, *Le Sénat romain à l'époque impériale. Recherches sur la composition de l'Assemblée et le statut de ses membres*

[H 97] Pierre Chuvin, *Chronique des derniers païens. La disparition du paganisme dans l'Empire romain, du règne de Constantin à celui de Justinien*

[H 27] Eugen Cizek, *L'Empereur Aurélien et son temps*

[H 11] Alexandre Grandazzi, *La Fondation de Rome. Réflexion sur l'Histoire*

[H 14] Ramsay MacMullen, *Le Déclin de Rome et la corruption du pouvoir*

[H 58] Ramsay MacMullen, *La Romanisation à l'époque d'Auguste*

[H 13] Régis François MARTIN, *Les Douze Césars. Du mythe à la réalité*

[H 32] Jean-Marie PAILLER, *Bacchus. Figures et pouvoirs*

[H 101] Rose Mary SHELDON, *Renseignement et espionnage dans la Rome antique*

[H 110] Giusto TRAINA, *Carrhes, 9 juin 53 avant J.-C. Anatomie d'une défaite*

[H 2] Robert TURCAN, *Les Cultes orientaux dans le monde romain*

[H 24] Robert TURCAN, *Mithra et le mithriacisme*

[H 6] Zvi YAVETZ, *César et son image. Des limites du charisme en politique*

[Antiquité tardive]

[H 134] Peter BROWN, *À travers un trou d'aiguille. La richesse, la chute de Rome et la formation du christianisme*

[H 40] Ramsay MACMULLEN, *Christianisme et paganisme du IVe au VIIIe siècle*

[H 89] Ramsay MACMULLEN, *Voter pour définir Dieu. Trois siècles de conciles (253-553)*

[H 127] Éric REBILLARD, *Les Chrétiens de l'Antiquité tardive et leurs identités multiples*

[H 108] Suzanne TEILLET, *Des Goths à la nation gothique. Les origines de l'idée de Nation en Occident du Ve au VIIe siècle*

[H 99] Giusto TRAINA, *428. Une année ordinaire à la fin de l'Empire romain*

[Histoire Médiévale]

[H 126] Thomas N. BISSON, *La Crise du XIIe siècle. Pouvoir et seigneurie à l'aube du gouvernement européen*

[H 22] Alain BOUREAU, *L'Événement sans fin. Récit et christianisme au Moyen Âge*

[H 62] Alain BOUREAU, *La Loi du royaume. Les moines, le droit et la construction de la nation anglaise (XIe-XIIIe siècles)*

[H 80] Alain BOUREAU, *La Religion de l'État. La construction de la République étatique dans le discours théologique de l'Occident médiéval (1250-1350)*

[H 85] Alain BOUREAU, *L'Empire du livre. Pour une histoire du savoir scolastique (1200-1380)*

[H 93] Alain BOUREAU, *De vagues individus. La condition humaine dans la pensée scolastique*

[H 94] Alain BOUREAU, *Théologie, science et censure au XIIIe siècle. Le cas de Jean Peckham*

[H 103] Alain BOUREAU, *L'Inconnu dans la maison. Richard de Mediavilla, les franciscains et la vierge Marie à la fin du XIIIe siècle*

[H 125] Alain BOUREAU, *Le Désir dicté. Histoire du vœu religieux dans l'Occident médiéval*

[H 133] Alain BOUREAU, *L'Errance des normes. Éléments d'éthique scolastique (1220-1320)*

[H 132] Gianluca BRIGUGLIA, *Le Pouvoir mis à la question. Théologiens et théorie politique à l'époque du conflit entre Boniface VIII et Philippe le Bel*

[H 121] Arsenio FRUGONI, *Arnaud de Brescia dans les sources du XIIe siècle*

[H 123] Arsenio FRUGONI & Chiara FRUGONI, *Une journée au Moyen Âge*

[H 111] Chiara FRUGONI, *Le Moyen Âge sur le bout du nez. Lunettes, boutons et autres inventions médiévales*

[H 131] Chiara FRUGONI, *Le Moyen Âge par ses images*

[H 105] Joseph GOERING, *La Vierge et le Graal. Les origines d'une légende*

[H 122] Christophe GRELLARD, *Jean de Salisbury et la renaissance médiévale du scepticisme*

[H 31] Einar Már JÓNSSON, *Le Miroir. Naissance d'un genre littéraire*

[H 138] Joel KAYE, *Histoire de l'équilibre (1250-1375). L'apparition d'un nouveau modèle d'équilibre et son impact sur la pensée*

[H 38] Peter LINEHAN, *Les Dames de Zamora. Secrets, stupre et pouvoirs dans l'Église espagnole du XIIIe siècle*

[H 81] Elsa MARMURSZTEJN, *L'Autorité des maîtres. Scolastique, normes et société au XIIIe siècle*

[H 12] Robert Ian MOORE, *La Persécution. Sa formation en Europe (Xe-XIIIe siècles)*

[H 75] Donald MacGillivray NICOL, *Les Derniers Siècles de Byzance (1261-1453)*

[H 66] Youval ROTMAN, *Les Esclaves et l'esclavage. De la Méditerranée antique à la Méditerranée médiévale (VIe-XIe siècles)*

[H 73] Steven RUNCIMAN, *Le schisme d'Orient. La papauté et les Églises d'Orient (XIe-XIIe siècles)*

[H 90] Steven RUNCIMAN, ***Les Vêpres siciliennes. Une histoire du monde méditerranéen à la fin du*** *XIIIe siècle*

[H 45] Joseph SHATZMILLER, *Shylock revu et corrigé. Les juifs, les chrétiens et le prêt d'argent dans la société médiévale*

[H 45] Joseph SHATZMILLER, *Shylock revu et corrigé. Les juifs, les chrétiens et le prêt d'argent dans la société médiévale*

[H 140] Catherine VERNA, *L'Industrie au village. Essai de micro-histoire (Arles-sur-Tech, XIVe et XVe siècles)*

[H 120] Nicolas WEILL-PAROT, ***Points aveugles de la nature. La rationalité scientifique médiévale face à*** *l'occulte, l'attraction magnétique et l'horreur du vide*

[H 17] Édouard WILL & Claude ORRIEUX, *« Prosélytisme juif » ? Histoire d'une erreur*

[Histoire Moderne]

[H 87] Florin AFTALION, *L'Économie de la Révolution française*

[H 96] Marcel BATAILLON, *Les Jésuites dans l'Espagne du XVIe siècle*

[H 106] Robert DESCIMON & Élie HADDAD (sous la direction de), *Épreuves de noblesse. Les expériences nobiliaires de la haute robe parisienne (XVIe-XVIIIe siècle)*

[H 82] Ralph GIESEY, *Le Rôle méconnu de la loi salique. La succession royale XIVe-XVIe siècles*

[H 23] Anthony GRAFTON, *Faussaires et critiques. Créativité et duplicité chez les érudits occidentaux*

[H 91] Sophie HOUDARD, *Les invasions mystiques. Spiritualités, hétérodoxies et censures au début de l'époque moderne*

[H 65] Annick LEMPÉRIÈRE, *Entre Dieu et le roi, la République. Mexico, XVIe-XIXe siècles*

[H 83] Sabrina LORIGA, *Soldats. Un laboratoire disciplinaire : l'armée piémontaise au XVIIIe siècle*

[H 98] Evyatar MARIENBERG, *Niddah. Lorsque les juifs conceptualisent la menstruation*

[H 29] Hélène MERLIN-KAJMAN, *Public et littérature en France au XVIIe siècle*

[H 49] Hélène MERLIN-KAJMAN, *L'Excentricité académique. Littérature, institution, société*

[H 139] Robert MUCHEMBLED, *La Civilisation des odeurs (XVIe-début XIXe siècle)*

[H 47] Jean-Christophe SALADIN, *La Bataille du grec à la Renaissance*

[Histoire Contemporaine]

[H 60] Gilles BATAILLON, *Genèse des guerres internes en Amérique centrale (1960-1983)*

[H 55] Delphine BECHTEL *et alii* (sous la direction de), *Écriture de l'histoire et identité juive. L'Europe ashkénaze (XIXe-XXe siècles)*

[H 51] Christopher Robert BROWNING, *Politique nazie, travailleurs juifs, bourreaux allemands*

[H 69] Christopher Robert BROWNING, *Des hommes ordinaires. Le 101e bataillon de réserve de la police allemande et la Solution finale en Pologne*

[H 86] Christopher Robert BROWNING, *Les Origines de la Solution finale. L'évolution de la politique antijuive des nazis (septembre 1939-mars 1942)*

[H 107] Christopher Robert BROWNING, *À l'intérieur d'un camp de travail nazi. Récits des survivants : mémoire et histoire*

[H 78] Giuliana, Marisa, Gabriella CARDOSI, *À la frontière. La question des mariages mixtes durant la persécution antijuive en Italie et en Europe (1935-1945)*

[H 61] Renée DRAY-BENSOUSAN, *Les Juifs à Marseille (1940-1944)*

[H 44] Gabriel GORODETSKY, *Le Grand Jeu de dupes. Staline et l'invasion allemande*

[H 46] Katy HAZAN, *Les Orphelins de la Shoah. Les maisons de l'espoir (1944-1960)*

[H 100] Maury KLEIN, *Le Krach de 1929*

[H 52] Tamara KONDRATIEVA, *Gouverner et nourrir. Du pouvoir en Russie (XVIe-XXe siècles)*

[H 59] Guenter LEWY, *La Persécution des Tziganes par les nazis*

[H 98] Evyatar MARIENBERG, *Niddah. Lorsque les juifs conceptualisent la menstruation*

[H 54] Mark MAZOWER, *Dans la Grèce d'Hitler (1941-1944)*

[H 124] Hervé MAZUREL, *Vertiges de la guerre. Byron, les philhellènes et le mirage grec*

[H 48] Robert Neel PROCTOR, *La Guerre des nazis contre le cancer*

[H 18] Claude SINGER, *Vichy, l'Université et les Juifs. Les silences et la mémoire*

[H 37] Claude SINGER, *L'Université libérée. L'Université épurée (1943-1947)*

[H 56] Claude SINGER, *Le Juif Süss et la propagande nazie. L'Histoire confisquée*

[H 116] Adam TOOZE, *Le Salaire de la destruction. Formation et ruine de l'économie nazie*

[H 130] Adam TOOZE, *Le Déluge. 1916-1931. Un nouvel ordre mondial*

[H 115] Sylvain VENAYRE, *Panorama du voyage (1780-1920). Mots, figures, pratiques.*

Composition et mise en pages
Nord Compo à Villeneuve-d'Ascq

Ce volume,
le cent quarantième
de la collection « Histoire »
publié aux Éditions Les Belles Lettres,
a été achevé d'imprimer
en septembre 2017
sur les presses
de La Manufacture imprimeur
52205 Langres

N° d'éditeur : 8741
N° d'imprimeur : 171001
Dépôt légal : octobre 2017
Imprimé en France